Técnicas y procesos en infraestructuras de telecomunicaciones

Paraninfo

Técnicas y procesos en infraestructuras de telecomunicaciones

Juan Manuel Millán Esteller

Paraninfo

Técnicas y procesos en infraestructuras de telecomunicaciones

Gerente Editorial
María José López Raso

Equipo Técnico Editorial
Paola Paz Otero
Sofía Durán Tamayo

Editora de Adquisiciones
Carmen Lara Carmona

Producción
Nacho Cabal Ramos

Diseño de cubierta
Ediciones Nobel

Preimpresión
Montytexto

2.ª edición, 2024

C/ Sierra de Guadarrama 35. Naves 2, 3, 4 y 5
Polígono Industrial San Fernando II
28830 San Fernando de Henares
Teléfono: 914 463 350
clientes@paraninfo.es / www.paraninfo.es

ISBN: 978-84-283-6605-2
Depósito legal: M-8346-2024

(28.706)

Impreso en España /*Printed in Spain*
Gráficas Eujoa (Meres, Asturias)

Las actividades contenidas en este libro han de realizarse en un cuaderno aparte.
Los espacios incluidos en las actividades son meramente indicativos y su finalidad es didáctica.

A mis hijos, Pau y David, por las horas que hemos dejado de estar juntos.
Que seáis felices: os quiero.

Paraninfo

Presentación

Este libro desarrolla los contenidos del módulo profesional de **Técnicas y Procesos en Infraestructuras de Telecomunicaciones,** del Ciclo Formativo de grado superior en Sistemas de Telecomunicaciones e Informáticos, perteneciente a la familia profesional de Electricidad y Electrónica

Las unidades del libro se acompañan de multitud de **recursos didácticos** que ayudarán al futuro profesional a comprender la materia y acercarlo a su inminente realidad laboral:

- En esta **segunda edición,** completamente revisada y actualizada, se han adaptado los contenidos a la Orden ECE/983/2019 que actualiza aspectos del RD 346/2011 sobre las infraestructuras comunes de telecomunicaciones.
- Todos los ejemplos y características de los materiales se han adaptado al segundo dividendo digital y al nuevo Plan Técnico Nacional de la Televisión Digital Terrestre.
- Se detalla la estructura de la red urbana de fibra óptica que accede a los edificios.
- Resúmenes y enlaces web de interés al final de cada unidad.
- Amplia lista de actividades de comprobación (tipo test), actividades de aplicación y actividades de ampliación, que facilitan los objetivos marcados en cada unidad.

Este libro dispone de los siguientes **materiales y recursos** disponibles en línea para el **profesorado que confirme su adopción** como libro de texto para impartir la materia:

- **Programación didáctica.**
- **Solucionario.**
- **Presentación en PowerPoint.**
- **Material y documentación extra (Anexo sobre el hogar digital).**
- **Examina.**
- **LDP (Libro Digital Proyectable).**

Este libro dispone además de **materiales y recursos previo registro** disponibles en línea para el **alumnado:**

- **Material y documentación extra (Anexo sobre el hogar digital).**

Índice

3. Sistema captador de señales 73

5. Red 159

6. Red de cables de pares trenzados 193

7. Red de cables de pares 239

8. Red de cables de fibra óptica 281

10. Replanteo de instalaciones 355

1

Las infraestructuras comunes de telecomunicaciones (ICT)

Las infraestructuras comunes (ICT) que se disponen en los edificios para el acceso a los servicios de telecomunicación dotan a los edificios de instalaciones suficientes para atender los servicios de televisión, telefonía y telecomunicaciones y posibilitan la planificación de dichas infraestructuras de forma que faciliten su adaptación a los servicios de implantación futura.

Por otro lado, la ICT garantiza que los usuarios puedan acceder a la diferente oferta de servicios de telecomunicaciones y garantiza la libre competencia entre los operadores, garantizando así que disponen de igualdad de oportunidades para hacer llegar sus servicios hasta sus clientes.

Contenidos

Objetivos

- Identificar los diferentes agentes que intervienen en la implantación de una ICT.
- Relacionar los elementos de una ICT con las funciones que realizan.
- Conocer las características técnicas y seleccionar de manera adecuada los elementos que constituyen la infraestructura y las canalizaciones de una ICT, interpretando la documentación técnica relacionada.
- Realizar las medidas y comprobaciones necesarias para verificar el buen funcionamiento de la instalación eléctrica de una ICT.

1.1. Introducción a la ICT

La **infraestructura común de telecomunicaciones (ICT)** para el acceso a los servicios de telecomunicación es aquella que se instala para cumplir, como mínimo, las siguientes funciones:

- La captación y distribución hasta el usuario de las señales de radio y TV terrestre, así como las señales de TV por satélite.
- Proporcionar a los usuarios el acceso al servicio de telefonía disponible al público y el acceso a los servicios de telecomunicaciones de banda ancha, prestados a través de redes públicas de telecomunicaciones.

1.1.1. Marco legal de las ICT

El **Real Decreto-Ley 1/1998, de 27 de febrero,** sobre infraestructuras comunes en el interior de los edificios para el acceso a los servicios de telecomunicación, establece el marco legislativo que permite dotar a los edificios de instalaciones suficientes para atender los servicios de televisión, telefonía y telecomunicaciones por cable y posibilita la planificación de dichas infraestructuras de forma que faciliten su adaptación a los servicios de implantación futura.

El reglamento de la ICT vigente actualmente es el **Real Decreto 346/2011.** Todos los edificios de nueva construcción se rigen por esta normativa, denominada comúnmente como **ICT de nueva generación o ICT2.**

Sabías que...

El reglamento de la ICT (Real Decreto 346/2011) se complementa con la **Orden ITC/1644/2011,** que desarrolla el Reglamento Regulador de las Infraestructuras Comunes de Telecomunicaciones para el acceso a los servicios de telecomunicación en el interior de las edificaciones.

Posteriormente se publicó la Orden ECE/983/2019, la cual regula las características de reacción al fuego de los cables de telecomunicaciones en el interior de las edificaciones, modifica determinados anexos del RD 346/2011 de las ICT para el acceso a los servicios de telecomunicación en el interior de las edificaciones y modifica la Orden ITC/1644/2011 por la que se desarrolla dicho reglamento.

Aun así, la mayoría de los edificios con una ICT actualmente construida tendrá la infraestructura definida por el **Real Decreto 401/2003** o el **Real Decreto 279/1999,** según el año de construcción.

También pueden encontrarse innumerables edificios antiguos que no disponen de ninguna infraestructura común, lo que dificulta el acceso a los servicios de telecomunicación a los usuarios.

Los operadores están obligados a utilizar estas infraestructuras para dar servicio a los usuarios, por lo que se garantiza un despliegue ordenado de las redes en el interior del edificio para evitar la proliferación de sistemas individuales y cableados exteriores, que afectan negativamente a la estética de un edificio y dificultan el mantenimiento y la localización de averías de las instalaciones (Figura 1.1).

a) Instalaciones individuales de TV b) Acceso por fachada

Figura 1.1. *Instalaciones individuales.*

1.1.2. Ámbito de aplicación

El ámbito de aplicación de las normas contenidas en el reglamento de la ICT (Figura 1.2) es, básicamente, todos los edificios que estén acogidos al **régimen de propiedad horizontal,** de manera que se incluyen los edificios destinados a uso residencial (viviendas), aunque solo tenga un propietario que se dedique a arrendarlos; los edificios destinados a locales comerciales u oficinas, y los conjuntos de viviendas unifamiliares, ya sean de nueva construcción o no.

Por lo tanto, excepto en la construcción de viviendas unifamiliares aisladas, en los edificios de nueva construcción, es de aplicación el reglamento de la ICT.

a) Edificios de viviendas b) Viviendas unifamiliares adosadas

Figura 1.2. *Ámbito de aplicación de la ICT.*

1.1.3. Infraestructura común de telecomunicaciones

Tal y como se muestra en la Figura 1.3 las especificaciones técnicas del reglamento de la ICT establecen los requisitos mínimos que, desde un punto de vista técnico, han de cumplir las redes y canalizaciones, recintos y elementos complementarios que alberguen la infraestructura común de telecomunicaciones (ICT) para facilitar su despliegue, mantenimiento y reparación, contribuyendo de esta manera a posibilitar que los usuarios finales accedan a diferentes servicios:

- **Servicios de enlace mediante cable:** servicios de telefonía disponible al público (STDP) y servicios de telecomunicaciones de banda ancha (TBA).
- **Servicios de enlace por medios radioeléctricos:** operadores de servicios de acceso inalámbrico (SAI) y servicios de radiodifusión y televisión (RTV) tanto terrestre como por satélite.

Los **operadores** que ofrecen sus servicios de telecomunicaciones mediante una infraestructura propia creada para ello deberán acceder a los usuarios finales a través de la infraestructura de la que se dota a los edificios utilizando la ICT. Al emplear una infraestructura común se garantiza un servicio de calidad y se facilita el mantenimiento de la instalación.

1.1.4. Agentes que intervienen en la implantación de una ICT

El proceso de implantación de una ICT en un edificio es una tarea compleja donde intervienen diferentes agentes:

- **Promotor.** Persona física o jurídica que realiza el encargo de una obra de construcción y, por lo tanto, también de la ICT.
- **Arquitecto.** Agente que redacta el proyecto arquitectónico de la edificación.
- **Proyectista de la ICT.** Profesional encargado por el promotor de la edificación para el diseño de la ICT, que dispone de la titulación establecida. Este agente redacta el **proyecto técnico de telecomunicaciones (PTT),** que estará en sintonía con el proyecto arquitectónico. El PTT garantiza que las redes de telecomunicaciones en el interior de los edificios cumplen con las normas técnicas establecidas en la normativa de la ICT.

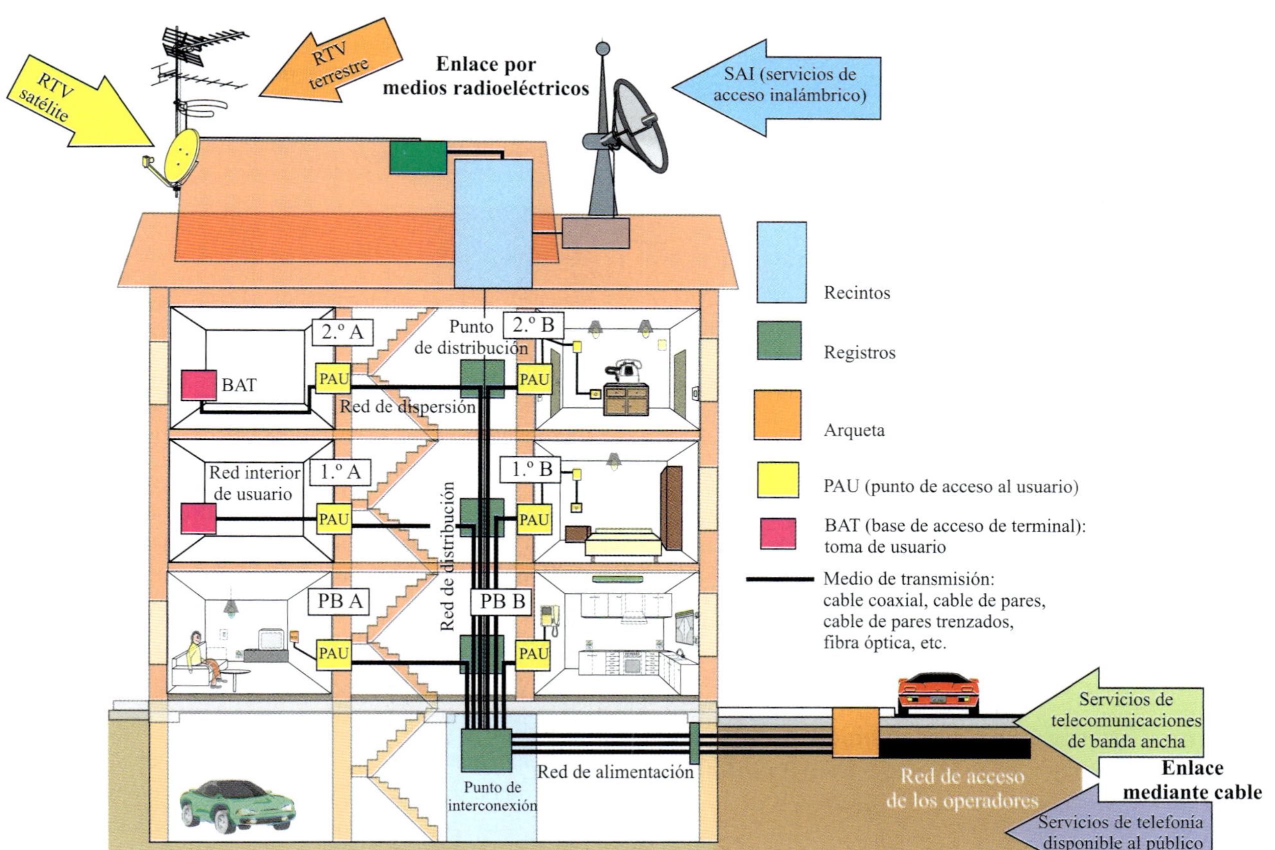

Figura 1.3. *Estructura general de una ICT.*

- **Entidades de verificación.** Empresa acreditada que verifica el cumplimiento de la normativa de los proyectos de ICT.
- **Director de obra de la ICT.** Dependiendo de la complejidad de la instalación, será necesario un profesional (director de obra) que dirija el desarrollo de la obra de la ICT en los aspectos técnicos, de conformidad con el proyecto técnico. Cuando finaliza la ejecución de la instalación expide un **certificado de final de obra.** La dirección de obra no es siempre obligatoria.
- **Empresa instaladora de telecomunicaciones.** Empresa que realiza la ejecución de la ICT proyectada con sujeción a las especificaciones recibidas. Cuando finaliza la instalación emite un **boletín de instalación** y un **protocolo de pruebas.**
- **Operadores de telecomunicaciones.** Los operadores son las empresas que proporcionan mediante diferentes tecnologías los servicios de telecomunicación a los usuarios, desplegando sus redes hasta las edificaciones. El proyecto técnico de ejecución debe tener en cuenta los resultados del **proceso de consulta e intercambio de información** entre el proyectista de la ICT y los diferentes operadores de telecomunicación presentes en el lugar de instalación, para que el proyecto que vaya a ser ejecutado se ajuste de la manera más aproximada a las posibilidades reales de las redes de acceso existentes en el lugar de construcción de la edificación.

1.2. Instaladores de telecomunicación

La **empresa instaladora de telecomunicación** es aquella (persona física o entidad jurídica) que realiza la instalación o el mantenimiento de equipos y sistemas de telecomunicación.

1.2.1. Empresa instaladora de telecomunicación

En el proyecto técnico se describen de manera detallada todos los elementos que componen las redes e infraestructuras de la ICT: ubicación, dimensiones, número y características de los elementos.

La **empresa instaladora de telecomunicaciones,** a partir del proyecto técnico, normalmente bajo la supervisión del director de obra, ejecuta y realiza la instalación de la ICT en el edificio.

Cuando finalizan los trabajos de ejecución del proyecto técnico, la empresa instaladora de telecomunicaciones que ha ejecutado la ICT debe entregar al titular de la propiedad un **boletín de instalación** como garantía de que la instalación se ajusta al **proyecto técnico.** El boletín de instalación siempre debe ir acompañado del protocolo de pruebas.

El **protocolo de pruebas** es un documento que recoge una serie de medidas y de comprobaciones que realiza el instalador, una vez que se ha ejecutado la instalación, para comprobar que esta reúne las condiciones de calidad establecidas por la normativa.

Si no hay director de obra que supervise la ejecución del proyecto técnico, la empresa instaladora se encargará también de entregar un **manual de usuario** de la instalación a la propiedad.

1.2.2. Registro de instaladores de telecomunicación

El **Registro de Empresas Instaladoras de Telecomunicación** tiene por objeto dar constancia de aquellas personas físicas y de empresas o entidades que tienen la condición de instaladores habilitados y, en consecuencia, pueden ejercer profesionalmente esta actividad.

Por lo tanto, todos los instaladores que deseen ejercer la actividad de instaladores de telecomunicaciones deben inscribirse en dicho registro, de carácter público y de ámbito nacional.

Caso práctico 1.1
Características del edificio o conjunto de edificaciones (protocolo de pruebas)

Una vez ejecutada la instalación de una ICT la empresa instaladora es responsable de cumplimentar y firmar el protocolo de pruebas, realizado para comprobar la correcta ejecución de la instalación.

En la Tabla 1.1 se muestra el primer apartado del protocolo de pruebas (promotor y características del edificio o conjunto de edificaciones), donde se recogen los datos de algunos de los agentes que intervienen en la ICT y las características del edificio.

Entre los apartados que es necesario cumplimentar destacan los siguientes:

- **Número de registro de la empresa instaladora.** Cuando una empresa se inscribe en el Registro de Empresas Instaladoras de Telecomunicación se le asigna un número de registro que lo identifica como empresa instaladora.

- **Número de expediente JPIT.** La Jefatura Provincial de Inspección de Telecomunicaciones (JPIT) asigna a cada proyecto de la ICT un número de registro que consta de 14 caracteres con el formato PP-AAXXXXX-ICT, donde *PP* designa un identificador de provincia, *AA* indica el año de presentación del proyecto, *XXXXX* son cinco cifras que asigna el JPIT y las siglas ICT.

Tabla 1.1. Apartado 1 del protocolo de pruebas

1. PROMOTOR Y CARACTERÍSTICAS DEL EDIFICIO O CONJUNTO DE EDIFICACIONES			
1.1. Promotor	Nombre o razón social:		
	Tipo de vía:	Nombre de la vía:	
	C. P.:	Población:	
	Provincia:		
	NIF:	Tel.:	Fax:
1.2. Representante legal	Apellidos:		
	Nombre:		NIF:
1.3. Número de licencia de obra:			
1.4. Número de expediente JPIT: PP-AAXXXX-ICT.			
1.5. Situación y descripción del edificio o conjunto de edificaciones:			
1.6. Empresa instaladora:		Número de registro: XXXXXX.	
1.7. Nombre y titulación del director de obra (si existe dirección de obra):			
1.8. Relación de materiales instalados (en la relación, se incluirán la marca y el modelo de los materiales instalados):			

1.2.3. Tipos de empresas instaladoras

Como existen diferentes tipos de instalaciones de telecomunicación, para fijar los **medios técnicos mínimos** de los que han de disponer las empresas instaladoras se establecen diferentes tipos de instalaciones:

- **Tipo A:** infraestructuras de telecomunicación en edificios o inmuebles (ICT).
- **Tipo B:** instalaciones de sistemas de telecomunicaciones.
- **Tipo C:** instalaciones de sistemas audiovisuales.
- **Tipo D:** instalaciones de centros emisores de radiocomunicaciones.
- **Tipo E:** instalaciones de telecomunicación en vehículos móviles.
- **Tipo F:** instalaciones de infraestructuras de telecomunicación de nueva generación (ICT2) y de redes de telecomunicaciones de control, gestión y seguridad en edificaciones o conjuntos de edificaciones.

Como se observa, para realizar la instalación y el mantenimiento de una ICT existen dos tipos de instalaciones: tipo A (ICT) y tipo F (ICT2).

En las **instalaciones de tipo A** se incluyen todas aquellas instalaciones que, si bien pueden tener relación con el exterior, sirven exclusivamente para la distribución de señales de telecomunicación dentro de edificios, incluso dentro de viviendas, y no estén incluidas en el tipo F.

En las **instalaciones de tipo F** se incluyen todas las instalaciones de infraestructuras de telecomunicación en edificaciones o conjuntos de edificaciones ejecutadas mediante tecnologías de acceso ultrarrápidas e integración en ellas de equipos y dispositivos para el acceso a los servicios.

1.2.4. Medios técnicos de las empresas instaladoras

Las empresas instaladoras, para ejercer las funciones que les son encomendadas para las instalaciones de ICT, según el tipo, necesitan disponer de unos **equipamientos mínimos,** los cuales se reflejan en la Tabla 1.2.

Tabla 1.2. Medios técnicos mínimos de los instaladores de telecomunicación

Tipo	Medios técnicos
A	Multímetro, medidor de tierra, medidor de aislamiento, medidor de intensidad de campo con pantalla y posibilidad de realizar análisis espectrales y medidas de tasa de error sobre señales digitales QPSK y COFDM y simulador de frecuencia intermedia (950-2150 MHz).
F	Multímetro, medidor de tierra, medidor de aislamiento, medidor de intensidad de campo con pantalla y posibilidad de realizar análisis espectrales y medidas de tasa de error sobre señales digitales QPSK y COFDM, simulador de frecuencia intermedia (5-2150 MHz), medidor selectivo de potencia óptica y testeador de fibra óptica monomodo para FTTH, equipo para empalme o conectorización en campo para fibra óptica monomodo y analizador/certificador para redes de telecomunicación de categoría 6 o superior.

Caso práctico 1.2
Equipos de medida utilizados en la instalación de una ICT

Los instaladores de telecomunicaciones que deseen ejercer como instaladores de ICT deberán inscribirse como instaladores de tipo A, que son los instaladores que están capacitados para ejecutar este tipo de instalaciones. Además, como mínimo, las empresas instaladoras que trabajen este tipo de instalaciones deberán disponer del equipamiento que se muestra en la Figura 1.4.

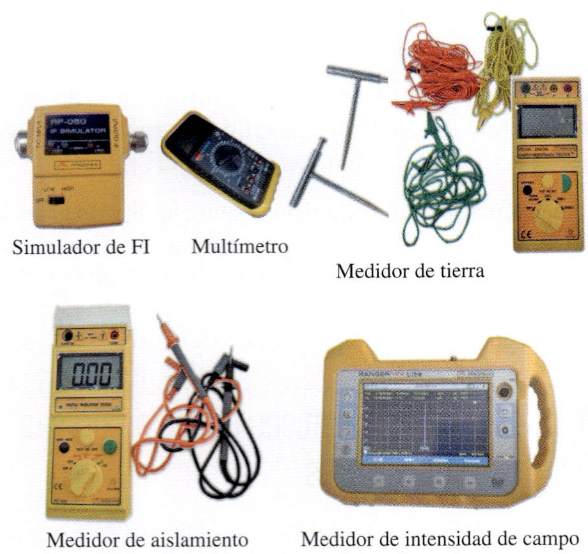

Figura 1.4. *Equipamiento mínimo del instalador de tipo A.*

Para las instalaciones de ICT de nueva generación (ICT2), los instaladores deberán inscribirse como instaladores de tipo F y tener el equipamiento adicional que se muestra en la Figura 1.5.

Figura 1.5. *Equipamiento adicional del instalador de tipo F.*

1.3. Redes de telecomunicaciones de la ICT

Las redes de telecomunicaciones de una ICT se clasifican en dos grandes grupos:

1. Captación, adaptación y distribución de señales de radiodifusión sonora y televisión, procedentes de emisiones terrestres y por satélite.
2. Acceso a los servicios de telefonía disponible al público (STDP) y de telecomunicaciones de banda ancha (TBA).

1.3.1. Captación y distribución de la señal de TV terrestre y por satélite

La Figura 1.6 muestra el esquema de principio de la **red de captación y distribución de la señal de TV** dentro de la infraestructura de una ICT. Todos los elementos de esta red, excepto el sistema captador, se alojan en el interior de los elementos de la infraestructura de la ICT.

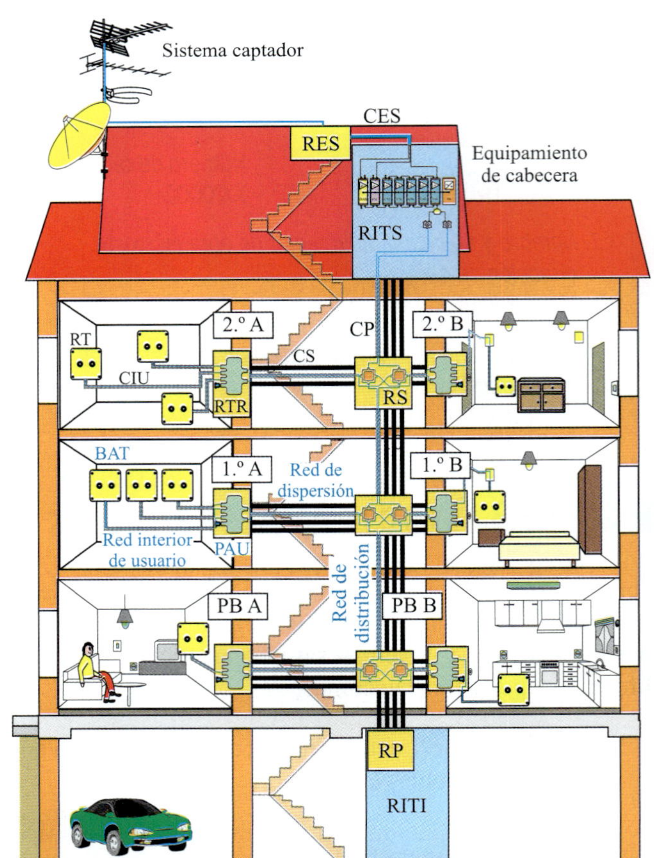

Figura 1.6. *Esquema de principio de la red de TV de una ICT.*

La ICT para la **red de TV,** tanto terrestre como por satélite, está formada por los siguientes elementos:

- **Conjunto de elementos de captación de señales.** Elementos encargados de recibir las señales de RTV procedentes de emisiones terrestres y por satélite. Está formado básicamente por las antenas, que se instalan en el exterior del edificio.
- **Equipamiento de cabecera.** Dispositivos encargados de recibir las señales provenientes de las antenas y adecuarlas para su reparto en la red de distribución. Su elemento principal son los amplificadores.
- **Red.** Elementos que distribuyen las señales desde el equipo de cabecera hasta las tomas de usuario. La red se estructura en tres tramos: red de distribución, red de dispersión y red interior de usuario. Además, dentro de la red se definen dos puntos de referencia que sirven como elementos de conexión:
  - **Punto de acceso al usuario (PAU).** Elemento que se ubica en el interior del domicilio del usuario y donde comienza la red interior del domicilio del usuario. Delimita la responsabilidad en caso de avería entre el usuario y la comunidad de propietarios.
  - **Toma de usuario o base de acceso de terminal (BAT).** Dispositivo que permite la conexión a la red de los receptores de TV.

1.3.2. Red de acceso a los servicios de telecomunicaciones

La red de acceso a los **servicios de telecomunicaciones de telefonía disponible al público (STDP) y de banda ancha (TBA)** de la edificación es el conjunto de conductores, elementos de conexión y equipos, tanto activos como pasivos, que es necesario instalar para establecer la conexión entre las tomas de usuario (BAT) y la red exterior de alimentación de los operadores que cubre el acceso a los servicios de telecomunicación. Las tecnologías de acceso previstas en la ICT son las siguientes:

- Red de cable de pares (CP)/cable de pares trenzados (CPT).
- Red de cable de fibra óptica (FO).
- Red de cable coaxial para el acceso a los servicios de telecomunicaciones de banda ancha (TBA).

En la Figura 1.7 se muestra el esquema de principio de **la red de acceso a los servicios de telecomunicaciones** de una ICT, teniendo en cuenta que cada tipo de red utiliza una topología determinada y medios de transmisión y elementos de conexión diferentes.

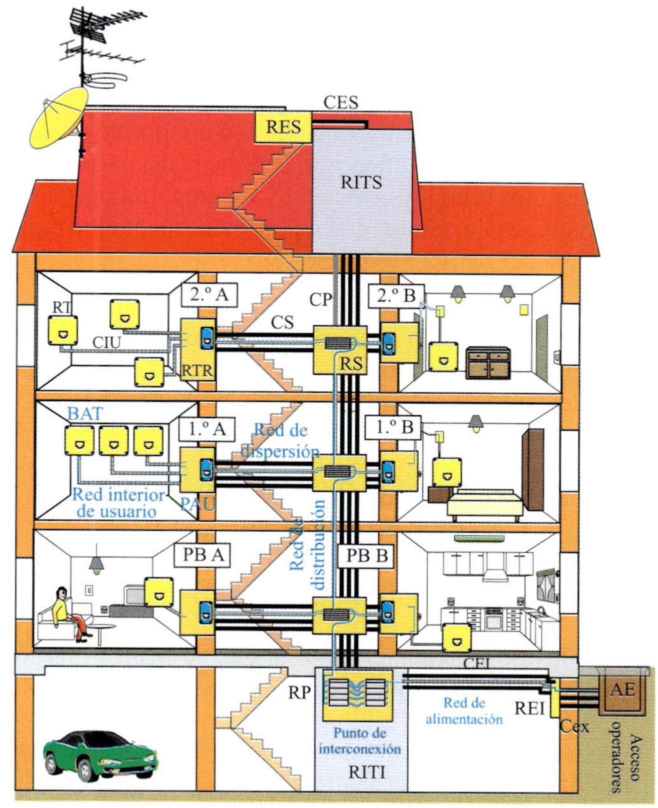

Figura 1.7. *Esquema de principio de la red de acceso a los servicios de telecomunicaciones.*

Estas redes se dividen en los siguientes tramos:

- **Red de alimentación.** Red de los operadores que une sus centrales con la red del edificio.
- **Red de distribución.** Parte de la red formada por los cables que prolongan los cables de la red de alimentación, distribuyéndolos por la edificación para poder dar el servicio a los usuarios de cada planta.
- **Red de dispersión.** Parte de la red formada por el conjunto de cables que une la red de distribución con cada vivienda, local o estancia común.
- **Red interior de usuario.** Parte de la red formada por los cables que transcurren por el interior de cada domicilio de usuario, soportando los servicios de telefonía y de telecomunicaciones.

Además, los **elementos de conexión de la red** se utilizan como puntos de unión o terminación de los tramos de red definidos anteriormente:

- **Punto de interconexión (punto de terminación de red).** Realiza la unión entre las redes de alimentación de los operadores y las redes de distribución de la ICT de la edificación y delimita las responsabilidades en cuanto a mantenimiento entre el operador y la propiedad de la edificación.

- **Punto de distribución.** Realiza la unión entre las redes de distribución y de dispersión de la ICT.
- **Punto de acceso al usuario (PAU).** Realiza la unión entre la red de dispersión y la red interior de usuario de la ICT de la edificación. Permite la delimitación de responsabilidades en cuanto a mantenimiento de la red entre la comunidad de propietarios y el usuario final del servicio.
- **Bases de acceso terminal (BAT).** Tomas de usuario que sirven como punto de acceso de los equipos terminales de telecomunicación del usuario final del servicio a la red interior de usuario multiservicio.

1.3.3. Requisitos mínimos de seguridad frente al fuego de los cables de telecomunicaciones

Los cables de telecomunicaciones que se instalen en los edificios, fincas y conjuntos inmobiliarios deben cumplir las prescripciones del Reglamento de Productos de la Construcción (CPR) e incluir el marcado CE, en relación con su comportamiento de reacción frente al fuego. En este sentido, los cables que se instalen en el interior de una ICT deben cumplir los requisitos mínimos Dca-s2,d2,a2.

1.4. Infraestructura y canalizaciones de la ICT

Una de las grandes **ventajas** de la ICT es que cada usuario recibe de manera ordenada en su vivienda las líneas de telefonía, de radio y televisión y los servicios de banda ancha mediante la organización del cableado de las diferentes instalaciones, el cual discurre por el interior de una infraestructura común preparada exclusivamente para ello.

De esta manera, cuando un usuario contrata un nuevo servicio el operador de telecomunicaciones utilizará las redes previstas en la ICT y, si es necesario, instalará los equipos y materiales requeridos utilizando para ello las infraestructuras (recintos, arquetas, tubos, canales, etc.) previstas en el edificio.

Sabías que...

El anexo III del reglamento de la ICT recoge las especificaciones técnicas mínimas de las edificaciones en materia de telecomunicaciones, donde se especifican las infraestructuras y canalizaciones que forman una ICT.

1.4.1. Elementos de la infraestructura

En la Figura 1.8 se muestran los elementos que forman la infraestructura de telecomunicaciones de un edificio prevista para llevar los servicios de telecomunicaciones a los usuarios. La infraestructura está formada por diferentes **arquetas, recintos** y **registros,** donde se alojan los equipos de tratamiento y distribución de las señales y se realizan las conexiones necesarias para distribuir la señal a través del edificio.

Para interconectar estos recintos se utilizan **canalizaciones,** formadas por tubos, bandejas o canales, por cuyo interior discurren los cables y medios de transmisión requeridos. En las canalizaciones se intercalan los registros que servirán de soporte a la instalación, facilitando la distribución de los servicios a cada una de las viviendas del edificio.

Las dimensiones de los recintos, registros y canales y el número de tubos dependen del tamaño de la edificación, el cual se especifica, como norma general, según el número de viviendas, locales u oficinas de la instalación, es decir, el número de PAU.

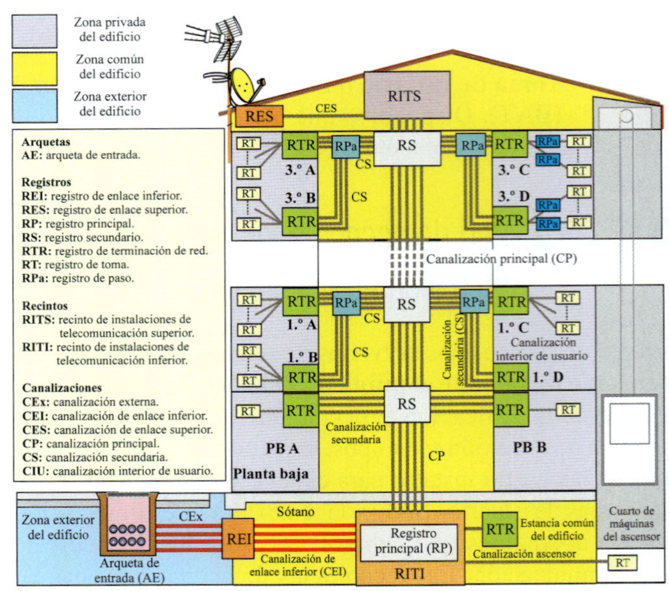

Figura 1.8. *Infraestructura de la ICT.*

Esta infraestructura, además, se instala en diferentes zonas del edificio: zona exterior, zona común o zona privada.

1.4.2. Sistemas de conducción de cables

Las diferentes redes que forman una ICT se distribuyen por la canalización instalada para dicho efecto. Las canalizaciones alojarán en su interior los diferentes tipos de cables que utilizan estas redes:

- Cable coaxial para radio y TV (RTV).

- Cable de pares (CP) para el servicio de telefonía disponible al público (STDP).
- Cable de fibra óptica (FO).
- Cable de pares trenzados (CPT).
- Cable coaxial para telecomunicaciones de banda ancha (TBA).
- Será necesario dejar canalizaciones de reserva, no asociadas a ningún servicio.

De manera general, la canalización de la ICT, tal y como se muestra en la Figura 1.9, puede realizarse mediante tubos, canales o bandejas, dependiendo del tramo de la canalización, que conecta los diferentes registros de la infraestructura.

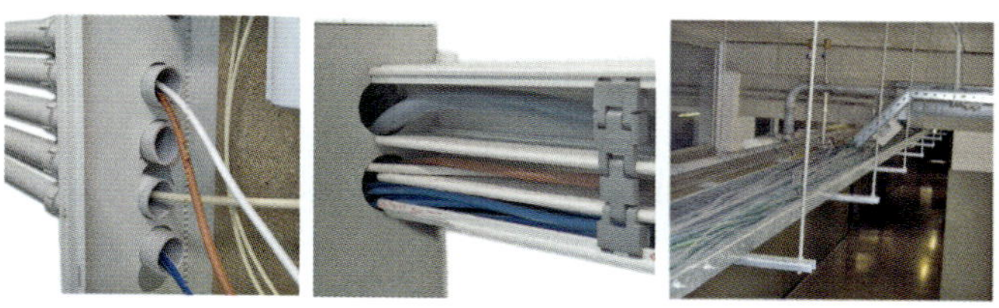

a) Tubos b) Canales c) Bandejas

Figura 1.9. *Sistemas de instalación.*

Sabías que...

La ICT especifica las características mínimas que deben cumplir los tubos, canales y bandejas utilizadas en la infraestructura.

1.4.3. Instalación mediante tubos

Los **sistemas de instalación de los tubos** (Figura 1.10) permitidos son empotrados, en montaje superficial, aéreos, en huecos de la construcción o enterrados.

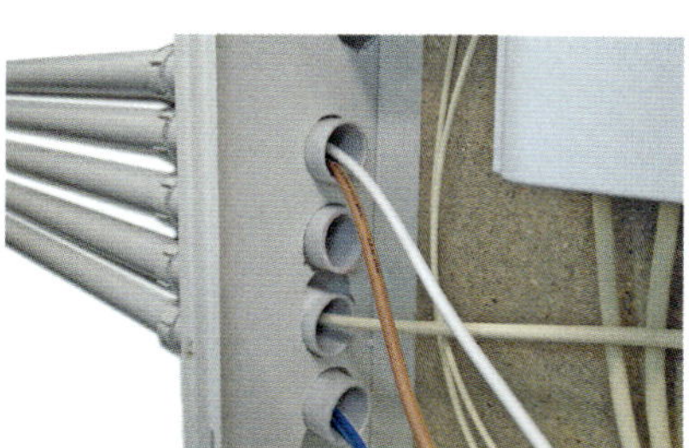

Figura 1.10. *Instalación mediante tubos.*

El diámetro de los tubos es diferente para cada tramo de la canalización (externa, de enlace, principal, secundaria e interior de usuario) y se selecciona dependiendo del número y del diámetro de los cables que vaya a alojar. Para la selección adecuada debe considerarse una ocupación máxima de los tubos del 50 %.

Tendido de cables sobre tubos

El cable de las redes de una ICT (coaxial, cable de pares trenzados, cables de pares, etc.) se introduce en las canalizaciones formadas por tubos mediante métodos manuales utilizando la ayuda de un hilo guía.

Un **hilo guía** o **guía pasacable** es un alambre de acero galvanizado o un hilo de nailon con un trenzado específico que lo dota de gran durabilidad, que se utiliza en el tirado de cables en las conducciones (Figura 1.11).

Los hilos guía incluyen en un extremo un **cabezal flexible** unido al cuerpo del hilo que facilita su introducción en el tubo al mismo tiempo que reduce el rozamiento y facilita los giros en los cambios de dirección. En el otro extremo, una **anilla de tiro** facilita el atado de los cables.

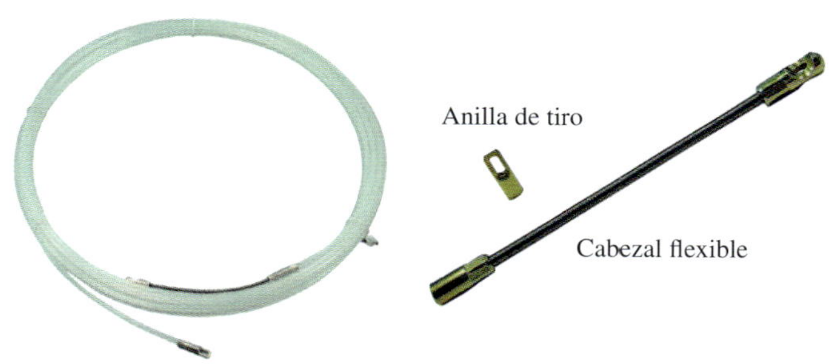

a) Hilo guía de nailon b) Accesorios

Figura 1.11. *Hilo guía (cortesía de Würth).*

Con carácter general e independientemente de que estén ocupados total o parcialmente, todos los tubos de la ICT estarán dotados con un hilo guía para facilitar las tareas de mantenimiento de la infraestructura. Dicha guía será de alambre de acero galvanizado de 2 mm de diámetro o cuerda plástica de 5 mm de diámetro, sobresaldrá 200 mm en los extremos de cada tubo y deberá permanecer aun cuando se produzca la primera o siguientes ocupaciones de la canalización. En este último caso, los elementos de guiado no podrán ser metálicos.

Los **registros** de la infraestructura facilitan el tendido de cable; por eso, cuando en un trazado existen muchos cambios de dirección o el trazado es muy largo (los criterios dependerán del tramo de la canalización) deben instalarse registros adicionales ya que realizan la función de **registros de paso** y facilitan el tendido de los cables.

Caso práctico 1.3

Instalación de cables en los tubos de la infraestructura

Para pasar un cable por los tubos de las canalizaciones con ayuda del hilo guía se sigue el procedimiento siguiente:

- Se introduce el hilo guía en la canalización por la parte del cabezal flexible (Figura 1.12a).
- Se fija el cable en el extremo de la guía (anilla de tiro).
- Se estira el hilo guía desde el otro lado de la canalización (Figura 1.12b). Para facilitar la introducción del cable se recomienda recibir la ayuda de un compañero, para que vaya suministrando el cable a medida que se tire de él.

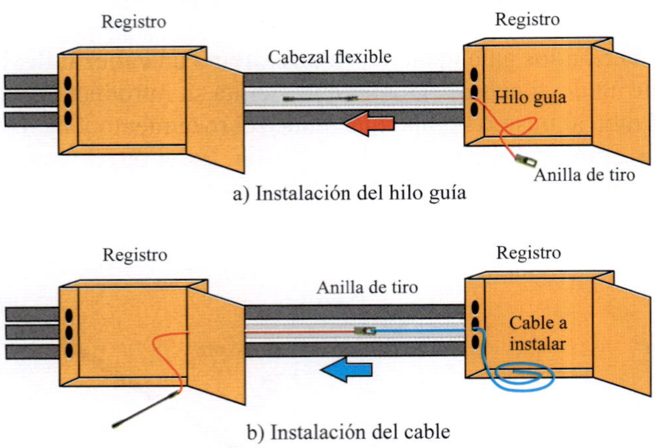

Figura 1.12. *Utilización del hilo guía.*

Sabías que...

La utilización del hilo guía también permite comprobar la continuidad del tubo y que no haya obstrucciones.

1.4.4. Instalación mediante canales

Los sistemas de **canales** para cables son un conjunto constituido por un tramo recto de canal, junto con otros accesorios que forman parte del sistema, que proporciona una envolvente para la colocación y tendido de conductores aislados y de cables. Las canales disponen de **espacios independientes** y separados para cada servicio de la ICT (Figura 1.13).

Las canales utilizadas en una ICT dispondrán según el tramo de la canalización de espacios independientes para cada servicio, que pueden conseguirse utilizando una o varias canales. En el proyecto se realizará la selección adecuada dependiendo de los cables que discurren por cada canal, en función del número y diámetro de los cables que aloje cada una.

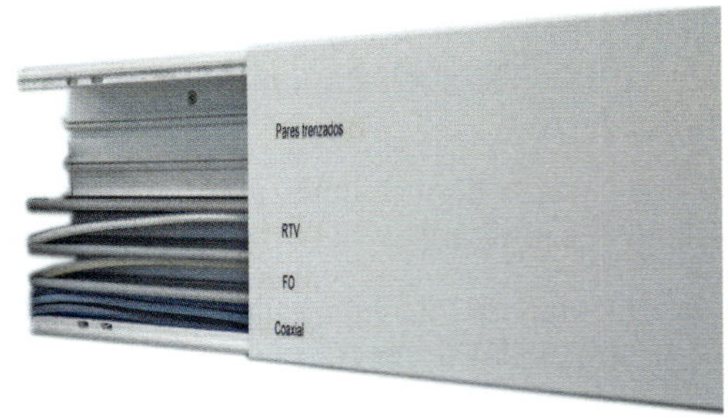

Figura 1.13. *Utilización de canales en la ICT.*

Instalación sobre canales

Las canales pueden instalarse en superficie, montaje aéreo, en huecos de la construcción o empotradas en la pared, siempre que sea accesible su tapa.

La **ventaja de la canal** es que, al ser accesible su interior en todo el recorrido del cable, se facilita su instalación.

Los **accesorios de las canales** facilitan el tendido de la canalización (cambios de dirección), por lo que no será necesario utilizar registros de paso. En la Figura 1.14 se muestra un ejemplo de instalación donde se compara la utilización de registros de paso para los cambios de dirección cuando se utilizan tubos y la utilización de accesorios cuando se utilizan canales.

Además, como norma general, ocupan menos espacio que los tubos.

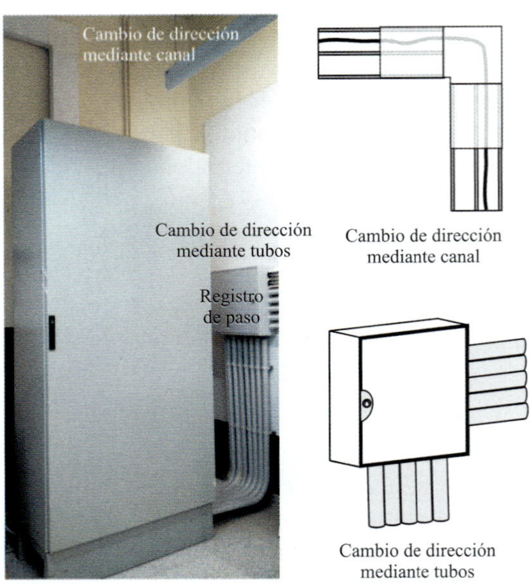

Figura 1.14. *Comparación entre el tendido de tubos y canales.*

1.4.5. Instalación mediante bandejas

Las **bandejas** son un método de instalación que proporciona soporte a los cables, pero no los protege. Por esta razón, suelen situarse en altura o en el interior de huecos de la construcción, falsos techos, etc. Pueden instalarse en montaje superficial, aéreo o a través de huecos de la construcción.

Su uso solo está permitido en la canalización de enlace y la principal y en la canalización interior de usuario en el caso de locales comerciales u oficinas.

1.4.6. Características de los registros

Los **registros** y **canalizaciones de la ICT** pueden instalarse empotrados o en superficie, en el interior del edificio, pero, en ocasiones, pueden instalarse en el exterior a la intemperie.

Dependiendo del lugar y forma de instalación, estas **envolventes** deben proteger a los elementos que tienen instalados en su interior de los agentes externos (agua, polvo, etc.) y soportar los impactos que pudieran producirse sobre ellos.

Para designar el grado de protección de una envolvente (registros, armarios, etc.) se utilizan los **niveles de protección IP e IK,** codificación que se resume en la Figura 1.15.

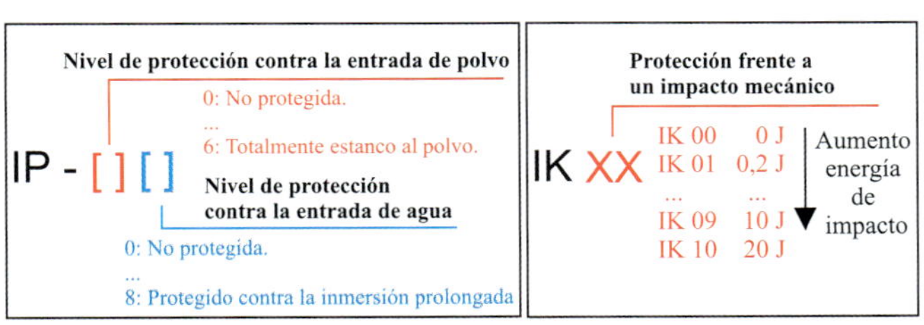

a) Código IP b) Código IK

Figura 1.15. *Grados de protección de las envolventes.*

La **normativa de la ICT** especifica las **características mínimas** que deben cumplir los registros, indicando el nivel de protección requerido. Los fabricantes suministran registros con las características apropiadas según el reglamento, por lo que no hay que preocuparse en su selección.

Como norma general, las envolventes que se instalen en el exterior (arqueta de entrada, registros de acceso, etc.) deben estar bien protegidas (IP 55 e IK 10), mientras que, en aquellas que se instalen en el interior (registros principales, recintos de instalaciones, registros secundarios, etc.), el nivel de protección variará según el lugar de instalación, siendo típicas las envolventes con grado de protección IP 33 e IK 07.

1.4.7. Arqueta de entrada

Cuando el acceso de los servicios de telecomunicaciones se realiza mediante un **enlace por cable** como, por ejemplo, los servicios de telefonía (STDP) y los servicios de telecomunicaciones (TBA), los operadores acceden al edificio mediante sus redes de alimentación.

La **arqueta de entrada (AE)** es el recinto que permite establecer la unión entre las redes de alimentación de los servicios de telecomunicación de los distintos operadores y la ICT de la edificación. Se encuentra en la zona exterior del edificio y a ella confluyen, por un lado, las canalizaciones de los distintos operadores y, por otro, la canalización externa de la ICT del edificio.

Los proveedores de telecomunicaciones están obligados a introducir su red de alimentación al edificio por la arqueta de entrada.

La arqueta de entrada se coloca enterrada en la acera (Figura 1.16), lo más próxima al edificio. Suele ser prefabricada de hormigón armado o realizada *in situ* por el constructor del edificio. La tapa puede ser también de hormigón armado o fundición y en ella deberá figurar la sigla ICT. Las arquetas de entrada, además, dispondrán de cierre de seguridad y de dos puntos para tendido de cables en paredes opuestas a las entradas de conductos situados a 150 mm del fondo.

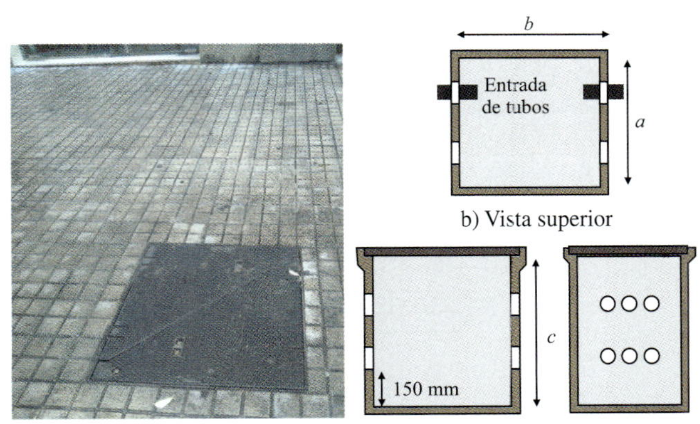

a) Arqueta b) Vistas laterales

Figura 1.16. *Arqueta de entrada.*

Sus dimensiones dependerán del número de PAU del edificio al que da servicio (Figura 1.17).

Cuando la arqueta de entrada esté alejada del edificio o se produzcan cambios de dirección en la canalización externa, se utilizarán **arquetas de paso (AP),** intercaladas en la canalización externa (CEx), para facilitar el tendido de las redes de alimentación de los operadores.

Arqueta de entrada (AE)

Número de PAU	Dimensiones en mm
Hasta 20	400 × 400 × 600
De 21 a 100	600 × 600 × 800
Más de 100	800 × 700 × 820

Arqueta de paso (AP)

Dimensiones en mm
400 × 400 × 400

Registro de enlace inferior (REI)

Dimensiones en mm
450 × 450 × 120

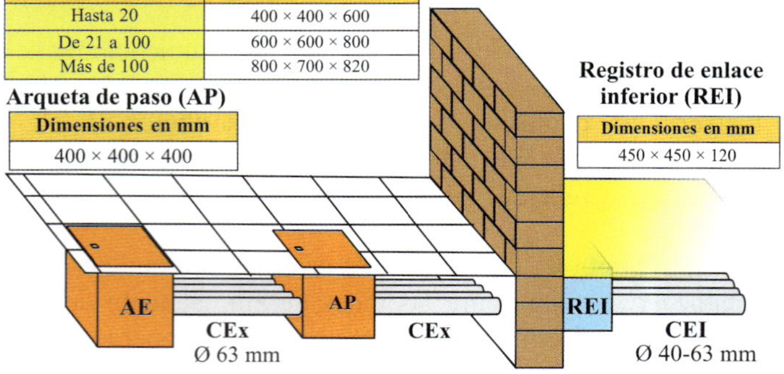

Canalización externa (CEx) y canalización de enlace inferior (CEI)

N.º de PAU	N.º de tubos	Utilización de los tubos
Hasta 4	3	2 TBA + STDP, 1 reserva
De 5 a 20	4	2 TBA + STDP, 2 reserva
De 21 a 40	5	3 TBA + STDP, 2 reserva
Más de 40	6	4 TBA + STDP, 2 reserva

Figura 1.17. *Acceso al edificio mediante enlace por cable.*

Registro de acceso

En ocasiones, no existe espacio suficiente en la acera para instalar una arqueta de entrada o está prohibida su instalación, por lo que la solución que se adopta es habilitar un **punto general de entrada,** tal y como se muestra en la Figura 1.18, formado por un registro de acceso (RA) en la zona limítrofe de la finca y un elemento **pasamuros** que permita el paso de los tubos de la canalización externa en su integridad.

Registro de acceso (RA)

Dimensiones en mm
400 × 600 × 300

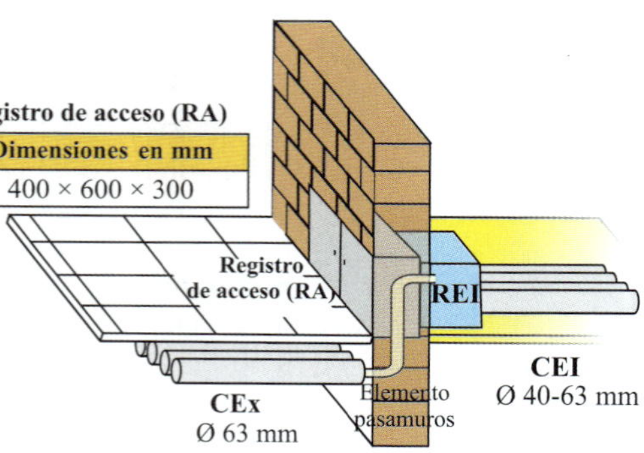

Figura 1.18. *Punto de entrada general con registro de acceso.*

Los **registros de acceso** se realizan practicando en el muro o pared de la fachada del edificio un hueco, con las paredes del fondo y laterales perfectamente enlucidas, cerrado con una tapa o puerta con cierre de seguridad. También puede empotrarse en el muro una caja con la correspondiente puerta o tapa.

1.4.8. Canalización externa

La **canalización externa (CEx)** está constituida por los tubos que discurren por la zona exterior de la edificación desde la arqueta de entrada hasta **el punto de entrada general del edificio.**

Esta canalización se encarga de introducir en la edificación las **redes de alimentación** de los servicios de telecomunicación de los diferentes operadores.

La **canalización externa,** al ser una canalización enterrada, siempre se realiza mediante tubos, de 63 mm de diámetro exterior, en número mínimo y con la utilización fijada en función del número de PAU de la edificación a los que da servicio, tal y como se resume en la Figura 1.17.

1.4.9. Canalización de enlace inferior

La **canalización de enlace inferior (CEI)** soporta los cables de la red de alimentación para la **entrada a la edificación por la parte inferior** y discurre desde el punto de entrada general hasta el registro principal ubicado en el recinto de instalaciones de telecomunicación inferior (RITI), donde se encuentran los **puntos de interconexión** de las diferentes redes del edificio.

La **canalización de enlace** debe ser lo más rectilínea posible y puede estar formada por tubos, canales o bandejas, aunque también se permiten los **cables fijados directamente a la pared** o techo mediante bridas, abrazaderas, etc., siempre que discurran por el interior de galerías con espacios reservados para telecomunicaciones.

Canal de 4 compartimentos (CEI)

Registro de enlace inferior (REI)

Dimensiones en mm
450 × 450 × 120

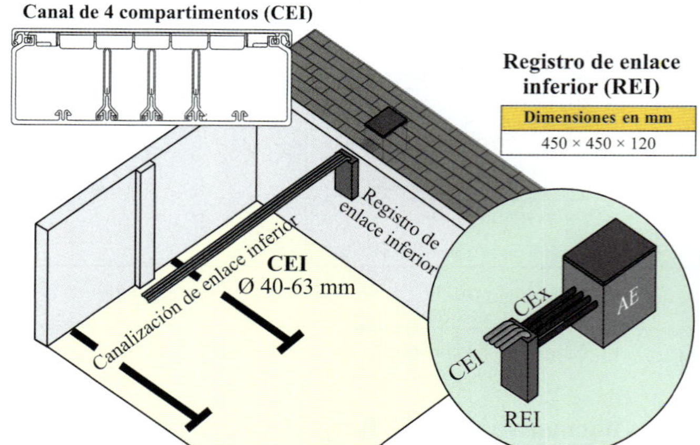

Canalización de enlace inferior (CEI)

N.º de PAU	N.º de tubos	Utilización de los tubos
Hasta 4	3	2 TBA + STDP, 1 reserva
De 5 a 20	4	2 TBA + STDP, 2 reserva
De 21 a 40	5	3 TBA + STDP, 2 reserva
Más de 40	6	4 TBA + STDP, 2 reserva

Figura 1.19. *Canalización de enlace inferior.*

El número de tubos de la canalización de enlace inferior coincide con el de la canalización externa, ya que se da continuidad a la red de alimentación en el interior del edificio. Su diámetro variará entre 40 mm y 63 mm, en función del número y tipo de cables que aloje cada tubo (Figura 1.19).

En el caso de las canales se dispondrán cuatro espacios independientes, en una o varias canales.

Registro de enlace inferior

La canalización de enlace inferior (CEI) se inicia en los registros de enlace inferior (REI).

En el **registro de enlace inferior** se produce la unión entre la canalización externa, que proviene de los cables entubados de los operadores que acceden por la arqueta de entrada, y la canalización de enlace inferior.

Se sitúan en el punto de acceso de la canalización externa con la zona común del edificio y su función es permitir la fácil manipulación de los cables, ya que estos pasan de la zona externa a la zona interior del inmueble.

Registros de paso

Cuando la canalización se realiza mediante tubos deben colocarse **registros de enlace** (armarios, arquetas o cajas de derivación), que realizan la función de **registros de paso,** en tramos intermedios de la canalización cuando la longitud de la canalización sea larga y cuando se produzcan cambios de dirección (Figura 1.20).

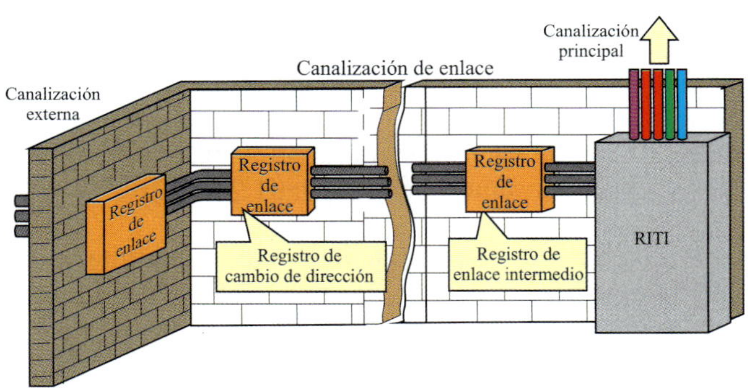

Figura 1.20. *Utilización de registro de paso en la canalización de enlace.*

1.4.10. Canalización y registros de enlace superior

Cuando el acceso de los servicios de telecomunicaciones se realiza mediante **enlace por medios radioeléctricos,** como es el caso de los servicios de radiodifusión y televisión (RTV), el sistema de captación se sitúa en el tejado o azotea del edificio.

La **canalización de enlace superior (CES)** soporta los cables que van desde los sistemas de captación hasta el recinto de instalaciones de telecomunicación superior (RITS), entrando en la edificación mediante el correspondiente **elemento pasamuros.**

Este tramo de la canalización siempre se realiza mediante dos tubos de Ø 40 mm o mediante una canal o bandeja de 3000 mm^2 de sección con 2 compartimentos.

En la Figura 1.21 se muestra un ejemplo de instalación de un registro de enlace superior en una azotea y la canalización de enlace que lleva los cables hasta el recinto de telecomunicaciones (RITS).

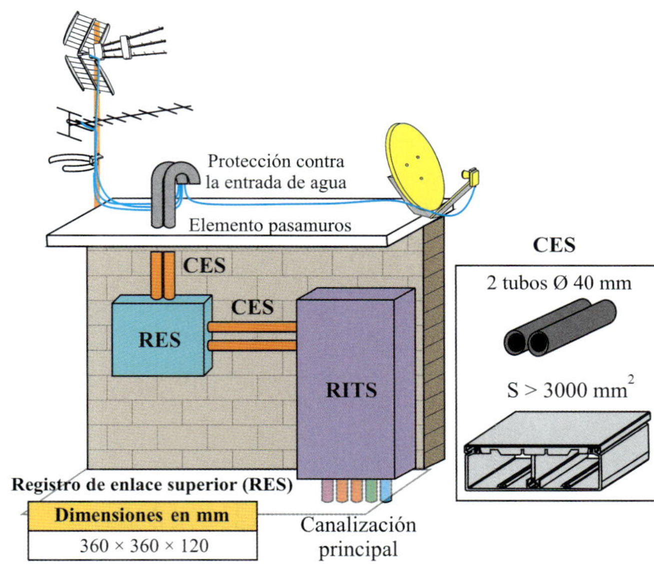

Figura 1.21. *Canalización de enlace superior.*

Registro de enlace superior

En el **registro de enlace superior (RES)** se produce la unión entre la **canalización de enlace superior (CES)** que proviene del sistema de captación y la parte que continúa por el interior del edificio.

Cuando sea necesario se colocarán en la canalización los **registros de enlace** que realicen la función de registros de paso.

1.4.11. Recintos de instalaciones de telecomunicación

Los **recintos de instalaciones de telecomunicación (RIT)** son los espacios donde se ubican únicamente los elementos necesarios para proporcionar los servicios de telecomunicación del edificio.

Los recintos de instalaciones de telecomunicación generalmente se sitúan en zonas comunes del edificio, diferenciándose dos tipos de recintos:

1. **Recinto de instalaciones de telecomunicación inferior (RITI):** local o habitáculo donde se instalan

los **registros principales** correspondientes a los distintos operadores de los servicios de STDP y TBA y los elementos necesarios para el suministro de estos servicios. De este recinto también arranca la canalización principal de la ICT de la edificación.

2. **Recinto de instalaciones de telecomunicación superior (RITS):** local o habitáculo donde se instalan los elementos necesarios para el suministro de los servicios de RTV y, en su caso, elementos de los servicios de acceso inalámbrico (SAI). En él se alojarán los elementos necesarios para adecuar las señales procedentes de los sistemas de captación de emisiones radioeléctricas de RTV para su distribución por la ICT de la edificación o, en el caso de los servicios de acceso inalámbrico, los elementos necesarios para trasladar las señales recibidas hasta el RITI.

Las **dimensiones** de estos recintos dependen del tamaño del edificio (Figura 1.22). Según el número de PAU, los RIT que normalmente están formados por habitáculos de obra pueden sustituirse por armarios modulares (RITM).

Utilización RIT modular:

Tipo de edificaciones	N.º de PAU
Bloques de viviendas	≤ 45
Viviendas unifamiliares	≤ 20

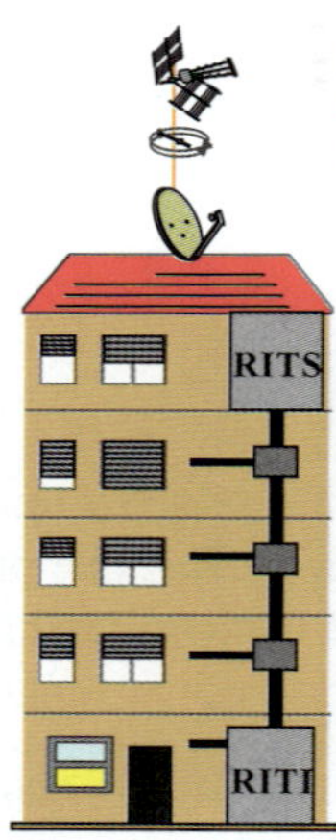

Utilización: siempre

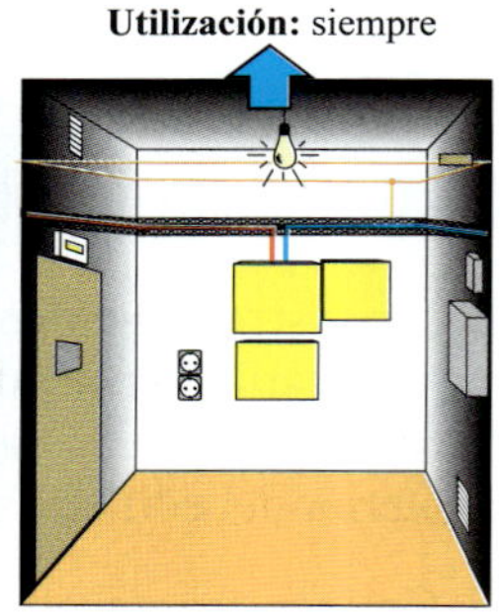

Dimensiones mínimas RIT:

N.º de PAU	Altura (mm)	Anchura (mm)	Profundidad (mm)
Hasta 20	2000	1000	500
De 21 a 45	2000	1500	500
De 46 a 74	2300	2000	1000
Más de 74	2300	2000	2000

Figura 1.22. *Recintos de instalaciones de telecomunicación (RIT).*

En ocasiones, cuando la edificación es pequeña, puede utilizarse un **recinto de instalaciones de telecomunicación único (RITU)** o un **recinto de instalaciones de telecomunicación único ampliado (RITU-A)** que realiza las funciones del RITS y del RITI, tal y como se muestra en la Figura 1.23.

RITU-Ampliado (utilización)

Tipo de edificaciones	N.º de PAU
> PB + 3	≤ 16
Cualquier altura	17 a 30

(*) Edificios con planta baja y más de tres alturas.
(**) Edificios de cualquier altura.

Dimensiones

N.º de PAU	Dimensiones (mm)
Hasta 16 (*)	2000 × 2000 × 500
De 17 a 20 (**)	2000 × 2000 × 500
De 21 a 30 (**)	2000 × 3000 × 500

c) RITU-Ampliado

RITU (utilización)

Tipo de edificaciones	N.º de PAU
Bloques de viviendas	≤16 y PB+3
Viviendas unifamiliares	Siempre

Dimensiones

N.º de PAU	Dimensiones (mm)
Hasta 5 (*)	1000 × 500 × 300
Hasta 5 (**)	1000 × 1000 × 500
De 6 a 16	2000 × 1000 × 500
De 17 a 30	2000 × 1500 × 1000
Más de 30	2000 × 2000 × 1500

(*) Edificios sin zonas comunes.
(**) Edificios con zonas comunes.

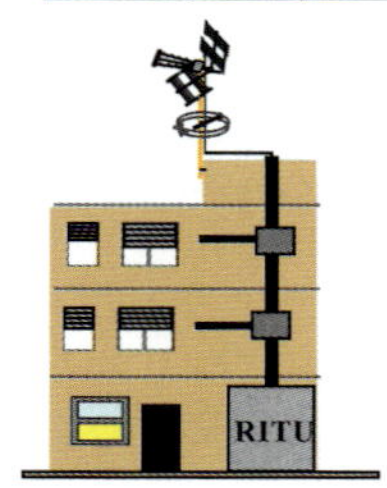

a) Edificios de viviendas

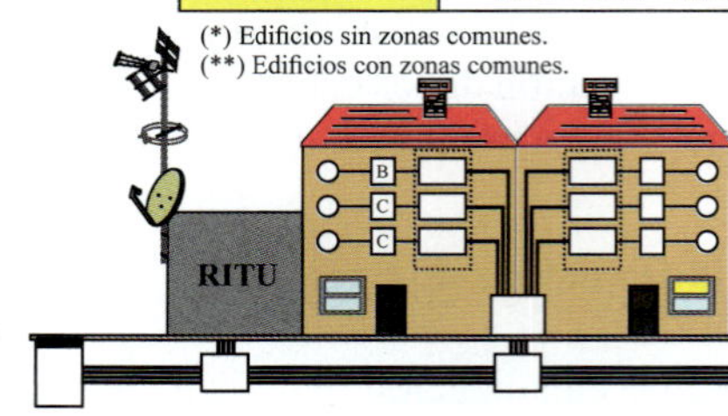

b) Viviendas unifamiliares

Figura 1.23. *Utilización de un RITU.*

Características constructivas de los recintos

Los recintos de instalaciones de telecomunicación (RIT) deben cumplir una serie de características, algunas de las cuales no son de aplicación a los recintos de tipo modular (RITM), que se resumen en la Figura 1.24:

- Los recintos dispondrán de espacios delimitados en planta para cada tipo de servicio de telecomunicación (registros principales).
- Tiene que haber un nivel medio de iluminación de 300 lx, así como iluminación de emergencia, según las prescripciones del Reglamento Electrotécnico de Baja Tensión (REBT).
- Estarán equipados con un sistema de bandejas, bandejas en escalera o canales para el tendido de los cables oportunos, disponiéndose en todo el perímetro interior a 300 mm del techo.
- Tendrán una puerta de acceso metálica y dispondrán de cerradura con llave común para los distintos usuarios autorizados.
- El recinto dispondrá de ventilación natural o forzada de manera que permita una renovación total del aire del local por lo menos dos veces por hora.
- Dispondrán de un anillo cerrado de puesta a tierra según lo establecido en la ICT.

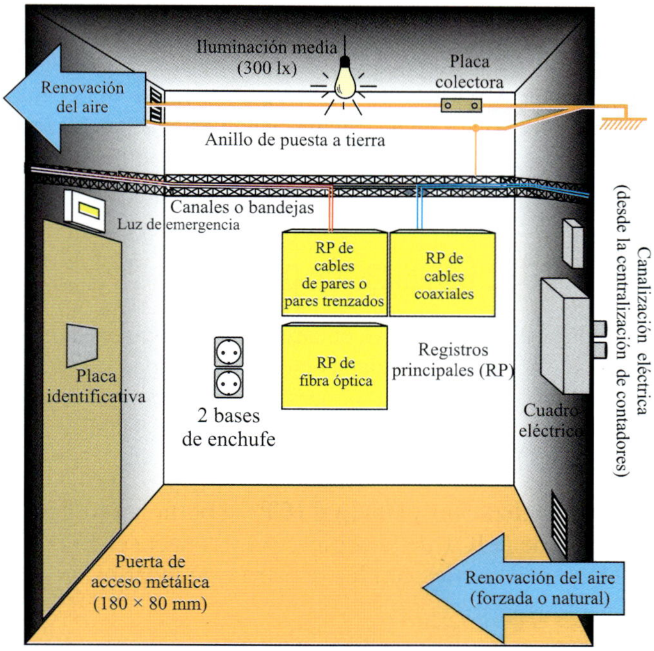

Figura 1.24. *Características de los recintos de telecomunicación.*

Los **recintos de telecomunicación de tipo modular (RITM)** son armarios, como los de la Figura 1.25a, con unas características bien definidas por la ICT. El armario de la Figura 1.25b realiza las funciones de RITI, mientras que el armario de la Figura 1.25c realiza las funciones de RITS.

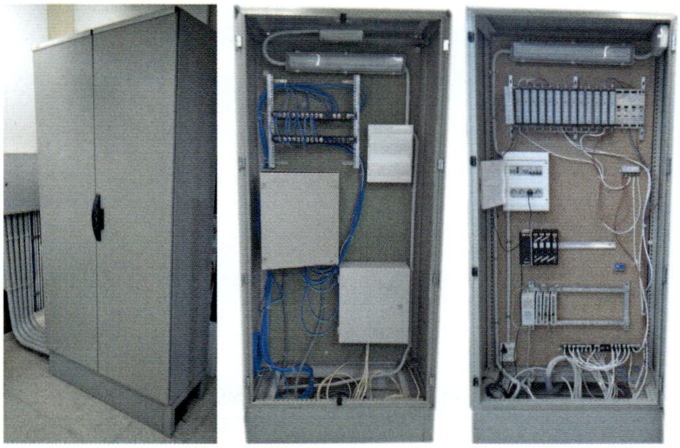

a) RITM b) RITI c) RITS

Figura 1.25. *Recintos de telecomunicaciones de tipo modular.*

Recuerda

Los recintos de instalaciones de telecomunicación (RIT) son habitáculos de obra que pueden sustituirse por armarios metálicos modulares cuando las características del edificio sean las adecuadas.

Ubicación del recinto

Los recintos de instalaciones de telecomunicación se sitúan en una zona comunitaria del edificio. Normalmente, su ubicación (Figura 1.26) es la siguiente:

- El RITS se sitúa en la cubierta o tejado, pero nunca por debajo de la última planta del edificio.
- El RITI se sitúa, cuando es posible, en la misma vertical que el RITS, en el sótano o en la planta baja.

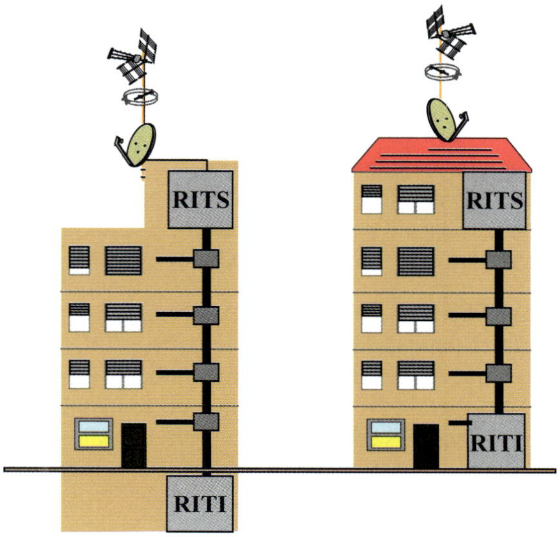

Figura 1.26. *Ubicación de los RIT.*

Sabías que...

En todos los recintos de instalaciones de telecomunicación existirá una placa de dimensiones mínimas de 200 × 200 mm (ancho x alto), resistente al fuego y situada en lugar visible entre 1200 y 1800 mm de altura, donde aparezca el número de registro asignado por la Jefatura Provincial de Inspección de Telecomunicaciones (JPIT) al proyecto técnico de la instalación.

1.4.12. Registros principales

Los **registros principales** son las envolventes donde se instalan los componentes necesarios para implementar el **punto de interconexión** entre las redes de alimentación de los proveedores de servicio y la red de distribución que da servicio a los usuarios del inmueble.

Para cada uno de los servicios que ha de distribuirse en la instalación se incorporará un registro principal en el interior de los recintos de instalaciones de telecomunicación. En la Figura 1.27 se muestran dos ejemplos de registros principales.

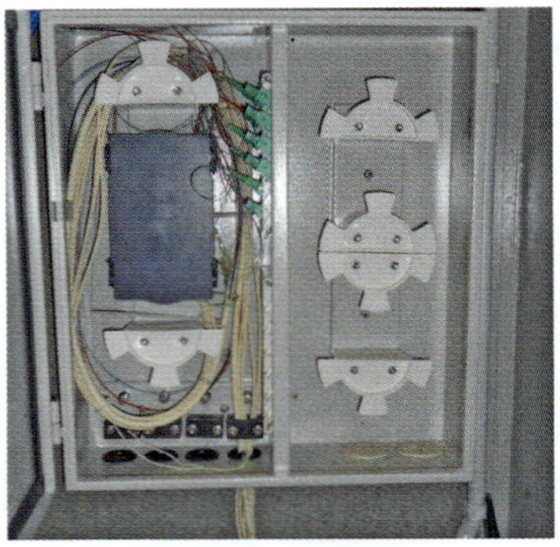

a) De fibra óptica

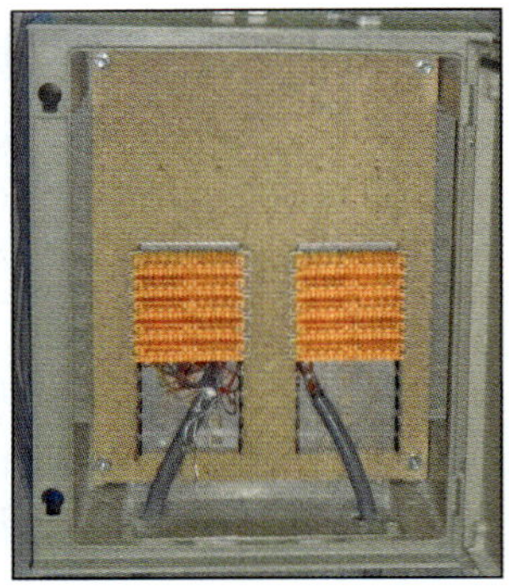

b) De cable de pares

Figura 1.27. *Ejemplos de registros principales.*

En el **RITI** (Figura 1.28a) se instalarán tres registros principales (cables de pares trenzados o pares, cables coaxiales para servicios de TBA y cables de fibra óptica), o al menos el espacio reservado para su uso futuro, y también se dejará espacio reservado para otros propósitos.

En el **RITS** (Figura 1.28b) no existe ningún registro principal para el equipo de cabecera de radio y TV, así que los elementos que lo forman se fijan directamente en la base del recinto. Asimismo, en el caso de que no se instalen inicialmente las antenas satélite, se reservará espacio suficiente para la cabecera satélite y espacio para los operadores de servicio de acceso inalámbrico (SAI).

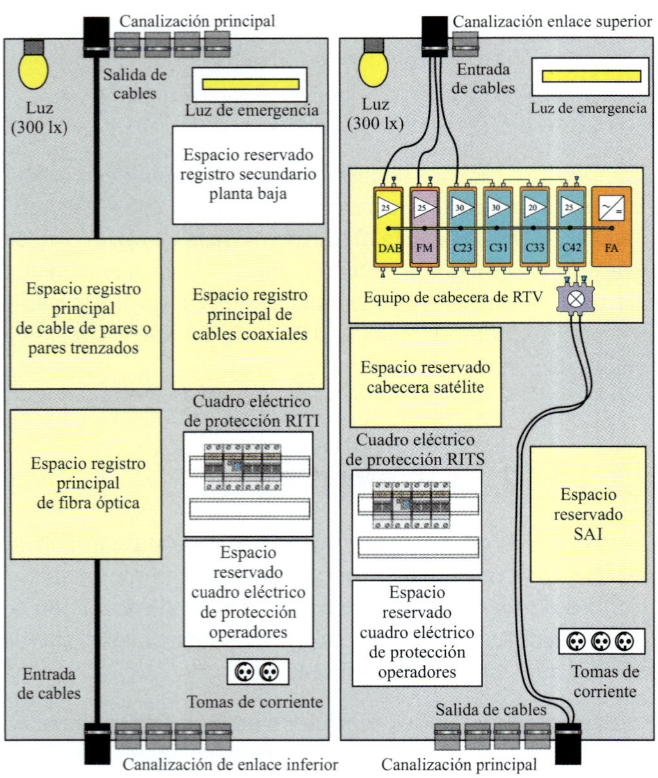

a) RITI b) RITS

Figura 1.28. *Espacios de los RIT.*

Sabías que...

La tecnología SAI (servicio de acceso inalámbrico) permite acceder a servicios de telecomunicación en aquellos lugares donde es difícil acceder mediante cables a los edificios.

1.4.13. Canalización principal

La **red de distribución** se encarga de distribuir la señal de TV desde la cabecera situada en el RITS a todas las plantas del edificio, de la misma manera que lo hacen las redes de distribución para el acceso a los servicios de STDP y TBA desde el RITI a cada planta.

La **canalización principal (CP)** soporta la red de distribución de la ICT de la edificación y conecta el RITI y el RITS entre sí y estos con los registros secundarios.

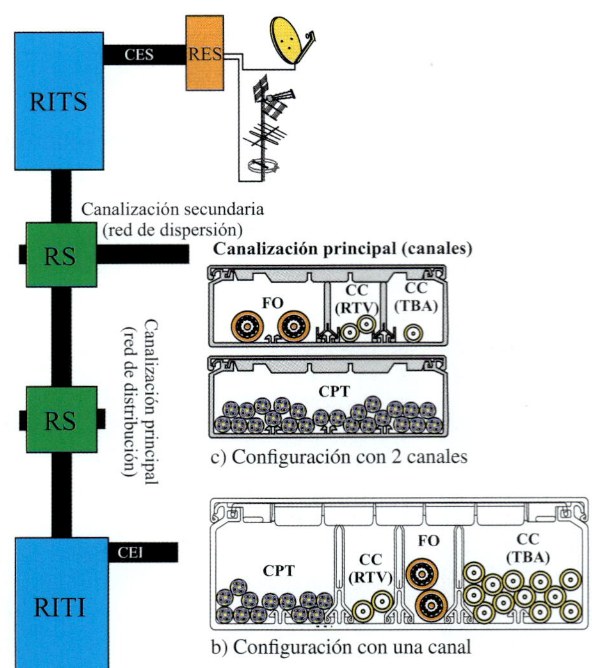

Canalización principal (tubos)

N.º de PAU	N.º de tubos	Utilización				
		RTV	STPD	TBA	FO	R
Hasta 10	5	1	1	1	1	1
De 11 a 20	6	1	1	2	1	1
De 21 a 30	7	1	2	1	1	2
Más de 30	Cálculo específico en el proyecto de ICT	1	2:CP 1/20:CPT	1	1	1/15 PAU

a) Configuración mediante tubos

Figura 1.29. *Canalización principal.*

La canalización principal deberá ser rectilínea, fundamentalmente vertical y de una capacidad suficiente para alojar todos los cables necesarios para los servicios de telecomunicación de la edificación. La canalización principal estará formada por tubos o canales, tal y como se muestra en la Figura 1.29:

- **Tubos.** La canalización principal se realizará mediante tubos de 50 mm de diámetro exterior y de pared interior lisa. El número de tubos dependerá del número de PAU del edificio y de la configuración de la estructura propia de la edificación (Figura 1.29a).
- **Canales.** El dimensionamiento de las canales también se realiza en función del número de PAU del edificio, con un compartimento independiente para cada tipo de cables, y puede utilizarse una sola canal (Figura 1.29b) o una combinación de dos canales (Figura 1.29c).

Sabías que...

En edificaciones con distribución en varias verticales, cada vertical tendrá su canalización principal independiente y partirán todas ellas de un registro principal único, situado en el RITI.

1.4.14. Registros secundarios

Los **registros secundarios (RS)** son las envolventes que conectan la canalización principal con la secundaria. Su función básica es la de seccionar o cambiar de dirección la canalización principal.

Los **registros secundarios** son cajas empotradas en la pared o elementos de obra con su correspondiente tapa que se instalan en superficie o empotrados en los rellanos de cada planta de un edificio, patios de luces, etc. Estos registros están preparados para la entrada de los cables tanto mediante tubos como mediante canales y su superficie interior permite la fijación de componentes, ya que están constituidos por una placa de madera hidrófuga e ignífuga, preparada para la conexión directa de los elementos de telecomunicaciones.

En el registro secundario se instalan los **puntos de distribución** de las diferentes redes, por lo que deberá disponer de espacios delimitados, cuando proceda, para cada uno de los servicios (Figura 1.30). En su interior se alojarán:

- Los derivadores de la red de RTV y de la red de cables coaxiales de TBA.
- Las regletas del punto de distribución de cables de pares.
- Las cajas de segregación que constituyen el punto de distribución de fibra óptica.
- El paso de cables de pares trenzados, coaxiales y de fibra óptica.

Registro secundario	Dimensiones
N.º PAU/Planta ≤ 3 y n.º PAU ≤ 20	450 × 450 × 150 mm
N.º PAU/Planta ≤ 4 y n.º plantas ≤ 5	
20 < n.º PAU ≤ 30	500 × 700 × 150 mm
N.º PAU ≤ 20 y n.º plantas > 5	
N.º PAU ≤ 20 y n.º PAU/Planta > 3	
N.º PAU > 30	550 × 1000 × 150 mm

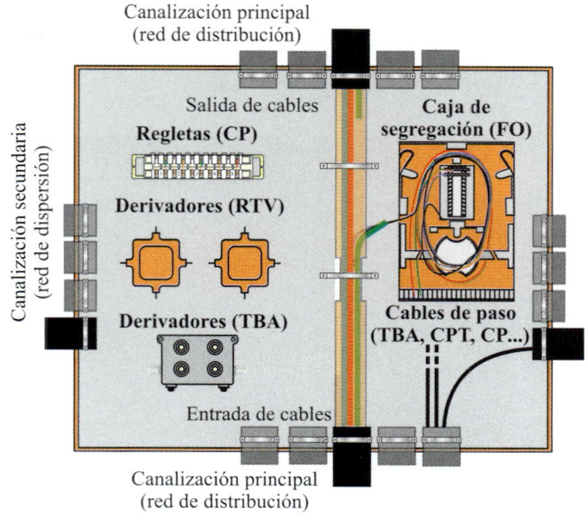

Figura 1.30. *Puntos de distribución de las diferentes redes en un registro secundario.*

Las dimensiones del registro secundario dependerán de las características del edificio, puesto que, a mayor número de PAU, plantas o PAU/planta, más cables pasarán a través de él o más elementos deberán instalarse.

En la Figura 1.31 se muestra un registro secundario vacío, lleno y cerrado. En el fondo de este registro se adapta una placa de material aislante (madera o plástico) que permite la sujeción mediante tornillos de los elementos de conexión correspondientes de las diferentes redes.

Las puertas de los registros deben disponer de cerradura con llave de apertura.

a) Registro vacío b) Registro lleno c) Registro cerrado

Figura 1.31. *Registro secundario.*

Los registros secundarios también pueden realizar las funciones de **registro de paso** facilitando la instalación de los cables cuando existen tramos rectos de canalización muy largos, cuando es necesario un cambio en el tipo de canalización (de tubo a canal, por ejemplo) o cuando es necesario acceder a diferentes verticales de un edificio, bifurcaciones de canalizaciones o cambios de pendiente. Los cambios de dirección con canales y bandejas se harán mediante los accesorios adecuados garantizando el radio de curvatura necesario de los cables.

En la Figura 1.32 se muestran dos **registros secundarios de cambio de dirección,** donde los cables solo discurren de paso por ellos.

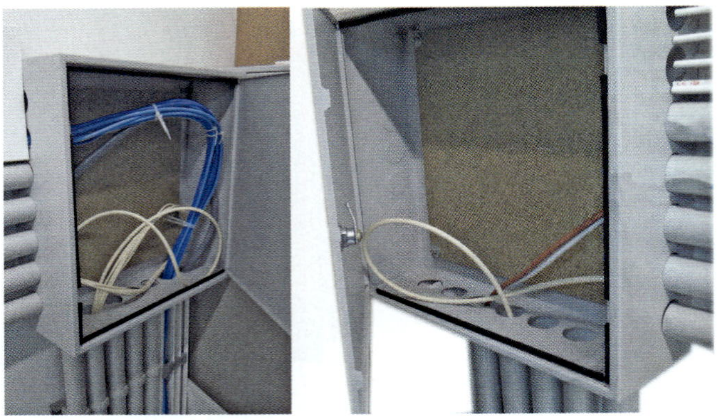

Figura 1.32. *Registros secundarios realizando las funciones de registro de paso.*

1.4.15. Canalización secundaria

Del registro secundario de cada planta salen varias **canalizaciones secundarias,** que deben ser de capacidad suficiente para alojar todos los cables de la **red de dispersión** de las viviendas a las que dan servicio.

Esta canalización puede materializarse mediante tubos o canales, la utilización de la cual se resume en la Figura 1.33.

En la canalización secundaria se diferencian dos tramos:

1. **Tramo comunitario:** por este tramo de la canalización secundaria discurren cables de diferentes viviendas de la misma planta, por lo que se utilizan 4 tubos, cuyas dimensiones dependerán del tipo y número de cables que alojen, entre 25 y 40 mm de diámetro. Cuando se utilicen canales, estas deberán tener 4 compartimentos.
2. **Tramo de acceso a la vivienda del usuario:** por este tramo solo discurren los cables asociados a los servicios de una única vivienda. Siempre se utilizan 3 tubos de 25 mm de diámetro. Cuando se utilicen canales, estas deberán tener 3 compartimentos.

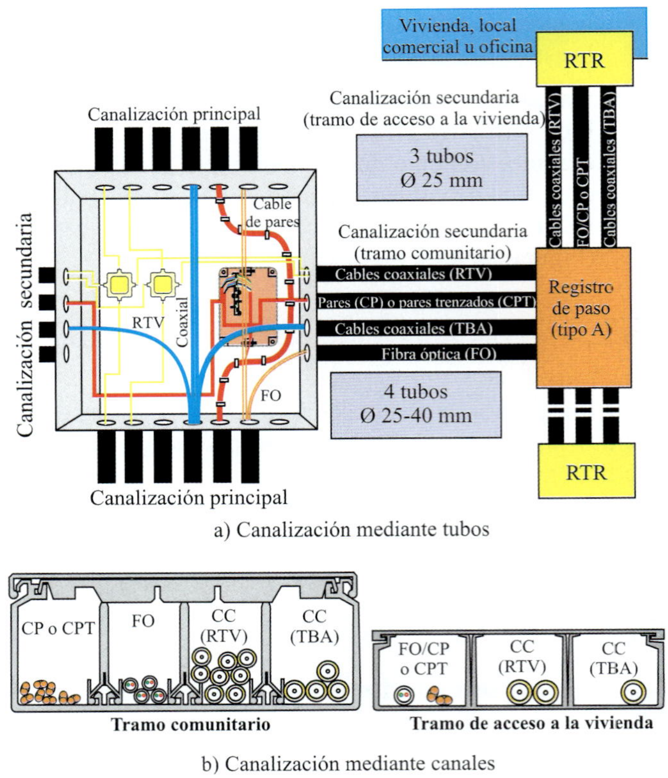

Figura 1.33. *Canalización secundaria.*

1.4.16. Registros de paso

Los **registros de paso** son cajas con entradas laterales preiniciadas e iguales en sus cuatro paredes, a las que pueden acoplarse conos ajustables multidiámetro para la entrada de tubos, que facilitan el tendido de los cables en la canalización secundaria y en la canalización interior de usuario. Existen tres tipos (Figura 1.34) que se diferencian por sus dimensiones (tipo A, tipo B y tipo C).

Registro de paso

Registro	Dimensiones (mm)	N.º de entradas en cada lateral	Diámetro máximo del tubo (mm)	Utilización
Tipo A	360 × 360 × 120	6	40	Canalización secundaria en tramos comunitarios.
Tipo B	100 × 100 × 40	3	25	Canalización secundaria en tramos de acceso a vivienda.
				Canalización interior de usuario para cables de FO y pares trenzados.
Tipo C	100 × 160 × 40	3	25	Canalización interior de usuario para cables coaxiales.

Figura 1.34. *Tipos de registros de paso.*

En la **canalización secundaria** se utilizan los registros de paso **tipo A** o **tipo B** para facilitar el tendido de los cables entre los registros secundarios y de terminación de red:

- Se utiliza un **registro de paso tipo A** cuando la canalización pasa del tramo comunitario (4 tubos) al tramo de acceso a la vivienda (3 tubos).
- También se utilizan registros de paso en los recorridos demasiado largos o cambios de dirección. Los **registros de paso tipo A** se utilizan en el tramo comunitario y los **registros de paso de tipo B** en el tramo de acceso a la vivienda.

En la Figura 1.35 se muestra un ejemplo de utilización de registros de paso en la canalización secundaria.

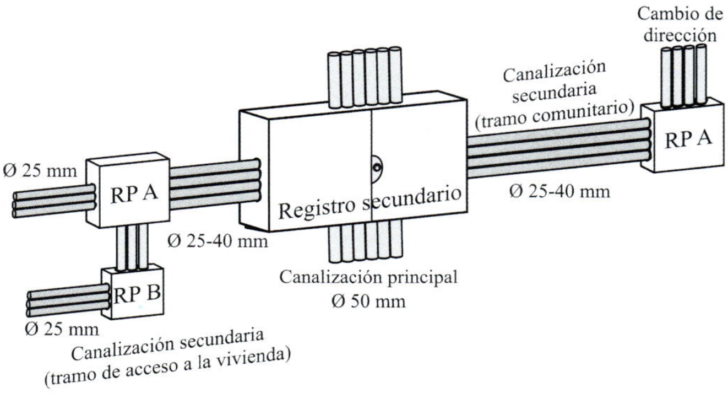

Figura 1.35. *Utilización de registros de paso en la canalización secundaria.*

con tapa abatible y, en los casos en que estén destinados a albergar equipos activos, dispondrán de una rejilla de ventilación capaz de evacuar el calor producido por la potencia disipada por estos (estimada en 25 W).

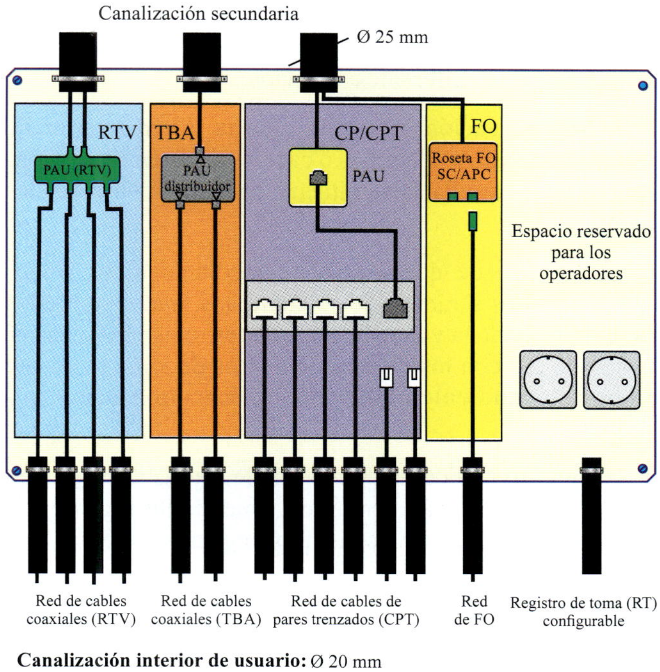

Figura 1.36. *Configuración de un registro de terminación de red.*

1.4.17. Registros de terminación de red

Los **registros de terminación de red** son los aquellos que se ubican en el interior de la vivienda o local del usuario final, que conectan la canalización secundaria con la canalización interior de usuario y alojan en su interior los PAU (puntos de acceso al usuario) de los diferentes servicios, pero también los elementos necesarios para configurar las redes interiores de usuario en estrella y los equipos de los operadores.

En la Figura 1.36 se muestra un ejemplo de RTR donde se observan los espacios delimitados para cada servicio.

Los registros de terminación de red se instalan en el interior de la vivienda, local, oficina o estancia común de la edificación empotrados en la pared (Figura 1.37a) o en montaje superficial (Figura 1.37b) cuando sea mediante canal. Dispondrán de las entradas necesarias para el acceso de la canalización secundaria y de la canalización interior de usuario.

Las dimensiones mínimas de los registros dependerán de la configuración adoptada (Figura 1.38c). Las tapas de las envolventes de los registros deberán ser de fácil apertura

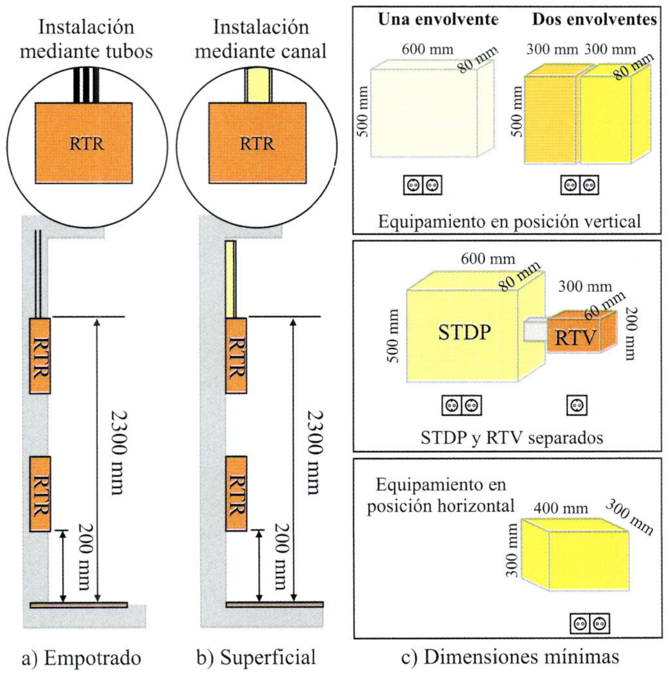

Figura 1.37. *Tipos de montaje y dimensiones mínimas de un registro de terminación de red.*

1.4.18. Canalización interior de usuario

La **canalización interior de usuario** se inicia en la entrada de la vivienda, local comercial u oficina donde se instala el **registro de terminación de red (RTR)** y finaliza en los **registros de toma (RT)** donde se instalan las BAT o tomas de usuario de los diferentes servicios.

Esta canalización es la que soporta la red interior de usuario y se realiza con tubos o canales, utilizando una configuración en estrella, generalmente con tramos horizontales y verticales.

En el caso de que se realice mediante tubos (Figura 1.38a), estos serán rígidos o curvables, irán empotrados por el interior de la vivienda y unirán los registros de terminación de red con los distintos registros de toma mediante **tubos independientes** de 20 mm de diámetro exterior mínimo.

Cuando se realice mediante canales, estas se instalarán en montaje superficial o enrasado, uniendo los registros de terminación de red con los distintos registros de toma. Dispondrán, como mínimo, de 3 espacios independientes que alojarán únicamente cables para servicios de telecomunicación (Figura 1.38b).

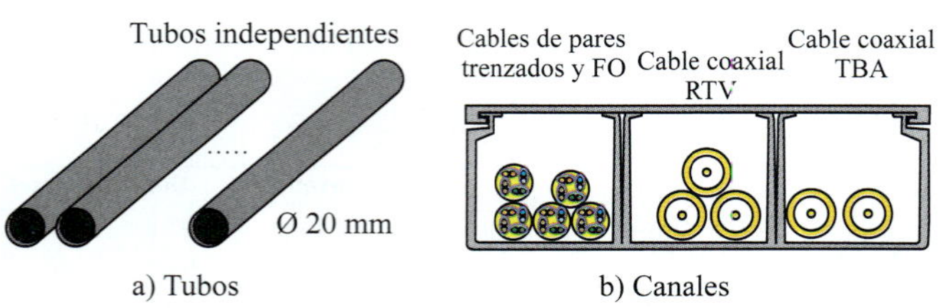

Figura 1.38. *Tubos y canales.*

Registro de toma

Los **registros de toma** son los elementos que disponen de los medios adecuados para la fijación de la toma de usuario (BAT) de cada servicio. Normalmente, irán empotrados en pared.

La normativa de la ICT exige un número de BAT mínimo para cada servicio, por lo que será necesario instalar tantos registros de toma como BAT tenga la instalación. Además, en la cercanía del PAU debe instalarse un **registro de toma configurable.**

La Figura 1.39 muestra el esquema de principio de la canalización interior de usuario con el número de registros de toma por instalar en función de las características de la vivienda.

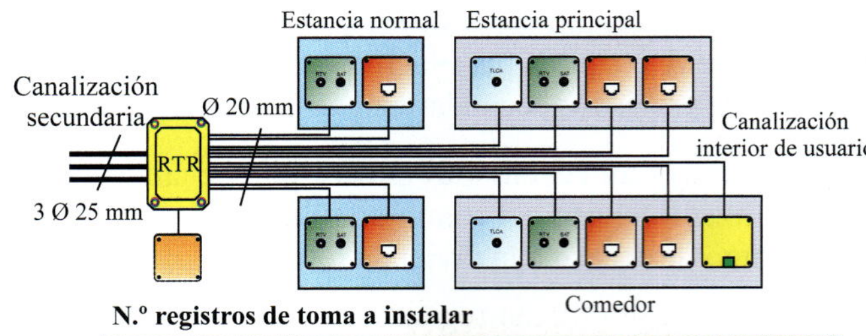

N.º registros de toma a instalar

Tipo de estancia		RTV	CPT	TBA	FO
Estancias principales	Comedor	1	2	1	1
	Otra	1	2	1	---
Resto de estancias		1	1	---	---
En la cercanía del PAU (RTR)		1 RT configurable			

Figura 1.39. *Canalización interior de usuario.*

Registros de paso

En la canalización interior de usuario se intercalan **registros de paso** que facilitan el tendido de los cables de la red interior de usuario.

Para la canalización interior de usuario existen dos registros de paso específicos:

1. Los **registros de paso de tipo B** se utilizan para facilitar el tendido de cables de pares trenzados y FO.
2. Los **registros de paso de tipo C** se utilizan para facilitar el tendido de cables coaxiales.

Caso práctico 1.4
Canalización interior de usuario

En la Figura 1.40 se muestra la distribución de la canalización interior de usuario de una vivienda. La vivienda tiene cuatro estancias computables:

1. En las dos estancias principales de la vivienda (comedor y dormitorio 1) se instala un registro de toma de RTV, otro para la red de cable coaxial (TBA) y dos para las tomas de la red de cables de pares trenzados (CPT). En el comedor, u otra estancia principal, además se añade un registro de toma para la red de FO.
2. En el resto de las estancias se instala un registro de toma para RTV y otro para CPT.
3. En los baños y trasteros no se instalan tomas, pues no son estancias computables.

4. Cerca del RTR se instala un registro de toma vacío (RT configurable), en el que no se instalará ningún cable, pero que será posible reconfigurar en un futuro.

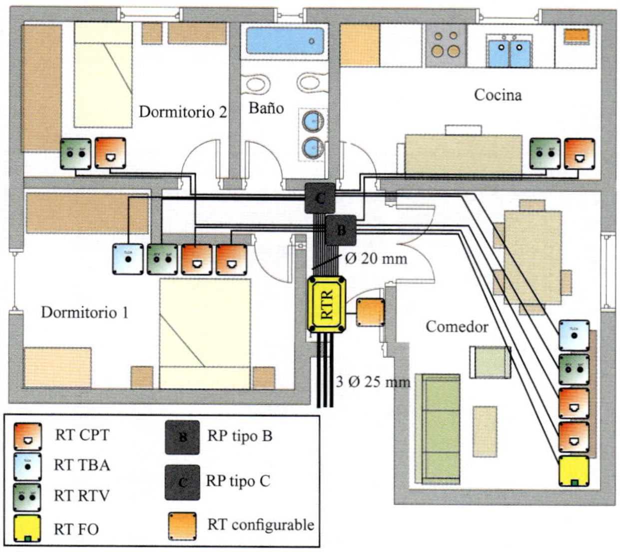

Figura 1.40. *Canalización interior de usuario.*

1.4.19. Canalización de los ascensores

La previsión de la demanda que se haga para los ascensores estará en consonancia con la normativa específica aplicable a este tipo de instalaciones, en particular por razones de seguridad.

En cualquier caso, en el **cuarto de máquinas de cada ascensor, caja de mecanismos de control** o espacio equivalente se instalará una canalización constituida por un tubo de 25 mm de diámetro que, partiendo del registro principal del RITI (o RITU) y dotado del correspondiente hilo guía, terminará en un registro de toma (RT) provisto de tapa ciega. En los paneles de conexión o regleteros de salida situados en los registros principales, para todas las tecnologías que se instalen, se hará la previsión correspondiente para dar servicio a dicha estancia.

1.5. Instalación eléctrica de una ICT

La ICT de un edificio debe prever la alimentación eléctrica en diferentes puntos de la instalación, ya sea porque es necesario alimentar equipos activos o porque es necesario prever la instalación eléctrica para los equipos que instale el operador:

- La alimentación de los recintos de instalaciones de telecomunicación, al ser comunitarios, requiere una línea eléctrica cuya alimentación se realizará desde el cuadro de protección de los servicios generales del edificio.
- En cambio, los elementos de la instalación interior de usuario que requieran alimentación eléctrica (registros de terminación de red y registros de toma de los servicios de TV y TBA) se alimentarán desde el cuadro de protección eléctrica de cada vivienda.

Las **canalizaciones eléctricas** por donde discurren los cables de la red eléctrica deben ser diferentes de las canalizaciones utilizadas en la ICT, y toda la **instalación eléctrica** debe cumplir lo dispuesto por el **Reglamento Electrotécnico de Baja Tensión (REBT).**

1.5.1. Cuadro de contadores

En el **lugar de centralización de contadores** o **cuarto de contadores del edificio,** que se muestra en la Figura 1.41, se encuentra el **contador de los servicios generales del edificio.**

Debe preverse también espacio suficiente para la colocación de, al menos, dos contadores de energía eléctrica para su utilización por posibles compañías operadoras de servicios de telecomunicación. De esta manera, cuando alguno de los operadores necesite alimentar equipos propios, la compañía eléctrica podrá facturarles el consumo eléctrico. Para este propósito, desde el lugar de centralización de contadores, se instalarán al menos dos canalizaciones hasta el RITI y una hasta el RITS, todas ellas de 32 mm de diámetro exterior mínimo.

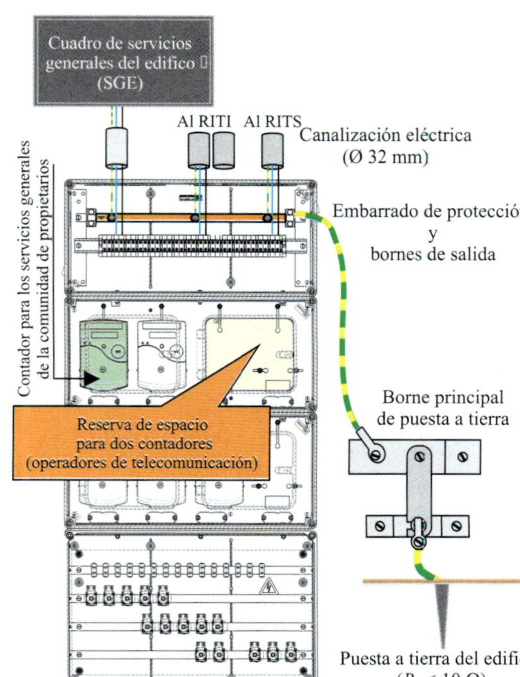

Figura 1.41. *Cuadro de contadores.*

Conductores de protección y puesta a tierra

El cuarto de contadores es un elemento fundamental en la alimentación eléctrica de todos los elementos de la infraestructura, ya que incluye los **bornes de salida** y el **embarrado de protección** desde donde se conectarán los cables de alimentación (bornes de salida) y el cable de protección (embarrado de protección) de cada derivación individual.

El embarrado de protección del cuadro de contadores irá conectado en algún punto a un **borne principal de puesta a tierra,** donde conectará los conductores de protección a la puesta a tierra del edificio.

Recuerda

Los **conductores de protección** sirven para unir eléctricamente las masas de una instalación a la instalación de tierra del edificio con el fin de asegurar la protección contra contactos indirectos.

1.5.2. Cuadro de servicios generales del edificio

Desde el **cuadro de servicios generales del edificio,** además de alimentar los circuitos de iluminación comunes del edificio, el ascensor, etc., se alimentan los recintos de instalaciones de telecomunicación.

En la Figura 1.42 se muestran los elementos mínimos con los que estará dotado este cuadro de protección:

a) Cajas para los posibles **interruptores de control de potencia (ICP).**

b) **Interruptor general automático** de corte omnipolar (IGA): tensión nominal (V_N) 230/400 V CA, intensidad nominal (I_N) mínima 25 A y poder de corte (P_{CU}) 4500 A.

c) **Interruptor diferencial** de corte omnipolar (ID): V_N 230/400 V CA, I_N mínima 25 A e intensidad de defecto ($I_{\Delta N}$) 300 mA de tipo selectivo (tipo S).

d) **Dispositivo de protección contra sobretensiones transitorias (PST).**

e) Tantos **elementos de seccionamiento** (PIA) como se considere necesario, ya que, de este cuadro, se alimentan los servicios generales del edifico, además del RITI y del RITS. Cada uno de los PIA protege el circuito de alimentación de los RIT contra sobrecargas y cortocircuitos.

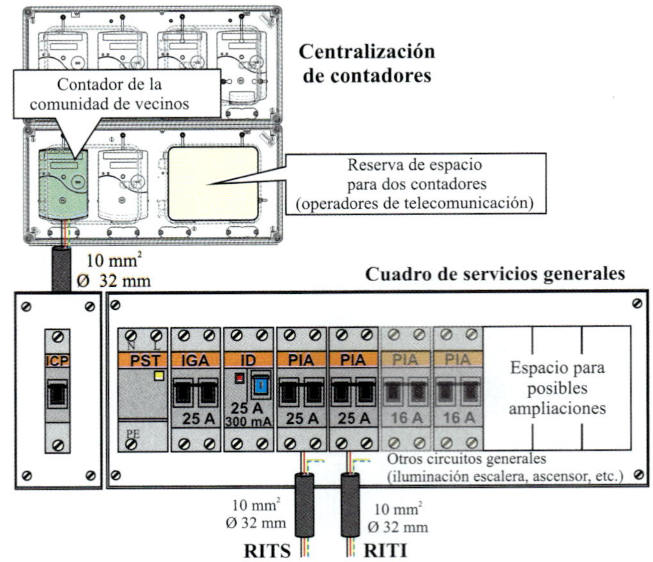

a) Cuadro de protección de los servicios generales

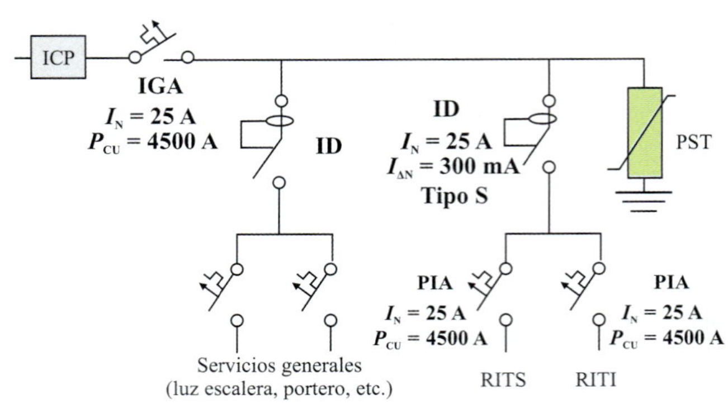

b) Esquema eléctrico

Figura 1.42. *Cuadro de servicios generales del edificio.*

Sabías que...

Para garantizar la correcta actuación de los dispositivos de protección, los interruptores diferenciales instalados en el cuadro de servicios generales tienen que ser de tipo selectivo (S) y de 300 mA de sensibilidad, de modo que actúan de manera coordinada con el resto de los cuadros eléctricos, cuyos interruptores diferenciales instalados deben ser instantáneos y de alta sensibilidad (30 mA).

Sabías que...

Aunque el REBT y la ICT especifican cables de 6 mm² mínimo de diámetro para las derivaciones individuales, algunas compañías eléctricas exigen un diámetro mínimo de 10 mm².

Desde el cuadro de servicios generales de la edificación se habilitará una **canalización eléctrica** directa hasta cada recinto, constituida por cables de cobre con aislamiento de 450/750 V y de $2 \times 6 + T$ mm^2 de sección mínima en el interior de un tubo de 32 mm de diámetro exterior mínimo o canal de sección equivalente, de forma empotrada o superficial.

1.5.3. Instalación eléctrica de los recintos de telecomunicación

La canalización eléctrica que proviene del cuadro de servicios generales del edificio finalizará en el correspondiente **cuadro de protección de los recintos de telecomunicaciones.**

Este cuadro se utiliza para proteger las instalaciones eléctricas que contiene cada recinto de telecomunicaciones:

- **Circuito de iluminación:** para la alimentación del alumbrado y el alumbrado de emergencia. La sección mínima de los conductores de este circuito es $2 \times 1{,}5 + T$ mm^2.
- **Circuitos de tomas de corriente:** en cada recinto habrá, como mínimo, dos bases de enchufe con toma de tierra y de capacidad mínima de 16 A. En el recinto superior se dispondrá, además, de las bases de toma de corriente necesarias para alimentar las cabeceras de RTV. En el caso de requerir ventilación forzada se alimentará desde el cuadro eléctrico instalado en cada RIT. La sección mínima de los conductores de este circuito es $2 \times 2{,}5 + T$ mm^2.

En la Figura 1.43 se muestra un ejemplo de cuadro eléctrico del RITI de una instalación. Estos cuadros de protección se sitúan lo más próximo posible a la puerta de entrada, tendrán tapa y podrán ir instalados de forma empotrada o superficial.

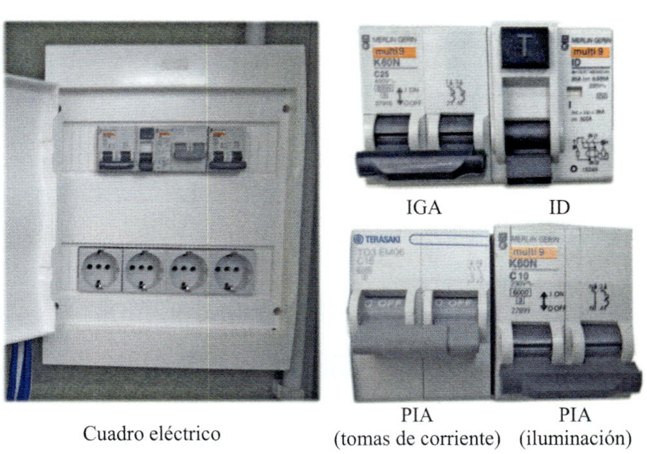

Figura 1.43. *Cuadro eléctrico de protección.*

Sabías que...

Normalmente, el conductor de protección (T) tiene la misma sección que los conductores de alimentación de su circuito eléctrico.

El **cuadro de protección del RITI** (Figura 1.44) tendrá las dimensiones suficientes para instalar en su interior las protecciones mínimas y una previsión para su ampliación en un 50 %, que se indican a continuación:

a) Interruptor general automático de corte omnipolar (IGA): V_N 230/400 V CA e I_N mínima 25 A.

b) Interruptor diferencial de corte omnipolar (ID): V_N de 230/400 V CA, I_N mínima de 25 A e $I_{\Delta N}$ de 30 mA.

c) Interruptor magnetotérmico de corte omnipolar (PIA) para la protección del alumbrado del recinto: V_N de 230/400 V CA e I_N 10 A.

d) Interruptor magnetotérmico de corte omnipolar (PIA) para la protección de las bases de toma de corriente del recinto: V_N de 230/400 V CA e I_N 16 A.

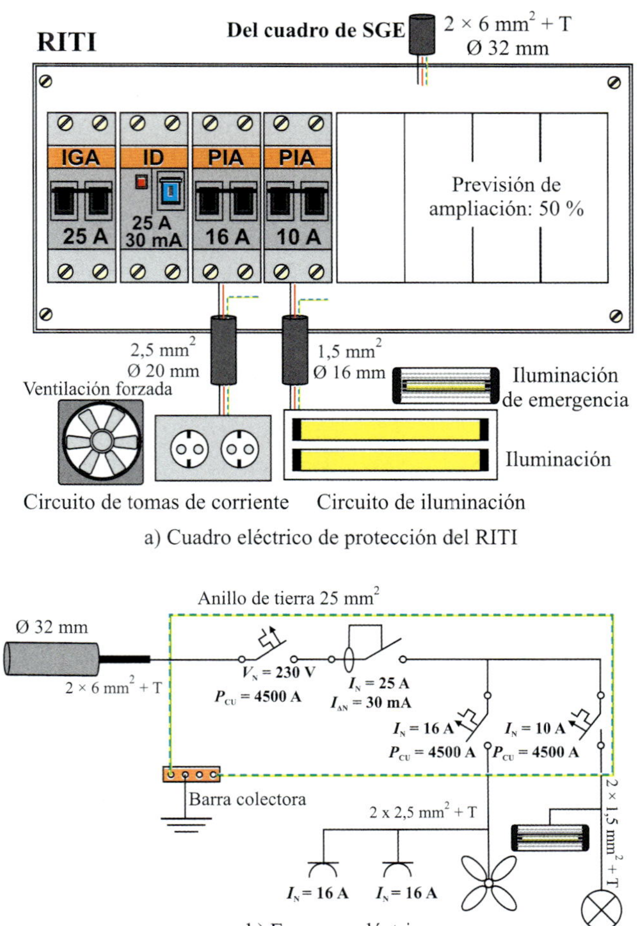

Figura 1.44. *Cuadro eléctrico de protección del RITI.*

En el **RITS** (Figura 1.45), además, se dispondrá de un interruptor magnetotérmico de corte omnipolar adicional para la protección de los equipos de cabecera de la infraestructura de radio y televisión, de tensión nominal 230/400 V CA e intensidad nominal 16 A.

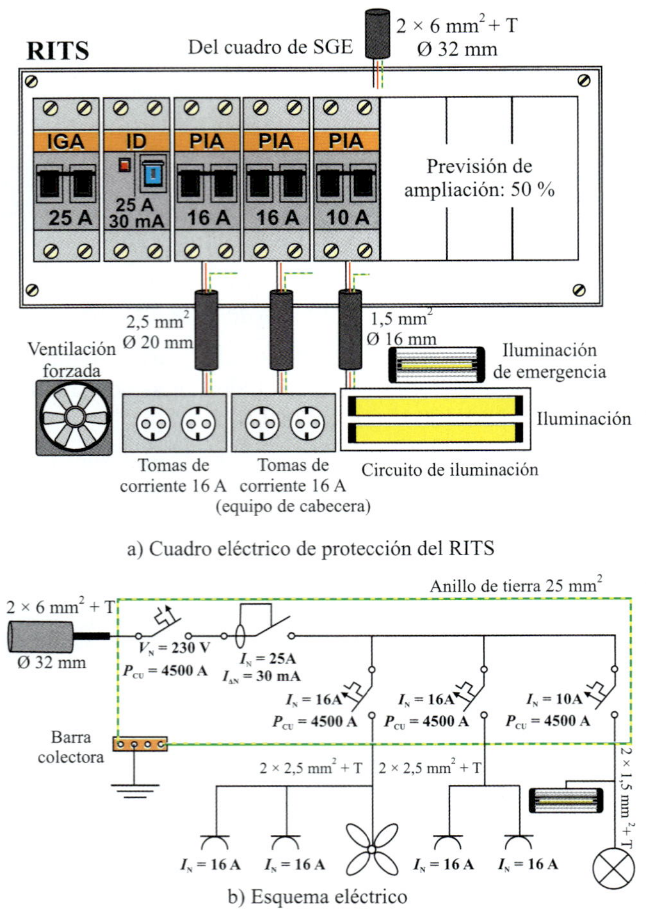

Figura 1.45. *Cuadro eléctrico de protección del RITS.*

1.5.4. Conexión a tierra

Según la ITC-BT-18 y la ITC-BT-26 del REBT, la **puesta** o **conexión a tierra** es la unión eléctrica directa, sin fusibles ni protección alguna, de una parte del circuito eléctrico o de una parte conductora no perteneciente a él mediante una toma de tierra con un electrodo o grupo de electrodos enterrados en el suelo.

En un edificio de viviendas, tal y como se muestra en la Figura 1.46, la conexión a tierra se realiza mediante un cable rígido de cobre desnudo formando un anillo cerrado que integra a todo el perímetro del edificio y de sección mínima de 35 mm². A este conductor se unen electrodos o picas para disminuir la resistencia de tierra y va conectado a la estructura del edificio mediante soldadura autógena o aluminotérmica.

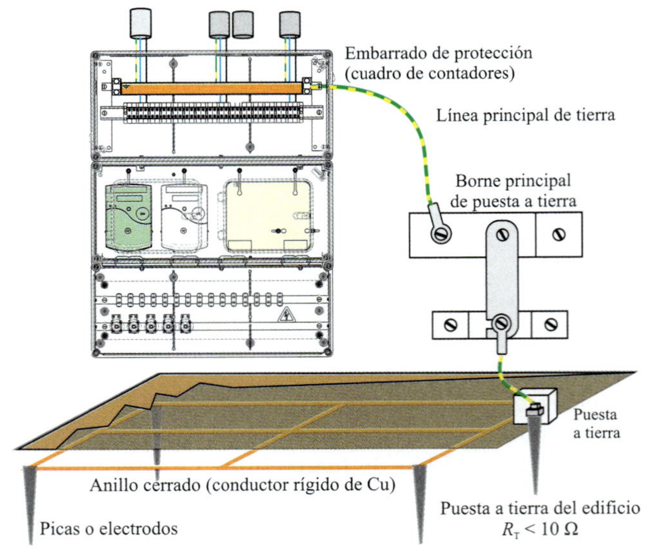

Figura 1.46. *Puesta a tierra de un edificio.*

Los **bornes de puesta a tierra** o **puntos de puesta a tierra** forman el punto de unión entre la toma de tierra y el circuito de puesta a tierra de un edificio. Este punto de puesta a tierra se sitúa generalmente en el lugar de la centralización de contadores (borne principal), aunque pueden existir otros puntos de puesta a tierra en un edificio.

Como muestra la Figura 1.47, el borne principal de puesta a tierra está formado por un puente seccionador que permite la conexión y desconexión de la toma de tierra del edificio y facilita la medida de la resistencia de la toma de tierra. Al borne principal de tierra se conectan los conductores de tierra y de protección del edificio y los conductores de unión equipotencial, así como los anillos de protección de los RIT.

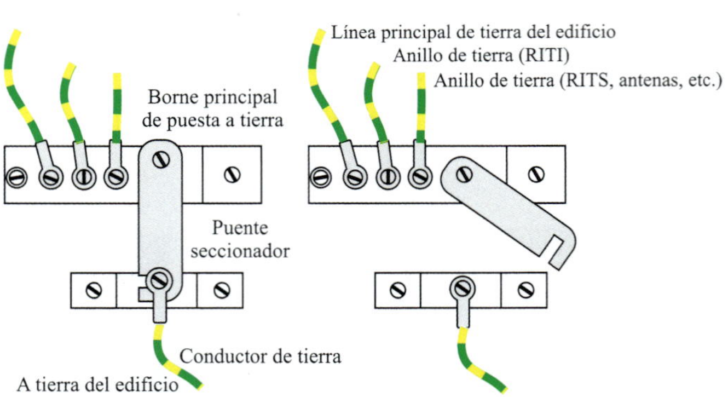

Figura 1.47. *Borne principal de puesta a tierra.*

1.5.5. Puesta a tierra de los recintos de telecomunicaciones

En los recintos de telecomunicaciones se instalan diferentes equipos, tales como armarios, bastidores y otras estructuras metálicas accesibles. Cuando se instalen debe crearse una

red mallada de equipotencialidad que conecte las partes metálicas accesibles de todos ellos entre sí y al anillo de tierra del inmueble, tal y como se muestra en la Figura 1.48.

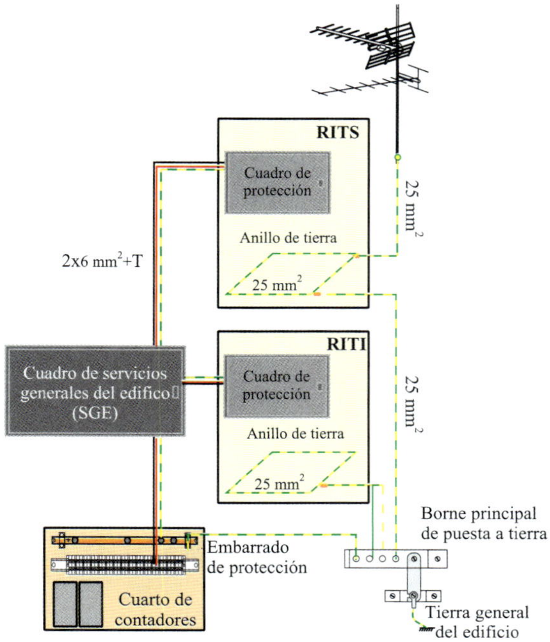

Figura 1.48. *Puesta a tierra de la infraestructura común de telecomunicaciones.*

El **sistema de puesta a tierra** en cada uno de los recintos de telecomunicaciones, que se muestra en la Figura 1.49, consta esencialmente de un **anillo interior y cerrado de cobre,** en el cual se encontrará intercalada, al menos, una barra colectora, también de cobre y sólida, dedicada a servir como terminal de tierra de los recintos.

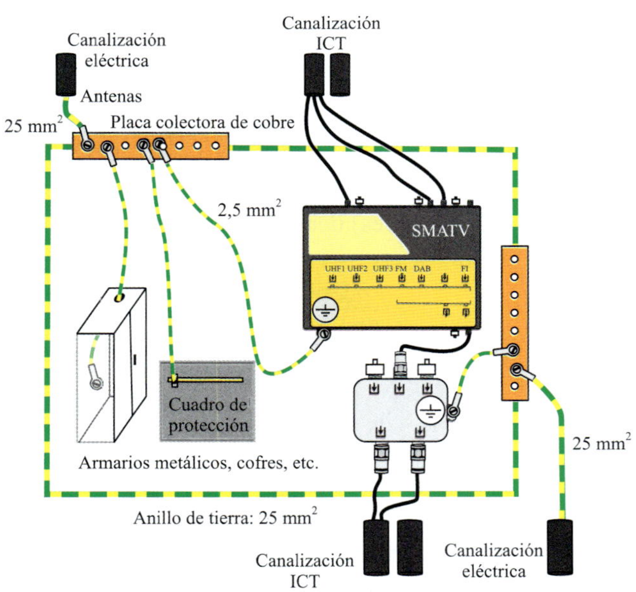

Figura 1.49. *Anillo de puesta a tierra de los RIT.*

Este terminal será fácilmente accesible y de dimensiones adecuadas y estará conectado directamente al sistema general de tierra de la edificación en uno o más puntos. A él se conectarán el conductor de protección o de equipotencialidad y los demás componentes o equipos que han de estar puestos a tierra regularmente.

Todas las envolventes metálicas de los equipos conectados a la red deben conectarse a tierra, por lo que la mayoría de los dispositivos, tanto activos como los amplificadores (Figura 1.50a) como pasivos (Figura 1.50b), disponen de un punto que facilita su conexión a tierra.

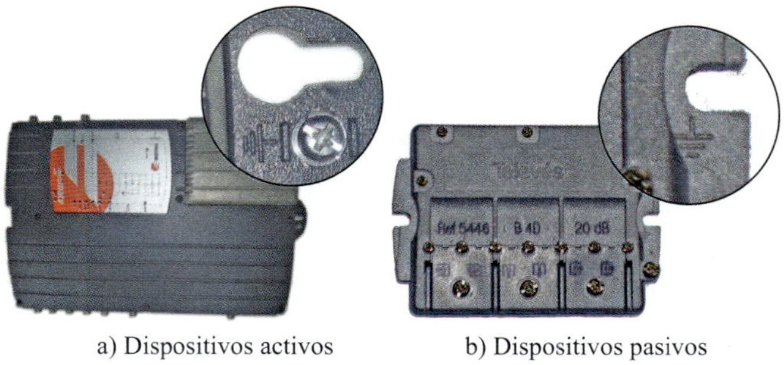

Figura 1.50. *Conexión a tierra de los equipos.*

1.5.6. Continuidad y resistencia de la toma de tierra

Para la efectividad de la puesta a tierra es muy importante que la resistencia del circuito de puesta a tierra sea de valores cuanto más pequeños mejor.

Por ello, el instalador de telecomunicaciones deberá realizar la medida de la continuidad y de la resistencia de la toma de tierra y completar el apartado correspondiente del protocolo de pruebas.

Medida de la continuidad

Con la **medida de la continuidad** se garantiza que, en los puntos definidos en el reglamento conectados a la toma de tierra, existe una resistencia de un valor óhmico adecuado. Por lo tanto, será necesario comprobar la continuidad hasta la toma de tierra del edificio de los siguientes puntos:

- Conexión del mástil y de las antenas parabólicas a la toma de tierra del edificio.
- Conexión del anillo del RITS a la toma de tierra del edificio.
- Conexión del anillo del RITI a la toma de tierra del edificio.

La medida de la continuidad (Figura 1.51) se realiza con el óhmetro (multímetro) y la ayuda de un **cable auxiliar** creando un bucle desde el punto de medición que desea comprobarse hasta la conexión a la toma de tierra del edificio. Si se conoce la resistencia del cable auxiliar, realizando la medición de la resistencia con el óhmetro, puede calcularse la continuidad como diferencia entre los dos valores medidos.

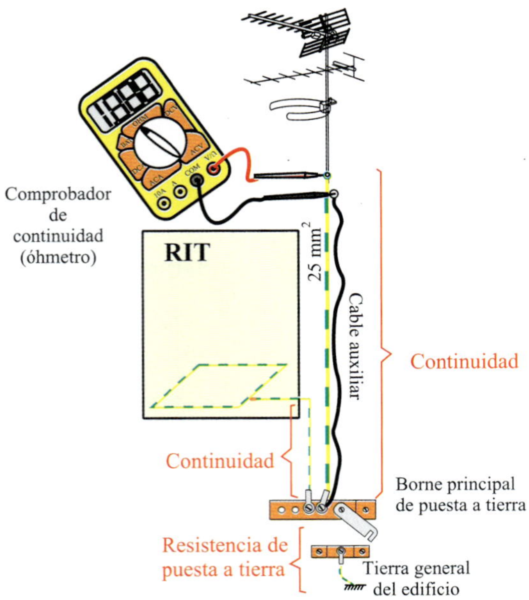

Figura 1.51. *Medida de la continuidad.*

Medida de la resistencia de puesta a tierra

La normativa ICT establece que el sistema general de tierra del inmueble debe tener un valor de resistencia eléctrica no superior a 10 Ω respecto de la tierra lejana.

Existen diferentes métodos para la medida de la resistencia de puesta a tierra de una instalación, y en todos ellos se necesitará un equipo específico para ello.

El **medidor de la resistencia de tierra** o **telurómetro** es un equipo que permite realizar las mediciones de resistencia de tierra por el método de tres electrodos y también la medida por el método simplificado de dos electrodos.

Muchos equipos de medidas actuales que realizan mediciones en las instalaciones eléctricas son equipos multifunción, como el que se muestra en la Figura 1.52a, que permiten realizar diferentes medidas en un mismo equipo (medidor de aislamiento, medidor de resistencia de puesta a tierra, etc.). Otros equipos solo están preparados para realizar esta medida específica, como el medidor de resistencia de puesta a tierra mostrado en la Figura 1.52b. En ambos casos es necesario utilizar accesorios como las picas auxiliares o cables de longitud adecuada para realizar la medición (Figura 1.52c).

Sabías que...

Se recomienda desconectar la instalación eléctrica en su origen antes de abrir el puente seccionador de tierra para evitar que la instalación se quede sin protección contra los contactos indirectos. Una vez realizada la medida de resistencia de puesta a tierra debe volver a conectarse el puente antes de ponerla de nuevo en servicio.

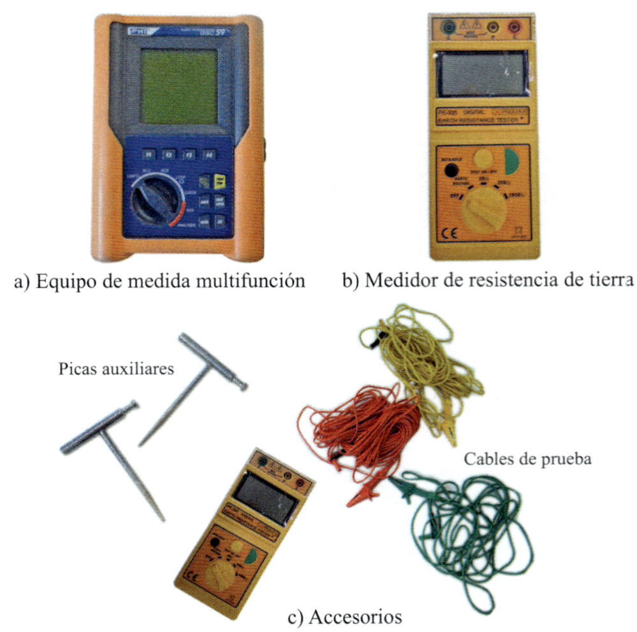

Figura 1.52. *Medidor de la resistencia de tierra.*

La **medida de la resistencia de puesta a tierra** se realiza con el telurómetro. En el **método de los tres puntos,** que se muestra en la Figura 1.53, se utilizan dos picas auxiliares de unos 30 cm de longitud que se suministran con el propio telurómetro. Para realizar esta medida se colocan las dos picas auxiliares en el exterior del edificio, separadas entre sí una distancia suficiente, en puntos en los cuales pueda realizarse una buena conexión. Los tres electrodos (tierra general del edificio y picas auxiliares) deben situarse en línea recta.

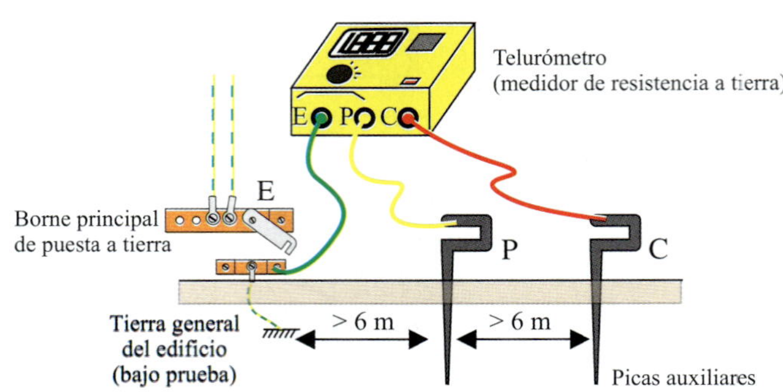

Figura 1.53. *Medida de la resistencia de puesta a tierra.*

Durante esta medida, el telurómetro inyecta una intensidad de corriente alterna conocida, a una frecuencia superior a los 50 Hz, entre el electrodo de puesta a tierra (E) y la pica auxiliar más alejada (C) y mide la caída de tensión en la pica auxiliar más cercana (P), de manera que el cociente entre la tensión medida y la corriente inyectada proporciona el valor de la resistencia de puesta a tierra.

Además, durante la medida, el electrodo cuya resistencia a tierra desea medirse debe estar desconectado de los conductores de puesta a tierra.

En ocasiones, una vez construido el edificio, es difícil realizar esta prueba para la medida de la resistencia de puesta a tierra, por lo que las medidas se simplifican utilizando el **método de los dos puntos** o incluso es suficiente con medir la **impedancia del bucle de tierra** de la instalación, cuya medida se realiza sin ninguna pica auxiliar y sin necesidad de desconectar la toma de tierra.

Cuando se mide la **impedancia del bucle de tierra** de una instalación (Figura 1.54), en realidad, se comprueba un lazo que incluye la resistencia de puesta a tierra de interés (R_{TIERRA}) más la resistencia que añaden, entre otros (bucle de tierra), el conductor de tierra, los conductores de alimentación de la compañía y la toma de tierra de la alimentación (centro de transformación).

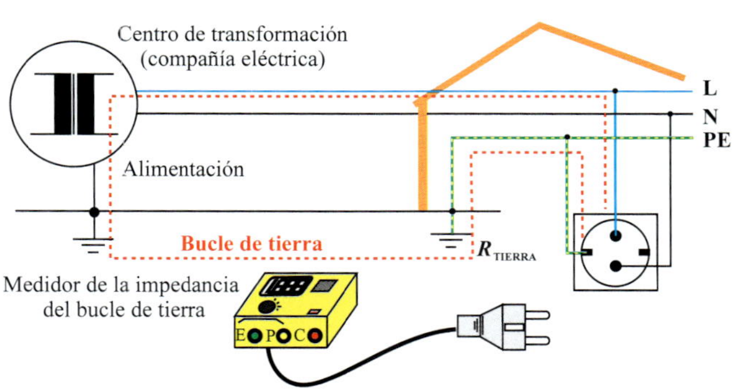

Figura 1.54. *Medida de la impedancia del bucle de tierra.*

Una lectura baja o cercana a lo establecido en la normativa permite asegurar que la resistencia de la puesta a tierra de la instalación es correcta.

Caso práctico 1.5

Medida de la continuidad y resistencia de puesta a tierra

Los mástiles de antena deberán estar conectados a la toma de tierra del edificio a través del camino más corto posible, con cable de, al menos, 25 mm² de sección. En el Apartado 3.5 del protocolo de pruebas, correspondiente a la captación y distribución de radiodifusión sonora y televisión digital terrestre, debe especificarse el valor medido de la continuidad de este conductor, así como la resistencia de la puesta a tierra del edificio.

El valor de continuidad que se especifica en el protocolo de pruebas será el mayor valor óhmico obtenido de las medidas realizas en los diferentes puntos de interés.

En la Tabla 1.3 se muestra un ejemplo de cumplimentación de este apartado del protocolo.

Tabla 1.3. Apartado 3.5 del protocolo de pruebas. Continuidad y resistencia de la toma de tierra

Parámetro	Valor
Continuidad	< 3 Ω
Resistencia	5,2 Ω
Sección del cable de toma de tierra	25 mm²
Conexión	☒ A tierra general del edificio.
	☐ A tierra exclusiva.
	☐ Otras circunstancias.

Caso práctico 1.6

Canalizaciones, recintos de instalaciones de telecomunicación y registros

Cumplimentar y firmar el protocolo de pruebas es responsabilidad de la empresa instaladora. En el Apartado 6 del protocolo de pruebas de una ICT se detallan todos los elementos de la infraestructura instalados en el edificio (canalizaciones, recintos de instalaciones de telecomunicación, registros, etc.) y se indican sus características, debiendo corresponderse con lo especificado en el proyecto técnico.

La instalación bajo estudio es la instalación de pruebas de un aula de ICT, que se muestra en la Figura 1.55, que simula un edificio de 4 plantas, con la distribución de viviendas por planta siguiente: PB (2 viviendas), P1 (2 viviendas), P2 (3 viviendas) y P3 (3 viviendas), sin estancias comunes en el edificio. En total, el edificio está formado por 10 PAU.

En la Figura 1.56 se muestra el esquema de principio de la infraestructura instalada, en la que se resumen los elementos utilizados en la canalización.

Figura 1.55. *Aula ICT de pruebas.*

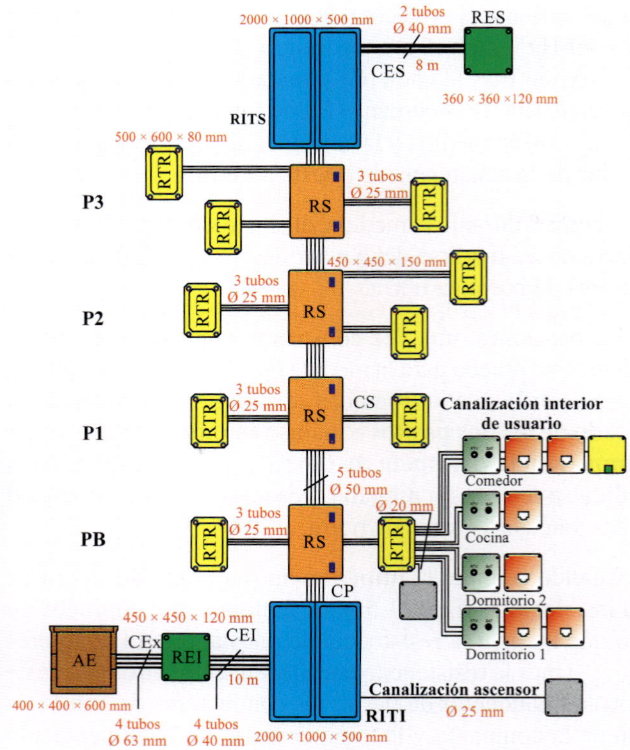

Figura 1.56. *Infraestructura y canalizaciones de la instalación bajo estudio.*

Tabla 1.4. Apartado 6 del protocolo de pruebas

6. CANALIZACIONES, RECINTOS DE INSTALACIONES DE TELECOMUNICACIÓN Y REGISTROS				
6.1. Arqueta de entrada (si no se instala descríbase la alternativa)				
Tipo	Empotrada en el suelo.			
Dimensiones	400 × 400 × 600 mm.			
Ubicación	Entrada del edificio (acera).			
Características constructivas	Arqueta de hormigón prefabricada.			
6.2. Canalización externa				
Tipo de tubos	**N.º de tubos**			
Pared interior lisa de Ø 63 mm	4			
6.3. Canalización de enlace				
a. Inferior:				
Tipo de construcción	**Tipo de material**	**N.º y diámetro (tubos)/ N.º y canales (canaletas)**	**Longitud**	**Arquetas o registros**
Tubos	PVC	4 tubos de Ø 40 mm	10 m	Registro de 450 × 450 × 120 mm
Canaletas	---	---	---	---

b. Superior:

Tipo de construcción	Tipo de material	N.º y diámetro (tubos)/ N.º y canales (canaletas)	Longitud	Arquetas o registros
Tubos	PVC	2 tubos de Ø 40 mm	8 m	Registro de 360 × 360 × 120 mm
Canaletas	---	---	---	---

6.4. Recinto de instalaciones de telecomunicación inferior	
CARACTERÍSTICAS GENERALES	
Dimensiones	2000 × 1000 × 500 mm.
Características constructivas	Modular.
Ubicación del recinto	Planta sótano.
Disposición de escalerillas o canaletas para tendido de cables	No procede.
Tipo de ventilación	Natural.
Canalizaciones eléctricas hasta el lugar de centralización de contadores	2 tubos de Ø 32 mm.
Canalizaciones eléctricas hasta el cuadro de servicios generales	1 tubo de Ø 32 mm.
Equipamiento del cuadro de protección	IGA 25 A, PIA 16 A, PIA 10 A e ID de 25 A/30 mA.
Número de enchufes	2 de 16 A.
Torna de tierra del recinto (características del anillo y valor de la resistencia eléctrica con relación a la tierra lejana)	No aplicable por ser modular.
Alumbrado incluyendo el de emergencia	Foco cerrado, lámpara fluorescente de 60 W y alumbrado de emergencia con autonomía de 1 h/80 lm.
Registro para cables de pares (comunidad). Equipado según 5.1.1	No procede. Se utiliza red de cable de pares trenzados.
Previsión para operador 1	No.
Registro para cables de pares trenzados (comunidad). Equipado según 5.1.2	Sí.
Previsión para operador 1	Sí.
Registro para cables coaxiales (comunidad). Equipado según 5.1.3	No procede por no haber operadores que den servicio.
Previsión para operador 1	No.
Registro para cables de fibra óptica (comunidad). Equipado según 5.1.4	Sí.
Previsión para operador 1	Sí.
6.5. Recinto de instalaciones de telecomunicación superior	
CARACTERÍSTICAS GENERALES	
Dimensiones	2000 × 1000 × 500 mm.

Características constructivas	Armario modular.
Ubicación del recinto	Tejado.
Disposición de escalerillas o canaletas para tendido de cables	No procede, al ser modular.
Tipo de ventilación	Natural.
Canalizaciones eléctricas hasta el lugar de centralización de contadores	1 tubo de Ø 32 mm.
Canalizaciones eléctricas hasta el cuadro de servicios generales	1 tubo de Ø 32 mm.
Equipamiento del cuadro de protección	IGA 25 A, PIA 16 A, PIA 16 A, PIA 10 A e ID 25 A/30 mA.
Número de enchufes	4 enchufes de 16 A.
Toma de tierra del recinto (características del anillo y valor de la resistencia eléctrica con relación a la tierra lejana)	No aplicable por ser modular.
Alumbrado incluyendo el de emergencia	Foco cerrado, lámpara fluorescente de 60 W y alumbrado de emergencia con autonomía de 1 h/80 lm.
REGISTRO PRINCIPAL PARA SERVICIOS DE RADIODIFUSIÓN Y TELEVISIÓN	
Ubicación cabecera para RF + TV	RITS.
Previsión para satélite 1	Sí.
Previsión para satélite 2	Sí.
REGISTRO PRINCIPAL PARA SERVICIOS DE TELECOMUNICACIONES DE BANDA ANCHA	
Previsión para operador 1	No procede (según proyecto).
Previsión para operador 2	No procede (según proyecto).

6.6. Antenas conectadas a la tierra del edificio

☒ Para emisiones terrestres. Sección del cable de tierra (mm²): 25 mm².

☒ Para emisiones por satélite. Sección del cable de tierra (mm²): 25 mm².

6.7. Canalizaciones y registros

Elementos	Dimensiones	Cantidad
Canalización principal	Ø 50 mm	5 tubos
Registros secundarios	450 × 450 × 150 mm	4
Canalizaciones secundarias	Ø 25 mm	3 tubos por vivienda
Registros de paso	---	---
Canalización de ascensores	Ø 25 mm	1 tubo
Registros de terminación de red	500 × 600 × 80 mm	10
Canalización interior de usuario	Ø 20 mm	1 por toma
Registros de toma	Universal	1 por toma

RESUMEN

- El **reglamento de ICT** vigente actualmente es el Real Decreto 346/2011. Con la instalación de una infraestructura común de telecomunicaciones (ICT), pretende dotarse a los edificios de una infraestructura común para todos los servicios de telecomunicaciones que se instalan en su interior: telefonía, acceso a internet, servicios de banda ancha por cable, radio y televisión, etcétera.
- Para realizar las actividades de una **empresa instaladora de telecomunicaciones** es necesario estar inscrito en el **Registro de Empresas Instaladoras de Telecomunicación.** La empresa instaladora de telecomunicación debe habilitarse en un **tipo de instalación** según sea el centro de su actividad. Para realizar instalaciones de ICT se establecen el tipo A y el tipo F, según se trate de ICT de nueva generación o no.
- La infraestructura y canalizaciones de una ICT alojan las diferentes redes de una ICT: captación y distribución de la señal de TV terrestre y por satélite, red de cable de pares (CP)/cable de pares trenzados (CPT), red de cable de fibra óptica (FO) y red de cable coaxial para el acceso a los servicios de telecomunicaciones de banda ancha (TBA).
- La infraestructura y las canalizaciones de una ICT están formadas por:
  - **Arqueta de entrada (AE):** el recinto que permite establecer la unión entre las redes de alimentación de los servicios de telecomunicación de los distintos operadores y la ICT del edificio.
  - **Canalización externa (CEx):** introduce en la edificación las redes de alimentación de los servicios de telecomunicación de los diferentes operadores.
  - **Punto de entrada general:** lugar por donde la canalización externa que proviene de la arqueta de entrada accede a la zona común de la edificación.
  - **Canalización de enlace (CE):** se inicia en los registros de enlace (RE) y distribuye las redes de alimentación de los operadores hasta los registros principales situados en el RITI. Está formada por la canalización de enlace inferior (CEI) y la canalización de enlace superior (CES).
  - **Recintos de instalaciones de telecomunicación (RIT):** recinto de instalaciones de telecomunicación inferior (RITI) y recinto de instalaciones de telecomunicación superior (RITS). Estos recintos pueden ser de obra o modulares. En viviendas unifamiliares y edificios pequeños puede utilizarse un recinto de telecomunicaciones único (RITU).
  - **Canalización principal (CP):** soporta la red de distribución de la ICT de la edificación, conecta el RITI y el RITS entre sí y estos con los registros secundarios (RS).
  - **Canalización secundaria (CS):** soporta la red de dispersión de la ICT de la edificación y conecta los registros secundarios (RS) con los registros de terminación de red (RTR). Está formada por dos tramos: tramo comunitario y tramo de acceso a la vivienda.
  - **Canalización interior de usuario (CIU):** soporta la red interior de usuario, conecta los registros de terminación de red (RTR) y los registros de toma (RT).
  - **Canalización ascensor:** se instalará una canalización constituida por un tubo de 25 mm de diámetro entre el registro principal del RITI (o RITU) y el cuarto de máquinas de cada ascensor, caja de mecanismos de control o espacio equivalente.
- De manera general, la canalización de la infraestructura común de telecomunicaciones puede realizarse mediante **tubos, canales** o **bandejas,** dependiendo del tramo de la canalización.
- Siempre que sea necesario se utilizará un registro de paso en la instalación mediante tubos para facilitar la instalación y el mantenimiento del cableado (cambios de dirección, tramos rectilíneos largos, etc.). Estos registros tendrán las dimensiones de los registros del tramo que forman parte (registro de enlace, registro secundario, etc.), excepto en la canalización secundaria e interior de usuario, que se utilizan **registros de paso** de tipo A, B y C.
- Es necesario prever la instalación de la **red de distribución eléctrica** en los recintos de instalaciones de telecomunicaciones. Se instalará un cuadro eléctrico de protección en cada recinto de telecomunicaciones.
- Deben conectarse a la toma de tierra los equipos de cabecera, todas las envolventes metálicas de los equipos conectados a la red, los mástiles de las antenas, etc., mediante un conductor de cobre. En los recintos de telecomunicaciones, el **sistema de puesta a tierra** está formado por un **anillo interior y cerrado de cobre.** El instalador de telecomunicaciones debe realizar la medida de la continuidad (multímetro) y de la resistencia de la toma de tierra (telurómetro) y completar el apartado correspondiente del protocolo de pruebas.
- El sistema general de tierra de la edificación debe tener un valor de resistencia eléctrica no superior a 10 Ω respecto de la tierra lejana.

Actividades de comprobación

1.1. Del equipamiento siguiente, ¿cuál es exclusivo de los instaladores de telecomunicación de tipo F?

a) Medidor de campo.
b) Multímetro.
c) Medidor de tierra.
d) Certificador de redes.

1.2. ¿Cuál de los siguientes agentes se encarga de firmar el boletín de instalación y realizar el protocolo de pruebas correspondiente?

a) Promotor.
b) Instalador de telecomunicaciones.
c) Director de obra.
d) Proyectista de la ICT.

1.3. ¿Qué tipo de instalador se dedica a la instalación de ICT de nueva generación (ICT2)?

a) Tipo A.
b) Tipo C.
c) Tipo D.
d) Tipo F.

1.4. ¿Qué nombre recibe la red que discurre por el interior de la canalización secundaria?

a) Red de alimentación.
b) Red de dispersión.
c) Red de distribución.
d) Red interior de usuario.

1.5. ¿Cómo se denomina el lugar donde la canalización externa accede a la zona común del edificio?

a) Punto de interconexión.
b) Recinto de instalaciones.
c) Punto de entrada general.
d) Registro principal.

1.6. ¿Por qué parte del edificio discurren las canalizaciones de enlace?

a) Zona común.
b) Zona externa.
c) Zona privada.
d) Depende de si la canalización es de enlace superior o inferior.

1.7. ¿De qué tipo de iluminación deben disponer los RIT?

a) Iluminación natural.
b) Iluminación artificial de 300 lx de media.
c) Iluminación artificial de 300 lx de media e iluminación de emergencia.
d) Iluminación de emergencia.

1.8. ¿En qué lugar se ubica el registro de terminación de red (RTR)?

a) En el registro principal del RITI.
b) En el registro principal del RITS.
c) En el interior de la vivienda, local comercial u oficina.
d) Depende de las características del edificio.

1.9. Con carácter general, ¿cuándo se instala un registro de paso en la infraestructura?

a) En tramos de canalización largos.
b) Cuando se realizan cambios de tipos de canalización (tubos/canales).
c) Cuando existen cambios de dirección.
d) Todas las respuestas son correctas.

1.10. ¿Qué tipo de canalización puede utilizarse en la canalización principal?

a) Tubos.
b) Una canal, con cuatro compartimentos.
c) Dos canales.
d) Todas las respuestas son correctas.

1.11. ¿Cuál es el diámetro de los tubos utilizados en la canalización principal?

a) 20 mm.
b) 32 mm.
c) 40 mm.
d) 50 mm.

1.12. ¿Qué tipo de registro de paso se instala solo en la canalización secundaria?

a) Tipo A.
b) Tipo B.
c) Tipos A y B.
d) Tipo C.

1.13. **¿Cuántos tubos como mínimo forman el tramo de acceso a la vivienda de la canalización secundaria?**

a) Uno.

b) Dos.

c) Tres.

d) Cuatro.

1.14. **¿Qué equipo de medida se utiliza para verificar la puesta a tierra de una instalación?**

a) Multímetro.

b) Medidor de aislamiento.

c) Medidor de campo.

d) Telurómetro.

1.15. **¿En qué canalización se utiliza un registro secundario que realiza las funciones de registro de paso, por ejemplo para un cambio de dirección?**

a) Canalización de enlace.

b) Canalización principal.

c) Canalización secundaria.

d) Canalización interior de usuario.

1.16. **¿Qué elementos de la red se instalan en un registro de paso?**

a) Los puntos de distribución de las diferentes redes.

b) Los elementos activos de la red.

c) Los elementos pasivos de la red.

d) Ninguno, los cables discurren de paso.

1.17. **¿Qué tipo de registro de paso debe utilizarse en la derivación entre el tramo comunitario de la canalización secundaria y el tramo de acceso al usuario?**

a) Tipo A.

b) Tipo B.

c) Tipo C.

d) Depende del número de cables que discurran por la canalización.

1.18. **¿Cuál es la resistencia de puesta a tierra máxima que puede tener una instalación?**

a) 10 Ω.

b) 50 Ω.

c) 100 Ω.

d) No existe límite, pero, cuanto mayor sea, mejor.

1.19. **¿Con qué equipo se realiza la medida de la continuidad de una instalación?**

a) Multímetro.

b) Medidor de aislamiento.

c) Medidor de campo.

d) Telurómetro.

1.20. **¿Qué sección debe tener el conductor del anillo de tierra de los recintos de telecomunicación?**

a) 2,5 mm^2.

b) 6 mm^2.

c) 10 mm^2.

d) 25 mm^2.

Actividades de aplicación

1.21. **Registro de instaladores.** Con la titulación de Técnico Superior de Sistemas de Telecomunicaciones e Informáticos puedes dedicarte profesionalmente a ser instalador de telecomunicaciones. Consulta en la web el Registro de Instaladores de Telecomunicación y comprueba cuál es el procedimiento y los requisitos necesarios para inscribirte en el registro de instaladores.

1.22. **Normativa de la ICT.** Descárgate la normativa aplicable actualmente a las ICT. Estos documentos te servirán para completar aquellos aspectos en los cuales tengas dudas.

1.23. **Protocolo de pruebas.** A partir de la instalación de prueba del aula o de la instalación de la Actividad de aplicación 1.25, completa el Apartado 6 del protocolo de pruebas. Si es necesario, utiliza siempre el mínimo establecido por la normativa de la ICT.

1.24. Especificaciones de los equipos. Previo a la medida de los parámetros de calidad de las diferentes redes del edificio, en el Apartado 2 del protocolo de pruebas, deben cumplimentarse las especificaciones de los equipos utilizados para realizar estas medidas. Completa la Tabla 1.5 con los equipos de medida disponibles en el aula taller.

Tabla 1.5. Apartado 2 del protocolo de pruebas de una ICT

2. EQUIPOS DE MEDIDA UTILIZADOS EN LA INSTALACIÓN				
Equipos	**Marca**	**Modelo**	**N.º de serie**	**Observaciones**
2.1. Medidor de campo				Con monitor: □ B/N: □ Color: □
2.2. Medidor de resistencia de toma de tierra				
2.3. Equipo multímetro				
2.4. Medidor de aislamiento				
2.5. Simulador de frecuencia intermedia				
2.6. Medidor de potencia óptica y testeador de fibra óptica monomodo para FTTH				
2.7. Equipo analizador/certificador de redes				
2.8. Otros equipos				

1.25. Infraestructura y canalizaciones. La Figura 1.57 muestra el esquema de principio de la infraestructura y canalizaciones de una ICT. Selecciona a partir del catálogo de un fabricante los materiales necesarios para realizar la instalación.

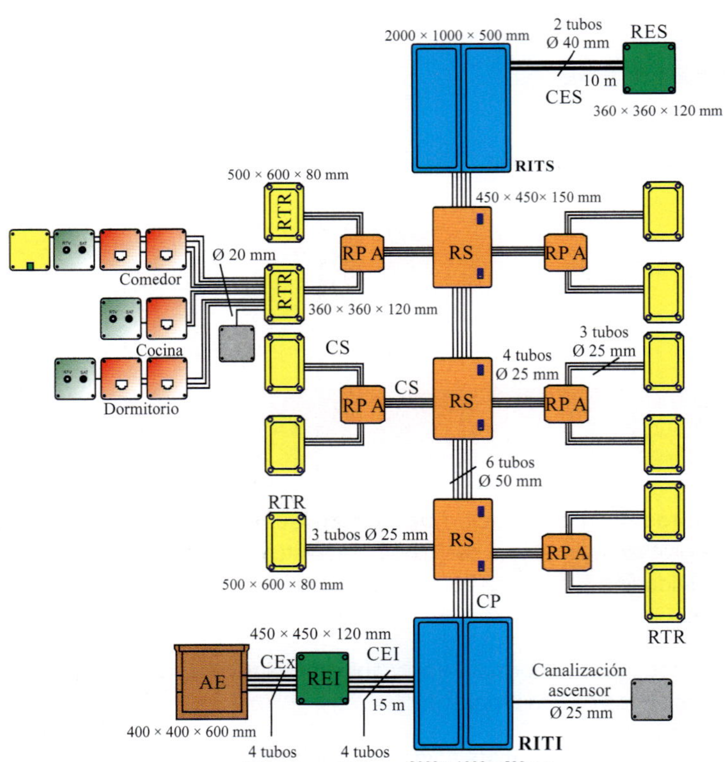

Figura 1.57. *Infraestructura y canalizaciones de una ICT.*

Actividades de ampliación

1.26. ¿Qué real decreto recoge la normativa aplicable actualmente a una ICT?

1.27. ¿Cuál es el principal objetivo de una ICT?

1.28. Enumera los agentes que intervienen en la implantación de una ICT.

1.29. Resume la función de las empresas instaladoras de telecomunicación durante la implantación de una ICT.

1.30. ¿Qué tipo de empresas instaladoras se dedican a la instalación y mantenimiento de ICT?

1.31. A partir de la página web de la Secretaría de Estado de Telecomunicaciones e Infraestructuras Digitales, resume el procedimiento de implantación de una ICT y los agentes que intervienen.

1.32. Clasifica las redes de telecomunicaciones de una ICT en función de su método de acceso.

1.33. ¿Qué punto de referencia de la red de los servicios de telecomunicaciones no se utiliza en la red de captación y distribución de la señal de TV terrestre y por satélite?

1.34. Identifica los elementos de la infraestructura de una ICT señalados en la Figura 1.58 y resume brevemente su función.

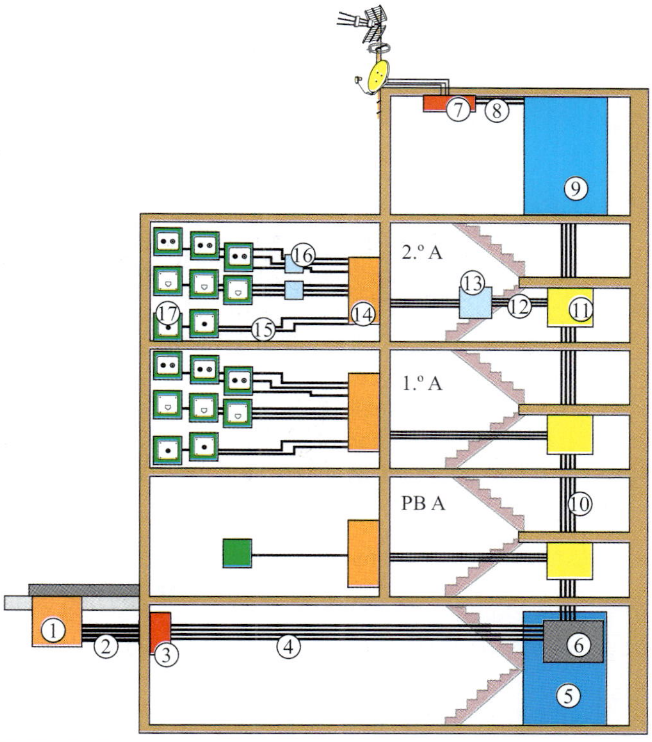

Figura 1.58. *Infraestructura de una ICT.*

1.35. ¿Qué métodos de instalación están permitidos en la infraestructura de una ICT?

1.36. Respecto de los hilos guía:

a) ¿Qué elementos forman un hilo guía?

b) ¿Para qué se utilizan?

c) ¿Por qué no se utilizan los hilos guía durante la instalación del cable sobre canales?

1.37. ¿Qué sistema de fijación permite instalar los componentes de red en el interior de los registros de la ICT?

1.38. ¿Qué códigos se utilizan para designar la protección que ofrecen los registros frente a los agentes externos?

1.39. Respecto de los recintos de instalaciones de telecomunicación:

a) ¿Qué tipos de recintos hay?

b) ¿Qué elementos se instalan en su interior?

c) ¿Cuáles son sus ubicaciones?

d) ¿En qué casos pueden utilizarse recintos de instalaciones de telecomunicaciones de tipo modular?

e) ¿Cuándo puede utilizarse un recinto de instalaciones de telecomunicación único (RITU)?

1.40. ¿Qué diferencias existen entre el tramo comunitario y el tramo de acceso a la vivienda de la canalización secundaria?

1.41. Respecto a los registros principales:

a) ¿Qué función tienen?

b) ¿Dónde se instalan?

c) ¿Cuántos registros diferentes podemos encontrar?

1.42. En la canalización secundaria de una ICT se utiliza una canal con la ocupación que se muestra en la Figura 1.59. Según el proyecto técnico la previsión de la demanda para cada vivienda es de dos cables de pares de acometida (CP), un cable de acometida de fibra óptica (FO) y un cable coaxial de la red de telecomunicaciones de banda ancha (TBA). Además, la red de TV está formada por dos cables coaxiales (RTV). Justifica a qué tramo de la canalización secundaria pertenece la canal (tramo comunitario o tramo de acceso a la vivienda) y a cuántas viviendas da servicio dicha canal.

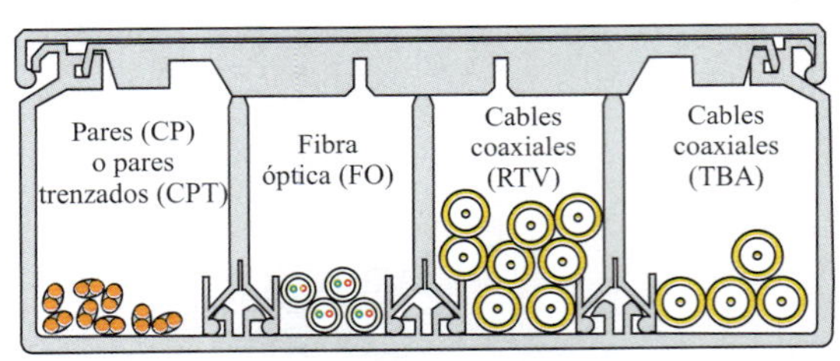

Figura 1.59. *Canalización secundaria mediante canales.*

1.43. En el tramo de acceso a la vivienda de la canalización secundaria de una vivienda es necesario instalar un cable de acometida de fibra óptica (FO), dos cables de acometida de cables de pares (CP), dos cables coaxiales del servicio de RTV y un cable coaxial del servicio de telecomunicaciones por cable (TBA).

a) En el caso de la canalización mediante tubos (Figura 1.60a):

- Indica el número de tubos y diámetro mínimo de cada tramo de canalización.
- Justifica por dónde discurrirán cada uno de los cables en cada uno de los tramos de la canalización.
- Indica qué tipo de registro debe utilizarse para realizar el cambio de tramo de canalización.

b) En el caso de la canalización mediante canales (Figura 1.60b), indica por dónde discurrirán cada uno de los cables en cada tramo de la canalización secundaria.

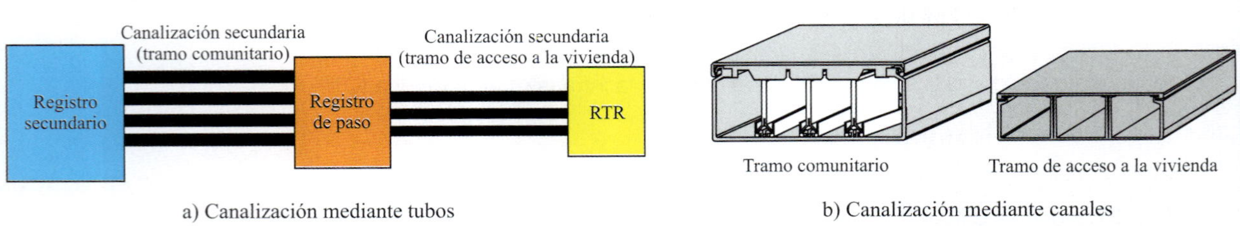

Figura 1.60. *Canalización secundaria.*

ACTIVIDADES FINALES

1.44. La Figura 1.61 muestra la utilización de dos registros secundarios en los que no se instala ningún componente en su interior y los cables circulan de paso. ¿Qué función realizan dichos registros en la infraestructura?

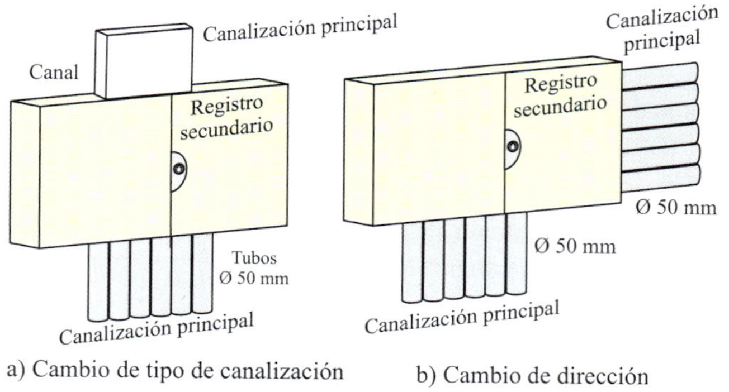

Figura 1.61. *Registros secundarios.*

1.45. ¿Por qué crees que las puertas de los recintos secundarios deben disponer de cerradura con llave de apertura?

1.46. Respecto a los registros de paso:

a) ¿Qué son?

b) ¿Cuándo se utilizan como criterio general?

c) ¿Por qué no se utilizan registros de paso cuando la canalización se realiza mediante canales?

1.47. ¿Qué normativa debe cumplir la instalación eléctrica de una ICT?

1.48. ¿Qué elementos de la infraestructura de la ICT se conectan a tierra?

1.49. Respecto del cuadro de protección de los recintos de telecomunicación:

a) ¿Desde dónde se alimentan estos cuadros?

b) ¿De qué elementos de protección debe disponer como mínimo el cuadro de protección del RITI?

c) ¿Y el RITS?

d) ¿Qué circuitos eléctricos protege?

1.50. La Figura 1.62 muestra los elementos de protección instalados en el cuadro eléctrico de un recinto de telecomunicaciones:

a) ¿A qué recinto pertenece?

b) ¿Cuál debe ser la intensidad nominal del interruptor general automático que protege la instalación?

c) ¿Cuál debe ser la sensibilidad del interruptor diferencial?

d) ¿Qué elementos de la instalación del RIT protege el PIA de 16 A? ¿Cuál debe ser la sección mínima de los conductores de este circuito?

e) ¿Qué elementos de la instalación del RIT protege el PIA de 10 A? ¿Cuál debe ser la sección mínima de los conductores de este circuito?

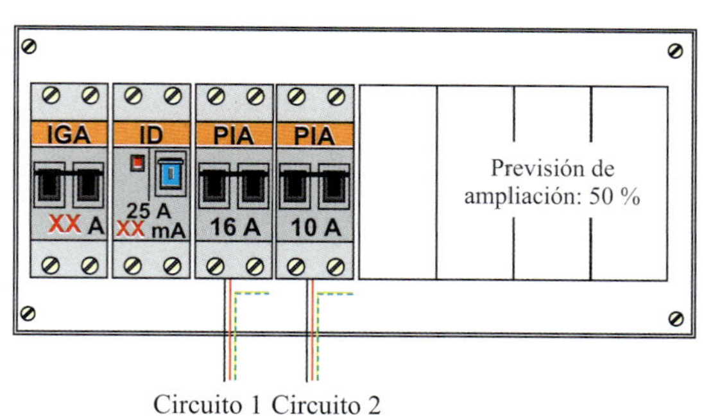

Figura 1.62. *Cuadro de protección de los recintos de instalaciones.*

1.51. Resume las medidas que deben realizarse en el protocolo de pruebas para comprobar la correcta puesta a tierra de la ICT. ¿Qué equipos se necesitan para realizar las medidas?

1.52. Indica las características que debe reunir la canalización que alimenta las líneas de seguridad de los ascensores.

Enlaces web

Ampliantena. Empresa de investigación y desarrollo de productos relacionados con el sector de las telecomunicaciones.
https://www.ampliantena.com

Avance digital. Secretaría de Estado de Telecomunicaciones e Infraestructuras Digitales, donde, entre otros, pueden descargarse los modelos de documentos utilizados para ICT y consultar la base de datos de instaladores de telecomunicaciones.
https://avancedigital.mineco.gob.es/

Colegio Oficial de Ingenieros de Telecomunicación (COIT). Han desarrollado un proyecto guía que el alumno puede utilizar para habituarse con la documentación técnica utilizada en una ICT.
https://www.coit.es

Colegio Oficial de Ingenieros Técnicos de Telecomunicación (COITT). Han desarrollado un proyecto tipo que el alumno puede utilizar para habituarse con la documentación técnica utilizada en una ICT.
https://www.telecos.zone

Fenitel. Federación Nacional de Instaladores e Integradores de Telecomunicaciones.
https://www.fenitel.es

PREOC. Base de precios PREOC que permite conocer los costes de construcción de un proyecto.
https://www.preoc.es

Promax. Fabricante y distribuidor de instrumentos para telecomunicaciones y fibra óptica, así como de equipos didácticos y electrónica profesional.
https://www.promax.es

Psolera. Fabricante que ofrece una alta gama de productos entre los que se incluyen registros de la ICT.
https://www.psolera.com

Tupersa. Fabricante de tubos para canalizaciones entre las que se incluyen las ICT.
https://www.tupersa.com

Unex. Fabricante de canales y bandejas de acuerdo con las especificaciones del reglamento de la ICT.
https://www.unex.net

Urano. Fabricante, entre otros, de registros para instalaciones de servicios comunes.
https://www.urano.es

2

Distribución de las señales de radio y TV

Contenidos

Objetivos

- Relacionar los servicios de radiodifusión que se distribuyen en el lugar de instalación de una ICT con las especificaciones técnicas de los proyectos de una ICT.
- Identificar las señales de radiodifusión sonora y televisión digital terrestres que se reciben en el emplazamiento de las antenas terrestres y las procedentes de satélite.
- Enlazar los parámetros de calidad de la señal que se especifica en una ICT con el tipo de señal medida con el medidor de campo.
- Conocer las características de los diferentes sistemas de transmisión de radio y TV, tanto terrestres como satélite.

Antes de realizar la instalación de la ICT deben identificarse todas las señales de radiodifusión sonora y televisión digital terrestres que se reciben en el emplazamiento de la antena que dispongan de título habilitante en la zona y determinar cuáles pueden ser distribuidas.

De la misma manera, deben identificarse las señales procedentes de satélite que la propiedad desee distribuir en la instalación.

2.1. Servicios de radiodifusión

Las **señales de radio y televisión** que distribuyen los operadores se generan en un **centro emisor,** donde se distribuyen a los usuarios que están separados geográficamente lejanos.

La comunicación entre los operadores (centro emisor) y los usuarios puede realizarse de dos maneras diferentes:

1. A través de una **línea de transmisión,** como, por ejemplo, cable coaxial o fibra óptica. Normalmente, se utilizan líneas para la transmisión de señales a baja frecuencia y pequeñas distancias.
2. A través del **espacio libre,** utilizando dos antenas con visibilidad directa. Normalmente, se utilizan antenas para propagar la señal por el espacio cuando se emplean altas frecuencias y largas distancias de transmisión.

En una ICT, tal y como se muestra en la Figura 2.1, se reciben las señales de radio y televisión de las dos maneras:

- Las señales recibidas de RTV terrestre y satélite utilizan como medio de transmisión el espacio libre, en forma de ondas electromagnéticas generadas por las antenas de los centros emisores o los satélites de comunicaciones.
- Los operadores de los servicios de telefonía disponible al público (STDP) y de telecomunicaciones de banda ancha (TBA) utilizan líneas de transmisión como el cable coaxial, la fibra óptica o pares de cobre para ofrecer servicios de telecomunicaciones al público: TV, internet y telefonía.

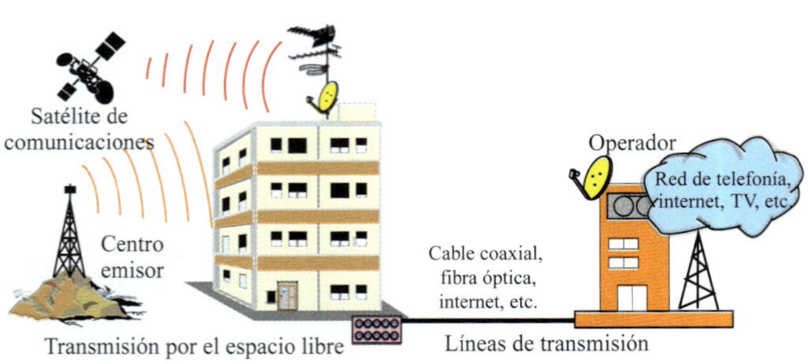

Figura 2.1. *Redes de comunicaciones.*

2.1.1. Ondas electromagnéticas

El **canal o medio de transmisión** utilizado en los servicios de radiodifusión es el espacio libre mediante la propagación de **ondas electromagnéticas.**

Las **ondas electromagnéticas** son aquellas que se propagan en el espacio a la velocidad de la luz *(c)* y que, tal y como se muestra en la Figura 2.2, se caracterizan por tener siempre una componente de campo eléctrico (E) que se transmite de manera perpendicular a una componente de campo magnético (H).

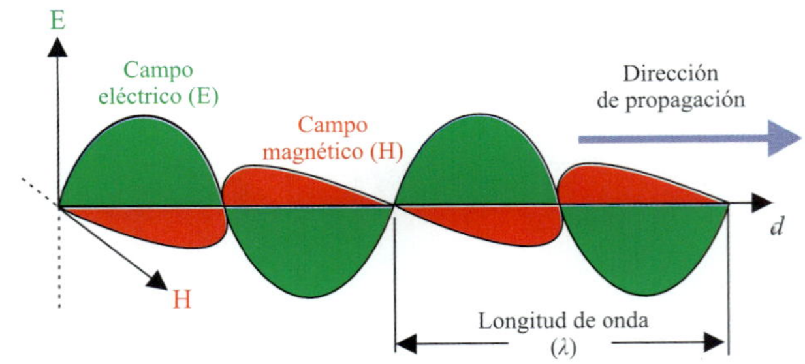

Figura 2.2. *Ondas electromagnéticas.*

Las ondas electromagnéticas quedan definidas por su frecuencia *(f)* y su longitud de onda (λ):

$$\lambda = \frac{c}{f}$$

Donde *c* es la velocidad de propagación de la luz en el medio ($3 \cdot 10^8$ m/s en el espacio libre).

Sabías que...

El campo eléctrico se mide en voltios por metro (V/m), mientras que el campo magnético se mide en amperios por metro (A/m). Esto recuerda las magnitudes de un circuito eléctrico.

2.1.2. Espectro electromagnético

El **espectro electromagnético** es el conjunto de frecuencias posibles de las ondas electromagnéticas.

El espectro electromagnético se divide en **bandas de frecuencia,** cada una de las cuales presenta características peculiares que dan origen a diferentes servicios de telecomunicaciones, donde se utilizan tipologías de antenas muy diversas.

Dentro del espectro electromagnético, en las comunicaciones de radio, tienen importancia las **ondas de radiofrecuencia (RF),** que son las ondas electromagnéticas cuyo espectro se encuentra por debajo de 300 GHz. Por encima de esta frecuencia la absorción de las ondas electromagnéticas por parte de la atmósfera terrestre hace complicada la transmisión.

La Tabla 2.1 muestra la designación de cada una de las bandas del espectro radioeléctrico y los rangos de frecuencias y longitudes de onda a las que corresponden.

Tabla 2.1. Bandas de radiodifusión

Designación	Margen de frecuencia	Longitud de onda
VLF (muy baja frecuencia).	3-30 kHz	100-10 km
LF (baja frecuencia).	30-300 kHz	10-1 km
MF (media frecuencia).	300-3000 kHz	1-0,1 km
HF (alta frecuencia).	3-30 MHz	100-10 m
VHF (muy alta frecuencia).	30-300 MHz	10-1 m
UHF (ultra alta frecuencia).	300-3000 MHz	100-10 cm
SHF (súper alta frecuencia).	3-30 GHz	10-1 cm
EHF (extra alta frecuencia).	30-300 GHz	10-1 mm

2.1.3. Propagación de las ondas electromagnéticas

En la atmósfera terrestre, la propagación de las ondas de radio se ve afectada por diferentes fenómenos, los cuales se muestran en la Figura 2.3:

- **Absorción.** A medida que las ondas electromagnéticas se propagan por el aire transfieren energía al medio, provocando así pérdidas por absorción.
- **Reflexión.** Cuando una onda electromagnética se encuentra con una superficie plana, parte de la energía se refleja. La reflexión provoca que la onda se desvíe y siga un camino diferente al de la onda principal.
- **Refracción.** La diferente concentración de gases en las capas que forman la atmósfera facilita la refracción de las ondas electromagnéticas, es decir, la curvatura de su trayectoria.
- **Difracción.** Este fenómeno se produce cuando las ondas electromagnéticas encuentran un obstáculo en su trayectoria, de dimensiones similares a su longitud de onda, provocando así un nuevo foco de emisión, aunque de menor energía.

Debido a estos fenómenos, a veces, se producen interferencias (reflexiones, ecos, etc.) que dificultan la recepción, pero, en otras ocasiones, se permite la recepción aun en el caso de que no haya visibilidad directa (refracción y difracción) entre las dos antenas, aunque siempre con una pérdida importante de señal.

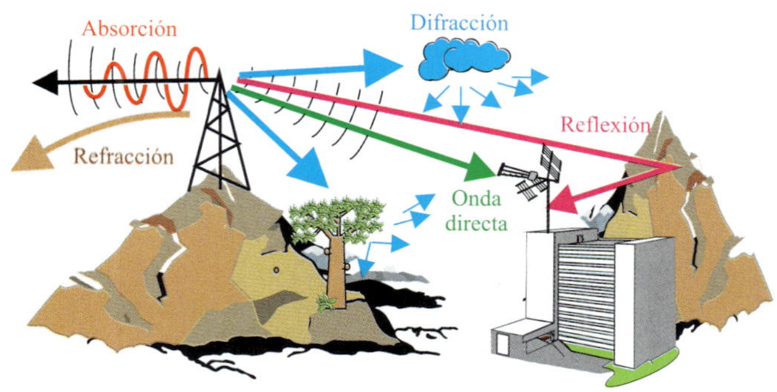

Figura 2.3. *Fenómenos de propagación.*

2.1.4. Antena básica: dipolo

Para la propagación de las ondas electromagnéticas se necesitan antenas, tanto en el emisor como en el receptor, que permitan el establecimiento de un **enlace radioeléctrico.**

Una **antena** puede considerarse como un transductor que convierte las señales eléctricas aplicadas en ondas electromagnéticas (Figura 2.4a) que se propagan por el espacio (fenómeno de radiación electromagnética). La señal emitida será proporcional a la potencia aplicada a la antena.

El funcionamiento de las antenas es reversible, de manera que, en presencia de un campo electromagnético variable en la localización de la antena receptora, se induce en sus bornes (fenómeno de inducción electromagnética) una señal eléctrica (Figura 2.4b) proporcional a la variación de dicho campo electromagnético.

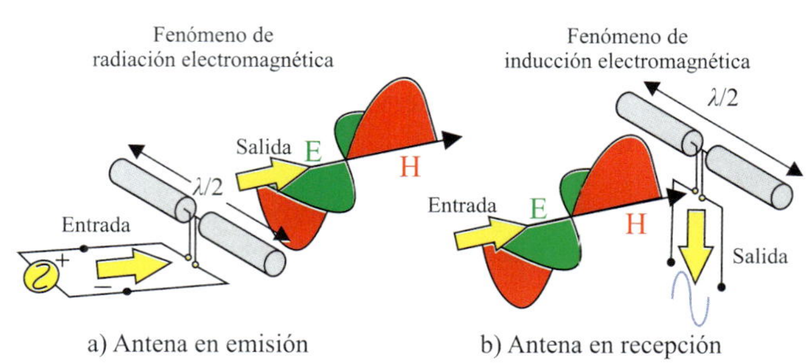

Figura 2.4. *Principio de funcionamiento de las antenas.*

Antena dipolo

La mayoría de las antenas utilizadas en comunicaciones se basan es una **antena dipolo.** Su constitución básica la forman dos tubos conductores de una longitud igual a la semilongitud de onda ($\lambda/2$) de la señal que desea sintonizarse.

El campo electromagnético generado por esta antena se caracteriza porque el campo eléctrico que genera se propaga de manera paralela al eje del dipolo, tal y como se muestra en la Figura 2.5a.

También se observa, en su **diagrama de radiación** (Figura 2.5b), que la radiación de la antena es máxima en los planos horizontal y vertical, pero, en cambio, su radiación es prácticamente nula en el eje que lo atraviesa.

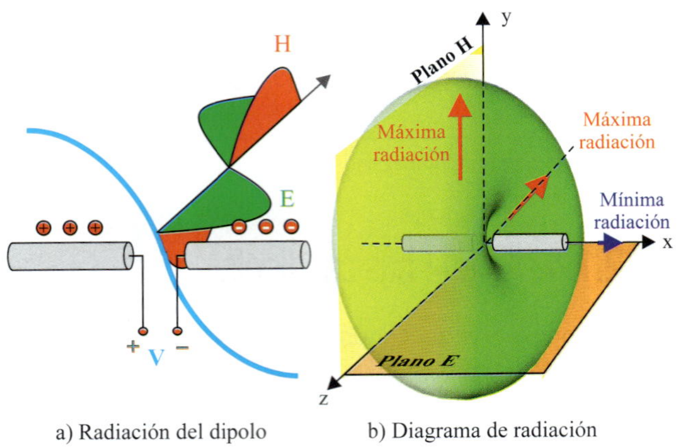

Figura 2.5. *Radiación de una antena dipolo*

2.1.5. Polarización de las ondas electromagnéticas

La **polarización** de una onda electromagnética describe la forma en que varían los campos eléctrico y magnético, tomando siempre como referencia el campo eléctrico.

En función de la posición relativa de las componentes de campo eléctrico y de campo magnético con respecto a la Tierra, se clasifican diferentes tipos de polarizaciones, pero la más utilizada en los servicios de radiodifusión es la polarización lineal.

Con la **polarización lineal** el campo eléctrico se mantiene en el mismo plano durante todo el tiempo, diferenciándose dos tipos:

1. **Polarización vertical (V).** En esta polarización (Figura 2.6a) el campo eléctrico se transmite de manera vertical respecto de la Tierra.
2. **Polarización horizontal (H).** En esta polarización (Figura 2.6b) el campo eléctrico se transmite de manera horizontal respecto de la Tierra.

En ocasiones, se recurre a una polarización de las ondas mixta, donde se transmite de manera simultánea la señal utilizando las dos polaridades a la vez.

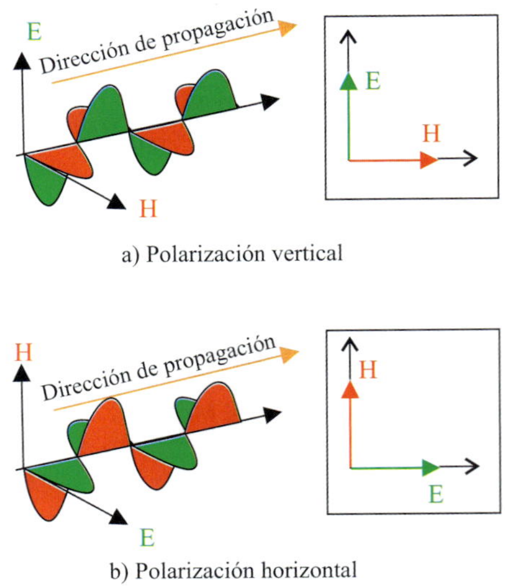

Figura 2.6. *Polarización de las ondas electromagnéticas.*

Caso práctico 2.1
Polarización de los servicios de radiodifusión

Si se utilizan antenas transmisoras que radian ondas con polarización vertical u horizontal, para una óptima recepción, las antenas receptoras deben tener la misma polarización que la onda.

La emisión mediante polarización mixta tiene la ventaja de que su recepción es posible mediante cualquier tipo de antena, ya sea vertical u horizontal.

La diferente polarización en la que se emiten los servicios de radiodifusión obliga a orientar las antenas utilizadas de manera adecuada. En la Figura 2.7 se muestra que la señal recibida por un dipolo es máxima en posición horizontal cuando se recibe una onda electromagnética con polarización horizontal. En cambio, cuando se recibe la misma señal con el dipolo en posición vertical, la señal recibida es mínima.

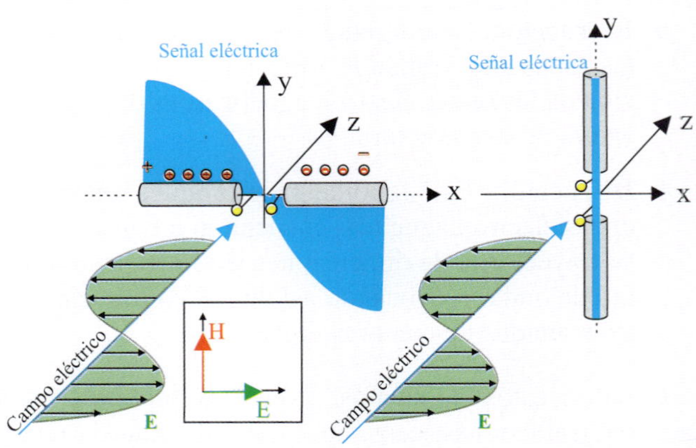

Figura 2.7. *Efecto de la polarización en la recepción de la señal.*

Las emisiones de los servicios de radiodifusión pueden realizarse tanto con polarización vertical como horizontal o mixta, lo que obliga a orientar el dipolo de la antena receptora según la polarización de emisión, tal y como se muestra en la Figura 2.8.

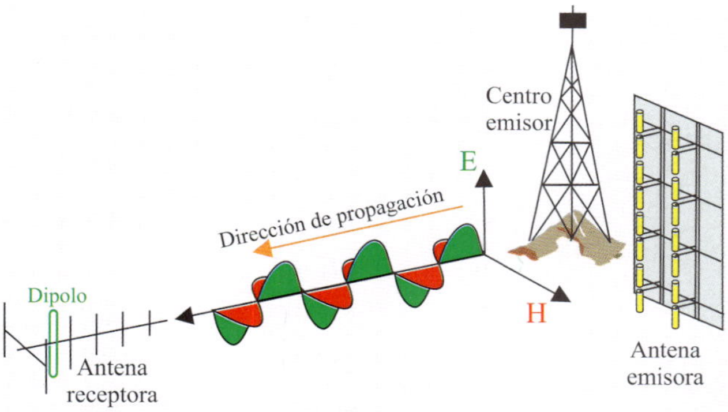

Figura 2.8. *Polarización de emisión.*

Las polarizaciones que se utilizan habitualmente en los servicios de radiodifusión son las siguientes:

- **Televisión Digital Terrestre (TDT).** La polarización utilizada normalmente es la **polarización horizontal (H).** Aun así, existen centros emisores que emiten en polarización vertical (V) por interferencias u otras circunstancias.
- **Radio FM.** Las dificultades que plantea el servicio de radio FM, pensado para la recepción con receptores portátiles, provoca que las estaciones de radio FM emitan con **polarización mixta,** la cual permite que los receptores capten la misma intensidad de señal independientemente de la orientación de la antena receptora. Aun así, también es posible la emisión tanto con polaridad horizontal como vertical.
- **Radio digital DAB.** La radio digital DAB se emite preferentemente con **polarización vertical,** tal y como muestra el ejemplo de la Figura 2.8.
- **TV por satélite.** En TV por satélite se aprovecha la polarización para aumentar el número de canales emitidos, sin que se creen interferencias entre ellos. Para lograrlo, el mismo satélite emite unos canales con polaridad vertical (V) y otros con polaridad horizontal (H). En recepción se selecciona la polaridad según la orientación de la unidad externa de la antena.

2.1.6. Servicios de radiodifusión

Los **servicios de radiodifusión** se clasifican en terrestres o por satélite en función del origen de la señal retransmitida por los operadores: centros emisores terrestres (repetidores) o satélites de comunicaciones. En ambos casos, las emisiones se destinan a ser recibidas directamente por el público en general y abarcan tanto las emisiones de radio como de televisión.

Los **servicios de radiodifusión** tienen asignadas bandas de radiofrecuencia de **uso privativo (P),** es decir, utilizan frecuencias para las que se necesita licencia y en las que solo pueden emitir los operadores autorizados.

La Tabla 2.2 muestra las bandas del espectro de radiofrecuencia que utiliza cada uno de los servicios de RTV que se distribuyen en una ICT.

Tabla 2.2. Bandas de radiodifusión de radio y televisión asignadas en España

Banda		Margen de frecuencias	Uso
VHF	Banda II	87,5-108 MHz	Radio FM
	Banda III	195-223 MHz	Radio DAB
UHF	Banda IV	470-606 MHz	TDT
	Banda V	606-694 MHz	TDT
Ku	Banda baja	10,7-11,7 GHz	TV por satélite
	Banda alta	11,7-12,75 GHz	TV por satélite

2.1.7. Canalización CCIR

La asignación de las bandas para el servicio de radiodifusión se denomina **canalización.** En España, se utiliza una canalización normalizada denominada **canalización CCIR.** En la canalización se establecen los **canales radioeléctricos,** que son la porción del espectro radioeléctrico que se utiliza para la difusión desde una estación radioeléctrica de una señal de radio o de televisión.

Sabías que...

El Cuadro Nacional de Atribución de Frecuencias (CNAF) establece la utilización del espectro radioeléctrico en España conforme al Reglamento de Radiocomunicaciones (RR) y al convenio de la Unión Internacional de Telecomunicaciones (UIT).

En la Tabla 2.3 se muestra la canalización para la banda de VHF. La banda II se utiliza para la difusión de radio FM y la banda III se utiliza para la difusión de radio DAB, aunque solo en los canales del 8 al 11.

Tabla 2.3. Canalización CCIR (bandas I-III)

Banda	Canal	Frecuencias (MHz)	Frecuencia central (MHz)
Banda I (VHF)	2	47-54	50,5
	3	54-61	57,5
	4	61-68	64,5
Banda II	FM	87-108	—
Banda III (VHF)	5	174-181	177,5
	6	181-188	184,5
	7	188-195	191,5
	8	195-202	198,5
	9	202-209	205,5
	10	209-216	212,5
	11	216-223	219,5
	12	223-230	226,5

La Tabla 2.4 muestra la canalización para las bandas IV y V (UHF) utilizadas para la difusión de los canales de TV terrestre digital (TDT), aunque actualmente solamente se utilizan los canales del 21 al 48.

Tabla 2.4. Canalización CCIR (bandas IV-V)

Banda	Canal	Frecuencias (MHz)	Frecuencia central (MHz)
Banda IV (UHF)	21	470-478	474
	22	478-486	482
	23	486-494	490
	24	494-502	498
	25	502-510	506
	26	510-518	514
	27	518-526	522
	28	526-534	530
	29	534-542	538
	30	542-500	546
	31	550-558	554
	32	558-566	562
	33	566-574	570
	34	574-582	578
	35	582-590	586
	36	590-598	594
	37	598-606	602
Banda V (UHF)	38	606-614	610
	39	614-622	618
	40	622-630	626
	41	630-638	634
	42	638-646	642
	43	646-654	650
	44	654-662	658
	45	662-670	666
	46	670-678	674
	47	678-686	682
	48	686-694	690
	49	694-702	698
	50	702-710	706
	51	710-718	714
	52	718-726	722
	53	726-734	730
	54	734-742	738
	55	742-750	746
	56	750-758	754
	57	758-766	762
	58	766-774	770
	59	774-782	778
	60	782-790	786
	61	790-798	794
	62	798-806	802
	63	806-814	810
	64	814-822	818
	65	822-830	826
	66	830-838	834
	67	838-846	842
	68	846-854	850
	69	854-862	858

2.1.8. Modulaciones

El proceso de **modulación** adapta la señal que desea transmitirse, normalmente señal de audio y señal de vídeo, al medio de transmisión, al mismo tiempo que se traslada la señal a la frecuencia del canal asignado durante la planificación de frecuencias.

Durante la modulación también se limita el ancho de banda de la señal modulada para adaptar la señal transmitida a la canalización de frecuencias utilizada. Por ejemplo, la canalización de frecuencia de la banda de VHF prevé un ancho de banda de canal de 7 MHz, mientras que para la banda de UHF prevé un ancho de banda de canal de 8 MHz.

Dependiendo de las características de la señal que se transmite las modulaciones pueden ser analógicas o digitales.

Ejemplo 2.1. Modulación de canales de TV

La Figura 2.9 muestra el espectro de radiofrecuencia de la banda de UHF. Las emisiones del canal 23 de TV terrestre digital (TDT) se llevan a cabo a la frecuencia central de 490 MHz. La técnica de modulación utilizada en TDT se denomina **COFDM** y la fuente de información digital necesita un proceso previo de codificación, definido según el estándar DVB-T.

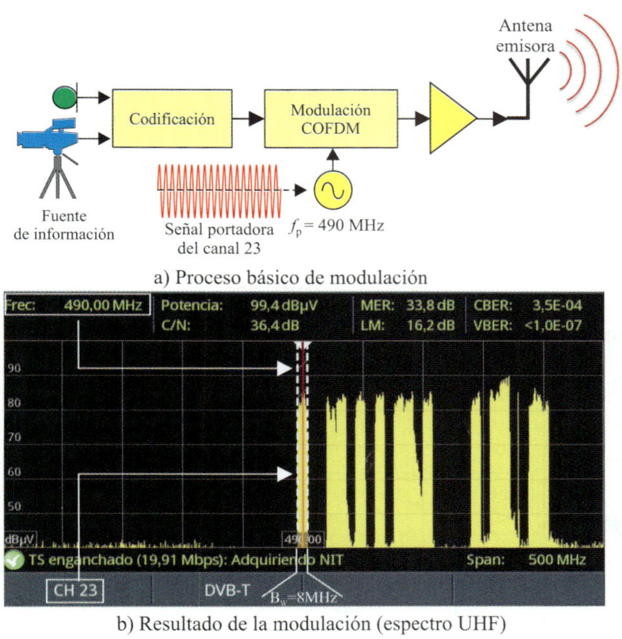

Figura 2.9. *Modulación del canal 23 de TV.*

2.2. Sistemas de transmisión analógicos

Actualmente, el mundo de las comunicaciones ha sido absorbido completamente por la tecnología digital, por lo que quedan pocos servicios que utilizan modulaciones analógicas.

En las **modulaciones analógicas** se modula, una vez procesada, la señal de salida de la cámara de vídeo o del micrófono de carácter analógico.

El servicio clásico de radiodifusión sonora analógica es la radio FM. Respecto de la difusión de señales de TV analógica, en el año 2010 se produjo el **apagón analógico** por el cual se inició el cese de las emisiones de la TV analógica terrestre.

2.2.1. Radio FM

El **servicio de radiodifusión sonora en ondas métricas con modulación de frecuencia** (radio FM) se realiza en la banda de 87,5 a 108 MHz, atribuida internacionalmente a este fin.

En la Figura 2.10 se muestra el espectro de la banda FM. La **planificación de frecuencias** del servicio de FM exige una cuidadosa asignación de frecuencias a las emisoras para evitar que se produzcan interferencias entre ellas. La canalización especificada en el CNAF para el servicio de FM prevé 69 canales separados 300 kHz, aunque el primero de ellos (canal 1) no se utiliza.

El ancho de banda asignado a cada canal es de 300 kHz, aunque el ancho de banda de cada señal modulada en FM dependerá de su naturaleza mono (180 kHz), estéreo (256 kHz) o si incluye en su emisión datos digitales RDS (300 kHz).

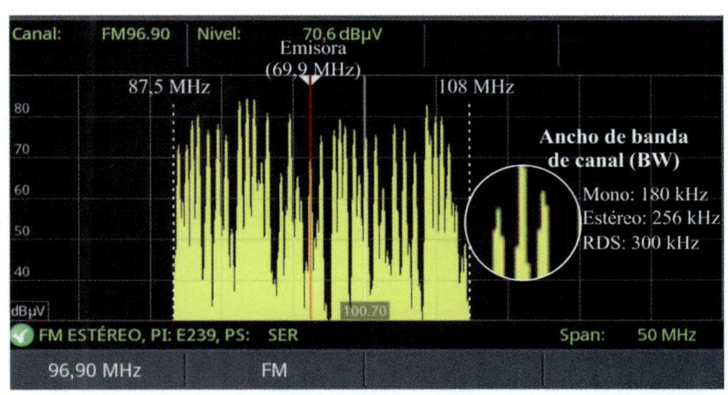

Figura 2.10. *Espectro de la banda de FM.*

La normativa ICT establece la obligación de captar y distribuir esta señal por la instalación.

2.2.2. TV analógica

Aunque ya no existen emisiones del servicio de radiodifusión de TV analógica, en la normativa ICT se establecen los niveles de calidad para señales de AM-TV (TV analógica modulada en AM), pero solo ha de tenerse en cuenta para el caso de que se distribuya con esta modulación alguna señal de distribución no obligatoria en la ICT.

Por tanto, es posible que, en una instalación, se utilicen equipos (moduladores, videoporteros, etc.) que suministren a la red una señal de TV analógica.

Cada país utiliza un sistema de TV analógica diferente que viene determinado por el **sistema de color** utilizado y la **norma de televisión** adoptada. En España, la norma establecida para la televisión terrestre analógica se denomina **PAL B/G:**

- El **sistema de color** utilizado determina cómo se añade la información de color (crominancia) a la señal de vídeo y puede ser NTSC, PAL o SECAM. En Europa se utiliza principalmente el sistema PAL.
- La **norma de televisión** adoptada por un país determina factores que afectan fundamentalmente a la distribución en frecuencia de los canales de televisión y a las características de exploración de la señal de TV. La Tabla 2.5 resume las características de las dos normas de TV analógica utilizadas en España: PAL B en la banda de VHF y PAL G en la banda de UHF.

Tabla 2.5. Normas de televisión analógica de España

Estándares CCIR		B	G
Número de líneas		625	625
BW canal	MHz	7	8
BW vídeo	MHz	5	5
Distancia vídeo/sonido	MHz	+5,5	+5,5
BW vestigial	MHz	0,75	0,75
Modulación de vídeo		Neg.	Neg.
Modulación de sonido		FM	FM

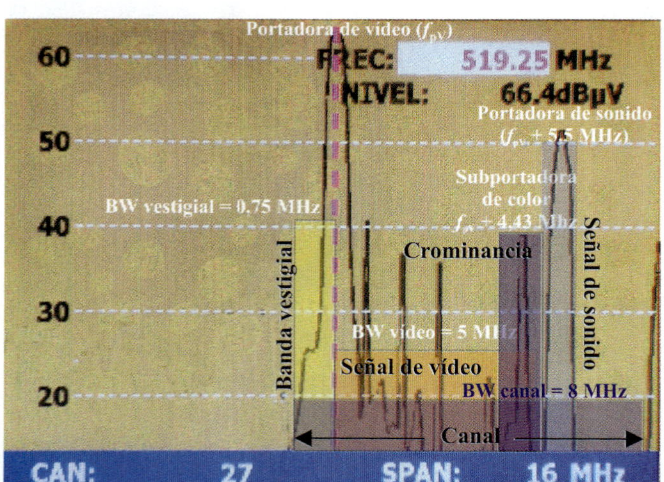

Figura 2.11. *Espectro de un canal de TV analógico.*

La Figura 2.11 muestra el espectro típico de una señal de TV analógica. En la **modulación AM** utilizada en TV analógica se limita el ancho de banda de la señal modulada utilizando un filtro que elimina parte de la señal (filtro de banda lateral vestigial). El ancho de banda que resulta es de 7 MHz en VHF y de 8 MHz en UHF.

2.3. Sistemas de transmisión digital

En los sistemas de radiodifusión digital se modulan directamente los datos digitales asociados a la señal de TV y radio.

2.3.1. Principios de modulación digital

Los sistemas de transmisión digital se caracterizan porque transmiten datos en formato digital, que modulan la señal portadora encargada de transmitir los datos modulados por el espacio libre.

Para una transmisión eficaz y libre de errores, tal y como se muestra en la Figura 2.12, la **señal digitalizada** se somete a un proceso de **codificación de fuente,** que comprime los datos según un estándar de referencia, y de **codificación de canal,** que protege los datos contra errores de transmisión.

Finalmente, el flujo de bits se modula utilizando una **modulación digital.**

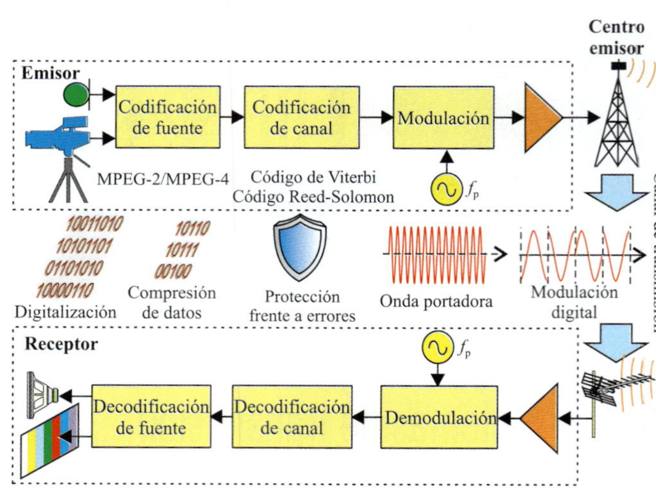

Figura 2.12. *Principios de las modulaciones digitales.*

El equipo receptor realiza el proceso inverso para recuperar la señal original: demodulación digital, descodificación de canal y descodificación de fuente.

2.3.2. Múltiplex digital

La principal característica de los sistemas de transmisión digital es que un canal de radiofrecuencia permite incorporar las señales correspondientes a varios programas de televisión y de radio y a los servicios asociados.

La señal compuesta de un canal de TV que transmite diferentes programas se denomina **múltiple** o **múltiplex digital.**

2.3.3. Estándares DVB

El grupo de trabajo denominado **DVB** *(digital vídeo broadcasting)* es el encargado de definir las características de los sistemas de televisión digital para la difusión vía terrestre y satélite, entre otros muchos.

Este grupo creó un conjunto de estándares que definen, entre otros aspectos, la adaptación de la señal digital de vídeo y audio a diferentes canales de transmisión (terrestre, satélite, cable, etc.), estableciendo así la codificación de fuente, la codificación de canal y la modulación digital para cada caso. Los principales estándares de interés son:

- **Para televisión terrestre:** DVB-T (primera generación) y DVB-T2 (segunda generación).
- **Para televisión por satélite:** DVB-S (primera generación) y DVB-S2 (segunda generación).

La Figura 2.13 representa de manera simplificada el proceso que se utiliza para la transmisión de un canal múltiplex digital, que contiene diferentes programas, según el estándar DVB.

La señal de audio y vídeo correspondiente a cada programa del múltiplex digital se somete al proceso de **codificación de fuente:**

- La primera generación del sistema DVB (DVB-T y DVB-S) adoptó como estándar de compresión digital el **estándar MPEG-2.**
- La segunda generación de estos sistemas (DVB-S2 y DVB-T2) ha escogido codificadores basados en el **estándar MPEG-4.**

Una vez comprimida la señal de datos original (codificación de fuente), la información que proviene de los diferentes programas se **multiplexa** para crear un único flujo de bits denominado **trama de transporte** o **TS** *(transport stream),* formada por bloques de datos de longitud siempre fija de 188 bytes.

La señal TS de salida del codificador de fuente se somete a un proceso de **codificación de canal** (definido por el estándar DVB) antes de la modulación.

Las **modulaciones digitales** utilizadas en TV digital se adaptan a las características de cada medio de transmisión para resolver los problemas que presenta cada caso particular, por lo que la técnica de modulación utilizada será diferente para la señal de TV terrestre y por satélite.

2.3.4. Codificación de fuente

El principal objetivo de la **codificación de fuente** es comprimir la señal de vídeo y audio digital para disminuir el ancho de banda necesario para su difusión.

Para ello, los estándares DVB de transmisión de TV digital de primera generación (DVB-T y DVB-S) utilizan la codificación MPEG-2, mientras que los de segunda generación (DVB-S2 y DVB-T2) utilizan, además de la codificación MPEG-2, la MPEG-4 o variantes más eficaces como **AVC/H.264** o **HEVC/H.265.**

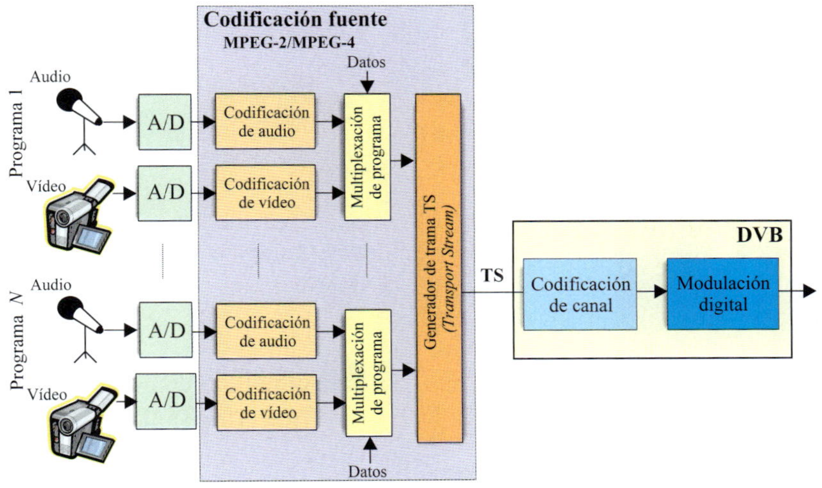

Figura 2.13. *Transmisión de un canal múltiplex.*

Ejemplo 2.2. Codificaciones utilizadas en TV digital

La Figura 2.14 muestra los tres tipos de codificaciones más habituales para la compresión de la señal de vídeo:

- **MPEG-2.** El sistema DVB-T utilizaba la codificación MPEG-2 cuando los requerimientos de compresión no eran excesivos, como, por ejemplo, señales de TV con formato estándar (SDTV). Cuando se utiliza MPEG-2 para la codificación de señales de alta definición (HDTV) la tasa de bits requerida es elevada.
- **AVC/H.264.** Las emisiones en alta definición (HDTV), con resoluciones típicas de 1440 × 1080 px o superiores, requieren utilizar codificadores de vídeo de alta compresión, como, por ejemplo, **AVC/H.264.**

  Este estándar es capaz de proporcionar una buena calidad de imagen con tasas binarias menores al estándar MPEG-2, sin necesidad de complicar el diseño de los codificadores y descodificadores. Es habitual encontrar este tipo de codificación en la señal de TV cuando se transmiten señales HDTV.
- **HEVC/H.265.** Cuando es necesario transmitir señal de vídeo UHDTV *(ultra high definition TV)*, con formato 4K, se utiliza la codificación HEVC/H.265, la cual ofrece la misma calidad que la codificación AVC/H.264, pero con mayor compresión.

a) SDTV b) HDTV c) UHDTV

Figura 2.14. *Ejemplo de codificaciones utilizadas en TV digital.*

2.3.5. Codificación de canal

En la codificación de canal se introducen los sistemas de **protección de errores** adecuados para proteger la señal de salida del codificador de fuente (trama TS) contra los errores de transmisión. Aunque las técnicas utilizadas en los sistemas de primera y segunda generación son diferentes, el objetivo es el mismo:

- Proteger la trama de transporte (TS) frente a ráfagas de errores.
- Proteger la señal frente a errores a nivel de bit.

Sistemas de primera generación: DVB-T y DVB-S

Todos los sistemas DVB de primera generación tienen en común la señal fuente MPEG-2/MPEG-4, así como las **técnicas de protección contra errores** (Figura 2.15) a los que se somete la trama de transporte (TS):

- **Codificador Reed-Solomon (188, 204).** La codificación Reed-Solomon proporciona protección a la trama de transporte frente a errores en la transmisión, añadiendo siempre 16 bytes de protección adicionales a los 188 bytes del TS, formando grupos de 204 (Reed-Solomon 204,188). La eficacia de este codificador es limitada, ya que solo puede corregir hasta 8 bytes erróneos.
- **Codificador de Viterbi.** El codificador de Viterbi (codificador convolucional) introduce un código de protección contra errores a nivel de bit, añadiendo bits de protección por cada bit transmitido. Dependiendo del número de bits añadidos, este sistema puede adaptarse para diferentes **tasas de codificación o FEC** *(forward error correction):* 1/2, 2/3, 3/4, 5/6 y 7/8.

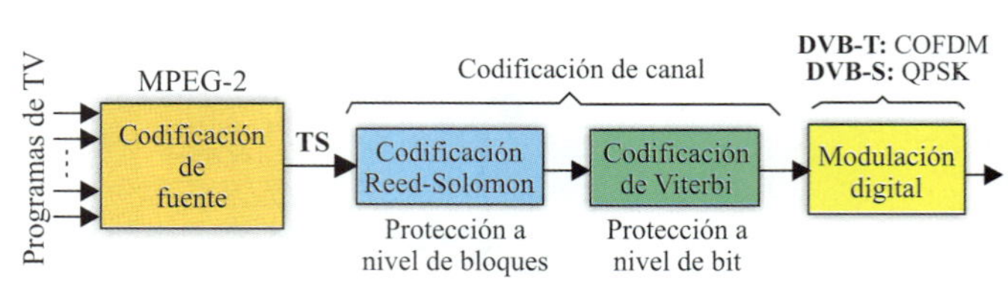

Figura 2.15. *Codificación de canal en los sistemas DVB de primera generación.*

Sistemas de segunda generación: DVB-T2 y DVB-S2

En los sistemas de segunda generación (Figura 2.16) la protección contra errores se realiza con otros codificadores y, aunque la función es la misma, su funcionamiento es más complejo:

- **Codificación BCH** *(Bose-Chaudhuri-Hocquenghem).*
- **Codificación LDPC** *(low density parity check).*

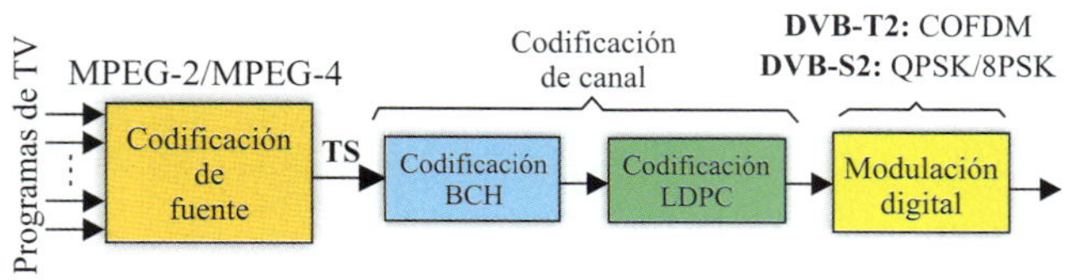

Figura 2.16. *Codificación de canal en los sistemas DVB de segunda generación.*

2.3.6. Modulaciones digitales de TV

En la Figura 2.17 se muestra el principio básico de una modulación digital. En estas modulaciones la señal portadora es analógica y se encarga de transmitir los datos en el canal de radiofrecuencia asignado para su transmisión. En cambio, la señal de información o señal moduladora es la señal digital producto de la codificación de fuente y canal, formada por un conjunto de bits.

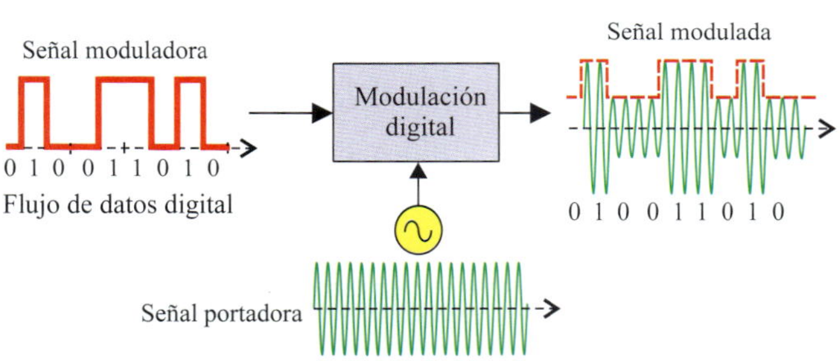

Figura 2.17. *Sistema de modulación digital.*

Las modulaciones digitales utilizadas en comunicaciones utilizan **símbolos** en lugar de bits durante la modulación, por lo que los bits se agrupan para su transmisión conjunta. De esta manera se consigue un mayor aprovechamiento del ancho de banda, ya que puede transmitirse más información por unidad de tiempo. La **velocidad de transmisión** de los símbolos de una modulación digital se mide en símbolos/s o baudios.

En una modulación digital, cada símbolo se encarga de modificar la fase y la amplitud de la señal portadora, según la técnica de modulación utilizada (Figura 2.18a).

Para representar una modulación digital se utilizan las constelaciones. La **constelación** de una modulación digital es la representación de la amplitud *(A)* y de la fase *(φ)* de cada uno de los símbolos que resultan de la modulación (Figura 2.18b).

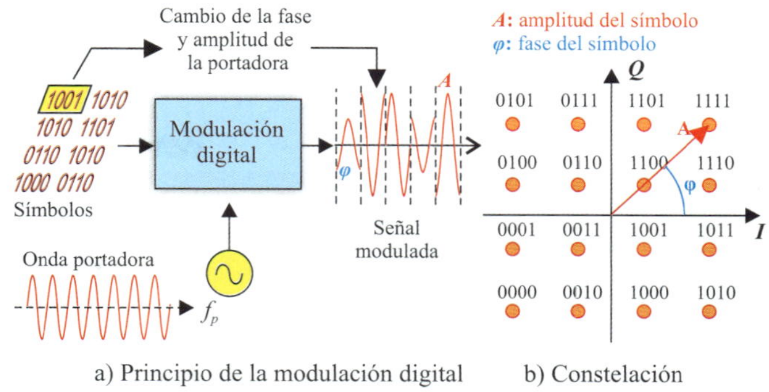

Figura 2.18. *Principios de las modulaciones digitales.*

En la Figura 2.19 se muestra la constelación típica de las principales modulaciones utilizadas en TV digital.

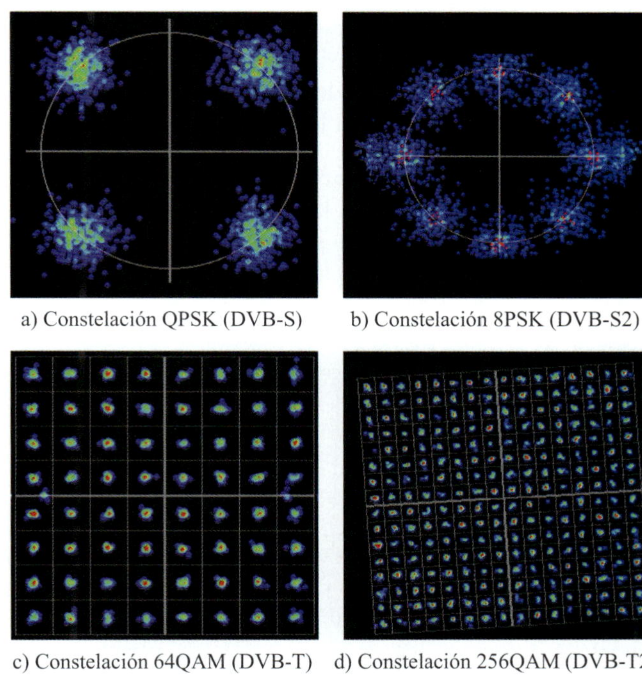

Figura 2.19. *Comparación de constelaciones.*

Modulación QAM

La **modulación QAM** *(quadrature amplitude modulation)* es una modulación combinada de amplitud y fase. Dependiendo del número de símbolos utilizados en la modulación se obtienen diferentes esquemas de modulación:

- **16QAM:** 16 símbolos diferentes, 4 bits por símbolo ($2^4 = 16$).
- **64QAM:** 64 símbolos diferentes, 6 bits por símbolo ($2^6 = 64$).
- **256QAM:** 256 símbolos diferentes, 8 bits por símbolo ($2^8 = 256$).

En la Figura 2.20 se muestra la constelación de la modulación **64QAM,** utilizada para la modulación de la señal de TV terrestre digital (DVB-T).

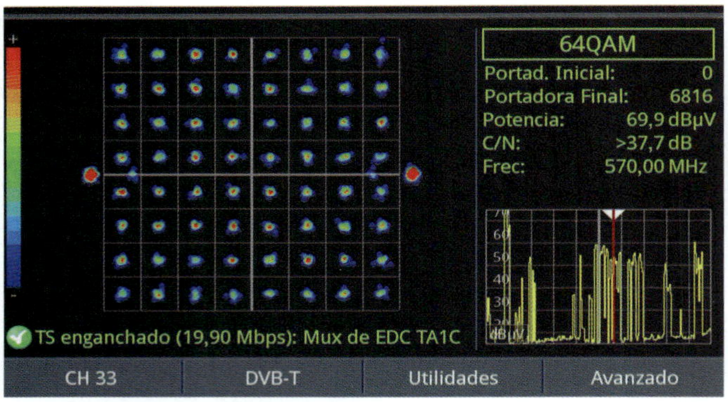

Figura 2.20. *Constelación de la modulación 64QAM.*

A medida que el número de símbolos aumenta, la velocidad de transmisión también lo hace.

Por ello, para la transmisión de señales UHDTV en el sistema DVB-T2 se requiere la transmisión de una mayor cantidad de datos, utilizándose para ello la modulación **256QAM,** que se muestra en la Figura 2.21.

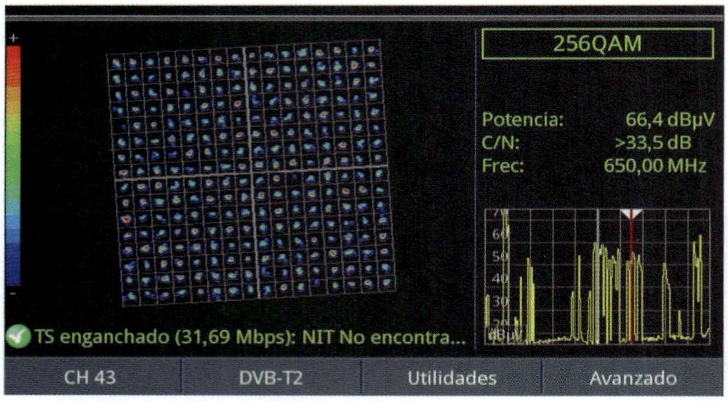

Figura 2.21. *Constelación de la modulación 256QAM.*

Modulación QPSK

En la **modulación QPSK** *(quadrature phase shift keying)* el número de símbolos diferentes es de 4, ya que se utilizan 2 bits por símbolo.

Una vez modulados, todos los símbolos tienen la misma amplitud, pero pueden diferenciarse cada uno de ellos por su fase (Figura 2.22).

Esta modulación se utiliza en las transmisiones de TV por satélite de primera y segunda generación (DVB-S y DVB-S2).

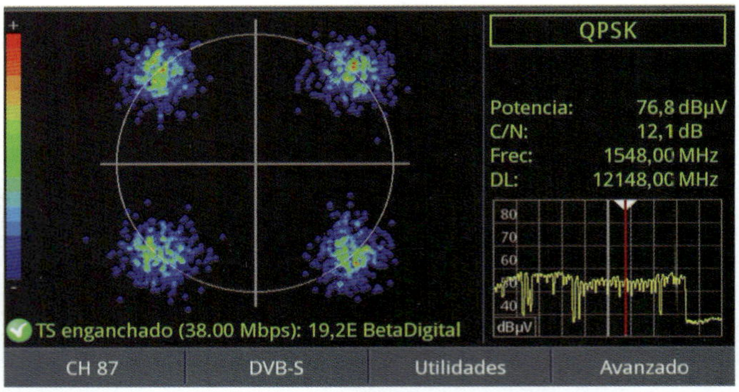

Figura 2.22. *Constelación de la modulación QPSK.*

Modulaciones de fase (PSK)

Las **modulaciones de fase** (*phase shift keying* o PSK) se caracterizan porque la información que representa cada uno de los símbolos de la señal moduladora se encuentra en la fase de la señal modulada.

La modulación de fase más utilizada es la **modulación 8PSK,** la cual utiliza 8 símbolos diferentes, al emplear 3 bits por símbolo.

En la Figura 2.23 se muestra la constelación de la modulación 8PSK, donde se observa la disposición de los símbolos y la variación de fase relativa entre ellos. Como puede comprobarse, la amplitud de todos los símbolos es la misma.

La modulación 8PSK se utiliza en las trasmisiones de TV por satélite de segunda generación (DVB-S2).

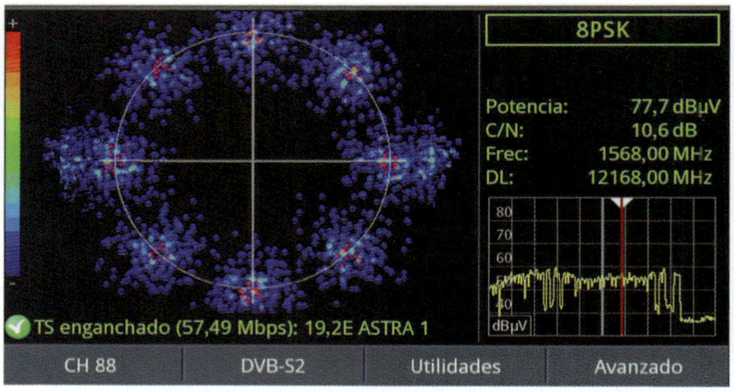

Figura 2.23. *Constelación de la modulación 8PSK.*

2.4. Red de difusión de radio y TV terrestre

El **área de cobertura** de las emisiones de radio y TV es la zona de un territorio cubierta por los centros emisores que radian la misma señal.

Para dar cobertura a todo un territorio se reparten los centros emisores (repetidores) que sean necesarios, de manera que, en una localización concreta, será necesario orientar las antenas receptoras al repetidor más cercano.

2.4.1. Red de difusión de TDT

La red de difusión de la TDT (Figura 2.24) se divide en tres grandes bloques:

1. **Contribución de la señal desde los estudios de producción a la cabecera.** Desde los estudios o desde el lugar donde se producen los eventos se distribuye la señal hasta el centro de cabeceras (nacional o territorial), donde se codifican y multiplexan los diferentes programas de cada canal, añadiéndose la información de servicio y generándose la trama de transporte (TS).
2. **Red de distribución.** Durante la fase de distribución la señal se transporta desde la cabecera a los centros emisores, ya sea mediante fibra óptica, radioenlaces terrestres o satélites. Si es necesario, en los centros de cabecera territoriales se añadirán los canales y servicios propios de cada territorio.
3. **Red de difusión.** En los centros emisores se realiza la modulación y amplificación previa a la difusión por el territorio a través del espacio libre (repetidores).

2.4.2. DVB-T

El estándar que se adopta en la transmisión de la señal de TV digital terrestre (TDT) es el estándar DVB-T.

En el **estándar DVB-T** el flujo binario resultante de la codificación de fuente y de canal se transmite mediante una técnica de modulación digital denominada **COFDM** *(coded orthogonal frequency division multiplexing).*

El principio de funcionamiento de la **técnica COFDM** se muestra en la Figura 2.25: para aumentar la velocidad de transmisión se modulan de manera independiente símbolos en paralelo utilizando muchas subportadoras dentro del mismo canal. Cada subportadora modula los datos utilizando una modulación QAM.

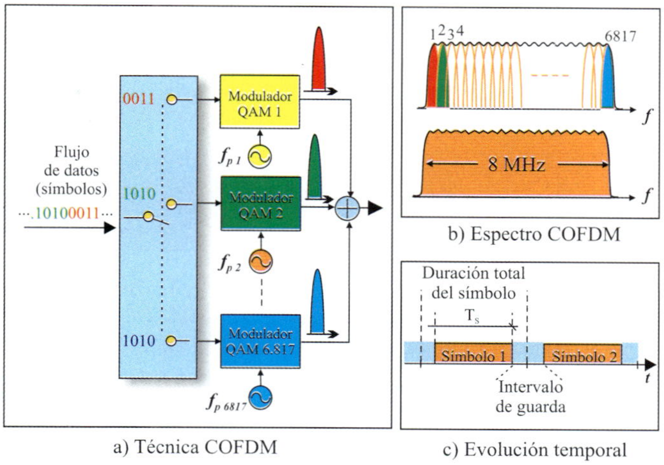

Figura 2.25. *Técnica COFDM.*

Para los canales de TDT, la norma DVB-T define diferentes parámetros:

- **Modo de trabajo** de la modulación COFDM (FFT). Número de subportadoras utilizadas. Cada modo de trabajo utiliza un número de portadoras diferentes que transmiten, además de los datos de información, la señalización. Se definen dos modos de trabajo diferentes:
  1. **Modo 2K:** basado en 1705 portadoras.
  2. **Modo 8K:** basado en 6817 portadoras. Utilizado en España.
- **Modulación.** Las portadoras pueden utilizar diferentes sistemas de modulación: 4QAM, 16QAM o 64QAM.
- **Intervalo de guarda.** Tiempo muerto que hay entre cada símbolo, con el objetivo de permitir a los receptores la correcta detección de los símbolos en

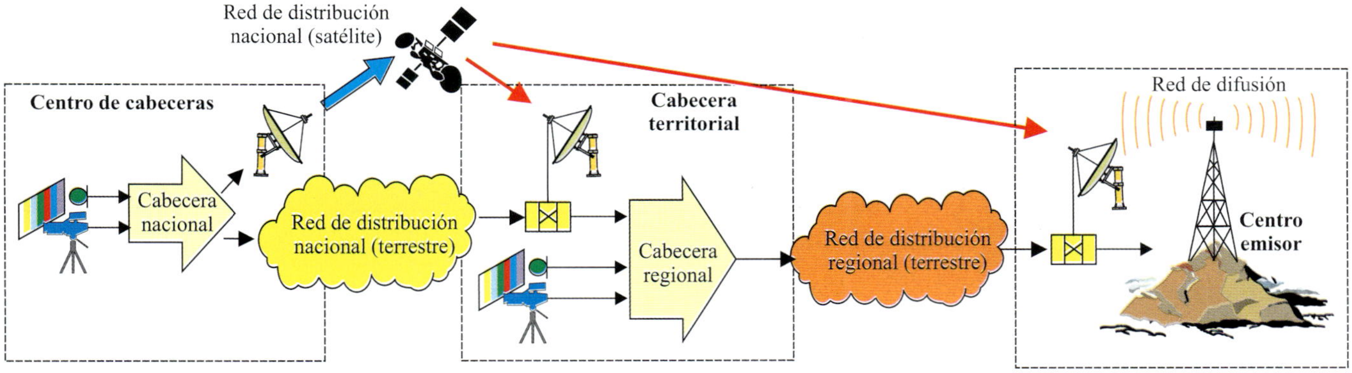

Figura 2.24. *Estructura de la red de difusión de TDT.*

situaciones donde hay presencia de ecos por efecto multitrayecto. Este parámetro se expresa en función de la duración del símbolo: 1/4, 1/8, 1/16 y 1/32.

- **Tasa de codificación.** Relación entre el número de bits de datos y el número de bits totales transmitidos en el codificador de Viterbi para la detección y corrección de errores.

Caso práctico 2.2
Señales de TDT

En España se utiliza para la transmisión de la señal de TDT la banda de frecuencias de UHF (470-694 MHz), donde cada canal de radiofrecuencia tiene asignado un ancho de banda de 8 MHz. El espectro de la señal resultante de la modulación de un canal de TDT se muestra en la Figura 2.26.

Figura 2.26. *Espectro de un canal digital TDT.*

Aunque las **características técnicas de emisión** de cada canal pueden diferir de un operador a otro, las utilizadas típicamente por los operadores de las redes de difusión de TDT (Figura 2.27) son las siguientes:

- **Modo de trabajo:** se utiliza el modo de trabajo 8K, con un total de 6817 portadoras de las cuales 6048 son portadoras de datos.
- **Modulación** (constelación): 64QAM.
- **Intervalo de guarda:** 1/4 de la longitud del símbolo. La duración de un símbolo (T_S) es de 896 μs, con un intervalo de guarda de 224 μs, por lo que la duración total de un símbolo es de 1120 μs.
- **Tasa de codificación (FEC):** 2/3, es decir, 2 bits son útiles y 1 bit es de redundancia para corregir, en recepción, los errores que se producen durante la transmisión (codificación de Viterbi).

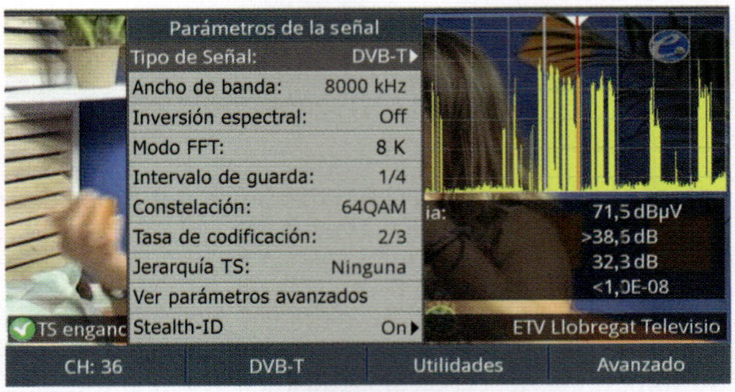

Figura 2.27. *Parámetros de la señal de TDT.*

2.4.3. DVB-T2

DVB-T2 (Figura 2.28) es una evolución del estándar DVB-T y, por lo tanto, también se utiliza para la transmisión de la señal de televisión digital terrestre (TDT2).

Actualmente, en España, este estándar se encuentra en pruebas, pero se espera que el despliegue de esta nueva red tarde en establecerse.

Figura 2.28. *Logotipo de DVB-T2.*

La principal ventaja de este estándar es el incremento del ancho de banda que se consigue respecto del estándar DVB-T. Esto permite la ampliación del número de canales que pueden transmitirse en un único múltiplex digital, en alta definición (HDTV). Otra posibilidad es la transmisión de programas con calidad UHDTV/4K.

DVB-T2 también utiliza la técnica COFDM para transmitir la señal de TV, pero utiliza una codificación de canal (LDPC y BCH) diferente a DVB-T, además de soportar más

Tabla 2.6. Comparación entre DVB-T y DVB-T2

Parámetros	DVB-T	DVB-T2
FEC	Viterbi + Reed-Solomon 1/2, 2/3, 3/4, 5/6 y 7/8	LDPC + BCH 1/2, 3/5, 2/3, 3/4, 4/5 y 5/6
Modulación	4QAM, 16QAM y 64QAM	4QAM, 16QAM, 64QAM y 256QAM
Intervalo de guarda	1/4, 1/8, 1/16 y 1/32	1/4, 19/256, 1/8, 19/128, 1/16, 1/32 y 1/128
Número de portadoras (COFDM)	2K y 8K	1K, 2K, 4K, 8K, 16K y 32K

modos de trabajo (1K, 2K, 4K, 8K, 16K y 32K) y utilizar modulaciones más eficientes (256QAM).

La Tabla 2.6 compara el sistema DVB-T con el sistema DVB-T2.

Caso práctico 2.3
Señal de TDT2

En la Figura 2.29 se muestra un ejemplo de configuración de los parámetros de transmisión de la señal DVB-T2. Los principales parámetros de interés son los siguientes:

- **Modo de trabajo:** la técnica de modulación utilizada es COFDM, con un modo de trabajo de 32K (32 000 portadoras).
- **Modulación** (constelación): la modulación utilizada, junto con la técnica COFDM, es la modulación 256QAM.
- **Intervalo de guarda:** 1/8 de la longitud del símbolo.
- **Tasa de codificación (FEC):** 2/3.

Figura 2.29. *Parámetros de la señal DVB-T2.*

2.4.4. Plan técnico de la TDT

El **Plan Técnico Nacional de la Televisión Digital Terrestre (PTNTDT)** establece la planificación de canales radioeléctricos para las emisiones de cobertura estatal, autonómica y local del servicio de TDT.

De acuerdo con el actual PTNTDT, en España se utiliza la banda de frecuencias de UHF que comprende los canales del 21 al 48 para la transmisión de la señal de TV digital terrestre (TDT).

Actualmente, la red de TDT se divide de la manera siguiente:

- **RGE: Red Global de Cobertura Estatal.** Este es el nombre que reciben los dos múltiplex de RTVE (RGE1 y RGE2).
- **MPE: Múltiplex Privado de Cobertura Estatal.** Son los múltiplex que distribuyen los canales privados de TV. Actualmente existen cinco de estos múltiplex (MPE1 a MPE5).
- **MAUT: Múltiplex Digital de la Comunidad Autónoma.** Actualmente se transmite un múltiplex por comunidad autónoma que integra tanto los canales públicos como privados, aunque alguna comunidad tiene asignados dos múltiplex.
- **TL: Múltiplex Digital Local.** Estos múltiplex se establecen por demarcaciones de televisión digital local, donde, dependiendo del territorio, puede haber diferentes múltiplex.

La Figura 2.30 muestra un ejemplo de asignación de programas (servicios) a cada múltiplex digital. Cada múltiplex RGE y MPE ocupa un canal radioeléctrico diferente en cada comunidad autónoma.

Red	Oferta de televisión
RGE1	1 HD · 2 HD · 24h HD · clan HD
RGE2	1 UHD · tdp HD · DKISS HD
MPE1	Disney Channel HD · Paramount Network HD · GOL TV HD · DMAX HD
MPE2	HD · 6 HD · neox HD · nova HD
MPE3	5 HD · cuatro HD · d HD · F HD
MPE4	MEGA HD · E HD · Boing HD · TRECE HD
MPE5	HD · BE MAD HD · A3S HD · ten HD

Figura 2.30. *Ejemplo de distribución de programas en los múltiplex de ámbito nacional.*

Sabías que...

Aunque la idea es que cada operador gestione técnicamente su propio múltiplex digital, la dificultad que ha supuesto la asignación de programas a los diferentes operadores ha obligado a compartir múltiplex digitales entre diferentes operadores.

Apagón de la TDT en calidad estándar

En el año 2024 se estableció la obligación de que todos los canales de TDT dejen su emisión en formato estándar (SD), pasando a hacerlo en alta definición (HD).

Caso práctico 2.4
Distribución de canales en la ciudad de Barcelona

La Figura 2.31 muestra el espectro de una señal de la banda de UHF, donde se presenta la distribución de canales en la ciudad de Barcelona.

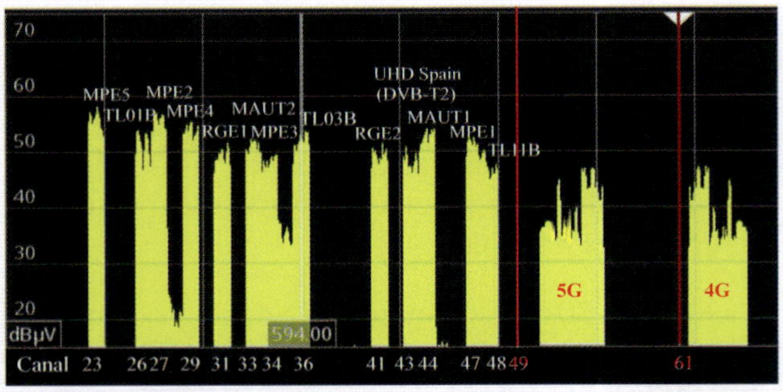

Figura 2.31. *Espectro de la banda de frecuencias de UHF de Barcelona.*

Además de los canales de las redes de cobertura nacional RGE y MPE se observan los canales de la red autonómica MAUT (MAUT1 y MAUT2) y los canales locales (TL): TL01B, TL03B y TL10B designan las televisiones locales (TL) de Barcelona (B).

En esta localidad, UHD Spain emite en pruebas bajo el estándar DVB-T2 en el canal 43.

En la parte alta del espectro también se observa la presencia de la señal de telefonía móvil LTE/4G y 5G.

2.4.5. Tipos de redes

Dependiendo de la reutilización de frecuencias que realice el centro emisor de cada área de cobertura, las redes de difusión de TV pueden clasificarse de dos maneras diferentes:

1. **Red de frecuencia única (RFU).** Una red de frecuencia única (Figura 2.32a) es un conjunto de estaciones radioeléctricas que cubren una cierta zona del territorio utilizando la misma frecuencia o canal radioeléctrico en todas las estaciones.
2. **Redes de frecuencia múltiple (RFM).** En este tipo de redes no hay coincidencia o reutilización de las frecuencias en la misma zona geográfica (Figura 2.32b).

La planificación actual de la red de TDT utiliza redes de frecuencia única a nivel provincial, es decir, una red RFU. De esta manera, en la misma provincia, los canales de TV de ámbito nacional y autonómico se emiten en la misma frecuencia (red de ámbito provincial).

2.4.6. Dividendo digital

Las señales de las bandas de frecuencias de 700 MHz (694 a 790 MHz) y 800 MHz (790 a 862 MHz) tienen mejores propiedades de propagación y penetración en el interior de edificios que las bandas más altas, utilizadas habitualmente para las comunicaciones móviles inalámbricas.

Por ello, los organismos internacionales especializados en telecomunicaciones han adoptado que las bandas de 700 MHz y 800 MHz puedan ser utilizadas para otros usos diferentes a los de radiodifusión, siendo asignadas para el despliegue de los servicios de nueva generación de telefonía móvil.

El **dividendo digital** es el proceso consistente en dejar libres algunos de los canales de la banda alta de UHF para que puedan ser utilizados para nuevos servicios de banda ancha, principalmente de telefonía móvil 4G y 5G.

Primer dividendo digital

El primer dividendo digital fue el proceso de reordenación de la banda alta del espectro de UHF, que finalizó en el año 2015 y dejó libres los canales del 61 al 69 (banda de 800 MHz) en los que se emitía la TDT para que pudieran ser utilizados para los servicios de banda ancha de telefonía móvil LTE/4G.

Segundo dividendo digital

Con el objetivo de cubrir la demanda de nuevos servicios, el despliegue efectivo de la tecnología 4G y la implantación

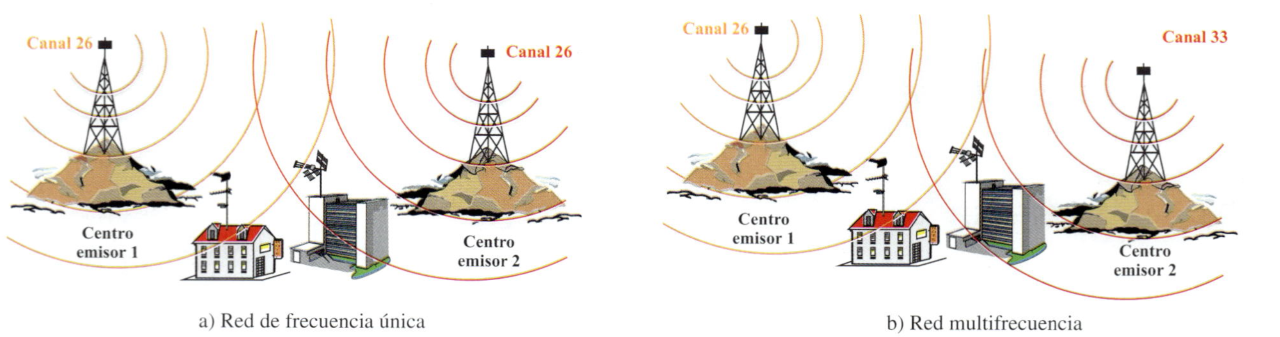

Figura 2.32. *Tipos de redes.*

de la tecnología 5G, en el año 2020 se realizó el **segundo dividendo digital,** por el que se liberó la banda de 700 MHz (694-790 MHz) de UHF, que afectó a los canales 49 a 60 de TDT (Figura 2.33).

La banda de 700 MHz liberada se utiliza preferentemente para los servicios de **telefonía móvil LTE2/5G.**

Tal y como puede observarse en la Figura 2.31, a partir del canal 49 se comprueba la existencia de diferentes espectros de emisiones, correspondientes a la telefonía 4G y 5G, y, por lo tanto, fuera del interés de la recepción de los sistemas de TV.

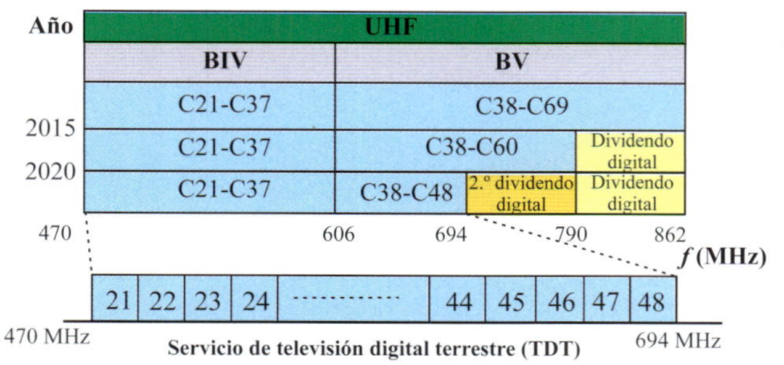

Figura 2.33. *Distribución de frecuencias después del segundo dividendo digital.*

2.4.7. Radio digital DAB

La **radio digital DAB** *(digital audio broadcasting)* es la evolución natural de la radio FM, que permite la transmisión de señales de radio digital, con el aumento de la calidad que conlleva. La evolución del sistema DAB se denomina **DAB+.**

Aunque la radio digital DAB en España no haya tenido éxito, existen numerosos países donde se ha iniciado el apagón analógico de radio FM y se ha dado paso exclusivamente a la transmisión de radio digital.

El sistema DAB/DAB+, al igual que los sistemas basados en DVB, utilizan codificadores de fuente, como MPEG-1 (capa 2), MPEG-2 (capa 2) o AAC+, para la compresión de la señal de sonido y codificadores de canal (codificación de Reed-Solomon) frente a la protección de errores de transmisión.

El esquema de modulación sigue el estándar DVB, utilizando la técnica digital COFDM, donde cada subportadora se modula digitalmente utilizando una modulación denominada **DQPSK.**

2.4.8. Plan técnico de radio DAB

La **radio digital terrestre (DAB)** se transmite en los canales del 8 al 11 de la banda III de VHF (195-223 MHz). La Tabla 2.7 muestra la asignación de frecuencias para el servicio DAB.

Cada canal radioeléctrico en radio digital recibe el nombre de **bloque de frecuencias,** un ejemplo del cual se muestra en la Figura 2.34, y tiene una anchura de banda de aproximadamente 1,536 MHz.

Tabla 2.7. Bloques de frecuencias asignados al servicio DAB

Banda		Canal	Frecuencia central
Banda III	195-202 MHz	8A	195,936
		8B	197,648
		8C	199,360
		8D	201,072
	202-209 MHz	9A	202,928
		9B	204,640
		9C	206,352
		9D	208,064
	209-216 MHz	10A	209,936
		10B	211,648
		10C	213,360
		10D	215,072
	216-223 MHz	11A	216,928
		11B	218,640
		11C	220,352
		11D	222,064

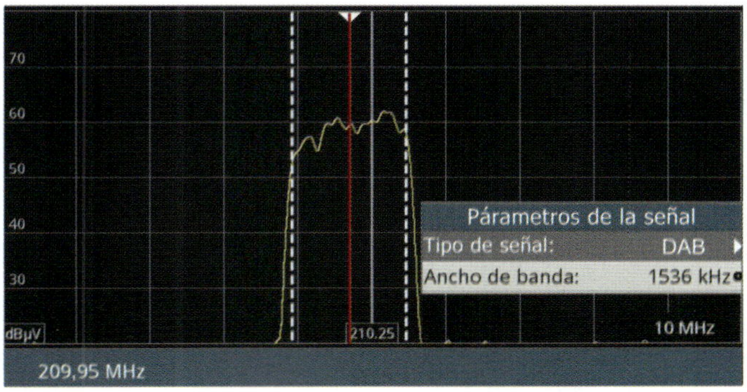

Figura 2.34. *Espectro del bloque DAB 10A.*

En cada uno de los canales de la banda III (7 MHz), por lo tanto, caben cuatro bloques DAB (A, B, C y D), entre los cuales se deja cierta banda de guarda. En cada bloque de frecuencias existe capacidad para un número variable de programas de audio en función de la calidad (Figura 2.35).

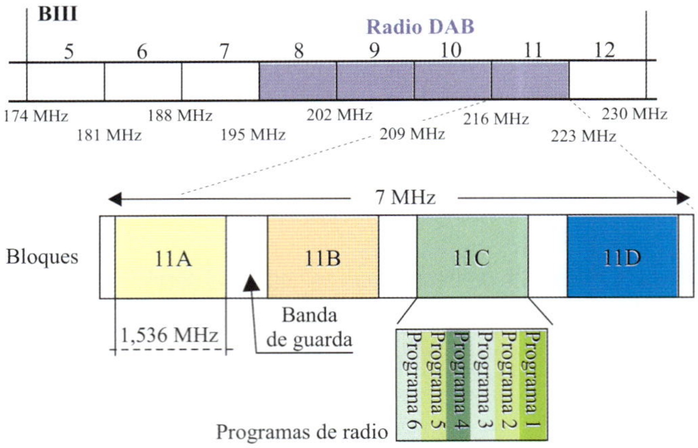

Figura 2.35. *Asignación de frecuencias al servicio DAB.*

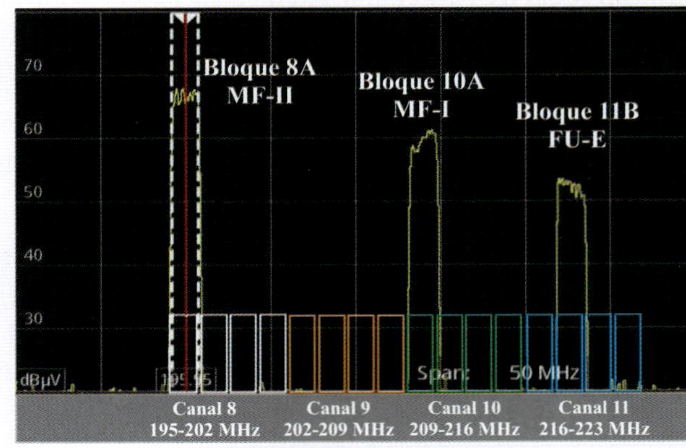

Figura 2.36. *Bloques de frecuencia del servicio DAB recibidos en la ciudad de Barcelona.*

La red establecida para la difusión de la señal de radio digital DAB/DAB+ es similar a la definida para la TDT, mediante el despliegue de **diferentes redes según el ámbito de cobertura:**

- **Red de cobertura nacional sin posibilidad de desconexión regional.** Redes de frecuencia única de ámbito estatal (FU-E): en esta red todos los bloques se emiten en la misma frecuencia a nivel nacional.
- **Redes de cobertura nacional con posibilidad de desconexión regional.** Redes multifrecuencia (MF), donde cada territorio emite en una frecuencia diferente. En cada provincia existen planificados dos bloques de frecuencia, denominados **MF-I** y **MF-2.**
- **Demarcaciones de radio digital local y redes de radio digital de cobertura autonómica (CL).** También existen redes de emisiones de carácter autonómico con y sin capacidad de desconexiones provinciales y radio digital de cobertura local.

Caso práctico 2.5
Radio DAB

En cada territorio con cobertura se recibirán como mínimo tres bloques de frecuencia DAB en la BIII, además de los bloques autonómicos y locales si existen.

En la Figura 2.36 se ofrece un ejemplo donde se muestran identificados los bloques de frecuencia de las redes de radio DAB en la provincia de Barcelona. Se observan tres bloques de frecuencia:

- **Bloque 11B.** Bloque perteneciente a la red FU-E, que será común en todo el territorio.
- **Bloque 8A y 10A.** Bloques correspondientes a la red MF, por lo que su emisión ocupará bloques de frecuencia diferentes en cada provincia: MF-I y MF-II.

Sabías que...

Aunque gran parte del territorio todavía no tiene cobertura de radio DAB, es necesario dejar la instalación de la ICT preparada para su recepción y distribución de la señal.

2.5. Distribución de la señal de TV por satélite

El **servicio de radiodifusión por satélite** es el servicio de radiocomunicaciones en el cual las señales retransmitidas por satélites de comunicaciones están destinadas a la recepción directa por el público en general.

2.5.1. Satélites de comunicaciones

Un **satélite de comunicaciones** es un sistema receptor/transmisor de señales radioeléctricas, situado en una órbita alrededor del planeta. Las comunicaciones se propagan a través del espacio libre desde los satélites de comunicaciones hasta los receptores situados en la superficie terrestre.

Las comunicaciones de satélite se desarrollan principalmente en la **banda SHF,** que, a su vez, se divide en diferentes subbandas (Ku, Ka, C, L, etc.), cada una de ellas dedicada a un servicio de comunicaciones diferente.

Para los servicios de radiodifusión por satélite, la banda que se utiliza es la **banda Ku** (12-18 GHz), donde los satélites de comunicaciones actúan como repetidores de la señal recibida del centro emisor.

En la transmisión de la TV digital por satélite (Figura 2.37) se diferencian dos enlaces:

1. **Enlace ascendente *(uplink)*.** A través de este enlace el centro emisor envía las señales de televisión al satélite de comunicaciones, utilizando para ello antenas parabólicas de gran tamaño. Para este enlace se utiliza la banda de frecuencias de 14 GHz.
2. **Enlace descendente *(downlink)*.** En este enlace el satélite de comunicaciones retransmite a una frecuencia diferente la señal de TV recibida por el enlace ascendente, focalizando la emisión sobre una parte de la superficie de la Tierra (zona de cobertura). Para evitar interferencias, el enlace descendente utiliza la banda de frecuencias de 12 GHz (10,7-12,75 GHz).

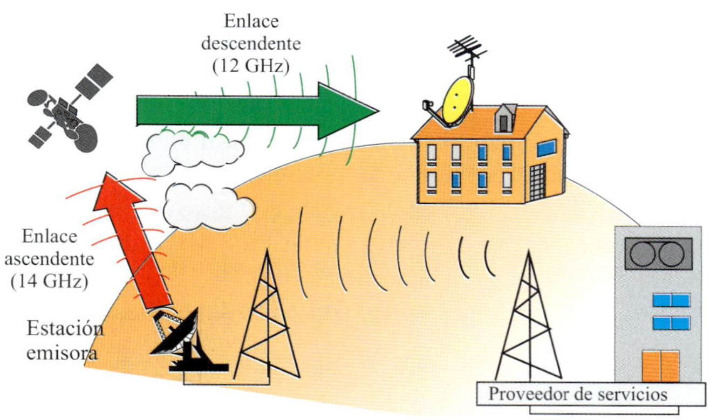

Figura 2.37. *Enlaces de la transmisión por satélite.*

2.5.2. Transpondedores satélite

El satélite incluye los **transpondedores,** que son los elementos que convierten la señal de un canal recibido por el enlace ascendente para enviarla, previa amplificación, de vuelta a la Tierra por el enlace descendente.

Cada satélite está formado por varios transpondedores, donde cada uno procesa un canal; por ello los canales de TV por satélite también reciben el nombre de **transpondedores.**

Un transpondedor digital tiene asociado un número de programas variable, típicamente de 6 a 20 programas con diferentes señales de audio asociadas a cada programa según la codificación de canal y la modulación utilizada.

2.5.3. Posición orbital

La órbita geoestacionaria donde están colocados todos los satélites geosíncronos de comunicaciones describe un círculo alrededor de la Tierra a nivel del ecuador, girando en el mismo sentido y a la misma velocidad angular que la Tierra en su movimiento de rotación (Figura 2.38).

Para un observador situado en la superficie terrestre, un satélite geoestacionario se mantiene siempre sobre la misma vertical del observador, por lo que definida su **posición orbital,** es fácil la orientación de la antena receptora para recibir la señal que emite.

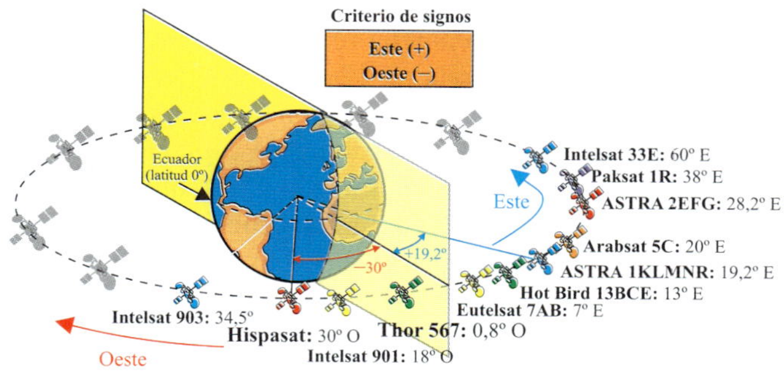

Figura 2.38. *Órbita geoestacionaria.*

La **posición orbital** de un satélite queda definida simplemente por la **longitud geográfica** del punto donde está posicionado, ya que todos los satélites geoestacionarios están situados sobre el ecuador (latitud 0º).

Por ejemplo, en la Figura 2.38 puede comprobarse que la posición orbital del satélite ASTRA 1KLMNR (es decir, ASTRA 1) es de 19,2º E (+19,2º) y la posición orbital del satélite Hispasat es de 30º O (–30º).

2.5.4. Bandas de frecuencia

La banda Ku dedicada a los servicios de radiodifusión se divide en dos bandas: la **banda alta** y la **banda baja** satélite.

Para aumentar el número de canales que pueden transmitirse por cada una de las bandas satélite se recurre a la **polarización,** de manera que cada banda satélite emite señales tanto con polarización vertical (V) como con polarización horizontal (H).

En la Figura 2.39 se muestra el **plano de frecuencias** del satélite ASTRA 1, donde se observa que, al utilizar dos polarizaciones diferentes, aumenta la capacidad de transmisión, ya que se distribuye el doble de canales. Generalmente, los transpondedores emitidos por un satélite se intercalan en frecuencia, según la polarización, para facilitar las tareas de recepción, es decir, nunca emiten a la misma frecuencia.

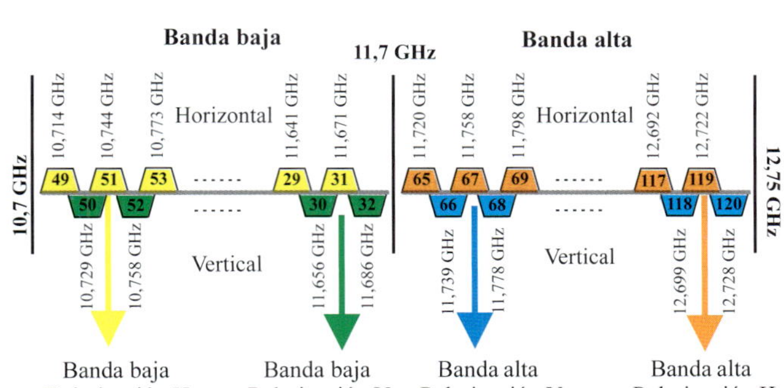

Figura 2.39. *Plano de frecuencias del satélite ASTRA 1.*

2.5.5. Frecuencia intermedia

Aunque la señal transmitida por el satélite de comunicaciones y recibida por la antena receptora cubre el margen de frecuencias de la banda de 12 GHz, esta frecuencia es demasiado grande para su distribución directa por la red de una instalación. Por ello, el sistema de captación satélite incorpora un dispositivo, denominado **LNB,** que realiza la conversión de la señal satélite a una **frecuencia intermedia (FI)** de 950-2150 MHz que se distribuye por la red de la instalación.

Además, el LNB se encarga de seleccionar la banda y polaridad satélite deseada, debido a que no es posible la distribución conjunta por la red de todas las señales satélite.

Ejemplo 2.3. Instalación interior individual satélite

La Figura 2.40 muestra la instalación de usuario que permite la recepción de la señal de TV por satélite a un usuario individual. Para recibir la TV digital por satélite se necesita una antena parabólica de diámetro adecuado orientada al satélite de comunicaciones correspondiente.

Por otro lado, las emisiones de TV por satélite utilizan el estándar DVB-S y DVB-S2, cuya codificación no es capaz de reproducir un receptor de TV convencional, por lo que es necesario utilizar un receptor satélite que sintoniza los canales de TV que se emiten en abierto, distribuyendo la señal en banda base al receptor de TV una vez descodificada.

En ocasiones, el receptor satélite incluye un descodificador que permite visualizar la señal encriptada que emiten las plataformas de pago.

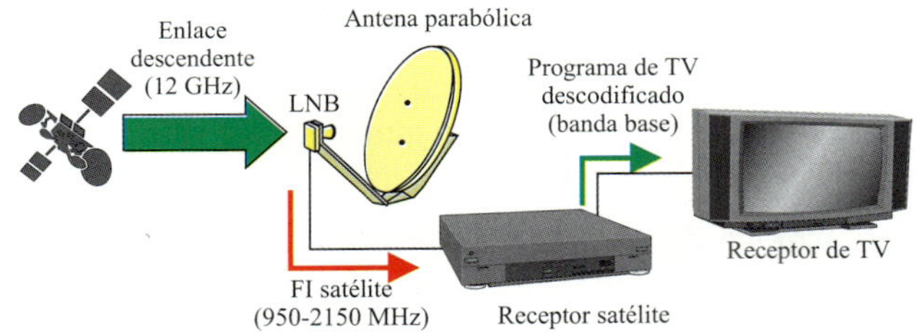

Figura 2.40. *Instalación de usuario individual de TV por satélite.*

La Figura 2.41 muestra el espectro de una banda y polaridad satélite distribuida por la antena de una instalación. Como puede observarse, en cada banda satélite existen numerosos transponedores, más de 30. Cada uno de ellos tiene un ancho de banda variable, entre 32 y 40 MHz, dependiendo de las características de la modulación utilizada.

El canal sintonizado se corresponde con un canal de la banda alta satélite, ya que su frecuencia de emisión es de 12 168 MHz. El LNB de la instalación convierte y distribuye esta señal a una frecuencia de 1568 MHz, dentro del margen de frecuencia intermedia FI (950-2150 MHz) utilizada para distribuir la señal por la red del edificio.

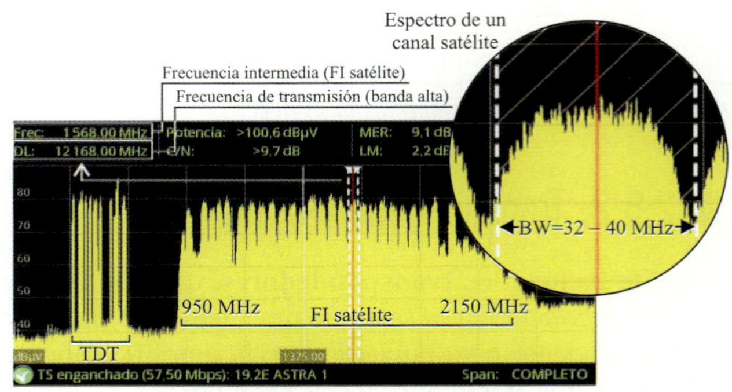

Figura 2.41. *Espectro de la señal satélite.*

Caso práctico 2.6
Emisiones de los satélites

Existen muchas páginas web donde puede consultarse la programación de un determinado satélite, así como los parámetros de transmisión que utiliza. En la Figura 2.42 se muestra una consulta sobre el satélite ASTRA 1 en LyngSat (https://www.lyngsat.com).

Las principales características que definen a un transpondedor de TV por satélite son el número de transpondedor, que define la frecuencia de emisión, así como la polaridad de la señal (vertical u horizontal), y la modulación y estándar de TV utilizado.

Del análisis se desprende que el operador (Movistar+) emite el transpondedor 50 (tp 50) con polaridad V a la frecuencia de 10 729 MHz (banda baja satélite). Además, este transpondedor se emite con el sistema DVB-S2 utilizando la modulación 8PSK.

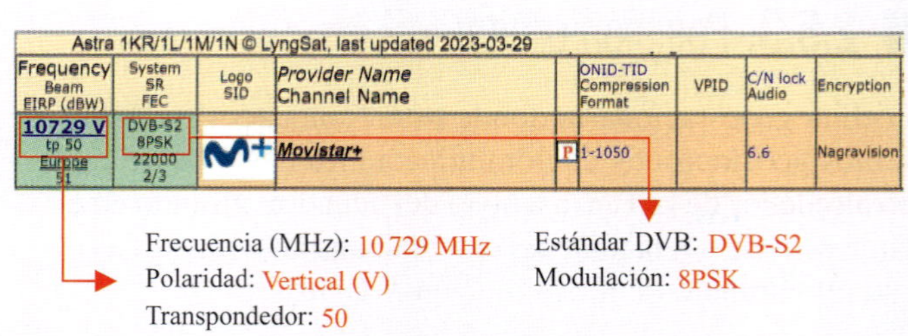

Figura 2.42. *Movistar+ en el satélite ASTRA 1.*

2.5.6. Mapa de cobertura satélite

La información sobre la potencia emitida por un satélite de comunicaciones se especifica en términos de **PIRE** (potencia isotrópica radiada efectiva), que es el producto entre la potencia radiada (P_T) y la ganancia de la antena del satélite (G_T). El PIRE de un satélite se mide en decibelios vatio (dBW).

La **cobertura de un satélite** viene determinada por la focalización de la potencia de emisión en una zona de la Tierra, donde es máxima. Debido a las características de las antenas utilizadas, el PIRE describe contornos donde su valor es constante, que determinan el **mapa de cobertura** del satélite (Figura 2.43).

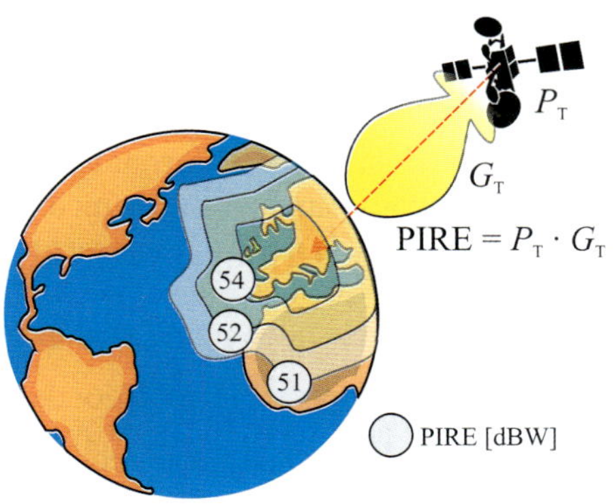

Figura 2.43. *PIRE y mapa de cobertura.*

Como el PIRE varía con la zona de cobertura, la potencia recibida es diferente en cada zona, por lo que determina el tamaño de la antena receptora adecuada a cada lugar de recepción. Por ello, es común que los proveedores proporcionen **huellas de cobertura** de los satélites que indican el diámetro mínimo de la antena necesaria para poder recibir la señal con la calidad suficiente, tal y como se muestra en la Figura 2.44.

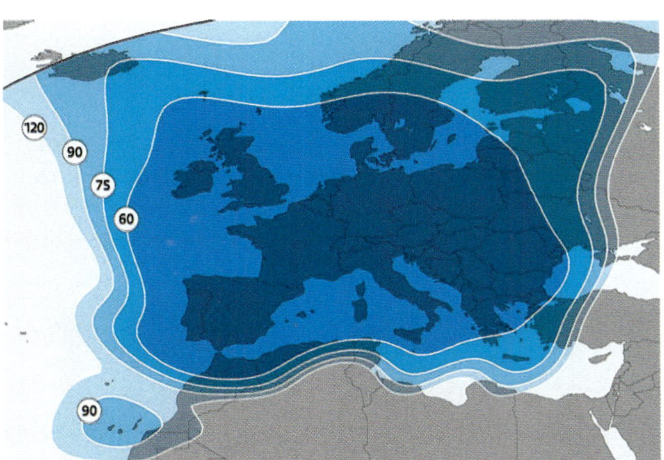

Figura 2.44. *Huella de cobertura del satélite ASTRA 1KR (diámetro de las antenas en cm) (cortesía de SES).*

2.5.7. Estándares de TV digital por satélite

Los estándares utilizados para la transmisión de la señal de TV digital por satélite son **DVB-S** y **DVB-S2.**

De la misma manera que en la TDT, el estándar para la transmisión de TV digital por satélite **DVB-S** parte de la trama de transporte TS generada en el proceso de codificación de fuente **MPEG-2/MPEG-4,** al que se le añaden, durante la codificación del canal, diferentes niveles de protección frente a errores (Reed-Solomon y Viterbi).

La modulación utilizada en el sistema DVB-S es QPSK.

Caso práctico 2.7
Señal DVB-S

La Figura 2.45 muestra un ejemplo de parámetros de la señal DVB-S correspondientes a un transpondedor satélite.

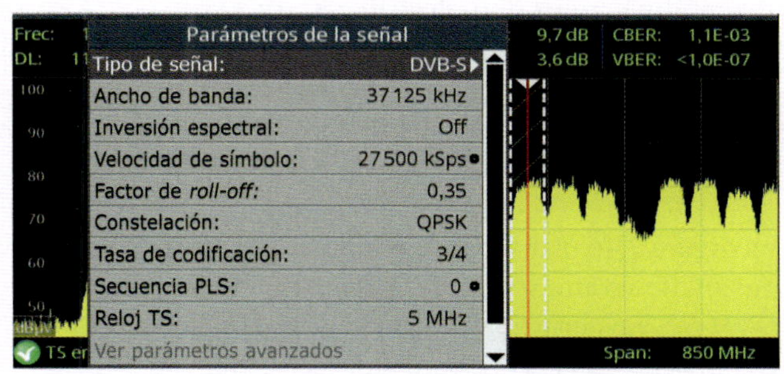

Figura 2.45. *Parámetros de la señal DVB-S.*

Los principales parámetros de interés son:

- **Modulación (constelación).** La modulación utilizada para la transmisión de los canales digitales por satélite es la **modulación QPSK.**
- **Velocidad de símbolo (V_t).** Velocidad a la que la modulación utilizada transmite los símbolos, medida en símbolos/s. Este parámetro junto con el factor de *roll-off* determina el ancho de banda que ocupa la señal satélite. En el ejemplo, la velocidad de transmisión es de 27 500 000 símbolos por segundo (27 500 kSps).
- **Factor de *roll-off* (α).** Filtro de Nyquist utilizado para evitar las interferencias entre símbolos, a costa de aumentar el ancho de banda ideal de la modulación QPSK. El valor típico utilizado es de 0,35.
- **Ancho de banda.** El ancho de banda típico (BW) de un canal satélite varía entre 32 y 40 MHz aproximadamente. Depende de la velocidad de símbolo (v_t) y del factor de *roll-off*: $BW = (1 + \alpha) \cdot v_t$. En el ejemplo,

el ancho de banda es de 37 125 kHz (37 MHz aproximadamente).

- **Tasa de codificación.** Relación utilizada en el codificador de Viterbi para la detección y recuperación de errores. En el ejemplo, es de 3/4: cada 3 bits de datos transmitidos se añade uno adicional de protección.

DVB-S2

El sistema **DVB-S2** mejora la eficiencia y permite mantener aproximadamente el mismo número de programas por transpondedor utilizando la codificación de fuente **AVC/H.264** que empleando el sistema DVB-S cuando se transmite en alta definición.

Como el sistema DVB-T2, también utiliza los codificadores de canal LDPC y BCH como protección frente a los errores de transmisión.

Además de QPSK, el sistema DVB-S2 puede utilizar otras modulaciones digitales (8PSK, 16APSK o 32APSK).

Caso práctico 2.8
Señal DVB-S2

La Figura 2.46 muestra un ejemplo de parámetros de transmisión de un transpondedor digital que utiliza el sistema DVB-S2. Los principales parámetros de interés coinciden con el sistema DVB-S, pero se observa que, en este caso, se utiliza la modulación 8PSK.

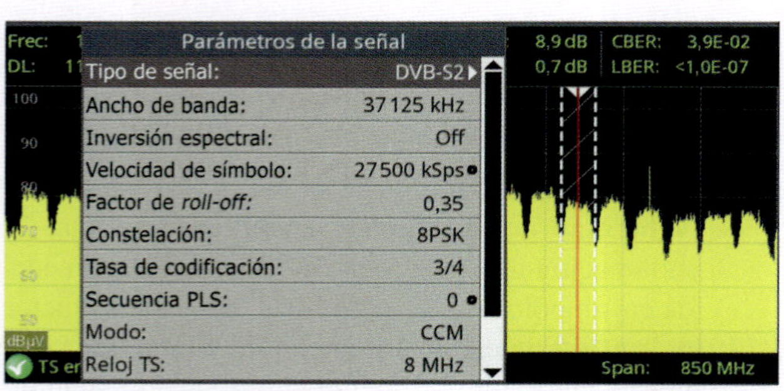

Figura 2.46. *Parámetros de la señal DVB-S2.*

2.6. El medidor de campo

El **medidor de campo** es un equipo de medida diseñado para la instalación y mantenimiento de los sistemas de recepción y distribución de señal de televisión, cuya principal función es la de medir el nivel y la calidad de la señal de radio y TV en cualquier punto de una instalación, desde la salida de la antena hasta la toma de usuario.

En la Figura 2.47 se muestra el aspecto externo de diferentes modelos de medidores de campo.

El medidor de campo es un dispositivo preparado para cubrir los márgenes de frecuencia correspondientes a las bandas de difusión de TV terrestre (RF), así como la que corresponde a la banda de FI en los sistemas de TV por satélite.

2.6.1. Aplicaciones

El medidor de campo es la principal herramienta del instalador de telecomunicaciones para realizar las medidas exigidas en el protocolo de pruebas de una ICT, una vez finalizada la instalación, y comprobar que la instalación cumple con los requisitos de calidad establecidos por la normativa.

Las principales aplicaciones de un medidor de campo son:

- Medida del nivel de señal que se recibe en la salida de la antena de una instalación de TV, que permite identificar las señales que se reciben y su nivel, tanto de las útiles como de las interferentes.
- Ajuste del nivel de salida de los amplificadores del equipo de cabecera, de manera que cada usuario reciba en condiciones correctas la señal de radio y TV.
- Ayuda en el apuntamiento óptimo y orientación de las antenas, tanto terrestres como de satélite.
- Localización de defectos y fallos en las instalaciones.
- Evaluación de la calidad de la señal en las tomas de usuario.

Recuerda

Es recomendable consultar siempre el manual de instrucciones suministrado por el fabricante de los equipos utilizados en la práctica diaria.

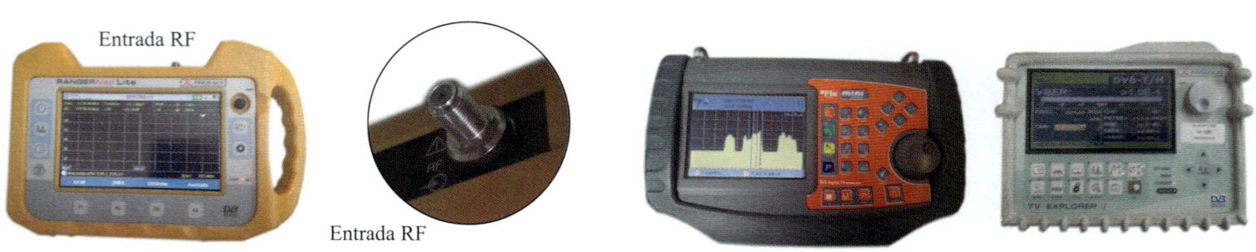

Figura 2.47. *Medidores de campo.*

2.6.2. Métodos de medida de la señal

Los medidores de campo incorporan diferentes **modos de funcionamiento:**

- **Modo TV.** En este modo de operación, en el monitor del equipo, se presenta la señal de televisión una vez demodulada.
- **Modo de medidas.** En el monitor del equipo se muestran las diferentes medidas disponibles según la señal seleccionada.
- **Modo analizador de espectros.** En el monitor del equipo se representa el espectro de la banda seleccionada (terrestre o satélite), según los ajustes de referencia seleccionados.

2.6.3. Modo TV

La incorporación de un descodificador digital en el medidor de campo permite visualizar la señal de TV, además de proporcionar información sobre los servicios del canal y la señal de vídeo y sonido sintonizada.

Entre los servicios digitales se incluyen cada uno de los programas asociados al múltiplex digital (Figura 2.48). Para cada uno de ellos se obtiene información de la señal de vídeo y audio asociada, así como su información de servicio.

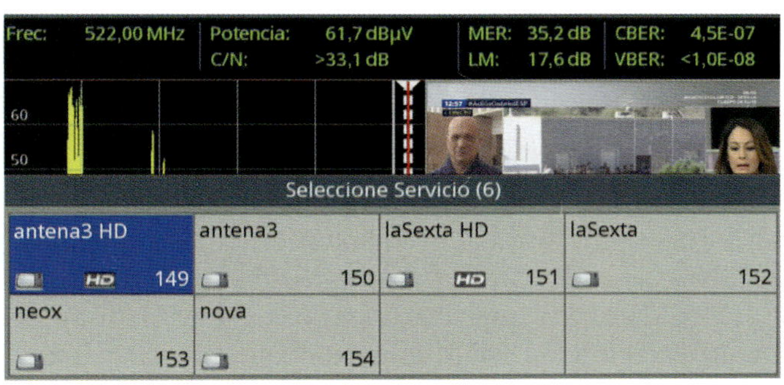

Figura 2.48. *Servicios asociados a un múltiplex digital.*

Caso práctico 2.9
Datos de servicio

Junto con la señal de vídeo y audio multiplexada de los diferentes programas (servicios), en las transmisiones digitales, tanto terrestres como de satélite, se inserta una cantidad significativa de datos de información que son de utilidad para los equipos receptores a la hora de descodificar y seleccionar el flujo de datos asociado a cada servicio. Alguna de esta información también es útil para el instalador.

La Figura 2.49 muestra los datos extraídos del servicio seleccionado en el medidor de campo de una señal de TDT.

Figura 2.49. *Datos de servicio en modo TV.*

Dentro de la información relacionada con la **señal de vídeo** destacan las dos siguientes:

1. **Tipo.** Tipo de codificación de la señal de vídeo. Por ejemplo, MPEG-4 AVC.
2. **Formato.** Resolución (horizontal por vertical), relación de aspecto y frecuencia. Por ejemplo, una resolución de imagen de 1920 × 1080 (HD), entrelazado y una frecuencia de 25 imágenes/s.

Los **datos de servicio** recogen la organización de los programas o servicios que hay en el múltiple digital, así como datos relacionados con el proveedor y sobre sus accesos condicionales, si los programas están encriptados. Dentro de la información de servicio cabe destacar la siguiente:

- **Red.** Red de distribución de televisión en el caso de la TV terrestre o la posición orbital del satélite. En el ejemplo, el servicio pertenece a la red RGE2.
- **Proveedor.** Nombre del proveedor del servicio o programa. En el ejemplo, RTVE.
- **NID.** Identificador de la red en la que se distribuye la señal. En el caso de la TDT, este identificador es único para cada país: 3105.
- **ONID.** Identificador de la red original donde se crea la señal.
- **Encriptación.** En el caso de que los programas que se transmiten por un múltiple digital estén codificados, se proporcionan detalles de los sistemas de codificación utilizados. En el ejemplo, no se utiliza encriptación: libre.

2.6.4. Modo analizador de espectros

En el modo de **analizador de espectros** puede realizarse un análisis en frecuencia de la señal presente a la entrada (Figura 2.50), que es útil para comprobar la presencia de interferencias o señales indeseadas.

Los principales parámetros que pueden configurarse en este modo de funcionamiento son:

- **Banda de radiofrecuencia.** Las características de la banda de TV terrestre y satélite son diferentes, por ello es necesario seleccionar la banda de RF (45-862 MHz) o la banda satélite de FI (950-2150 MHz).
- **Sintonía.** Para explorar la banda seleccionada debe elegirse el punto de medida, normalmente un canal. La sintonía puede realizarse explorando secuencialmente los canales **(modo de sintonía por canal)** o modificando directamente la frecuencia **(modo de sintonía por frecuencia).** Los canales y el barrido de frecuencias realizado dependerán de la banda seleccionada.
- **Factor de expansión (SPAN).** Margen de frecuencias de barrido representado en la pantalla.
- **Nivel de referencia.** Nivel máximo de señal que se representa en la pantalla.

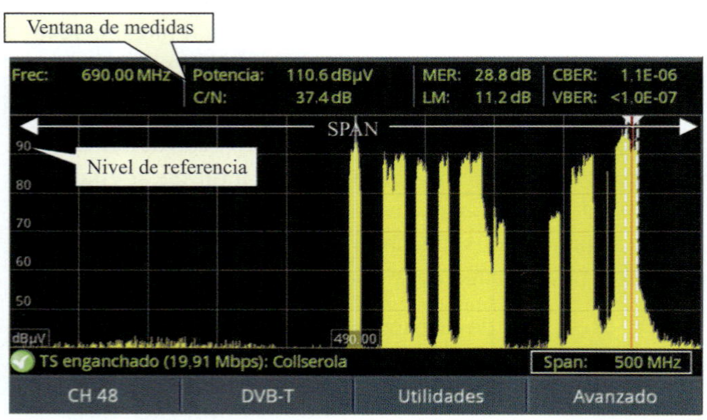

Figura 2.50. *Modo analizador de espectros.*

La representación de la señal en la pantalla dependerá de la configuración establecida, por lo que, para poder analizar con detalle el espectro de la señal, debe modificarse la configuración del factor de expansión (SPAN) y del nivel de referencia en el espectro de la señal medida, tal como se muestra en la Figura 2.51.

2.6.5. Modo de medidas

En el **modo de medidas** el medidor de campo muestra en pantalla las medidas disponibles en función del tipo de señal seleccionada.

En la Figura 2.52 se muestra la información de las medidas realizadas sobre un canal digital, donde destacan los siguientes parámetros:

- Nivel de señal (potencia).
- Relación portadora/ruido (C/N).
- BER *(bit error rate).* Tasa de errores de bit en diferentes puntos de la cadena de descodificación de la señal (CBER y VBER).
- MER *(modulation error ratio).*

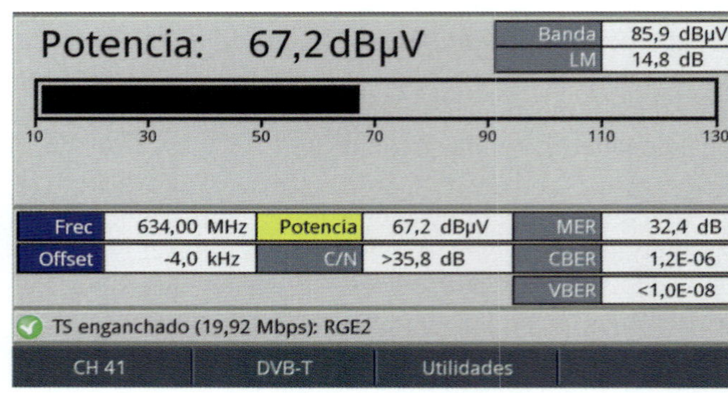

Figura 2.52. *Modo de medidas del medidor de campo.*

Identificación de la señal

Para realizar las medidas el equipo necesita saber el tipo de señal que se mide y los parámetros asociados (Figura 2.53). Los medidores de campo disponen de una **función de autoidentificación** de la señal, de manera que el propio equipo realiza pruebas para identificar el tipo de señal de la emisión y los parámetros característicos de cada modulación.

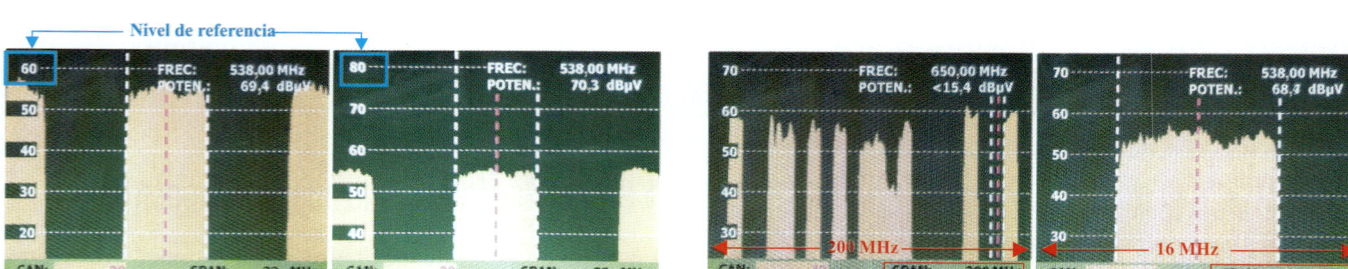

a) Ajuste del nivel de referencia

b) Ajuste del SPAN

Figura 2.51. *Configuración de la representación de las medidas en pantalla.*

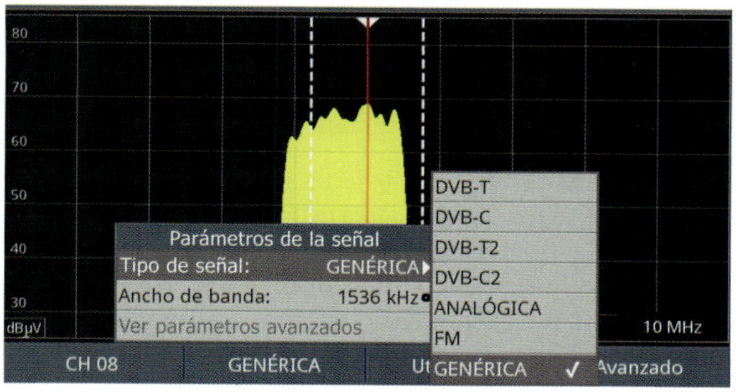

Figura 2.53. *Selección del tipo de señal.*

Cuando las condiciones de la señal que desea medirse son demasiado pobres será necesario recurrir a la configuración manual de las medidas. En este caso será necesario especificar el tipo de señal (DVB-T, DVB-S, etc.) que desea sintonizarse, así como la modulación y los parámetros relacionados con ella.

2.6.6. Medida del nivel de señal

El **nivel de señal** o **potencia** de los canales sintonizados por el equipo de medida es la potencia medida en todo el ancho de banda del canal.

Sabías que...

Aunque el nivel de señal es una medida de potencia, la unidad de medida utilizada habitualmente es el decibelio microvoltio (dBμV), que toma como referencia para la medida de la señal 1 μV.

La medida de la señal se realiza sintonizando el canal a su frecuencia central. La representación de la medida (Figura 2.54) típicamente se realiza de manera numérica y mediante una barra de nivel, cuya longitud varía en función de la magnitud de la señal medida.

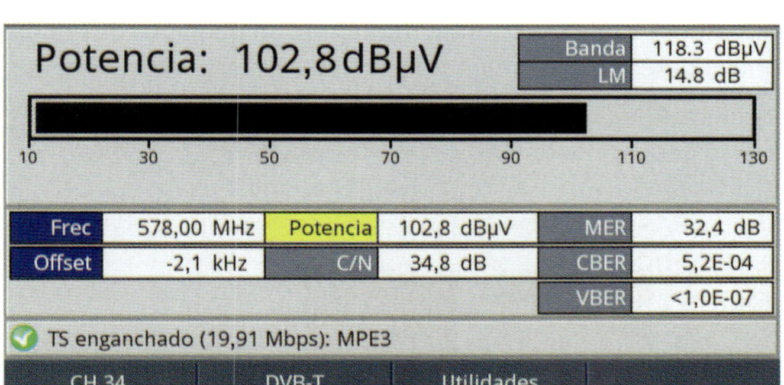

Figura 2.54. *Medida de la potencia.*

Medidas de nivel en modo analizador de espectros

El analizador de espectros funciona como un receptor superheterodino que barre toda la banda y presenta en pantalla el nivel de potencia medido en cada frecuencia, es decir, el sistema puede considerarse como un filtro de banda estrecha que va desplazándose y va detectando el nivel de señal. El ancho de banda de medida (BW_{MEDIDA}) depende de la banda utilizada, siendo valores típicos:

- **Terrestre:** 230 kHz.
- **Satélite:** 4 MHz.

Caso práctico 2.10
Medidas en modo analizador de espectros

El nivel de potencia de una modulación digital es el valor de la potencia en todo el ancho de banda del canal, ya que la potencia de un canal digital se reparte entre todas las portadoras.

El nivel de la señal representado en el analizador de espectros del medidor de campo no coincide con el nivel de señal real del canal, ya que el medidor de campo solo mide en el ancho de banda de medida del equipo.

En la Figura 2.55 se muestra el error que se comete al realizar la medida sobre el nivel de referencia del analizador de espectros de 55 dBμV. La medida real del nivel de señal del canal digital se mide en todo el ancho de banda, por lo que la medida real es de 70,4 dBμV.

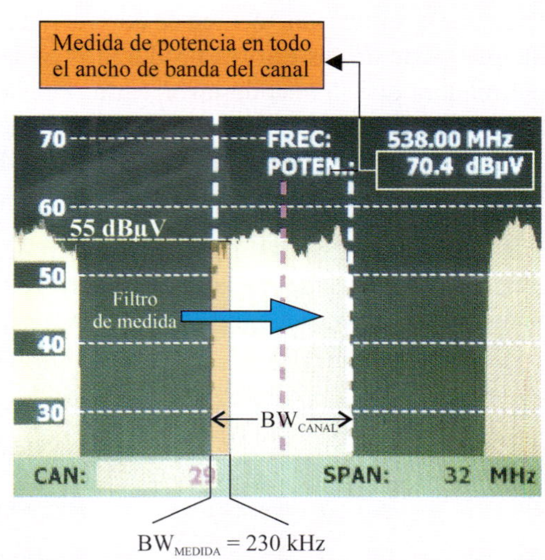

Figura 2.55. *Medida del nivel de señal en el modo de analizador de espectros.*

2.6.7. Relación portadora/ruido

La relación portadora/ruido (C/N) es la diferencia que hay entre la potencia de la señal antes de la demodulación y la potencia de ruido que la acompaña. Este parámetro evalúa la calidad de la señal recibida.

La relación portadora/ruido se evalúa sintonizando el canal de interés. El equipo mide los niveles de señal en la frecuencia de sintonía y en otra frecuencia en la cual no hay presente ninguna señal, tal y como se muestra en la Figura 2.56.

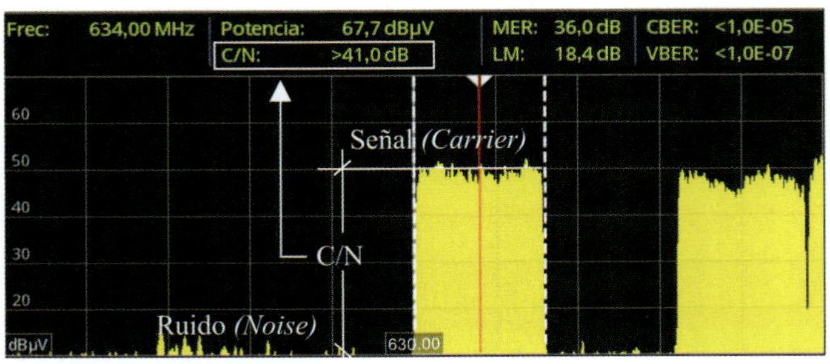

Figura 2.56. *Medida de la relación C/N.*

2.6.8. BER

El BER *(bit error rate)* es la tasa de errores de bit que contiene la trama digital recibida y descodificada por el receptor e indica el buen funcionamiento de los sistemas de corrección de errores del descodificador de vídeo.

En los sistemas de recepción de la señal digital (tanto terrestre como por satélite), tras el proceso de desmodulación y descodificación de la señal COFDM/QPSK, se aplican diferentes métodos de corrección de errores.

Cada vez que se aplica una técnica de corrección de errores se corrigen parte de los errores producidos en la transmisión, de manera que la tasa de error varía. Por lo tanto, dependiendo del punto donde se realice la medida del BER su valor será diferente. Las dos medidas básicas de BER son las que se muestran en la Figura 2.57:

- **BER del canal (CBER).** BER de la señal de salida del demodulador y antes de aplicar las correcciones de errores. Este BER se denomina **CBER** *(channel BER).*
- **BER después de Viterbi (VBER).** BER de la señal después de aplicar el sistema de corrección de errores de Viterbi (FEC) y, por lo tanto, indica los errores no corregidos por el descodificador de Viterbi.

Aunque es posible medir la tasa de error en diferentes puntos del sistema, la normativa de la ICT establece la comprobación de la tasa de error después de las protecciones frente a errores de bit (codificador de Viterbi) si las hay, es decir, el **VBER** a la entrada del codificador Reed-Solomon.

En la Figura 2.58a se muestra la medida del VBER. Normalmente, los equipos presentan un indicador con el nivel BER mínimo, que asegura la calidad del sistema, denominado **QEF** (*quasi error free* o «libre casi de errores»), cuyo valor es aproximadamente de $2 \cdot 10^{-4}$.

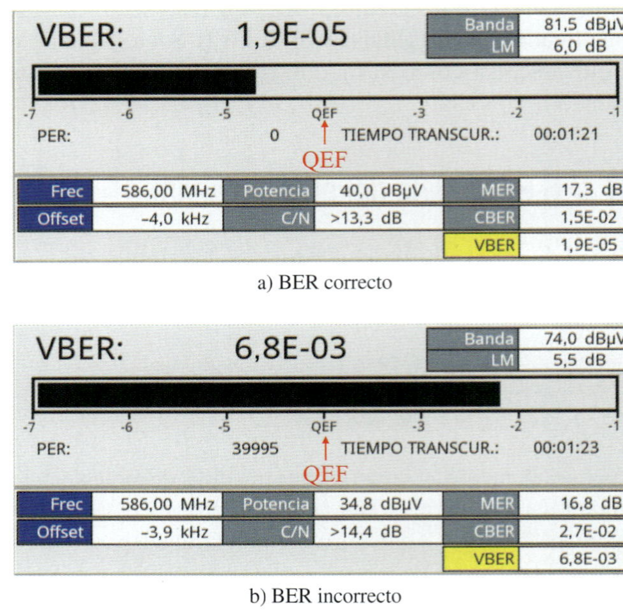

Figura 2.58. *Medida del VBER.*

Por ejemplo, un BER de $1{,}9 \cdot 10^{-5}$ equivale a 1,9 bits erróneos cada 100 000 recibidos. Estos errores serán corregidos por el descodificador Reed-Solomon, que tiene una capacidad limitada de corrección. Si el BER es demasiado alto (Figura 2.58b), los errores no corregidos por el descodificador Reed-Solomon se traducirán en paquetes erróneos, que el descodificador de vídeo no interpretará correctamente,

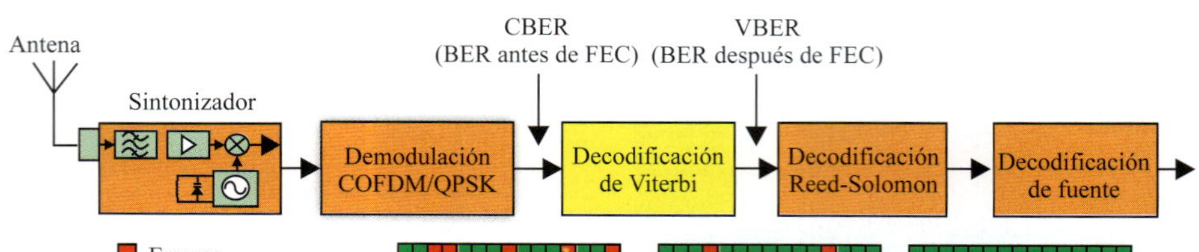

Figura 2.57. *Medida del BER en los sistemas digitales de primera generación.*

produciéndose así errores en la imagen, como, por ejemplo, pixelación o falta de imagen.

BER en los sistemas digitales de segunda generación

En los receptores digitales DVB-T2/DVB-S2, después de la demodulación de la señal (COFDM/QPSK-8PSK), se aplica la **descodificación LDPC** en combinación con los códigos BCH para la corrección de errores que protegen la señal.

Tal y como se muestra en la Figura 2.59, la medida que suministra el equipo de medida es el BER antes de las protecciones (CBER) y el BER después de la descodificación LDPC (LBER). Por lo tanto, el LBER *(LDPC bit error rate)* es la medida del BER después de aplicar la corrección de errores LDPC.

La medida del BER de interés es después de aplicar la corrección de errores LDPC, es decir, el LBER. La Figura 2.60 muestra la medida del LBER en un punto de una instalación.

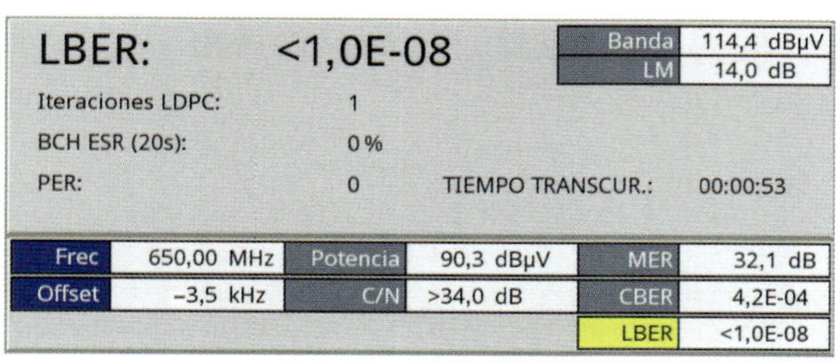

Figura 2.60. *Medida del BER en un canal DVB-S2.*

2.6.9. MER

El **MER** *(modulation error ratio)* o **tasa de error de modulación** es una medida similar a la relación señal/ruido, en cuanto que evalúa la proporción de ruido que se recibe con respecto a una señal digital ideal.

La Figura 2.61a muestra la constelación típica medida con el medidor de campo de la señal de TDT. La principal función del receptor es decidir el símbolo recibido en función de la amplitud y la fase de la señal captada. Debido a los efectos de propagación de la señal, esta se recibirá con ruido, por lo que el receptor debe tomar la decisión según un **umbral de decisión.** En el caso de que se produzca una transmisión con mucho ruido, es posible que la información recibida contenga errores y que un símbolo caiga fuera de su umbral de decisión produciéndose un error de transmisión.

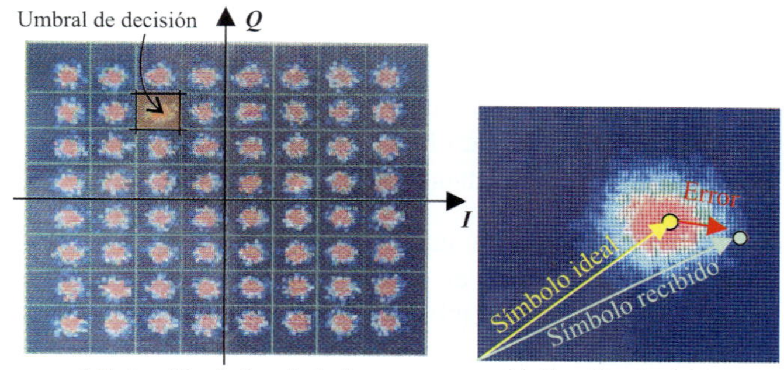

a) Detección de los símbolos
b) Significado del MER

Figura 2.61. *MER.*

Para ello, el MER compara la posición teórica de los símbolos de la constelación respecto a la posición real (Figura 2.61b), es decir, la relación entre la potencia media de la señal y la potencia media de ruido presente en las constelaciones de las señales.

La medida del MER con el medidor de campo se muestra de manera numérica, tal y como se refleja en la Figura 2.62. Los valores de MER mínimos aconsejables para la señal de TDT varían entre 21 y 23 dB dependiendo del punto de medida.

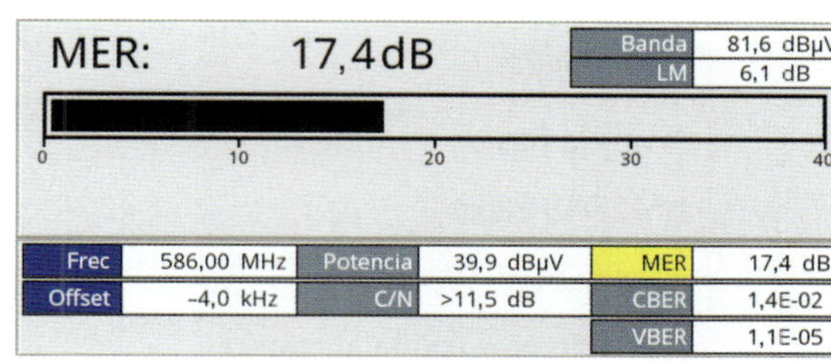

a) MER incorrecto

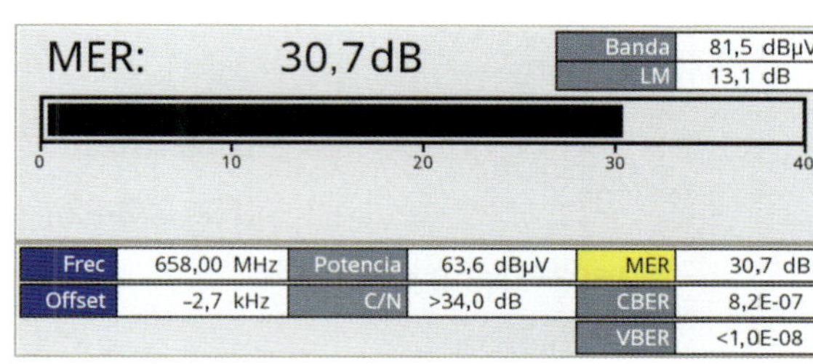

b) MER correcto

Figura 2.62. *Ejemplos de medida del MER.*

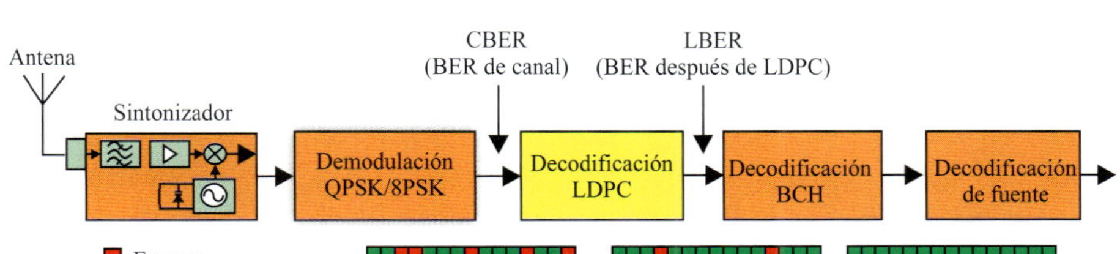

Figura 2.59. *Medida del BER en los sistemas digitales de segunda generación.*

2.6.10. Niveles de calidad de la ICT

En la Tabla 2.8 se resumen los niveles de calidad en toma de usuario de las señales de RTV distribuidas en una instalación de ICT.

Para conseguir los niveles de calidad adecuados en la toma, el nivel de señal en los diferentes puntos de la instalación debe ser el adecuado.

El nivel de señal de salida de la antena se aplica a los amplificadores (equipo de cabecera) y, a medida que la señal atraviesa los elementos de la red, la relación C/N de la señal empeora debido a que todos los elementos de la instalación añaden ruido propio. Por lo tanto, cabe esperar que todos los parámetros de calidad de la instalación empeoren (BER, MER, C/N, etc.), excepto el nivel de señal, que, una vez amplificada y ajustada la salida del amplificador al nivel adecuado, también empeorará hasta llegar a la toma de usuario.

En la Figura 2.63 se señalan los principales puntos de la instalación donde será necesario evaluar la calidad de la instalación:

- Antena.
- Sistema amplificador de cabecera.
- Toma de usuario.

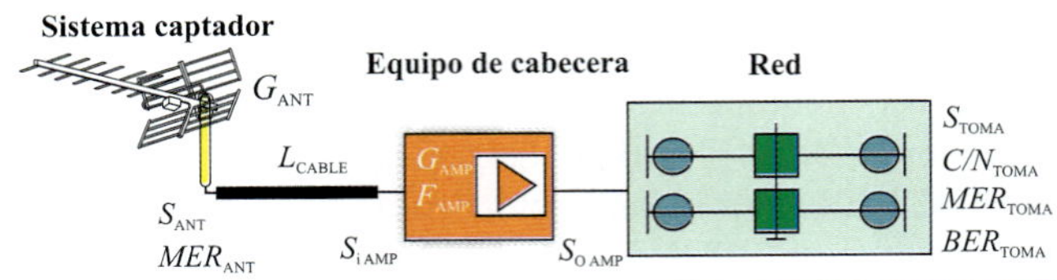

Figura 2.63. *Cadena de recepción de la señal de TV.*

Tabla 2.8. Niveles de calidad para los servicios de radiodifusión sonora y de televisión en la toma de usuario

Parámetro		Unidad	Banda de frecuencia	
			47-862 MHz	950-2150 MHz
Nivel de señal				
Nivel AM-TV		dBμV	57-80	
Nivel 64QAM-TV		dBμV	45-70	
Nivel QPSK-TV		dBμV	47-77	
Nivel FM Radio		dBμV	40-70	
Nivel DAB Radio		dBμV	30-70	
Nivel COFDM-TV		dBμV	47-70	
Relación port./ruido aleatorio				
C/N FM-Radio		dB	≥38	
C/N AM-TV		dB	≥43	
C/N QPSK-TV	QPSK DVB-S	dB	>11	
	QPSK DVB-S2		>12	
C/N 8PSK DVB-S2		dB	>14	
C/N 64QAM-TV		dB	≥28	
C/N COFDM-DAB		dB	≥18	
C/N COFDM TV		dB	≥25	
Parámetros globales de calidad de la instalación				
BER QAM			9×10^{-5}	
VBER QPSK			9×10^{-5}	
BER COFDM-TV			9×10^{-5}	
MER COFDM TV		dB	≥21 en toma	

RESUMEN

- Las **señales de radio y televisión** que distribuyen los operadores se generan en un **centro emisor.** El **canal de transmisión** utilizado en los servicios de radiodifusión es el espacio libre mediante la propagación de **ondas electromagnéticas,** que sufren diferentes fenómenos cuando se propagan por el espacio (**absorción, reflexión, refracción, difracción,** etcétera).
- La mayoría de las antenas utilizadas en comunicaciones se basan es una **antena dipolo,** que transmite las ondas electromagnéticas según una **polarización lineal,** que puede ser vertical u horizontal.
- El **espectro de radiofrecuencias** se divide en bandas o márgenes de frecuencia donde, además de su uso, se establece el servicio al que va dirigido.
- Los **sistemas de radiodifusión** se clasifican en función del medio de transmisión utilizado: sistemas de transmisión terrestres o sistemas de transmisión por satélite.
- Los principales sistemas de radiodifusión utilizados en España son la banda II de VHF (87,5-108 MHz) asignada al servicio de **radio FM,** la banda III de VHF (195-223 MHz) asignada al servicio de **radiodifusión sonora digital terrenal (DAB),** la banda de UHF (470-694 MHz) asignada al **servicio de difusión de televisión digital terrestre** y la banda Ku (10,7-12,75 GHz) asignada al **servicio de radiodifusión por satélite.**
- Los sistemas de transmisión digital utilizan una **codificación de fuente** para la compresión de la señal de vídeo, a partir del **estándar MPEG-2** o **MPEG-4,** y una **codificación de canal** que proporciona mecanismos para la corrección de errores. La codificación de canal se realiza a partir del estándar DVB, que establece diferentes sistemas en función del medio de transmisión utilizado: DVB-Satélite (DVB-S y DVB-S2) y DVB-Terrestre (DVB-T y DVB-T2). Las **modulaciones digitales utilizadas** (QPSK, QAM y 8PSK) por estos sistemas utilizan símbolos durante la modulación.
- El **PTNTDT** establece la planificación de canales radioeléctricos para las emisiones de cobertura estatal (**RGE** y **MPE**), autonómica **(MAUT)** y local **(TL)** del servicio de TDT estableciendo una red RFU de ámbito provincial.
- La planificación de canales de la **radio DAB** se realiza por **bloques de frecuencias** y, según su ámbito de cobertura, se utilizan diferentes redes: red de cobertura nacional sin posibilidad de desconexión regional (FU-E) y con posibilidad de desconexión regional (MF-I y MF-II).
- Para evaluar la **calidad de la señal** se utiliza el medidor de campo, con el que pueden medirse diferentes parámetros de calidad: nivel de señal, relación C/N, BER *(bit error rate)* y MER.

Enlaces web

Cobertura de los canales de la TDT. Página web donde el alumno puede conocer los canales de TDT que emiten en las diferentes provincias.
http://www.tdt1.com

Espectro radioeléctrico. Apartado de la Secretaría de Estado de Telecomunicaciones e Infraestructuras Digitales donde el alumno puede consultar, entre otros, el Cuadro Nacional de Atribución de Frecuencias (CNAF) y las estaciones de radiodifusión sonora en frecuencia modulada (FM), las redes de radiodifusión sonora digital y las estaciones de televisión digital.
https://avancedigital.mineco.gob.es/Espectro/

Hispasat. Operador español de satélites de comunicaciones, líder en la distribución de contenidos en español.
https://www.hispasat.com

LyngSat. Página web con información de los diferentes satélites.
https://www.lyngsat.com

SES. Uno de los principales operadores de satélites del mundo que, entre otros, es propietario de los satélites de comunicación geoestacionarios Astra.
https://www.ses.com

Actividades de comprobación

2.1. ¿Qué tipo de señales se utiliza para la transmisión de los servicios de radiodifusión?

a) Ondas esféricas.

b) Ondas electromagnéticas.

c) Ondas de presión.

d) Señales eléctricas.

2.2. ¿Cuál es la asignación de bandas para el servicio de radio DAB?

a) BII (87,5-108,0 MHz).

b) BIII (195-223 MHz).

c) BIV-BV (470-694 MHz).

d) BIV-BV (470-862 MHz).

2.3. ¿Qué ancho de banda se asigna a cada canal de radiofrecuencia de la banda de UHF?

a) 1,536 MHz.

b) 7 MHz.

c) 8 MHz.

d) 32 MHz.

2.4. ¿Qué fenómeno de propagación de las ondas electromagnéticas provoca interferencias en forma de ecos de la señal?

a) Absorción.

b) Reflexión.

c) Difracción.

d) Refracción.

2.5. ¿En qué banda está situado un canal de TV con frecuencia central de 650 MHz?

a) Banda II.

b) Banda III.

c) Banda IV.

d) Banda V.

2.6. ¿Qué ancho de banda se asigna a cada bloque de frecuencias DAB?

a) 1,536 MHz.

b) 7 MHz.

c) 8 MHz.

d) 32 MHz.

2.7. ¿En qué banda se emite la señal de radio FM?

a) Banda II.

b) Banda III.

c) Banda IV.

d) Banda V.

2.8. ¿Cuál de los siguientes servicios ICT es de carácter analógico?

a) Radio DAB.

b) Radio FM.

c) TDT.

d) TV por satélite.

2.9. ¿Qué objetivo tiene la codificación de fuente de los sistemas de transmisión de la señal de TV digital?

a) La compresión de datos.

b) La protección frente a errores.

c) La modulación de datos.

d) La digitalización.

2.10. ¿Qué tipo de polarización se utiliza en TV por satélite?

a) Horizontal.

b) Vertical.

c) Polarización lineal, tanto horizontal como vertical.

d) Circular.

2.11. ¿Qué codificación de fuente se utiliza en TV para transmitir señales con calidad HD?

a) MPEG-2.

b) AVC/H.264.

c) HEVC/H.265.

d) MPEG-4.

2.12. ¿Cuál de los siguientes estándares de TV tiene una resolución de imagen mayor?

a) SDTV.

b) HDTV.

c) UHDTV.

d) Dependerá de la modulación utilizada.

2.13. ¿Qué modulación digital se utiliza en el sistema DVB-S?

a) 64QAM.
b) 8PSK.
c) QPSK.
d) 256QAM.

2.14. ¿En cuál de los siguientes múltiplex se emite la programación de cada comunidad autónoma?

a) RGE.
b) MPE.
c) MAUT.
d) TL.

2.15. ¿Qué canales de UHF se utilizan para la transmisión de la señal de TDT?

a) Del 1 al 20.
b) Del 9 al 11.
c) Del 21 al 48.
d) Del 21 al 69.

2.16. ¿En qué sistema se utiliza la modulación 8PSK?

a) DVB-T.
b) DVB-T2.
c) DVB-S.
d) DVB-S2.

2.17. ¿Qué estándar se utiliza actualmente para la transmisión de las señales de TV digital terrestre (TDT)?

a) DVB-T.
b) DVB-T2.
c) DVB-S.
d) DVB-S2.

2.18. ¿Qué estándar de compresión digital (codificación de fuente) utilizan los canales de TDT en HD?

a) MPEG-2.
b) MPEG-4.
c) AVC/H.264.
d) HEVC/H.265.

2.19. ¿Qué sistema de codificación ofrece mejores tasas de compresión para la transmisión, por ejemplo, de la señal de vídeo UHDTV?

a) MPEG-2.
b) MPEG-4.
c) AVC/H.264.
d) HEVC/H.265.

2.20. ¿Qué técnica de modulación se utiliza en la TDT?

a) COFDM.
b) QPSK.
c) 8PSK.
d) PSK.

2.21. ¿Qué tipo de red se utiliza para transmisores de la TDT en España?

a) RFU de ámbito provincial.
b) RFU de ámbito nacional.
c) RFU de ámbito autonómico.
d) MF de ámbito nacional.

2.22. ¿Cuántos programas se transmiten típicamente en un canal de TV por satélite?

a) Uno.
b) Dos.
c) Entre 4 y 6.
d) Entre 6 y 20.

2.23. ¿Cuántos bits transmite cada uno de los símbolos utilizados en la modulación QPSK?

a) Uno.
b) Dos.
c) Tres.
d) Cuatro.

2.24. ¿En qué punto de la etapa de descodificación se mide la tasa de bits erróneos VBER, que especifica la normativa para la medida de la calidad de un canal digital?

a) Antes del descodificador de Viterbi y del descodificador Reed-Solomon.
b) Después del descodificador de Viterbi, pero antes de la descodificación Reed-Solomon.
c) A la salida del demodulador.
d) Después de todos los descodificadores.

2.25. ¿Cuántos bits por símbolo se transmiten en una modulación 16 QAM?

a) 4 bits.
b) 16 bits.
c) 8 bits.
d) 256 bits.

Actividades de aplicación

2.26. **Emisiones de los servicios de radiodifusión en el lugar de instalación.** A partir de la página web de la Secretaría de Estado de Telecomunicaciones e Infraestructuras Digitales, analiza las asignación de canales a los diferentes servicios de radiodifusión:

a) **TV terrestre.** Realiza la búsqueda de los canales de TDT que se reciben en tu lugar de residencia. Para ello, clasifica los canales en función de su ámbito:

- Estaciones de ámbito estatal.
- Estaciones de ámbito autonómico.
- Demarcaciones de televisión digital local.

b) **Emisiones de radio DAB.** Evalúa los bloques de frecuencia asignados al servicio de radio digital en tu lugar de residencia. Clasifícalos según su ámbito:

- Redes de ámbito estatal.
- Redes de ámbito autonómico.
- Demarcaciones de radio digital local.

c) **Emisiones de radio FM.** Comprueba los diferentes tipos de estaciones de servicio que hay planificados:

- Estaciones de servicio público estatal.
- Estaciones de servicio público autonómico.
- Estaciones de servicio público municipal.
- Estaciones con licencia de ámbito local.

2.27. **Emisiones de radio y TV por satélite.** Realiza una búsqueda de los canales que emiten diferentes satélites:

a) Selecciona un satélite y clasifica los diferentes transpondedores según la banda y polaridad a la que pertenezcan.

b) Selecciona un proveedor de servicios, como, por ejemplo, Movistar+, Canal France, etc., y comprueba en qué polaridades y bandas emite su programación.

c) Busca y evalúa la programación que se transmite en cada una de las bandas y polaridades del satélite ASTRA 1KL-MNR. En función de los resultados obtenidos, indica en qué banda y polaridad se emite la programación del operador Movistar+.

2.28. **Dividendo digital.** A partir del resultado de la Actividad de aplicación 2.26 comprueba el plan de asignación de frecuencias de la TDT del lugar donde vives y verifica que no existen canales en la banda de 700 MHz.

Actividades de ampliación

2.29. Indica las principales bandas utilizadas en los servicios de radiodifusión y su uso.

2.30. ¿Con que tipo de polarización se emite generalmente cada uno de los servicios de radiodifusión que se reciben en una ICT?

2.31. ¿Qué normas de TV analógicas se utilizan en España? ¿Qué canales de TV utilizan actualmente estas normas?

2.32. Resume el objetivo de la codificación de fuente y la codificación de canal a la que se somete un canal digital de TV.

2.33. ¿Qué es un múltiplex digital o canal múltiple?

ACTIVIDADES FINALES

2.34. ¿En qué banda y canales se transmite la radio digital DAB?

2.35. Para cada uno de los servicios de radiodifusión, indica el ancho de banda típico que ocupa un canal:

a) Radio FM.

b) Radio DAB (bloque de frecuencias).

c) TDT.

d) TV por satélite.

2.36. Clasifica las modulaciones que se utilizan para la transmisión de la señal en los diferentes sistemas de TV: DVB-T, DVB-T2, DVB-S y DVB-S2.

2.37. Respecto del dividendo digital:

a) ¿Qué es el dividendo digital?

b) Comprueba que el espectro que se muestra en la Figura 2.31 de la asignación de canales en la ciudad de Barcelona está adaptado al segundo dividendo digital.

2.38. Respecto del canal 26 de TV, según la canalización CCIR:

a) ¿En qué banda se encuentra?

b) ¿Qué margen de frecuencias tiene asignado?

c) ¿Cuál es el ancho de banda de canal asignado?

d) ¿Cuál es la frecuencia central de este canal?

2.39. Respecto del servicio de radio digital terrestre (DAB):

a) ¿En qué banda se distribuye?

b) ¿Qué nombre recibe un canal radioeléctrico?

c) ¿Cuántos programas se transmiten típicamente en cada canal radioeléctrico?

2.40. ¿Qué es una red de frecuencia única de ámbito provincial? Compara la distribución de canales de la provincia donde resides con la de una de las provincias limítrofes.

2.41. La Figura 2.64 muestra tres constelaciones de modulaciones utilizadas en TV. Indica a qué modulación pertenece cada una de ellas y en qué sistema de transmisión se utilizan.

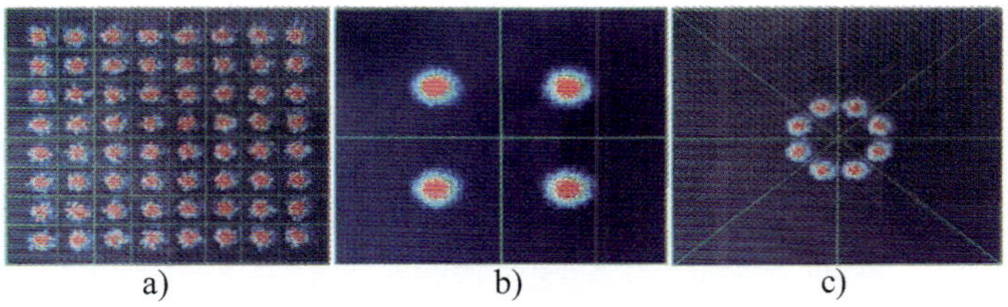

Figura 2.64. *Constelaciones típicas.*

2.42. ¿Qué es el PIRE de un satélite? ¿Qué relación tiene con el mapa de cobertura de un satélite?

2.43. ¿Qué margen de frecuencia cubre la banda Ku utilizada en el servicio de radiodifusión satélite?

2.44. ¿Qué margen de frecuencias comprende la banda de FI por satélite?

2.45. ¿Cómo se denomina el elemento que recibe en el satélite la señal enviada desde la Tierra, la amplifica y la retransmite de nuevo hacia la Tierra?

2.46. Enumera los principales parámetros que permiten evaluar la calidad de la señal de TV.

2.47. La Figura 2.65 muestra el espectro de la señal de la banda satélite:

a) ¿Cuántos transpondedores se reciben de manera aproximada en la banda de FI por satélite?

b) Realiza una estimación aproximada del número de programas que se reciben en cada una de las bandas satélite.

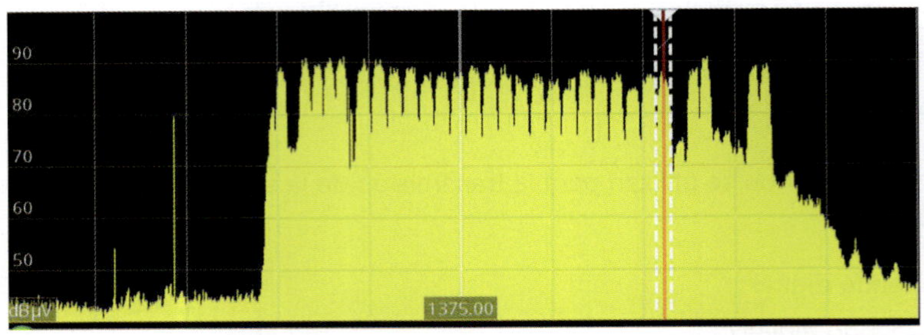

Figura 2.65. *Espectro satélite.*

2.48. La Figura 2.66 muestra la medida de la tasa de errores de bit (BER) en las tomas de usuario de una instalación, junto con el resto de las medidas de calidad. Realiza las cuestiones siguientes:

a) ¿En qué punto de la cadena de descodificación digital se realiza la medida del BER? ¿Cuántos bits erróneos se producen en la descodificación?

b) Compara las medidas realizadas con la Tabla 2.8 y justifica si la señal recibida en la toma de usuario cumple con la normativa de la ICT.

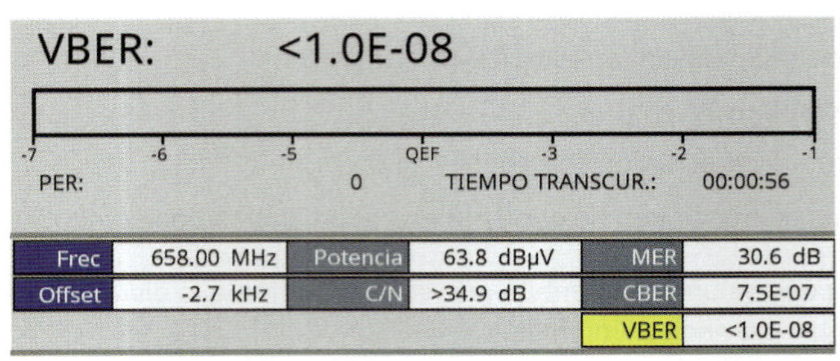

Figura 2.66. *Medida de la calidad en la toma de usuario de una instalación.*

2.49. La Figura 2.67 muestra el espectro de la banda terrestre. Identifica las señales que se transmiten en cada una de las bandas señaladas.

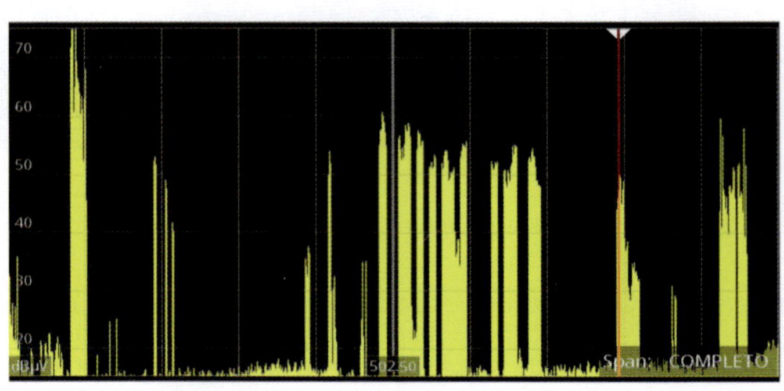

Figura 2.67. *Espectro de la banda terrestre.*

3

Sistema captador de señales

Los elementos de captación de una ICT son aquellos encargados de recibir las señales de radiodifusión sonora y televisión procedentes de emisiones terrestres y por satélite.

El sistema captador está formado por las antenas, mástiles, torretas y los sistemas de sujeción necesarios. Además, cuando sea necesario, también incluyen los elementos activos o pasivos encargados de adecuar las señales que se entregan al equipo de cabecera.

Contenidos

Objetivos

- Identificar las características de los equipos y materiales que forman parte del sistema de captación de una instalación.
- Seleccionar de manera adecuada los equipos y herramientas utilizados en el montaje de las antenas y mástiles del sistema de captación de una ICT.
- Interpretar la documentación técnica de las instalaciones de recepción y distribución de la señal de TV terrestre y por satélite.
- Realizar la instalación y orientación de las antenas del sistema de captación adoptando las medidas de seguridad adecuadas.
- Comprobar la calidad de la instalación a partir de las medidas realizadas en la salida de las antenas.

3.1. El sistema captador

El **sistema captador de señales** (Figura 3.1) está situado en el exterior del edificio y está formado fundamentalmente por las **antenas** y, si fuera necesario, otros elementos (preamplificadores, filtros, etc.) que garanticen una adecuada señal en la entrada de los amplificadores del equipo de cabecera.

Dentro del sistema captador también se incluyen aquellos elementos mecánicos de fijación necesarios para asegurar las antenas de forma fija y estable.

Figura 3.1. *Sistema captador de una instalación.*

3.1.1. El sistema captador en la ICT

La Figura 3.2 muestra el sistema captador en el conjunto de una ICT. El sistema captador de una ICT está formado básicamente por las antenas terrestres que captan las señales de radio y TV procedentes de los centros emisores y repetidores de señal. Dentro de los servicios de interés en una ICT se encuentran la TV digital terrestre (TDT), la radio FM y la radio digital DAB.

Por otro lado, el sistema captador de una ICT debe prever la recepción de la señal de TV por satélite, por lo que deben instalarse las antenas de TV por satélite o reservar espacio en la parte superior de la edificación para su instalación posterior.

El **instalador de telecomunicaciones,** en función de las especificaciones del proyecto técnico, escogerá los elementos y realizará la instalación de los equipos y materiales necesarios, siguiendo unas prácticas de instalación correctas y tomando las precauciones en materia de seguridad adecuadas.

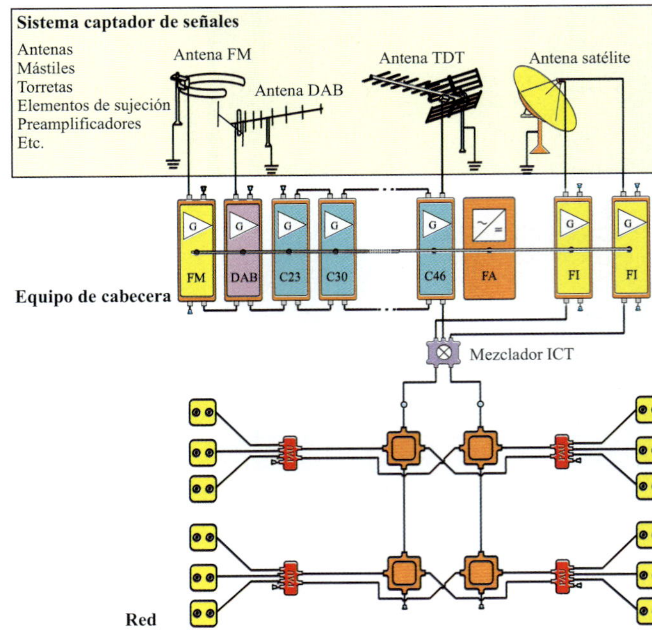

Figura 3.2. *Sistema captador dentro de una ICT.*

3.1.2. Características de las antenas

Para determinar cuál es el **tipo de antena** más adecuada para recibir las señales de radio y TV de una instalación deben tenerse en cuenta las **principales características** que las definen:

- **Ancho de banda.** Es el margen de frecuencias en el cual la antena mantiene sus características. De esta manera, la respuesta en frecuencia de una antena determinará a qué servicio se destina: TV terrestre, radio FM, radio DAB, etcétera.
- **Ganancia.** Es la relación entre la señal recibida y la entregada por una antena. Cuanto mayor sea la ganancia de una antena, mayor nivel de señal se entregará al equipo de cabecera de la instalación.
- **Carga al viento.** Representa el efecto del viento sobre la superficie de la antena. El fabricante proporciona este valor para dos velocidades de viento diferentes: 130 y 150 km/h.

Las **características de cada antena** estarán reflejadas en el catálogo del fabricante. En la Figura 3.3a se muestran resumidas las características de diferentes tipos de antena. El comportamiento de una antena depende básicamente de dos aspectos, que son decisivos en su elección:

1. La ganancia de una antena depende de la frecuencia, por lo que el fabricante suministra la **curva de respuesta en frecuencia** (Figura 3.3b).

2. La ganancia de una antena depende de la dirección de recepción de la señal. En el **diagrama de radiación** se muestra de manera gráfica la reducción de ganancia que tiene una antena según la dirección (Figura 3.4).

Características	Antena FM	Antena DAB	Antena UHF
Frecuencia	87-108 MHz	174-230 MHz	470-694 MHz
Canales	FM	5-12	21-48
Ganancia	0 dB	9 dB	19 dB
Relación D/A	0 dB	>20 dB	>20 dB
Ancho de haz (H/V)	360°	44°/50°	32°/40°
Carga al viento (N) 130 km/h	25	70	105
Carga al viento (N) 150 km/h	35	95	150

a) Características técnicas

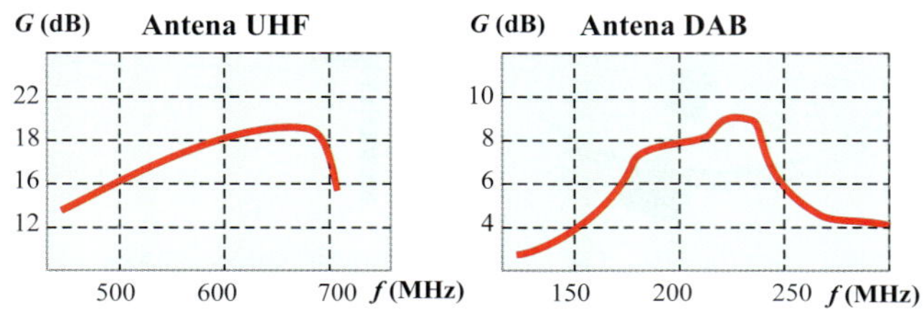

b) Respuesta en frecuencia

Figura 3.3. *Principales características de una antena.*

Pueden encontrarse **antenas directivas,** como las de TV y radio DAB (Figura 3.4a), y **antenas omnidireccionales,** como las de FM (Figura 3.4b), capaces de recibir la señal prácticamente por igual en todas las direcciones del espacio.

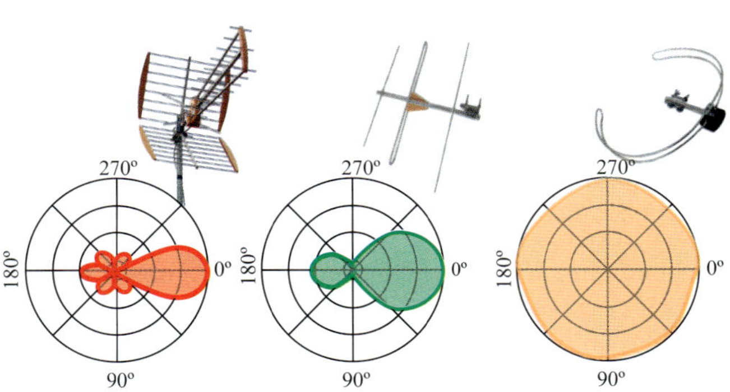

a) Antena directiva b) Antena omnidireccional

Figura 3.4. *Diagrama de radiación.*

3.1.3. Tipos de antenas

Una posible **clasificación de las antenas** se establece en función del servicio al que están destinadas. Como una instalación de ICT distribuye cuatro servicios de radiodifusión, pueden clasificarse las antenas en función de la señal del servicio que captan:

- Antenas de TV terrestre.
- Antenas de radio FM.
- Antenas de radio DAB.
- Antenas de TV por satélite.

3.2. Antenas de radio y TV terrestre

Las antenas utilizadas en la **recepción de la señal de radio y TV terrestre** se basan en dipolos. El **dipolo** de la antena (Figura 3.5a) es el elemento activo capaz de captar las ondas electromagnéticas del entorno. El diagrama de radiación de la antena dipolo se modifica añadiendo un elemento **reflector** (Figura 3.5b), que focaliza la radiación en la dirección delantera, y uno o varios elementos **directores** (Figura 3.5c) que estrechan el haz principal del diagrama de radiación con el objetivo de concentrar la ganancia de la antena en una única dirección (directividad).

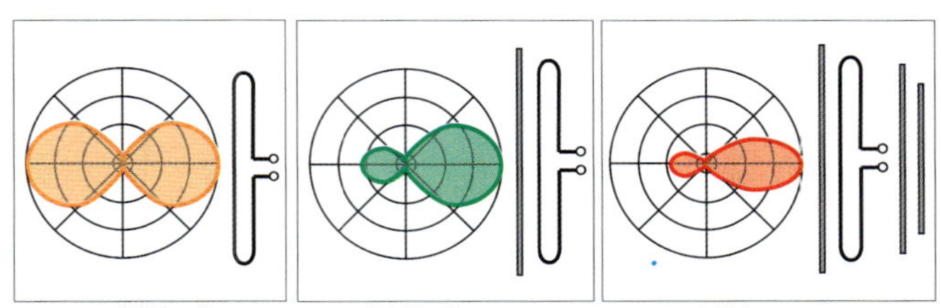

a) Dipolo b) Reflector c) Directores

Figura 3.5. *Modificación del diagrama de radiación de un dipolo.*

3.2.1. Antenas de TV terrestre

El servicio de **TV digital terrestre (TDT)** se distribuye en las frecuencias que van desde los 470 hasta los 694 MHz (banda IV y banda V de UHF), por lo que la respuesta en frecuencia de las antenas de TV debe cubrir este margen.

La **antena Yagi** y sus variantes son las más utilizadas en la recepción de la señal de TV. Este tipo de antena está formada por el dipolo, un reflector y varios directores.

La forma básica del dipolo simple se modifica para proporcionar una respuesta en frecuencia más plana, por lo que pueden encontrarse en la mayoría de las antenas **dipolos doblados** o **dipolos en forma de doble U** (Figura 3.6a).

El dipolo está acompañado, tal y como se muestra en la Figura 3.6b, de diferentes elementos pasivos (reflector y directores) que modifican su diagrama de radiación.

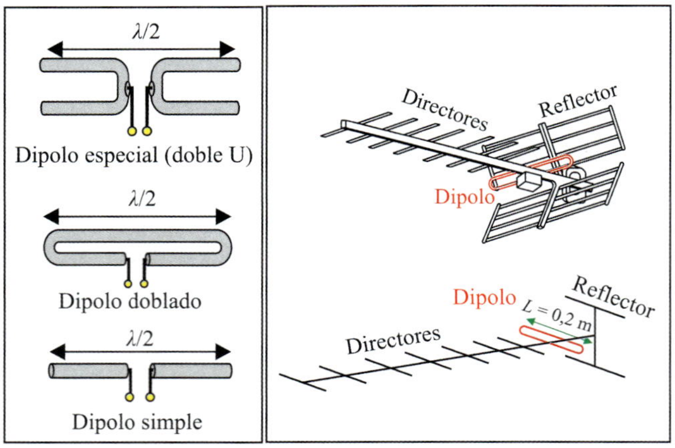

a) Dipolos b) Antena Yagi y variantes

Figura 3.6. *Elementos de una antena Yagi.*

Los fabricantes suministran antenas cuyo elemento central es un dipolo, distribuyendo el resto de los elementos que lo acompañan de diferente manera (reflector y directores) modificando el diagrama de radiación y aumentando la ganancia de la antena según el efecto deseado. En la Figura 3.7 se muestra el aspecto de diferentes tipos de antena que cubren la banda de UHF.

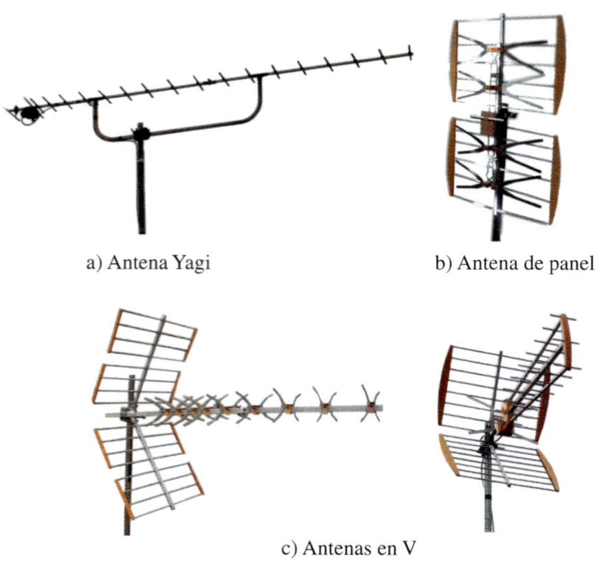

a) Antena Yagi b) Antena de panel c) Antenas en V

Figura 3.7. *Antenas de TV terrestre.*

Sabías que...

La longitud del dipolo de una antena ronda la semilongitud de onda ($\lambda/2$) de la señal a la que está sintonizada. Por la longitud del dipolo puede intuirse para qué banda está preparada una antena. En el caso de una antena de TDT la longitud del dipolo es de aproximadamente 20 cm.

3.2.2. Antenas de FM

Las **antenas de FM** captan el margen de frecuencias de 87,5 a 108 MHz que se encuentra en la banda II de VHF.

Debido a la baja frecuencia de la señal, el dipolo que se necesita para recibir estas señales es relativamente grande, en torno a 1,5 m. Por eso, en este tipo de antenas, los extremos del dipolo se pliegan parcialmente para economizar espacio, a costa de sacrificar parcialmente su eficiencia.

Los tipos de antena más utilizados para la **recepción FM** se muestran en la Figura 3.8: en ellas se recurre a utilizar un dipolo doblado y plegado en forma circular o un dipolo plegado de brazos doblados.

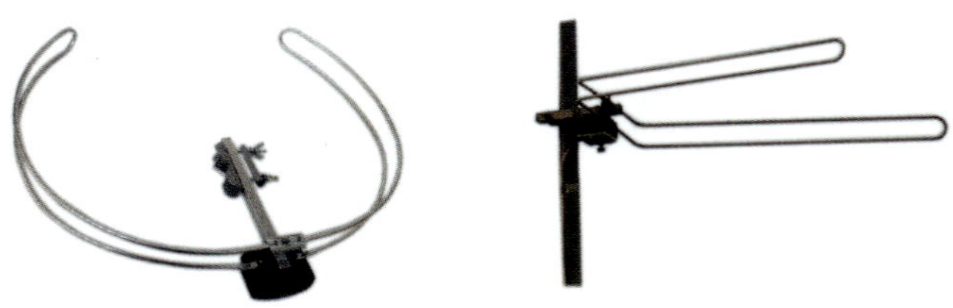

a) Circular b) De brazos doblados

Figura 3.8. *Tipos de antenas de FM.*

Como están formadas simplemente por un dipolo sin elementos directores asociados, las antenas de FM tienen un patrón de radiación omnidireccional, por lo que su ganancia prácticamente es nula, es decir, no amplifican la señal recibida.

3.2.3. Antenas de radio DAB

El servicio de **radio digital DAB** se distribuye en los canales del 8 al 11 de la banda III, por lo que las antenas utilizadas para su recepción deben tener una respuesta en frecuencia que comprenda el margen de frecuencias de 195 a 223 MHz aproximadamente.

Habitualmente, se utilizan antenas que cubren toda la banda III (canales del 5 al 12), aunque existen antenas optimizadas solo para los canales que utiliza la radio DAB.

Las principales antenas utilizadas para la recepción de la radio DAB se basan en una antena Yagi, con diferentes elementos, normalmente 3 o 6. En la Figura 3.9 se muestra una **antena Yagi de tres elementos.**

Sabías que...

Las antenas DAB se caracterizan por una longitud aproximada del dipolo de 75 cm.

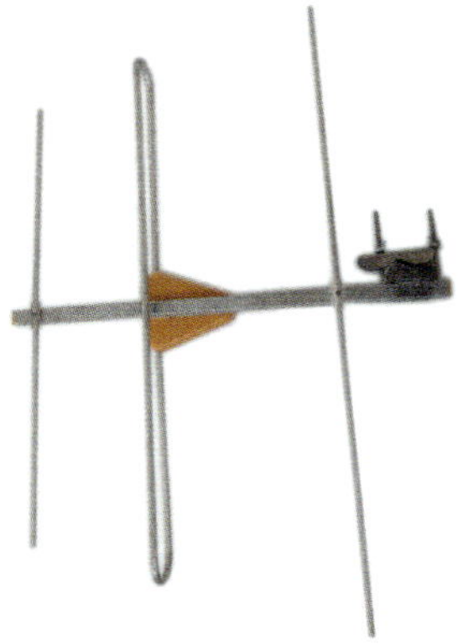

Figura 3.9. *Antena de radio DAB (BIII).*

3.2.4. Caja de antena

La conexión de la antena al cable coaxial de bajada se realiza dentro de la **caja de antena,** formada por una caja protectora de plástico cerrada herméticamente donde entran los extremos del dipolo (Figura 3.10).

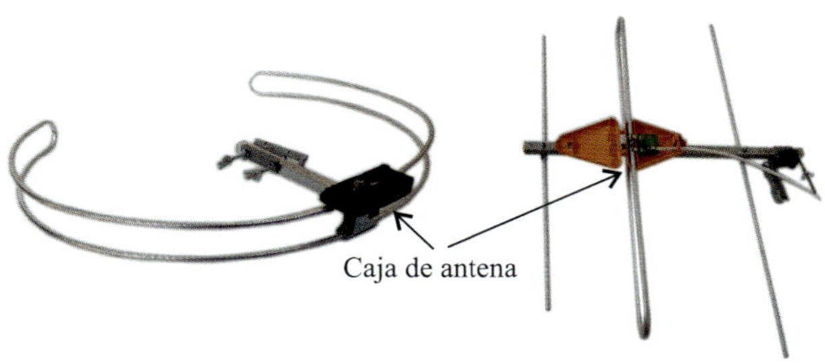

Figura 3.10. *Cajas de antena.*

El dipolo va unido a la caja de antena, tal y como se muestra en la Figura 3.11, donde se encuentra el elemento de conexión de la antena con el **cable coaxial de bajada.** La conexión del cable coaxial se realiza normalmente mediante una conexión fija o mediante un conector F.

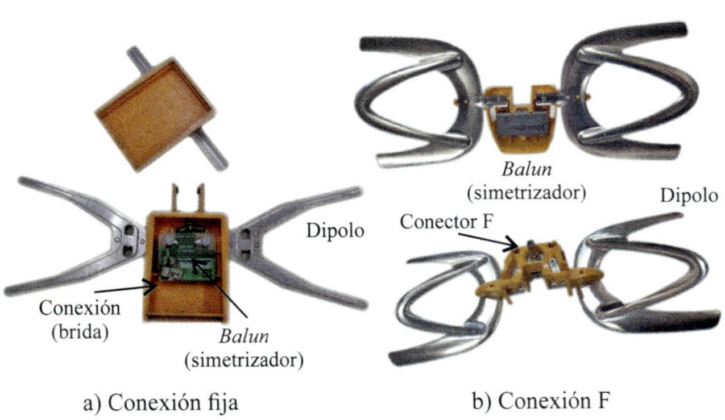

Figura 3.11. *Dipolo y caja de antena.*

En el interior de la caja de antena se instala un **circuito *balun*** o **simetrizador** (Figura 3.12), que adapta mecánica y eléctricamente el dipolo de la antena y el cable coaxial de impedancia característica de 75 Ω de la red. Mediante esta adaptación se consigue transferir la máxima señal de la antena a la salida evitando la pérdida de señal por desacoplamiento de impedancias, al tiempo que se adapta el tipo de línea simétrica que forma un dipolo, con el tipo de línea asimétrica de un cable coaxial (simetrizador).

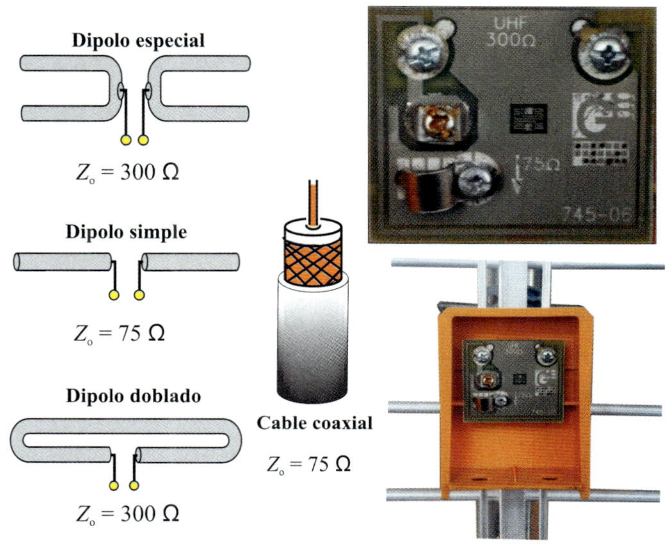

Figura 3.12. *Simetrizador o* balun.

Sabías que...

La impedancia típica del dipolo de una antena es de 300 Ω, mientras que la impedancia del cable coaxial es de 75 Ω.

Si la **caja de conexiones** está **blindada** la antena queda protegida del ruido impulsivo y, una vez conectada a tierra, también se protege contra las descargas eléctricas.

3.2.5. Preamplificador

Un **preamplificador** es un amplificador de banda ancha que se encarga de realizar una amplificación previa a la amplificación realizada por el equipo de cabecera cuando la señal recibida es débil.

Existen dos tipos básicos de preamplificadores:

1. **Preamplificador de antena.** Los preamplificadores para caja de antena sustituyen al simetrizador de la antena, por lo que se instalan en su interior.

2. **Preamplificador para mástil.** Este tipo de amplificador se instala en el mástil, lo más cerca posible de la antena.

En la Figura 3.13 se muestra un **preamplificador de banda ancha,** que amplifica de manera separada las señales de la banda VHF y UHF. Se instala en el interior de una **caja estanca** que lo protege de las inclemencias meteorológicas y facilita la fijación con el mástil, que puede realizarse mediante bridas.

Figura 3.13. *Preamplificador para mástil.*

La Figura 3.14 muestra la utilización de un preamplificador para mástil a la salida de una antena de TV terrestre.

Figura 3.14. *Utilización de un amplificador para mástil.*

Los preamplificadores son elementos activos que necesitan **alimentación eléctrica,** la cual se suministra desde el equipo de amplificación o desde una fuente de alimentación externa situados en el equipo de cabecera, por el propio cable de bajada de la antena.

3.2.6. Antenas activas

Actualmente, muchas de las antenas incluyen un **preamplificador integrado** en la caja de antena (dipolo activo) que se alimenta desde el equipo de cabecera por el propio cable de alimentación.

En este tipo de antenas, ante la recepción de un **nivel bajo de señal,** se activa el preamplificador, que proporciona una ganancia adicional a la antena. En la Figura 3.15 se muestra un ejemplo de utilización de una antena activa:

- En condiciones de recepción normales (S_{ANT} > 75 dBμV) no es necesario activar el elemento activo, por lo que la ganancia asociada a la antena es de 17 dB.
- En condiciones de recepción débiles (S_{ANT} < 75 dBμV) se activa el preamplificador del dipolo activo y la ganancia de la antena aumenta hasta 26 dB.

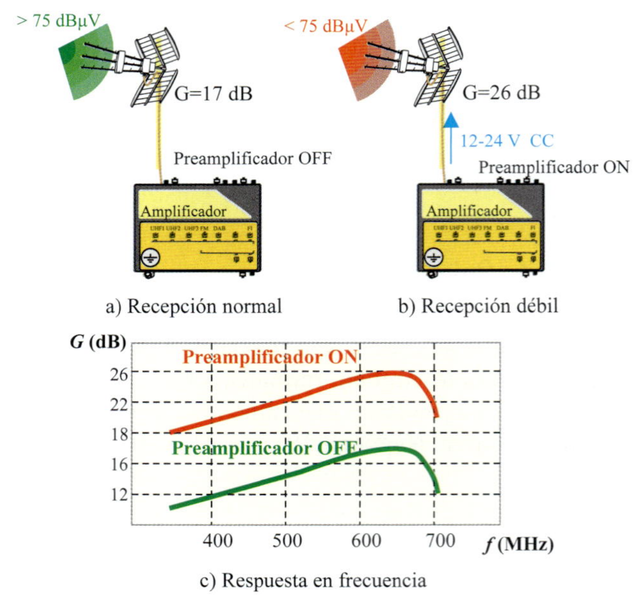

Figura 3.15. *Antena con dipolo activo.*

3.2.7. Filtros LTE

LTE *(long term evolution)* es una tecnología de transmisión de datos diseñada para dar soporte a los dispositivos móviles (teléfonos y dispositivos portátiles), para la bajada *(downlink)* y subida *(uplink)* de datos desde internet.

En España se utilizan para esta tecnología diferentes bandas, pero la que afecta a la recepción de la señal de TV es la banda de 700 MHz (Figura 3.16).

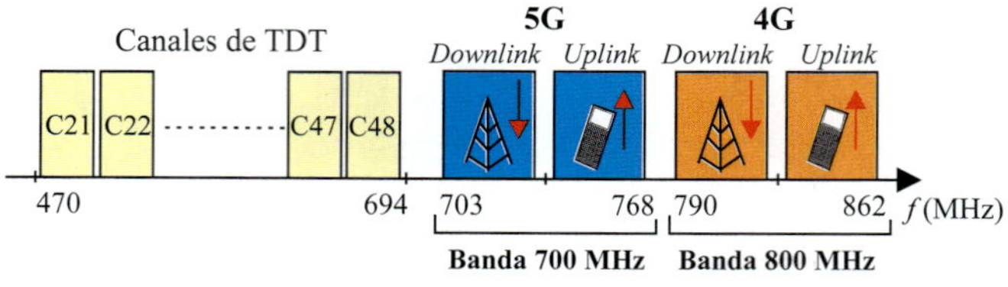

Figura 3.16. *Bandas de telefonía móvil.*

El principal inconveniente de esta tecnología es que utiliza una banda de frecuencias situada cerca de la banda dedicada a la TDT, por lo que las señales captadas por la antena pueden provocar interferencias en la instalación.

Recuerda

Desde el segundo dividendo digital, los canales del 49 al 69 de la banda V (694-862 MHz) se utilizan para las comunicaciones móviles 4G y 5G.

Caso práctico 3.1
Dispositivos adaptados a la banda LTE

Algunas antenas y otros dispositivos, como los amplificadores de banda ancha, han modificado su respuesta en frecuencia para adaptarse a la actual situación y eliminan de su respuesta en frecuencia los canales de la banda alta de UHF, en los que se encuentran las señales LTE/4G y 5G.

En la Figura 3.17 se muestra la señal de entrada de una antena donde se presentan, junto con los canales de radio y TV, la señal LTE del servicio de telefonía móvil 4G y 5G. También se compara la respuesta en frecuencia de una antena convencional con una antena diseñada para optimizar el **rechazo a la banda de LTE,** donde esta última elimina las señales no deseadas manteniendo las características en la banda de recepción de TV de UHF.

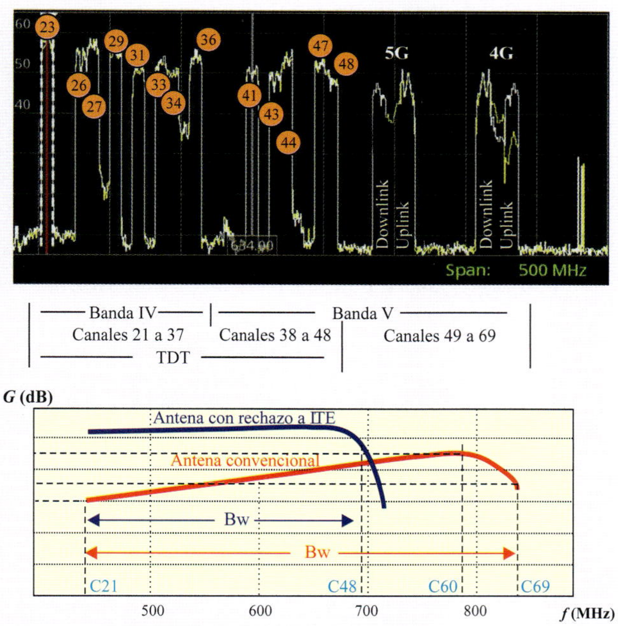

Figura 3.17. *Rechazo a la banda LTE.*

Filtros LTE

La señal LTE puede producir interferencias sobre las señales de TDT, sobre todo en los canales cercanos a la banda LTE-700. En este caso, puede protegerse la instalación utilizando un **filtro de rechazo de la banda LTE.**

Estos filtros, colocados a la salida de la antena, atenúan de manera razonable la parte del espectro no deseado. En la Figura 3.18a se muestra un ejemplo de filtro LTE de interior, para su instalación a la entrada del amplificador, mientras que la Figura 3.18b muestra un filtro LTE para su instalación en exterior, para mástil.

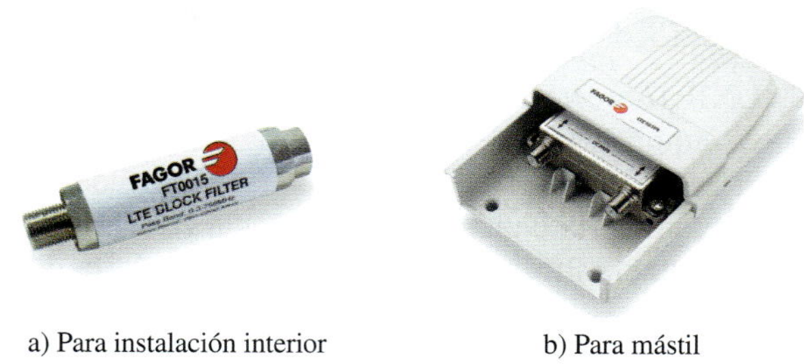

Figura 3.18. *Filtros LTE (cortesía de Fagor).*

En la Figura 3.19 se muestra un ejemplo de aplicación de los filtros LTE. En función de la disposición de los canales de TV presentes a la entrada de la antena debe utilizarse un filtro LTE con la **selectividad** adecuada.

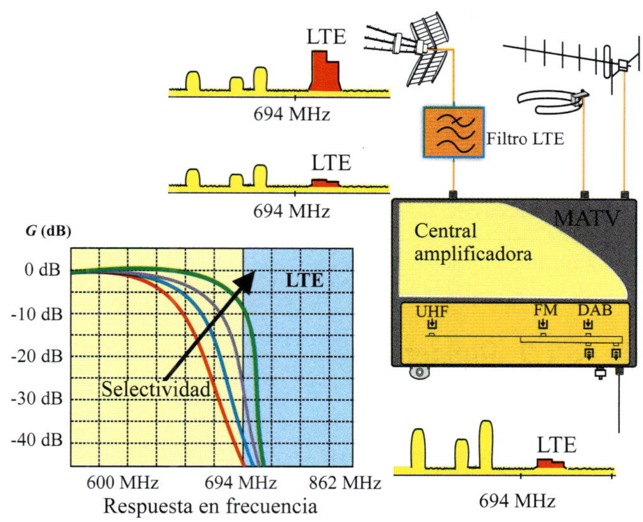

Figura 3.19. *Utilización de un filtro LTE.*

3.3. Antenas de TV por satélite

Las comunicaciones de satélite utilizan la banda de frecuencias comprendida entre 10,7 y 12,75 GHz, por lo que se necesitan antenas muy directivas.

Además, debido a las grandes distancias que recorre la señal desde el satélite de comunicaciones hasta la antena receptora, alrededor de 38 000 km, su atenuación será elevada, por lo que se requieren antenas con mucha ganancia.

Por lo tanto, la recepción de la señal de TV por satélite requiere antenas de elevada ganancia y alta directividad.

3.3.1. Sistema de captación satélite

El **sistema de captación satélite** (Figura 3.20) está constituido por dos elementos fundamentales:

1. **Reflector.** Es un elemento pasivo, ya que simplemente refleja las señales del satélite y las concentra en el foco de la antena, donde se sitúa el LNB.
2. **LNB *(low noise block converter).*** Este dispositivo amplifica la débil señal recogida en el foco de la antena que proviene del enlace descendente del satélite (en la banda de 12 GHz) y la convierte a una **frecuencia intermedia** (FI satélite), en el margen de frecuencias de 950 a 2150 MHz. Además, el LNB es un dispositivo activo que incluye todos los circuitos electrónicos necesarios (amplificadores, filtros, osciladores, etc.) para seleccionar la banda y polaridad del satélite deseada.

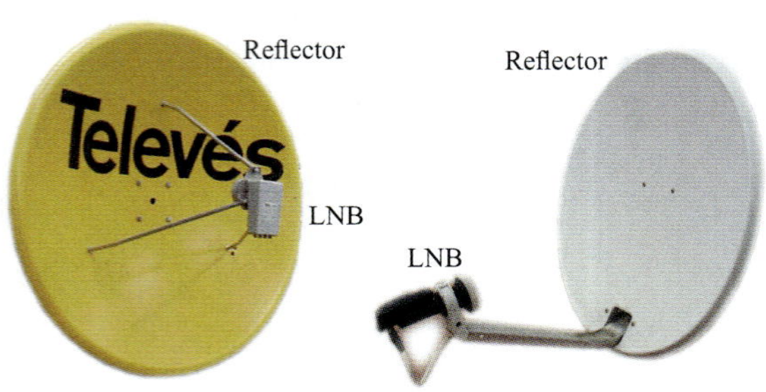

Figura 3.20. *Antenas satélite.*

3.3.2. Reflectores

La **ganancia** de un reflector se consigue al concentrar la radiación recibida en el foco de la antena, por lo que depende de la superficie del reflector, es decir, de su **diámetro.**

Aunque existen diferentes tipos de reflectores, los dos más utilizados en las instalaciones en edificios son los que se muestran en la Figura 3.21:

- **Antena de foco centrado.** Las antenas utilizadas para recibir la señal satélite están diseñadas en función de superficies parabólicas (Figura 3.21a), que concentran todas las señales recibidas según la dirección paralela a su eje en un único punto, denominado **foco.**
- **Antena de tipo *offset.*** Reflector constituido por una sección transversal de una parábola (Figura 3.21b). Su forma es oval y asimétrica y el foco no está montado en el centro del reflector, sino a un lado de este *(offset),* de manera que el LNB se sostiene por un brazo que sale de debajo del reflector.

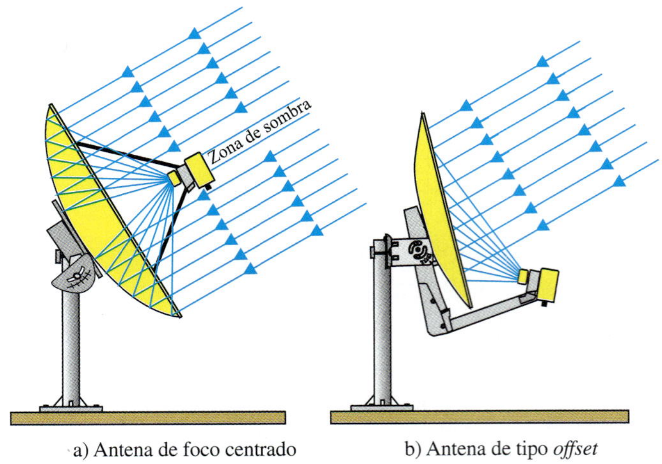

Figura 3.21. *Tipos de antena satélite.*

La antena de tipo *offset,* al estar formada por el corte de un reflector parabólico, como se muestra en la Figura 3.22, no parece que apunte directamente al satélite, tal y como lo hace la antena de foco centrado, habiendo un ángulo de *offset* que depende de las características del reflector, aunque siempre ronda en torno a los 25°.

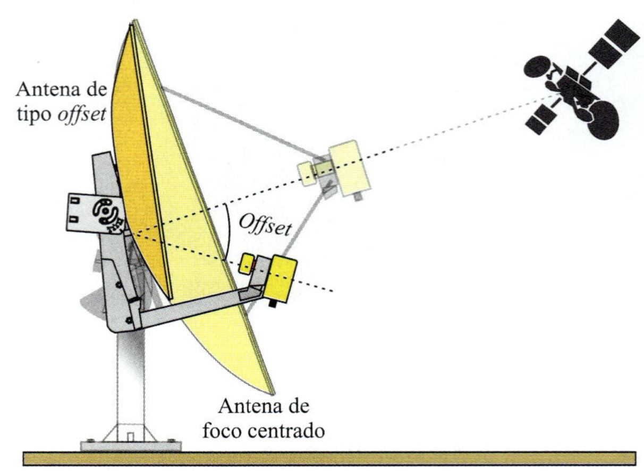

Figura 3.22. *Ángulo de* offset.

3.3.3. LNB

En el foco del reflector parabólico se concentra la señal procedente del satélite (10,7-12,75 GHz). La alta frecuencia de las señales que provienen del satélite hace inviable su distribución de manera directa por la línea de transmisión, debido a la alta atenuación que sufriría.

Por ello, la señal concentrada en el foco del reflector se transmite por una **guía de ondas** hasta la sonda (monopolo) del LNB, que es el elemento que realmente capta la señal electromagnética y la convierte en una señal eléctrica

(Figura 3.23). El LNB amplifica y convierte esta señal a la frecuencia intermedia satélite (950-2150 MHz), apta para su distribución por una línea de transmisión como el cable coaxial.

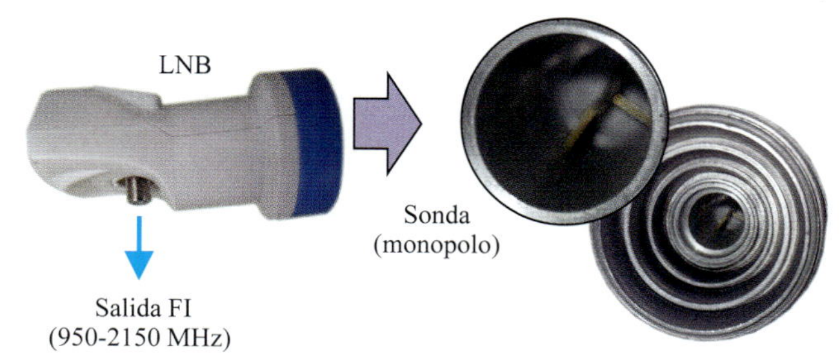

Figura 3.23. *Sonda del LNB.*

En la Figura 3.24 puede observarse el esquema de la estructura interna de un LNB. En el ancho de banda de FI, de 1200 MHz (950-2150 MHz), solo puede distribuirse una de las bandas satélite, por lo que el LNB, de las dos bandas y de las dos polaridades satélite posibles, se encarga de seleccionar una de ellas para su conversión a FI.

3.3.4. Alimentación del LNB

El LNB es un dispositivo activo que necesita **alimentación eléctrica.** La alimentación se suministra por el mismo cable coaxial por donde se distribuye la señal de salida. Además, la alimentación aplicada permite la selección de la banda y polaridad que distribuirá a su salida.

En la Tabla 3.1 se resume la alimentación de un LNB. La aplicación de una tensión de alimentación en un LNB universal selecciona la polaridad del satélite (vertical u horizontal), mientras que la presencia de un tono de 22 kHz, junto con la señal de alimentación, selecciona la banda (alta o baja) del satélite.

Tabla 3.1. Alimentación de un LNB universal

Tensión de alimentación	Tono piloto	Polaridad seleccionada	Banda seleccionada
13 V CC	—	Vertical	Baja
18 V CC	—	Horizontal	Baja
13 V CC	22 kHz	Vertical	Alta
18 V CC	22 kHz	Horizontal	Alta

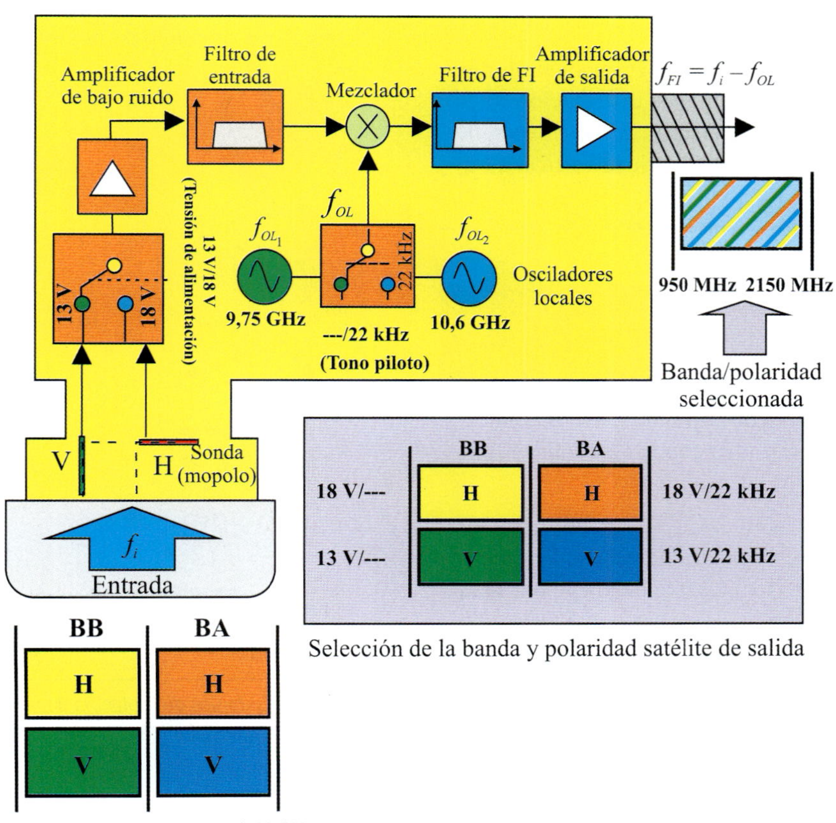

Figura 3.24. *Principio de funcionamiento de un LNB.*

3.3.5. Tipos de LNB

Para adaptar el LNB a las necesidades de las instalaciones se comercializan diferentes tipos de LNB, los cuales se resumen en la Figura 3.25. Muchos de ellos son conmutables y su salida es universal, es decir, la banda y polaridad se selecciona con la tensión de alimentación aplicada a cada salida. Otros, en cambio, no son conmutables y, en cada salida, estará presente siempre la misma banda y polaridad.

Referencia			*Quattro*	*Quad* universal	*Twin* universal	Universal
N.º de salidas	H	BB	1	---	---	---
		BA	1			
	V	BB	1			
		BA	1			
	H/V	BB	---	4	2	1
		BA				

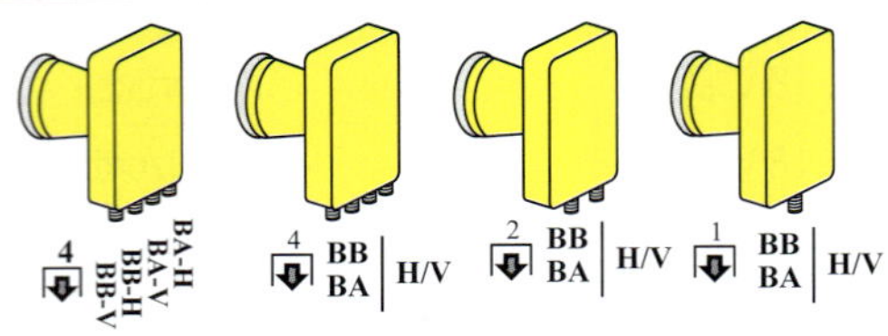

Figura 3.25. *Tipos de LNB.*

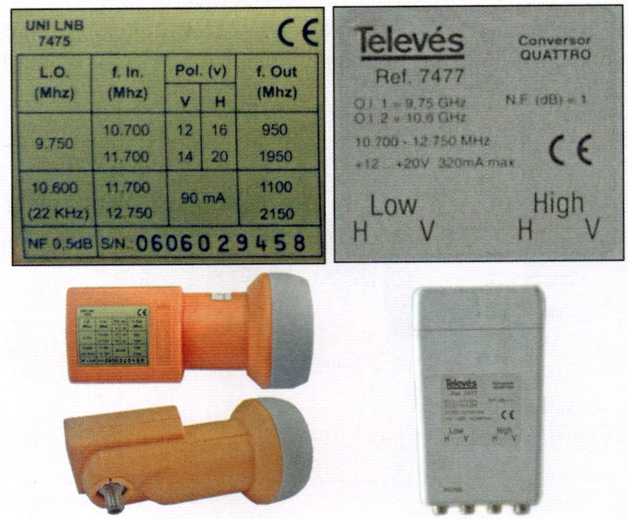

a) LNB universal b) LNB *quattro*

Figura 3.26. *Comparación de LNB.*

Sabías que...

Todos los operadores distribuyen su programación en una única banda y polaridad para facilitar la distribución de la señal en la red del edificio. Por ejemplo, Movistar+ emite su programación en la banda baja y polaridad vertical a través del satélite ASTRA 1.

Caso práctico 3.2
Alimentación del LNB

En la Figura 3.26 se comparan dos tipos de LNB diferentes: uno conmutable (universal) y otro con cuatro salidas fijas *(quattro)*.

En el LNB universal de la Figura 3.26a se selecciona, de las cuatro posibles, la banda y polaridad deseada, alimentando su salida a la tensión asociada a la banda y polaridad correspondiente.

Solo se necesita la alimentación con una tensión específica en el caso de utilizar un LNB universal. En el LNB *quattro* de la Figura 3.26b, en cada una de las cuatro salidas, siempre estará disponible la misma señal satélite. Para activar el funcionamiento de este LNB es suficiente con alimentar una de sus salidas con la tensión especificada por el fabricante, normalmente de 12 a 20 V CC.

Caso práctico 3.3
Sistema de captación satélite de una ICT

En una ICT es necesario distribuir dos señales de satélite, ya sea de un satélite o de dos satélites diferentes.

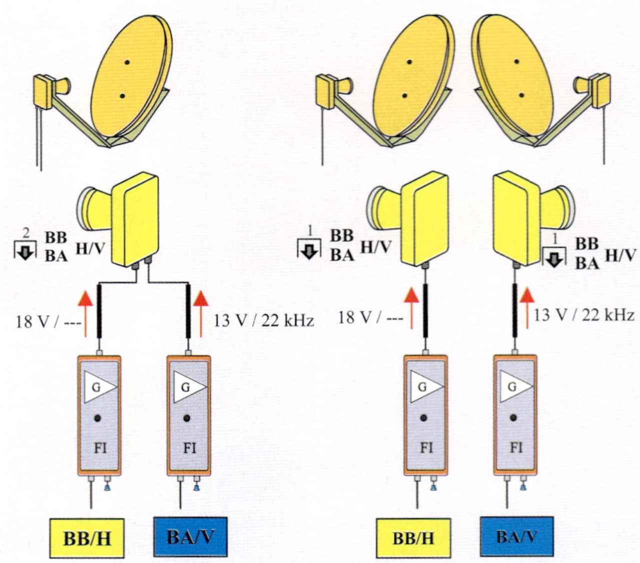

a) Un satélite b) Dos satélites diferentes

Figura 3.27. *Ejemplos de captación de la señal satélite en una ICT (distribución de dos bandas y polaridades).*

La Figura 3.27a muestra un ejemplo de aplicación de un LNB universal de dos salidas (TWIN), que distribuye la señal de dos bandas y polaridades del mismo satélite.

En la Figura 3.27b se utiliza un LNB universal de una salida para distribuir por la instalación la señal de dos bandas y polaridades de diferentes satélites.

La selección de la banda y polaridad deseada se realiza desde el propio amplificador de cabecera, que suministra la tensión de alimentación apropiada según la banda y polaridad deseada.

3.3.6. Reserva de espacio para el sistema captador satélite

Aunque la red de TV de una ICT debe estar preparada para distribuir la señal de TV por satélite, no es obligatoria la instalación de las antenas ni, por lo tanto, el equipo de cabecera satélite.

En este caso deberá reservarse espacio físico suficiente libre de obstáculos en la parte superior de la edificación, con accesibilidad garantizada en cualquier situación, para la instalación de los elementos de captación satélite.

Dicho espacio deberá permitir la realización de los trabajos necesarios para la sujeción de los correspondientes elementos.

3.4. Líneas de transmisión

El tipo de **línea de transmisión** que se utiliza en las instalaciones de distribución de la señal de radio y TV está condicionado por la débil señal de salida de la antena y por su elevada frecuencia, por lo que debe utilizarse un medio de transmisión que, por un lado, sea suficientemente inmune a las interferencias y, por otro, su atenuación sea baja, características que reúnen los cables coaxiales.

3.4.1. Cable coaxial

La **línea de transmisión** utilizada en los sistemas de distribución de la señal de radio y TV es el **cable coaxial,** que distribuye la señal de salida de la antena al resto de los componentes de la instalación. La Figura 3.28 muestra su aspecto externo.

En el sistema captador, el cable coaxial permite la conexión de la antena con los elementos del equipo de cabecera, normalmente los amplificadores. Este tramo de la línea se denomina **cable de bajada de la antena.**

Figura 3.28. *Cable coaxial.*

La Figura 3.29 muestra la estructura de un cable coaxial. Los elementos que lo forman son los siguientes:

- El **conductor interior** o central es el conductor activo que distribuye la señal eléctrica; por ello, comúnmente también se denomina **conductor vivo.** Está constituido por un único hilo de cobre rígido, tratado para modificar sus características conductivas: cobre estañado, acero cobreado, etcétera.
- El **dieléctrico** es un material aislante que se coloca alrededor del conductor interno, con el fin de separar y mantener el conductor exterior centrado sobre el conductor interior.
- El **conductor externo** forma parte del circuito eléctrico que transmite la señal, pero, además, realiza funciones de blindaje del cable coaxial. Por ello, está formado por una **malla** trenzada de hilos de cobre que recubren un **blindaje,** formado por una lámina de cobre o aluminio, que envuelve el material dieléctrico. El blindaje asegura una mayor cobertura eléctrica y aumenta la protección frente a interferencias externas.
- La **cubierta** del cable coaxial protege los conductores del cable. El cable coaxial puede instalarse en **interior,** como, por ejemplo, la red de una ICT, o en **exterior,** como, por ejemplo, el cable de bajada de la antena hasta los amplificadores. Para ello, la cubierta del cable se fabrica de tres materiales diferentes:
  1. **PE (polietileno).** Este tipo de cubierta se utiliza en aplicaciones de exterior, ya que el material es muy resistente al agua.
  2. **PVC.** Este tipo de cubierta se deteriora con la humedad y con el paso del tiempo, por lo que solo se utiliza en aplicaciones de interior.
  3. **LSFH.** Cubierta con baja emisión de humos y sin halógenos (no propagadora de la llama).

Los cables coaxiales utilizados en aplicaciones de distribución de señal de televisión están normalizados y tienen una **impedancia característica** de 75 Ω.

Los cables coaxiales que se instalen en el interior de una ICT deben cumplir los niveles mínimos obligatorios de la clasificación Dca-s2,d2,a2 respecto a su comportamiento de reacción frente al fuego.

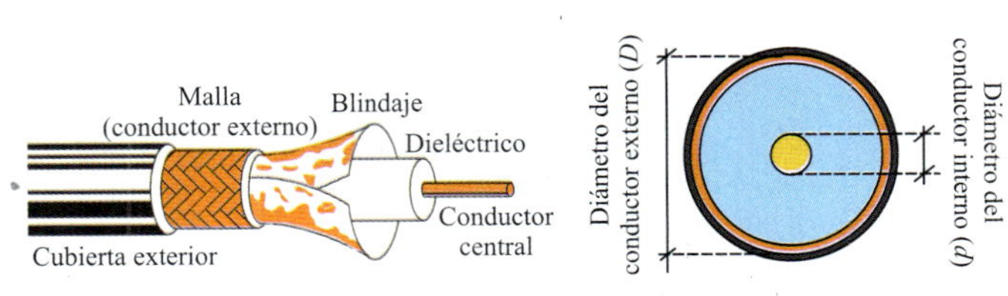

Figura 3.29. *Estructura del cable coaxial.*

Sabías que...

Tanto la red de distribución como la red de dispersión y la red interior de usuario estarán preparadas para permitir la distribución de la señal, de manera transparente, entre la cabecera y la toma de usuario en la banda de frecuencias comprendida entre 5 MHz y 2150 MHz.

3.4.2. Pelado del cable coaxial

Para la **conexión del cable coaxial** a los diferentes elementos de la instalación será necesario pelar el cable para prepararlo para su conexión.

El **pelado del cable coaxial** es una operación delicada que debe realizarse con las herramientas adecuadas, ya que, en caso contrario, es fácil dañar los conductores.

La **peladora de cable coaxial** permite eliminar de manera fácil y rápida la cubierta del cable para, después, poder prepararlo para su conexión.

Existen diferentes tipos de peladoras, como, por ejemplo, la **herramienta de pelado de cabeza intercambiable** de la Figura 3.30a y la **herramienta de pelado cilíndrica** de la Figura 3.30b.

Dependiendo del diámetro del cable y de las dimensiones y características de las conexiones (tipos de conectores, bridas, etc.), la conexión del cable coaxial puede ser diferente. Por ejemplo, para un cable coaxial fino (diámetro Ø < 6,5 cm), se opta por un pelado del cable como el de la Figura 3.31a, mientras que para los cables coaxiales más gruesos (diámetro Ø > 6,5 cm) se opta por el pelado de la Figura 3.31b.

a) Peladora de cabeza intercambiable b) Peladora cilíndrica

Figura 3.30. *Peladoras de cable coaxial.*

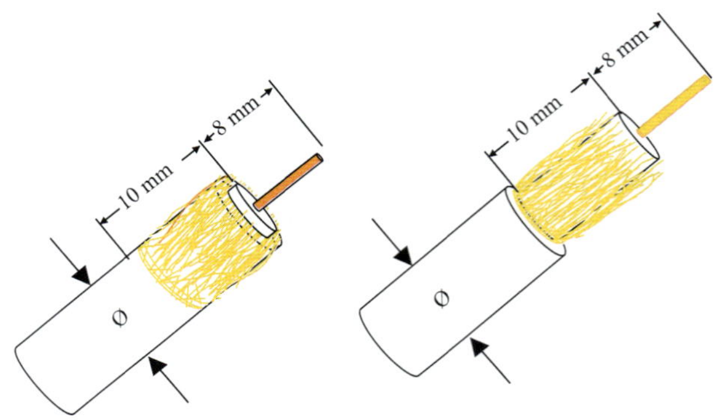

a) Ø < 6,5 mm b) Ø > 6,5 mm

Figura 3.31. *Detalle de pelado del cable coaxial.*

Caso práctico 3.4
Pelado de un cable coaxial con una peladora cilíndrica

El pelado de cables con la **peladora cilíndrica** se realiza en dos pasos, gracias a las dos hojas de corte diferentes situadas en ambos extremos del pelacables. Para preparar el corte es necesario identificar la distancia de cubierta que debe eliminarse, así como la longitud del conductor central que quedará descubierto:

a) Con la hoja más corta se corta y elimina la cubierta aislante del cable coaxial (Figura 3.32).

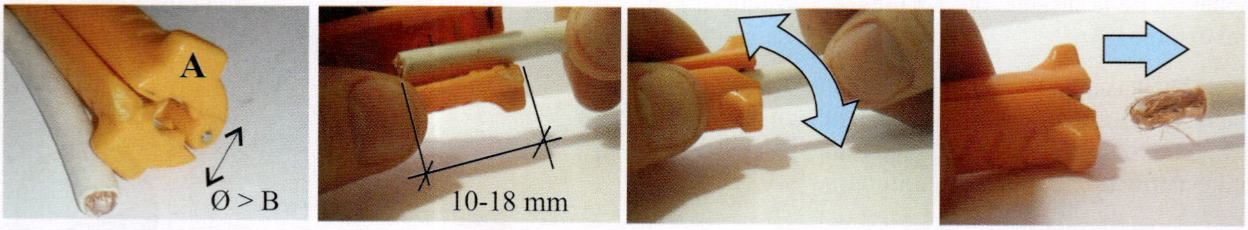

Figura 3.32. *Eliminación de la cubierta exterior.*

b) Con la hoja más larga se corta y elimina el aislante interno (Figura 3.33a), así como la malla sobrante (Figura 3.33b), según el acabado deseado.

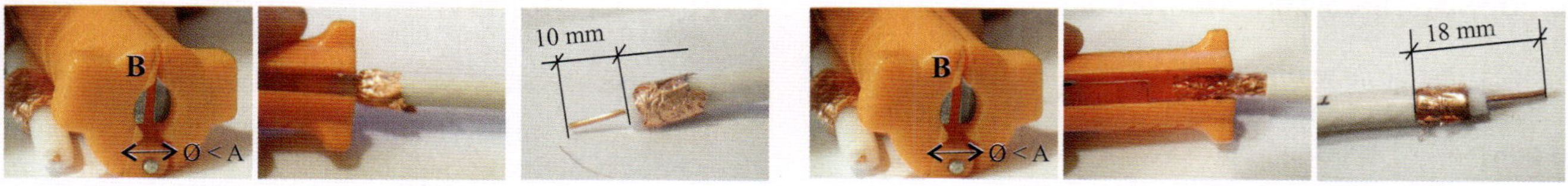

a) Eliminación del dieléctrico interior (10 mm)

b) Eliminación del dieléctrico interior (18 mm)

Figura 3.33. *Eliminación del dieléctrico interior.*

Caso práctico 3.5

Pelado de un cable coaxial con la peladora de cabeza intercambiable

La Figura 3.34 muestra una **peladora de cabeza intercambiable** que permite el pelado de diferentes tipos de cables coaxiales.

Este tipo de peladora permite el pelado del cable coaxial, una vez ajustada, en un solo paso. Para su ajuste inicial es necesario seguir los pasos siguientes:

- **Longitud de corte.** Puede ajustarse para diferentes longitudes de corte de cable (típicamente 4, 6, 8 y 12 mm). Para ello, se libera el vástago de la herramienta, con ayuda de la llave Allen, para abrir la herramienta y ajustar la separación de las dos cuchillas de corte.
- **Profundidad de corte.** La profundidad de corte de las cuchillas se ajusta mediante una llave hexagonal de tipo Allen, girando los tornillos de ajuste en un sentido u otro, según la profundidad de corte deseada.

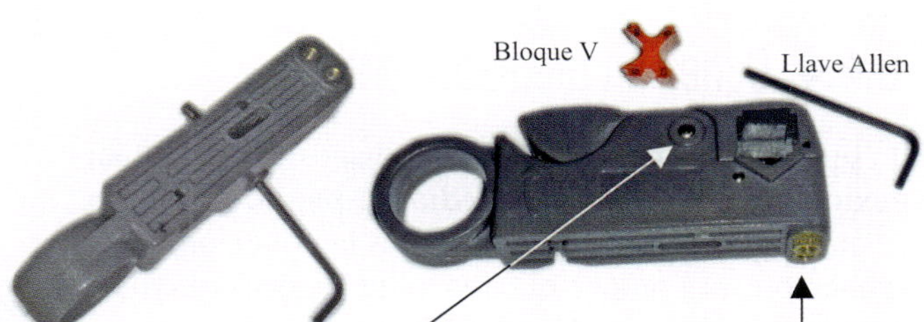

Figura 3.34. *Peladora de cabeza intercambiable.*

- **Selección del tipo de cable coaxial.** El bloque en V puede insertarse de cuatro formas diferentes, de manera que se ajusta la peladora a diferentes tipos de cables.

Una vez realizados los ajustes, el **pelado de cable,** que se muestra en la Figura 3.35, se lleva a cabo de manera rápida en un solo paso:

a) Se inserta el cable en el bloque en V de la herramienta.

b) Con ayuda del anillo, se gira la herramienta alrededor del cable de 1 a 4 veces, de manera que la rotación corta el aislamiento del cable.

c) Se libera el separador y se retira el cable.

d) Se retira el aislamiento cortado.

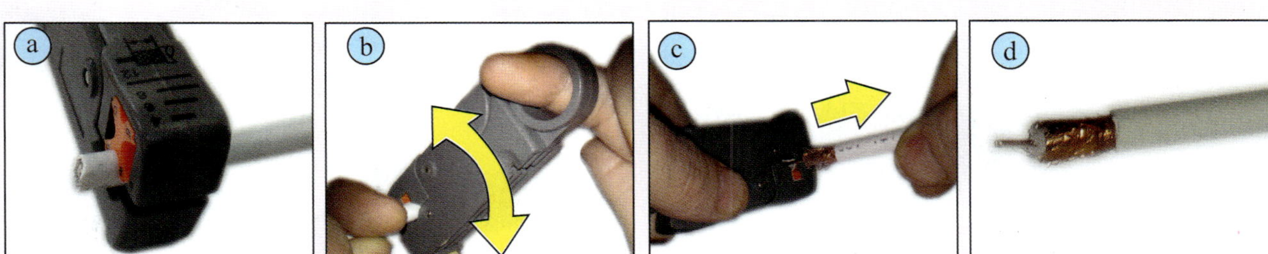

Figura 3.35. *Pelado del cable coaxial con la peladora de cabeza intercambiable.*

3.4.3. Tipos de conectores

La conexión que se realiza en el cable dependerá del tipo de conexión utilizada en el dispositivo con el que se conecta. Las conexiones más habituales son las siguientes:

- Conexión mediante brida (Figura 3.36a).
- Conexión mediante conector CEI (Figura 3.36b).
- Conexión mediante conector F (Figura 3.36c).

a) Conexión mediante brida b) Conector CEI c) Conector F

Figura 3.36. *Tipos de conexiones de los dispositivos.*

3.4.4. Conexión mediante brida

Cuando se utiliza una **conexión fija,** los dispositivos facilitan la **conexión** del cable coaxial **mediante brida.** Como no se necesitan elementos adicionales para la conexión, tales como conectores, se reduce el tamaño de los dispositivos y se facilita un montaje rápido del cable coaxial.

Se utiliza fundamentalmente en algunos dispositivos de distribución de la señal de TV, como derivadores, repartidores y tomas de usuario, pero también en la conexión del cable coaxial con la caja de algunas antenas.

La Figura 3.37 muestra un ejemplo típico de conexión del cable coaxial a un dispositivo: el conductor central se fija directamente en un orificio que hace contacto, mientras que la brida, en este caso el propio cuerpo del dispositivo, fija el cable y conecta la malla.

Figura 3.37. *Conexión mediante brida.*

Caso práctico 3.6
Conexión de la caja de antena

Muchas de las **cajas de antena** incorporan una conexión con brida para fijar el cable coaxial. Tal y como se muestra en la Figura 3.38, el conductor central del cable coaxial se conecta a la caja mediante un borne de conexión y se fija mediante un tornillo, mientras que la malla realiza la conexión mediante presión de la brida metálica que la sujeta cuando se atornilla.

Figura 3.38. *Instalación del cable coaxial en la caja de antena.*

3.4.5. Conector CEI

Los **conectores CEI,** también denominados **conectores IEC,** se utilizan principalmente en la conexión de los receptores de TV a la red a través de la BAT (toma de usuario).

La Figura 3.39 muestra el aspecto físico de estos conectores. La conexión se realiza a presión mediante la utilización de un conector CEI macho sobre otro hembra. Estos conectores pueden encontrarse rectos o acodados.

Algunos conectores incluyen **blindajes** que evitan las interferencias de otros servicios, como las producidas por la telefonía móvil.

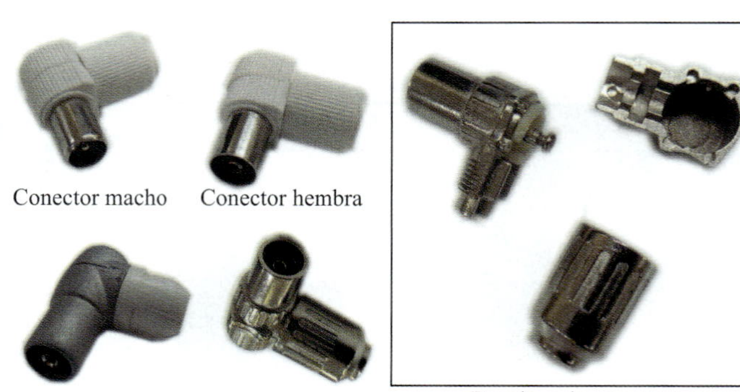

Conector macho Conector hembra

Conectores blindados

Despiece de un conector

Figura 3.39. *Conectores CEI.*

La Figura 3.40 muestra la toma de usuario de una instalación. Se diferencian dos conexiones: una para radio/TV terrestre (conector CEI macho) y una para la señal por satélite (conector CEI hembra). La conexión del cable coaxial que conecta los receptores se realiza con la versión de conector complementaria.

a) Toma de usuario (BAT)

b) Conector CEI hembra (R/TV)

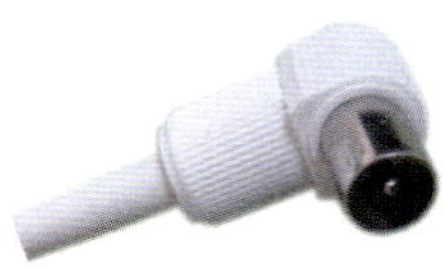

c) Conector CEI macho (SAT)

Figura 3.40. *Toma de usuario de TV (BAT).*

Caso práctico 3.7
Conexión de un cable coaxial a un conector CEI

En este tipo de conector, tal y como se muestra en la Figura 3.41, el conductor central del cable coaxial se conecta a un borne de conexión que se fija mediante un tornillo. La conexión de la malla se realiza mediante presión de la pieza metálica en forma de cilindro del interior del conector.

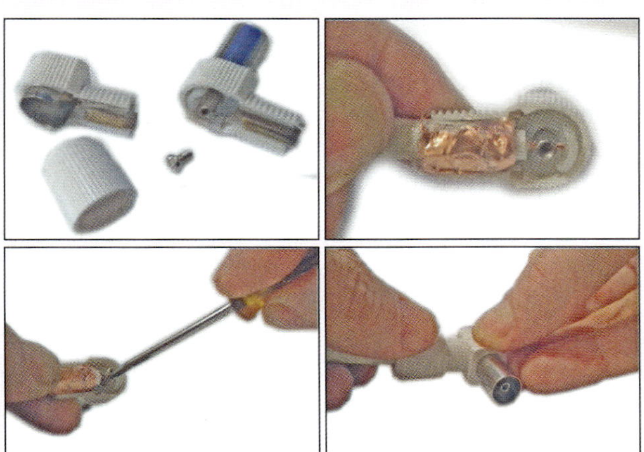

Figura 3.41. *Proceso de terminación de un conector CEI.*

3.4.6. Conector F

El **conector F** facilita la conexión del cable coaxial a los dispositivos mediante rosca y utiliza el propio conductor central del cable como elemento de contacto, el cual despunta por la parte delantera del conector.

Las entradas y las salidas de la mayoría de los dispositivos utilizan una conexión F hembra (Figura 3.42a), por lo que los cables que se conectan en ellos se terminan mediante un conector F macho (Figura 3.42b).

a) Conector hembra

b) Conector macho

Figura 3.42. *Conector F.*

Su principal característica es que son fáciles de instalar y son económicos. En la Figura 3.43 se muestra un conector macho de tipo F. La conexión de la malla del cable coaxial al chasis del conector se realiza mediante roscado.

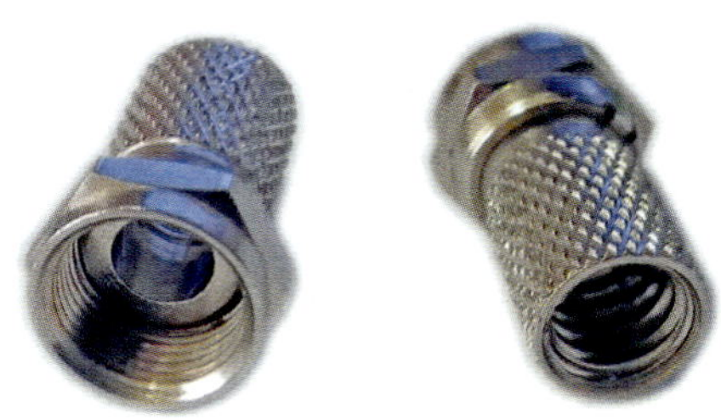

Figura 3.43. *Conector F macho.*

Caso práctico 3.8
Conexión de un cable coaxial a un conector F

En la Figura 3.44 se resume el procedimiento de conexión del cable coaxial a un conector F:

a) **Pelado del cable.** Se preparan los extremos de un tramo de cable coaxial de la de longitud deseada, utilizando una peladora de cable coaxial.

b) **Volteado de la malla.** Se acomoda la malla exterior sobrante sobre la cubierta del cable.

c) **Inserción del cuerpo del conector.** Se inserta el conector F en el extremo del cable.

d) **Roscado del conector.** La finalización del conector F se realiza mediante roscado. La malla debe realizar buen contacto con el conector y el conductor central debe sobresalir ligeramente por la parte delantera de este.

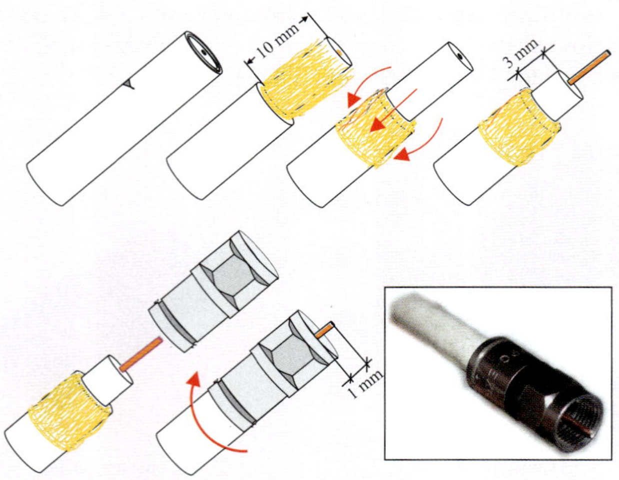

Figura 3.44. *Realización de una conexión de cable coaxial con un conector de tipo F.*

3.4.7. Empalmes

Cuando es necesario prolongar cables, ya sea por roturas o averías, puede recurrirse a **conectores de empalme,** aunque, en caso necesario, se recomienda sustituir siempre el cableado por un tramo de cable de la longitud adecuada.

Se dispone de dos tipos de conectores de empalme:

1. El **conector de empalme CEI** permite la unión mecánica de dos tramos de cable coaxial utilizando el mismo mecanismo que se utiliza en los conectores CEI (Figura 3.45a).
2. El **conector de empalme F** permite la conexión de dos cables terminados en un conector F macho (Figura 3.45b).

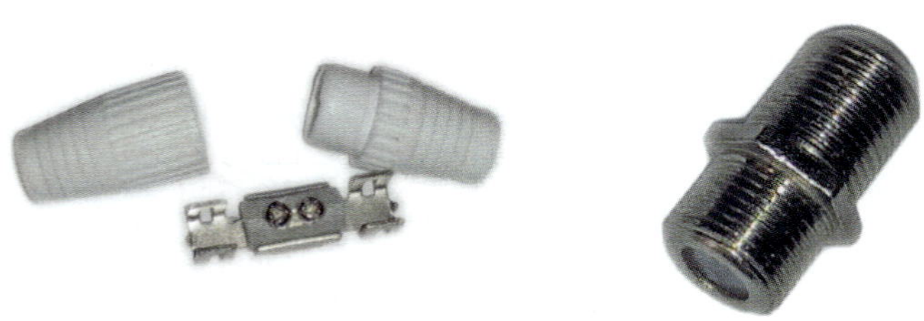

a) Conector empalme CEI b) Conector empalme F

Figura 3.45. *Conectores de empalme.*

Caso práctico 3.9

Realización de un empalme mediante conector de empalme F

La conexión de dos cables coaxiales se simplifica si se utiliza un **conector de empalme de tipo F.**

Los dos tramos de cable coaxial que han de empalmarse se conectan a un conector F macho y se enroscan en los extremos de los conectores F hembra del adaptador de empalme (Figura 3.46).

Figura 3.46. *Empalme mediante conector de empalme F.*

3.4.8. Normas básicas de instalación del cable coaxial

Durante la instalación del cable coaxial es necesario tener en cuenta una serie de precauciones, que se resumen en la Figura 3.47, para que este conserve sus propiedades eléctricas:

a) **No realizar empalmes** utilizando regletas o retorcimiento de los conductores en los cables coaxiales. Sí es imprescindible utilizar los conectores de empalme adecuados.

b) Respetar el **radio mínimo de curvatura** del cable que indica el fabricante en su recorrido cuando se realicen cambios de dirección en el tendido del cable.

c) **Evitar tracciones** bruscas en la tirada del cable y tirones que provoquen tensiones longitudinales excesivas que deformen el aislamiento, modificando la impedancia del cable.

d) La instalación del cable se realiza en el interior de tubos, pero, en ocasiones, será necesario sujetarlo a la pared, al mástil o a registros mediante bridas, grapas de sujeción u otros elementos. En este caso, no apretar demasiado los cables con las ligaduras: utilizar **elementos de sujeción** del tamaño adecuado.

Si no se respetan estas precauciones pueden provocarse deformaciones en el cable que se traduzcan en pérdidas de señal una vez que entre en funcionamiento la instalación.

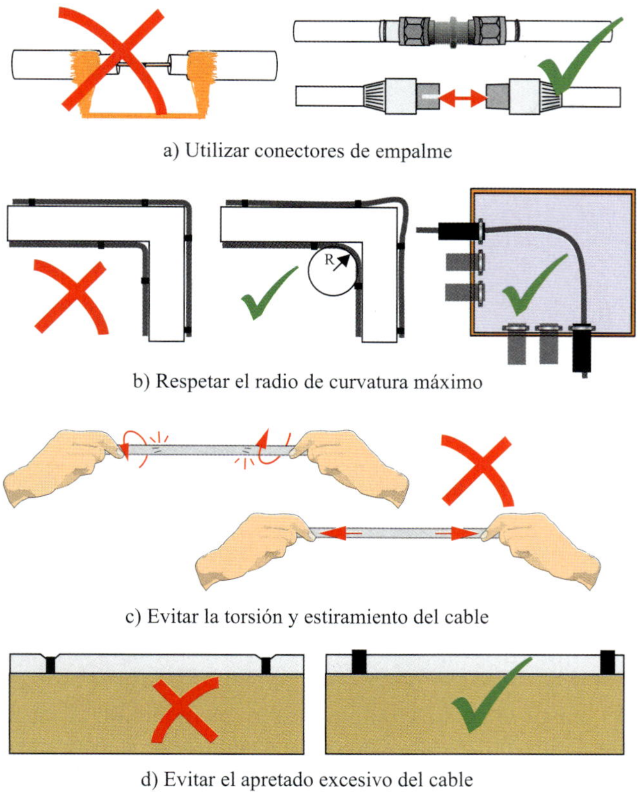

Figura 3.47. *Normas básicas de instalación del cable coaxial.*

3.5. Instalación de antenas

Las antenas deben instalarse en un lugar elevado que permita su orientación hacia el centro emisor con una recepción directa libre de obstáculos (Figura 3.48). Para ello, se utilizan los mástiles y torretas y los elementos de sujeción necesarios para asegurar las antenas.

Figura 3.48. *Orientación de una antena hacia el centro emisor.*

3.5.1. Requisitos de instalación de las antenas

Las antenas y elementos anexos (soportes, anclajes, tirantes, etc.) se instalan en el exterior, por lo que deberán ser de materiales **resistentes a la corrosión** o tratados convenientemente a estos efectos.

Las antenas utilizadas para la captación de las señales de radio y TV terrestre se montan sobre un mástil o torreta, bien arriostradas sobre el suelo o sujetas a las paredes. La altura máxima del mástil será de 6 m (Figura 3.49a). Para alturas superiores se utilizarán torretas (Figura 3.49b).

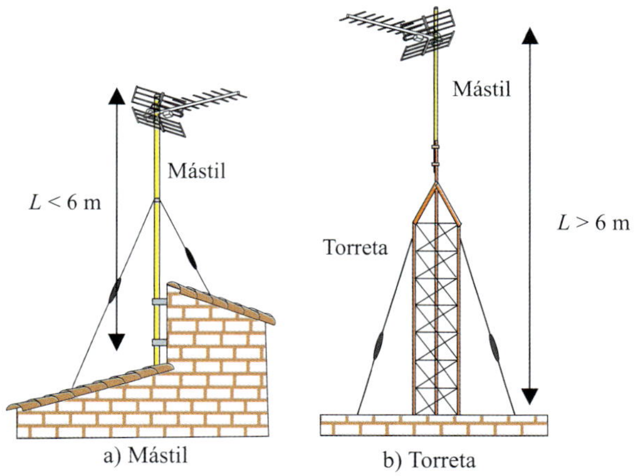

Figura 3.49. *Utilización de mástiles y torretas.*

La ubicación de los mástiles o torretas de antena se realizará libre de obstáculos y será tal que haya una distancia mínima de 5 m al obstáculo o mástil más próximo y la distancia mínima a líneas eléctricas será de 1,5 veces la longitud del mástil (Figura 3.50).

Los cables coaxiales de conexión serán del **tipo intemperie** o, en su defecto, deberán estar protegidos adecuadamente.

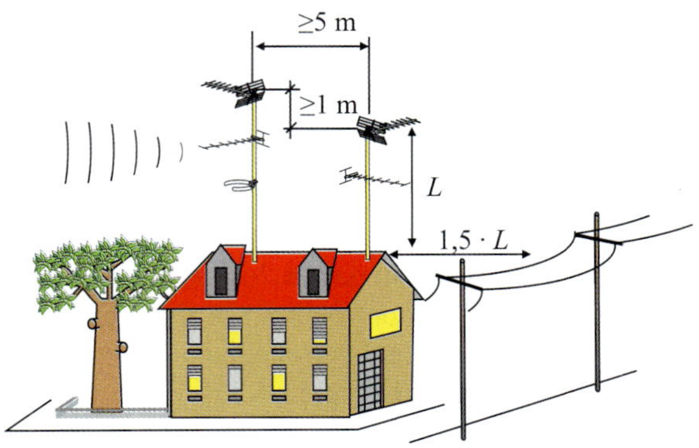

Figura 3.50. *Instalación libre de obstáculos.*

3.5.2. Mástiles y torretas

Los **mástiles** (Figura 3.51a) son tubos de acero galvanizado con alta resistencia a la corrosión y oxidación que están preparados para instalarse a la intemperie.

Debido a que la longitud de un mástil es grande, su manipulación y transporte al lugar de instalación definitivo es difícil. Por ello, se fabrican tubos de longitud pequeña, entre 1,5 y 3 m, de forma que la longitud deseada se consigue mediante la unión de varios de estos tubos, siendo la altura máxima permitida de 6 m.

Cuando la instalación requiera de una altura superior a los 6 m o una mayor estabilidad frente al viento, se recurre a la utilización de **torretas** (Figura 3.51b). Las torretas también están formadas por diferentes tramos que se acoplan entre sí y se fijan al suelo mediante su correspondiente **base.**

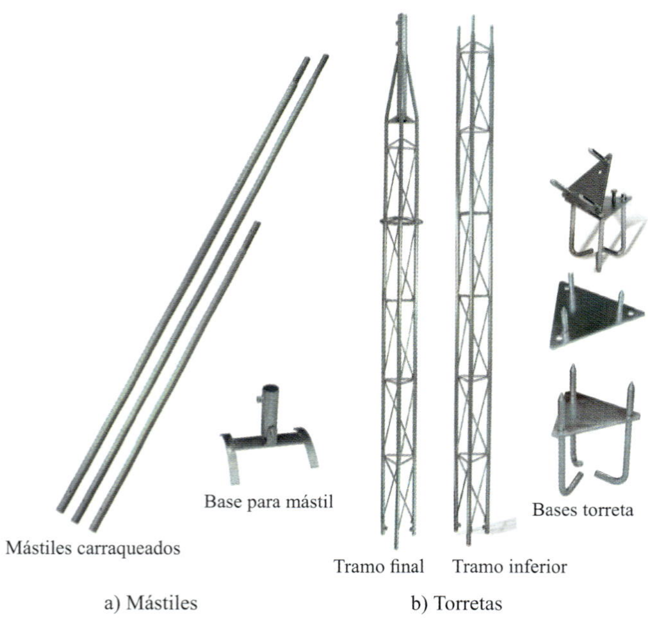

Figura 3.51. *Mástiles y torretas (cortesía de Fagor).*

3.5.3. Fijación del mástil

El mástil debe fijarse a elementos de fábrica que sean totalmente resistentes y accesibles. La forma más habitual de fijación es sobre la pared, mediante **garras,** o sobre el suelo, con la ayuda de **bases.**

Para la **fijación sobre la pared,** los fabricantes suministran diferentes soportes que facilitan la fijación del mástil a la pared mediante tirafondos o mediante empotramiento, tal y como se muestra en la Figura 3.52.

Las **garras** permiten sujetar el mástil sobre una superficie vertical, ya sea mediante fijación con tornillos o empotrados en la pared. La abrazadera o mordaza de uno de los extremos sujeta mediante presión el mástil a la garra.

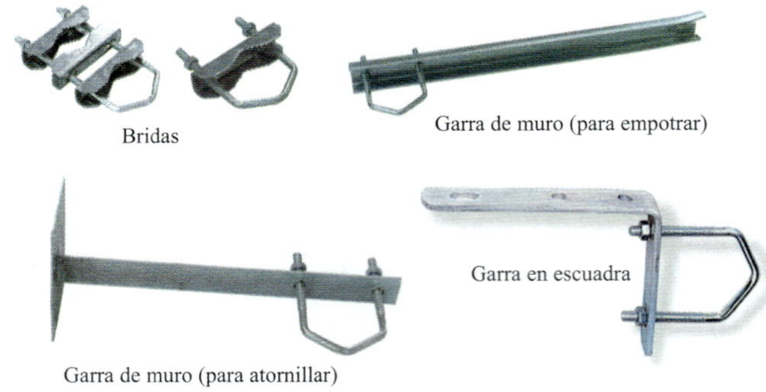

Figura 3.52. *Garras para la instalación de mástiles (cortesía de Fagor).*

Caso práctico 3.10
Instalación de un mástil sobre pared

El mástil se ancla a un muro u otro elemento de fábrica, mediante piezas de fijación (garras). Debe quedar perfectamente aplomado y totalmente vertical, por lo que será necesaria la utilización de escuadras o niveles que aseguren la perfecta colocación de los soportes.

En la Figura 3.53 se propone una solución para fijar el mástil mediante dos garras de fijación empotradas en un muro, con una penetración mínima de 150 mm y separadas como mínimo 700 mm.

El mástil se fija a las garras con las mordazas o abrazaderas.

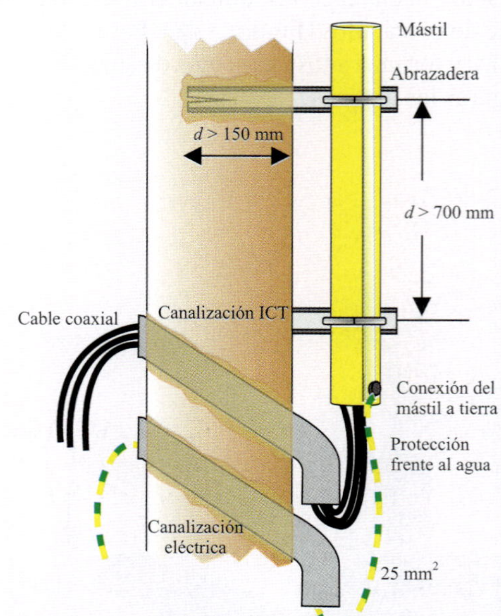

Figura 3.53. *Instalación sobre pared.*

En la **fijación sobre el suelo,** las **bases** se utilizan para fijar el mástil o torreta a una superficie horizontal, como el suelo, mediante tornillos y tacos o mediante garras para empotramiento.

Caso práctico 3.11
Instalación de un mástil sobre el suelo

La forma habitual de fijación del mástil en el suelo se realiza mediante bases fijas (Figura 3.54a) o abatibles, las cuales facilitan la instalación.

El mástil se fija a la base mediante uno o varios tornillos prisioneros que atraviesan el tubo de la base.

La solución para la fijación de torretas sobre el suelo es la utilización de una base específica para torreta (Figura 3.54b).

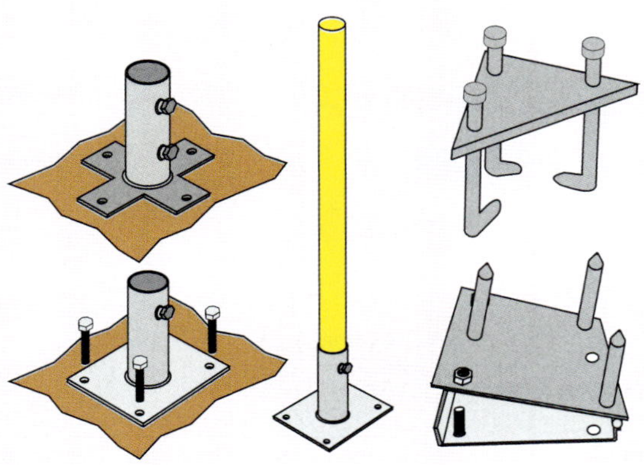

Figura 3.54. *Fijación sobre el suelo.*

3.5.4. Vientos o tirantes

Si la sujeción de los mástiles es insuficiente, caso de mástiles de más de 3 m de longitud con varias antenas o en zonas con fuertes vientos, es necesario asegurar el mástil mediante **vientos** o **tirantes.**

Los tirantes son cables de acero galvanizado que se fijan, por un lado, al mástil o torreta y, por el otro, a elementos de obra (anclajes). El diámetro del cable utilizado dependerá del esfuerzo al que se someta el tirante.

Los tirantes se disponen generalmente en grupos de tres, repartidos uniformemente desde el anclaje, formando un ángulo de 120° entre ellos (Figura 3.55a) y un ángulo mínimo de 25° entre el tirante y el suelo (Figura 3.55b).

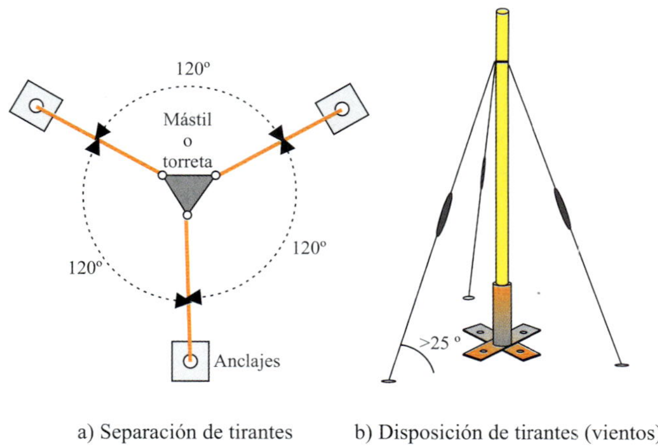

Figura 3.55. *Disposición de los tirantes.*

Para la **fijación del tirante** al mástil y a los elementos de fábrica (suelo, paredes, etc.) se utilizan los elementos que se muestran en la Figura 3.56:

- **Argolla:** punto donde se engancha el tirante en el mástil o torreta.
- **Anclajes:** cáncamos y elementos de fijación del tirante al suelo.
- **Aprietacables:** elemento utilizado para sujetar el tirante al mástil o torreta.
- **Tensor:** pieza metálica utilizada para tensar el cable de acero del tirante.

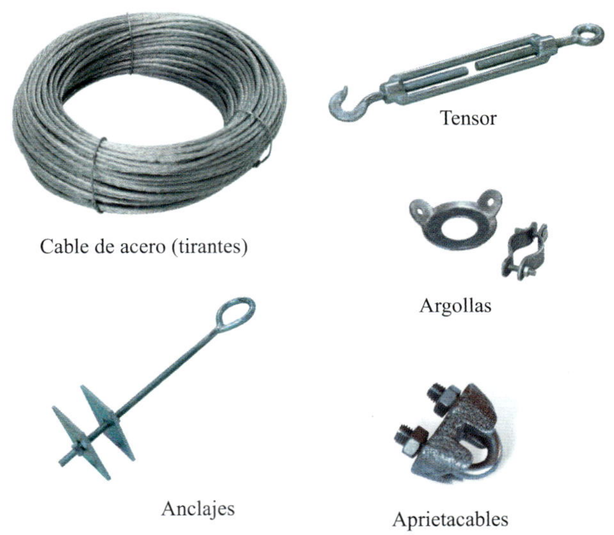

Figura 3.56. *Elementos de fijación de los tirantes (cortesía de Fagor).*

Los tirantes se fijan al mástil o torreta mediante una argolla (Figura 3.57a) y se amarran con la ayuda del aprietacables o de un lazo. En el caso de las torretas, los tirantes se fijan a cada uno de los tubos que la forman (Figura 3.57b).

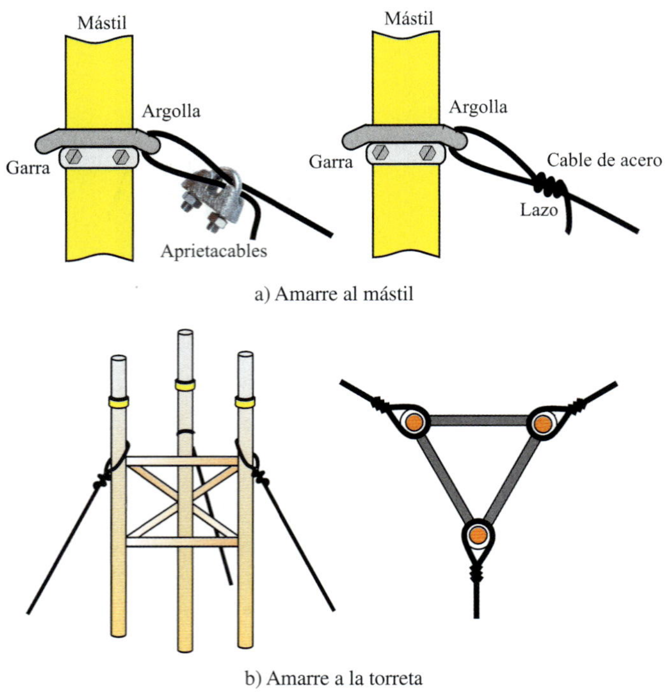

Figura 3.57. *Amarre de los tirantes.*

En el otro extremo (Figura 3.58), el tirante se sujeta al **tensor** con ayuda de otro aprietacables. El elemento tensor es necesario para el correcto tensado de los tirantes. Para la fijación de los tirantes al tejado o suelo se utilizan **anclajes** que pueden estar formados por cáncamos o tacos metálicos con argolla.

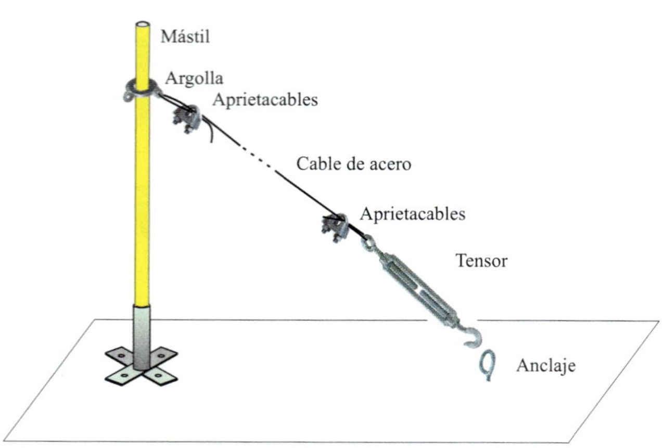

Figura 3.58. *Instalación de tirantes.*

3.5.5. Momento flector del mástil

Para evitar en la medida de lo posible **riesgos a personas o bienes,** el mástil o torreta debe resistir la fuerza que ejerce el viento sobre las antenas y demás elementos del sistema captador, que dependerá de su velocidad.

Según sea la altura del emplazamiento (D), el mástil donde se instalan las antenas debe soportar las siguientes **velocidades del viento:**

- **Para alturas iguales o inferiores a 20 m sobre el suelo:** 130 km/h. Esta velocidad se corresponde con una presión de viento de 800 N/m^2.
- **Para alturas que sean superiores a 20 m sobre el suelo:** 150 km/h. Esta velocidad se corresponde con una presión de viento de 1080 N/m^2.

Las características que debe reunir el mástil estarán especificadas en el proyecto técnico y su elección debe garantizar que este sea capaz de soportar el momento flector *(M)* a que está sometido el propio mástil sobre su punto de anclaje, debido a la carga *(Q)* que ejercen todas las antenas por la presión del viento (Figura 3.59).

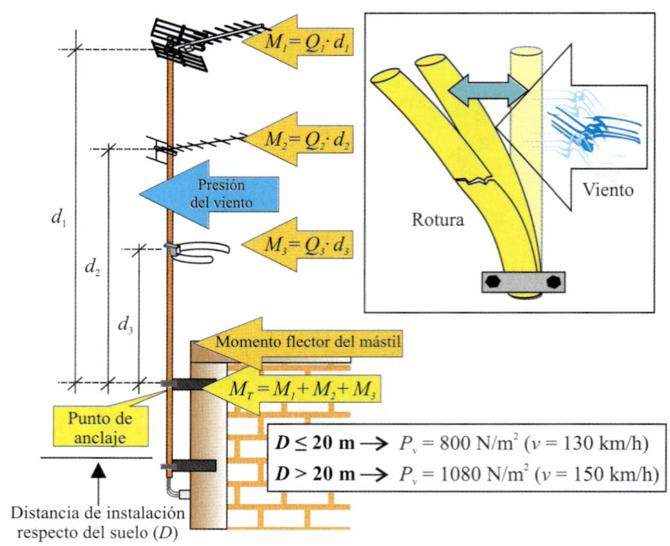

Figura 3.59. *Momento flector que soporta un mástil.*

Los fabricantes de antenas indican el valor de carga para condiciones normales de viento (130 y 150 km/h) y los fabricantes comercializan mástiles de diferentes longitudes, espesores y secciones, que determinan el momento flector que son capaces de soportar (Figura 3.60).

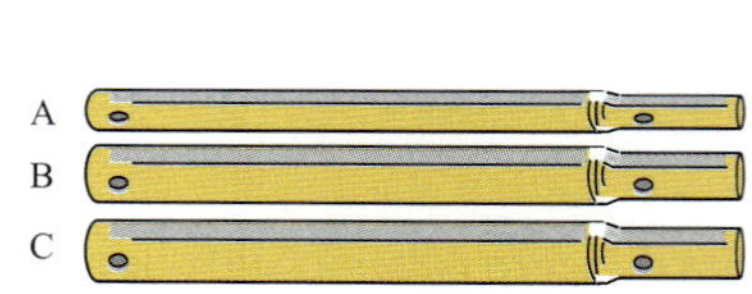

Mástil	A	B	C
Longitud (mm)	2500	2500	2500
Diámetro (mm)	30	35	40
Espesor (mm)	1	1,5	2
Momento flector ($N \cdot m$)	150	300	400

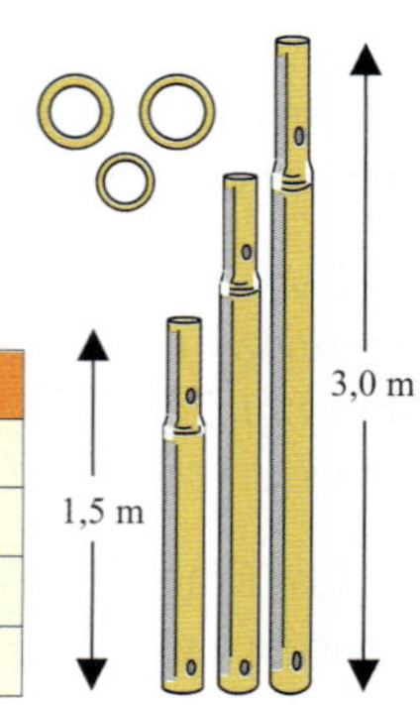

Figura 3.60. *Mástiles.*

Sabías que...

En caso de utilizar vientos, el momento flector que sufre el mástil se reduce, ya que el punto de sujeción del mástil se acerca a las antenas.

3.5.6. Instalación de las antenas en el mástil

Las antenas vienen desensambladas, pero su montaje es sencillo y rápido siguiendo las instrucciones del fabricante, ya que no se necesita ninguna herramienta especial.

Las antenas se unen al mástil con sus elementos de fijación, generalmente **bridas** o **mordazas,** tal y como se muestra en la Figura 3.61.

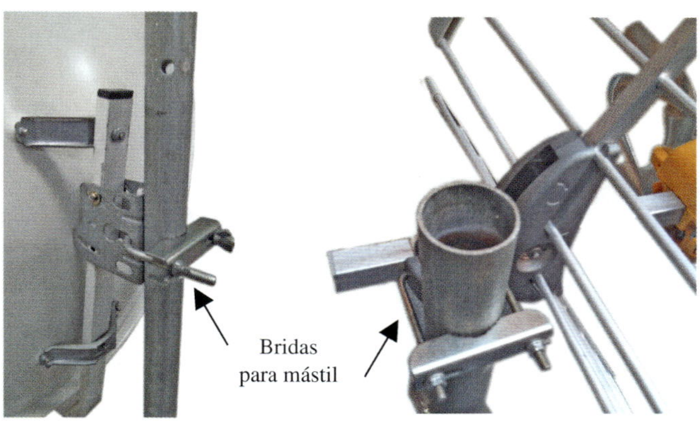

Figura 3.61. *Instalación de las antenas en el mástil.*

La instalación de las antenas puede realizarse en **montaje vertical** o en **montaje horizontal,** para adaptarse a la polarización con la que emiten los centros de emisión los diferentes servicios. Como norma general, la radio DAB se emite con polarización vertical, mientras que la TDT se emite con polarización horizontal.

Separación y orden de colocación de las antenas

Los valores mínimos de **separación entre las antenas** dependen del tipo de antena y de la banda de recepción. Como criterio general, tal y como se muestra en la Figura 3.62, la distancia de separación recomendada es de 1 m.

El **orden de colocación** de las antenas depende del objetivo perseguido:

- Como norma general, para una **mejor recepción** (Figura 3.62a), las antenas se colocarán en orden decreciente con la frecuencia, es decir, la antena de TDT en la parte más alta del mástil, seguida de la antena DAB y finalmente la antena de FM.
- Para obtener un **mejor momento flector** (Figura 3.62b), puede invertirse el orden, de manera que las antenas con mayor carga al viento (antena de TDT) se instalen lo más cerca posible del punto de anclaje.

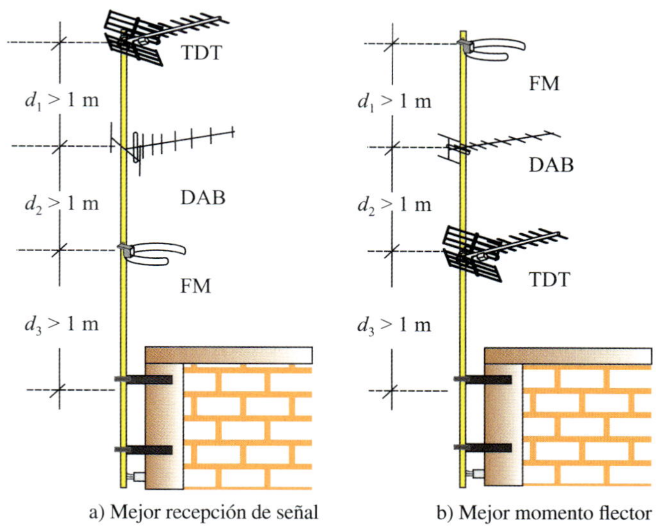

Figura 3.62. *Instalación de las antenas en el mástil.*

3.5.7. Cable de bajada de la antena

La **conexión del cable coaxial** a la caja de antena se realiza mediante conexión fija en su interior o mediante un conector de tipo F.

La caja de antena, normalmente, puede desensamblarse, de manera que se facilita la instalación del cable a la antena, tal y como se muestra en la Figura 3.63.

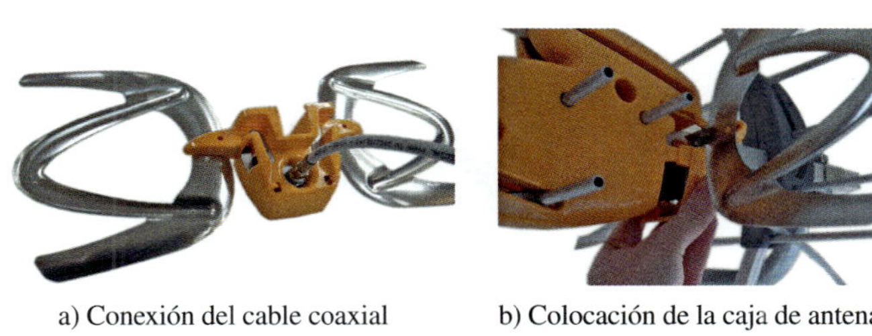

Figura 3.63. *Instalación del cable coaxial en la caja de antena.*

El cable coaxial que conecta las antenas con el equipo de cabecera discurre por el exterior sin ninguna protección hasta el interior del edificio, por lo que el cable coaxial utilizado debe ser de exterior y debe protegerse la conexión del cable con la caja de antena mediante una **funda protectora, tapón antihumedad** o **encintada** (Figura 3.64).

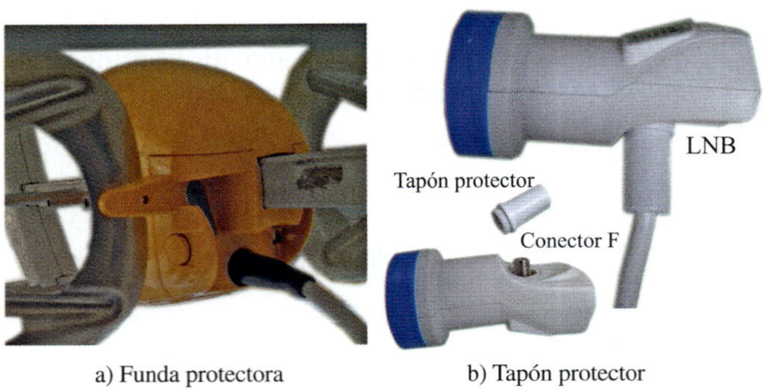

Figura 3.64. *Protección de las conexiones.*

La correcta instalación del cable coaxial con la antena también asegura su **protección frente a la entrada de agua;** para ello, el cable de bajada de la antena debe canalizar el agua hacia abajo, tal y como se muestra en la Figura 3.65a. En ocasiones, puede ser útil realizar una coca antes del conector (Figura 3.65b), de manera que las gotas de agua acumuladas se precipiten antes de llegar al dispositivo (Figura 3.65c).

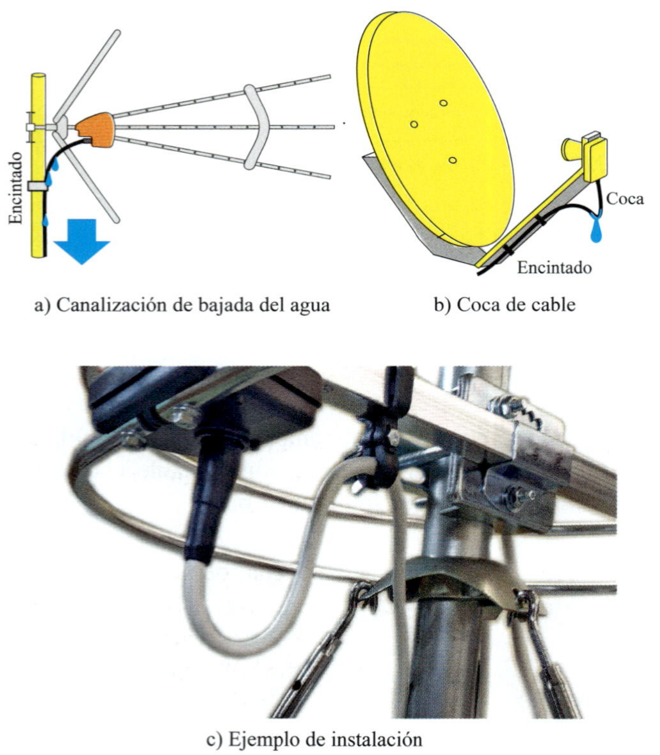

Figura 3.65. *Canalización del agua y encintado.*

El cable coaxial se tenderá desde la caja de conexión de cada antena por el mástil hasta su entrada en el interior del edificio. El cable coaxial debe quedar sujeto al mástil mediante elementos aislantes, ya sea bridas o tiras de cinta aislante (encintado). Lo mismo ocurre con el cable o cables coaxiales conectados al LNB: se recogen a lo largo del brazo y se fijan mediante cinta o con bridas.

3.5.8. Puesta a tierra

Los mástiles y las torretas donde se instalan las antenas deberán estar conectados a la **toma de tierra del edificio** a través del camino más corto posible, con un conductor de cobre de 25 mm² de sección mínima (Figura 3.66).

De la misma manera, con el fin exclusivo de proteger el equipamiento captador satélite y para evitar diferencias de potencial peligrosas entre este y cualquier otra estructura conductora, el sistema captador satélite deberá permitir su conexión con el sistema de protección general del edificio.

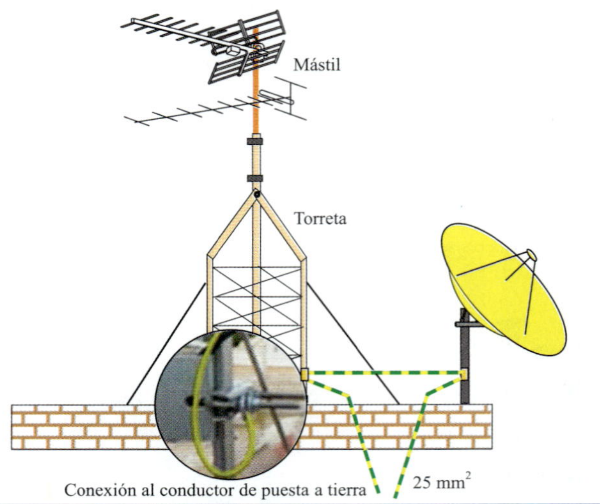

Figura 3.66. *Instalación a tierra del mástil.*

3.5.9. Acceso a la ICT

El cable coaxial que conecta las antenas con el equipo de cabecera discurre por el exterior, sin ninguna protección, hasta el interior del edificio a través de un **elemento pasamuros** colocado de manera que impida la entrada de agua (Figura 3.67).

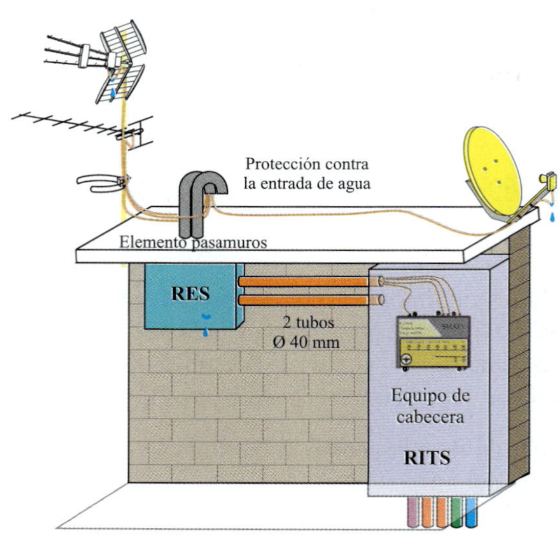

Figura 3.67. *Entrada del cable coaxial en el edificio.*

En la parte interior del edificio, los cables acceden al **registro de enlace superior (RES),** de donde parten dos tubos de 40 mm de diámetro de la canalización de enlace superior o una canal o bandeja de 3000 mm^2 con 2 compartimentos hacia el RITS.

Uno de estos tubos se utiliza para llevar los cables de bajada de la antena hasta el equipo de cabecera instalado en el RITS, mientras que el otro tubo queda de reserva para su uso futuro, si es necesario.

3.5.10. Seguridad en la instalación de antenas

Durante la instalación de las antenas, los principales riesgos a los que está sujeto el instalador de telecomunicaciones son los siguientes:

- Caída de personas a distinto nivel.
- Caída de personas al mismo nivel.
- Caída de objetos desprendidos.
- Pisadas sobre objetos.
- Golpes/cortes por objetos o herramientas.
- Sobreesfuerzos.
- Exposición a temperaturas ambientales extremas.
- Contactos eléctricos directos.
- Contactos eléctricos indirectos.

La **instalación de antenas y mástiles** es uno de los trabajos más peligrosos debido a las posibles consecuencias de una caída desde la cubierta del edificio.

En la mayoría de los edificios de nueva construcción, se incluyen **elementos de protección** (puntos de anclaje en la cubierta, barandillas, etc.) para el acceso a la cubierta y una línea de vida instalada. Cuando se realicen trabajos en altura, como, por ejemplo, instalación de antenas, en lugares donde no exista protección colectiva, se utilizará el arnés de seguridad debidamente anclado a la línea de vida.

Entre las medidas preventivas que han de aplicarse, destacan:

- Evitar acceder al tejado en condiciones meteorológicas adversas: viento, lluvia, etcétera.
- Instalar líneas de anclaje para la fijación de los equipos de protección contra caídas.
- Nunca realizar los trabajos en solitario, sino en presencia de otro trabajador.
- Recibir formación específica en trabajos en altura.
- Trabajar con orden y limpieza.

Existen **otros riesgos** (golpes o cortes, caídas al mismo nivel, contactos eléctricos, etc.) que requieren sus medidas preventivas. Así, por ejemplo, la manipulación de cables y la utilización de herramientas manuales durante la instalación de las antenas pueden provocar cortes y golpes. Además, algunas antenas pueden tener elementos cortantes, como, por ejemplo, dipolos con forma especial, por lo que se recomienda la utilización de guantes de protección durante la manipulación.

3.6. Orientación de antenas terrestres

La recepción correcta de cada uno de los canales de radio y TV empieza por un buen apuntamiento de las antenas, de forma que se aproveche al máximo la intensidad de campo eléctrico que existe en el lugar de instalación.

3.6.1. Proceso de orientación

El proceso de orientación de una antena puede resumirse en los tres pasos siguientes:

1. **Identificación de la localización del repetidor o centro emisor de interés.** Una vez ubicado el centro de emisión, se apunta y posiciona la antena donde se reciba el mayor nivel de señal del centro emisor.
2. **Identificación de canales.** Una vez detectado el máximo de señal del centro de emisión (señal FM, señal DAB, múltiples digitales, etc.), se identifican las señales recibidas de manera que se confirma el apuntamiento al centro emisor de interés.
3. **Ajuste fino para una calidad de señal óptima.** En la mayoría de las situaciones, el punto de nivel de señal máximo recibido será el óptimo. Pero, en otras ocasiones, la orientación con el mayor nivel de señal puede no ser la más adecuada, debido, sobre todo, a **reflexiones de la señal** captada no deseadas. Para ello, una vez orientada la antena de manera que se reciba el mayor nivel de señal, se procede a su reajuste, de manera que se consiga el **nivel de MER** más elevado y, por tanto, la mejor calidad de recepción.

Sabías que...

Aunque el principal parámetro que determina la calidad es el nivel de señal recibido, también es determinante el valor del MER, ya que proporciona información sobre el ruido que acompaña a la señal captada por la antena. El valor del MER a la salida de la antena de TDT debe ser mayor de 23 dB.

3.6.2. Buscadores de TV

Existen en el mercado equipos, denominados **buscadores de TV terrestre** o **TV por satélite** (SAT *finder*), que facilitan las tareas de instalación y orientación de las antenas (Figura 3.68), tanto terrestres como satélite, aunque también puede realizarse de manera fácil con un **medidor de campo.**

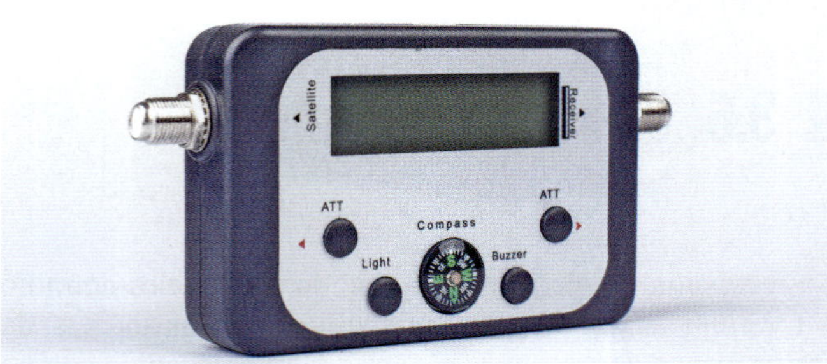

Figura 3.68. *Buscador satélite.*

Los **buscadores** de TV son medidores portátiles que incorporan una base de datos actualizable de las emisiones que se reciben en el lugar de instalación, de manera que la orientación se simplifica al poder comprobar la calidad de los canales recibidos según la orientación de la antena (Figura 3.69).

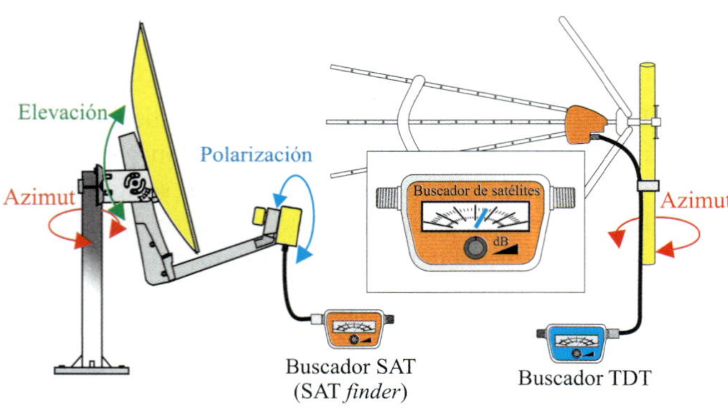

Figura 3.69. *Proceso de orientación de las antenas.*

3.6.3. Orientación de antenas terrestres

La orientación de las antenas terrestres se realiza una vez instalada la antena, por lo que, si las mordazas de sujeción de la antena al mástil no son accesibles, será necesario mover el mástil para orientar la antena.

En ambos casos, el agarre a los elementos de fijación debe ser firme, pero suficientemente libre como para permitir el movimiento de izquierda a derecha de la antena.

Una vez seleccionado el centro emisor de donde desea recibirse la señal, se procede a orientar la antena en **azimut,** tal y como se muestra en la Figura 3.70, con ayuda del equipo de medida, ya sea un medidor de campo o uno portátil, moviendo el mástil o la antena de izquierda a derecha hasta que la recepción de la señal sea máxima.

Algunas antenas también disponen de un **ajuste de elevación,** que permite inclinar ligeramente la antena hacia arriba. En ocasiones, este ajuste permite obtener una mejoría en la recepción de la señal, sobre todo en presencia de reflexiones.

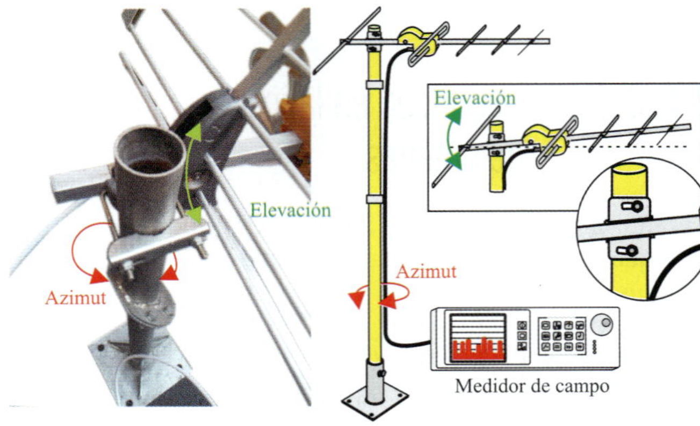

Figura 3.70. *Orientación de una antena terrestre.*

La función de **analizador de espectros** de un medidor de campo es ideal para comprobar la presencia de señales a la salida de una antena (Figura 3.71), ya que, de un vistazo rápido, puede comprobarse cómo afecta la orientación de la antena a la señal de toda la banda recibida.

El objetivo principal durante la orientación es ajustar el movimiento de la antena hasta que aparezca en la pantalla el espectro de las emisoras y se obtenga un nivel máximo. Para ello, junto con el espectro, puede cogerse como referencia uno de los canales, de manera que puede valorarse el nivel de señal recibido.

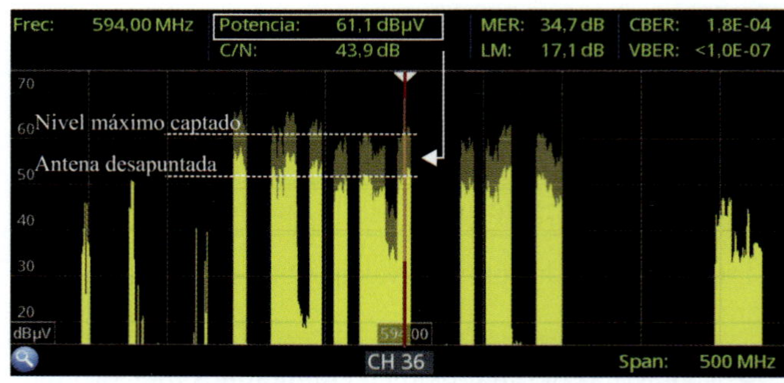

Figura 3.71. *Espectro de salida de la antena durante el apuntamiento.*

Caso práctico 3.12
Orientación de una antena de TV terrestre

Muchos medidores de campo incluyen una **función de orientación y alineamiento de antenas** que facilita el apuntamiento de antenas mediante un barrido más rápido sin presentación de medidas numéricas.

En esta medida, tal y como se muestra en la Figura 3.72a, junto con el espectro de las señales presentes en la banda, se muestran dos **barras analógicas** que representan el nivel de señal correspondiente a la frecuencia o canal sintonizado.

Una de las barras muestra el valor medido en tiempo real, es decir, el que se recibe en la dirección en que está apuntada la antena, mientras que la otra barra muestra el valor de la señal con cierta persistencia, es decir, mantiene el valor máximo de potencia alcanzado durante el rastreo.

Durante la orientación, tal y como se muestra en la Figura 3.72b, debe moverse la antena hacia el centro emisor comprobando cómo varía el nivel de señal recibido. El momento en que las dos barras coinciden supone el punto donde se recibe un mayor nivel de señal.

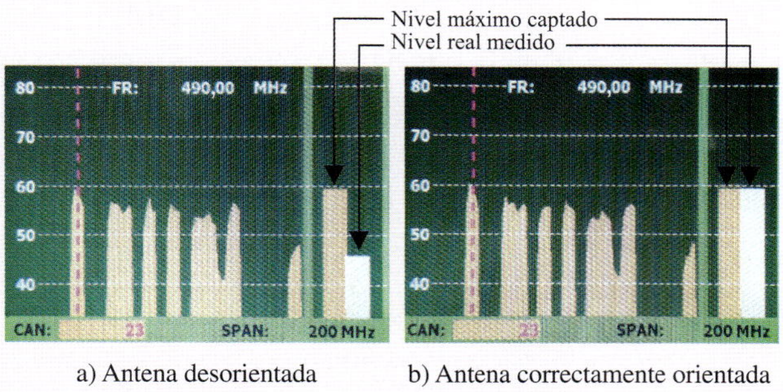

Figura 3.72. *Función de orientación y alineamiento de antenas con un medidor de campo.*

Para facilitar la orientación y evitar que el técnico esté continuamente pendiente de la pantalla del medidor de campo, simultáneamente a la medida, el equipo emite un **tono acústico** que varía su frecuencia con el nivel de señal recibida, de manera que, cuanta más potencia se recibe, más agudo es el tono emitido.

3.6.4. Alimentación de preamplificadores

Si la antena es activa o en la instalación existen **preamplificadores** o **amplificadores para mástil,** será necesario alimentarlos desde el propio medidor de campo (Figura 3.73a) cuando se realiza el proceso de orientación, ya que el equipo de cabecera que suministra la alimentación todavía no estará operativo.

Para ello, los medidores de campo disponen de una función de suministro de **alimentación externa** (Figura 3.73b) que es necesario activar, seleccionando la tensión adecuada según las características del preamplificador que ha de alimentarse, normalmente 12 o 24 V (Figura 3.73c).

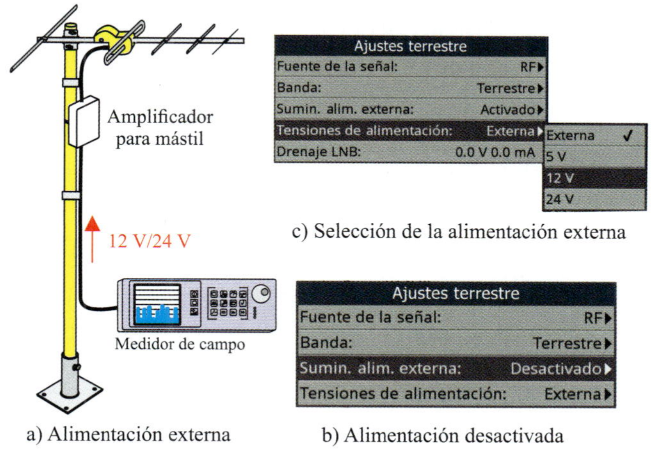

Figura 3.73. *Alimentación de preamplificadores desde el medidor de campo.*

3.7. Orientación de antenas satélite

Una vez instalada la antena parabólica en su lugar de emplazamiento definitivo es necesario orientar la antena al satélite de interés.

3.7.1. Ubicación de la antena satélite

Todos los satélites que pueden recibirse en el hemisferio norte se encuentran hacia el sur, por lo que, en la elección del lugar de **instalación de la antena satélite,** se busca una zona libre de obstáculos orientada al sur. Debido a que la antena satélite se orienta hacia el cielo, la influencia de los edificios cercanos es menor que en el caso de las antenas terrestres para lograr visibilidad directa.

Una vez elegido el **lugar de instalación** se procede a la instalación de la base de la parábola en el propio mástil o a elementos de obra como paredes, según sea necesario, de manera suficientemente segura para soportar el peso y la carga del viento. Para ello, se dispone de soportes para fijación en pared como los de la Figura 3.74.

Una vez instalada y ubicada la antena se procede a su orientación.

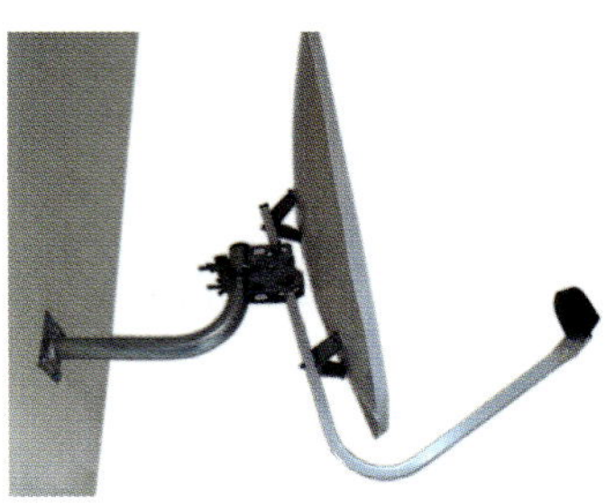

Figura 3.74. *Soporte de pared.*

3.7.2. Parámetros de orientación de una antena parabólica

A la hora de realizar la instalación de una antena parabólica es necesario conocer el lugar al que hay que apuntar la antena para recibir la señal del satélite deseado.

Para orientar una parabólica hacia un satélite se necesitan tres parámetros:

1. **Azimut.** Ángulo respecto del norte geográfico en el que debe fijarse el reflector en el plano horizontal (Figura 3.75a).
2. **Elevación.** Ángulo de inclinación del reflector respecto al plano vertical (Figura 3.75b).
3. **Polarización.** Ángulo de rotación que debe aplicarse al LNB con respecto al eje vertical (Figura 3.75c). Este ajuste permite que la polarización de la señal deseada coincida con la posición de la sonda interna que incorpora el LNB que capta la señal.

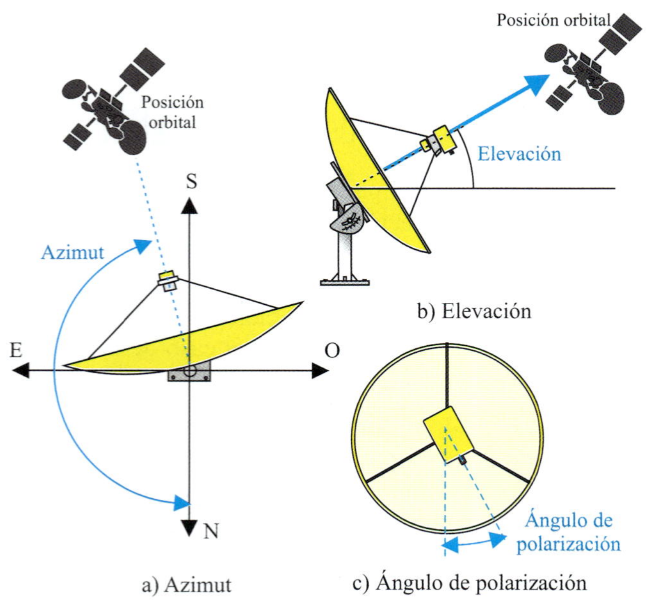

Figura 3.75. *Parámetros de orientación del reflector.*

Estos parámetros de orientación dependen de dos factores: la posición orbital del satélite cuya señal desea captarse y las coordenadas geográficas del lugar de instalación.

Posición orbital del satélite

La **posición orbital** de un satélite queda definida por las coordenadas geográficas del punto donde está posicionado, es decir, por su longitud geográfica. En la Tabla 3.2 se muestra la posición orbital de algunos de los satélites que pueden recibirse en Europa, así como el diámetro mínimo aproximado de las antenas necesarias para recibir la señal en España.

Tabla 3.2. Posición orbital de algunos satélites

Satélite	Posición orbital	Diámetro (cm)
NSS 12	57° E	80
Hellas Sat	39° E	60
Eutelsat 36	36° E	80
Intelsat 12	45° E	60
Arabsat 5A	30,5° E	90
ASTRA 2	28,2° E	60
ASTRA 1	19,2° E	60
Hotbird	13° E	60
Eutelsat 10	10° E	80
Eutelsat 7	7° E	60
ASTRA 4	4,8° E	80
Eutelsat 3	3,1° E	80
Thor	0,8° O	60
Eutelsat 5	5° O	60
Eutelsat 7	7° O	80
Hispasat	30° O	60
Intelsat 14	45° O	60

Coordenadas de orientación de la antena

Conocidas la posición orbital del satélite y las coordenadas geográficas del lugar de instalación, existen diferentes maneras de calcular los datos de orientación de la antena (azimut, elevación y ángulo de polarización): cálculo matemático, herramientas informáticas, herramientas web, etc. La mejor opción es ayudarse de herramientas informáticas o programas en línea que realizan los cálculos, como el que se muestra en la Figura 3.76. En este ejemplo se calcula la orientación del satélite ASTRA 1 (posición orbital 19,2° E) a la ciudad de Barcelona. Los parámetros de orientación que se obtienen con esta herramienta son:

- **Azimut:** 155,2°.
- **Elevación:** 40,1°.
- **Polarización:** –18,4°.

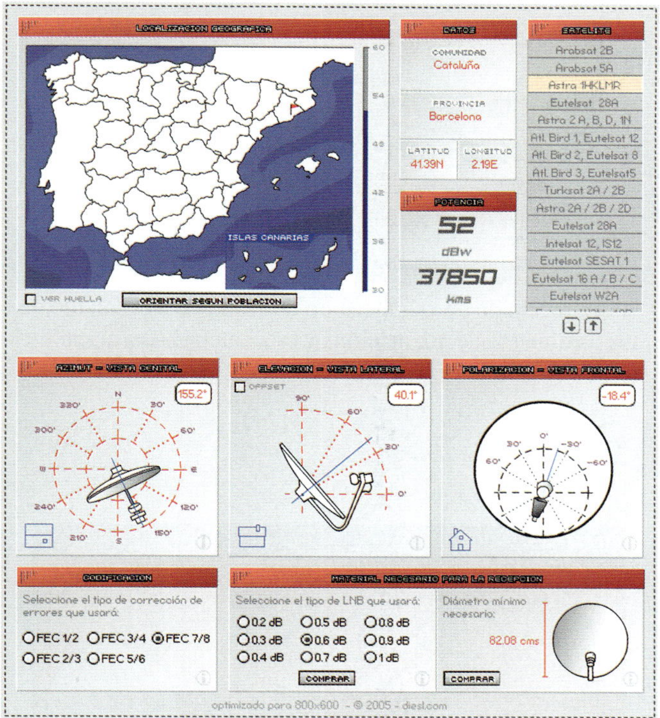

Figura 3.76. *Resultado del cálculo de orientación de una herramienta en línea.*

3.7.3. Ajuste de la antena satélite

Una vez conocidos los parámetros de orientación se recomienda utilizar la brújula y el inclinómetro para posicionar el reflector (Figura 3.77), tomando como referencia cualquier objeto del entorno que sea fácilmente identificable (un árbol, un edificio, etcétera).

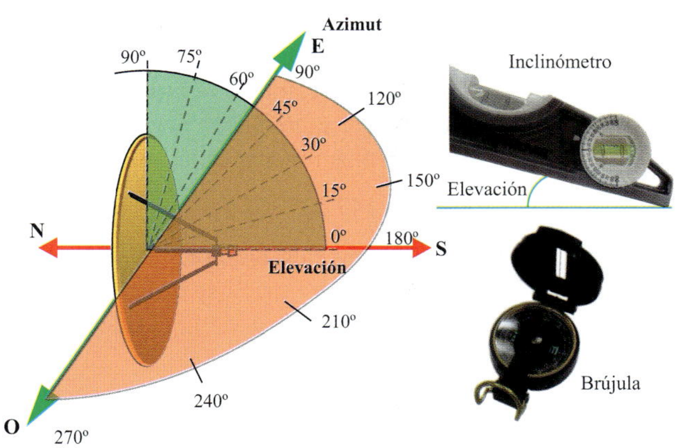

Figura 3.77. *Instrumentos de ayuda para la orientación.*

Los ajustes de azimut y elevación se realizan sobre el soporte de la antena, mientras que el ajuste del ángulo de polarización se realiza desde el LNB situado en el foco de la antena, como se muestra en la Figura 3.78.

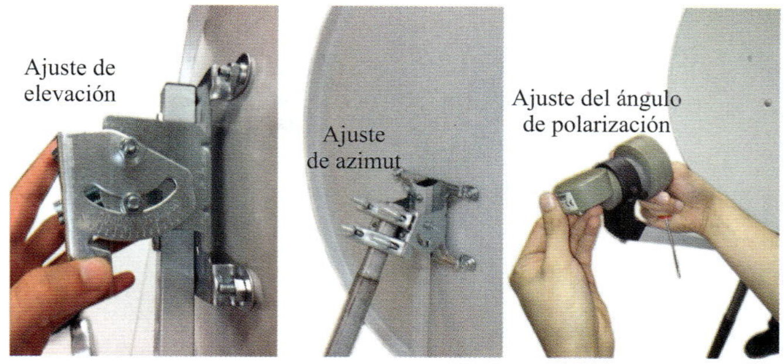

Figura 3.78. *Ajustes del reflector.*

3.7.4. Corrección de los parámetros de orientación

Una vez conocidos los parámetros de orientación de la antena parabólica, según el caso, será necesario corregirlos por los motivos siguientes:

- **Ángulo de *offset*.** En una antena de tipo *offset,* por su estructura constructiva, el plano de la antena no apunta directamente al satélite, debido a su ángulo de *offset* (corrección por *offset*). Por lo tanto, la elevación real *(E´)* que ha de aplicarse a una antena de tipo *offset* dependerá del ángulo de *offset (O)* especificado por el fabricante del reflector (Figura 3.79a):

$$E' = E - O$$

- **Declinación magnética.** El azimut se mide con la ayuda de una brújula, la cual apunta al norte magnético en lugar de al norte geográfico (Figura 3.79b). La diferencia entre estos dos valores es la **declinación magnética** (corrección por declinación magnética). La declinación magnética *(D)* varía con el tiempo y, en España, su valor es bajo, entre 2° O y 2° E dependiendo del lugar. Esta corrección actualmente es tan pequeña que entra dentro del margen de error de lectura de la brújula, por lo que no es necesario realizarla. En todo caso, la medida de la brújula *(A´),* una vez realizada la corrección por declinación magnética *(D),* debe ser:

$$A' = A - D$$

- **Ajuste de elevación.** Para el **ajuste de elevación,** la mayoría de las antenas disponen de una escala graduada situada en el soporte de la antena, por lo que no será necesario realizar ninguna corrección en la elevación. En el caso de que el soporte de la antena no disponga de ajuste de elevación, es preciso utilizar un inclinómetro para realizar la medida de la elevación, tal y como se muestra en la Figura 3.79c. Para ello, la mejor opción es situar el inclinómetro sobre el plato de la antena, de manera que el ángulo que mide el inclinómetro *(H)* no es el ángulo **directo de elevación *(E)*,** sino su ángulo complementario:

— Para un reflector de foco centrado:

$$H = 90° - E$$

— Para un reflector de tipo *offset:*

$$H = 90° - (E - O)$$

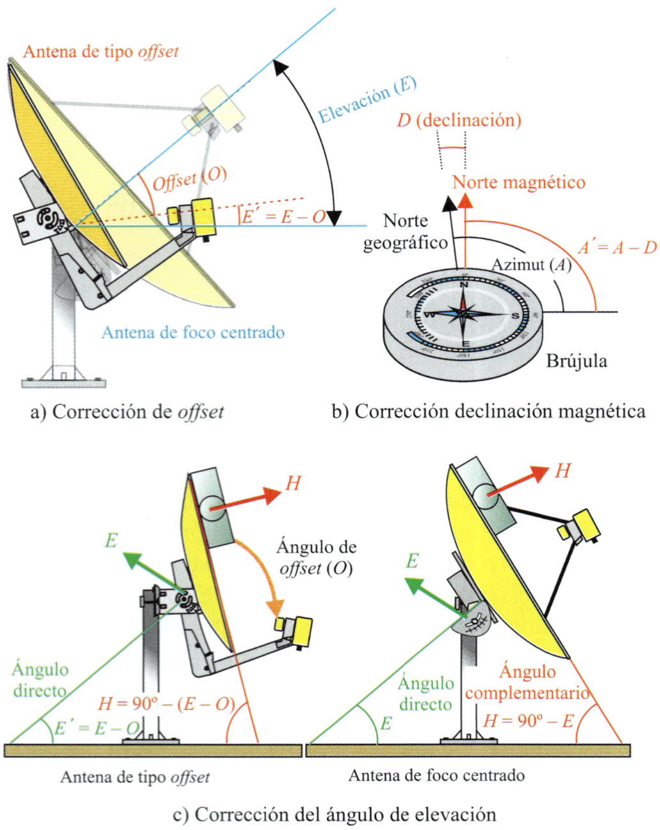

Figura 3.79. *Correcciones de los parámetros de orientación.*

Caso práctico 3.13
Orientación del satélite ASTRA 1 a la ciudad de Madrid

Una vez instalada y ubicada la antena, se procede a la orientación de una antena satélite en la ciudad de Madrid hacia el satélite ASTRA 1. Para el cálculo de los parámetros de orientación se parte de los datos siguientes:

- **Madrid. Coordenadas geográficas:** latitud: 40° N; longitud: 3° O.
- **Satélite:** ASTRA 1; longitud 19,2° E.

Para recibir este satélite se necesita una antena de 60 cm de diámetro mínimo, según la Tabla 3.2. La antena utilizada es la antena tipo *offset* de la Figura 3.80, que tiene un ángulo de *offset* de 25°.

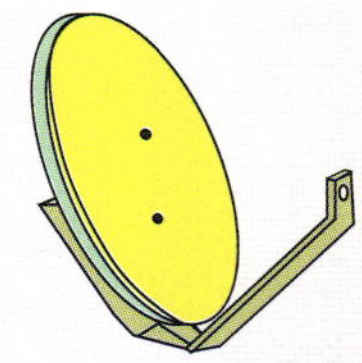

Antenas parabólicas *(offset)*	
Frecuencia de entrada	10,7-12,75 GHz
Diámetro	60 cm
Ganancia (11,7 MHz)	35,9 dB
Ángulo de *offset*	25º
Ajuste de elevación	20-70º

Figura 3.80. *Antena utilizada en la instalación.*

El resultado de la aplicación utilizada para el cálculo de los parámetros de orientación de esta antena hacia el satélite se muestra en la Figura 3.81:

- **Azimut *(A)*:** 147,58°.
- **Elevación *(E)*:** 38,36°.
- **Polarización:** –24,24°.

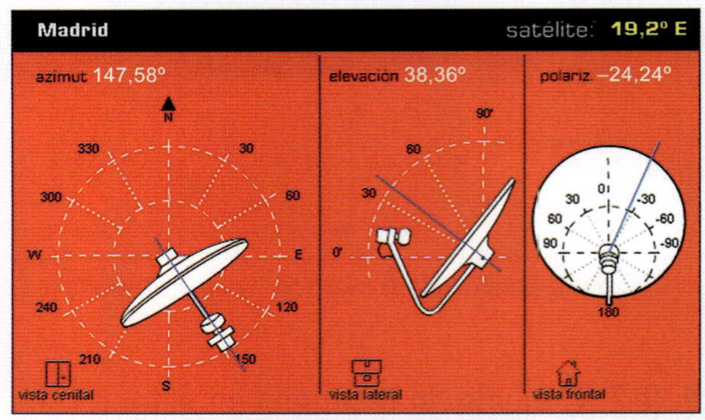

Figura 3.81. *Parámetros de orientación del satélite ASTRA 1 a Madrid.*

Los parámetros de orientación de la antena deben corregirse. La declinación magnética *(D)* en la ciudad de Madrid es de aproximadamente 0,5° O (–0,5°) y la antena utilizada tiene un ángulo de *offset* de 25°. La corrección de los parámetros de orientación de la antena es:

- **Azimut.** Aunque puede considerarse esta corrección despreciable debido al error que se comete en la lectura con la brújula, la medida de la brújula *(A´)* durante la orientación del azimut, teniendo en cuenta la corrección de la declinación magnética *(D),* debe ser:

$$A´ = A - D = 147{,}58° - (-0{,}5°) = 148{,}1°$$

- **Elevación.** El ajuste de elevación se realiza desde la escala graduada del reflector. Si se utiliza un inclinómetro para realizar el ajuste de la elevación *(H),* la medida del inclinómetro será:

$$H = 90° - E´ = 90° - (E - O) =$$
$$= 90° - (38{,}36° - 25°) = 90° - 13{,}36° = 76{,}64°$$

Recuerda

La declinación magnética varía con el tiempo y actualmente en nuestro país es despreciable.

3.7.5. Alimentación del LNB

Durante la orientación, el medidor de campo suministra la alimentación del LNB, por lo que será necesaria la activación de la función de **alimentación exterior** del medidor de campo en función de la banda y polaridad deseada del satélite. La alimentación aplicada dependerá de la polaridad y banda satélite que desea sintonizarse. En el ejemplo de la Figura 3.82 se selecciona una tensión de 13 V sin tono de 22 kHz para seleccionar la banda baja (BB) y polaridad vertical (V) del satélite.

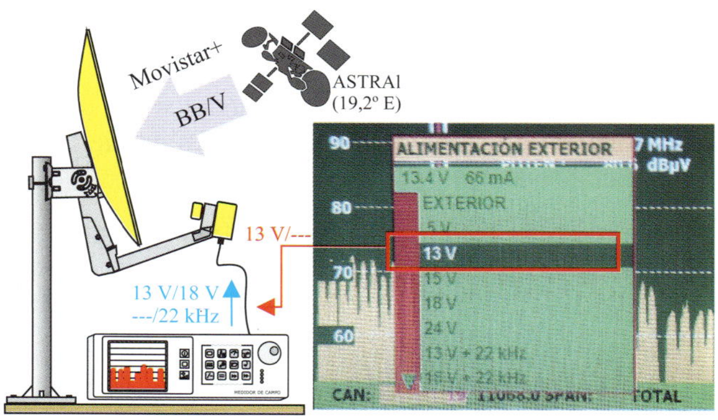

Figura 3.82. *Alimentación del LNB con el medidor de campo.*

Una vez alimentado el LNB, a través del medidor de campo, puede procederse a la orientación del reflector parabólico con ayuda del medidor de campo.

3.7.6. Apuntamiento de la antena satélite

Durante el proceso de orientación se empleará un medidor portátil (localizador satélite) o un medidor de campo para asegurar la presencia de señal satélite, en el modo de analizador de espectros.

Previamente al proceso de orientación en azimut y elevación se ajustará de manera aproximada el ángulo de polarización del LNB, que posteriormente será corregido en el momento del ajuste fino.

En la Figura 3.83 se muestra el soporte graduado de un LNB y su ajuste, según el satélite deseado.

Una vez ajustado de manera aproximada el ángulo de polarización del LNB se empieza la orientación normalmente por el azimut moviendo el plato de la antena horizontalmente para seguidamente ajustar la elevación (Figura 3.84).

Durante el proceso de orientación se detectarán señales débiles que variarán de nivel según se oriente el reflector.

a) Soporte LNB b) Ajuste de polarización

Figura 3.83. *Ajuste inicial del ángulo de polarización.*

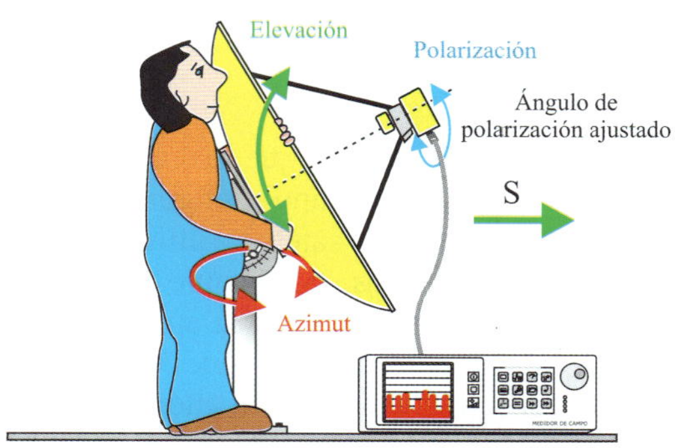

Figura 3.84. *Apuntamiento del satélite.*

La mejor opción cuando se detecta un satélite es sintonizar uno de los canales digitales recibidos, para que el equipo identifique la señal y muestre en pantalla, junto al canal sintonizado, el satélite y la posición orbital (Figura 3.85). Si no se trata del satélite deseado deberá reorientarse la antena moviéndola ligeramente hasta capturar de nuevo la señal del satélite buscado.

Una vez detectado el satélite deseado se realiza el ajuste fino para lograr un apuntamiento óptimo.

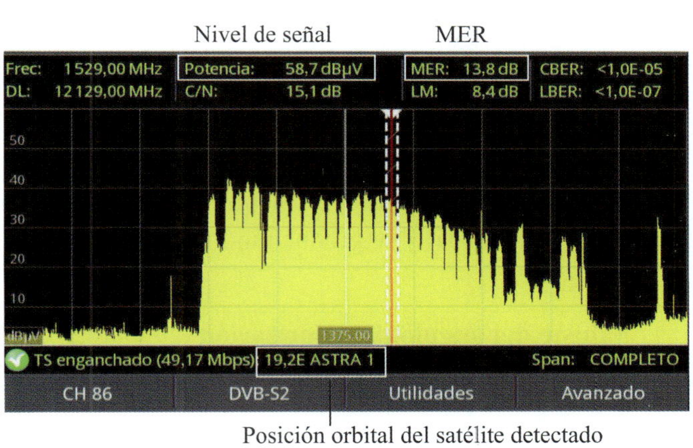

Figura 3.85. *Identificación del satélite sintonizado.*

3.7.7. Apuntamiento óptimo de la antena satélite (ajuste fino)

Una vez identificado con certeza que se ha apuntado al satélite de interés (identificación del satélite), debe realizarse el **ajuste fino** para lograr un apuntamiento óptimo. Los dos objetivos básicos del ajuste fino son:

- Recibir el mayor nivel de señal posible.
- Asegurarse de que la interferencia de la polarización cruzada sea mínima.

Nivel de señal máximo

A partir del espectro de la señal que se recibe a la salida de la antena con el medidor de campo configurado para realizar las medidas en la banda de FI satélite o utilizando la función de apuntamiento de antenas, tal y como se muestra en la Figura 3.86, se mueve ligeramente la antena en elevación y azimut con mucho cuidado hasta que, en la pantalla del analizador de espectros, aparezca el valor máximo posible de señal.

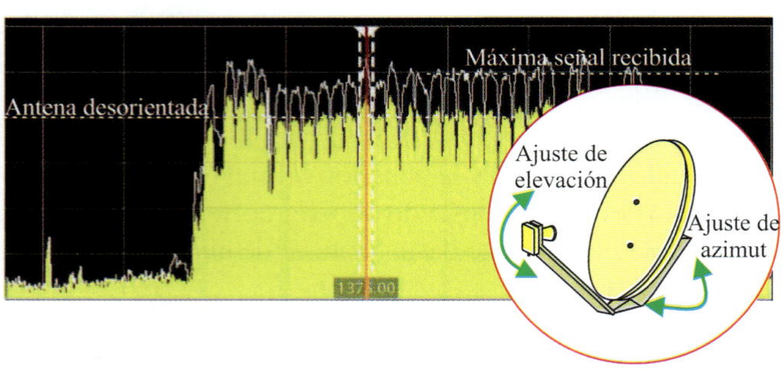

Figura 3.86. *Ajuste fino de la elevación y azimut.*

Polarización cruzada

Cada satélite emite en dos polaridades diferentes: la vertical y la horizontal. Si el ajuste de polarización del LNB no es el adecuado, se cruzarán las señales de las dos polarizaciones (polarización cruzada) y se producirán interferencias entre ellas.

El **ajuste del ángulo de polarización** elimina la polarización cruzada. Este ajuste se realiza con un medidor de campo en modo analizador de espectros (Figura 3.87): se ajusta el ángulo de polarización del LNB sobre su eje y se deja en la posición en la que el nivel de señal es máximo y los canales interferentes se confunden con el ruido.

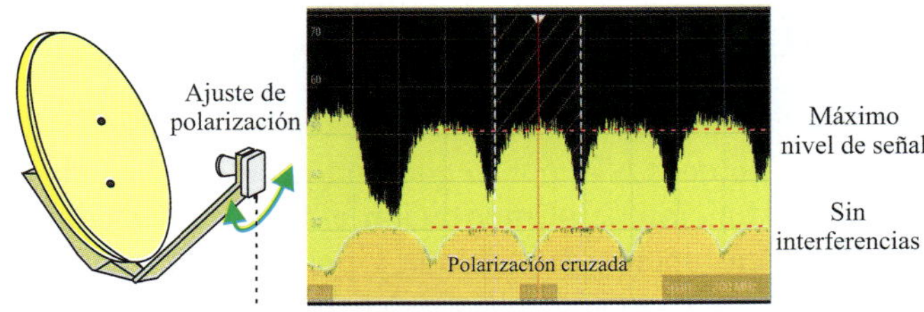

Figura 3.87. *Ajuste fino del ángulo de polarización.*

3.8. Señales presentes a la salida de la antena

Los medidores de campo incorporan módulos que detectan automáticamente la señal y realizan las medidas de calidad de la señal detectada.

En el caso de la ICT, este equipo debe incorporar los módulos de recepción que permitan la medida de la señal de FM, DAB, TDT (DVB-T y DVB-T2) y satélite (DVB-S y DVB-S2).

3.8.1. Medida de la calidad a la salida de la antena

Los dos parámetros críticos de salida de la antena que determinaran una buena **calidad** son el **nivel de señal** y, en el caso de la TDT y la TV satélite, el **MER.**

En la Tabla 3.3 se consideran los niveles óptimos recomendables, con carácter orientativo, que deben considerarse a la salida de la antena.

Tabla 3.3. Criterios de calidad a la salida de la antena

Salida de antena	Señal mínima	Señal máxima	MER
Terrestre (TDT)	50	80	>23 dB
Satélite	60	80	>13 dB

El valor de **MER aconsejable** en la toma de usuario para la señal de TDT es 22 dB, siendo aceptable un valor superior a 21 dB. Si se tiene en cuenta la influencia de la instalación receptora en su conjunto, el valor mínimo para el MER en antena debe ser 23 dB.

El MER puede verse afectado por la presencia de ecos o preecos de señales procedentes del mismo centro emisor o de otros centros emisores, por lo que es el factor decisivo para una correcta recepción evaluar su valor a la salida de la antena.

En el **protocolo de pruebas** (Tabla 3.4) se especifica la medida de la calidad de las señales de TDT que se reciben en el emplazamiento de la antena, teniendo que dejar constancia del MER en el peor caso, es decir, el valor más bajo de todas las medidas realizadas en los canales de TDT.

Tabla 3.4. Evaluación de la calidad de la señal de TDT a la salida de la antena

☐ MER < 23 dB
☐ 23 dB ≤ MER < 25 dB
☐ 25 dB ≤ MER < 27 dB
☐ 27 dB ≤ MER

3.8.2. Señal de salida de la antena de TDT

En la Figura 3.88a se muestra el espectro de las **señales a la salida de la antena** de TDT. Debe realizarse la medida de todos los canales presentes a la salida.

Actualmente, todos los medidores están preparados para medir la señal de TDT según el estándar DVB-T, por lo que la medida de los parámetros de calidad no debe suponer ningún problema.

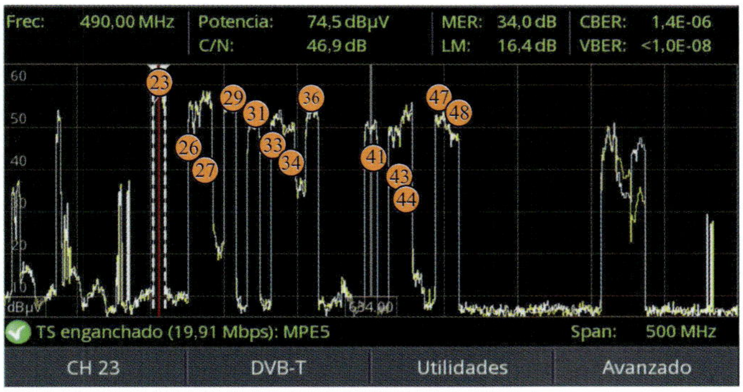

a) Espectro salida antena TDT

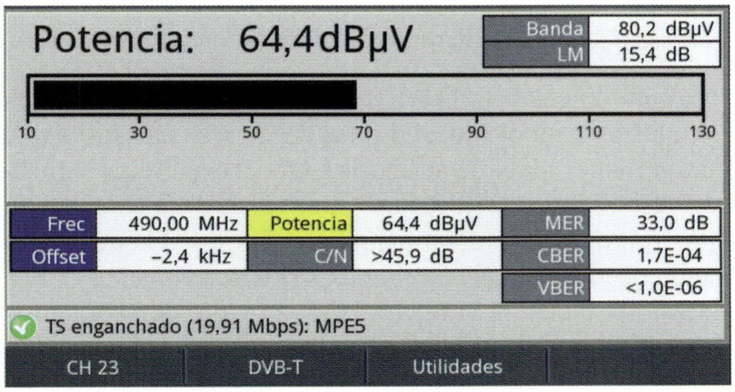

b) Medida de calidad del canal 23

Figura 3.88. *Medida de la señal de salida de la antena.*

Una opción es realizar la medida sintonizando cada uno de los canales de emisión, tal y como se muestra en la Figura 3.88b.

El proceso de medida del protocolo de pruebas puede ser laborioso, ya que exige la medida del nivel de señal de todos los canales presentes en diferentes puntos de la instalación (entrada de amplificadores, salida de amplificadores y toma de usuario). Para facilitar este trabajo, los medidores de campo actuales permiten la creación de una **lista de canales** para poder realizar de manera automática la medida de la señal. En la Figura 3.89 se muestra el proceso de **exploración de la canalización** con la detección de canales realizada creando una tabla de canales activa. El usuario, más tarde, puede modificar la lista añadiendo y quitando canales.

a) Menú de utilidades b) Exploración de la canalización

Figura 3.89. *Exploración de la canalización.*

Mediante la función de **adquisición** del medidor de campo se realizan y almacenan medidas de manera automática a partir de la **tabla de canales activa.** De esta manera, puede almacenarse cada adquisición realizada en diferentes puntos de la instalación. Una vez realizada la adquisición pueden consultarse las medidas en el punto definido.

En la Figura 3.90 se muestra un ejemplo del resultado de la adquisición de las medidas realizadas a la salida de la antena, donde se observa que el canal con peor MER es el canal 44, con un valor de 28,7 dB, suficientemente elevado para recibir los canales con buena calidad, por lo que no es necesario realizar ningún reajuste en la antena.

CH	Tipo	Potencia/Ni...	C/N	MER	LM
23	DVB-T	62,1 dBµV	>45,4 dB	34,0 dB	16,4 dB
26	DVB-T	57,4 dBµV	>40,7 dB	35,5 dB	17,9 dB
27	DVB-T	61,1 dBµV	37,4 dB	33,3 dB	15,7 dB
29	DVB-T	59,6 dBµV	>40,8 dB	35,7 dB	18,1 dB
31	DVB-T	62,9 dBµV	>44,4 dB	33,6 dB	16,0 dB
33	DVB-T	63,3 dBµV	>43,6 dB	33,0 dB	15,4 dB
34	DVB-T	62,2 dBµV	34,0 dB	33,8 dB	16,2 dB
36	DVB-T	61,4 dBµV	>39,1 dB	32,8 dB	15,2 dB
41	DVB-T	62,1 dBµV	>39,4 dB	32,1 dB	14,5 dB
44	DVB-T	67,3 dBµV	37,5 dB	28,7 dB	11,1 dB
47	DVB-T	61,3 dBµV	>37,7 dB	33,5 dB	15,9 dB
48	DVB-T	59,9 dBµV	>36,7 dB	33,0 dB	15,4 dB

Figura 3.90. *Tabla de canales del lugar de recepción, comprobación del MER.*

3.8.3. Señal de salida de la antena de FM

La mayoría de los medidores de campo están preparados para la medida de las **señales de radio FM.**

Por ello, el procedimiento de medida es similar al que se realiza para la medida de la señal de TDT. Después de la exploración de la **canalización de FM** se detectan los canales de radio y se realiza la medida manual o automática de los canales.

A diferencia de los canales de TDT, solo es necesario la medida de un canal significativo de esta banda.

En la Figura 3.91 se muestra el resultado de la medida de los primeros canales de la banda de FM presentes a la salida de la antena de FM.

	CH	Tipo	Potencia/Ni...	C/N	MER	LM
	FM87,70	FM	71,6 dBµV			
	FM88,00	FM	55,9 dBµV			
	FM88,30	FM	63,7 dBµV			
	FM88,70	FM	76,6 dBµV			
	FM89,10	FM	78,7 dBµV			
	FM89,80	FM	74,0 dBµV			
	FM90,50	FM	79,6 dBµV			

Figura 3.91. *Nivel de salida de antena FM.*

3.8.4. Señal de salida de la antena DAB

En ocasiones, el medidor de campo no tiene la opción de la medida de alguno de los servicios de interés, como puede ser el caso de la señal DAB/DAB+. En este caso, para la medida de las señales digitales debe optarse por realizar la medida de manera genérica.

Para la **medida genérica** (Figura 3.92) debe seleccionarse el ancho de banda de la señal que desea medirse, como, por ejemplo, 1,536 MHz para la señal DAB. Una vez sintonizado el canal en su frecuencia central, el equipo realizará la medida de la potencia y de la relación C/N según el ancho de banda especificado.

Recuerda

El ancho de banda de cada bloque de radio DAB es de 1,536 MHz.

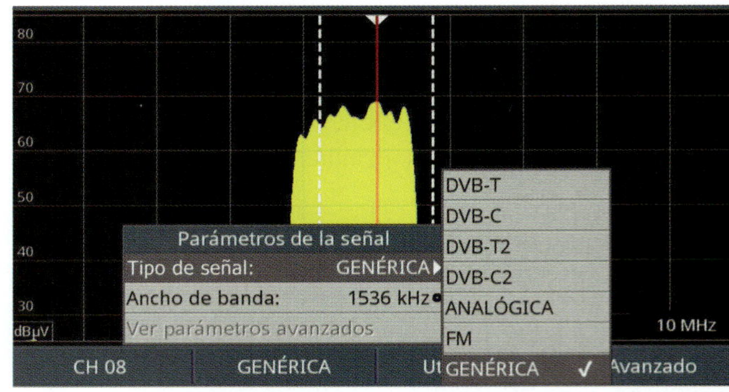

Figura 3.92. *Selección de una medida genérica con el medidor de campo.*

En la Figura 3.93 se muestra la medida de la señal DAB de uno de los bloques (bloque 11B) presentes a la salida de la antena.

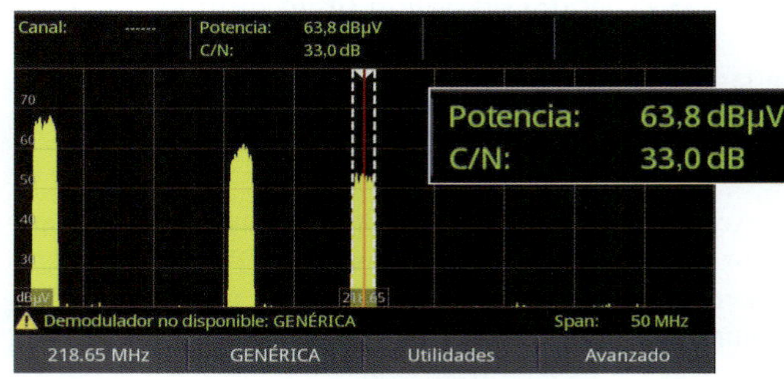

Figura 3.93. *Medida del nivel de señal (potencia) de DAB.*

3.8.5. Señal de salida de la antena satélite

La medida de la señal satélite se realiza seleccionando la **banda FI** del medidor de campo, donde se selecciona la canalización deseada, según el satélite apuntado.

La **selección de una canalización** facilita las medidas, ya que el equipo tiene almacenados en cada banda y polaridad satélite los canales de emisión. En caso contrario, será necesaria la sintonización manual de cada canal satélite.

A diferencia de la TDT, en TV por satélite no es necesario realizar la medida de todos los canales, siendo suficiente comprobar el nivel de señal para **tres frecuencias significativas** (Figura 3.94). Para ello, se selecciona un canal en el extremo inferior de la banda (1.ª FI), en el centro de la banda (2.ª FI) y en el extremo superior de la banda (3.ª FI). En estos canales se realizará la medida de los parámetros de calidad.

Del análisis de las señales recibidas se desprende que el nivel de salida es correcto, en torno a 75 dBµV, y el MER suficiente: entre 15,4 y 17,1 dB.

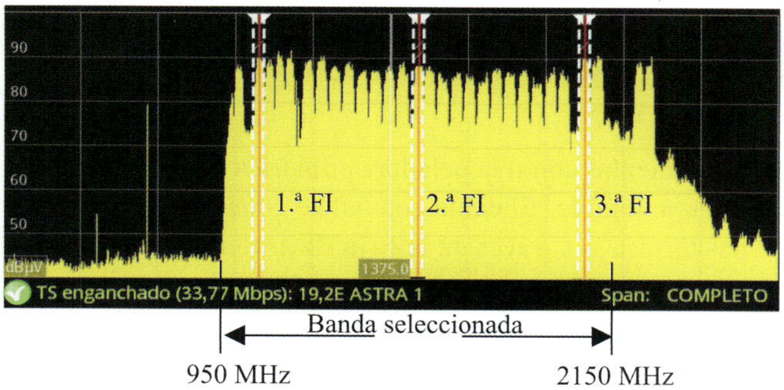

a) Selección de 3 frecuencias significativas de la banda de FI

b) Medida de los parámetros de calidad de la 1.ª FI

c) Medida de los parámetros de calidad de la 2.ª FI

d) Medida de los parámetros de calidad de la 3.ª FI

Figura 3.94. *Medida de la calidad de la señal de TV por satélite.*

RESUMEN

- El **sistema captador de señales** está situado en el exterior del edificio y está formado fundamentalmente por las **antenas, mástiles** y torretas con sus **elementos de fijación** y, si fuera necesario, otros elementos que garanticen la calidad de la señal (preamplificadores).
- El **sistema de captación terrestre** de una ICT está formado por las antenas de radio DAB, radio FM y TDT. Cada servicio utiliza un tipo de antena diferente: antena de FM (un dipolo circular o de brazos doblados), antena DAB (antena Yagi de tres o seis elementos) y la antena de TDT (antena Yagi y variantes en V o de panel).
- El **sistema de captación satélite** está formado por el reflector parabólico y el LNB. Las principales antenas utilizadas son las de **foco centrado** y las de **tipo *offset*.** El **LNB** selecciona la banda y polaridad del satélite y convierte la señal del **enlace descendente** satélite (10,7-12,75 GHz) a una **frecuencia intermedia de FI** (950-2150 MHz).
- La selección de la banda y la polaridad del satélite se llevan a cabo mediante la alimentación del LNB: 13 V/18 V y ---/22 kHz. Una instalación compatible con la **ICT** distribuye en FI dos polaridades y bandas de dos satélites diferentes.
- La línea de transmisión utilizada es el **cable coaxial** que se conecta a los elementos de la instalación mediante diferentes tipos de conexión (brida, conector CEI y conector F). Para el **pelado** del cable coaxial se utilizan herramientas como la peladora cilíndrica o la de cabeza intercambiable. El cable coaxial se conecta a las antenas terrestres a través de la **caja de antena.**
- Las antenas se montan sobre un **mástil** o **torreta,** bien arriostradas sobre el suelo, con la ayuda de bases, o sujetas a las paredes mediante garras.
- Para asegurar los mástiles o torretas se utilizan **tirantes,** con la ayuda de argollas, anclajes, aprietacables y tensores. Las antenas se sujetan a los mástiles mediante bridas. La instalación de antenas y mástiles requiere adoptar las **medidas de seguridad** adecuadas para evitar, entre otros riesgos a los que está sujeto el instalador de telecomunicaciones, la caída desde la cubierta del edificio.
- Los mástiles y las torretas y el sistema de captación satélite se conectan a la **toma de tierra del edificio** con un conductor de 25 mm^2 de sección mínima.
- Las antenas terrestres se orientan hacia el centro de emisión de interés con la ayuda del **medidor de campo.** De la misma manera, las antenas de satélite se orientan hacia el satélite de interés a partir de los ajustes de **elevación, azimut** y **ángulo de polarización,** con la ayuda de una brújula y, si la antena no dispone de una escala de elevación, con la ayuda del inclinómetro.
- Una vez ajustada la antena, los dos parámetros críticos de salida de la antena que determinarán una buena **calidad** son el **nivel de señal** y, en el caso de la TDT, el **MER.**

Actividades de comprobación

3.1. ¿Qué banda de frecuencias cubre una antena DAB?

a) Banda II.

b) Banda III.

c) Banda IV.

d) Banda V.

3.2. ¿Qué tipo de antena se utiliza para la recepción de la señal de radio FM?

a) Dipolo circular.

b) Antena Yagi de tres elementos.

c) Antena de panel.

d) Todas las respuestas son correctas.

3.3. ¿Qué elemento permite la fijación del tirante a un mástil?

a) Argolla.

b) Anclajes.

c) Aprietacables.

d) Tensor.

3.4. ¿Cuál es el elemento activo de una antena?

a) Dipolo.

b) Director.

c) Reflectores.

d) Todos los elementos indicados son activos.

3.5. ¿Para qué sirve el tono de conmutación de 22 kHz en un LNB?

a) Para alimentar al LNB.

b) Para cambiar la banda de recepción.

c) Para modificar la polaridad del LNB.

d) Ninguna de las respuestas es correcta.

3.6. ¿Qué altura máxima puede tener el mástil de una instalación?

a) 3 m.

b) 6 m.

c) 9 m.

d) No existe límite, siempre y cuando se fije mediante tirantes.

3.7. ¿Qué tipo de LNB tiene dos salidas conmutables?

a) Universal.

b) *Twin.*

c) *Quattro.*

d) Ninguna de las respuestas es correcta.

3.8. ¿Qué se selecciona con el oscilador local de 9,75 GHz de un LNB?

a) La banda alta satélite.

b) La banda baja satélite.

c) La polaridad horizontal satélite.

d) La polaridad vertical satélite.

3.9. ¿Cuál es la principal función del *balun* de la caja de antena?

a) Adaptar la impedancia del dipolo y el cable coaxial.

b) Proporcionar ganancia a la antena.

c) Modificar la directividad.

d) Conectar los directores y reflectores de la antena con el dipolo.

3.10. ¿Qué accesorio permite la sujeción de las antenas al mástil?

a) Garras.

b) Bases.

c) Abrazaderas o bridas.

d) Tirantes.

3.11. ¿Qué tipo de cubierta se utiliza en los cables coaxiales de exterior?

a) PVC.

b) PE (polietileno).

c) Aluminio.

d) Cobre.

3.12. ¿Qué alimentación necesita un preamplificador?

a) Alimentación de CC, típicamente de 12 V/24 V.

b) Alimentación de CA, típicamente de 12 V/24 V.

c) Alimentación de CC, típicamente de 13 V/18 V.

d) Alimentación de CA, típicamente de 13 V/18 V.

3.13. ¿Qué elementos forman una antena Yagi de tres elementos?

a) Tres dipolos.
b) Un dipolo y dos reflectores.
c) Un dipolo y dos directores.
d) Un dipolo, un reflector y un director.

3.14. ¿Sobre qué elemento se actúa para corregir la interferencia de polarización cruzada durante la orientación de una antena satélite?

a) Ajuste de azimut del reflector.
b) Ajuste de elevación del reflector.
c) Ajuste del ángulo de polarización del LNB.
d) Ninguna de las respuestas es correcta.

3.15. ¿Qué nivel mínimo de MER es aconsejable a la salida de la antena de TDT?

a) ≥ 15 dB.
b) ≥ 21 dB.
c) ≥ 23 dB.
d) ≥ 27 dB.

3.16. ¿Para qué margen de frecuencias deben estar preparados los cables coaxiales utilizados en una ICT?

a) 5-2150 MHz.
b) 5-1000 MHz.
c) 470-862 MHz.
d) 5-950 MHz.

3.17. ¿Qué margen de frecuencias comprende la banda de FI satélite?

a) 470-862 MHz.
b) 5-2150 MHz.
c) 950-2150 MHz.
d) 10-12 GHz.

3.18. ¿Qué dispositivo se encarga de alimentar el LNB durante el apuntamiento de la antena satélite?

a) Receptor satélite.
b) Medidor de campo.
c) Amplificador de FI.
d) Este dispositivo no necesita alimentación.

3.19. ¿Cómo se selecciona la polaridad y la banda de un LNB universal?

a) La banda mediante un tono de 22 kHz y la polaridad mediante la tensión de alimentación aplicada.
b) La polaridad mediante un tono de 22 kHz y la banda mediante la tensión de alimentación aplicada.
c) Tanto la banda como la polaridad se seleccionan mediante diferentes tonos de frecuencia.
d) Tanto la banda como la polaridad se seleccionan modificando el valor de la tensión de alimentación.

3.20. ¿Qué margen de frecuencia comprende el enlace descendente de un satélite?

a) 12,75-14,70 GHz.
b) 10,7-12,75 GHz.
c) 950-2150 MHz.
d) 470-862 MHz.

3.21. ¿Qué elemento de ayuda se utiliza para el ajuste del azimut de un reflector parabólico?

a) El inclinómetro.
b) La brújula.
c) La escala graduada de su soporte.
d) Ninguna de las respuestas es correcta.

Actividades de aplicación

3.22. **Realización de conexiones de cable coaxial.** Para la toma de medidas con el medidor de campo es necesaria la conexión del equipo en diferentes puntos de la instalación (Figura 3.95). El conector de entrada RF del medidor de campo es un conector F hembra, mientras que la toma de medidas se realizará en diferentes puntos de la instalación con diferentes tipos de conexiones: F hembra, CEI macho y CEI hembra. Realiza tres tramos de cable coaxial con las siguientes terminaciones:

a) F macho-F macho.

b) F macho-CEI macho.

c) F macho-CEI hembra.

Figura 3.95. *Conector F en un medidor de campo.*

3.23. **Características técnicas de los elementos del sistema captador.** A partir del catálogo de un fabricante, busca los elementos necesarios para la instalación de las antenas:

- **Antenas.** Identifica diferentes antenas adecuadas para recibir los diferentes servicios que establece la ICT.
- **Mástiles y torretas.** Comprueba los diferentes mástiles y torretas comercializados.
- **Elementos de fijación.** Reconoce los elementos de sujeción que se utilizan para la fijación de antenas y mástiles.

3.24. **Montaje y desmontaje de una antena terrestre.** La mejor manera de habituarse con el trabajo con antenas es el montaje y desmontaje de los elementos que forman la antena (Figura 3.96). Para una de las antenas del aula, lleva a cabo el siguiente proceso operativo:

a) Localiza la marca, modelo y tipo de antena en el catálogo del fabricante y anota sus principales características (número de elementos, diagrama de radiación, ganancia, frecuencias de trabajo, carga al viento, etcétera).

b) Desmonta la antena, realiza fotografías del despiece e indica el nombre de cada pieza.

c) Monta la antena, de acuerdo con las instrucciones proporcionadas por el fabricante, y fíjala a un mástil.

Figura 3.96. *Despiece de una antena terrestre.*

3.25. **Montaje y desmontaje de una antena satélite.** Desarrolla el mismo proceso operativo de la actividad anterior con una antena satélite.

3.26. **Características de las antenas terrestres.** Recopila la información de las antenas utilizadas en el aula y completa las tablas de la Figura 3.97.

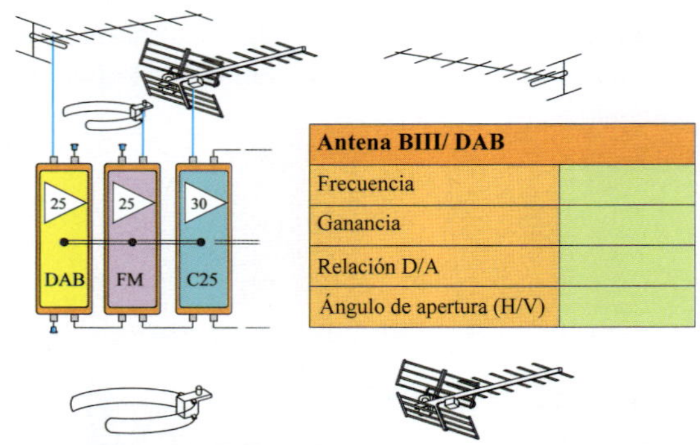

Antena BIII/ DAB	
Frecuencia	
Ganancia	
Relación D/A	
Ángulo de apertura (H/V)	

Antena FM	
Frecuencia	
Ganancia	
Relación D/A	
Ángulo de apertura	

Antena UHF	
Frecuencia	
Ganancia	
Relación D/A	
Ángulo de apertura (H/V)	

Figura 3.97. *Características de las antenas.*

3.27. **Canales recibidos en el lugar de instalación.** A partir de diferentes fuentes, averigua qué servicios de RTV terrestre y de TV por satélite se reciben en tu lugar de residencia:

a) Canales de TDT.

b) Radio DAB.

c) Radio FM.

d) TV por satélite. Encuentra las emisiones de diferentes satélites de TV y comprueba en qué banda y polaridad se emite la programación de interés.

3.28. **Montaje y apuntamiento de antenas terrestres sobre mástil.** Una vez identificada la ubicación del centro de emisión de interés (repetidor), realiza el apuntamiento de la antena de TDT siguiendo este proceso operativo:

a) Fija la antena bajo prueba al mástil, de manera que quede firmemente sujeta, pero pueda moverse para su orientación.

b) Conecta a la caja de antena un cable coaxial de longitud suficiente para realizar las pruebas.

c) Fija mediante bridas el cable de bajada de la antena al mástil.

d) Conecta la salida de la antena de UHF al medidor de campo.

e) Para el apuntamiento óptimo de la antena, lleva a cabo el siguiente proceso:

- Si el medidor de campo dispone de la opción de apuntamiento de antenas, utiliza esta función para orientar la antena.
- Con el medidor de campo en modo analizador de espectros mueve la antena hasta que aparezca en la pantalla el espectro de las emisoras. Ajusta el movimiento hasta que se obtenga un nivel máximo.
- Sin mover la antena, y con el medidor de campo en el modo de medida, sintoniza uno de los canales y reajusta la antena hasta que la barra de nivel del medidor proporcione su valor máximo.
- Con el medidor en modo TV, comprueba la recepción correcta de las emisoras.

f) Una vez realizada la orientación de la antena mide los canales presentes a la salida y evalúa si existe algún problema de recepción a partir del nivel de señal y el MER medido.

3.29. Apuntamiento de antenas de satélite. Una vez seleccionados el satélite y la banda y polaridad de interés, apunta la antena satélite siguiendo el proceso operativo que se indica a continuación:

a) Para el lugar de instalación, completa la Tabla 3.5 con los datos necesarios para orientar una antena satélite.

b) Alimenta el LNB desde el medidor de campo según la banda y polaridad deseada.

c) Con ayuda del medidor de campo, en modo analizador de espectro o en modo de apuntamiento de antenas, orienta la antena hacia el satélite que desea recibirse, a partir de los parámetros de azimut, elevación y ángulo de polarización previamente calculados y aplicando las correcciones necesarias.

d) Sintoniza un canal de TV por satélite, identifica su frecuencia, polaridad y contenido, y asegúrate del correcto apuntamiento al satélite deseado.

e) Realiza el ajuste fino de apuntamiento.

Tabla 3.5. Parámetros del satélite de interés

Satélite			
Posición orbital			
Coordenadas geográfica del lugar de instalación			
Longitud		Latitud	
Parámetros de orientación			
Azimut			
Elevación			
Ángulo de polarización			

3.30. Receptor satélite. Una vez orientada la antena hacia el satélite de interés, conecta el receptor satélite (unidad interior satélite) o un receptor de TV compatible con el estándar DVB-S2 a la salida del LNB de la antena, tal y como se muestra en la Figura 3.98. Con ayuda del manual del receptor sintoniza los canales deseados y comprueba el funcionamiento.

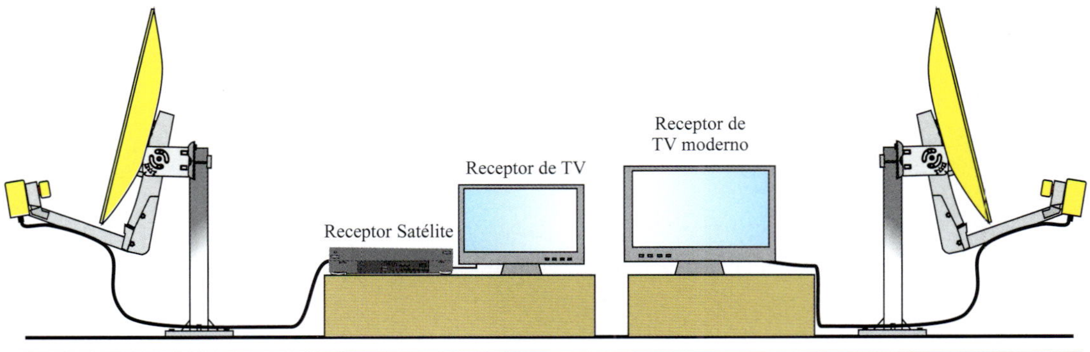

Figura 3.98. *Sintonización de la señal de TV por satélite.*

3.31. Señal DAB. A partir de la señal de salida de la antena de radio DAB:

a) Comprueba en la página web de la Secretaría de Estado de Telecomunicaciones e Infraestructuras Digitales los bloques de frecuencia asignados a las redes de radio DAB de cobertura estatal, autonómica y local de tu lugar de residencia.

b) Comprueba el espectro de la banda III de VHF e identifica el número de múltiplex digitales (bloques de frecuencia) correspondientes al servicio DAB recibidos a la salida de la antena.

c) Debido a la escasa aceptación del servicio DAB puede ser que alguna de las redes no se distribuyan en tu localización. Compara los resultados de los apartados anteriores.

d) Realiza la medida de la señal recibida a la salida de la antena para cada uno de los bloques de frecuencia recibidos.

3.32. Señal de FM. Una vez instalada la antena de FM comprueba el espectro de la banda II de FM e identifica el número de emisoras que se reciben y su nivel de calidad.

Actividades de ampliación

3.33. Ordena de mayor a menor las antenas con el dipolo de mayor longitud (TDT, FM, SAT y TDT).

3.34. La Figura 3.99 muestra tres tipos de antenas diferentes; indica para qué tipo de señal se utilizan.

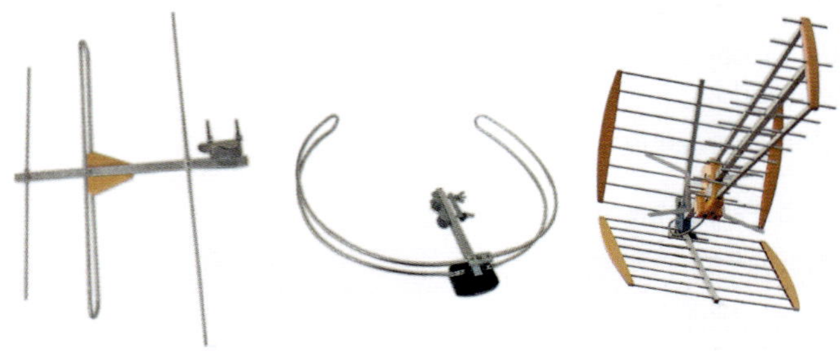

Figura 3.99. *Tipos de antenas.*

3.35. Para la antena de la Figura 3.100, contesta a la cuestiones siguientes:

a) ¿De qué tipo de antena se trata?

b) ¿Cómo se denominan los elementos señalados en la figura? ¿Cuál es su función?

c) ¿Cómo se realiza la conexión del cable coaxial con la caja de antena?

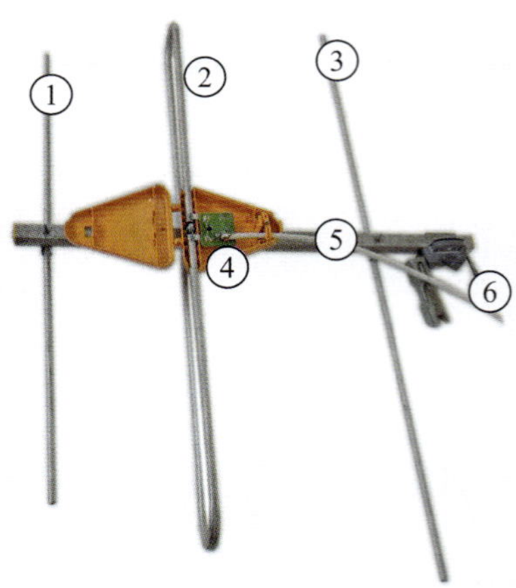

Figura 3.100. *Elementos de una antena.*

3.36. Respecto del sistema captador de una ICT:

a) ¿Qué tipo de antenas deben instalarse en el sistema captador de una ICT?

b) ¿Cuántos cables discurrirán desde las antenas hasta el equipo de cabecera situado en el RITS?

3.37. ¿Qué solución se adopta en el sistema captador cuando el nivel que se recibe en la antena es bajo?

3.38. Respecto de los preamplificadores:

a) ¿Qué tipos hay?

b) ¿Cuándo será necesaria la utilización de preamplificadores en el equipo captador de señales?

c) ¿Dónde se instalan?

d) ¿Cómo se protege el preamplificador de las condiciones externas?

e) ¿Cómo se alimenta un preamplificador de antena? ¿Quién suministra está alimentación?

3.39. La Figura 3.101 muestra un preamplificador, contesta las cuestiones siguientes:

- **a)** ¿De qué tipo de preamplificador se trata?
- **b)** ¿Dónde se instala?
- **c)** ¿Qué tipo de conexión utiliza con el cable coaxial?
- **d)** ¿Por qué se instala en el interior de una caja?
- **e)** ¿Qué bandas amplifica?

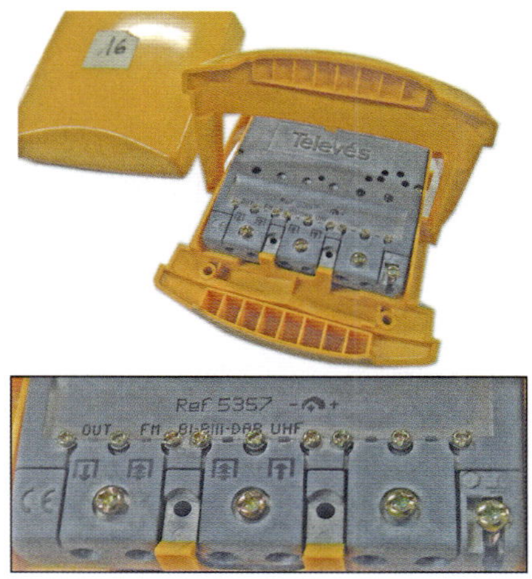

Figura 3.101. *Preamplificador.*

3.40. Respecto de la instalación de las antenas sobre un mástil o torreta:

- **a)** ¿Qué longitud máxima puede tener un mástil?
- **b)** ¿Qué solución se adopta cuando es necesario instalar una antena a una altura superior?
- **c)** ¿Para qué se utilizan los tirantes o vientos?
- **d)** ¿Qué elementos se utilizan para la fijación de los tirantes al mástil y a los elementos de fábrica?
- **e)** ¿Con qué elementos se sujetan las antenas a los mástiles?

3.41. Para una correcta instalación de las antenas sobre el mástil, contesta las cuestiones siguientes:

- **a)** ¿En qué orden se colocan las antenas?
- **b)** ¿Qué separación debe haber entre ellas?
- **c)** ¿Cómo se conectan al mástil?
- **d)** ¿De qué dependen las características del mástil utilizado?
- **e)** ¿Cuándo será necesario utilizar tirantes para la sujeción del mástil?

3.42. ¿Qué elementos del equipo de captación deben conectarse a tierra? ¿Qué sección debe tener este cable?

3.43. Para el acceso de los cables de bajada del sistema captador de una ICT hasta el interior de recintos de telecomunicaciones superior:

- **a)** ¿Cómo acceden los cables de bajada de la antena al interior de un edificio con ICT?
- **b)** Una vez ubicados en el interior del edificio, ¿por qué canalización discurren los cables camino del RITS?
- **c)** ¿Cuántos cables típicamente discurrirán por esta canalización?

3.44. ¿De qué depende fundamentalmente la ganancia de una antena parabólica?

3.45. Comprueba la página de un operador satélite y la lista de canales. Identifica cuál es la banda y polaridad de interés y justifica cuál deberá ser la alimentación del LNB para recibir las señales deseadas.

3.46. Respecto del sistema de captación satélite:

a) ¿Qué elementos forman el sistema captador satélite de una instalación?

b) ¿Cuáles son los pasos necesarios para instalar y orientar una parabólica al satélite deseado?

c) ¿Cómo se seleccionan las diferentes polaridades y bandas en un LNB universal?

3.47. La Figura 3.102 muestra tres tipos de LNB diferentes:

a) ¿Qué tipo de LNB es cada uno de ellos?

b) ¿Cuándo es útil cada uno de ellos en una ICT?

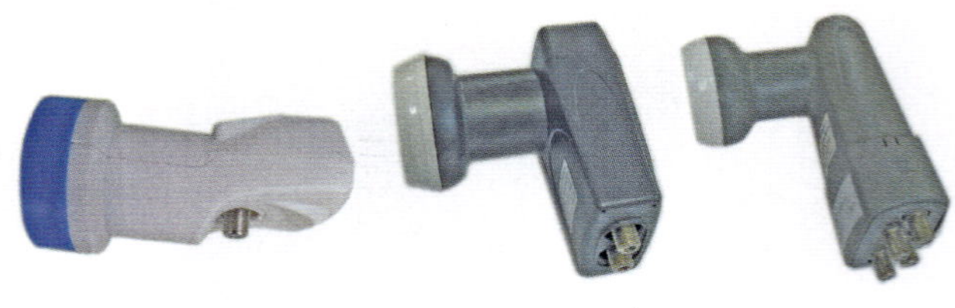

a) b) c)

Figura 3.102. *Tipos de LNB.*

3.48. En la Figura 3.103 se muestra un LNB universal; contesta las cuestiones siguientes:

a) Para la conversión a FI se utilizan dos osciladores locales. ¿Cuáles son y qué banda convierte cada uno de ellos?

b) ¿Qué características de la alimentación permiten seleccionar la banda del satélite? ¿Y la polaridad?

c) ¿A qué tensión hay que alimentar el dispositivo si desean recibirse la banda alta y la polaridad horizontal de un satélite?

d) ¿Es útil la utilización de este dispositivo en una ICT?

e) ¿En qué otro tipo de instalaciones crees que es adecuado este LNB?

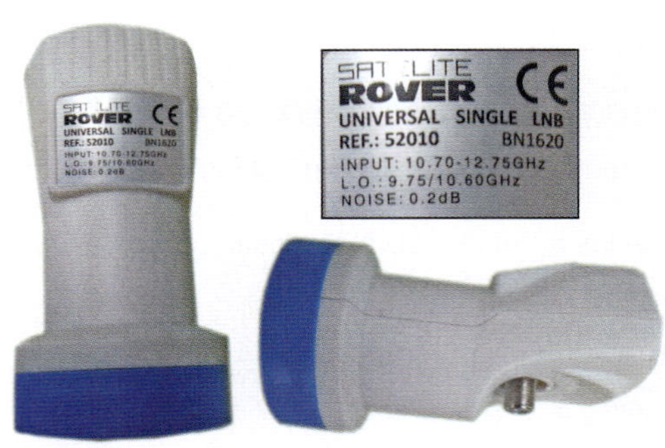

Figura 3.103. *LNB universal.*

3.49. En una instalación desea distribuirse la señal de una banda y polaridad del satélite ASTRA y otra del satélite Hispasat. Contesta a las cuestiones siguientes:

a) ¿Cuántas antenas se necesitan en la instalación?

b) ¿Qué tipo de LNB será el más adecuado para distribuir la señal hasta el equipo de cabecera?

3.50. En una instalación desea distribuirse la señal de dos bandas y polaridades del satélite ASTRA:

a) ¿Cuántas antenas se necesitan en la instalación?

b) ¿Qué tipo de LNB será el más adecuado para distribuir la señal hasta el equipo de cabecera?

3.51. ¿Qué tipo de cubierta utilizarías en el cable coaxial de bajada de la antena? Justifica tu respuesta.

3.52. ¿Qué tipo de cubierta tienen los cables coaxiales de exterior?

3.53. Respecto de la caja de antena:

a) ¿Qué funciones realiza?

b) ¿Qué elemento de la antena se conecta?

c) ¿Qué tipo de conexión se utiliza habitualmente para conectar el cable coaxial a la caja de antena?

3.54. Si es necesario prolongar la longitud de un cable coaxial indica las diferentes posibilidades que adoptarías, evaluando cuál es la mejor opción.

3.55. La Figura 3.104 muestra tres tipos de conexión del cable coaxial; identifica qué tipo de conexión se realiza en cada uno de ellos.

a) b) c)

Figura 3.104. *Elementos de conexión.*

3.56. Define de manera breve los conceptos siguientes relacionados con la instalación de antenas satélite:

a) Declinación magnética.

b) Azimut.

c) Elevación.

d) Ángulo directo y ángulo complementario.

e) Ángulo de *offset*.

f) Ángulo de polarización.

g) Posición orbital.

3.57. Resume el proceso de orientación de una antena terrestre.

3.58. Indica qué parámetros deben ajustarse a la hora de orientar una antena parabólica. Justifica el procedimiento que ha de seguirse para el ajuste y los equipos utilizados para ello.

3.59. ¿A qué tipo de antena debe realizarse una corrección de *offset* durante su orientación si se utiliza un inclinómetro?

3.60. ¿Qué crees que sucede si, una vez orientada de manera correcta una antena parabólica al satélite de interés, se mueve el ajuste de polarización exactamente 90°?

3.61. Utilizando una herramienta informática calcula los parámetros de orientación de una antena satélite en tu lugar de residencia a diferentes satélites (ASTRA, Hispasat, Hotbird, etc.). Para cada uno de ellos, completa la Tabla 3.6.

Tabla 3.6. Orientación de antenas satélite

Satélite			
Posición orbital			
Coordenadas geográficas del lugar de instalación			
Longitud		Latitud	
Parámetros de orientación			
Azimut			
Elevación			
Ángulo de polarización			

3.62. ¿Cuál debe ser el MER a la salida de la antena de TV terrestre para considerar una recepción óptima?

3.63. ¿Qué ancho de banda tiene cada uno de los bloques que se transmiten en un canal de radiofrecuencias de radio DAB?

3.64. ¿Cómo protegerías una instalación si se presume que la señal de telefonía móvil LTE/5G interfiere a los canales altos de TV por la presencia cercana de una estación base de telefonía móvil?

Enlaces web

Alcad. Diseño, fabricación y comercialización de domótica y productos para la recepción y distribución de señales de televisión.
https://alcadelectronics.com/es

Fagor. Fabricante de equipos para la recepción y distribución de la señal de TV y la ICT en general.
https://www.fagorelectronica.com/es

FTE maximal. Compañía de equipos de recepción, tratamiento y distribución de señales de radio, televisión y satélite, focalizada en ofrecer soluciones integrales al mercado del instalador profesional de telecomunicaciones.
https://www.ftemaximal.com

Ikusi. Fabricante que comercializa equipos para la recepción y distribución de señales de TV.
https://www.ikusi.com

Instituto Geográfico Nacional. En su página web pueden consultarse las declinaciones magnéticas de los lugares de instalación.
http://www.ign.es/web/ign/portal/gmt-declinacion-magnetica

Lyngsat. Página web con información sobre los diferentes satélites.
https://www.lyngsat.com

Satélite Rover. Una de las principales empresas que comercializan equipos para la recepción y distribución de señales de televisión.
https://www.sateliterover.com

Satlex. Página web que incluye herramientas para el cálculo de los parámetros de orientación de satélites.
https://www.satlex.it/es/azel_calc.html

Tecatel. Fabricante de antenas, equipos y componentes para la recepción de televisión terrestre y por satélite.
https://www.tecatel.com

Televés. Empresa líder en innovación y desarrollo tecnológico de productos para la comunicación.
https://www.televes.com

4

Equipo de cabecera

El equipo de cabecera de una instalación está formado por los dispositivos que reciben las señales que provienen del sistema captador (radio FM, radio DAB, TDT y TV por satélite) y las adecuan para su distribución por la red hasta las tomas de usuario de las viviendas, oficinas o locales comerciales de una ICT.

Contenidos

Objetivos

- Identificar las características técnicas de los equipos y materiales que forman parte del equipo de cabecera de una instalación, interpretando la documentación técnica relacionada.
- Seleccionar de manera adecuada los equipos y herramientas utilizados en el montaje del equipo de cabecera de una ICT.
- Llevar a cabo la instalación del equipo de cabecera adoptando las medidas de seguridad adecuadas.
- Realizar las medidas y comprobaciones necesarias para verificar el buen funcionamiento del equipo de cabecera.

4.1. Equipo de cabecera

El **diseño del equipo de cabecera** se realiza incorporando los equipos de amplificación necesarios para distribuir los canales radioeléctricos correspondientes a los múltiplex digitales de TV, así como las señales de los servicios de FM y de radio DAB.

Además, el equipo de cabecera deberá amplificar y distribuir las señales de TV por satélite si es necesario.

Junto con los amplificadores, el equipo de cabecera puede incorporar **otros elementos** que adaptan y modifican las señales tratadas por los amplificadores. Entre estos componentes, destacan los siguientes:

- Mezcladores o combinadores.
- Filtros.
- Atenuadores.
- Inyectores de corriente.

El **tratamiento de la señal** que realiza el equipo de cabecera dependerá de varios factores, entre los que destacan:

- **Sistema captador:** tipos de antenas y señales captadas, desequilibrio del nivel de señal entre canales de la misma banda, presencia de interferencias, etcétera.
- **Topología de la red:** instalaciones individuales, colectivas e ICT, entre otras.

4.1.1. Funciones del equipo de cabecera

La Figura 4.1 muestra las señales presentes a la salida del **sistema captador** de una instalación, que son las de entrada del equipo de cabecera. Debido a los fenómenos de propagación o a la diferente potencia de emisión, la señal de cada uno de los servicios o canales que se reciben en las antenas puede ser diferente. Además, junto con las señales de interés, las antenas pueden captar otras señales que pueden ser fuente de interferencias en la instalación.

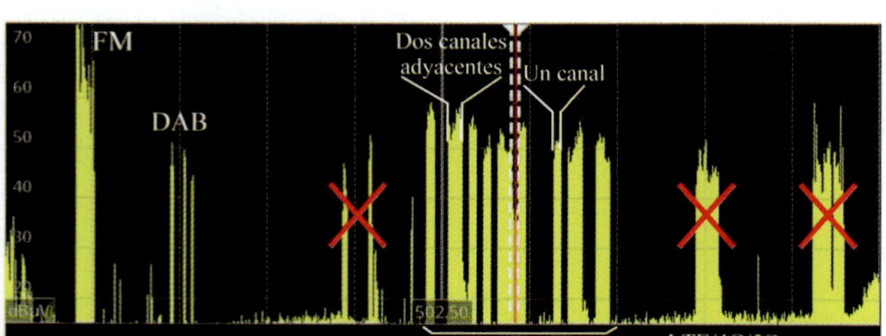

Figura 4.1. *Señales presentes a la entrada del equipo de cabecera de una instalación.*

El **equipo de cabecera** de una instalación es el conjunto de dispositivos encargados de recibir las señales que provienen de las antenas y adecuarlas para su distribución a los usuarios en las condiciones de calidad y cantidad deseadas, entregando el conjunto de señales a la red.

Las **principales funciones** del equipo de cabecera de una instalación, que se resumen en la Figura 4.2, son las siguientes:

- **Amplificación.** El principal proceso que se realiza sobre la señal es la **amplificación,** con el objetivo de ajustar el **nivel de salida del equipo de cabecera** para que sea el adecuado para compensar las pérdidas que se producen en la red. De este modo, se consigue que la señal llegue a las tomas de los usuarios con los niveles de calidad exigidos por la normativa.
- **Ecualización.** Para que todos los canales presenten un nivel de señal similar en la toma de usuario, el equipo de cabecera se encarga de ecualizar a su salida el nivel de las señales distribuidas por la red.
- **Eliminación de interferencias.** El equipo de cabecera debe garantizar que las señales presentes a la salida de la antena que no son de interés, como, por ejemplo, las de otros servicios como LTE/5G, no se amplifiquen, eliminando las posibles interferencias que puedan producir.
- **Mezcla.** Como norma general, la señal del sistema captador proviene de diferentes antenas, que será necesario combinar para su distribución por el cable coaxial de la red.

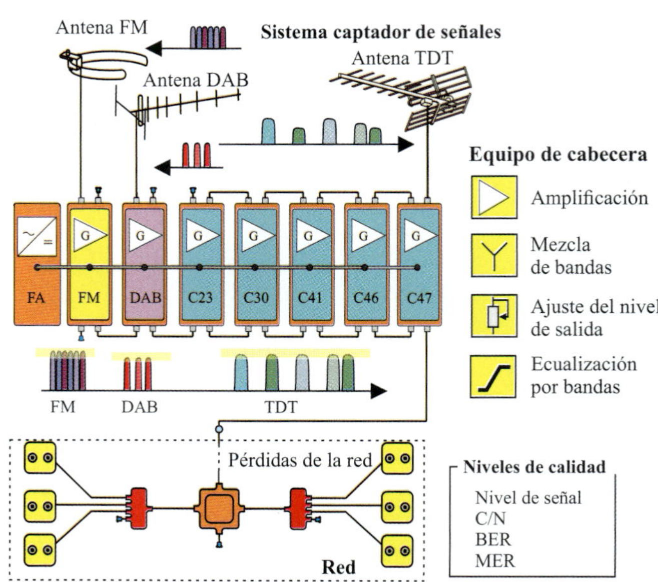

Figura 4.2. *Funciones del equipo de cabecera.*

4.1.2. Tipos de amplificadores de cabecera

La principal clasificación de los **amplificadores de cabecera** se realiza en función del número de canales que amplifican:

- **Amplificadores monocanal.** Un amplificador monocanal solo amplifica un único canal o varios canales contiguos (grupo de canales), por lo que se utilizan tantos amplificadores como canales o grupos de canales desean amplificarse (Figura 4.3a).
- **Amplificadores de banda ancha.** Los amplificadores de banda ancha pueden amplificar de forma simultánea varios canales, generalmente una banda entera (Figura 4.3b). Disponen de diferentes entradas, una o varias para cada banda: FM, BIII, UHF y FI.

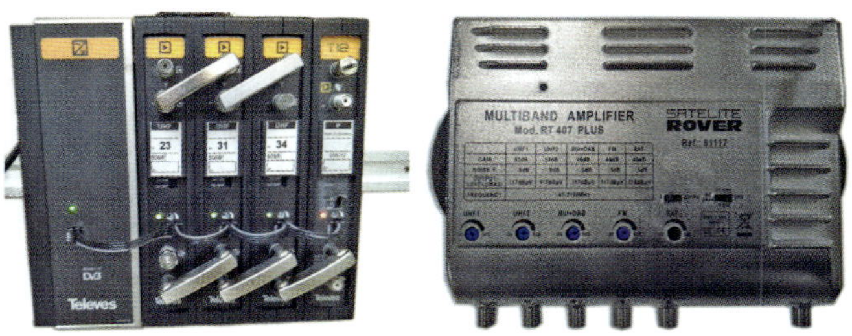

a) Amplificadores monocanal
b) Amplificador de banda ancha

Figura 4.3. *Tipos de amplificadores.*

4.1.3. Características técnicas de los amplificadores

En la Figura 4.4 se muestran las **características técnicas** que normalmente proporciona el fabricante de los amplificadores.

Amplificador monocanal						
Banda	**FM**	**DAB**	**UHF**	**UHF**	**UHF**	**FI**
Ancho de banda (MHz)	87,5-108	40	8	8	8-40	950-2150
Ganancia (dB)	40	40	50	55	55	33-40
Margen de regulación (dB)	20	20	30	30	20	20
Figura de ruido (dB)	6	8	8	8	5	8 dB
S_o salida máxima (dBµV)	113	113	121	121	118	120
Selectividad (dB) *N*+1	---	---	> 5	> 15	> 3	---
Selectividad (dB) *N*+2	---	---	> 20	> 60	> 15	---

Figura 4.4. *Características de los amplificadores.*

Los **parámetros característicos** que definen a todos los amplificadores son:

- **Ancho de banda.** Determina la banda de trabajo del amplificador o canales que amplifica.
- **Ganancia.** Diferencia en dB entre los niveles de salida y de entrada. El parámetro especificado por el fabricante es la ganancia máxima del amplificador.
- **Margen de regulación de la ganancia.** Cada amplificador dispone de un atenuador regulable que permite variar la ganancia para ajustar el nivel de salida deseado. El fabricante indica la ganancia máxima del amplificador y, junto a ella, el margen de regulación posible en dB.
- **Figura de ruido.** Ruido que añade el dispositivo, expresado dB. Cuanto más pequeño sea este parámetro, menos empeorará la relación C/N de la señal a la salida del amplificador.
- **Tensión máxima de salida.** Máxima tensión que puede entregar el amplificador sin distorsión. Cuando, en la salida de un amplificador, se sobrepasa un determinado nivel de señal, aparece un fenómeno, denominado **intermodulación,** que provoca distorsiones y pérdida de calidad en la señal de TV. Este fenómeno siempre está presente, pero sus efectos son imperceptibles si no se sobrepasa el nivel de salida máximo especificado por el fabricante.
- **Selectividad.** Capacidad del amplificador de rechazar los canales adyacentes que no debe amplificar.

4.1.4. Selección del sistema de amplificación

La primera consideración en el momento de la **selección de los amplificadores** es la utilización de un sistema de amplificación monocanal o uno de banda ancha.

La utilización de un **sistema de amplificación monocanal** se caracteriza por:

- **Mayor nivel de salida.** Este sistema permite obtener mayores niveles de salida, sobre todo cuando aumenta el número de canales que desea amplificarse.
- **Permite la ecualización por canales.** No es necesario que los niveles de entrada estén ecualizados, ya que la ganancia de cada amplificador puede ajustarse por separado, lo que permite la ecualización por canales.
- **Mayor inmunidad a las interferencias.** Debido a que cada amplificador está sintonizado en un canal o grupo de canales, es un sistema muy inmune a las interferencias.

Se utilizará un sistema de amplificación monocanal cuando se requieran niveles de salida elevados o cuando los canales de salida de la antena no estén ecualizados (Figura 4.5).

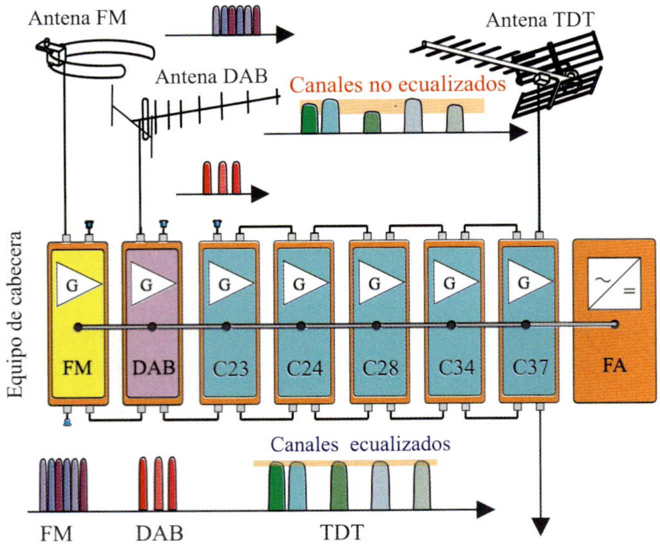

Figura 4.5. *Ecualización por canales en un sistema de amplificación monocanal.*

Un **sistema de amplificación de banda ancha** tiene algunas limitaciones que lo hacen adecuado solamente en determinadas circunstancias, ya que este tipo de sistema se caracteriza por:

- **Permite la ecualización por bandas.** El nivel de señal recibido de los canales de cada banda debe estar ecualizado, ya que el ajuste de ganancia afecta a toda una banda.
- **Nivel de salida reducido.** Su uso es adecuado cuando el número de canales que desea amplificarse es pequeño o cuando el número de usuarios es reducido, ya que su nivel de salida máximo es menor que en los amplificadores monocanal.
- **Menor inmunidad a las interferencias.** Debido a que estos amplificadores amplifican toda una banda, no son capaces de eliminar las señales que no son de interés dentro de ella.

Se utilizará un sistema de amplificación de banda ancha en instalaciones pequeñas que requieran niveles de salida reducidos y cuando el nivel de los canales de salida de cada una de las antenas esté ecualizado (Figura 4.6).

Sabías que...

La normativa ICT especifica que la diferencia de nivel, a la salida de la cabecera, entre canales de la misma naturaleza, no debe ser superior a 3 dB.

El **nivel máximo de salida** de los amplificadores del equipo de cabecera viene limitado por la **normativa de la ICT** a 113 dBµV para los canales digitales de la banda terrestre y 110 dBµV para los canales digitales de la banda satélite. Tampoco pueden utilizarse por encima del nivel máximo de salida de las especificaciones que se establecen en los manuales técnicos de los fabricantes.

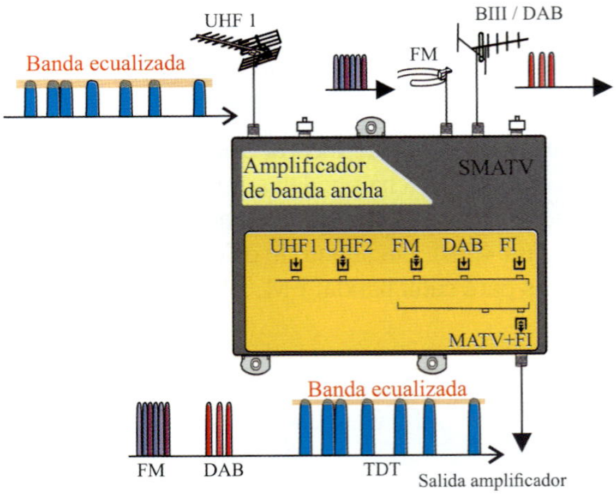

Figura 4.6. *Ecualización por banda en un sistema de amplificación de banda ancha.*

4.1.5. Mezcladores

Los **mezcladores** o **combinadores** son dispositivos que reciben distintas señales y las distribuyen por un solo cable de salida.

La **característica básica** que define a un mezclador son las **pérdidas de inserción** o de paso, que indican la atenuación que sufre la señal al atravesar el mezclador.

En el ejemplo de la Figura 4.7 se utiliza un mezclador para combinar la salida de dos antenas en un amplificador de banda ancha que solo dispone de una entrada de UHF.

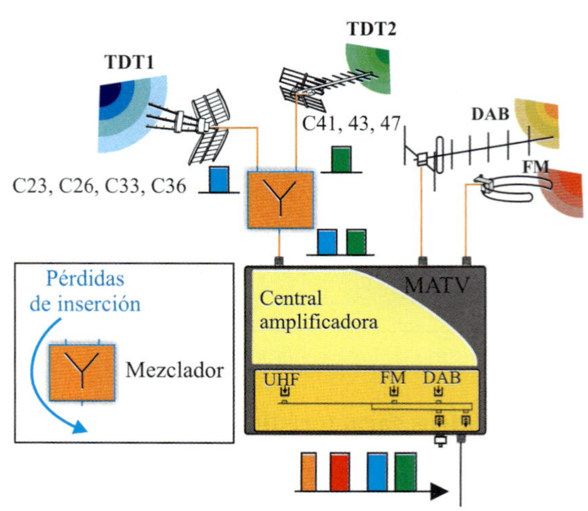

Figura 4.7. *Aplicación de los mezcladores.*

4.1.6. Filtros

Los **filtros** modifican los canales que se distribuyen a su salida, eliminándolos o dejando pasar los de interés.

Los filtros utilizados en televisión son de dos tipos: los **filtros paso-canal,** que son filtros paso banda que solo dejan pasar un canal, y los **filtros trampa** o **filtros supresores de canal,** que son filtros banda eliminada que eliminan un único canal, dejando pasar todos los demás. Actualmente, los filtros más utilizados son los **filtros LTE.**

Las **características principales** que definen estos dispositivos son el margen de frecuencias o canales afectados, la atenuación que presentará este dispositivo frente a la señal (pérdidas de inserción) y el nivel de rechazo al canal adyacente (selectividad) o la atenuación del canal eliminado dependiendo del tipo de filtro.

En el ejemplo de la Figura 4.8 se utiliza un filtro trampa para eliminar la interferencia que provoca el canal 37 procedente de otro centro emisor en el canal 36 del centro emisor de interés.

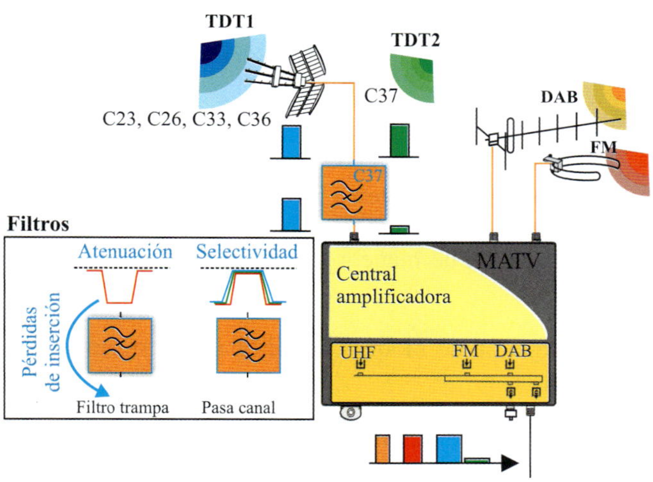

Figura 4.8. *Aplicación de un filtro trampa.*

4.1.7. Atenuadores

Los **atenuadores** se utilizan para disminuir el nivel de señal cuando es necesario equilibrar señales o evitar saturaciones en los amplificadores.

En la Figura 4.9a se muestra el aspecto de estos dispositivos. Es común la utilización de atenuadores regulables que disponen de un tornillo de ajuste que permite variar la atenuación entre un valor máximo y mínimo, generalmente de 0 a 20 dB. El atenuador dispone en cada lado de un conector (CEI o F), que permite su intercalado en la red de distribución o en el cable de bajada de la antena.

En la instalación de la Figura 4.9b se muestra un **ejemplo de aplicación** de un atenuador: el nivel de señal recibido por la antena DAB es excesivamente elevado, saturando el amplificador de esta banda. Para reducir el nivel de señal de entrada al amplificador se utiliza un atenuador.

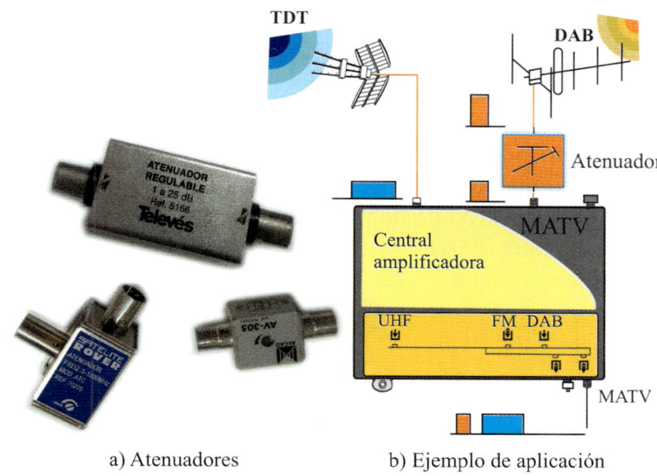

Figura 4.9. *Utilización de los atenuadores.*

4.1.8. Inyectores de corriente

Un **inyector de corriente** es un dispositivo que se encarga de alimentar preamplificadores para caja de antena o amplificadores de mástil, en el caso de que el amplificador principal no permita esta alimentación (Figura 4.10).

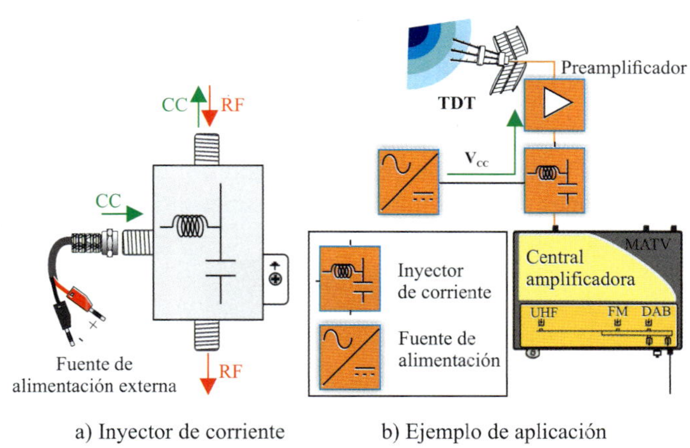

Figura 4.10. *Inyector de corriente.*

4.1.9. Equipo de cabecera de una ICT

La Figura 4.11 muestra el equipo de cabecera en el conjunto de una ICT. El **equipo de cabecera de una ICT** no difiere significativamente del de una instalación convencional.

Como normal general, en una ICT las señales de radio y TV terrestre deben distribuirse sin ningún tipo de procesamiento, es decir, no pueden manipularse ni cambiarse de frecuencia, por lo que el principal elemento que forma el **equipo de cabecera de una ICT** son los **amplificadores,** junto con las fuentes de alimentación que se necesitan para su correcto funcionamiento.

Por otro lado, en el equipo de cabecera de una ICT debe instalarse el elemento que realice la **función de mezcla** para facilitar la incorporación a la red de distribución de las señales procedentes de las antenas satélite y permita distribuir la red mediante dos cables coaxiales. En cada uno de los cables de la red de una ICT se distribuye la señal de la banda terrestre (MATV) y, de manera alternada, la señal de un satélite diferente.

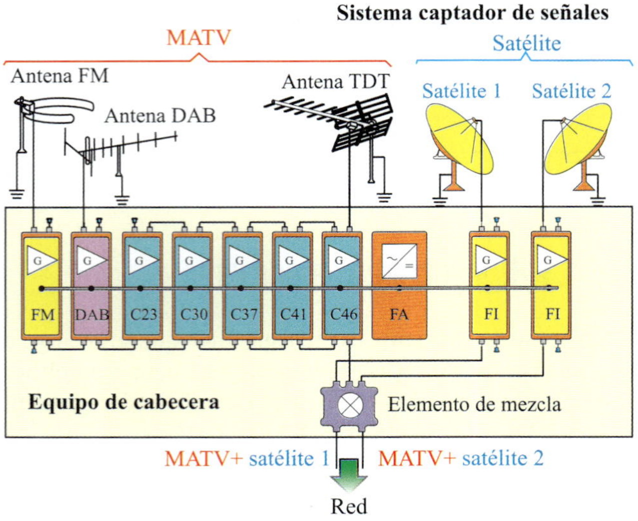

Figura 4.11. *Equipo de cabecera dentro de una ICT.*

En una ICT, el equipo de cabecera, tal y como se muestra en la Figura 4.12, se instala en el interior del recinto de instalaciones de telecomunicaciones superior (RITS).

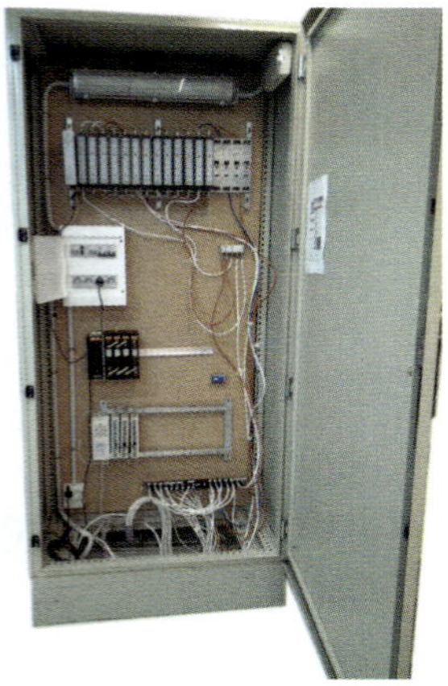

Figura 4.12. *RITS.*

4.2. Sistema de amplificación monocanal

Un **amplificador monocanal** solo amplifica un único canal, por lo que, en un sistema de amplificación monocanal se utilizan tantos amplificadores como canales desean recibirse.

La Figura 4.13 muestra un ejemplo de **equipo de cabecera monocanal.**

Figura 4.13. *Amplificación monocanal.*

4.2.1. Principio de funcionamiento

Cada módulo de un sistema de amplificación monocanal amplifica el canal, grupo de canales o banda para el que está sintonizado, de manera que no puede amplificar otro canal distinto.

Su diagrama de bloques simplificado se resume en la Figura 4.14a.

Los amplificadores monocanal se basan en la utilización de la denominada **técnica Z,** que se resume en la Figura 4.14b:

- **Demultiplexado Z a la entrada.** Cada módulo dispone de dos entradas. Solo es necesario conectar la salida de la antena a uno de los módulos, que suministra la señal al resto de los módulos por la otra entrada, la cual se conecta al módulo contiguo. Cada módulo solo amplifica el canal para el que está sintonizado (demultiplexado Z o autoseparación de señales).
- **Multiplexado Z a la salida.** Cada módulo dispone de dos salidas, en las que está disponible la señal del canal una vez amplificada, que se combina con las señales del resto de los módulos, también amplificadas, cuando se conectan las salidas de dos módulos entre sí (multiplexado Z o automezcla de señales).

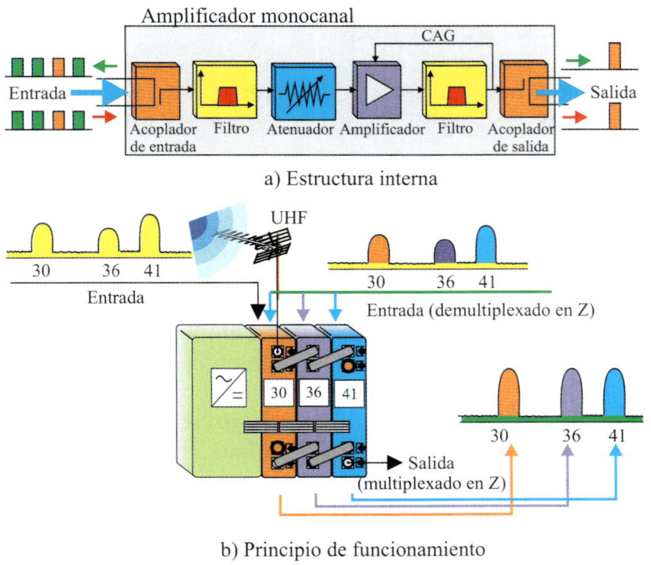

Figura 4.14. *Funcionamiento de un amplificador monocanal.*

4.2.2. Componentes del sistema

La Figura 4.15 muestra la instalación típica de los amplificadores monocanal que utilizan la técnica Z.

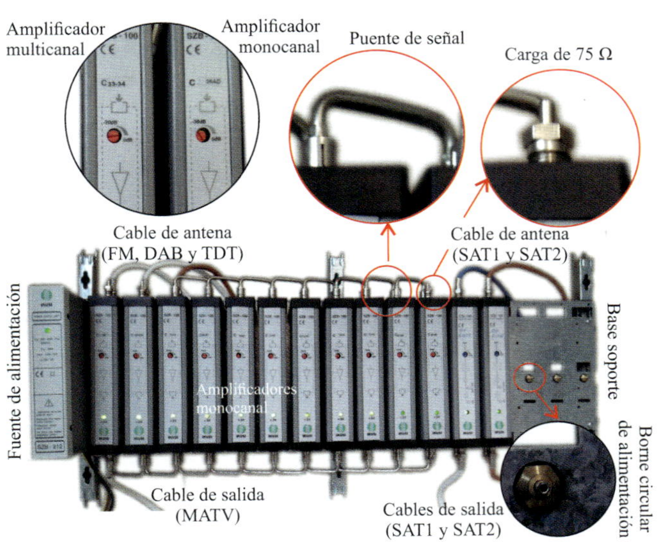

Figura 4.15. *Componentes de un sistema monocanal.*

La alimentación de cada módulo se realiza desde una **fuente de alimentación** externa que se conecta a la red de alimentación eléctrica. Esta fuente proporciona la alimentación al resto de los módulos, ya sea mediante puentes o mediante bornes de alimentación.

Los amplificadores disponen de dos salidas y dos entradas que permiten la interconexión en cascada con otros amplificadores. La conexión entre amplificadores se realiza mediante **puentes de señal** diseñados para tal efecto.

Cuando una de las entradas o salidas no se utiliza, es necesario adaptarla con una **carga de 75 Ω.**

4.2.3. Regulación de ganancia

Cada módulo monocanal dispone de **regulación de ganancia individual** que permite el ajuste del nivel de salida del equipo. Esta regulación se realiza mediante un **potenciómetro** (atenuador) incorporado en el frontal, tal y como se observa en la Figura 4.16.

Una vez ajustado el nivel de salida, este se mantiene constante, aunque varíen las condiciones de entrada, gracias al **control automático de ganancia (CAG)** que incorporan los amplificadores.

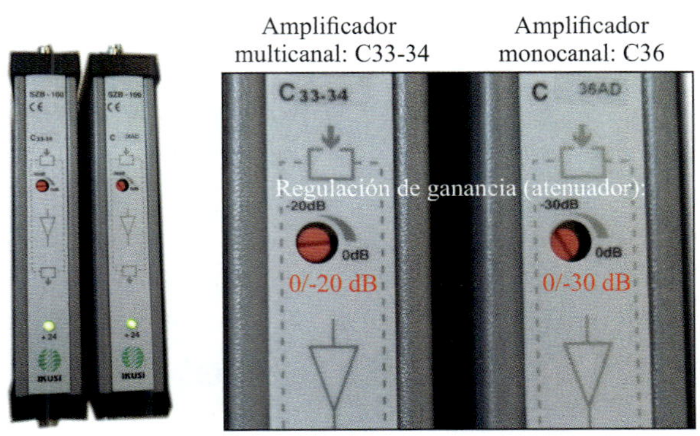

Figura 4.16. *Regulación de ganancia.*

La ganancia de estos equipos es elevada, superior en muchos casos a 50 dB, lo que permite trabajar en instalaciones con señales de recepción débiles. Además, la regulación de la ganancia típica varía entre 20 y 30 dB.

Sabías que...

El control automático de ganancia (CAG) permite ajustar el nivel de salida del amplificador al nivel deseado. Si el nivel de entrada del amplificador varía, el amplificador modifica de manera automática su ganancia para mantener constante el nivel de salida.

4.2.4. Tipos de amplificadores monocanal

Existen diferentes tipos de amplificadores monocanal (Figura 4.17), que pueden clasificarse de la siguiente manera:

- **Amplificador monocanal.** Para la banda de UHF se utiliza un amplificador por cada uno de los canales de TDT por amplificar. Por lo tanto, son amplificadores con un ancho de banda de 8 MHz.

- **Amplificador multicanal o de grupo.** Un amplificador multicanal permite amplificar un grupo de canales adyacentes de la banda de UHF: dos, tres, cuatro o más canales de manera simultánea. El ancho de banda del amplificador puede ser, por lo tanto, de 16 MHz, 24 MHz, 32 MHz o mayor dependiendo del número de canales que amplifica.
- **Amplificadores de banda ancha.** Aunque se clasifiquen dentro de los amplificadores monocanal, existen los que amplifican toda la banda de FM o toda la banda III/DAB. También existen amplificadores que se integran dentro de este sistema, que amplifican toda la banda de FI. El ancho de banda de estos amplificadores dependerá del margen de frecuencias de la banda que amplifican.

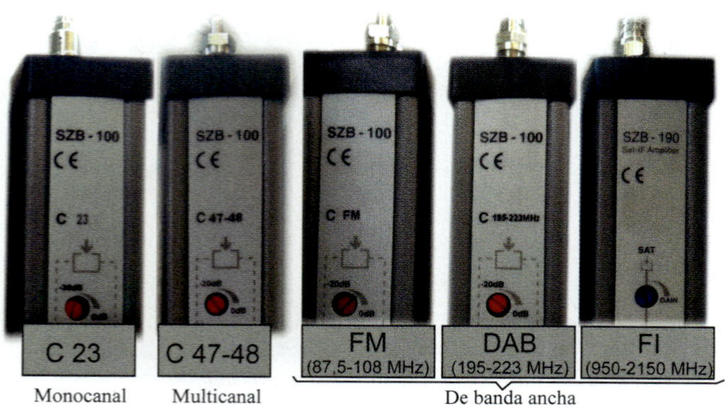

Figura 4.17. *Tipos de amplificador monocanal.*

Sabías que...

Cada fabricante tiene su serie de amplificadores monocanal, que incluyen amplificadores de FM, DAB, UHF y FI. Cuando es necesario realizar un pedido, para los amplificadores de UHF monocanal, será necesario especificar el canal deseado, y para los amplificadores de UHF multicanal habrá que especificar, además, el número de canales por amplificar.

4.2.5. Tensión máxima de salida

El **nivel de salida máximo de un amplificador** especificado por el fabricante es el nivel máximo que puede obtenerse a su salida garantizando un funcionamiento lineal sin distorsión; por lo tanto, nunca debe ajustarse un amplificador monocanal por encima de este valor.

4.2.6. Selectividad

La **selectividad** de un amplificador monocanal indica la capacidad del amplificador de rechazar las señales de los canales contiguos.

El fabricante, dependiendo del tipo de amplificador, especifica la selectividad o rechazo *(R)* para los canales $N + 1$, $N + 2$ o $N + 3$ y se mide en dB.

En función de la selectividad, los amplificadores monocanal se clasifican de la manera siguiente:

- **Amplificador monocanal convencional** (Figura 4.18a). Un amplificador monocanal convencional amplifica un único canal y es poco selectivo al canal adyacente. Estos amplificadores son de aplicación general y pueden utilizarse cuando no existen canales adyacentes.
- **Amplificador monocanal selectivo** (Figura 4.18b). Los amplificadores monocanal selectivos tienen una respuesta en frecuencia mejor y permiten amplificar por separado canales adyacentes.

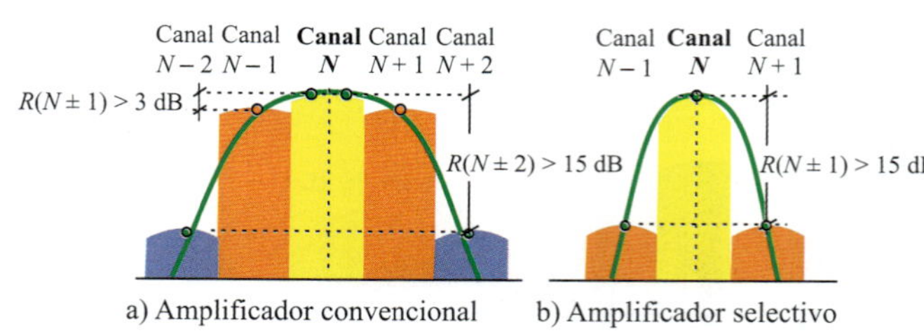

Figura 4.18. *Selectividad de los amplificadores monocanal.*

Con **amplificadores monocanal convencionales** se prevé una separación de **dos canales libres** entre canales ocupados para la amplificación, para evitar interferencias y obtener un rechazo adecuado a los canales cercanos.

Ejemplo 4.1. Amplificadores monocanal

En el ejemplo de aplicación de la Figura 4.19, un amplificador monocanal convencional no es adecuado para amplificar el canal 31 o 32, ya que son adyacentes.

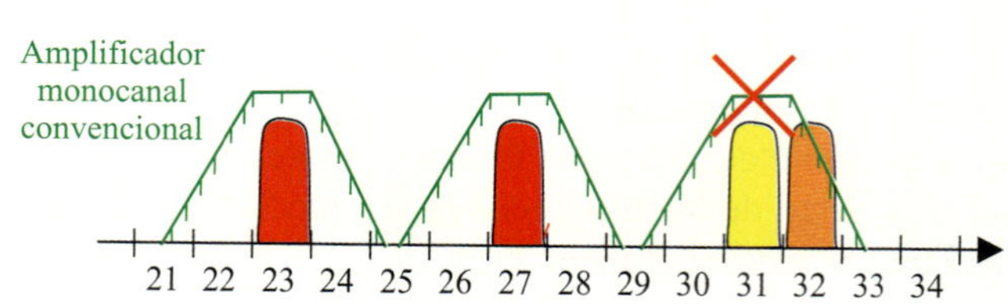

Figura 4.19. *Amplificador monocanal convencional.*

En la Figura 4.20 se muestra un ejemplo de utilización de los **amplificadores monocanal selectivos:** pueden utilizarse en cualquier situación, ya que su respuesta en frecuencia permite filtrar dos canales contiguos en frecuencia, de manera que no se producen interferencias cuando se amplifican.

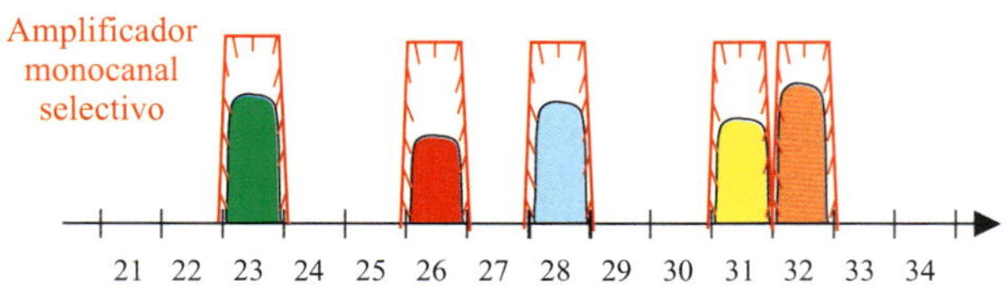

Figura 4.20. *Amplificador monocanal selectivo.*

Los **amplificadores multicanal** para la banda de UHF están diseñados para amplificar de manera conjunta un grupo de canales adyacentes. Para ello, deben tenerse en cuenta las consideraciones siguientes:

- Cada módulo permite amplificar y ecualizar un grupo de dos o más canales, según el modelo y fabricante.
- Como norma general, son poco selectivos, por lo que será necesario prever canales de separación cuando se amplifica un grupo de canales.
- Con estos amplificadores puede ajustarse el nivel de salida de cada grupo de canales, pero no de cada canal de manera independiente, por lo que los canales deben estar ecualizados.

Ejemplo 4.2. Amplificadores multicanal

En la Figura 4.21 se muestra la aplicación de estos amplificadores. Los canales C26 y C27 no pueden amplificarse al no estar ecualizados a la entrada. Los canales C30 y C31 tampoco pueden amplificarse con un amplificador multicanal de 2 canales al haber un canal contiguo C32 que interfiere en su repuesta en frecuencia. La mejor opción para amplificar estos canales, al estar ecualizados, es utilizar un amplificador multicanal de 3 canales, como el utilizado para amplificar los canales C35, C36 y C37.

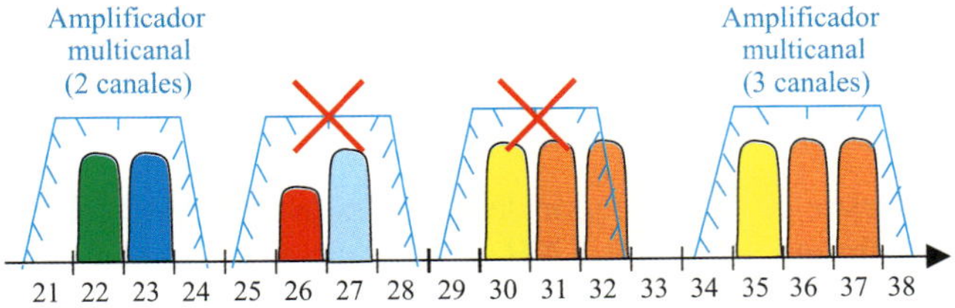

Figura 4.21. *Amplificador multicanal.*

Caso práctico 4.1
Amplificación de canales adyacentes

En presencia de canales adyacentes, existen dos soluciones para amplificarlos:

1. Utilizar un amplificador multicanal cuando los canales de entrada están ecualizados.
2. Utilizar dos amplificadores selectivos, uno para cada canal, independientemente de si los canales están ecualizados o no.

La Figura 4.22 muestra la respuesta de un **amplificador multicanal** cuando se amplifican dos canales adyacentes ecualizados (C33 y C34).

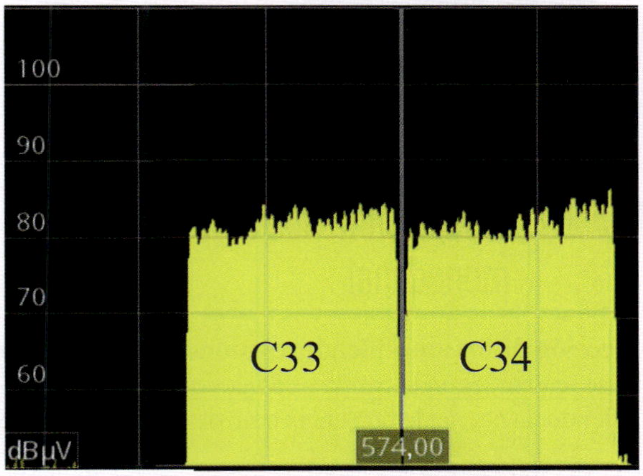

Figura 4.22. *Respuesta de un amplificador multicanal.*

Si se utiliza un **amplificador convencional** para amplificar el canal 33 (Figura 4.23) se producirán señales interferentes del canal contiguo (C34) debido a su escasa selectividad.

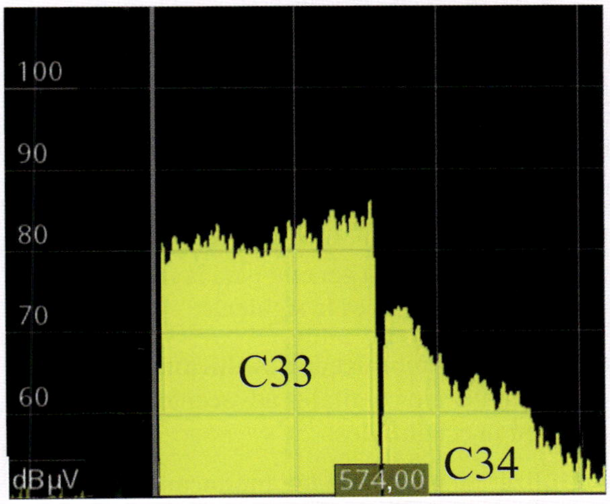

Figura 4.23. *Respuesta de un amplificador monocanal convencional.*

La Figura 4.24 muestra cómo se elimina casi por completo el canal adyacente no amplificado (C33) cuando se utiliza un **amplificador selectivo** para amplificar el canal 34.

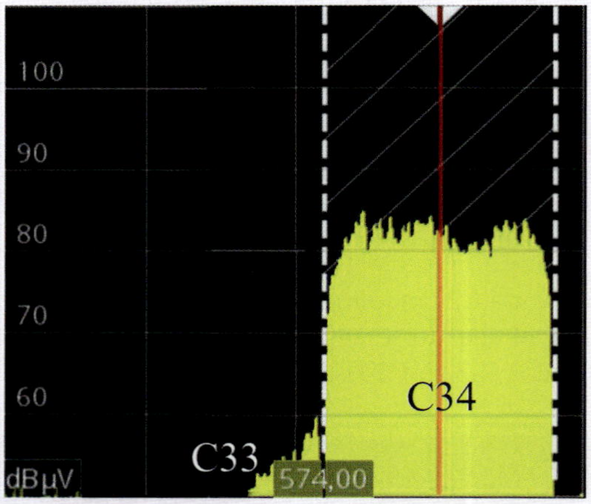

Figura 4.24. *Respuesta de un amplificador monocanal selectivo.*

4.2.7. Selección de los amplificadores monocanal

La **selección de los amplificadores monocanal** de una instalación se realiza según la banda y canales que han de distribuirse, teniendo en cuenta la presencia o no de canales adyacentes.

En la instalación del equipo de cabecera de una ICT será necesario utilizar diferentes módulos de amplificación, en función de las señales presentes a la salida de las antenas: amplificadores monocanal de UHF (TDT), amplificador de FM, amplificador de DAB y amplificador de FI.

Amplificadores monocanal de UHF (TDT)

Los **amplificadores monocanal de la banda de UHF** se utilizan para amplificar los canales de TDT que se reciben en el lugar del emplazamiento y, como norma general, se utilizará un amplificador monocanal por cada canal presente a la salida de la antena.

El problema se presenta ante la **presencia de canales adyacentes.** La solución general para la recepción de dos o más canales adyacentes es la siguiente:

- Utilizar un **amplificador multicanal** para recibir todos los canales digitales adyacentes, si estos se encuentran ecualizados.
- Utilizar un **amplificador monocanal selectivo** para cada uno de los canales digitales cuando las señales de entrada de los canales adyacentes no se encuentren ecualizadas.

Amplificador FM y DAB

Los amplificadores de radio FM y radio DAB de un sistema de amplificación monocanal cubren el ancho de banda de cada servicio:

- **Módulo de banda FM.** Cubre el ancho de banda reservado en la banda II para el servicio se radio FM de 87,5-108 MHz.
- **Módulo de la banda DAB.** La banda DAB cubre los canales 8 a 11 (195-223 MHz) de la banda III de UHF. El tipo de amplificador seleccionado debe cumplir una de las características siguientes:
  - — Un amplificador monocanal de la banda III que cubre el margen de frecuencias de 174-230 MHz es adecuado, ya que incluye el margen de frecuencias DAB.
  - — Existen módulos que se adaptan al servicio DAB y que solo cubren el margen de frecuencias de 195-223 MHz.
  - — Amplificadores monocanal para la banda de VHF, con ancho de banda de 7 MHz, por lo que se utilizarán tantos amplificadores (C8, C9, C10 o C11) como canales de VHF se utilicen en el lugar de recepción.

Amplificador FI

Los **amplificadores de FI** son módulos que amplifican el rango de frecuencias de 950-2150 MHz, que cubre el margen de frecuencias de FI satélite. Normalmente, amplifican la señal de FI y disponen de una entrada para la mezcla de las señales de la banda terrestre.

Si la instalación prevé la distribución de la señal satélite, puede adoptarse una de las soluciones siguientes:

- Utilizar un **amplificador FI independiente,** que incorpora su propia fuente de alimentación y cuyo montaje se realiza fuera del sistema monocanal (Figura 4.25a).
- Utilizar un **amplificador FI de sistema monocanal,** cuyo montaje se realiza como un módulo más (Figura 4.25b).

En la Figura 4.26 se muestra un ejemplo típico de instalación. Los amplificadores de FI amplifican la señal del margen de frecuencias de 950-2150 MHz y combinan a la salida la señal MATV sin amplificar.

Desde el amplificador de FI también se lleva a cabo la **telealimentación del LNB,** generando así las señales de tensión/tono para la selección de la polaridad (H/V) y la banda de frecuencias (alta/baja) del satélite. Su configuración se realiza normalmente mediante microinterruptores.

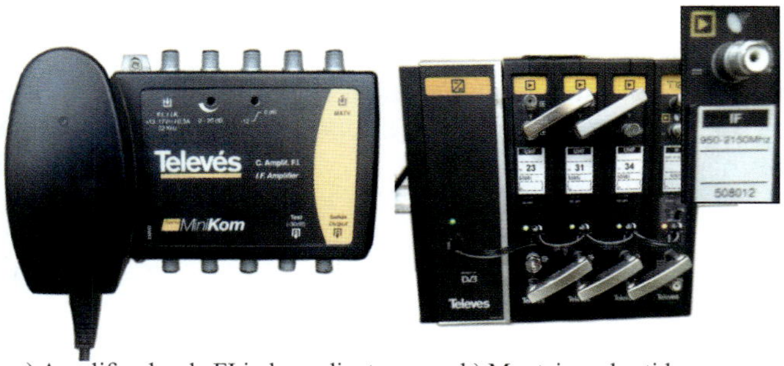

a) Amplificador de FI independiente b) Montaje en bastidor

Figura 4.25. *Tipos de amplificadores de FI.*

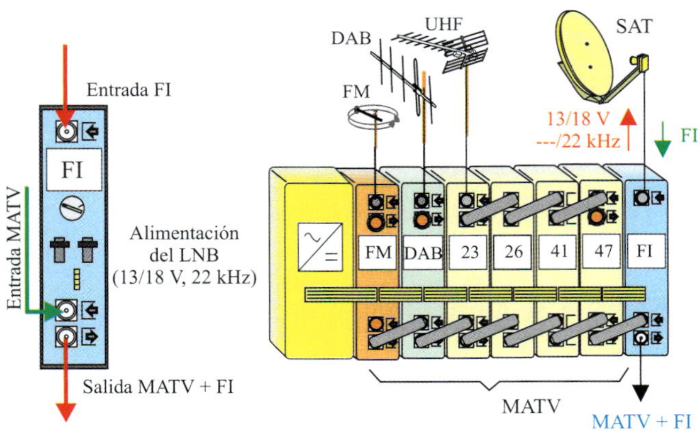

Figura 4.26. *Amplificador FI monocanal.*

4.2.8. Instalación de un sistema de amplificación monocanal

La **instalación de un sistema de amplificación monocanal** se realiza sobre una base-soporte (montaje en *rack*) o sobre carril (montaje sobre raíl), como se muestra en la Figura 4.27.

En un sistema de amplificación monocanal habrá tantos **grupos de módulos** como antenas instaladas. Por ejemplo, pueden tenerse dos antenas de UHF orientadas hacia centros emisores distintos donde cada antena recibe un número de canales diferentes, que desean amplificarse (Figura 4.28). Además, debe considerarse un amplificador monocanal para radio FM, otro para radio DAB y los amplificadores de FI necesarios según el número de bandas y polaridades que han de distribuirse en la instalación.

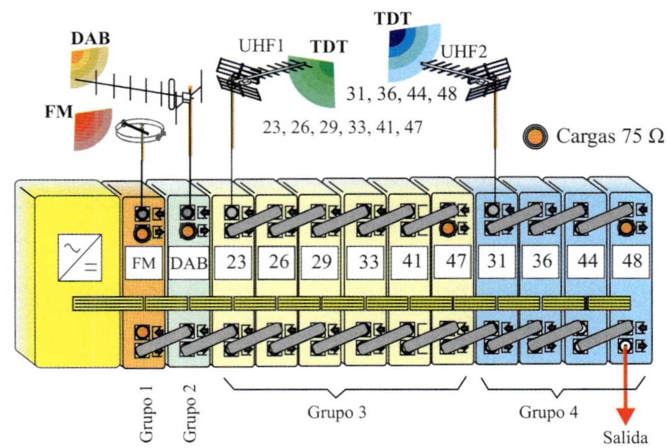

Figura 4.28. *Instalación por grupo de canales.*

Para la instalación de los módulos deben tenerse en cuenta las consideraciones siguientes:

- Los amplificadores deben colocarse en la base-soporte siempre que sea posible en **orden creciente** de número de canal. De esta manera se minimizan las pérdidas por frecuencia.
- En cada grupo de amplificadores el **cable de antena** se conecta a la entrada del primero de los amplificadores del grupo, normalmente el canal más bajo de frecuencia.
- Las **entradas de los módulos** se conectan entre sí mediante los puentes de RF suministrados para la demultiplexación en Z.
- Se conectan cargas de terminación de 75 Ω en las **entradas no utilizadas.**
- Las **salidas de los módulos** se unen para realizar el multiplexado en Z con los puentes de RF que se

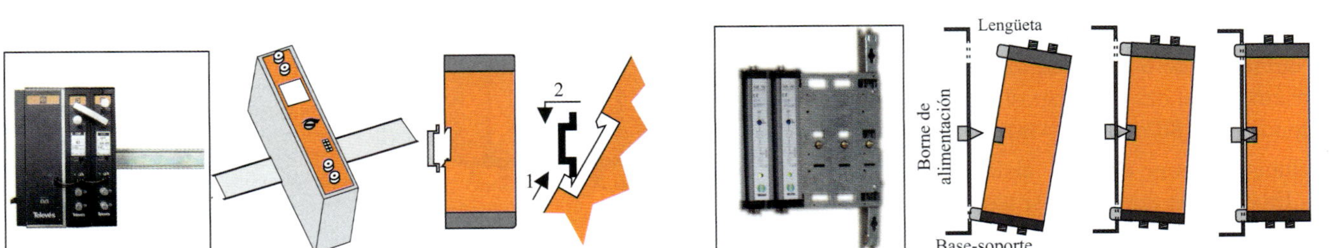

a) Soporte carril DIN para montaje en pared b) Montaje sobre base-soporte

Figura 4.27. *Instalación de los módulos.*

suministran. Si alguna salida no se utiliza, también es necesario conectar una carga de terminación de 75 Ω.

- La salida del sistema de amplificación se toma, como norma general, del último de los módulos instalados, es decir, del módulo del canal más alto.

Sabías que...

Cuando el propio amplificador suministra la alimentación de los preamplificadores, las cargas de terminación instaladas deben bloquear el paso de la alimentación CC para evitar cortocircuitos.

4.2.9. Alimentación del equipo de cabecera

El equipo de cabecera monocanal debe alimentarse desde una **fuente de alimentación** externa. Habitualmente, estas fuentes de alimentación suministran una corriente continua de 24 V y se conectan a la red de distribución eléctrica de 230 V CA/50 Hz, por lo que debe haber una toma de corriente cerca del lugar de instalación.

Cuando el número de módulos que debe alimentar la fuente de alimentación es elevado, hay que asegurarse de que sea capaz de suministrar la corriente necesaria para la alimentación de todos los componentes: consumo de todos los módulos instalados, incluida la alimentación de los preamplificadores y el LNB.

Los fabricantes comercializan diferentes modelos de fuentes de alimentación capaces de alimentar un número de módulos diferente, según las necesidades de la instalación.

Dependiendo del sistema, la **alimentación de los módulos** desde la fuente se realiza a través de los propios puentes de señal RF, mediante **puentes de alimentación** (Figura 4.29a) o a través de la base soporte mediante **bornes de alimentación** (Figura 4.29b).

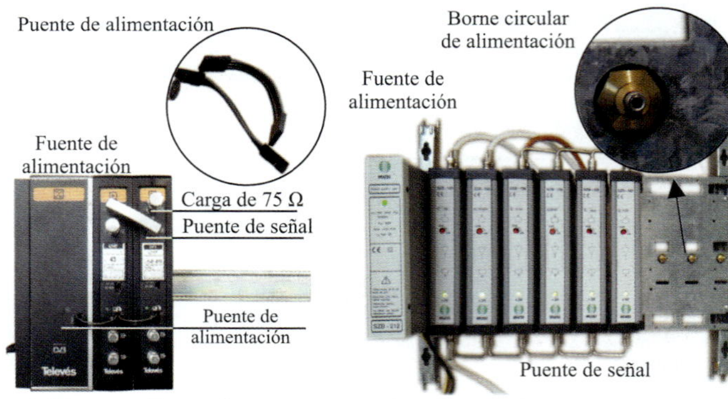

a) Alimentación mediante puentes b) Alimentación mediante bornes

Figura 4.29. *Características de una fuente de alimentación.*

4.2.1.0 Alimentación de preamplificadores

En el caso de que sea necesario alimentar algún **preamplificador** en la antena, la alimentación se realiza por el propio cable coaxial de bajada de la antena (telealimentación) desde el amplificador del equipo de cabecera.

El suministro de esta tensión, generalmente de 24 V CC, puede configurarse desde el propio amplificador, normalmente con un interruptor ON/OFF (Figura 4.31). De la misma manera, los amplificadores de FI satélite permiten

Ejemplo 4.3. Fuente de alimentación

En la Figura 4.30 se muestra un ejemplo de fuente de alimentación. La tensión de alimentación que proporciona es de 24 V CC y es capaz de suministrar hasta 2 A de corriente.

El **consumo medio de un amplificador monocanal** es de aproximadamente 100 mA, por lo que esta fuente de alimentación puede alimentar unos 20 módulos.

En el caso de que alguno de los módulos alimente un preamplificador o el amplificador de FI alimente el LNB, es necesario añadir el consumo de estos elementos, ya que la corriente la proporciona la fuente de alimentación a través de los módulos. Aunque el consumo dependerá del dispositivo, aproximadamente ronda entre 80 mA y 100 mA.

La fuente dispone de doble aislamiento, y la tensión de alimentación que suministra de 24 V en CC según el REBT se considera de muy baja tensión de seguridad, por lo que no se requieren precauciones adicionales como la conexión a tierra.

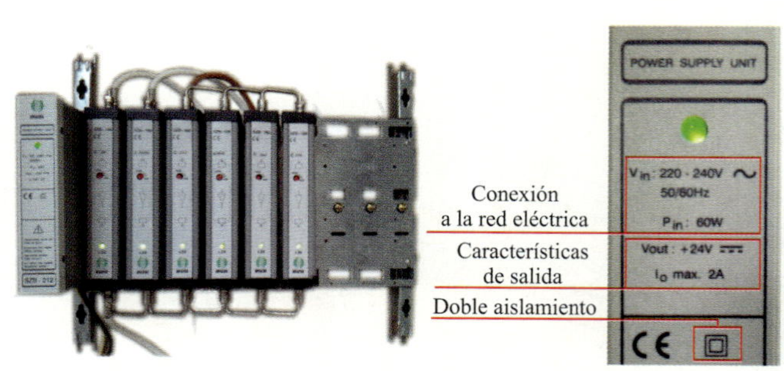

a) Alimentación de los módulos b) Características eléctricas

Figura 4.30. *Alimentación de un equipo de cabecera monocanal.*

alimentar el LNB de la antena satélite, generando las señales de tensión/tono para selección de la polaridad (H/V) y la banda de frecuencias (alta/baja).

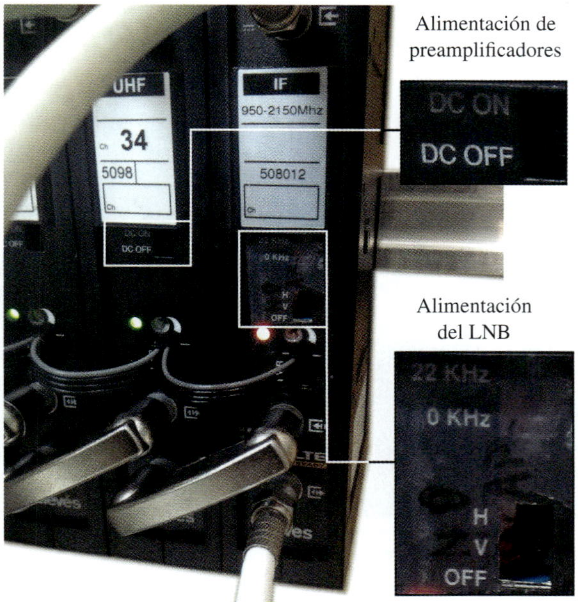

Figura 4.31. *Alimentación de preamplificadores y LNB desde el equipo de cabecera.*

4.2.11. Salida RF de la instalación

Como norma general, la **salida del equipo de cabecera** se toma del extremo en el que están situados los módulos de los canales más altos. De esta manera se reduce la atenuación adicional con la frecuencia.

Si se utiliza **una salida** (Figura 4.32a), debe conectarse una carga en la salida del primer módulo, normalmente el módulo de FM.

Si se necesitan **dos salidas** (Figura 4.32b), estas pueden obtenerse del primer y último módulos.

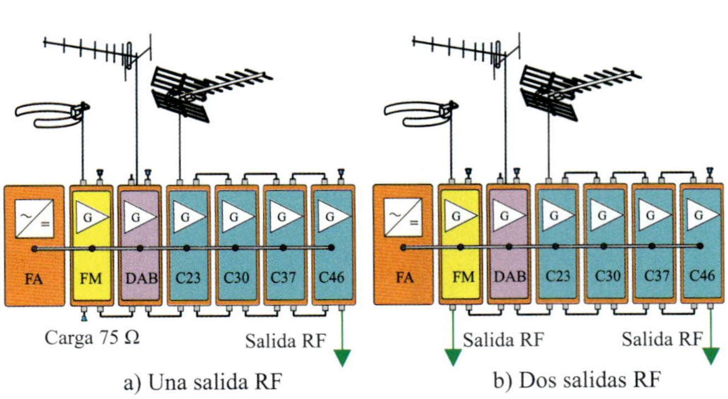

Figura 4.32. *Salida del equipo de cabecera monocanal.*

4.2.12. Ajuste del nivel de salida de un amplificador monocanal

El equipo de cabecera debe suministrar un determinado nivel de señal para compensar las pérdidas de la red. El nivel de señal de salida, por lo tanto, dependerá de la instalación y su nivel óptimo estará calculado en el proyecto técnico de la ICT.

Una vez realizada la instalación del equipo de cabecera debe ajustarse el nivel de salida de los amplificadores.

Para ello, con el medidor de campo, se comprueba el nivel de salida de todo el equipo de cabecera y se regula el atenuador de cada módulo hasta que, a la salida, se obtenga el **nivel especificado en el proyecto técnico** de la instalación (Figura 4.33). En este punto, los niveles de salida de los canales deben estar ecualizados, siendo su diferencia máxima de 3 dB para cada banda.

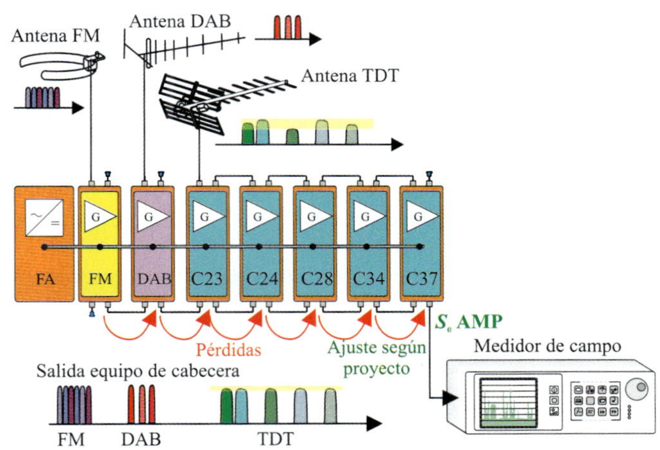

Figura 4.33. *Ajuste del nivel de salida del equipo de cabecera.*

Cuando el **nivel de señal de entrada** está fuera de los niveles recomendados, puede ocurrir que no sea posible ajustar el nivel de salida del equipo de cabecera al nivel óptimo, por dos motivos:

1. **Nivel insuficiente de entrada.** En el caso de un nivel de señal insuficiente a la salida de las antenas se puede recurrir a una de las soluciones siguientes:
   - — Utilizar antenas con mayor ganancia.
   - — Utilizar preamplificadores en el sistema captador.
   - — Utilizar amplificadores con mayor ganancia.
2. **Nivel excesivamente alto de entrada.** En el caso de un nivel de señal excesivo a la salida de las antenas, puede recurrirse a una de las soluciones siguientes:
   - — Utilizar antenas con menor ganancia.
   - — Utilizar atenuadores a la entrada del amplificador.
   - — Utilizar amplificadores con menor ganancia o un margen de regulación mayor.

Recuerda

En el proyecto técnico se indica a qué nivel de señal debe ajustarse el equipo de cabecera para cada uno de los servicios (FM, DAB, TDT y FI), para poder compensar las pérdidas de la red y que el usuario reciba una señal con calidad suficiente.

Caso práctico 4.2

Instalación monocanal

Las diferencias en las condiciones de emisión de cada canal desde el centro emisor debido a la diferente planificación de cada múltiplex por los operadores (RGE, MPE, MAUT, TL, etc.) puede provocar que el nivel de señal recibido sea muy dispar.

La principal solución a este problema es la utilización de un equipo de amplificación monocanal de tal forma que la ganancia de cada canal se ajusta de manera independiente hasta obtener un nivel de señal ecualizado a su salida.

La Figura 4.34 muestra el espectro de los canales presentes a la salida de la antena de la instalación bajo estudio.

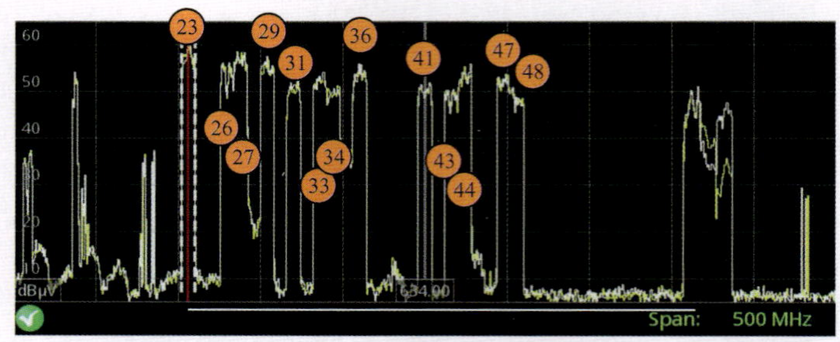

Figura 4.34. *Canales a la entrada del equipo de cabecera terrestre.*

La configuración del equipo de cabecera se muestra en la Figura 4.35. Se ha optado por utilizar amplificadores multicanal para amplificar los canales adyacentes, ya que presentan poca diferencia de señal a la entrada.

Figura 4.35. *Equipo de cabecera.*

La salida de los módulos de TDT del equipo de cabecera se ha ajustado aproximadamente a 95 dBµV, según el proyecto técnico, con una diferencia máxima de 3 dB entre canales, cuyo espectro se muestra en la Figura 4.36.

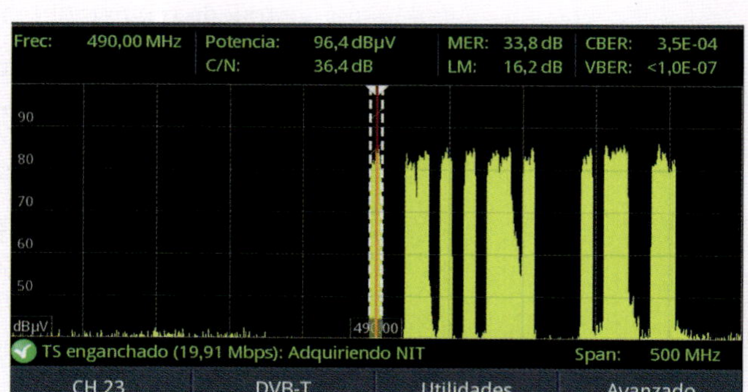

Figura 4.36. *Espectro de salida de los amplificadores de TDT.*

Los resultados de la medida de la señal de los canales de TDT a la salida del equipo de cabecera se muestran en la Figura 4.37. Como se observa, la diferencia de nivel no supera los 3 dB.

	CH	Tipo	Potencia/Ni...	C/N	MER	LM
	23	DVB-T	96,4 dBμV	>41,1 dB	33,6 dB	16,0 dB
	26	DVB-T	94,7 dBμV	39,0 dB	31,5 dB	13,9 dB
	27	DVB-T	97,7 dBμV	37,1 dB	35,8 dB	18,2 dB
	29	DVB-T	96,7 dBμV	40,4 dB	36,0 dB	18,4 dB
	31	DVB-T	96,2 dBμV	39,1 dB	33,6 dB	16,0 dB
	33	DVB-T	96,2 dBμV	39,5 dB	34,1 dB	16,5 dB
	36	DVB-T	96,3 dBμV	38,3 dB	33,6 dB	16,0 dB
	41	DVB-T	96,0 dBμV	38,6 dB	31,6 dB	14,0 dB
	43	DVB-T2	95,7 dBμV	37,9 dB	34,9 dB	16,8 dB
	44	DVB-T	96,9 dBμV	37,9 dB	29,4 dB	11,8 dB
	47	DVB-T	96,7 dBμV	37,7 dB	32,7 dB	15,1 dB
	48	DVB-T	94,7 dBμV	35,2 dB	31,7 dB	14,1 dB

Figura 4.37. *Ajuste de salida de los amplificadores de TDT.*

El **amplificador de FI** es de banda ancha, por lo que el ajuste del nivel de salida se realiza sobre todos los canales satélite de manera simultánea. En esta instalación se ajusta el nivel de salida a 100 dBμV aproximadamente, según el proyecto técnico. En la Figura 4.38 se muestra el espectro de salida de uno de los amplificadores de FI y el nivel de señal medido en tres frecuencias significativas de la banda (1.ª FI, 2.ª FI y 3.ª FI).

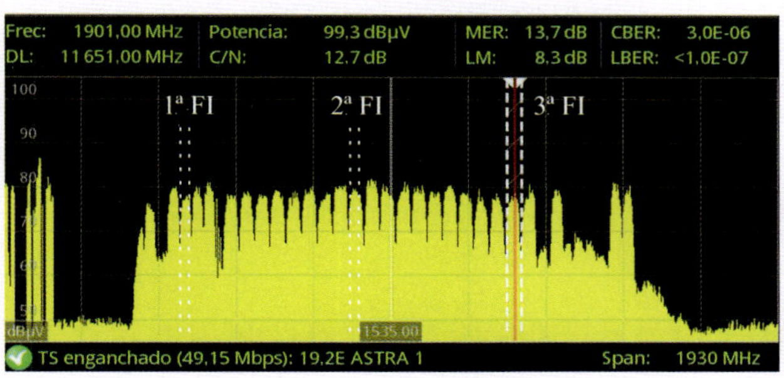

a) Espectro de salida y medida 3.ª FI

b) Medida 2.ª FI

c) Medida 1.ª FI

Figura 4.38. *Ajuste del nivel de salida del amplificador de FI.*

Al igual que los amplificadores de FI, los **amplificadores de FM** y **de DAB** amplifican todos los canales por igual, de manera que será difícil ecualizar todos los canales de cada banda. Escogiendo uno de los canales como referencia, la señal de salida de FM se ajusta a unos 86 dBμV y la señal de salida DAB a 88 dBμV, según el proyecto técnico (Figura 4.39).

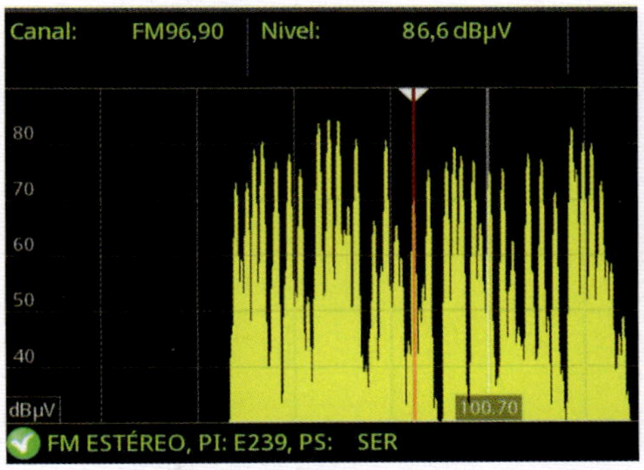

a) Ajuste FM

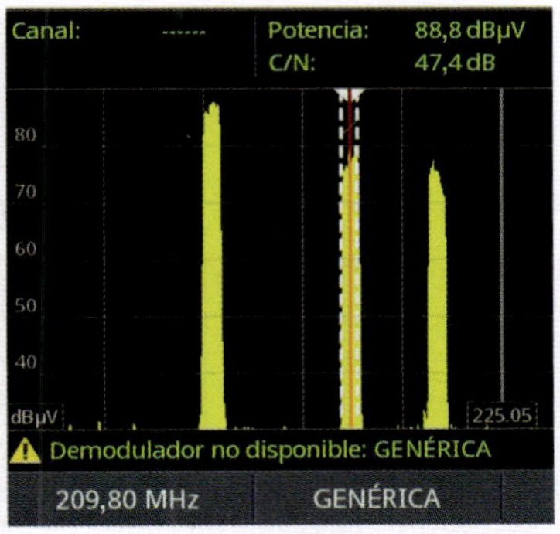

b) Ajuste DAB

Figura 4.39. *Ajuste del nivel de salida de los amplificadores de FM y DAB.*

4.3. Amplificadores de banda ancha

Un **amplificador de banda ancha** amplifica de manera simultánea los canales de una banda entera.

Este tipo de amplificador, tal y como se muestra en la Figura 4.40, es un **equipo compacto** que incorpora su propia fuente de alimentación y dispone de diferentes entradas para la amplificación y mezcla de las diferentes bandas terrestres y satélite.

Figura 4.40. *Amplificador de banda ancha.*

4.3.1. Centrales amplificadoras

Los amplificadores de banda ancha normalmente amplifican diferentes bandas, por lo que también se denominan **centrales amplificadoras.** Estos equipos disponen de diferentes entradas, una o varias para cada banda: BI, FM, BIII y UHF. Si la central también está preparada para distribuir la señal satélite, dispone de una entrada de FI.

El fabricante especifica las **características del amplificador** para cada una de las bandas que amplifica (Figura 4.41a), ya que cada banda tiene sus propias características: margen de frecuencias que amplifica, ganancia *(G),* margen de regulación de la ganancia *(R)* y tensión máxima de salida ($S_{o\,MÁX}$).

En la Figura 4.41b se muestra la **estructura interna** de este tipo de amplificadores. Cada banda se amplifica de manera separada, filtrando el margen de frecuencias correspondiente. Las entradas son regulables, lo que permite la ecualización por bandas.

Ejemplo 4.4. Amplificador de banda ancha

La Figura 4.42 muestra un ejemplo de amplificador de banda ancha donde se presentan serigrafiadas las características de cada una de las bandas que amplifica.

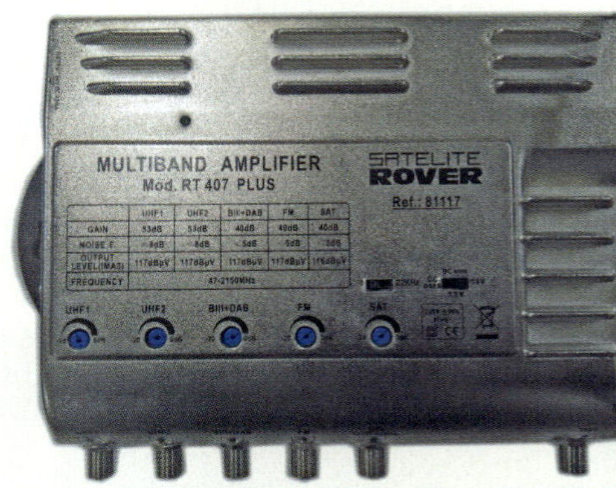

Figura 4.42. *Características de un amplificador de banda ancha.*

4.3.2. Utilización de amplificadores de banda ancha

Como norma general, puede utilizarse un amplificador de banda ancha cuando los canales de entrada están ecualizados y solo es necesario ecualizar en banda.

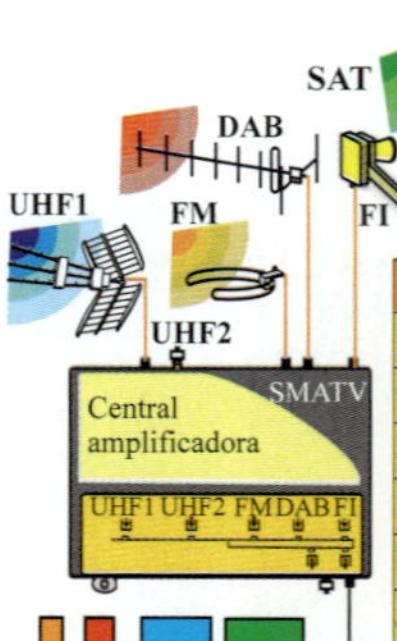

Amplificador de banda ancha					
Entradas	**FM**	**BIII**	**UHF1**	**UHF2**	**FI**
Ganancia	35 dB	40 dB	42/52 dB		35 dB
Margen de regulación	0-25 dB		0-20 dB		0-25 dB
Pendiente	---		---		0-15 dB
Figura de ruido	7 dB	7 dB	9 dB		10 dB
S_o salida máxima	110 dBμV		117 dBμV		121 dBμV

a) Características técnicas

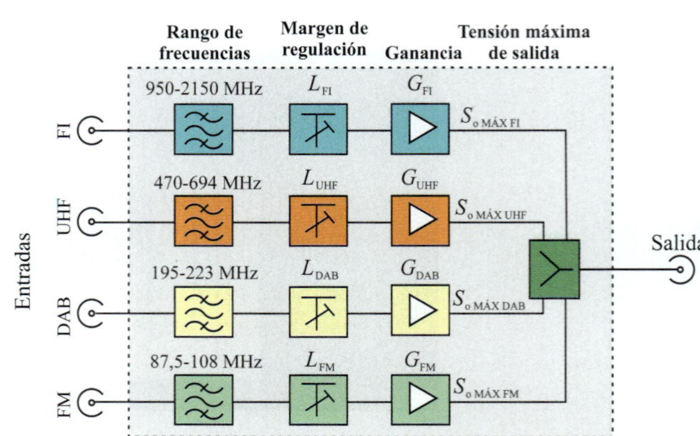

b) Diagrama de bloques simplificado

Figura 4.41. *Amplificador de banda ancha (central amplificadora).*

La utilización de amplificadores de banda ancha en el equipo de cabecera solo se recomienda para instalaciones pequeñas, según las recomendaciones del fabricante.

Además, la **normativa de la ICT,** con carácter general, limita el uso de cualquier tipo de central amplificadora o amplificador de banda ancha a las edificaciones en las que el número de tomas servidas desde la cabecera sea inferior a 30.

Ejemplo 4.5. Utilización de un amplificador de banda ancha

En la Figura 4.43 se muestra un ejemplo práctico de aplicación de los amplificadores de banda ancha.

En una instalación, la diferencia de nivel a la salida de la cabecera, entre canales de la misma naturaleza, no debe ser superior a 3 dB, por lo que podrá utilizarse un amplificador de banda ancha cuando los canales de entrada mantengan esta misma diferencia.

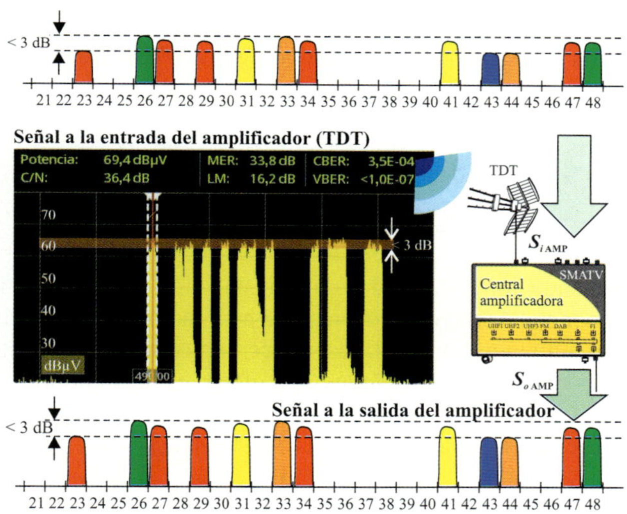

Figura 4.43. *Aplicación de un amplificador de banda ancha.*

4.3.3. Ecualización por bandas

Muchos amplificadores de banda ancha disponen de dos a más entradas de UHF.

Si la instalación dispone de dos o más antenas para recibir las señales de varios centros emisores, pueden utilizarse amplificadores de banda ancha con amplificación separada para cada entrada de UHF.

De esta manera, la regulación de la ganancia se ajusta por separado, ecualizando los niveles de señal de cada banda, tal y como se muestra en la Figura 4.44.

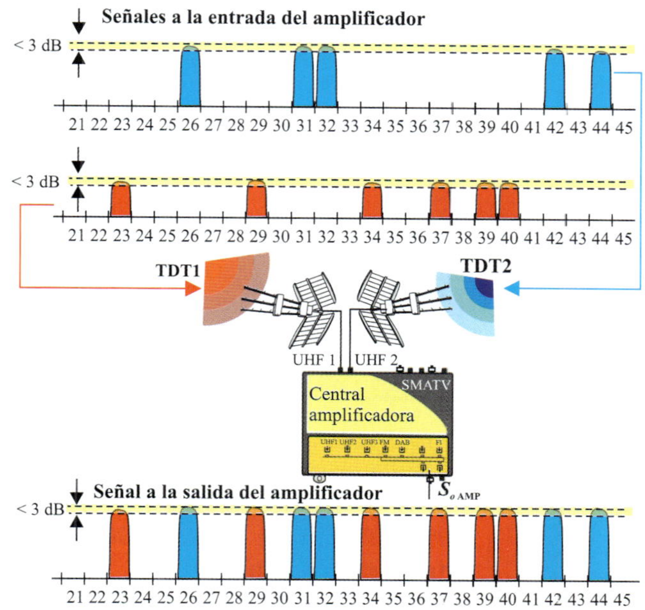

Figura 4.44. *Ecualización por bandas.*

4.3.4. Nivel de salida máximo de un amplificador de banda ancha

El dato de **nivel máximo de salida** del amplificador suministrado por el fabricante de un amplificador de banda ancha es un valor determinado por unas condiciones de medida realizadas en laboratorio para mantener un nivel de distorsión de salida tolerable.

En los amplificadores de banda ancha, la tensión máxima de salida se especifica cuando se amplifica un único canal digital (COFDM-terrestre o QPSK-satélite). Conforme aumenta el número de canales que se amplifica, la distorsión aumenta, por lo que la señal de salida máxima debe reducirse para mantener unos niveles de distorsión tolerables.

La **reducción del nivel de salida de un amplificador de banda ancha** en función del número de canales digitales amplificados se muestra en la Tabla 4.1.

Tabla 4.1. Reducción del nivel de salida de un amplificador de banda ancha (canales digitales)

Número de canales	2	3	4	5	6	8	10	15	20	30
Reducción (dB)	3	4,8	6	7	7,8	9	10	11,8	13	14,8

También puede utilizarse la expresión siguiente para calcular la reducción del nivel de salida *(R)* de un amplificador en función del número de canales *(N)* que amplifica:

$$R = 10 \cdot \log N$$

En los amplificadores de banda ancha nunca debe sobrepasarse el nivel máximo de salida establecido por el fabricante, incluida la reducción por número de canales que amplifica.

Sabías que...

Existen varias normas de referencia para el cálculo del nivel máximo de salida de un amplificador. Las dos más habituales son la norma EN 50083-3 para amplificadores de FI y la norma DIN 45004B para amplificadores de VHF/UHF.

Ejemplo 4.6. Reducción del nivel de salida máximo de un amplificador de banda ancha

El nivel máximo de salida ($S_{o\,MÁX}$) del amplificador de banda ancha del ejemplo de la Figura 4.43, especificado según la normativa DIN 45004B, es de 117 dBμV cuando amplifica un canal digital.

En el ejemplo de la instalación se amplifican 12 canales de TDT, con modulación COFDM, por lo que el nivel de salida máximo debe reducirse aproximadamente 10,8 dB:

$$R = 10 \cdot \log N = 10 \cdot \log 12 = 10{,}8 \text{ dB}$$

El nivel máximo de salida ($S'_{o\,MÁX}$) de este amplificador que no debe sobrepasarse, cuando amplifica 12 canales digitales, es de 106,2 dBμV aproximadamente:

$$S'_{o\,MÁX} = S_{o\,MÁX} - R = 117 \text{ dBμV} - 10{,}8 \text{ dB} = 106{,}2 \text{ dBμV}$$

Caso práctico 4.3
Amplificador de FI

Independientemente del tipo de cabecera utilizada, monocanal o de banda ancha, la amplificación de los canales satélite se realiza siempre mediante un amplificador de FI.

Los amplificadores de FI son amplificadores de banda ancha que amplifican el margen de frecuencias de FI satélite, que comprende desde los 950 a los 2150 MHz.

En cada una de las bandas satélite, si se considera un ancho de banda de cada transpondedor de aproximadamente 40 MHz, caben aproximadamente 30 transpondedores, tal y como se muestra en la Figura 4.45.

Como el número de transponedores digitales por amplificar es de aproximadamente 30, el nivel máximo de salida al que puede ajustarse el amplificador debe reducirse respecto del valor proporcionado por el fabricante en aproximadamente 15 dB (Tabla 4.1). Por lo tanto, el amplificador utilizado, en el que el fabricante especifica una tensión máxima de salida de 121 dBμV, nunca debe ajustarse por encima de 106 dBμV, ya que, en caso contrario, se producirá una distorsión excesiva.

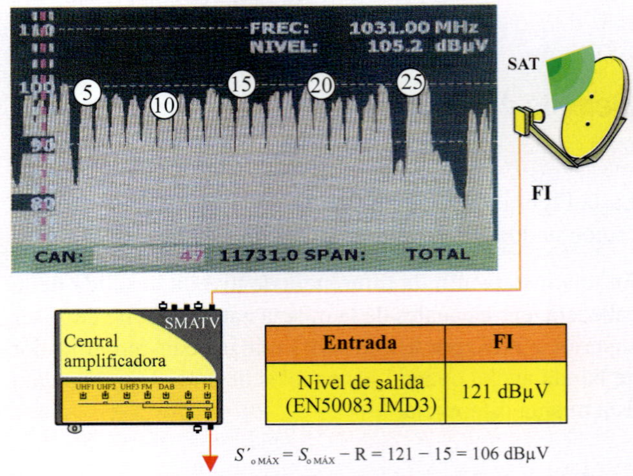

Figura 4.45. *Reducción del nivel de salida de un amplificador de FI.*

4.3.5. Respuesta en amplitud/frecuencia en banda de la red

La atenuación de la red de una instalación depende de la frecuencia. A mayor frecuencia, la atenuación del cable coaxial aumenta, al igual que lo hace la atenuación del resto de los componentes. Aunque este efecto es más importante en la banda de frecuencias de FI (950-2150 MHz), ocurre también en la banda terrestre (47-790 MHz).

La **planicidad** (respuesta en amplitud/frecuencia en banda) de una banda o su respuesta en amplitud/frecuencia en banda para cada toma se evalúa teniendo en cuenta la diferencia de atenuación que presenta con la frecuencia.

La normativa ICT limita esta diferencia de atenuaciones para cada banda, tal y como se muestra en la Tabla 4.2.

Tabla 4.2. Respuesta en amplitud/frecuencia en banda

Parámetro	Unidad	Banda de frecuencias	
		47-862 MHz	950-2150 MHz
Respuesta en amplitud/frecuencia en banda de la red	dB	≤16	≤20

Si el **desequilibrio de atenuaciones en la red** es elevado, puede provocar un desajuste en los niveles de señal que recibe cada usuario. En la Figura 4.46a se muestra la señal en la toma de usuario de una instalación para la banda de FI satélite. El nivel de salida del amplificador está ecualizado, pero los canales de menor frecuencia llegan con un nivel de señal mayor a la toma de usuario (BAT) que los canales de mayor frecuencia. La respuesta en amplitud/frecuencia de la banda de FI es de, aproximadamente, 15 dB, un valor elevado, aunque dentro del margen establecido por la normativa para esta banda.

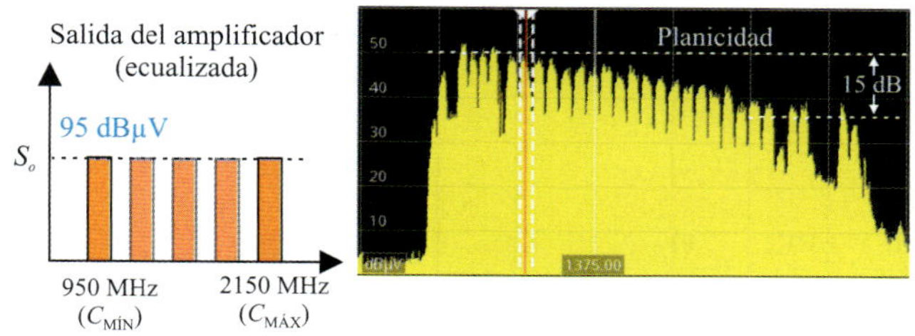

a) Respuesta en la BAT sin preacentuación en el equipo de cabecera

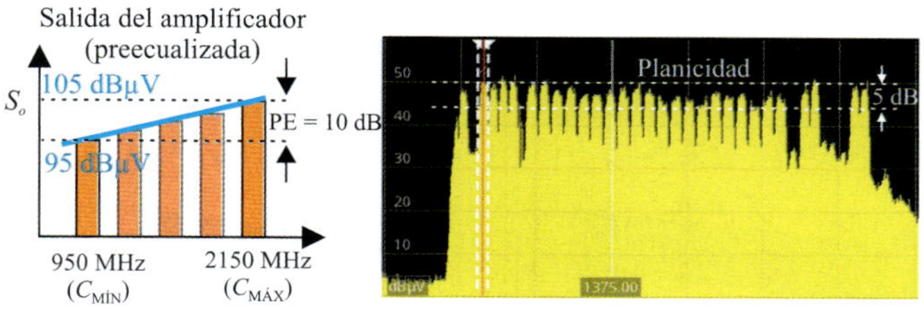

b) Respuesta en la BAT con preacentuación (PE) de 10 dB

Figura 4.46. *Respuesta en frecuencia/atenuación de la banda de FI.*

Una solución a este problema pasa por ajustar de manera diferente el nivel de cada canal a la salida de los amplificadores, aumentando la señal de salida con la frecuencia (preecualización).

En el ejemplo de la Figura 4.46b se compensa la atenuación de la red aumentando en 10 dB el nivel de salida del amplificador de los canales altos de la banda.

4.3.6. Pendiente de ecualización

La **preecualización** (PE) es una acentuación realizada a la salida del equipo de cabecera con el objetivo de que las señales lleguen a la toma de usuario ecualizadas.

Para compensar la mayor atenuación de la red con la frecuencia, muchos amplificadores de banda ancha, sobre todo los amplificadores de FI, disponen de una **pendiente de ecualización** que varía la ganancia de la señal de salida según la frecuencia, de manera que se acentúan las frecuencias más altas.

Tipos de pendiente de ecualización

Dependiendo del amplificador, la regulación de la pendiente de ecualización puede realizarse de diferentes maneras:

- **Sin pendiente de ecualización.** Todas las frecuencias se amplifican por igual (Figura 4.47a).
- **Preacentuación fija.** Las altas frecuencias siempre están amplificadas respecto de las bajas frecuencias (Figura 4.47b).
- **Seleccionable.** Mediante un selector se selecciona la preacentuación de la señal de salida (Figura 4.47c). Normalmente, solo disponen de dos posiciones: ON (activado)/OFF (desactivado).
- **Continuo.** El ajuste puede seleccionarse de manera continua entre los valores establecidos por el fabricante (Figura 4.47d).

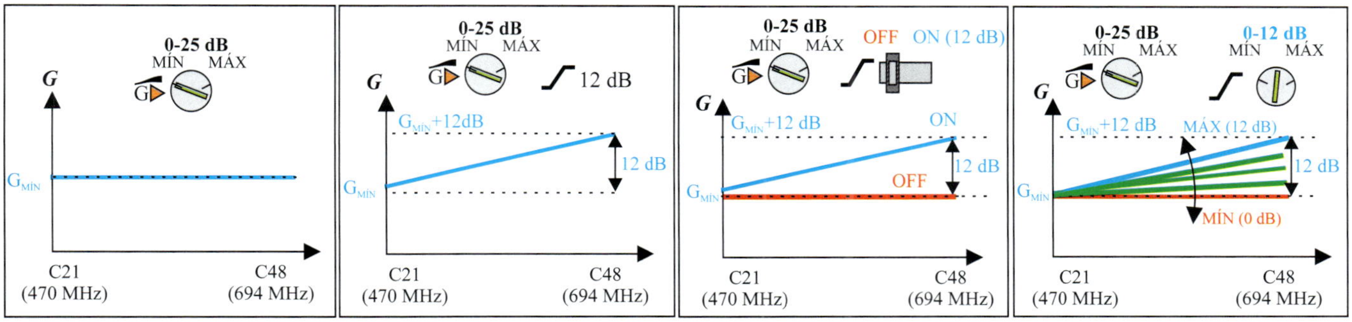

a) Sin pendiente de ecualización b) Pendiente de ecualización (PE) fija c) PE seleccionable d) Pendiente de ecualización continua

Figura 4.47. *Tipos de preecualización.*

Caso práctico 4.4
Interpretación de las características técnicas proporcionadas por el fabricante

En la Figura 4.48a se muestran las características de un amplificador de banda ancha:

- La ganancia para las **bandas de FM y DAB,** al ser bandas cuyo ancho es pequeño, no tiene pendiente de ecualización (Figura 4.48b). La ganancia de estas bandas puede ajustarse (margen de regulación), pero siempre será la misma independientemente de la frecuencia.
- La ganancia para la **banda de UHF** varía con la frecuencia (Figura 4.48c). La pendiente de la ganancia no puede regularse, ya que es fija. En este caso, el fabricante proporciona dos ganancias para la banda de UHF, entendiendo que la ganancia de 42 dB es para el extremo bajo de la banda (C21) y la ganancia de 52 dB es para el extremo alto de la banda (C48).
- Para la **banda de FI** (Figura 4.48d), donde la atenuación de la red con la frecuencia y el ancho de banda son mayores, la pendiente de ecualización es regulable, de manera que será posible su ajuste fino, dependiendo de las características de la instalación.

Amplificador de banda ancha					
Entradas	**FM**	**BIII**	**UHF1**	**UHF2**	**FI**
Ganancia	35 dB	40 dB	42/52 dB		35 dB
Margen de regulación	0-25 dB		0-20 dB		0-25 dB
Pendiente	---		---		0-15 dB
Figura de ruido	7 dB	7 dB	9 dB		10 dB
S_o salida máxima	110 dBµV		117 dBµV		121 dBµV

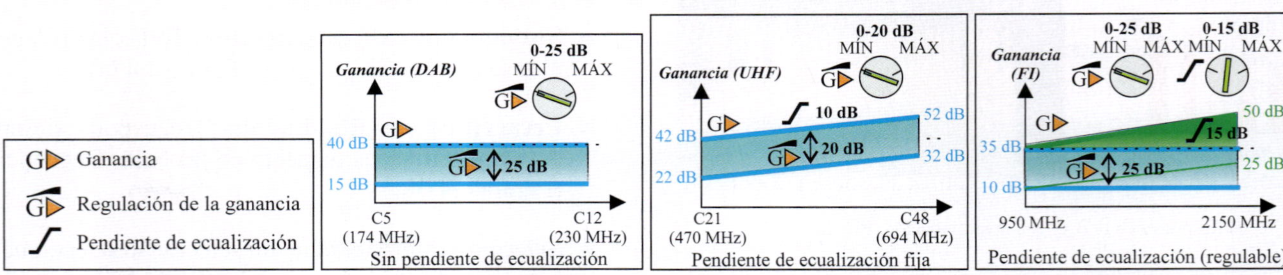

a) Características técnicas b) Banda III c) Banda de UHF d) Banda de FI

Figura 4.48. *Interpretación de las características proporcionadas por el fabricante.*

4.3.7. Alimentación de preamplificadores y LNB

Si las antenas incorporan preamplificadores que deben alimentarse, la central amplificadora debe suministrar la tensión de alimentación por las entradas donde se conectan las antenas (telealimentación), como se muestra en la Figura 4.49a. De la misma manera, si debe alimentarse el LNB de la antena satélite, el equipo dispondrá de la opción de seleccionar la tensión de alimentación que proporciona la entrada de FI: 13 V/18 V y ---/22 kHz.

Dependiendo del equipo, la selección de la preamplificación se realiza de modo automático, mediante microinterruptores o mediante la inserción de puentes.

Recuerda

En el caso de que sea necesario alimentar un preamplificador y la central amplificadora no disponga de esta posibilidad, puede utilizarse un **inyector de corriente.**

Ejemplo 4.7. Alimentación del LNB satélite

El **amplificador de FI satélite** de la Figura 4.49b incorpora la posibilidad de alimentar el LNB de la antena satélite. La figura muestra, además de los potenciómetros de ajuste de ganancia (0-15 dB) y preecualización (0-7 dB), los conmutadores que permiten seleccionar la tensión de alimentación (13 V/17 V) y el tono piloto de 22 kHz (ON/OFF).

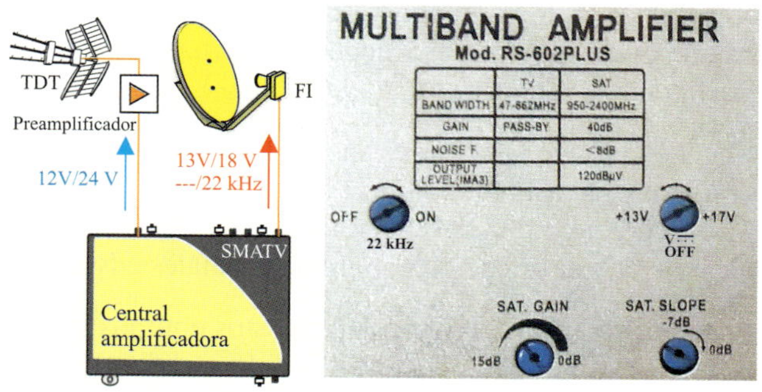

a) Telealimentación b) Ejemplo alimentación del LNB satélite

Figura 4.49. *Alimentación de dispositivos externos desde un amplificador de banda ancha.*

4.3.8. Instalación de amplificadores de banda ancha

La **alimentación de un amplificador de banda ancha** se realiza directamente a través del cable de alimentación que incorpora, por lo que debe tener una toma de corriente lo más cerca posible del lugar de instalación.

Los amplificadores de banda ancha tienen entradas para diferentes tipos de señales, que, en ocasiones, pueden ser fuentes de interferencias. Cuando una entrada no se utilice debe ajustarse el atenuador de ganancia correspondiente a la máxima atenuación.

Fijación mural y conexión a tierra

La mayoría de los amplificadores están preparados para su **fijación mural** mediante tornillos o tirafondos, por lo se fijan directamente a la pared o en el fondo del recinto de instalaciones de telecomunicaciones.

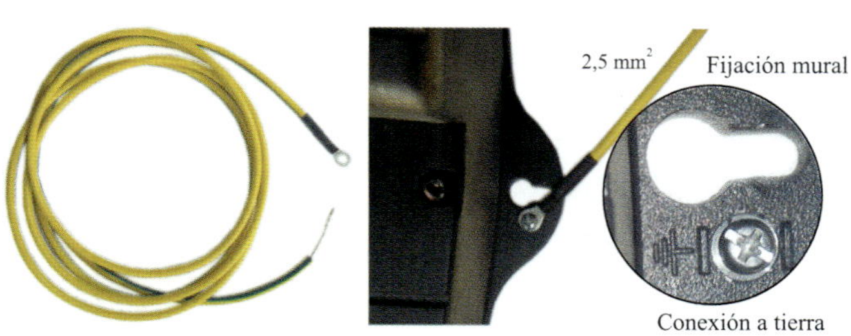

a) Cable de conexión a tierra b) Conexión a tierra del amplificador

Figura 4.50. *Conexión a tierra del amplificador.*

Las envolventes metálicas de los equipos conectados a la red eléctrica deben conectarse a tierra. Este tipo de amplificadores disponen de un tornillo (Figura 4.50) para la conexión de un cable que facilita, si es necesario, la **puesta a tierra** de los equipos de cabecera al anillo de tierra del RITS.

Ajuste de la tensión de salida

El ajuste del nivel de salida se realiza por bandas, por lo que no es necesario aplicar a cada una de ellas el mismo nivel de salida.

Con la ayuda del medidor de campo (Figura 4.51a) se ajusta la ganancia y la pendiente de ecualización de las diferentes bandas terrestres y de FI hasta conseguir el valor deseado de tensión de salida, siempre dentro del valor máximo que pueda dar el amplificador, incluyendo la reducción por número de canales.

Como en el resto de los sistemas, la diferencia de nivel a la salida de la cabecera entre canales de la misma naturaleza no debe ser superior a 3 dB (Figura 4.51b). En el caso de que, por las características de la red, fuera necesaria una ecualización, la tolerancia de 3 dB (Figura 4.51c) se aplicará sobre esta (solo para servicios de TV).

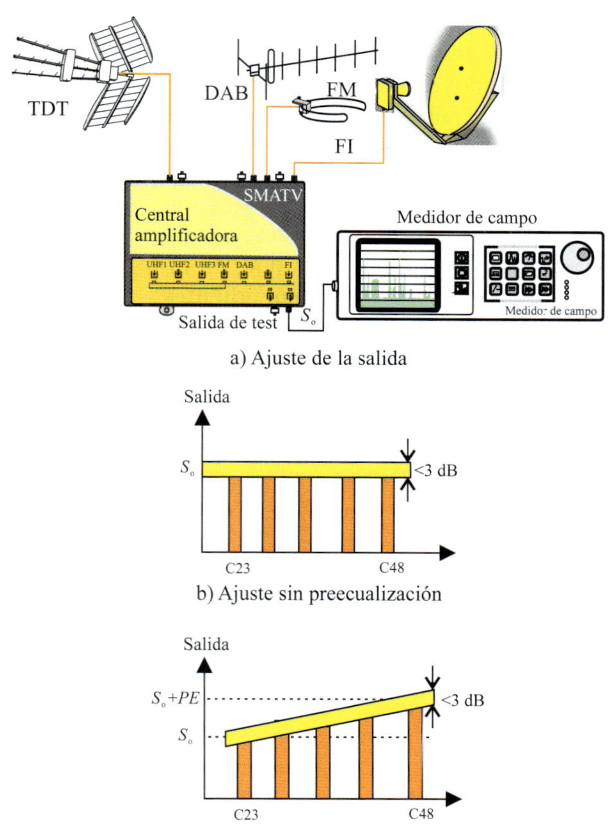

Figura 4.51. *Ajuste del nivel de salida de un amplificador de banda ancha.*

Salida de test

Si el equipo dispone de una **salida de test** (Figura 4.52) puede verificarse el sistema sin dejar de dar señal a la instalación. La salida de test tiene una atenuación típica de 20 o 30 dB respecto de la salida principal.

Figura 4.52. *Salida de test de un amplificador de banda ancha.*

4.4. Centrales amplificadoras programables

Las **centrales amplificadoras programables** son amplificadores diseñados como centrales de cabecera, que disponen normalmente de entradas para las bandas de FM, BIII (DAB) y diferentes entradas de UHF (TDT), además de entradas de FI para la amplificación de la señal de satélite.

La **principal diferencia** de una central programable con una central de banda ancha es que, en la banda de UHF, incorpora diferentes **filtros independientes y sintonizables** para la amplificación separada de los canales, lo que permite la ecualización por canales. En la Figura 4.53 se muestran diferentes modelos de este tipo de amplificadores.

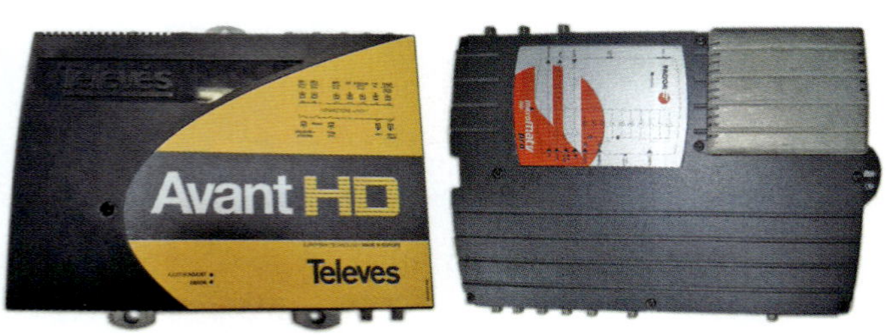

Figura 4.53. *Centrales amplificadoras programables.*

A diferencia de la banda de UHF, las entradas de FM, DAB y FI están configuradas como amplificadores de banda ancha, ya que amplifican por igual todos los canales presentes a la entrada.

4.4.1. Filtros programables

Las **entradas de UHF** de una central amplificadora programable disponen de diferentes **filtros configurables,** de manera que puede ajustarse la frecuencia o canal y la ganancia de cada uno de ellos por separado.

Puede variarse también el ancho de banda de cada uno de estos filtros, asignando uno a varios canales consecutivos, dependiendo del modelo y fabricante, de manera que es posible la amplificación conjunta de canales adyacentes.

Esta característica proporciona a estos equipos la capacidad de ecualizar la señal de salida del amplificador como si se tratara de un equipo de amplificación monocanal.

La Figura 4.54 muestra el diagrama de bloques simplificado de una central programable. Normalmente este tipo de centrales disponen de varias entradas de UHF que permiten programar individualmente los diferentes filtros asignados a esta banda. Además, disponen de entradas independientes para la señal de FM, DAB y dependiendo del modelo para la señal FI satélite.

Normalmente disponen de dos salidas donde se encuentran disponibles la señal terrestre (MATV) por un lado y la mezcla de la señal de la banda de MATV y FI (MATV+FI) por otro, ya que de esta manera se facilita la utilización para distribuir la señal de TV por dos bajantes independientes, tal y como establece la normativa de la ICT.

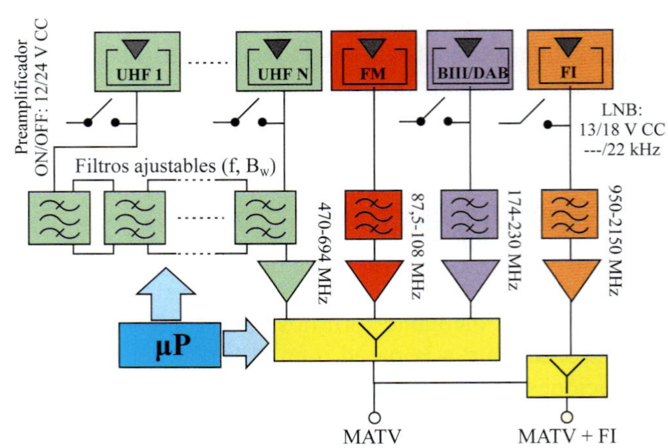

Figura 4.54. *Diagrama de bloques simplificado de una central programable.*

Sabías que...

Aunque los amplificadores programables se comporten como un sistema de amplificación monocanal, es importante recordar que se trata de centrales amplificadoras de banda ancha dotadas de filtros activos en la entrada. El comportamiento de la central dependerá de la selectividad de estos filtros.

Caso práctico 4.5
Configuración de un amplificador de banda ancha programable

Desea aplicarse la utilización de una central programable para la amplificación de las señales de TDT de la instalación que se muestra en la Figura 4.55, donde se indica el nivel de los canales presentes a la salida de la antena de TDT.

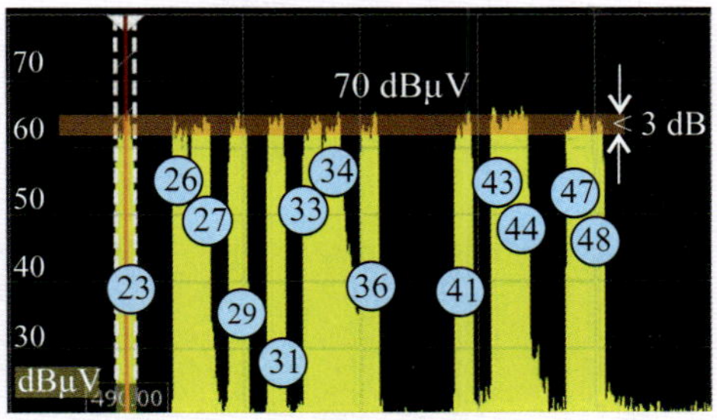

Figura 4.55. *Niveles de señal de salida de la antena de TDT.*

Los niveles de señal a la salida de las antenas de FM y DAB se muestran en la Figura 4.56.

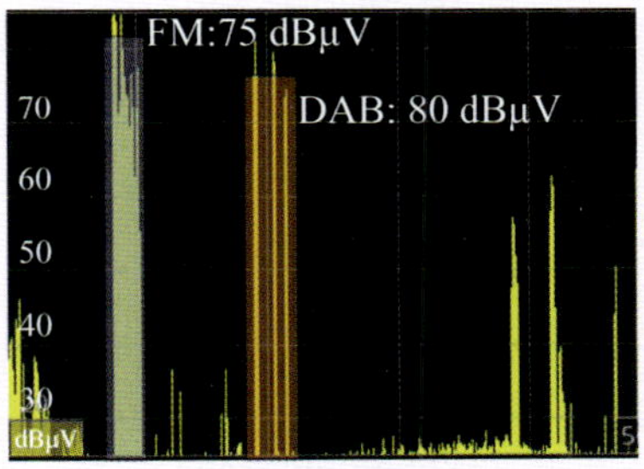

Figura 4.56. *Niveles de señal de salida de las antenas de FM y DAB.*

También se indican (Figura 4.57) los niveles de salida requeridos, según proyecto técnico, a la salida del equipo de cabecera.

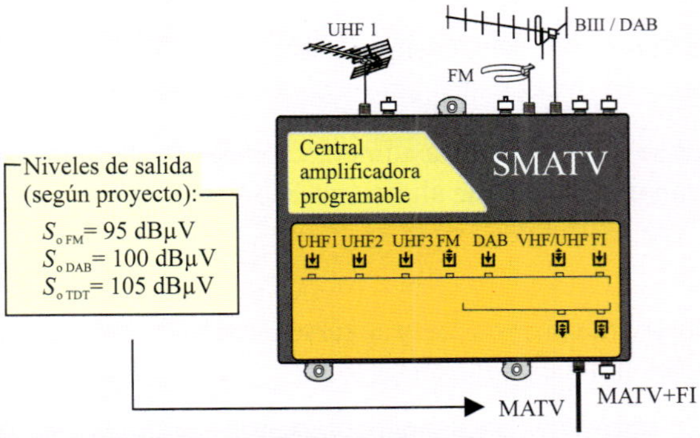

Figura 4.57. *Niveles de señal de salida del amplificador.*

En la distribución de esta instalación se observa la presencia de los siguientes canales de TDT:

- **Canales aislados (no adyacentes).** Existen 5 canales: 23, 29, 31, 36 y 41.
- **Canales adyacentes.** Hay 4 grupos de 2 canales: 26 y 27; 33 y 34; 43 y 44; 47 y 48. Estos canales pueden amplificarse de manera conjunta siempre y cuando el nivel de señal de cada canal esté ecualizado, es decir, tengan más o menos el mismo nivel de señal. También es posible amplificar de manera conjunta la agrupación de los canales 31, 33 y 34 con un filtro de 4 canales.

Para esta aplicación se utilizará como equipo de cabecera de la instalación la central programable Avant X del fabricante Televés. En la Figura 4.58 se muestra la disposición de entradas y salidas de esta central amplificadora programable.

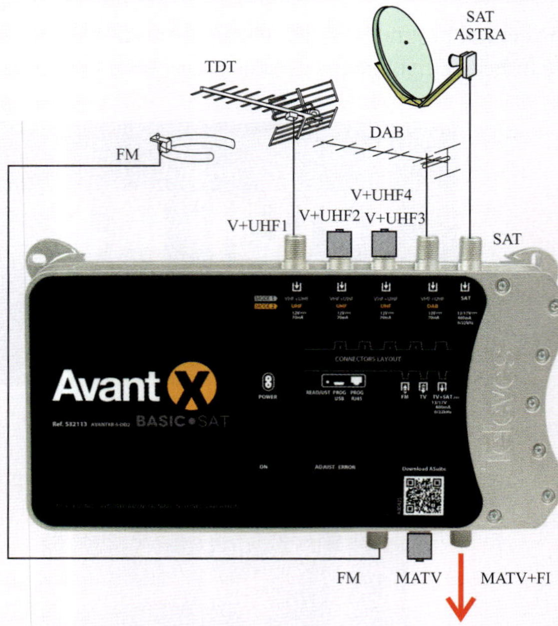

Figura 4.58. *Central programable Avant X.*

Las conexiones disponibles y sus características básicas son:

- **4 entradas programables de VHF-UHF** que permiten configurar individualmente hasta 32 filtros. Una de las entradas se puede configurar para amplificar el servicio de radio DAB. En cada filtro se puede seleccionar cualquier canal dentro de la banda de VHF (5-12) y UHF (21- 48) con un ancho de banda de 1 hasta 4 canales. La ganancia de cada filtro se regula automáticamente una vez ajustado el nivel de salida deseado.
- **1 entrada de FM.** La ganancia de esta entrada se regula de manera automática.
- **Entrada de FI.** Amplificador que cubre la banda de 950 MHz a 2150 MHz de ganancia fija de 42-45 dB (compensada en banda).
- **Salidas.** Dispone de dos salidas donde se encuentran disponibles la señal terrestre (MATV) por un lado y la mezcla de la señal de la banda terrestre y FI (MATV+FI) por otro.

En las entradas de UHF y DAB se puede activar la alimentación de preamplificadores con una tensión de 24 V y la entrada de FI permite alimentar el LNB con una tensión de alimentación seleccionable (13/17 V- 0/22 kHz).

Configuración básica

La configuración de la central programable puede realizarse mediante el **software de control de cabecera ASuite** (Figura 4.59), disponible para dispositivos móviles y PC.

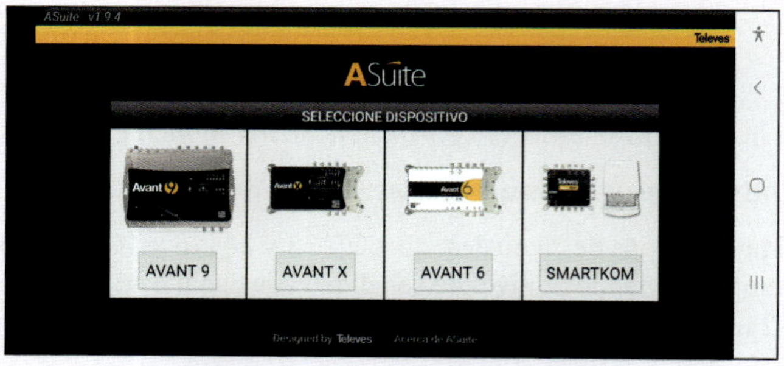

Figura 4.59. *Configuración de una central programable.*

La programación de la central puede realizarse con el programa **fuera de línea,** es decir, sin necesidad de conexión directa a la central. Según modelo, también es posible realizar una **programación automática,** donde la central detecta los canales de TDT disponibles en las entradas de VHF+UHF y asigna de manera automática los filtros y el ajuste de nivel idóneo para evitar intermodulación.

La unidad es compatible con el mando programador universal, garantizando la compatibilidad hacia atrás (Figura 4.60).

Figura 4.60. *Mando de programación.*

Programación fuera de línea

En la programación fuera de línea, desde el programa de configuración se identifica el dispositivo, se realiza la configuración de la central y se establece la comunicación para la transferencia de la configuración realizada. Una vez establecida la comunicación, también se puede comprobar el resultado del ajuste de cada uno de los filtros y reajustar manualmente el nivel de cada uno de ellos en caso necesario. Para ello, el programa de gestión dispone de diferentes menús con múltiples opciones de configuración.

El proceso de programación de la central se resume en la Figura 4.61.

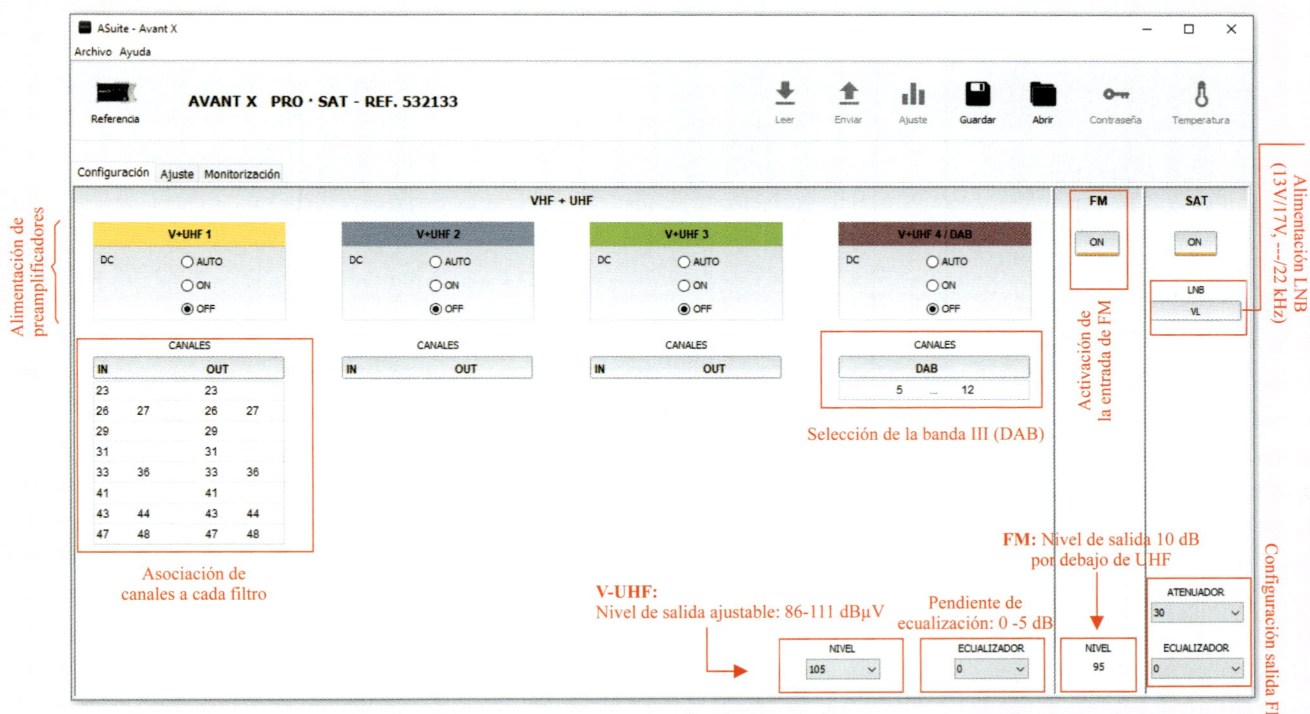

Figura 4.61. *Opciones de configuración.*

Cada filtro puede sintonizarse en cualquier canal de la banda de UHF y asignar a cada filtro el ancho de banda de 1 hasta 4 canales, siempre que sean adyacentes en frecuencia. Debido a que los filtros digitales VHF/UHF son de alta selectividad, 30 dB de rechazo, se puede realizar la asignación de un filtro para cada canal, tal y como se muestra en la Figura 4.62.

Cuando el canal de entrada y de salida de un filtro programable es diferente, el filtro actúa como un procesador de canal.

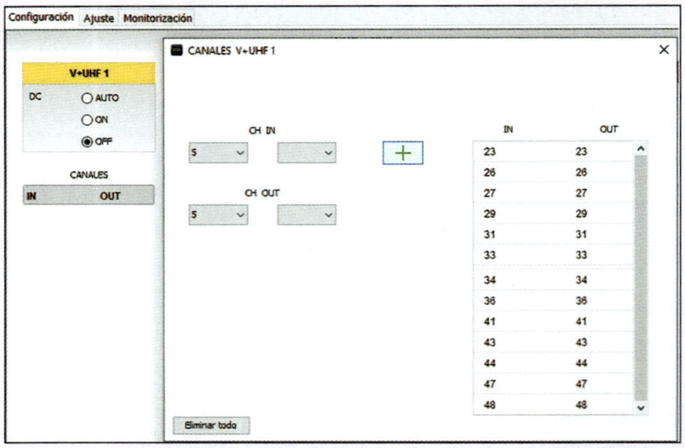

Figura 4.62. *Asociación de las entradas a los filtros.*

En nuestro ejemplo se realiza la asignación de la Figura 4.63, donde se agrupan diferentes canales adyacentes.

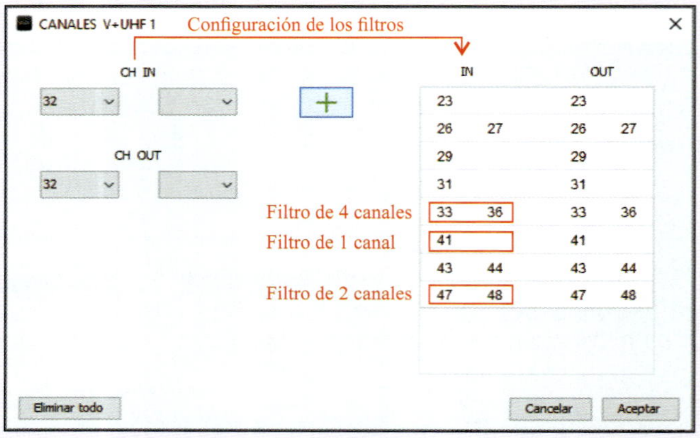

Figura 4.63. *Asociación de las entradas a los filtros.*

La entrada 4 de VHF-UHF se configura para amplificar toda la banda III asignada al servicio DAB, tal y como se muestra en la Figura 4.64.

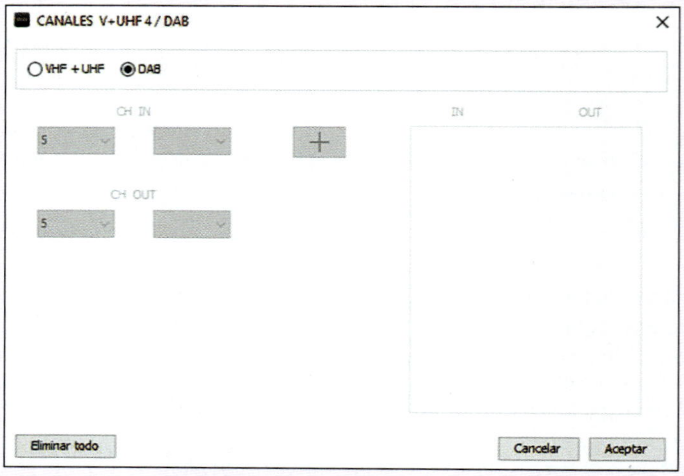

Figura 4.64. *Configuración del filtro para el servicio DAB.*

La señal **de salida de la banda de VHF-UHF** se configura al nivel deseado (105 dBμV según proyecto), de modo que la ganancia de cada filtro se ajusta de manera automática según el nivel presente a la entrada, teniendo en cuenta el nivel de salida programado. Si se modifica la opción de **pendiente de ecualización** la señal de salida se preacentuará el nivel configurado (0-5 dB). El nivel de salida de FM se ajustará de acuerdo con el nivel de salida VHF /UHF programado.

En el caso de instalar una antena parabólica, algunos modelos disponen de una entrada de satélite de ganancia y pendiente programables. La alimentación del LNB se puede configurar de forma local (13-17V / 0-22 kHz) o remota (Figura 4.65).

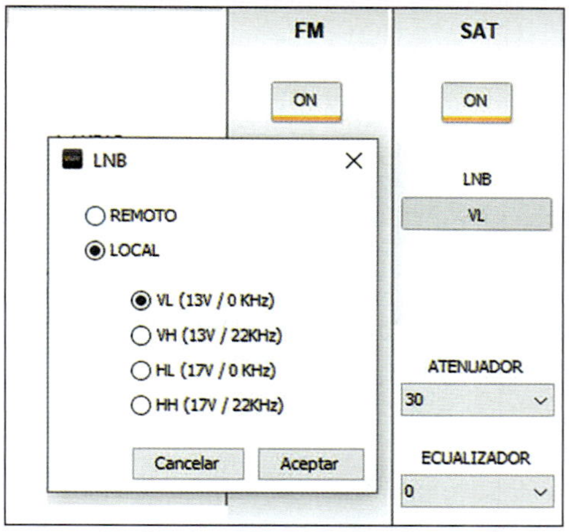

Figura 4.65. *Configuración satélite.*

Conexión a la central

Una vez configurado el dispositivo, se conecta el ordenador o el dispositivo móvil a la central mediante un **cable de consola USB** que permite la comunicación con la central (Figura 4.66). El ajuste final de la central se realiza conectando la señal de las antenas a las entradas. Las entradas y salidas deben estar cargadas para el correcto ajuste de la unidad.

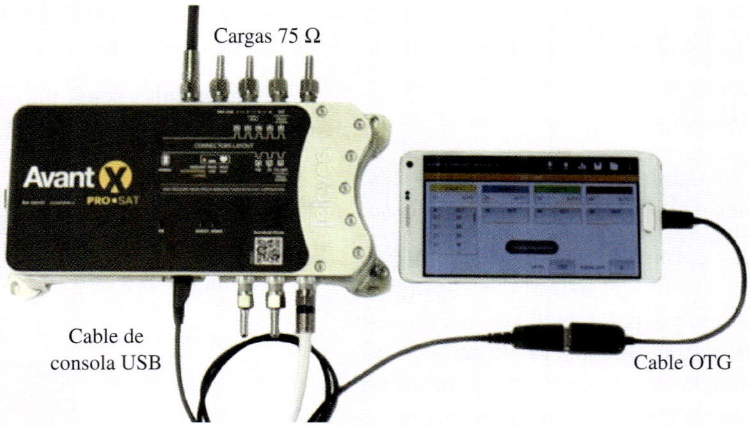

Figura 4.66. *Conexión del ordenador con la central.*

Ajuste automático y ajuste manual

Una vez realizada la configuración básica se transmite a la central y se realiza el **ajuste automático** de niveles, modificando la ganancia de los filtros según el valor de salida configurado (Figura 4.67). Una vez realizado el ajuste automático se puede realizar el **ajuste manual** (ajuste fino). La opción de ajuste manual permite modificar de manera individual cada uno de los filtros. Esta opción es útil cuando los canales de entrada no están ecualizados, ya que permite modificar ligeramente la ganancia de cada filtro por separado. Esto permite la ecualización de los canales a la salida del amplificador.

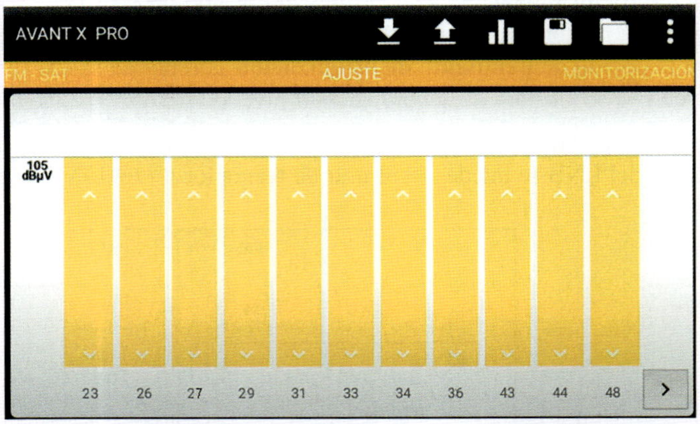

Figura 4.67. *Ajuste y monitorización.*

También es posible realizar el ajuste manual del resto de salidas (FM, DAB y FI) para ajustarlas a los niveles requeridos en la instalación.

Recuerda

Es recomendable realizar el ajuste fino conectando a la salida del amplificador un medidor de campo, de modo que se puede ajustar la salida de cada filtro de manera más precisa.

4.5. Mezcla de la señal MATV y FI en una ICT

La red de la ICT está formada por dos cables coaxiales, con las señales procedentes de la cabecera de la instalación.

En cada uno de los **dos cables** que componen la red se distribuyen las señales procedentes del **sistema de captación terrestre** (MATV) y queda el resto del ancho de banda disponible de cada cable para situar, de manera alternativa, las señales que proceden de los posibles **sistemas de captación por satélite.**

Por lo tanto, en el equipo de cabecera es necesario instalar un elemento que realice la **función de mezcla** que facilite la incorporación a la red de distribución de las señales de TV por satélite (FI).

La función de mezcla puede realizarse de diferentes maneras en función de la configuración y equipos utilizados en el equipo de cabecera. Entre las configuraciones que permiten la mezcla de la señal MATV y la señal de FI de dos satélites destacan las siguientes: conjunto repartidor-dos mezcladores, mezclador-repartidor de ICT, amplificador FI con entrada de mezcla de la TV terrestre, sistemas de amplificación monocanal y sistemas de amplificación de banda ancha.

4.5.1. Conjunto repartidor-dos mezcladores

La mezcla de la señal FI de cada satélite requiere la señal del equipo de cabecera terrestre (MATV), por lo que será necesario utilizar un **repartidor** para obtener dos señales de la banda terrestre.

Estas señales se combinarán, con la ayuda de **dos mezcladores,** con la señal de FI de cada satélite (Figura 4.68).

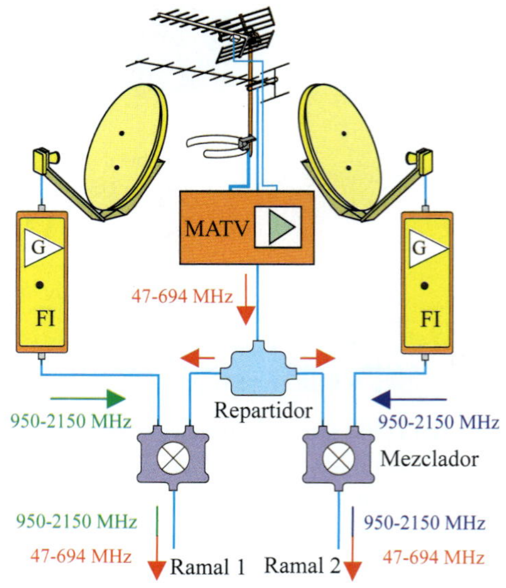

Figura 4.68. *Conjunto repartidor-dos mezcladores.*

4.5.2. Mezclador-repartidor de ICT

La opción de utilizar un conjunto de un repartidor y dos mezcladores era una de las más utilizadas hasta que los fabricantes comercializaron un dispositivo específico, denominado **mezclador-repartidor de ICT, combinador de ICT** o, simplemente, **mezclador de ICT,** que realiza esta función (Figura 4.69).

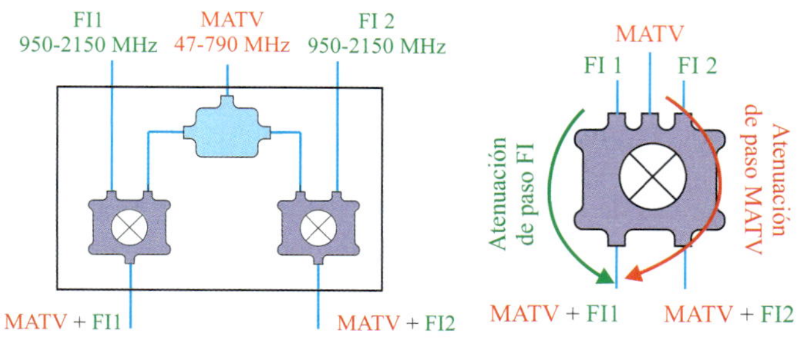

a) Estructura interna   b) Símbolo funcional

Figura 4.69. *Mezclador-repartidor de ICT.*

La Figura 4.70a muestra dos mezcladores-repartidores de ICT, donde se identifican sus terminales. Un **mezclador-repartidor específico para ICT** dispone de dos salidas en las cuales se reparten la señal de TV terrestre y, alternativamente, una de las entradas de FI. La principal característica que define a este tipo de repartidor es la **atenuación de paso** o de **inserción,** es decir, las pérdidas de la señal a su paso por el dispositivo. En la Figura 4.70b se muestra un ejemplo de aplicación.

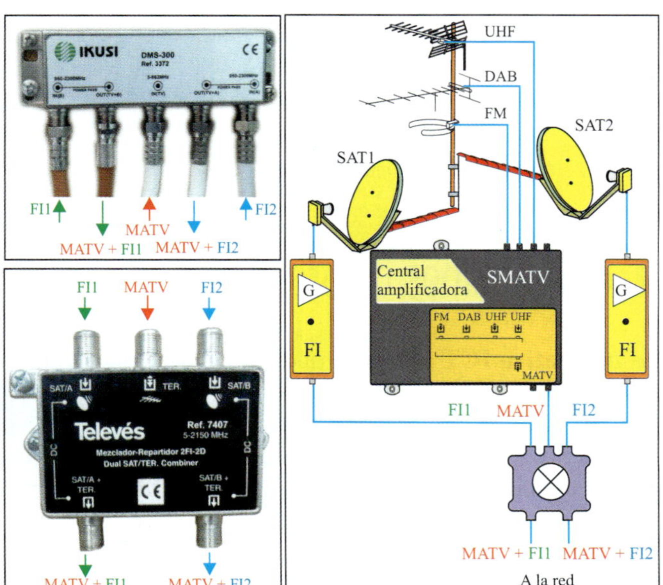

a) Identificación de terminales   b) Ejemplo de aplicación

Figura 4.70. *Mezclador-repartidor de ICT.*

Caso práctico 4.6
Instalación de un mezclador-repartidor de ICT

En la Figura 4.71 se muestra un ejemplo de instalación en el interior del **RITS** de una ICT. El elemento de mezcla se instala en el equipo de cabecera, independientemente de si las antenas y los amplificadores de FI satélite están instalados.

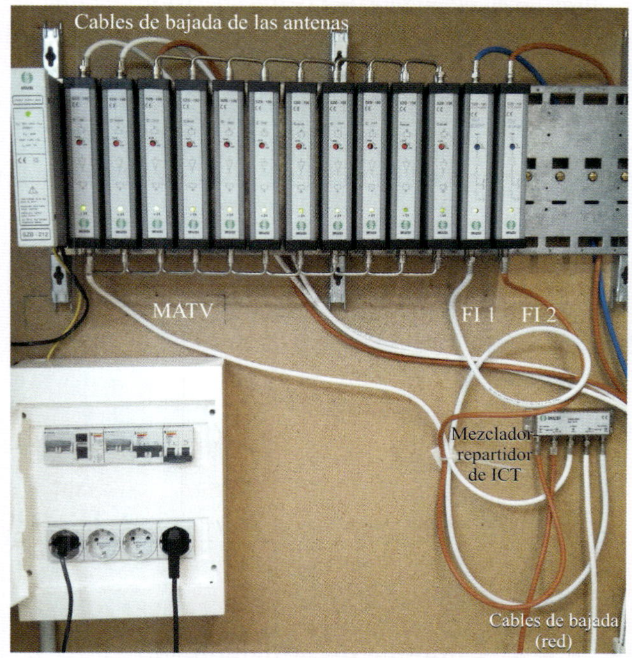

Figura 4.71. *Instalación del mezclador de ICT en el equipo de cabecera (interior del RITS).*

Cuando se distribuye la señal de FI satélite en la ICT, el mezclador de ICT realiza la mezcla de las señales de TV terrestre y de FI satélite (Figura 4.72a).

En el caso de que no estén instaladas las antenas satélite, las entradas de FI del mezclador-repartidor de ICT se cierran con una resistencia de terminación de 75 Ω (Figura 4.72b) y, por los dos cables de salida hacia la red, solo se distribuye la señal de la banda terrestre.

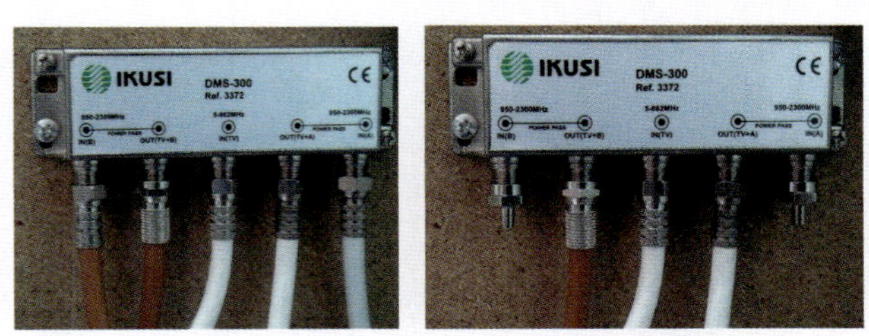

a) Con cabecera satélite   b) Sin cabecera satélite

Figura 4.72. *Instalación del mezclador-repartidor de ICT.*

4.5.3. Amplificador FI

La mayoría de los **amplificadores de FI** disponen, además de la entrada de FI que amplifica, una **entrada de mezcla** de la señal terrestre, lo que permite el ahorro de un mezclador cuando se combinan las señales.

En el ejemplo de la Figura 4.73 se utilizan dos amplificadores de FI, uno para cada satélite, y se obtiene la señal de salida de cada bajante de la salida de estos amplificadores, que combinan la señal de FI con la que proviene de la cabecera terrestre.

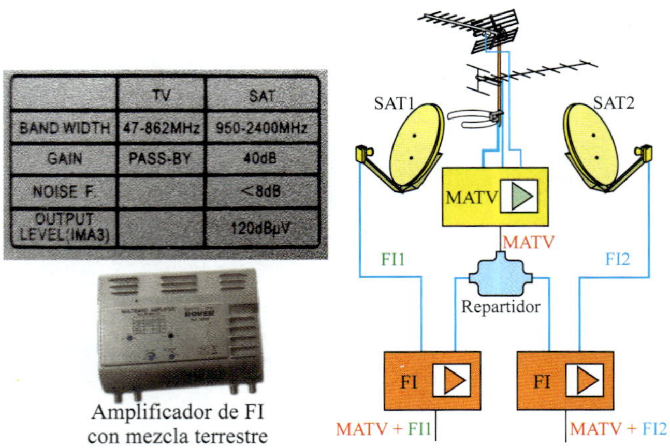

Figura 4.73. *Amplificadores FI con función de mezcla.*

4.5.4. Sistemas de amplificación monocanal

Los **amplificadores de FI** de utilización en **sistemas de amplificación monocanal** se montan como un módulo más. Estos equipos disponen normalmente de una entrada de mezcla de la señal MATV de la cabecera, lo que facilita la distribución de la señal terrestre y satélite por un solo cable de bajada.

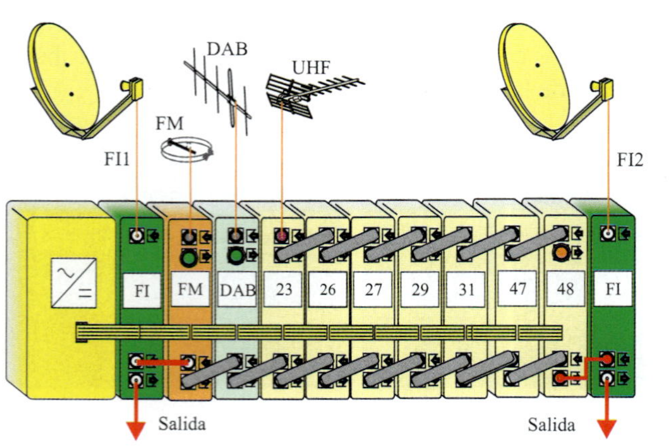

Figura 4.74. *Sistema de amplificación monocanal.*

Al utilizar multiplexado en Z a la salida puede conseguirse la señal de salida del sistema por sus dos extremos, obteniendo de esta manera, de los dos amplificadores de FI, la señal de TV terrestre mezclada con la señal de cada señal satélite (Figura 4.74).

4.5.5. Sistemas de amplificación de banda ancha

Muchas **centrales amplificadoras** incorporan una entrada de FI que se combina a la salida con la señal de la banda terrestre (MATV).

Algunas de las centrales amplificadoras incorporan una salida adicional solo con la señal amplificada de la banda terrestre. Esto permite la utilización de un **amplificador de FI adicional,** con entrada de mezcla terrestre para distribuir a la instalación una segunda señal de FI, tal y como se muestra en la Figura 4.75.

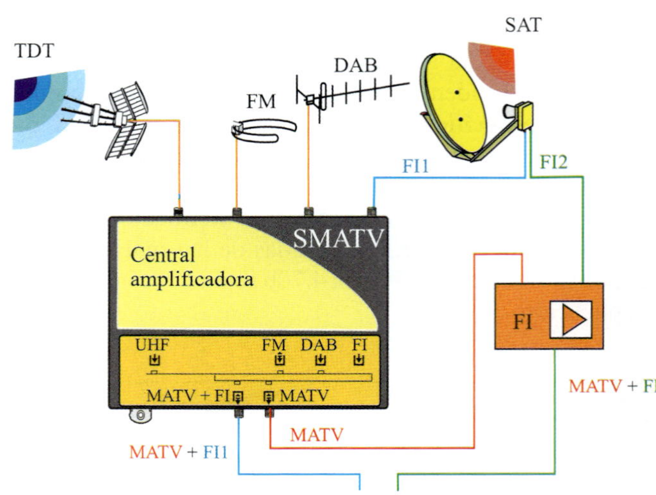

Figura 4.75. *Mezcla de FI con amplificadores de banda ancha.*

4.6. Equipos de procesado

La **normativa ICT** establece que las señales de radiodifusión sonora y de televisión terrestre, cuyos niveles de recepción sean adecuados y que procedan de entidades habilitadas, deberán ser distribuidas **sin manipulación ni conversión de frecuencia,** salvo en los casos en los que, técnicamente, se justifique en el proyecto técnico de la instalación, para garantizar una recepción satisfactoria.

Por lo tanto, como norma general, las señales de radio y TV captadas por las antenas se distribuirán por la red adaptando el nivel de señal mediante amplificadores.

En grandes edificios, hoteles y otros ámbitos, pueden utilizarse otros dispositivos que adaptan la oferta de canales a las necesidades de los usuarios de la instalación.

Entre los dispositivos que amplían las funcionalidades de una instalación destacan los siguientes:

- **Procesadores de canal.** Son dispositivos que convierten un canal de entrada en otro de salida de frecuencia diferente.
- **Moduladores.** Generan un canal de RF a partir de señales de audio y vídeo en banda base. Esta señal proviene, por ejemplo, de una cámara de vídeo convencional, cámaras de videovigilancia, etc. De esta manera, estos dispositivos añaden servicios de vídeo diferentes a los recibidos por la antena.
- **Transmoduladores.** Permiten distribuir los canales de televisión en una instalación utilizando una modulación diferente a la original.

4.6.1. Instalación y configuración

La instalación de estos dispositivos no difiere sustancialmente de la de un sistema de amplificación monocanal, donde los módulos utilizados se montan sobre *rack* o raíl y se alimentan desde una fuente de alimentación externa (Figura 4.76).

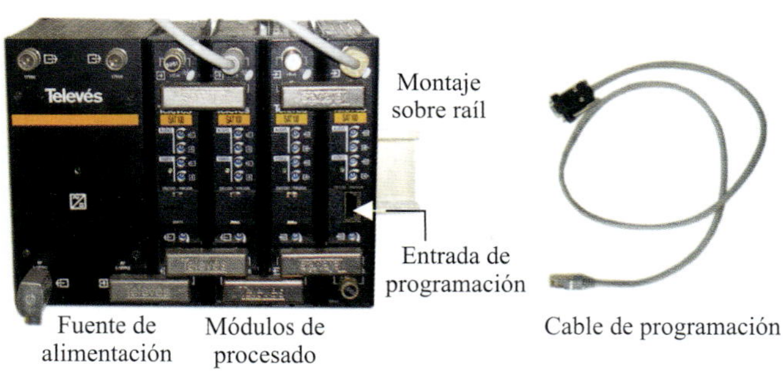

Figura 4.76. *Dispositivos de procesado.*

Todos estos componentes necesitan de una configuración previa, que se realiza mediante un mando de programación, una interfaz web o un *software* específico que permite la comunicación con el módulo.

A modo de resumen, se muestra un ejemplo de la configuración básica de los diferentes tipos de módulos.

4.6.2. Transmoduladores

Un **transmodulador** cambia el tipo de modulación de la señal de entrada, por lo que existen diferentes tipos de transmoduladores en función de la modulación de entrada y la modulación de salida. Ejemplos de transmoduladores son los DVB-S2/COFDM y los DVB-S2/QAM.

Un **transmodulador DVB-S2/COFDM** sintoniza y convierte un canal satélite digital y lo distribuye en el canal seleccionado de la banda de UHF o VHF, pero utilizando la técnica de modulación COFDM de los canales TDT. De esta manera, el **transmodulador** convierte las emisiones libres de TV por satélite digital y las distribuye como canales de TDT, por lo que el usuario puede sintonizarlas en el receptor de TV sin necesidad de un descodificador satélite externo.

La **configuración básica** de estos equipos, según la Figura 4.77, consiste en seleccionar la frecuencia de FI del transpondedor de entrada y seleccionar el canal de salida en el que se distribuirá, así como los parámetros de modulación de la señal TDT de salida (COFDM).

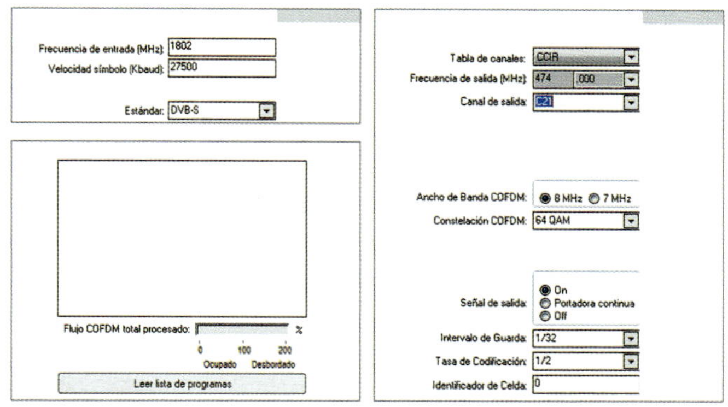

Figura 4.77. *Configuración de un transmodulador.*

4.6.3. Procesadores digitales

En un **procesador,** tal y como se muestra en la Figura 4.78, se modifica la frecuencia del canal presente a la entrada para su retransmisión en un canal de frecuencia diferente, sin modificar el contenido presente en el canal procesado.

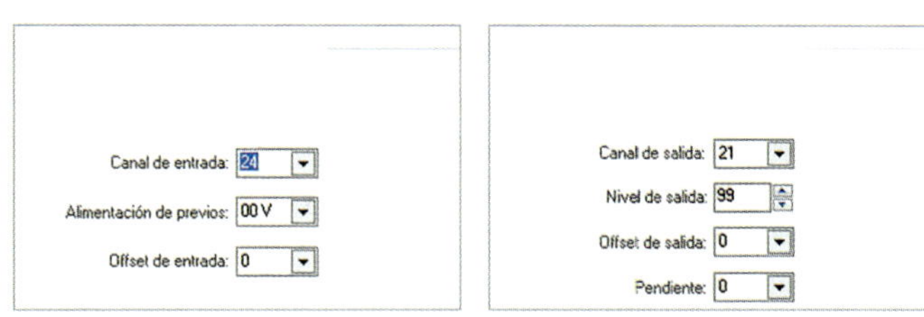

Figura 4.78. *Configuración de un procesador digital.*

4.6.4. Moduladores

En un modulador, la señal compuesta de vídeo en banda base, tal y como se muestra en la Figura 4.79, se modula en un canal de RF. A diferencia de los transmoduladores y los procesadores, la señal de entrada de un modulador no está modulada.

Si el modulador es digital se genera un múltiplex digital DVB-T codificando el vídeo en formato MPEG-2 o en H.264 (HDTV) a partir de las diferentes entradas que dispone, procedentes de diferentes fuentes de entrada: HDMI, CBVS (vídeo compuesto), componentes YPbPr, etcétera.

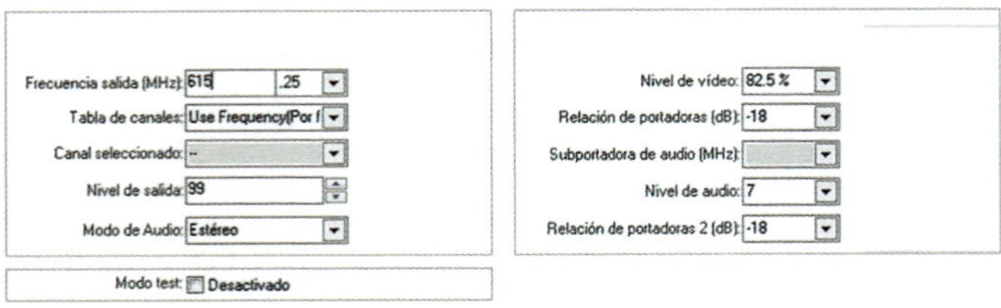

Figura 4.79. *Configuración de un modulador.*

Recuerda

El nivel de salida que suministran los equipos de procesado es reducido, normalmente en torno a 80 dBμV, por lo que será necesario utilizar un amplificador externo para adecuar el nivel de salida de estos equipos a la red.

Recuerda

Como norma general, en una ICT, la utilización de equipos de procesado en el equipo de cabecera se realizará de manera adicional a los amplificadores, para añadir servicios diferentes a los recibidos por el sistema captador.

Caso práctico 4.7
Aplicación de los equipos de procesado

En el ejemplo de la Figura 4.80 se utilizan varios transmoduladores. Estos equipos utilizan la técnica Z de demultiplexado de entrada y multiplexado de salida.

Los **transmoduladores** reciben la señal FI del satélite (SAT2) y, por cada transpondedor sintonizado en los formatos de modulación DVB-S (QPSK) o DVB-S2 (QPSK/8PSK), lo desmodula obteniendo un **paquete de transporte MPEG-2.** Posteriormente, el paquete de transporte MPEG-2 es modulado en formato COFDM y convertido a un canal de salida UHF con un ancho de banda de 8 MHz, libre de los utilizados en la instalación (C33, C41, C47 y C48).

Debido a que el nivel de señal que entregan los equipos de procesado es pequeño, los canales resultantes de la conversión se amplifican con un amplificador de banda ancha y se mezclan con el resto de los canales que provienen del sistema de captación. En la aplicación se aprovecha la entrada toda banda de la central amplificadora, capaz de amplificar la señal de salida típica de estos equipos comprendida entre 70 y 80 dBμV.

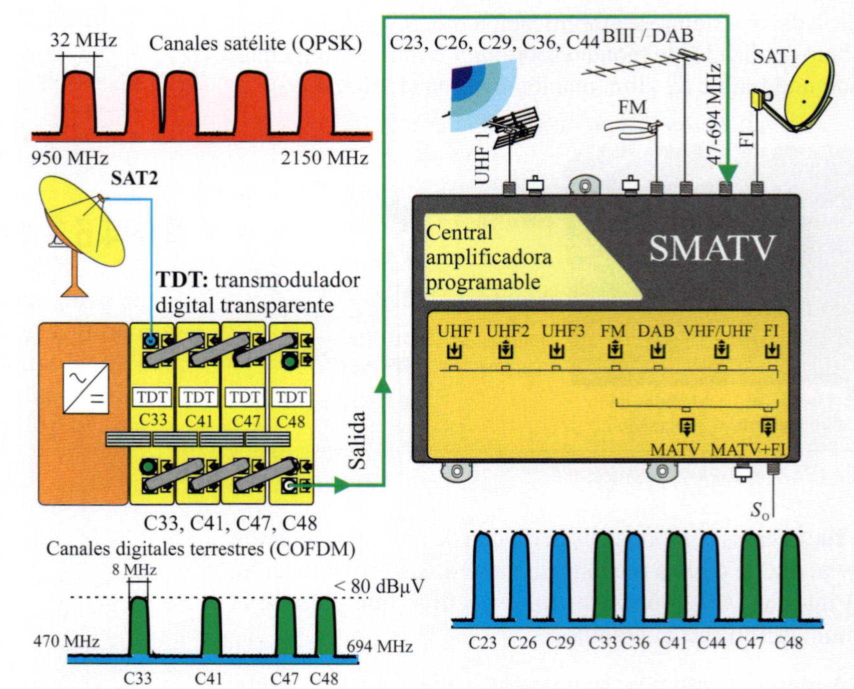

Figura 4.80. *Aplicación de los transmoduladores DVB-S/TDT.*

RESUMEN

- El **equipo de cabecera** de una instalación recibe las señales que provienen del sistema captador y las adecua para su distribución por la red. Entre sus **principales funciones** destacan la **amplificación,** la **ecualización,** la **eliminación de interferencias** y la **mezcla** de las señales captadas por la antena.
- Los elementos principales que lo forman son los **amplificadores,** pero también se utilizan **otros componentes** que adaptan y modifican las señales tratadas por los amplificadores como los mezcladores, filtros, atenuadores y equipos de procesado. Además, en la ICT, debe incorporarse un **elemento de mezcla** de la señal de la banda terrestre y dos señales FI satélite para una distribución con dos cables de salida.
- Existen tres tipos básicos de **amplificadores de cabecera: amplificadores monocanal, amplificadores de banda ancha** y **centrales amplificadoras programables.** Los principales **parámetros** que los definen son su ganancia y el margen de regulación de la ganancia, la figura de ruido, la tensión máxima de salida y la selectividad.
- Un **amplificador monocanal** solo amplifica un único canal o grupo de canales, por lo que, en un **sistema de amplificación monocanal** se utilizan tantos amplificadores como canales o grupos de canales desean recibirse. Existen diferentes tipos de amplificadores monocanal: amplificador monocanal (convencional o selectivo), amplificador multicanal o de grupo y amplificadores de banda ancha (FM, DAB y FI). Se utiliza fundamentalmente cuando es necesario ecualizar por canal.
- Los **amplificadores de banda ancha** amplifican diferentes bandas y están diseñados como centrales de cabecera, que disponen de entradas para las bandas de FM, BIII (DAB) y diferentes entradas de UHF (TDT), además de entradas de FI para la amplificación de la señal de satélite. Se utiliza fundamentalmente cuando solo es necesario ecualizar por banda.
- Las **centrales amplificadoras programables** son amplificadores de banda ancha que incorporan diferentes **filtros independientes** y **sintonizables** en la banda de UHF para la amplificación separada de los canales, lo que permite la ecualización por canales.
- El **ajuste del nivel de salida** del equipo de cabecera se realiza con ayuda de un medidor de campo, manteniendo una diferencia de nivel a la salida de la cabecera, entre canales de la misma naturaleza, no superior a 3 dB.
- Los principales dispositivos de procesado utilizados en el equipo de cabecera son los **procesadores de canal,** los **moduladores** y los **transmoduladores.**
- La **función de mezcla** de la señal MATV y las dos FI satélite de la ICT puede realizarse de diferentes maneras: un conjunto repartidor-dos mezcladores, un mezclador-repartidor de ICT o con la ayuda de las entradas de mezcla de las que disponen los amplificadores de FI.

Actividades de comprobación

4.1. ¿Qué ancho de banda requiere un amplificador multicanal preparado para amplificar dos canales adyacentes?

a) 8 MHz.

b) 16 MHz.

c) 24 MHz.

d) 32 MHz.

4.2. ¿Qué número de salidas pueden obtenerse como máximo de un sistema de amplificación monocanal aptas para su distribución directa a la red de la instalación?

a) Una.

b) Dos.

c) Tantas como antenas instaladas.

d) Tantas como amplificadores instalados.

4.3. ¿Qué nivel de salida en cada banda debe mantenerse en la salida del equipo de cabecera para considerar los niveles ecualizados?

a) El mismo nivel en todos los canales de la banda.

b) Puede haber una diferencia de 3 dB en todos los canales de la banda.

c) Puede haber una diferencia de 6 dB en todos los canales de la banda.

d) No es necesario que el nivel de salida de los canales de la misma banda estén ecualizados.

4.4. ¿Cuándo puede utilizarse un sistema de amplificación de banda ancha en una ICT?

a) Cuando los canales de entrada estén ecualizados.

b) Cuando el número de tomas de usuario servidas desde la cabecera sea inferior a 30 y los canales de entrada estén ecualizados.

c) Cuando los canales de entrada no estén ecualizados.

d) Cuando no haya canales adyacentes a la entrada.

4.5. ¿Cuál es la solución cuando no puede ajustarse el nivel de salida de un amplificador debido a un nivel de señal débil de entrada?

a) Utilizar antenas con mayor ganancia.

b) Utilizar preamplificadores en el sistema captador.

c) Utilizar amplificadores con mayor ganancia.

d) Todas las respuestas son correctas.

4.6. ¿Qué sistema de amplificación es más inmune a las señales interferentes de la salida de la antena?

a) Amplificador de banda ancha.

b) Amplificador monocanal.

c) Central amplificadora programable.

d) Todos los sistemas presentan el mismo nivel de inmunidad.

4.7. ¿Qué característica de un amplificador determina la capacidad de rechazar los canales adyacentes que no debe amplificar?

a) Ancho de banda.

b) Margen de regulación de la ganancia.

c) Preecualización.

d) Selectividad.

4.8. ¿Qué dispositivo debe utilizarse cuando es necesario alimentar los preamplificadores situados en la antena y el equipo de cabecera no tiene la capacidad de suministrar esta alimentación por su entrada de antena?

a) Inyector de corriente.

b) *Balun.*

c) Conversor de tensión.

d) Procesador.

4.9. En un amplificador de banda ancha se amplifican 13 canales de TDT. ¿Qué reducción aproximada debe aplicarse al nivel máximo de salida especificado por el fabricante?

a) 11 dB.

b) 8 dB.

c) 6 dB.

d) En un amplificador de banda ancha no es necesario reducir el nivel de salida.

4.10. ¿Qué técnica de amplificación utilizan los amplificadores monocanal?

a) Multiplexado en Z a la entrada y salida.

b) Demultiplexado en Z a la entrada y salida.

c) Demultiplexado en Z a la entrada y multiplexado en Z de salida.

d) Multiplexado en Z a la entrada y demultiplexado en Z de salida.

4.11. ¿Qué dispositivo utilizarías para eliminar una señal interferente a la salida de la antena?

a) Atenuador.

b) Filtro.

c) Mezclador.

d) Inyector de corriente.

4.12. Según la normativa de la ICT, ¿a qué tensión máxima de salida pueden ajustarse los amplificadores de TDT?

a) 120 dBμV.

b) 113 dBμV.

c) 110 dBμV.

d) 100 dBμV.

4.13. ¿Qué tipo de transmodulador convierte un transpondedor satélite en un canal de TV terrestre digital?

a) DVB-S2/COFDM.

b) DVB-S2/QAM.

c) DVB-S2/PAL.

d) QAM/COFDM.

4.14. ¿Qué tipo de filtro elimina las interferencias producidas por la telefonía móvil?

a) Filtro trampa.

b) Filtro paso bajo.

c) Filtro paso alto.

d) Filtro LTE.

4.15. ¿Qué tipo de amplificador monocanal utilizarías en el caso de amplificar dos canales adyacentes que no están ecualizados?

a) Monocanal convencional.

b) Monocanal selectivo.

c) Multicanal.

d) Todos los tipos de amplificadores son adecuados.

4.16. ¿Qué característica de un amplificador permite mantener el nivel de salida ajustado, aunque varíen las condiciones de entrada de la señal?

a) CAG.

b) CAF.

c) Ganancia.

d) Regulación de la ganancia.

4.17. ¿Qué tipo de sistema de amplificación necesita una programación previa antes de su instalación?

a) Central amplificadora de banda ancha.

b) Sistema de amplificación monocanal.

c) Central amplificadora programable.

d) Todos los sistemas de amplificación necesitan una programación previa.

Actividades de aplicación

4.18. **Sistema de amplificación monocanal.** Montaje y desmontaje del sistema de amplificación monocanal del aula. Realiza la instalación de un sistema de amplificación monocanal siguiendo este proceso operativo:

a) A partir de las señales recibidas en tu lugar de instalación, evalúa los componentes necesarios para distribuir en condiciones de calidad los canales de TDT, radio FM, radio DAB y TV por satélite.

b) Comprueba las características de los amplificadores monocanales de banda ancha utilizados en el aula taller:

- ¿Qué módulos diferentes se necesitan en la instalación?
- ¿Qué ganancia tiene cada módulo?
- ¿Cuál es el margen de regulación de la ganancia de cada módulo?
- ¿Cuál es el nivel de señal máximo de salida?

c) Elabora el esquema del montaje que ha de realizarse.

d) Desarrolla el montaje de la instalación, siguiendo las recomendaciones del fabricante si es necesario.

e) Realiza el ajuste del nivel de salida de la instalación. Para ello, ten en cuenta las características de la red del aula. En todo caso, el objetivo es ecualizar el nivel de salida del equipo de cabecera por bandas. Como ejemplo, ajusta la salida a los siguientes niveles:

- FM y DAB: 90 dBμV.
- TDT: 95 dBμV.
- FI satélite: 100 dBμV.

f) Completa la Tabla 4.3, correspondiente al Apartado 3.3 (Niveles de señales de RF en la instalación) del protocolo de pruebas de una ICT para TV terrestre.

Tabla 4.3. Señales de radiofrecuencia a la entrada y salida de los amplificadores

Tipo de señal	Banda/canal	Frecuencia central del emisor (MHz)	Nombre de la emisión (empresa)	Señales de RF en dBμV/75 Ω	
				A la entrada del amplificador	A la salida del amplificador
Televisión digital					
FM					
DAB					

g) Completa la Tabla 4.4, correspondiente al Apartado 4.3 (Nivel de las señales que se reciben a la entrada y salida del amplificador de cabecera en tres frecuencias significativas de la banda) del protocolo de pruebas de una ICT para TV por satélite.

Tabla 4.4. Nivel de las señales que se reciben a la entrada y salida del amplificador de cabecera de FI

Frecuencia	Nivel de señal de entrada en cabecera (dBμV)	Nivel de señal de salida en cabecera (dBμV)
1.ª FI		
2.ª FI		
3.ª FI		

h) A partir de los resultados de la Tabla 4.3 y la Tabla 4.4, calcula la ganancia a la que se ha ajustado cada amplificador.

4.19. **Sistema de amplificación de banda ancha/central amplificadora.** Montaje y desmontaje del sistema de amplificación de banda ancha del aula. Lleva a cabo la instalación del sistema de amplificación de banda ancha mediante el siguiente proceso operativo:

a) **Análisis de características.** Comprueba los amplificadores de banda ancha utilizados en el aula taller:

- ¿De cuántas entradas dispone para cada banda?
- ¿Qué ganancia tiene cada banda?
- ¿Cuál es el margen de regulación de la ganancia de cada banda?
- ¿Qué bandas disponen de pendiente de ecualización? ¿De qué tipo?

b) **Instalación y montaje.** Instala y ajusta el nivel de salida del sistema de cabecera de la instalación utilizando un amplificador de banda ancha. Para ello, sigue los apartados de la Actividad de aplicación 4.18.

c) **Ajuste de salida.** Una vez realizado el ajuste del nivel de salida, comprueba si ha sido posible ecualizar los canales de salida correspondientes a la TDT.

4.20. **Central amplificadora programable.** Siguiendo el procedimiento de la Actividad de aplicación 4.18, realiza la instalación y ajuste del nivel de salida del sistema de cabecera de la instalación utilizando una central amplificadora programable.

Actividades de ampliación

4.21. Enumera las principales funciones del equipo de cabecera de una instalación.

4.22. Describe una situación en la que puede ser de utilidad la utilización de los dispositivos siguientes:

a) Mezcladores o combinadores.

b) Filtros.

c) Atenuadores.

d) Inyector de corriente.

4.23. ¿Dónde se instala el equipo de cabecera de una ICT?

4.24. ¿Qué ventajas presentan los amplificadores monocanales respecto de los amplificadores de banda ancha?

4.25. ¿Qué condiciones deben cumplirse para considerar adecuados los niveles de salida de los amplificadores de un equipo de cabecera?

4.26. Según la normativa ICT, ¿a qué nivel de salida pueden ajustarse como máximo los amplificadores en los siguientes casos?

a) Canales digitales en la banda de 47 a 694 MHz.

b) Canales para la banda de FI (950-2150 MHz).

4.27. Resume en qué consiste el proceso de ecualización que se realiza en el equipo de cabecera de una instalación.

4.28. Una de las funciones del equipo de cabecera es la mezcla de las señales de salida de las antenas, una vez amplificadas, para su distribución por la red:

a) ¿Cómo es posible distribuir la señal de radio FM, radio DAB, TDT y la señal satélite (FI) por un único cable coaxial?

b) ¿Es posible distribuir por el mismo cable coaxial la señal de otro satélite?

c) ¿Qué solución se adopta en la ICT para distribuir las señales de dos satélites diferentes?

4.29. Normalmente, los preamplificadores de mástil o de antena se alimentan desde el amplificador donde está conectada la antena. ¿De qué alternativa se dispone si el amplificador utilizado no permite el paso de corriente para la alimentación de estos módulos?

4.30. Resume el funcionamiento de la técnica Z de amplificación que utilizan los amplificadores monocanal.

4.31. ¿Qué indica la tensión máxima de salida de un amplificador? ¿Qué sucedería si se superase este nivel cuando se varía el ajuste de ganancia de un amplificador?

4.32. Justifica, para los canales de la Figura 4.81, cual es la mejor opción para amplificar cada uno de los canales presentes en la entrada del equipo de cabecera de la instalación monocanal (convencional, selectivo o multicanal).

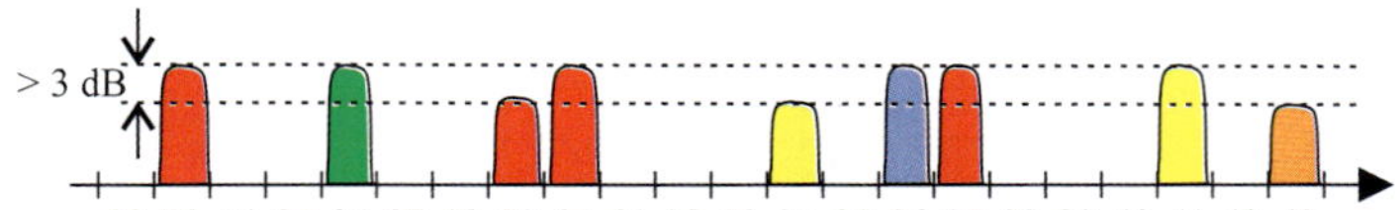

Figura 4.81. *Canales presentes a la salida de la antena de UHF de una instalación.*

4.33. Si se utiliza una central amplificadora programable, ¿cuántos filtros como mínimo (máximo 4 canales por filtro) se necesitan para amplificar las señales de la Figura 4.81? Realiza una posible asignación de canales a cada filtro.

4.34. ¿Qué precauciones deben tenerse en cuenta cuando no se utiliza la entrada o la salida de un módulo de un sistema de amplificación monocanal?

4.35. ¿Qué es la telealimentación? ¿En qué casos se utiliza?

4.36. En la Figura 4.82 se muestran dos situaciones diferentes de canales adyacentes a la entrada del equipo de cabecera de una instalación. Justifica en qué caso es adecuada la utilización de un amplificador multicanal y propón una alternativa en el caso de que no sea adecuada su utilización.

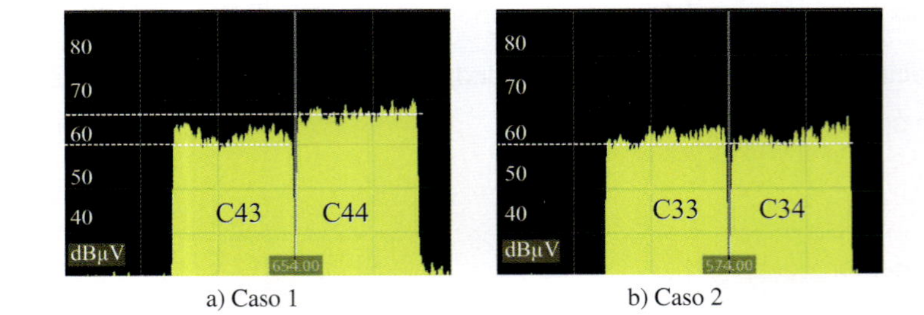

Figura 4.82. *Amplificación de canales adyacentes.*

4.37. La Figura 4.83 muestra dos situaciones típicas de alimentación de los preamplificadores de una instalación desde el equipo de cabecera. Resume el funcionamiento de cada una de ellas.

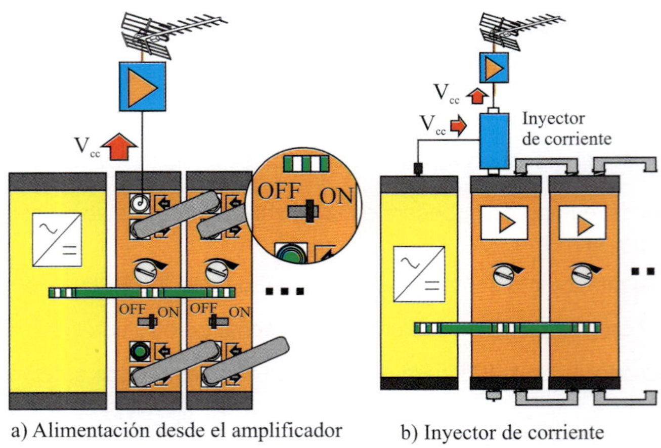

Figura 4.83. *Alimentación de preamplificadores desde el equipo de cabecera.*

4.38. La Figura 4.84 muestra la respuesta en frecuencia típica de un amplificador monocanal. En función de su selectividad, indica:

a) Tipo de amplificador monocanal.

b) Número de canales que amplifica.

c) ¿En qué caso es adecuada la utilización de este amplificador?

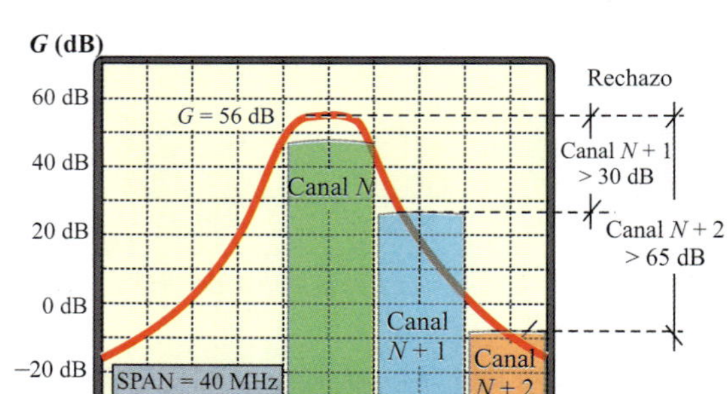

Figura 4.84. *Respuesta en frecuencia de un amplificador monocanal.*

4.39. Explica las condiciones que deben cumplirse para utilizar un amplificador de banda ancha en el equipo de cabecera de una instalación. ¿Puede utilizarse este tipo de amplificación en una ICT?

4.40. Respecto de la pendiente de ecualización de un amplificador:

- a) ¿Para qué se sirve?
- b) Clasifica los diferentes tipos de pendientes de ecualización disponibles en los amplificadores de banda ancha.
- c) Consulta las características de los amplificadores disponibles en el aula. ¿Qué tipo de preacentuación utilizan?

4.41. ¿Qué es la salida de test de un amplificador de banda ancha o central programable? ¿Qué utilidad tiene?

4.42. ¿Cuánto debe reducirse el nivel de señal máximo de salida especificado por el fabricante de un amplificador de FI si el número de transpondedores de entrada es de 25?

4.43. La Figura 4.85 muestra un ejemplo de instalación de un equipo de cabecera con amplificación de banda ancha. La instalación desea ampliarse para hacerla compatible con la ICT:

- a) Muchas centrales amplificadoras incorporan dos salidas: una MATV y otra MATV + FI. Justifica la utilidad de estas salidas.
- b) ¿Qué solución adoptarías para añadir la señal de un segundo satélite (FI2) a la red?

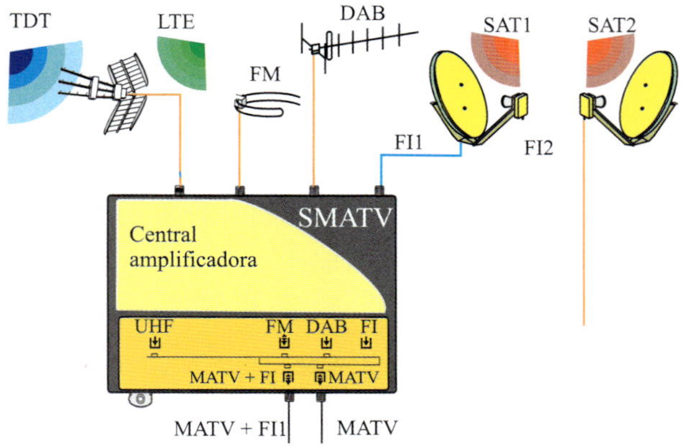

Figura 4.85. *Amplificación de banda ancha.*

4.44. En la Figura 4.86 se muestra la instalación de un equipo de cabecera formado por un amplificador de banda ancha que amplifica las señales de la banda terrestre. Como se observa, el amplificador amplifica, junto con las señales de TDT, las señales LTE que pueden provocar interferencias en la instalación. Justifica las respuestas a las siguientes cuestiones:

- a) ¿Cuáles son las características que deberían reunir los componentes de la instalación para que las interferencias de la señal LTE sean mínimas?
- b) ¿Qué componente utilizarías para eliminar al máximo estas interferencias?
- c) ¿Dónde instalarías este componente?

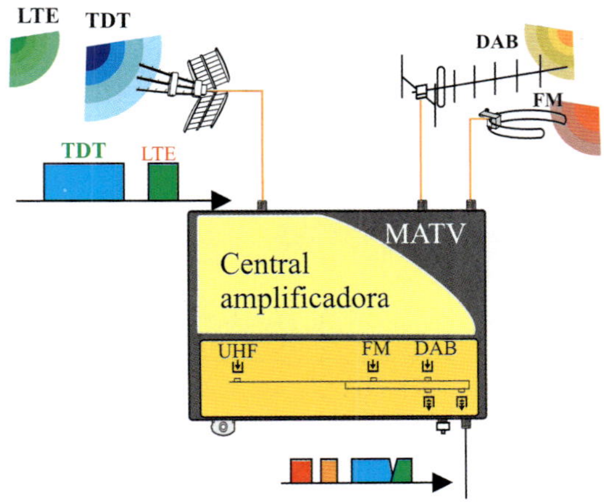

Figura 4.86. *Interferencias LTE.*

4.45. En el mercado existen diferentes centrales amplificadoras programables, como por ejemplo las que se muestran en la Figura 4.87. A partir de la disponible en el aula taller o la seleccionada de un fabricante, contesta a las cuestiones siguientes:

a) Tipo de central.

b) Número de entradas por banda.

c) Número de salidas.

d) Número de filtros y su asignación a cada entrada de UHF.

e) A partir del manual del fabricante, justifica el número de canales que pueden asignarse a cada filtro.

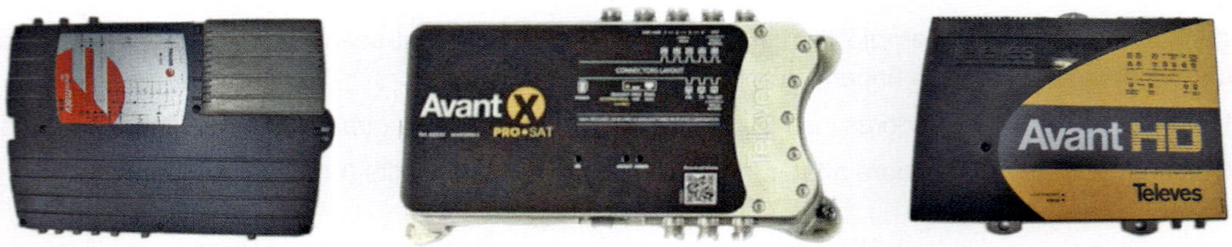

Figura 4.87. *Centrales amplificadores programables.*

4.46. Respecto de los filtros de una central amplificadora programable:

a) ¿En qué banda se sitúan estos filtros?

b) ¿Cuál es el número típico de filtros?

c) ¿Cuántos canales pueden configurarse en cada filtro?

d) ¿Qué utilidad tienen los filtros?

4.47. En el lugar del emplazamiento de una instalación aparece la emisión de un nuevo múltiplex digital de TDT. Justifica los cambios que será necesario realizar en una instalación en funcionamiento en los siguientes casos:

a) Sistema de amplificación monocanal.

b) Sistema de amplificación de banda ancha.

c) Sistema con central amplificadora programable.

4.48. ¿Qué señal se distribuye en cada cable de la red de una ICT cuando no están instaladas las antenas satélite?

4.49. ¿Qué entradas y salidas de un mezclador-repartidor de ICT se utilizan cuando no están instaladas las antenas satélite? ¿Qué precaución debe tenerse con las que no se utilizan?

4.50. Indica para cada una de las instalaciones de la Figura 4.88 la opción que se utiliza para realizar la mezcla de la señal de TV terrestre y por satélite de la ICT.

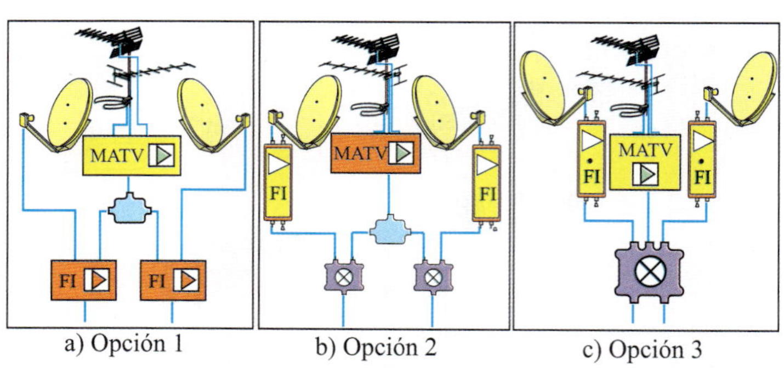

Figura 4.88. *Mezcla MATV + FI en equipo de cabecera de una ICT.*

4.51. En una instalación de ICT no es obligatorio instalar los amplificadores de FI ni las antenas satélite, pero es obligatorio que la red esté preparada para incluir el servicio satélite. Modifica los esquemas de las instalaciones de la Figura 4.88 para que la instalación no incluya el sistema de captación y amplificación satélite.

ACTIVIDADES FINALES

4.52. Apunta la principal aplicación de los equipos de procesado siguientes:

a) Procesadores de canal.

b) Moduladores.

c) Transmoduladores.

4.53. Explica la función que realiza en la instalación cada uno de los componentes que se muestran en la Figura 4.89.

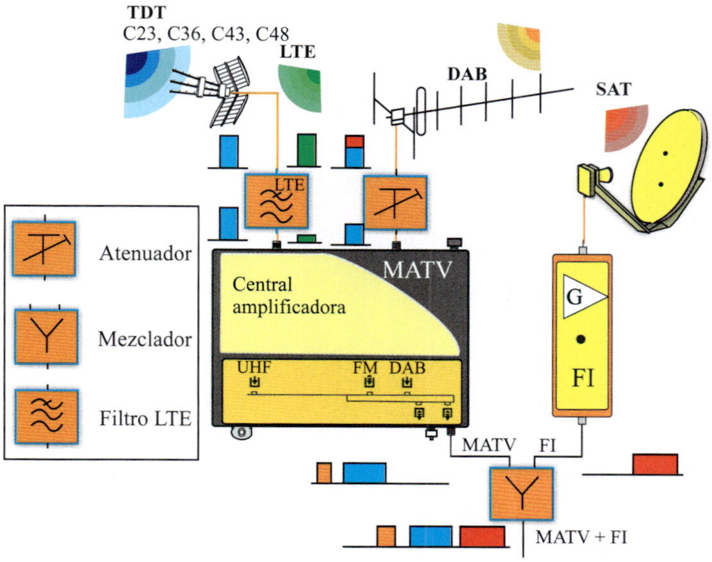

Figura 4.89. *Otros componentes del equipo de cabecera.*

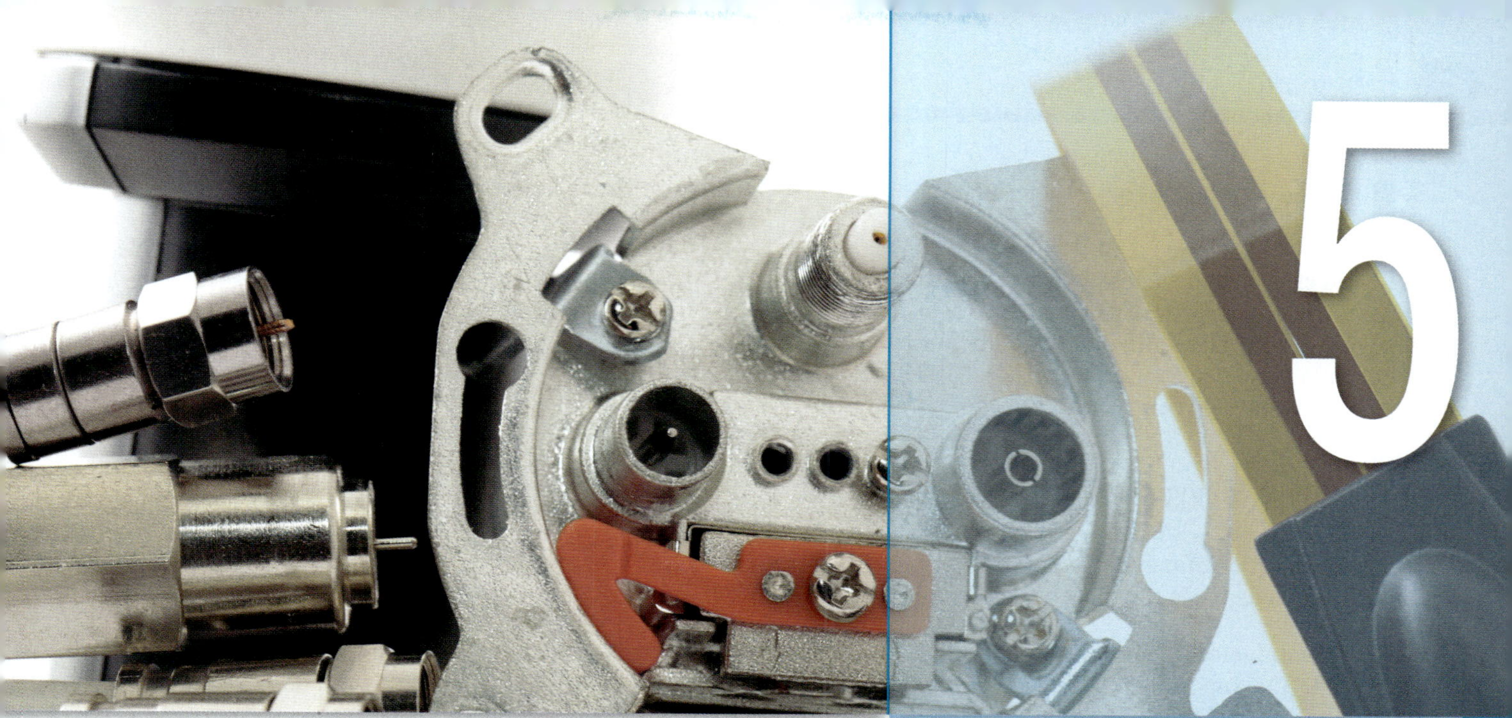

5

Red

La red de una ICT está formada por el conjunto de elementos que distribuyen la señal de radio y televisión, captada por las antenas y amplificada y procesada por el equipo de cabecera, hasta las tomas del usuario.

Contenidos

Objetivos

- Identificar las características técnicas de los equipos y materiales que forman parte de la red de una instalación, interpretando la documentación técnica relacionada.
- Seleccionar de manera adecuada los equipos y herramientas utilizados en el montaje de la red de una ICT.
- Instalar la red de una ICT utilizando los equipos y materiales necesarios y adoptando las medidas de seguridad adecuadas.
- Realizar las medidas y comprobaciones necesarias para verificar el buen funcionamiento de la instalación a partir del protocolo de pruebas de la ICT.

5.1. Elementos de la red

La **red** es la parte de la instalación encargada de que la señal de salida del equipo de cabecera llegue al usuario. Para ello, se utilizan los **elementos de distribución** necesarios para que, a la toma de usuario, llegue la señal de radio y TV en las condiciones de calidad que exige la normativa.

5.1.1. Tipos de redes

En función del **número de usuarios** al que proporciona señal una red, puede establecerse la clasificación siguiente:

- **Instalación individual.** La distribución de la señal de TV solo se realiza a un usuario, normalmente una vivienda (Figura 5.1a).
- **Instalación colectiva.** La distribución de la señal de TV se realiza para un grupo de viviendas o locales comerciales. Por lo tanto, a diferencia de las instalaciones individuales, existe más de un usuario (Figura 5.1b).

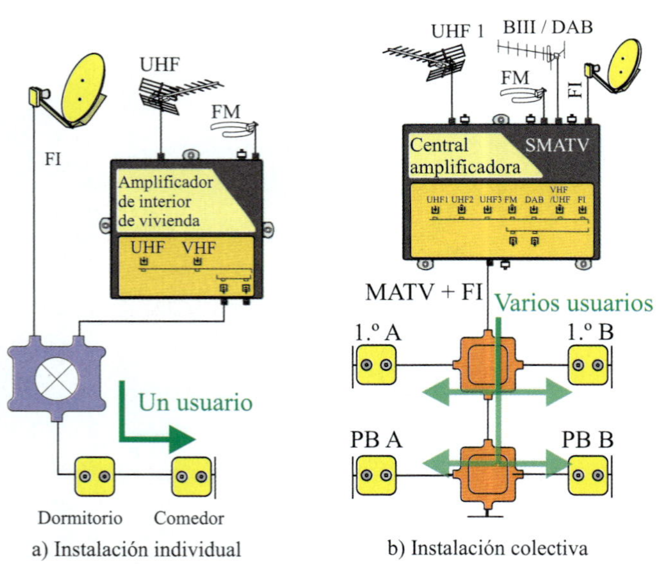

Figura 5.1. *Tipos de redes de distribución de la señal de TV.*

Recuerda

Todas las instalaciones colectivas de nueva construcción en la actualidad se rigen por la normativa de ICT y, en ellas, deben distribuirse de manera obligatoria los servicios de radiodifusión sonora analógica (FM) y digital (DAB) y de TV terrestre (TDT), siendo opcional, aunque recomendable, la distribución del servicio de radiodifusión por satélite.

- **Instalación ICT.** Una instalación compatible con la ICT es un caso particular de instalación colectiva en la que se distribuyen dos cables de bajada, de manera que los usuarios tienen acceso, además de a la señal de radio y TV terrestre (MATV), a dos señales satélite diferentes (Figura 5.2).

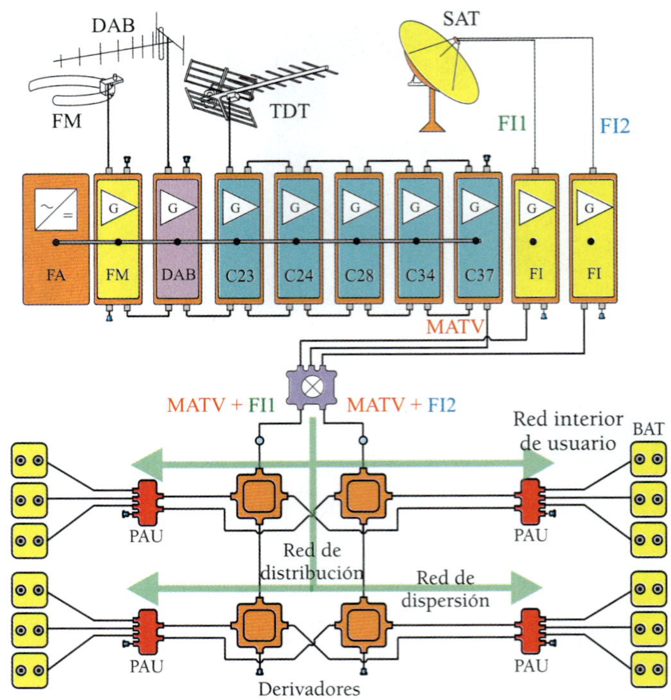

Figura 5.2. *Red de una ICT.*

5.1.2. Dispositivos de la red

La red está formada por diferentes elementos que distribuyen la señal hasta las **tomas de usuario** que se encuentran en el interior de la vivienda, oficina o local comercial. Estos elementos se conectan entre sí utilizando como medio de transmisión el **cable coaxial.**

Entre los elementos que forman la red destacan los siguientes:

- Repartidores o distribuidores.
- Derivadores.
- PAU.
- Tomas de usuario o BAT (base de acceso terminal).

En función del **método de instalación** requerido (Figura 5.3), pueden encontrarse diferentes tipos de dispositivos. Todos ellos están preparados para su instalación sobre la pared o en el interior de los registros de la ICT, pero el tipo de conexión es diferente: brida, conector F, etcétera.

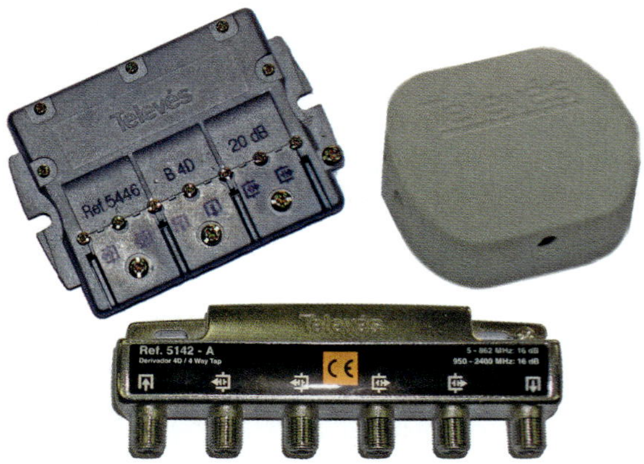

Figura 5.3. *Elementos de distribución de la señal de TV.*

5.1.3. Características técnicas

Las principales **características técnicas** que han de tenerse en cuenta en el momento de la **selección de un dispositivo** de distribución son las siguientes:

- **Margen de frecuencias de utilización.** Las características de todos los componentes varían con la frecuencia y los utilizados en la red de una ICT deben estar preparados para funcionar en el margen de frecuencias comprendido entre 5 y 2150 MHz.
- **Pérdidas.** En el recorrido de la señal por un dispositivo se producen pérdidas. Pueden diferenciarse dos tipos de pérdidas:
  1. **Pérdidas de paso o de inserción.** Atenuación que sufre la señal a la salida a su paso por el dispositivo. Valores típicos de pérdidas son de 0,5 a 8 dB, dependiendo del dispositivo y número de salidas.
  2. **Pérdidas de derivación o de conexión.** En algunos dispositivos, además de las pérdidas de paso, existen salidas en las que se distribuye solamente parte de la señal, por lo que las pérdidas a su salida son más elevadas. Este es el caso de los derivadores y las tomas de usuario.
- **Número de salidas y entradas.** Dependiendo de la aplicación, puede ser necesaria la utilización de un dispositivo con un número de conexiones determinado. Como criterio, siempre se escogerá el dispositivo con el menor número de salidas que se necesite, ya que resultará más económico y las pérdidas de paso serán menores.
- **Aislamiento o rechazo entre salidas y entre entradas.** Capacidad de rechazar una interferencia producida en una de las salidas o entradas sobre las demás. Cuanto mayor sea el aislamiento de un dispositivo, mucho mejor.
- **Paso de corriente.** En ocasiones, se necesita la alimentación remota de un dispositivo a través del propio cable coaxial de la red. En este caso será necesario que los dispositivos instalados en la red permitan el paso de la corriente de alimentación.

Sabías que...

Aunque de la mayoría de los elementos de la red existen símbolos normalizados, los fabricantes utilizan símbolos funcionales para identificar cada dispositivo. Se identifican por las leyendas que se incluyen en los planos y esquemas.

Caso práctico 5.1
Características técnicas de los elementos de distribución

Todas las **características técnicas** de los dispositivos utilizados en una instalación se encuentran en el catálogo del fabricante.

En la Figura 5.4 se muestra un ejemplo de las características técnicas que proporciona un fabricante de los derivadores.

Referencia			542502	542602	542702	542802
Banda de Frecuencia			SMATV			
Direcciones		nº	2			
Número de Planta			1	2 y 3	4 a 6	7 a 12
Pérdidas inserción Ent.→Sal.	C. Ret.	dB	2	1,5	0,6	0,6
	MATV	dB	3...4	1	0,5	0,5
	FI SAT	dB	4,5	1...1,2	0,5...2,2	0,5...2,2
Pérdidas derivación Ent.→Deriv.	C. Ret.	dB	14	16	19	26
	MATV	dB	14	16	20	24
	FI SAT	dB	12	17	21	25
Rechazo Deriv.→Deriv.	MATV	dB	> 37	> 42	> 30	> 30
	FI SAT	dB	> 31	> 34	> 22	> 23
Tensión máxima		Vdc	40			
Corriente de paso Sal.-Ent. (máx.)		mA	300			
Dimensiones (Anc x Al x Pr)		mm	81×55×12			

N.º de salidas

Pérdidas de inserción (paso) para la banda de VHF/UHF

Pérdidas de derivación para la banda de VHF/UHF

Aislamiento entre salidas para la banda de VHF/UHF

Paso de corriente

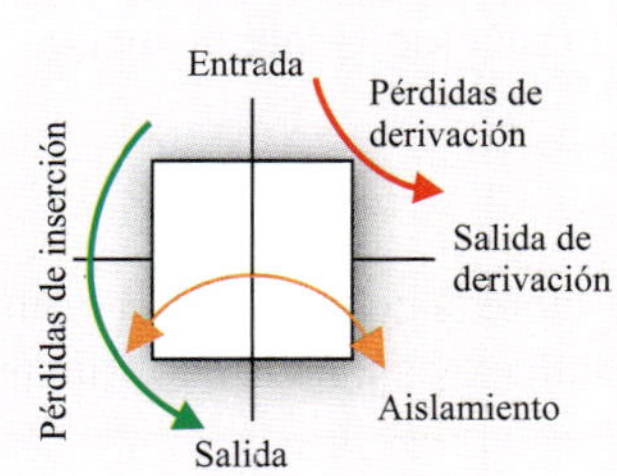

Figura 5.4. *Ejemplo de características técnicas (cortesía de Televés).*

La correcta **elección de los dispositivos** de la red repercute en una buena respuesta de la instalación, garantizando los siguientes parámetros de calidad:

- Niveles de calidad adecuados en la toma de usuario (nivel de señal, BER y MER).
- Mínimas pérdidas de retorno en cualquier punto, por desadaptaciones de impedancias.
- Correcta respuesta amplitud/frecuencia en canal y en banda.
- Máximo desacoplo o aislamiento entre tomas de distintos usuarios.

5.1.4. Cable coaxial

La **línea de transmisión** de la señal de televisión es el **cable coaxial.** Los cables coaxiales de la ICT están preparados para trabajar en el **margen de frecuencias** de 5 a 3000 MHz, y el fabricante especificará su **atenuación,** como se muestra en la Figura 5.5, para diferentes **frecuencias significativas** dentro de las bandas de radio y TV que se distribuyen por la red.

Al igual que el resto de los componentes de la instalación, los cables coaxiales utilizados tienen una **impedancia característica** de 75 Ω.

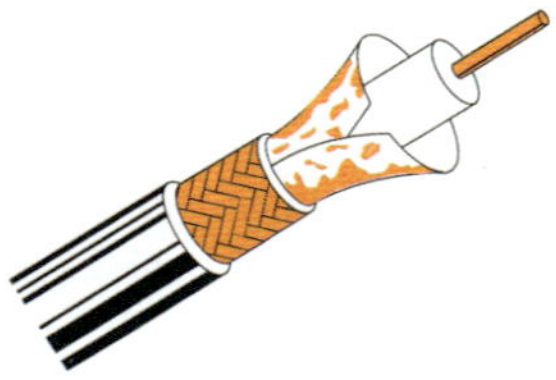

a) Cable coaxial

Cable coaxial			
Referencia		CC1	CC2
Atenuación (dB/m)	47 MHz	0,04	0,03
	100 MHz	0,06	0,04
	200 MHz	0,08	0,06
	470 MHz	0,14	0,08
	860 MHz	0,18	0,12
	950 MHz	0,20	0,15
	2150 MHz	0,29	0,19
Velocidad de propagación		0,84	0,84
Impedancia		75 Ω	75 Ω

b) Características técnicas

Figura 5.5. *Cable coaxial.*

El cable coaxial de la red de una ICT tiene una cubierta no propagadora de la llama para instalaciones interiores y de polietileno (PE) para instalaciones exteriores.

Los cables coaxiales que se instalen en el interior de una ICT además deben cumplir los niveles mínimos obligatorios de la clasificación Dca-s2,d2,a2 respecto a su comportamiento de reacción frente al fuego.

Recuerda

La cubierta de **tipo LSFH** es una cubierta con baja emisión de humos y sin halógenos (no propagadora de la llama).

Se fabrican en diferentes colores: negro, blanco, marrón, etc. La utilización de un color diferente para cada bajante de la red facilita su identificación, tal y como se muestra en la Figura 5.6.

Figura 5.6. *Red de cable coaxial.*

5.1.5. Repartidores

Los **repartidores** o **distribuidores** son dispositivos cuya función es repartir la señal presente a su entrada a diferentes salidas, generando varias ramificaciones de la señal. En la Figura 5.7a se muestra un ejemplo de repartidor de dos salidas y, en la Figura 5.7b, los símbolos electrónicos que los representan.

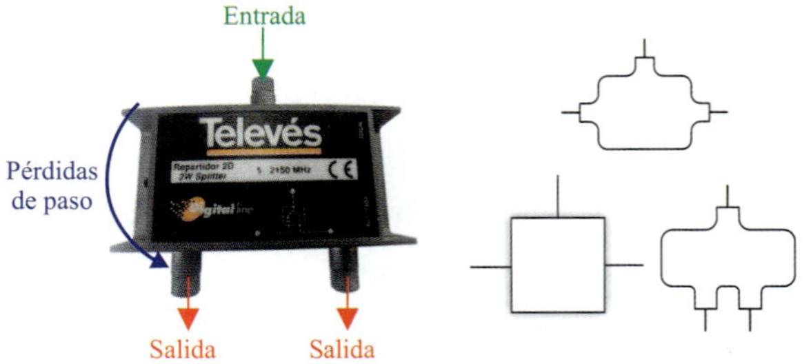

a) Repartidor de dos salidas b) Símbolos utilizados

Figura 5.7. *Repartidor o distribuidor de dos salidas.*

Las principales **características** que definen a un repartidor son:

- **Número de salidas.** Valores típicos son 2, 3 y 4 salidas, aunque existen repartidores con más salidas.
- **Pérdidas de inserción o de paso.** Indica la atenuación que sufre la señal a su paso por el repartidor. El valor de la atenuación depende del número de salidas. A mayor número de salidas, mayores pérdidas.

En la Figura 5.8 se muestran repartidores, con diferente número de salidas y tipos de conexiones.

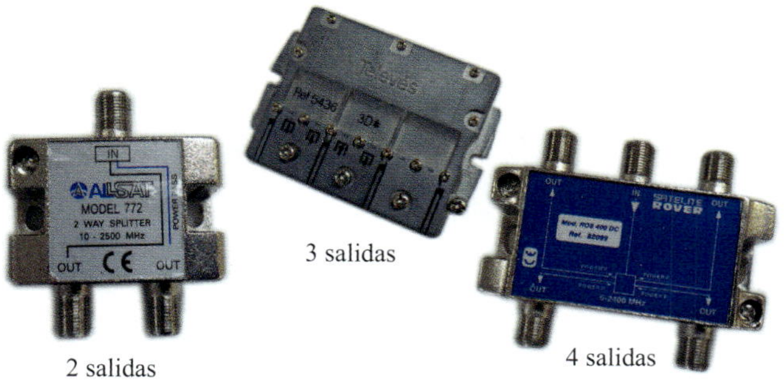

Figura 5.8. *Ejemplo de repartidores.*

Las dos **aplicaciones típicas** de los repartidores son el reparto de la señal de salida del equipo de cabecera en diferentes ramales o bajantes y la distribución en estrella de la red interior de usuario.

5.1.6. Derivadores

Los **derivadores** son dispositivos que producen una o varias ramificaciones de la señal a partir de una línea principal de distribución, tomando una parte de la señal que circula por esta línea, a la vez que facilita el paso de la señal hacia su salida sin prácticamente afectarla.

En la Figura 5.11a se muestran los símbolos asociados a los derivadores y, en la Figura 5.11b, la identificación de sus salidas: se trata de un derivador de dos salidas, por lo tanto, además de una entrada y de una salida, dispone de dos salidas de derivación.

Se utilizan fundamentalmente en cada una de las plantas de un edificio para derivar la señal hacia las viviendas de la planta, dejando pasar el resto de la señal hacia las plantas inferiores (Figura 5.11c).

Ejemplo 5.1. Reparto de la señal de cabecera en edificios con varias escaleras

En la Figura 5.9 se muestra una de las funciones principales de un distribuidor o repartidor: el reparto de la señal de salida del equipo de cabecera en diferentes bajantes, utilizado muy a menudo en edificios de varias escaleras.

De esta manera, con ayuda de los repartidores, un único conjunto captador y equipo de cabecera puede atender múltiples edificios o edificios con un número elevado de escaleras.

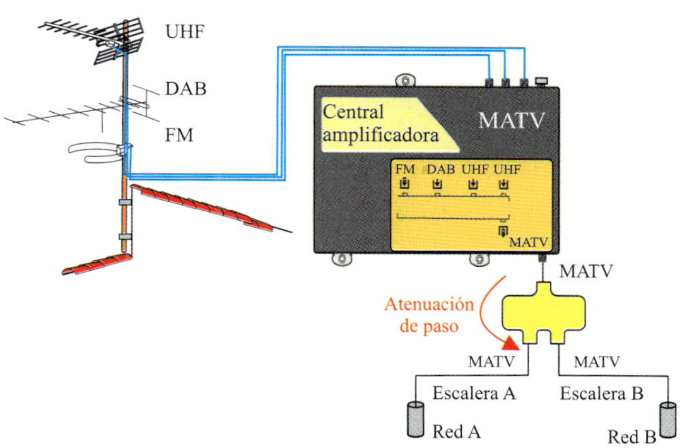

Figura 5.9. *Utilización de un repartidor en el equipo de cabecera.*

Ejemplo 5.2. Distribución en estrella en la red interior de usuario de una instalación convencional

En las instalaciones colectivas convencionales se utilizan los repartidores en la red interior de usuario para distribuir la señal en estrella a las tomas de usuario (BAT), tal y como puede observarse en la Figura 5.10.

El número de salidas del repartidor utilizado debe ser mayor o igual al número de tomas de usuario de la instalación interior.

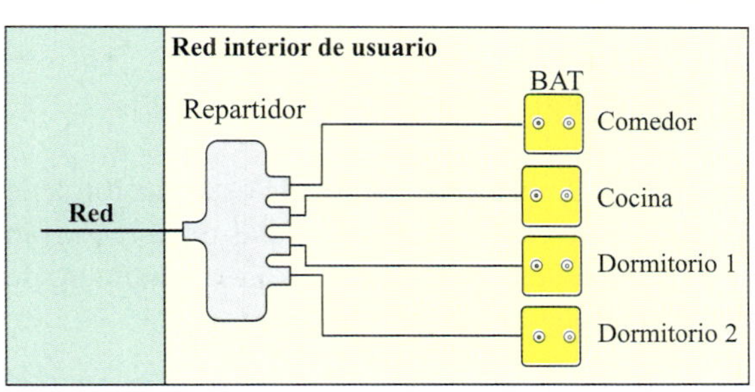

Figura 5.10. *Utilización de repartidores en la red interior de usuario convencional.*

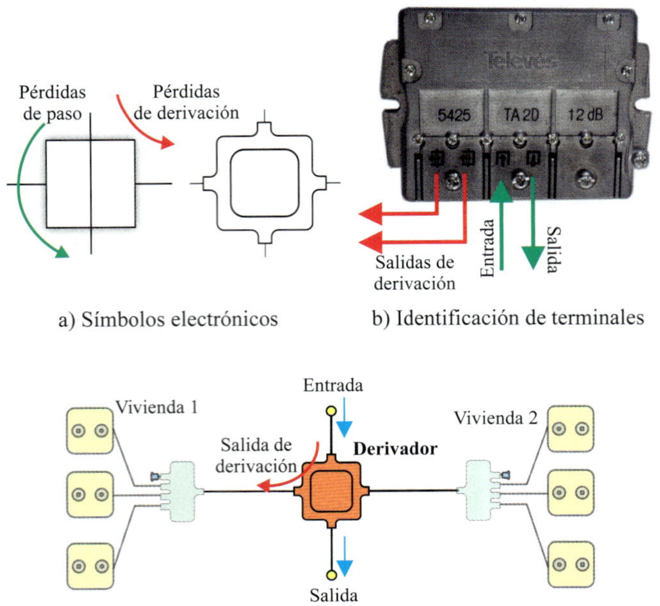

Figura 5.11. *Ejemplo de derivador de dos salidas.*

Las dos características principales de un derivador son:

- **Número de salidas.** Todos los derivadores tienen una entrada y una salida principal y, además, un número variable de salidas de derivación, siendo típicos los derivadores de 2, 4, 6 y 8 salidas.
- **Pérdidas.** En un derivador se diferencian dos tipos de pérdidas:
  1. **Pérdidas de derivación.** La atenuación que sufre la señal en cada bifurcación de salida se denomina **atenuación de derivación,** que tiene normalmente un valor elevado, que varía entre 10 y 24 dB dependiendo del derivador.
  2. **Pérdidas de paso.** La atenuación que sufre la señal al atravesar el dispositivo camino del resto de las plantas se denomina **atenuación de paso o de inserción,** que es de un valor bajo, entre 1 a 4 dB, ya que un derivador distribuye prácticamente toda la señal de entrada a su salida.

Compensación de las pérdidas de la red

Como norma general, cuanto más alejada está una toma de usuario del equipo de cabecera, las pérdidas de la red serán mayores, ya que la señal tendrá que atravesar un número de dispositivos y una longitud de cable mayor.

Con el objetivo de **compensar las pérdidas de la red,** los fabricantes comercializan derivadores con diferentes pérdidas de derivación, recomendándose utilizar en las plantas más alejadas del equipo de cabecera derivadores con menores pérdidas de derivación.

Ejemplo 5.3. Compensación de las pérdidas de la red con derivadores

En la Figura 5.12 se muestra que, con la ayuda de un derivador, se realizan derivaciones en cada planta desde la línea principal hasta cada vivienda. En las características técnicas del fabricante se recomienda la **planta de utilización** de cada derivador para compensar de manera efectiva las pérdidas de la red.

Para compensar las pérdidas, en la planta baja, se utiliza el derivador con menos pérdidas de derivación (Ref. A2), mientras que en la 3.ª planta (4.ª planta real) se instala el derivador con más pérdidas de derivación (Ref. C2).

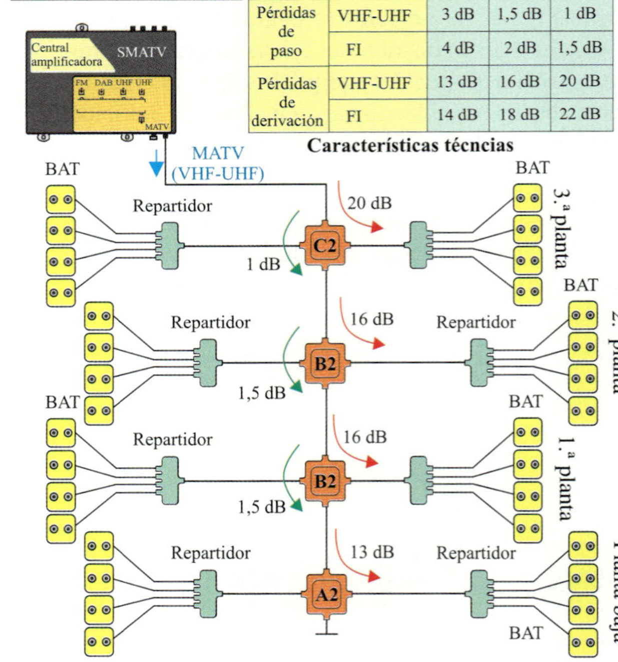

Derivadores				
Referencia		A2	B2	C2
Número de salidas		2	2	2
Planta de instalación		1	2 y 3	4 a 6
Pérdidas de paso	VHF-UHF	3 dB	1,5 dB	1 dB
	FI	4 dB	2 dB	1,5 dB
Pérdidas de derivación	VHF-UHF	13 dB	16 dB	20 dB
	FI	14 dB	18 dB	22 dB

Características técnicas

Figura 5.12. *Compensación de las pérdidas de la red con derivadores.*

Recuerda

La correcta elección del derivador de cada planta permite el equilibrio de las atenuaciones en todas las tomas de la red.

Número de salidas

El **número de salidas** del derivador seleccionado para cada planta dependerá del número de viviendas de la planta. Para ello, los fabricantes comercializan derivadores con diferente número de salidas. En la Figura 5.13 se muestra un ejemplo de derivadores con diferente número de salidas y tipo de conexiones.

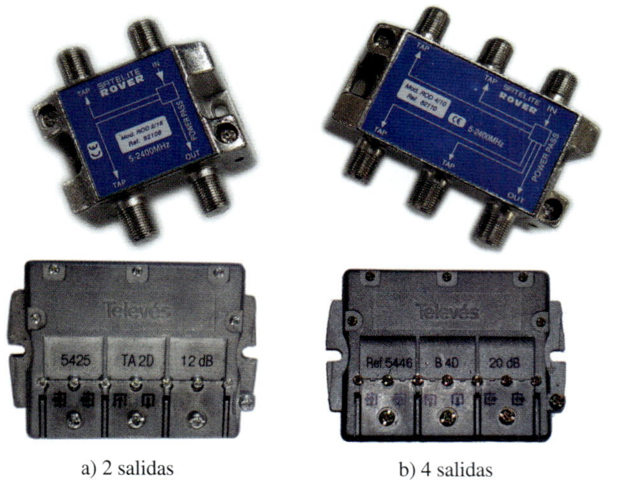

Figura 5.13. *Derivadores de diferentes salidas.*

Ejemplo 5.4. Utilización de derivadores

En el ejemplo de la Figura 5.14 se muestra que, en la planta baja, se utiliza un **derivador de dos salidas** que alimenta los locales comerciales, mientras que en las plantas superiores se utilizan **derivadores de 4 salidas** para dar servicio a las 4 viviendas de cada planta.

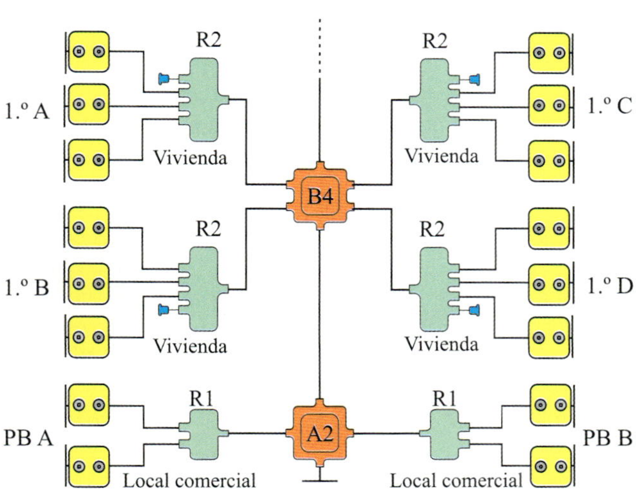

Figura 5.14. *Ejemplo de utilización de los derivadores.*

5.1.7. Punto de acceso al usuario (PAU)

El **punto de acceso al usuario (PAU)** es el elemento en el que comienza la red interior de usuario de una ICT, que permite la delimitación de responsabilidades en cuanto al origen, localización y reparación de averías.

El PAU es un dispositivo específico de la ICT que permite al usuario la selección del cable de la red de dispersión que desee (Figura 5.15a).

En la instalación de cada usuario final, ya sea vivienda, local comercial u oficina, se instala un PAU. En el caso de viviendas, el PAU se complementa con un **elemento de distribución** o **reparto** (Figura 5.15b), alojado en su interior o como dispositivo independiente, que disponga de un número de salidas que permita la conexión y servicio a todas las estancias de la vivienda, excluidos baños y trasteros.

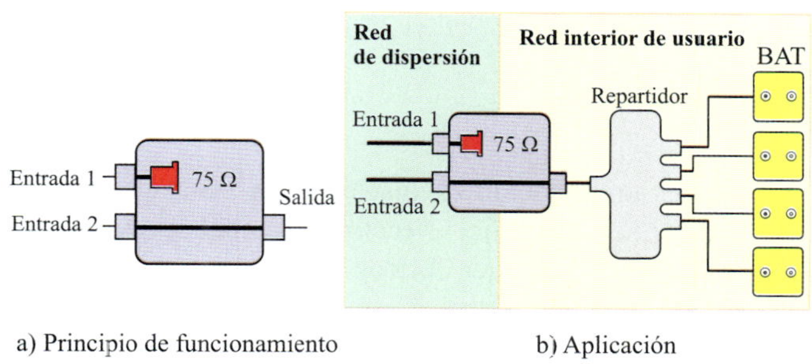

Figura 5.15. *PAU y repartidor asociado.*

Como después del PAU se necesita un **repartidor** para distribuir en estrella la señal a las tomas de usuario (BAT), los fabricantes integran el propio repartidor en el interior del PAU (Figura 5.16), por lo que, en el mercado, se disponen de PAU con un número de salidas variable.

Las **características** principales que definen a un PAU son:

- Número de salidas.
- Pérdidas de inserción o de paso.

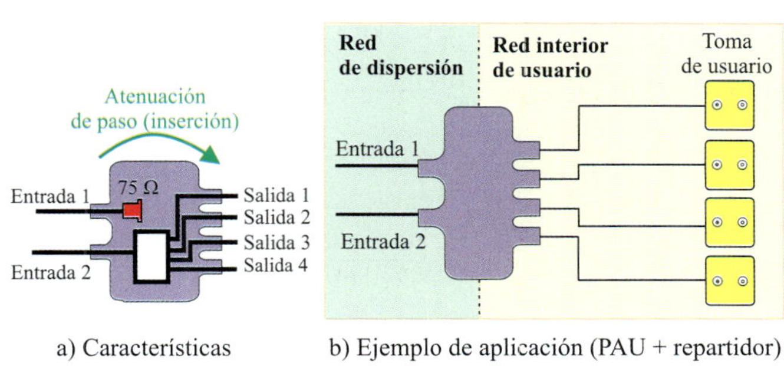

Figura 5.16. *PAU con repartidor integrado.*

La Figura 5.17 muestra varios PAU con diferente número de salidas.

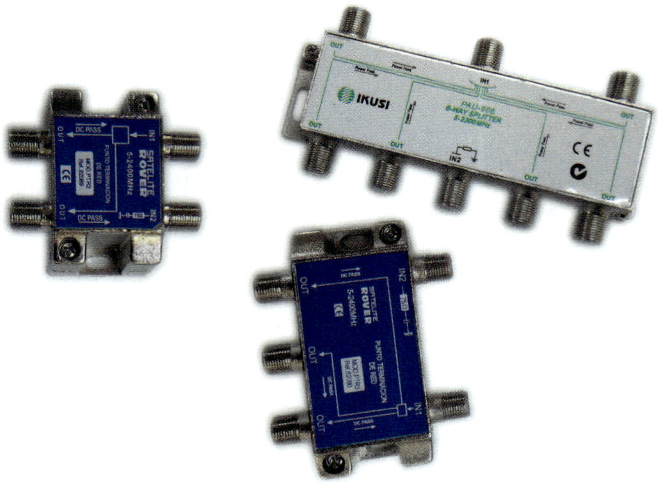

Figura 5.17. *Ejemplos de PAU.*

Recuerda

El PAU es un elemento exclusivo de las instalaciones de ICT, ya que se utiliza para seleccionar la señal de uno de los dos cables de bajada que forman la red de distribución y dispersión de la ICT.

5.1.8. Tomas de usuario (BAT)

La **toma de usuario** o **base de acceso terminal (BAT)** es el dispositivo situado en la instalación interior del usuario que permite la conexión de los dispositivos finales (receptor de TV y receptor satélite).

En la Figura 5.19 se muestra una BAT y los símbolos electrónicos utilizados para identificarla.

a) Aspecto externo

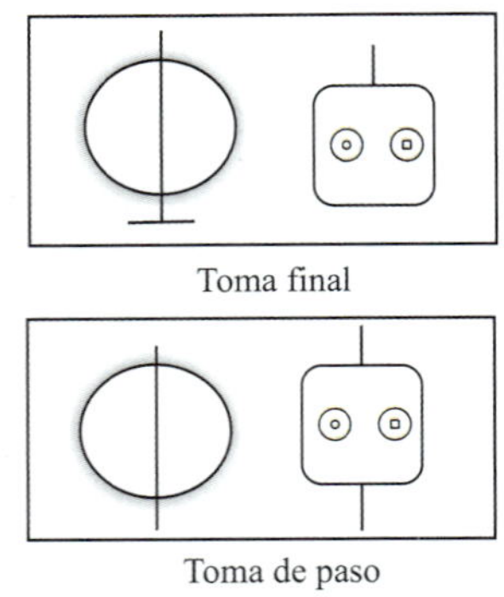

b) Símbolos eléctricos

Figura 5.19. *Toma de usuario o BAT.*

Las tomas de usuarios son **tomas separadoras,** ya que tienen diferentes salidas donde se separan las señales mezcladas (radio, TV terrestre y TV por satélite) en la red de distribución que baja del equipo de cabecera.

Caso práctico 5.2

Selección del cable de bajada de la ICT por el usuario

Cada uno de los cables coaxiales de la red de distribución y dispersión de una ICT distribuye la señal MATV de FM, radio DAB y TDT, pero, en cambio, cada uno de los cables suministra la señal de una banda y polaridad satélite diferente (SAT1 y SAT2). Una vez realizada la instalación interior, el usuario solo tiene acceso en sus tomas a una de las señales satélite, tal y como se muestra en la Figura 5.18a. La conexión realizada en el PAU es la que determina la señal satélite que se distribuye en la red interior.

En el caso de que el usuario quiera recibir la señal del satélite distribuida por el otro cable coaxial será necesario cambiar las conexiones del PAU, intercambiando los cables de entrada (Figura 5.18b).

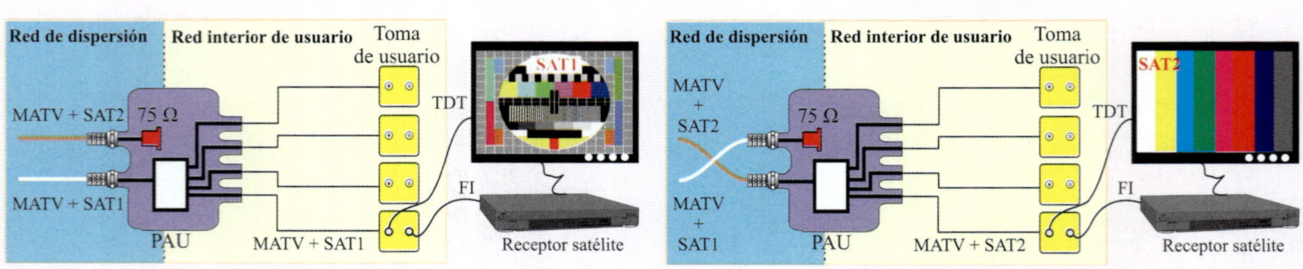

a) Selección del satélite 1 b) Selección del satélite 2

Figura 5.18. *Selección del cable de bajada en el PAU.*

El **tipo de conexión** habitual es el **conector CEI.** Para diferenciar la conexión de cada servicio, el tipo de conexión es diferente: la conexión de TV, radio FM y DAB se realiza mediante un conector CEI macho, mientras que la conexión por satélite se realiza mediante un conector CEI hembra, según se muestra en la Figura 5.20.

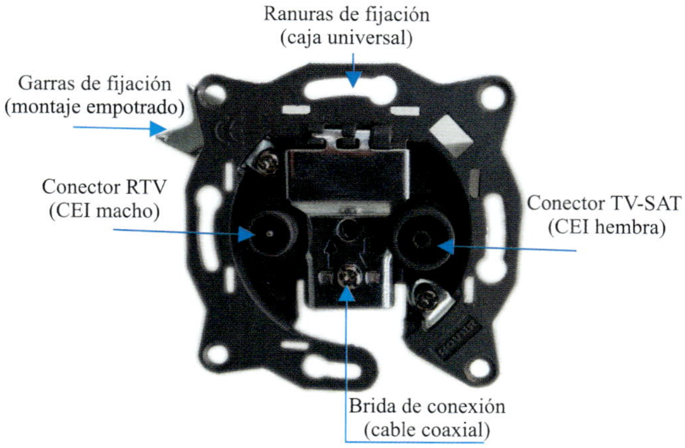

Figura 5.20. *Toma de usuario (BAT) de dos salidas.*

Si la toma de usuario dispone de tres salidas, una de ellas será un conector F preparado para suministrar la señal de FI satélite (Figura 5.21).

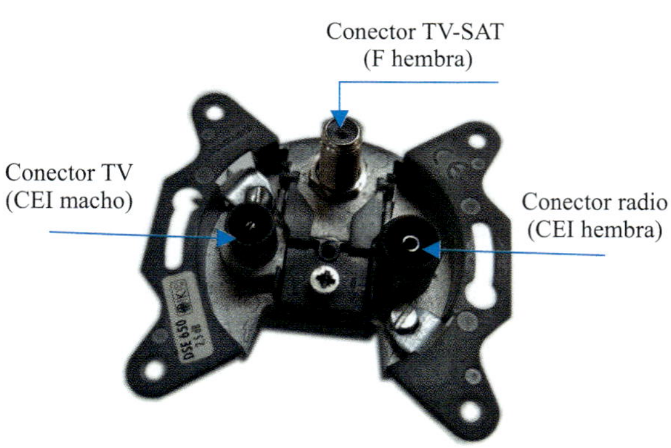

Figura 5.21. *Toma de usuario (BAT) de tres salidas.*

Tipos de tomas de usuario

En el mercado existen dos tipos de tomas diferentes (Figura 5.22a):

1. **Toma de paso.** Este tipo de toma deriva y extrae parte de la señal por sus conexiones de salida hacia el usuario, pero también permite la continuación de la línea, llevando la señal hacia otras tomas de usuario.
2. **Toma final.** Toma que se utiliza como punto de terminación de línea.

En las redes interiores de usuario distribuidas en **cascada** se utilizan como tomas intermedias las **tomas de paso,** que permiten la entrada y la salida de la línea interior de usuario hacia el resto de las tomas (Figura 5.22b). Esto permite la conexión de las tomas de usuario en **serie.**

Una **toma final** está preparada para ser la última de las tomas de una instalación en cascada (Figura 5.22b), ya que no permite el paso de la señal hacia otras tomas. Este tipo de toma se utiliza principalmente en las **instalaciones en estrella** (Figura 5.22c).

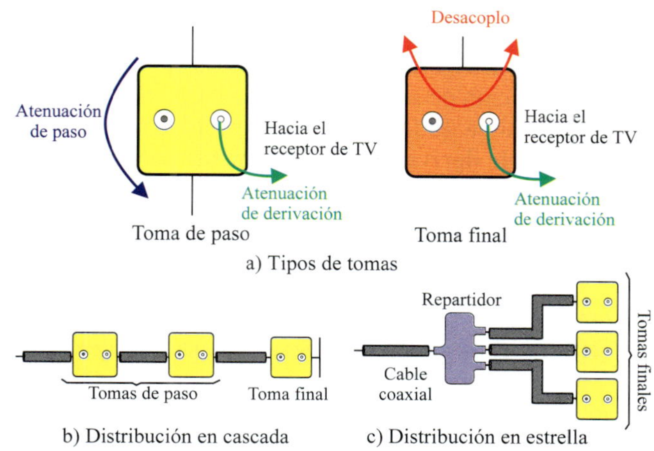

Figura 5.22. *Tipos y características de una toma de usuario.*

Sabías que...

Las tomas de paso se comercializan fundamentalmente para el mantenimiento de instalaciones antiguas, ya que, actualmente, la mayoría de las instalaciones utilizan tomas finales.

Externamente, las tomas finales y las tomas de paso son idénticas, tal y como se observa en la Figura 5.23. Pueden diferenciarse porque una toma final solo dispone de una conexión de entrada para el cable coaxial de la red, mientras que la toma de paso tendrá una conexión de entrada y otra de salida.

Figura 5.23. *Tipos de tomas de usuario.*

Características técnicas

Las principales **características técnicas** que definen a una toma de usuario son:

- **Tipo de toma.** De paso o final.
- **Número de salidas.** Normalmente, disponen de dos (RTV/SAT) o tres salidas (R/TV/SAT).
- **Pérdidas.** En este dispositivo se diferencian dos tipos de pérdidas:
  1. **Perdida de derivación.** Pérdidas debidas a la distribución de la señal a cada uno de los conectores de salida. El fabricante las especifica como **pérdidas de derivación** o simplemente **pérdidas.**
  2. **Pérdidas de paso.** Pérdidas que supone el paso de la señal hacia otras tomas, por lo que es un parámetro característico de las tomas de paso.

Otra de las características que define una toma de usuario es si permite el **paso de corriente.** Esto permite que el receptor pueda suministrar por la toma de usuario una tensión de alimentación. Su principal utilidad está en instalaciones individuales, como la de la Figura 5.24, donde el receptor satélite tiene que suministrar la tensión de alimentación y el tono de 22 kHz al LNB de la antena satélite.

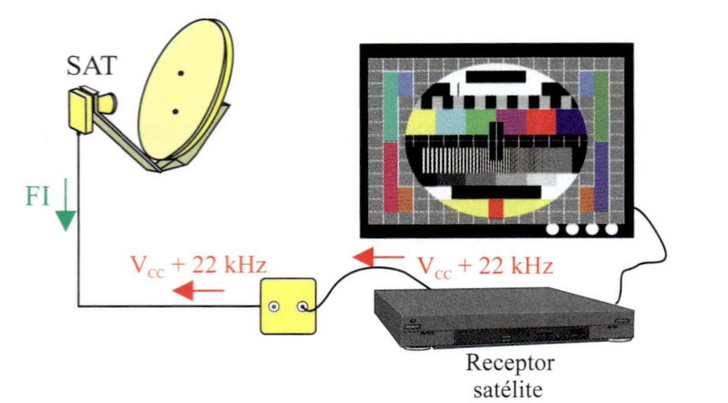

Figura 5.24. *Paso de corriente en la toma de usuario.*

Recuerda

La ICT denomina a las tomas de usuario como **bases de acceso terminal (BAT).**

5.1.9. Amplificadores de línea

Los **amplificadores de línea** o **amplificadores de distribución** se utilizan en las redes de distribución de gran tamaño cuando es necesario restituir el nivel de señal en los puntos alejados, debido a la elevada atenuación que sufre la señal. En la Figura 5.25 se muestra su principio de funcionamiento.

Este tipo de amplificador, por lo tanto, no forma parte del equipo de cabecera, ya que se instala en un punto intermedio de la red. La ICT denomina a este tipo de amplificador como **amplificador de extensión.**

Los amplificadores de línea (Figura 5.26a) disponen de una entrada y de una salida de RF, incorporan un atenuador regulable de entrada y, según modelos, permiten el control de la pendiente de la ganancia (preecualización), con lo que es posible compensar las pérdidas de la red de distribución, que dependen de la frecuencia. También integran una fuente de alimentación para red alterna.

Como su principal función es restituir el nivel de señal que se distribuye por la red, son amplificadores de banda ancha que amplifican todas las señales que se distribuyen por la red, tanto las señales terrestres (MATV) como por satélite, por lo que cubren el **margen de frecuencias** de 5 a 2150 MHz.

En el caso de una ICT, la señal se distribuye por una bajante con dos cables coaxiales, por lo que la central amplificadora de línea de una ICT dispone de dos entradas y dos salidas, una para cada cable de la red (Figura 5.26b), donde se incorporan sendas etapas de amplificación.

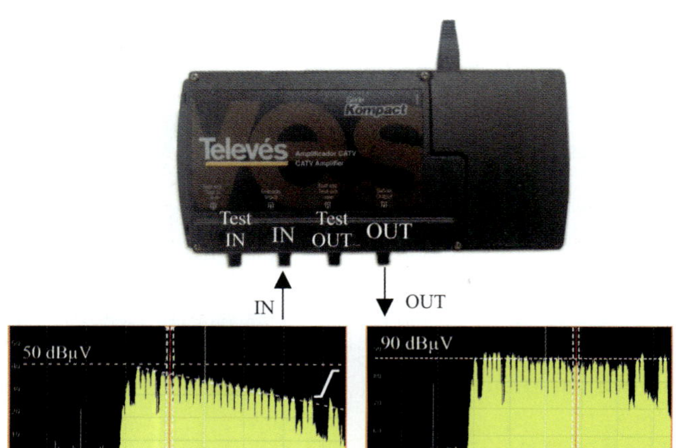

Figura 5.25. *Principio de funcionamiento de un amplificador de línea.*

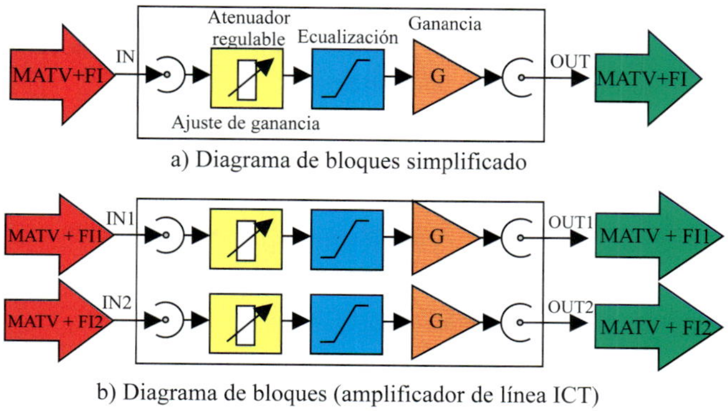

Figura 5.26. *Amplificador de línea.*

En la Figura 5.27 se muestra un ejemplo de aplicación típico de un amplificador de línea en una instalación de ICT. El amplificador de línea se instala en un **registro secundario auxiliar** para la instalación de **amplificadores de reamplificación.** Como son elementos activos debe disponerse en el registro secundario de una toma de corriente.

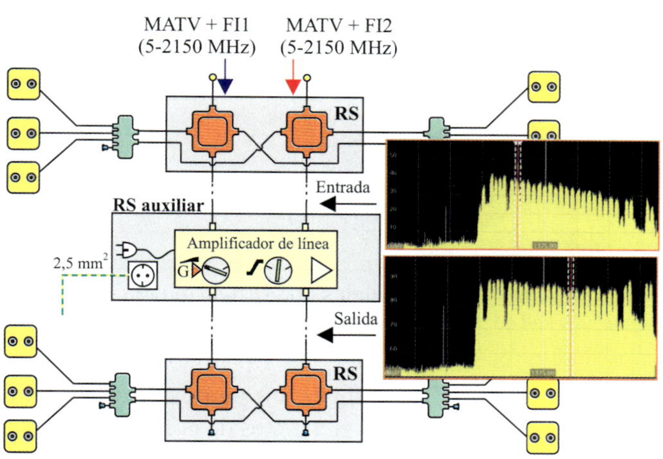

Figura 5.27. *Ejemplo de aplicación de un amplificador de línea en una instalación de ICT.*

5.2. Sistemas de distribución

En función de los elementos utilizados en la red, la distribución de la señal puede realizarse de diferentes maneras, clasificándose las instalaciones según el **sistema de distribución:** mediante derivadores, mediante repartidores o distribuidores, mixta, de la ICT y mediante repartidores conmutables.

5.2.1. Distribución mediante derivadores

En el sistema de **distribución mediante derivadores** (Figura 5.28), en cada planta se instalan derivadores para distribuir la señal de la entrada hacia cada una de las viviendas de cada planta, dejando pasar el resto de la señal hacia las demás plantas.

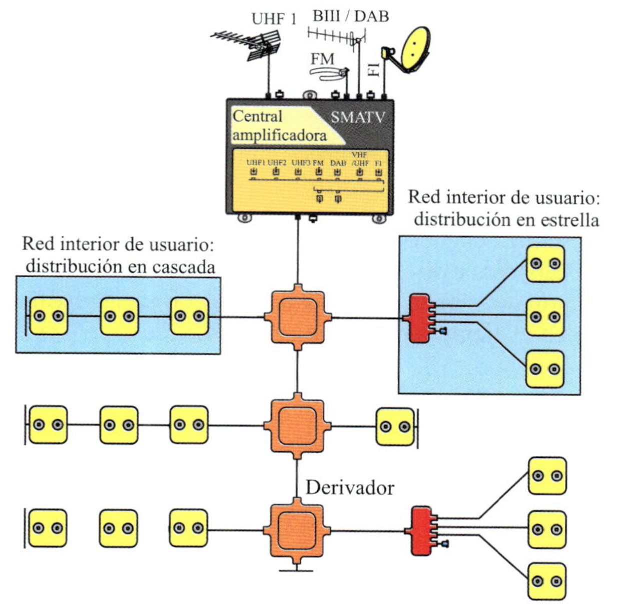

Figura 5.28. *Sistema de distribución mediante derivadores.*

5.2.2. Distribución mediante repartidores

En un sistema de **distribución mediante repartidores** (Figura 5.29), la señal se distribuye a partes iguales en cada salida de los repartidores, utilizándose los repartidores necesarios según el número de usuarios de la red.

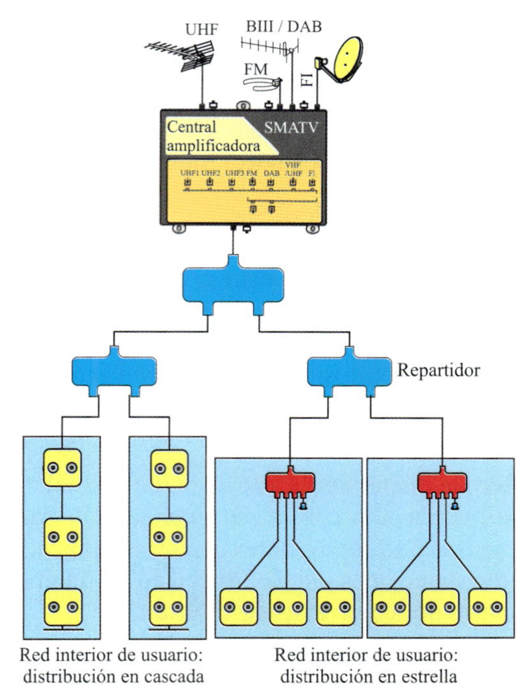

Figura 5.29. *Sistemas de distribución mediante repartidores.*

Aunque este sistema de distribución es poco efectivo, es la base del sistema de distribución mixto, que, generalmente, se utiliza en edificios de grandes dimensiones.

5.2.3. Distribución mixta

La **distribución mixta** es la combinación de la distribución mediante derivadores y la distribución mediante repartidores.

Se utiliza cuando es necesario distribuir la señal de una única cabecera a diferentes redes, como es el caso de la distribución de señal en edificios grandes con varias escaleras, como en el ejemplo de la Figura 5.30.

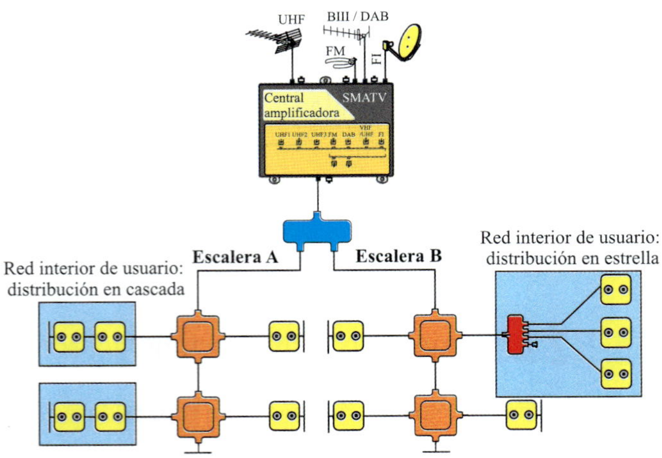

Figura 5.30. *Sistema de distribución mixta.*

5.2.4. Distribución de la ICT

En la Figura 5.31 se muestra la estructura de la **red de una ICT,** en la que se diferencian tres tramos diferentes:

1. **Red de distribución.** Parte de la red que enlaza el equipo de cabecera con la red de dispersión. Comienza a la salida del dispositivo de mezcla que agrupa las señales procedentes de los diferentes conjuntos de elementos de captación y adaptación de emisiones de radiodifusión sonora y televisión y finaliza en los elementos que permiten la segregación de las señales a la red de dispersión (derivadores).
2. **Red de dispersión.** Parte de la red que enlaza la red de distribución con la red interior de usuario. Comienza en los derivadores que proporcionan la señal procedente de la red de distribución y finaliza en los puntos de acceso al usuario (PAU).
3. **Red interior de usuario.** Parte de la red que, enlazando con la red de dispersión en el punto de acceso al usuario, permite la distribución de las señales en el interior de los domicilios o locales de los usuarios configurándose en estrella desde el punto de acceso al usuario hasta las tomas.

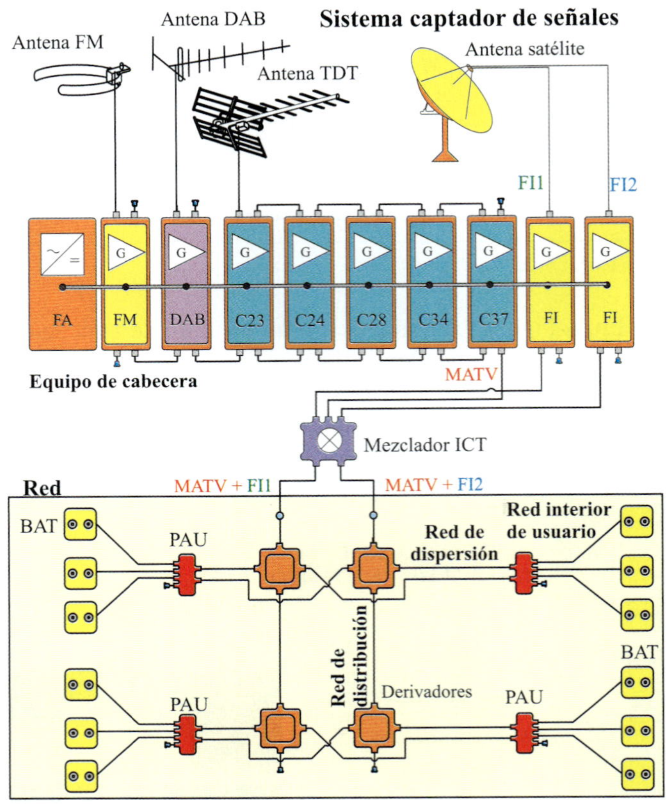

Figura 5.31. *Red de una ICT.*

Dentro de una ICT se definen dos **puntos de referencia,** los cuales se utilizan como elementos de conexión:

1. **Punto de acceso al usuario (PAU).** Elemento en el que comienza la red interior del domicilio del usuario que permite la delimitación de responsabilidades en cuanto al origen, localización y reparación de averías. Se ubica en el interior del domicilio del usuario y le permite la selección del cable de la red de dispersión que desee.
2. **Toma de usuario o BAT (base de acceso de terminal).** Dispositivo que permite la conexión a la red de los equipos de usuario para acceder a los diferentes servicios que esta proporciona.

La **red de una ICT** utiliza una distribución basada en derivadores donde, al PAU de cada usuario final, llegan dos cables con las señales procedentes de la cabecera de la instalación. Por lo tanto, será necesario utilizar dos derivadores por planta, con el número de salidas suficiente para dar servicio a todos los usuarios de la misma planta.

5.2.5. Distribución mediante repartidores conmutables

La instalación de una ICT está preparada para distribuir la señal de dos satélites, por lo que a cada usuario le llegan dos cables coaxiales y, en cada planta, se utiliza un derivador por cada cable coaxial. Cuando en una instalación desea distribuirse la señal de **todas las bandas y polaridades satélite** se necesitan cuatro cables y, por lo tanto, cuatro derivadores por planta.

En este tipo de instalaciones, en lugar de utilizar derivadores en cada planta, se utilizan **repartidores conmutables.** En la Figura 5.32 se muestra una instalación típica de este tipo de sistema de distribución.

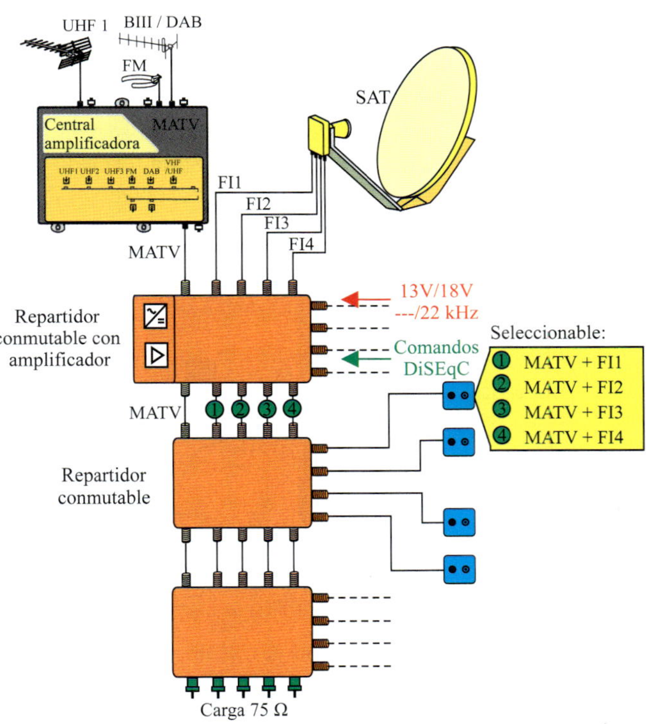

Figura 5.32. *Distribución mediante repartidores conmutables.*

Por cada uno de los cables de la red de distribución se distribuye la señal MATV y, una de las señales FI satélite.

La **selección** de cada uno de los cables la realiza el usuario mediante señales de conmutación, de manera que todos los usuarios tienen disponibles a la salida todas las señales de satélite, además de la señal de la banda terrestre (MATV).

La conmutación se realiza mediante el suministro de una tensión de alimentación 13/18 V y un tono (---/22 kHz), de la misma manera que los LNB satélite, o mediante comandos del **protocolo DiSEqC.**

Sabías que...

El protocolo DiSEqC es la manera alternativa de controlar algunos de los dispositivos de una instalación. Con este protocolo se envían comandos de control a través del cable coaxial, junto con la tensión de alimentación.

5.3. Red interior de usuario

La **red interior de usuario** es la parte de la red que permite la distribución de las señales en el interior de los domicilios o locales de los usuarios.

En función de la distribución de las tomas de usuario en el interior del domicilio del usuario, se clasifican tres **topologías** de redes interiores de usuario diferentes: red interior de usuario en cascada, red interior de usuario en estrella y red interior de usuario de la ICT.

5.3.1. Red interior en cascada

En muchas de las instalaciones antiguas, la instalación de la red interior de usuario está realizada con las tomas instaladas en **cascada** (Figura 5.33), también denominada **instalación en serie.**

Para ello, se utilizan dos tipos de tomas diferentes: tomas de paso y tomas finales.

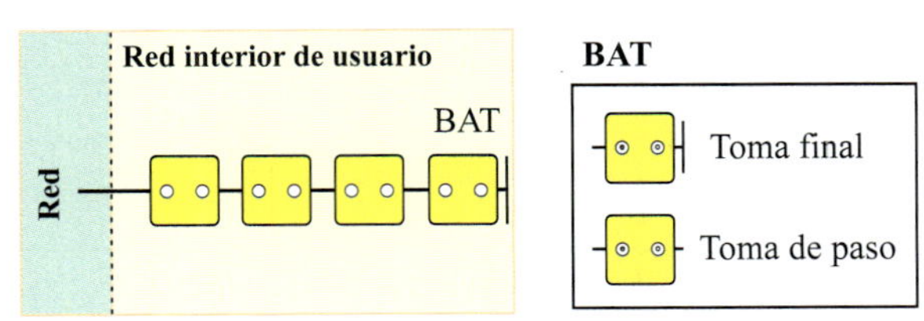

Figura 5.33. *Distribución interior en cascada.*

5.3.2. Red interior en estrella

Las instalaciones convencionales más recientes, que no utilizan una ICT, utilizan una **distribución en estrella** de la red interior de usuario (Figura 5.34). En este tipo de distribución se utiliza un **repartidor** en el punto de inicio de la red interior de usuario, que reparte por igual la señal hacia las tomas de usuario de la instalación. En este sistema todas las tomas de usuario son finales.

Las **ventajas** de una distribución en estrella frente a una distribución en cascada son las siguientes:

- Todas las tomas de un mismo usuario son independientes entre sí, de manera que una avería en una de ellas no afecta al resto de la instalación.
- Se consigue un mayor equilibrio en la atenuación de la red, ya que, excepto la diferencia de longitud del cable coaxial, todas las tomas de usuario se ven afectadas por la misma atenuación.

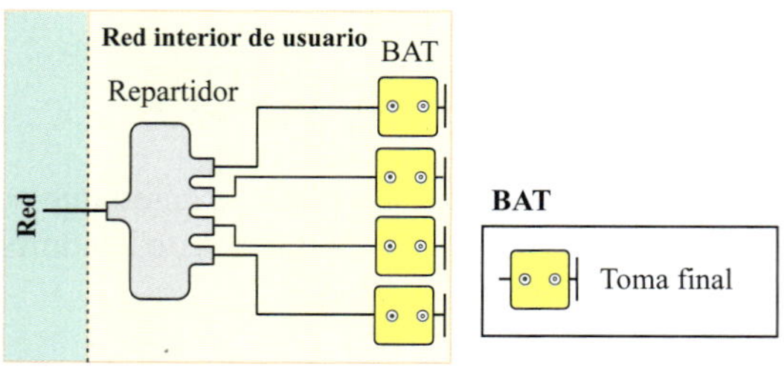

Figura 5.34. *Distribución interior en estrella.*

5.3.3. Red interior de usuario de una ICT

La **red interior de usuario de la ICT** se configura en estrella desde el punto de acceso al usuario (PAU) hasta las tomas de usuario (BAT), tal y como se muestra en la Figura 5.35. En este caso, el PAU realiza las funciones de repartidor, además de seleccionar el cable coaxial de la red de dispersión que se distribuirá por la red interior de usuario.

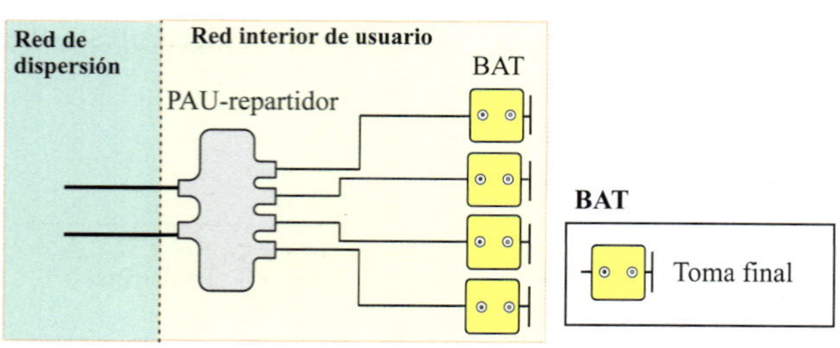

Figura 5.35. *Red interior de usuario de una ICT.*

Número de tomas por vivienda

El **número de tomas de usuario** (BAT) que debe instalarse en cada **vivienda** de una ICT es de una por cada estancia, excluidos baños y trasteros, con un mínimo de dos. Por lo tanto, el repartidor asociado al PAU de la instalación debe tener el mismo número de salidas que estancias computables tenga la vivienda.

Ejemplo 5.5. Canalización interior de usuario

En la Figura 5.36a se muestra un ejemplo de **canalización interior de usuario** de la red de la ICT. Las estancias computables en la vivienda son 5: cocina, comedor y 3 dormitorios. Dentro del cómputo no se tienen en cuenta baños ni trasteros, ni tampoco las zonas de paso como pasillos.

El **PAU** de la instalación se instala en el **registro de terminación de red (RTR)** de donde se distribuye en estrella el cable coaxial de la red interior de usuario, que se instala en el interior de un tubo de Ø 20 mm de la canalización interior de usuario. Cada tubo, como norma general, alojará un cable coaxial y, cuando sea necesario, se utilizarán **registros de paso** de tipo C para facilitar el tendido del cable.

En cada estancia, la BAT se aloja en el **registro de toma** correspondiente. Los registros de toma tendrán en sus inmediaciones (máximo 500 mm) una toma de corriente alterna o base de enchufe.

Por lo tanto, la red interior de usuario para el servicio de RTV de la vivienda de la Figura 5.36b estará formada por 5 tomas de usuario (BAT) y el repartidor asociado al PAU deberá tener como mínimo 5 salidas, una por cada toma.

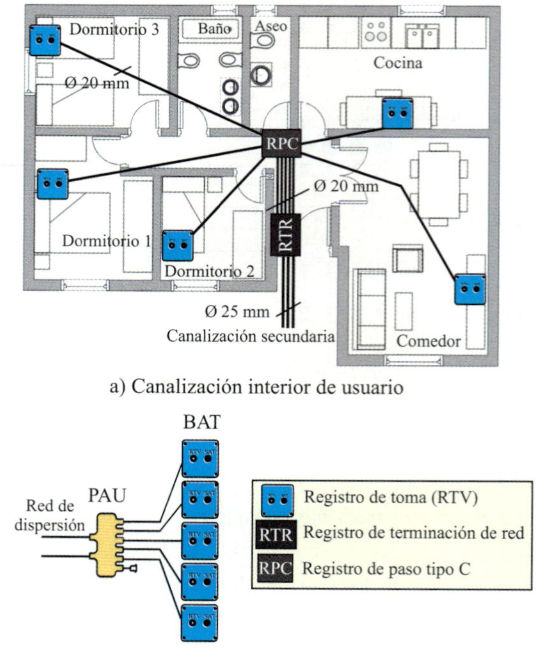

Figura 5.36. *Canalización interior de usuario.*

Sabías que...

Para el caso de locales u oficinas el número de tomas se fijará en el proyecto de la instalación en función de su superficie o distribución por estancias, con un mínimo de una por local u oficina.

Recuerda

Los registros de paso de tipo C se utilizan en la red interior de usuario solo para la red de cable coaxial.

5.4. Instalación de la red de una ICT

La red de la ICT se distribuye por las zonas comunes del edificio hasta llegar al interior de las viviendas. En su camino, recorre la **canalización principal** y la **canalización secundaria** y utiliza los **registros secundarios** y los **registros de terminación de red** para alojar los dispositivos de red.

En el interior de cada vivienda, la **red interior de usuario** se distribuye por la **canalización interior de usuario.**

5.4.1. Infraestructura de la red

Los componentes de la red de una ICT se instalan en el interior de la infraestructura prevista para tal fin, que se resume en la Figura 5.37.

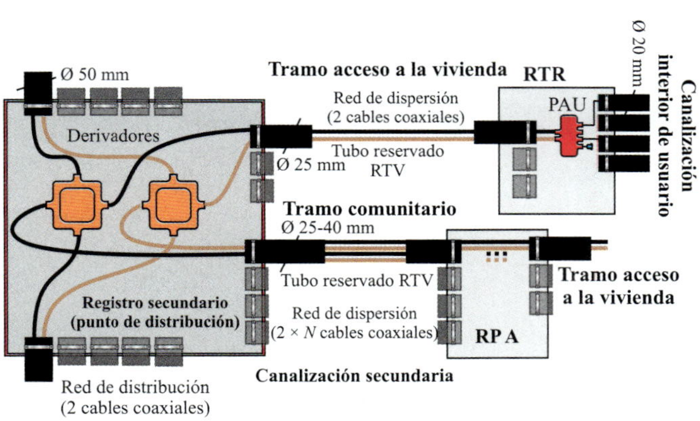

Figura 5.37. *Infraestructura de la red.*

La **red de distribución de la ICT** parte del RITS donde se ubican los elementos de mezcla que distribuyen los dos cables coaxiales de la red de distribución. Los cables de la **red de distribución** se alojan en uno de los tubos de 50 mm de diámetro de la canalización principal reservado para el servicio de RTV. Por esta canalización siempre discurren dos cables coaxiales hasta el **punto de distribución,** situado en los registros secundarios de cada planta.

En el **registro secundario (RS)** se instalan los derivadores, que ramifican la señal hasta cada vivienda de la planta. Desde el registro secundario, los cables de la red de dispersión discurrirán por los tubos o canales de la **canalización secundaria** hasta el registro de terminación de red (RTR):

- En el **tramo comunitario** de la canalización secundaria se alojan los cables coaxiales de varios usuarios, por lo que alojará tantos pares de cables coaxiales como viviendas dé servicio el tubo. El diámetro del tubo reservado de la canalización secundaria variará de Ø 25 a Ø 40 mm según el número de cables que aloje. Para segregar los cables a cada usuario se utilizará un **registro de paso de tipo A,** de donde partirá el tramo de acceso al usuario de la canalización secundaria hasta cada vivienda.
- En el **tramo de acceso a la vivienda,** la canalización secundaria aloja los dos cables coaxiales de la red de dispersión de cada usuario, utilizándose el tubo reservado para RTV de Ø 25 mm.

En el **registro de terminación de red (RTR)** de cada usuario se ubica el PAU, de donde saldrá un cable coaxial por cada toma instalada en la vivienda.

En el interior de la vivienda, cada uno de los cables coaxiales se instala en la **canalización interior de usuario** en el interior de un tubo de 20 mm de diámetro hasta el registro de toma correspondiente. Si es necesario, para facilitar la instalación del cable coaxial en el interior de la vivienda se utilizarán registros de paso de **tipo C,** ya que la red es de cable coaxial. Las tomas de usuario se alojarán en el **registro de toma.**

Recuerda

En el caso de utilizar canales, habrá un compartimento específico para los cables coaxiales de la red de TV.

5.4.2. Instalación del punto de distribución

En una ICT se distribuye la señal de TV terrestre y la señal de TV de dos satélites diferentes, lo que obliga a utilizar dos cables coaxiales. En cada planta, por lo tanto, se necesitan dos derivadores para distribuir la señal de cada cable coaxial hasta cada vivienda (Figura 5.38), realizando las funciones de **punto de distribución.**

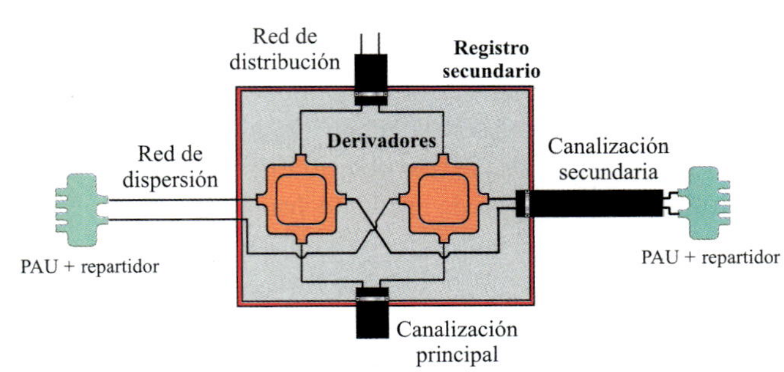

Figura 5.38. *Registro secundario (punto de distribución).*

Los dos derivadores se instalan en el **registro secundario** de cada planta, junto con el punto de distribución del resto de las redes de la ICT. En la Figura 5.39 se muestra la instalación de los dos derivadores de dos salidas en el registro secundario de una ICT.

La **red de distribución** formada por los dos cables coaxiales (uno blanco y uno marrón) utiliza el tubo de la canalización principal de Ø 50 mm reservado para la distribución de la señal de TV.

La **red de dispersión** que conecta los derivadores con cada vivienda se distribuye a través del tubo de Ø 25 mm reservado para la distribución de la señal de TV de la canalización secundaria.

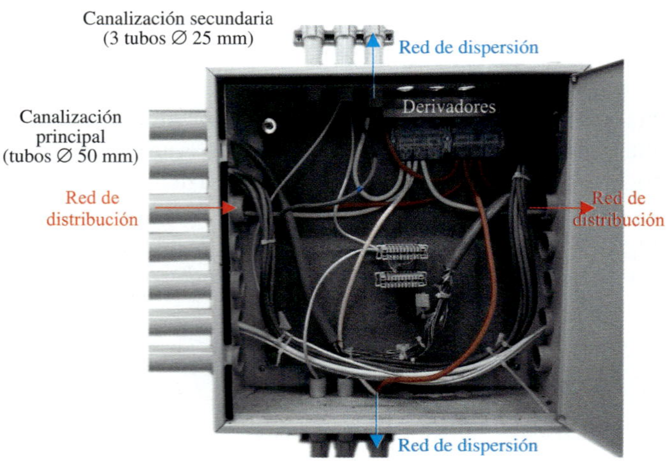

Figura 5.39 *Instalación de derivadores en el registro secundario.*

5.4.3. Instalación del PAU

El **punto de acceso al usuario (PAU)** de TV se instala en el **punto de terminación de red (RTR)** de la infraestructura. En la Figura 5.41 se instala un PAU con repartidor integrado de 6 salidas. Cada uno de los cables coaxiales de la red de interior de usuario se distribuye en estrella, utilizando un tubo de la canalización interior, y finaliza en las BAT de la vivienda.

La fijación del PAU al registro de terminación de red se realiza mediante tornillo sobre la base multitrama de su fondo.

La conexión de los cables de la red al dispositivo se realiza mediante conectores F.

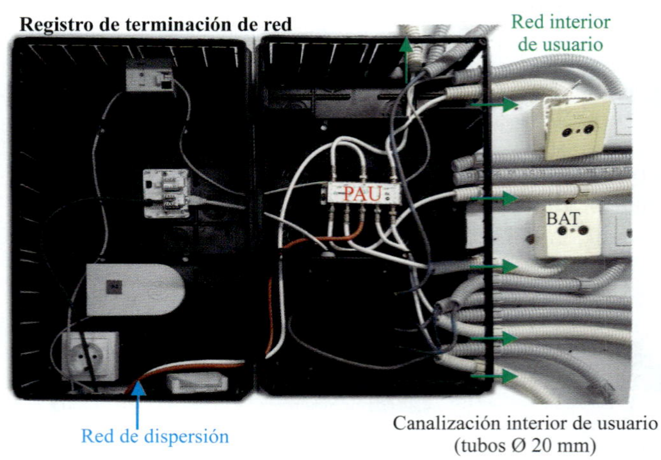

Figura 5.41. *Instalación del PAU en el RTR.*

Caso práctico 5.3
Instalación de derivadores

La Figura 5.40 muestra la instalación de los derivadores del punto de distribución de una ICT en el registro secundario. La fijación de cada derivador al registro secundario se realiza mediante tornillos.

Los derivadores utilizados en la instalación utilizan una conexión mediante brida. Durante la preparación del cable coaxial para la conexión mediante brida es necesario dejar descubierto el conductor central del cable coaxial, retirando hacia atrás la malla del cable. El conductor central se conecta mediante inserción, sin necesidad de fijación con tornillo, mientras que la malla se conecta mediante presión a través de una brida, que la mantiene unida a la parte metálica del dispositivo.

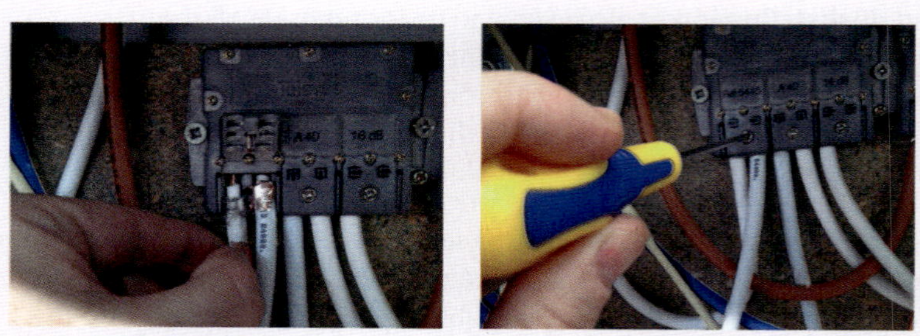

Figura 5.40. *Instalación de derivadores.*

Caso práctico 5.4
Instalación del PAU

En el ejemplo de la Figura 5.42 se instala un PAU de cinco salidas (OUT). La conexión del cable coaxial al dispositivo se realiza mediante conectores de tipo F.

Al PAU llegan dos cables coaxiales de entrada de la red de dispersión, uno de los cuales (IN1) se distribuye a las salidas.

En la otra entrada (IN2), el cable coaxial, de color marrón, se instala, pero la señal no se distribuye, ya que dicha entrada está terminada internamente con una carga de 75 Ω.

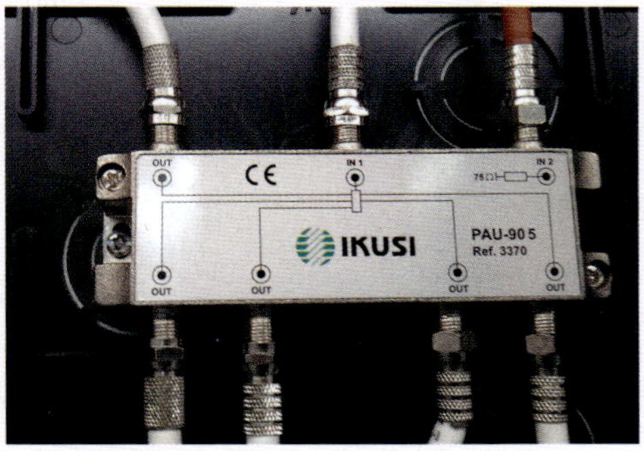

Figura 5.42. *Instalación del PAU.*

5.4.4. Instalación de las tomas de usuario

La toma de usuario se instala en el interior del **registro de toma.** Aunque su instalación se realiza normalmente empotrada, también puede ser de montaje superficial.

Las tomas de usuario se complementan con diferentes accesorios (Figura 5.43), como son las carátulas y los suplementos para montaje en superficie, que permiten alojar la BAT en una caja universal.

Figura 5.43. *Accesorios de una toma de usuario.*

Su montaje se realizará **empotrado** cuando la canalización interior se realiza mediante tubos, o en superficie cuando se utilizan **canales.** Para facilitar la conexión con la base y permitir futuras manipulaciones de la toma debe dejarse suficiente cable coaxial en el registro de toma (Figura 5.44).

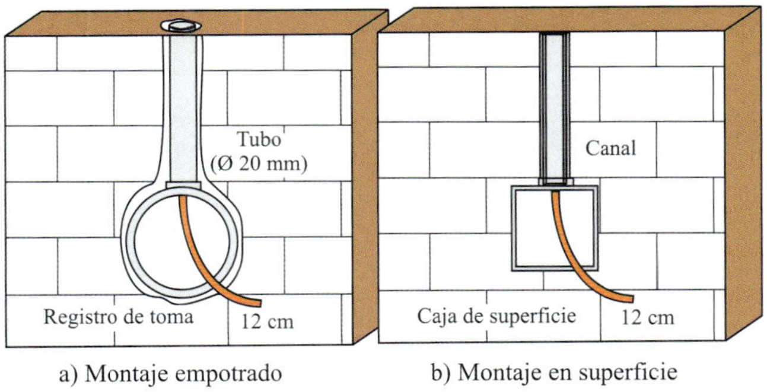

Figura 5.44. *Preparación de la instalación.*

Recuerda

Es recomendable mantener un radio de curvatura adecuado del cable en el interior de la caja para mantener sus propiedades eléctricas.

Caso práctico 5.5
Instalación de la toma de usuario

En la Figura 5.45 se muestra el proceso de instalación de una toma de usuario en una caja de superficie. Una vez pelado y preparado el extremo del cable, se inserta el conductor central en el conector del dispositivo y se fija mediante tornillo. Se cierra y atornilla la brida del conector para que haga contacto con la malla externa del cable.

La toma se fija a la caja de superficie mediante tornillos y se tapa el conjunto con un embellecedor (carátula). Por último, se atornilla a la caja el chasis de la toma.

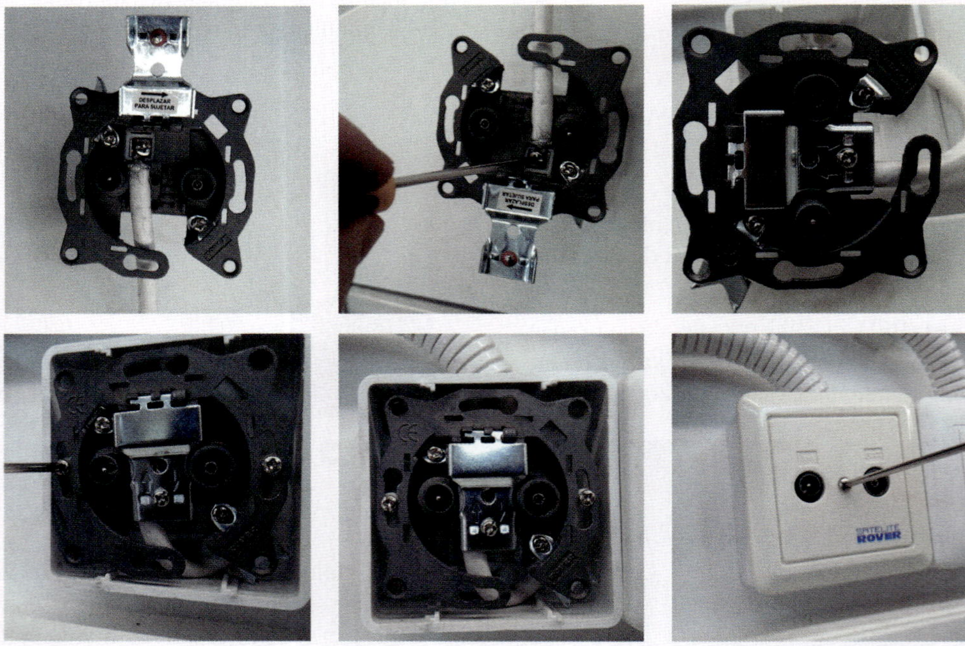

Figura 5.45. *Instalación de la toma de usuario.*

5.4.5. Terminación de las salidas no utilizadas

Las **salidas no utilizadas** de los elementos de distribución de una instalación, tales como los repartidores, derivadores o PAU, deben conectarse con una **carga** o **resistencia de terminación de 75 Ω,** para adaptar la línea. Esto evita las pérdidas por desacoplo.

Recuerda

La impedancia característica del cable coaxial es de 75 Ω.

En la Figura 5.46a se muestra una carga de terminación para elementos de conexión con brida y, en la Figura 5.46b, se muestra una carga de terminación de tipo F. Estas cargas pueden incorporar un **condensador de desacoplo,** en cuyo caso elimina el paso de corriente (bloqueo CC) en aquellas instalaciones donde, por la línea, se suministra la alimentación de otros dispositivos.

La Figura 5.47 muestra un ejemplo donde es necesaria la colocación de una carga de terminación en las salidas no utilizadas. El **derivador** utilizado es de cuatro salidas y el número de viviendas en la planta es de tres. Además, en cada vivienda se instalan tres tomas de usuario y el repartidor asociado al **PAU** es de cuatro salidas. En ambos casos se utilizan resistencias de terminación de 75 Ω para cerrar la salida no utilizada.

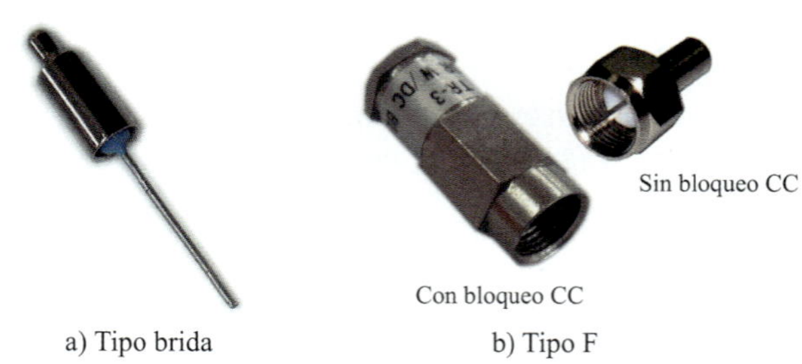

Figura 5.46. *Resistencias de terminación de 75 Ω.*

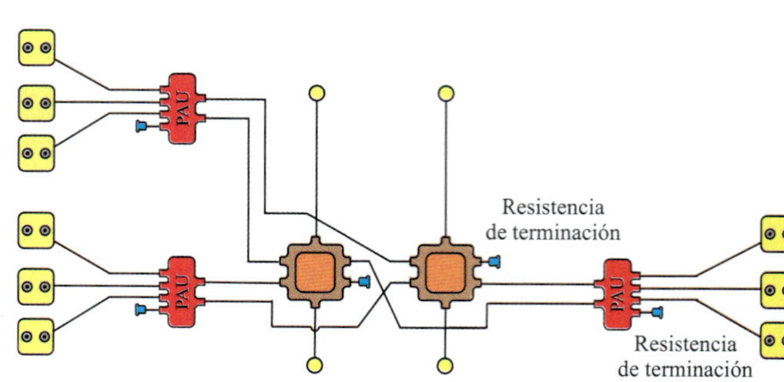

Figura 5.47. *Terminación de las salidas no utilizadas.*

Caso práctico 5.6
Terminación de salidas no utilizadas

En la Figura 5.48 se muestra un ejemplo de instalación de una resistencia de terminación en un derivador de cuatro salidas donde se derivan solamente tres líneas, que representa el derivador del ejemplo de la Figura 5.47.

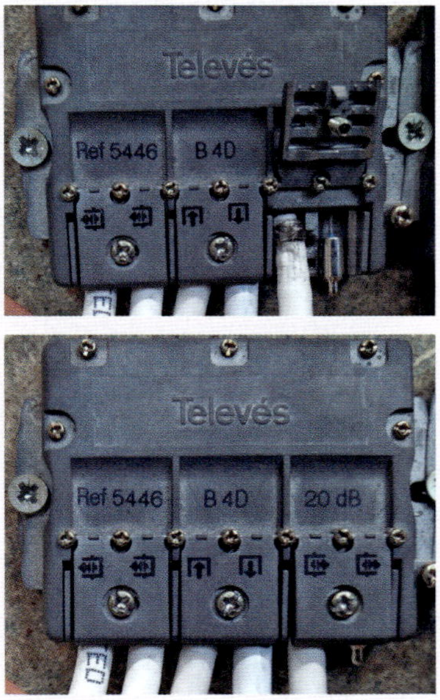

Figura 5.48. *Utilización de las resistencias de terminación.*

5.5. Parámetros de calidad de la instalación de una ICT

Una vez realizada la instalación de los equipos de la red, junto con el sistema captador y el equipo de cabecera, debe comprobarse que la instalación funciona de manera correcta, por lo que será necesaria la comprobación del nivel de calidad de las señales en diferentes puntos de la instalación.

Para ello, en las instalaciones de ICT es necesario rellenar el **protocolo de pruebas,** en el que, junto con las medidas realizadas, deben especificarse las características de los elementos instalados de acuerdo con el proyecto técnico: antenas, mástiles, tipo de mezcla, equipo de amplificación, elementos pasivos instalados, etcétera.

Sabías que...

En el caso de que algunos de los componentes no sean los indicados en el proyecto técnico, previamente debe haberse presentado un anexo a dicho proyecto con las modificaciones previstas.

5.5.1. Protocolo de pruebas de una ICT

El **protocolo de pruebas** de la red de TV se divide en dos apartados:

1. Captación y distribución de radiodifusión sonora y televisión digital terrestre.
2. Captación y distribución de las señales de televisión y radiodifusión sonora por satélite (si existe).

En el momento de la puesta en marcha de una instalación, las antenas y el equipo de cabecera terrestre están operativos y es posible realizar las medidas de la calidad de la señal de radio y TV en cualquier punto de la instalación.

En cambio, las antenas y el equipo de cabecera satélite pueden no estar operativos al no ser obligatoria su instalación. En este caso, al no existir señal de FI satélite, no es posible comprobar la respuesta de la instalación en esta banda, por lo que es necesario generar señales de prueba en la red para verificar su correcta instalación.

5.5.2. Captación y distribución de radiodifusión sonora y televisión digital terrestre

Las medidas del protocolo de pruebas para la **captación y distribución de radiodifusión sonora y televisión digital terrestre** se realizan en diferentes partes de la instalación: salida de la antena, equipo de cabecera y toma de usuario.

Calidad de las señales de TDT que se reciben en el emplazamiento de la antena (caso peor)

En el protocolo de pruebas debe especificarse la calidad de la señal recibida en la **salida de la antena.**

Para ello, se mide el MER. Si la señal captada no es suficientemente buena (MER < 23) será necesario tomar medidas para solucionar la baja calidad de la señal recibida: cambiar la altura del mástil, reorientar la antena, cambiar de antenas, etcétera.

En la Figura 5.49 se muestra un ejemplo de las medidas de calidad en el lugar del emplazamiento de las antenas para todos los canales de TDT. En el ejemplo, el MER está comprendido entre 28,7 dB (canal 44) y 35,7 dB (canal 29). Por lo tanto, el peor de los casos es el canal 44, con un MER de 28,1 dB, pero se encuentra en el caso de MER ≥ 27 dB, es decir, una calidad excelente.

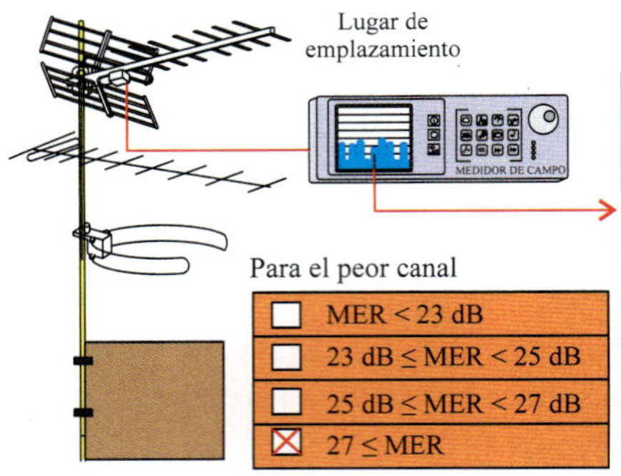

CH	Tipo	MER
23	DVB-T	34.0 dB
26	DVB-T	35.5 dB
27	DVB-T	33.3 dB
29	DVB-T	35.7 dB
31	DVB-T	33.6 dB
33	DVB-T	33.0 dB
34	DVB-T	33.8 dB
36	DVB-T	32.8 dB
41	DVB-T	32.1 dB
44	DVB-T	28.7 dB
47	DVB-T	33.5 dB
48	DVB-T	33.0 dB

Figura 5.49. *Medida del MER a la salida de la antena.*

CH	Tipo	Potencia/Ni...	C/N	MER	LM
23	DVB-T	62,1 dBµV	>45,4 dB	34,0 dB	16,4 dB
26	DVB-T	57,4 dBµV	>40,7 dB	35,5 dB	17,9 dB
27	DVB-T	61,1 dBµV	37,4 dB	33,3 dB	15,7 dB
29	DVB-T	59,6 dBµV	>40,8 dB	35,7 dB	18,1 dB
31	DVB-T	62,9 dBµV	>44,4 dB	33,6 dB	16,0 dB
33	DVB-T	63,3 dBµV	>43,6 dB	33,0 dB	15,4 dB
34	DVB-T	62,2 dBµV	34,0 dB	33,8 dB	16,2 dB
36	DVB-T	61,4 dBµV	>39,1 dB	32,8 dB	15,2 dB
41	DVB-T	62,1 dBµV	>39,4 dB	32,1 dB	14,5 dB
44	DVB-T	67,3 dBµV	37,5 dB	28,7 dB	11,1 dB
47	DVB-T	61,3 dBµV	>37,7 dB	33,5 dB	15,9 dB
48	DVB-T	59,9 dBµV	>36,7 dB	33,0 dB	15,4 dB

Figura 5.50. *Niveles de calidad a la entrada del amplificador.*

Niveles de señales de RF en la instalación (entrada y salida de amplificadores)

El protocolo de pruebas exige la medida de los niveles de señal en el equipo de cabecera a la entrada y salida de los amplificadores, anotándose los niveles en dBµV de las señales en la frecuencia central para cada canal de TDT, radio FM y DAB (Figura 5.51).

En la Figura 5.52 se muestra un ejemplo de medida de la señal de TDT a la salida de los amplificadores, que, junto con las medidas a la entrada del amplificador (Figura 5.50), permiten completar el apartado correspondiente del protocolo de pruebas.

CH	Tipo	Potencia/Ni...	C/N	MER	LM
23	DVB-T	96,4 dBµV	>41,1 dB	33,6 dB	16,0 dB
26	DVB-T	94,7 dBµV	39,0 dB	31,5 dB	13,9 dB
27	DVB-T	97,7 dBµV	37,1 dB	35,8 dB	18,2 dB
29	DVB-T	96,7 dBµV	40,4 dB	36,0 dB	18,4 dB
31	DVB-T	96,2 dBµV	39,1 dB	33,6 dB	16,0 dB
33	DVB-T	96,2 dBµV	39,5 dB	34,1 dB	16,5 dB
34	DVB-T	96,0 dBµV	29,6 dB	31,8 dB	14,2 dB
36	DVB-T	96,3 dBµV	38,3 dB	33,6 dB	16,0 dB
41	DVB-T	96,0 dBµV	38,6 dB	31,6 dB	14,0 dB
43	DVB-T2	95,7 dBµV	37,9 dB	34,9 dB	16,8 dB
44	DVB-T	96,9 dBµV	37,9 dB	29,4 dB	11,8 dB
47	DVB-T	96,7 dBµV	37,7 dB	32,7 dB	15,1 dB
48	DVB-T	94,7 dBµV	35,2 dB	31,7 dB	14,1 dB

Figura 5.52. *Ajuste de salida de los amplificadores de TDT.*

Los niveles de RF de las señales de radio FM y radio DAB se muestran en la Figura 5.53, donde se escoge uno de los canales de cada banda como referencia, tanto de la entrada como de la salida del equipo de cabecera.

Frec: 210,25 MHz Potencia: 63,5 dBµV C/N: 48,1 dB

a) Entrada amplificador DAB

Frec: 210,25 MHz Potencia: 88,8 dBµV C/N: 47,4 dB

b) Salida amplificador DAB

CH	Tipo	Potencia/Ni...
FM88,30	FM	63,7 dBµV

c) Entrada amplificador FM

CH	Tipo	Potencia/Ni...
FM88,30	FM	91,8 dBµV

d) Salida amplificador FM

Figura 5.53. *Niveles de señal RF de FM y DAB.*

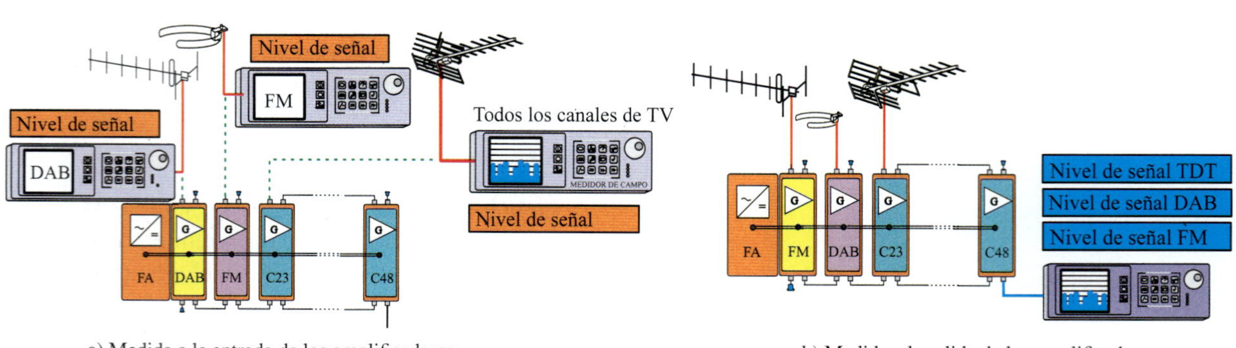

Figura 5.51. *Medida de los niveles RF en la cabecera.*

Niveles de señal en toma de usuario en el mejor y peor caso de FM y TV de cada ramal según el proyecto técnico

Las medidas de la calidad exigidas por el protocolo de pruebas en las **tomas de usuario** se muestran en la Figura 5.54:

- Deben especificarse los niveles de señal en toma de usuario en el mejor y peor caso de FM, DAB y TDT.
- Además, para el peor de los casos deben medirse el BER y el MER de los canales de TDT.

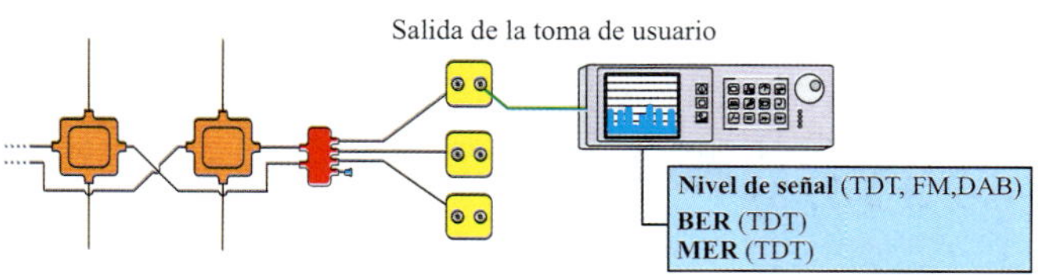

Figura 5.54. *Medida de la calidad en la toma de usuario.*

En la Figura 5.55 se muestran los niveles de calidad de las medidas realizadas en la señal de TDT en la toma de usuario, en la mejor y la peor toma de la instalación.

CH	Tipo	Potencia/Ni...	C/N	MER	VBER
23	DVB-T	66,0 dBµV	>34,1 dB	32,2 dB	< 1,0E-08
26	DVB-T	66,2 dBµV	>32,4 dB	31,6 dB	< 1,0E-08
27	DVB-T	68,2 dBµV	>36,6 dB	36,0 dB	< 1,0E-08
29	DVB-T	66,6 dBµV	>34,3 dB	32,9 dB	< 1,0E-08
31	DVB-T	66,1 dBµV	>34,3 dB	33,9 dB	< 1,0E-08
33	DVB-T	65,2 dBµV	>33,2 dB	32,3 dB	< 1,0E-08
34	DVB-T	65,6 dBµV	>31,3 dB	30,6 dB	< 1,0E-08
36	DVB-T	64,7 dBµV	>33,0 dB	33,4 dB	< 1,0E-08
41	DVB-T	64,9 dBµV	>32,9 dB	33,3 dB	< 1,0E-08
43	DVB-T2	62,0 dBµV	>28,8 dB	30,4 dB	< 1,0E-08
44	DVB-T	63,7 dBµV	>36,0 dB	29,0 dB	< 1,0E-08
47	DVB-T	63,9 dBµV	>30,7 dB	31,3 dB	< 1,0E-08
48	DVB-T	62,3 dBµV	>29,6 dB	31,7 dB	< 1,0E-08

a) Toma más favorable (mejor caso)

CH	Tipo	Potencia/Ni...	C/N	MER	VBER
23	DVB-T	65,1 dBµV	>39,4 dB	33,8 dB	< 1,0E-08
26	DVB-T	65,7 dBµV	>34,9 dB	31,4 dB	< 1,0E-08
27	DVB-T	65,9 dBµV	>39,2 dB	>36,1 dB	< 1,0E-08
29	DVB-T	64,0 dBµV	>35,8 dB	35,1 dB	< 1,0E-08
31	DVB-T	64,7 dBµV	>37,8 dB	34,7 dB	< 1,0E-08
33	DVB-T	64,2 dBµV	>37,2 dB	33,7 dB	< 1,0E-08
34	DVB-T	64,5 dBµV	>36,0 dB	31,2 dB	< 1,0E-08
36	DVB-T	63,7 dBµV	>35,4 dB	31,5 dB	< 1,0E-08
41	DVB-T	62,9 dBµV	>35,4 dB	32,3 dB	< 1,0E-08
43	DVB-T2	59,9 dBµV	>31,7 dB	31,0 dB	< 1,0E-08
44	DVB-T	62,1 dBµV	>37,3 dB	30,0 dB	< 1,0E-08
47	DVB-T	62,5 dBµV	>34,5 dB	31,3 dB	< 1,0E-08
48	DVB-T	60,1 dBµV	>31,8 dB	32,5 dB	< 1,0E-08

b) Toma más desfavorable (peor caso)

Figura 5.55. *Medida a la salida de la toma de usuario (TDT).*

En la Figura 5.56 se muestran los niveles de señal de radio FM y radio DAB en la toma de usuario en la mejor y la peor toma de la instalación.

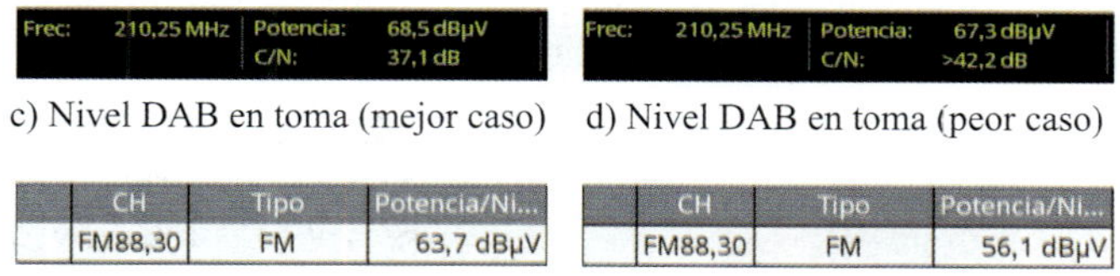

c) Nivel DAB en toma (mejor caso) d) Nivel DAB en toma (peor caso)

a) Nivel FM en toma (mejor caso) b) Nivel FM en toma (peor caso)

Figura 5.56. *Nivel de señal en la toma de usuario de radio FM y radio DAB.*

5.5.3. Captación y distribución de las señales de televisión y radiodifusión sonora por satélite (si no existe)

Cuando no existan sistemas de captación de señales de radiodifusión y televisión por satélite, será necesario comprobar la respuesta de la **banda 950-2150 MHz** con ayuda de un simulador de FI, tal y como se muestra en la Figura 5.57.

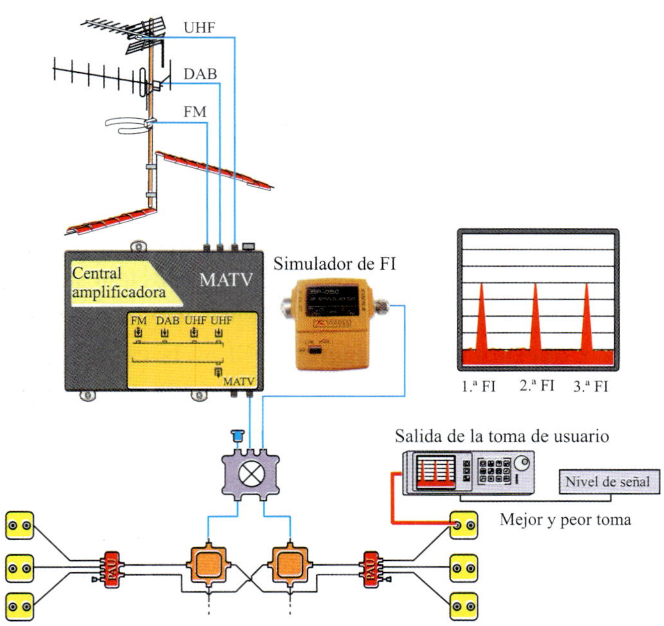

Figura 5.57. *Medidas en la banda satélite con el simulador de FI.*

El **simulador de FI** (Figura 5.58a) es un equipo de prueba que suministra tres portadoras en la banda de frecuencia intermedia (FI) satélite: banda alta, media y baja. Esta función está disponible también en equipos denominados **generadores de señales,** que suministran tonos de prueba tanto en la banda terrestre como satélite.

En la Figura 5.58b se muestran los tres tonos generados (1050, 1575 y 2100 MHz) por el simulador de FI. Con estas tres frecuencias de prueba puede comprobarse la red en la banda donde se distribuye la señal de TV por satélite, certificando que la instalación soporta las señales de satélite hasta la toma de usuario con la calidad suficiente.

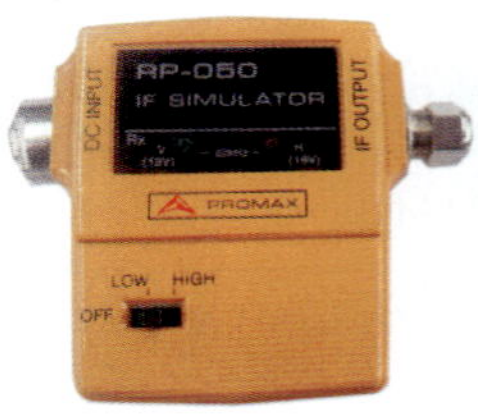

a) Simulador de FI

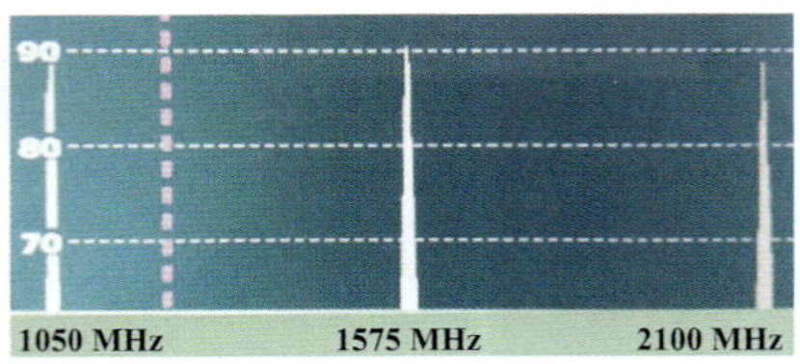

b) Tonos de prueba

Figura 5.58. *Simulador de FI (generador de señales).*

Test de atenuación

Los nuevos medidores de campo incluyen una función específica para la comprobación de la banda FI satélite, denominada **prueba FI SAT (ICT)** o **test de atenuación.**

El **test de atenuación** que incorporan algunos equipos evalúa la respuesta en frecuencia de la red de TV, antes de que esté operativo el equipo de cabecera y las antenas.

El **proceso básico de medida** se resume en los pasos siguientes:

1. **Calibración.** Se conecta directamente el simulador de FI al medidor de campo (Figura 5.59a) y se selecciona la función correspondiente de test de atenuación o **prueba de FI SAT (ICT)** del equipo de medida (Figura 5.59b). De esta manera, el medidor de campo determina la frecuencia de los tonos piloto y establece el nivel de referencia (Figura 5.59c).
2. **Conexión del simulador de FI en la cabecera.** El simulador de FI se inserta en el equipo de cabecera de la instalación o en el punto de la red que hay que comprobar. En la Figura 5.59d se conecta a la entrada FI del mezclador de ICT del equipo de cabecera, de manera que las señales de prueba se distribuyen por toda la red.
3. **Medida de los tres pilotos a lo largo de la red.** Una vez calibrado el equipo se procede a tomar las lecturas de los niveles en las diferentes tomas de usuario mediante el medidor de campo (Figura 5.59e). Si se ha calibrado el equipo, además del nivel de señal, aparecerá el valor de las atenuaciones para las tres frecuencias piloto (Figura 5.59f).

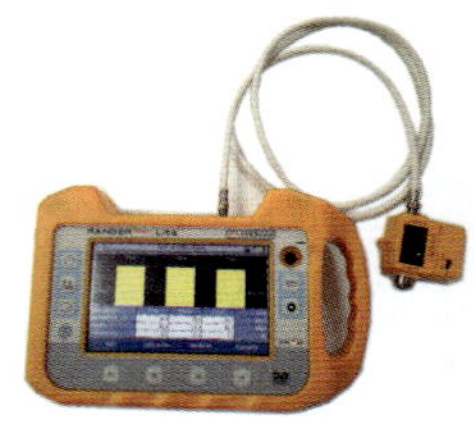

a) Conexión directa

b) Selección de la prueba de FI satélite

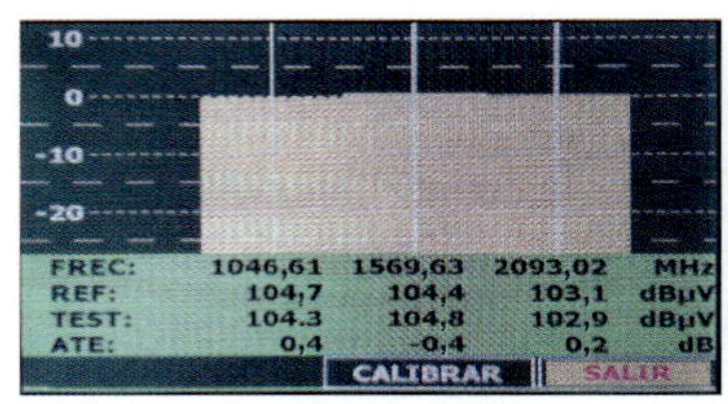

c) Calibración

d) Conexión a la cabecera

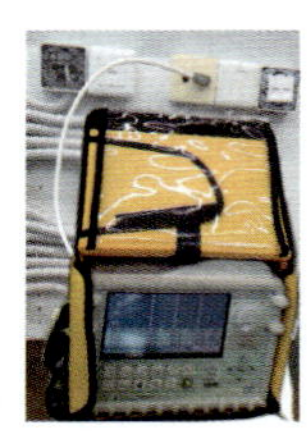

e) Medida en toma

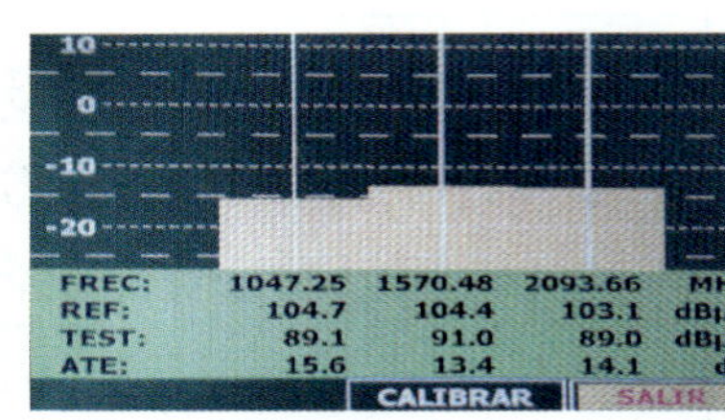

f) Prueba de FI satélite (atenuación)

Figura 5.59. *Test de atenuación.*

Caso práctico 5.7
Simulador de FI

En el protocolo de pruebas de la ICT, solo cuando no existan sistemas de captación de señales de radiodifusión y televisión por satélite (banda 950-2150 MHz), se determinarán, con ayuda de un simulador de FI u otro dispositivo equivalente, los niveles de señal en la mejor y peor toma de cada ramal para tres frecuencias significativas en la banda.

En la Tabla 5.1 se muestra el resumen de las medidas realizadas, según el nivel de señal de salida del simulador de FI en cabecera (nivel de referencia) y los resultados de la Figura 5.60a (mejor caso) y Figura 5.60b (peor caso).

Tabla 5.1. Respuesta en frecuencia de la banda FI

Frecuencia	Nivel de señal de salida del simulador de FI en cabecera (dBµV)	Nivel de señal de prueba en el mejor caso de cada ramal (dBµV/75 Ω)	Nivel de señal de prueba en el peor caso de cada ramal (dBµV/75 Ω)
		Ramal	Ramal
		1	1
1.ª FI	105,8	67,7	66,1
2.ª FI	106,2	62,7	60,4
3.ª FI	100,1	54,3	54,0

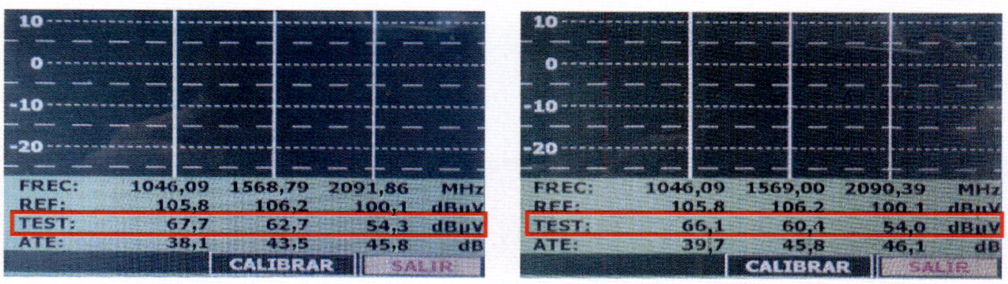

a) Señal FI en la toma más favorable

b) Señal FI en la toma más desfavorable

Figura 5.60. *Medida de la señal en la toma de usuario.*

5.5.4. Captación y distribución de las señales de televisión y radiodifusión sonora por satélite (si existe)

Cuando esté instalado el equipo de cabecera satélite, debe comprobarse el nivel de señal de entrada y de salida del equipo de cabecera y el nivel de señal y el BER en la toma de usuario en el peor y en el mejor de los casos (Figura 5.61).

En todo caso, debido a la gran cantidad de canales presentes en la banda satélite, el protocolo de pruebas especifica la medida del nivel de las señales que se reciben a la entrada y salida del amplificador de cabecera y en la toma de usuario (en los casos mejor y peor de cada ramal) en tres frecuencias significativas de la banda.

También se medirá la tasa de error del bit (VBER), al menos en los canales de televisión digital por satélite en el peor caso de cada ramal.

En la Figura 5.62 se muestra un ejemplo de las medidas del nivel de señal a la entrada y salida de los amplificadores de FI, tomando como referencia los canales presentes a tres frecuencias significativas de la red de FI (1.ª FI, 2.ª FI y 3.ª FI).

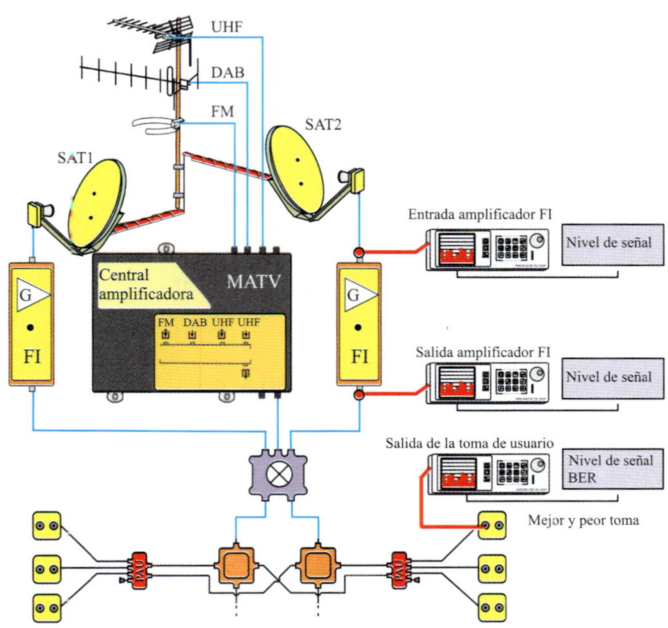

Figura 5.61. *Medidas de calidad en la banda satélite.*

En la Figura 5.63 se muestra un ejemplo de medidas de calidad para la mejor y peor de las tomas de la instalación para FI en tres frecuencias significativas de la red.

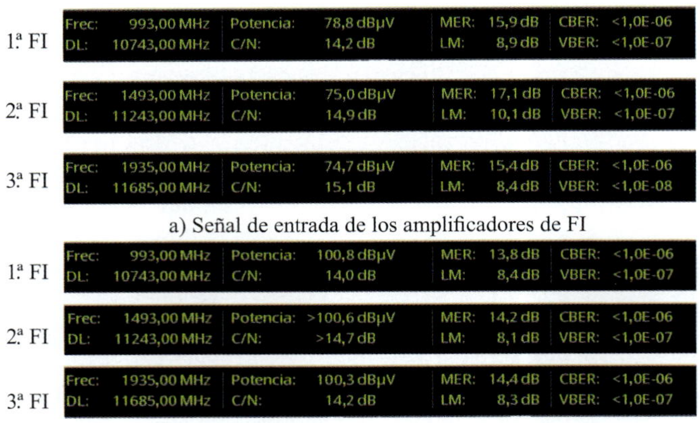

Figura 5.62. *Niveles de RF en el equipo de cabecera.*

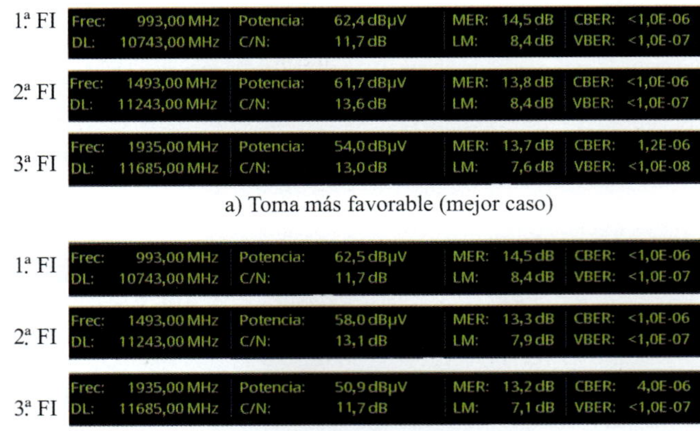

Figura 5.63. *Niveles de calidad en la toma de usuario.*

Caso práctico 5.8
Protocolo de pruebas

En este caso práctico se completan los apartados 3 (Captación y distribución de radiodifusión sonora y televisión digital terrestre) y 4 (Captación y distribución de las señales de televisión y radiodifusión sonora por satélite) correspondientes al **protocolo de pruebas de una ICT,** tomando como referencia las medidas realizadas a lo largo de la unidad.

Tabla 5.2. Apartado 3 del protocolo de pruebas

3. CAPTACIÓN Y DISTRIBUCIÓN DE RADIODIFUSIÓN SONORA Y TELEVISIÓN DIGITAL TERRESTRE		
3.1. Calidad de las señales de TDT que se reciben en el emplazamiento de la antena (caso peor)		
☐ MER < 23 dB		
☐ 23 dB ≤ MER < 25 dB		
☐ 25 dB ≤ MER < 27 dB		
☒ 27 dB ≤ MER		
3.2. Elementos componentes de la instalación		
A. Antenas		
Antena	**Marca**	**Modelo/tipo**
UHF	Televés	DAT BOSS Ref. 149921
FM	Televés	Antena FM Ref. 1201.
DAB	Televés	Antena DAB Ref. 1050.
B. Mástil/torreta		
Tipo	**N.º elementos**	**Longitud (m)**
Mástil	1 (Ø 40 mm × 2 mm)	3
C. Amplificación		

Elementos	Marca	Modelo/tipo
Equipo de cabecera	Ikusi	Equipo de amplificación monocanal y multicanal TV terrestre serie SZB: fuente de alimentación SZB-212, SZB-129 (FM) × 1; SZB-168 (DAB) × 1; SZB-148 (1 canal UHF) × 5; SZB-180 (2 CH UHF) × 4; y SZB-190 (FI) × 2.
Amplificador de extensión	---	---

D. Tipo de mezcla

a. Elementos instalados: Repartidor-mezclador de ICT: 3 entradas-2 salidas (Ikusi DMS-300 Ref. 3372).

b. Elementos de mezcla integrados en amplificador de FI: No.

E. Distribución (se especificará la ubicación en los casos en los que esta difiera de la contemplada en el proyecto):

Elementos	Tipo	Marca	Modelo	Ubicación
Derivadores	2D	Televés	Ref. 542502 12 dB TA	Registro secundario P1
	2D	Televés	Ref. 542602 2D 16 dB A	Registro secundario P2
	4D	Televés	Ref. 544502 4D 17 dB A	Registro secundario P3
	4D	Televés	Ref. 544602 4D 20 dB B	Registro secundario P4
Distribuidores	----	--	----	----
Cable coaxial (especificando la clase de reacción al fuego que figura en el marcado de los cables)	Euroclase Dca-s2,d2,a1 y cubierta LSFH	Televés	T100	Según proyecto
Puntos de acceso al usuario	PAU/repartidor 5 salidas	Ikusi	PAU-905 Ref. 3370	Registro de terminación de red, según proyecto
Tomas	Final	Satélite Rover	Ref. 84033	Según proyecto

F. Número de tomas:

☒ Existen todas las tomas indicadas en el proyecto técnico para cada vivienda, su ubicación se corresponde con lo indicado en él, están correctamente conectadas y es correcta la continuidad desde el registro de toma.

☐ El número de tomas instaladas no coincide con lo indicado en el proyecto técnico (descríbase la modificación).

3.3. Niveles de señales de RF en la instalación

A. Señales de radiofrecuencia a la entrada y salida de los amplificadores, anotándose los niveles en dBμV de las señales en la frecuencia central para cada canal de televisión digital.

Tipo de señal	Banda/canal	Frecuencia central del emisor (MHz)	Nombre de emisión (empresa)	Señales de RF en dBμV/75 Ω	
				A la entrada del amplificador	A la salida del amplificador
Televisión digital	IV/23	490	MPE5	62,1	96,4
	IV/26	510	TL01B	57,4	94,7
	IV/27	518	MPE2	61,1	97,7
	IV/29	534	MPE4	59,6	96,7
	IV/31	550	RGE1	62,9	96,2

Televisión digital *(continuación)*	IV/33	566	MAUT2	63,3	96,2
	IV/34	574	MPE3	62,2	96,0
	IV/36	594	TL03B	61,4	96,3
	V/41	630	RGE2	62,1	96,0
	V/43	650	TDT2	65,0	95,7
	V/44	654	MAUT1	67,3	96,9
	V/47	678	MPE1	61,3	96,7
	V/48	686	TL11B	59,9	94,7
FM	II/FM	88,3	RNE	63,7	91,8
DAB	III/10A	209,95	MF-I	63,5	88,8

B. Niveles de señal en toma de usuario en el mejor y peor caso de FM y TV de cada ramal según proyecto técnico.

a. Banda TDT + FM + DAB. Niveles de las señales en dBμV de la frecuencia central de cada canal para televisión digital.

Tipo de señal	**Canal**	**Frecuencia central de canal para televisión digital (MHz)**	**Nivel de señal de prueba en el mejor caso de cada ramal (dBμV/75 Ω)**					**Nivel de señal de prueba en el peor caso de cada ramal (dBμV/75 Ω)**				
			Ramal					**Ramal**				
			1	**2**	**3**	**4**	**...**	**1**	**2**	**3**	**4**	**...**
Televisión digital	23	490	66,0					65,1				
	26	510	66,2					65,7				
	27	518	68,2					65,9				
	29	534	66,6					64,0				
	31	550	66,1					64,7				
	33	566	65,2					64,2				
	34	574	65,6					64,5				
	36	594	64,7					63,7				
	41	630	64,9					62,9				
	43	650	62,0					59,9				
	44	654	63,7					62,1				
	47	678	63,9					62,5				
	48	686	62,3					60,1				
FM	RNE	88,3	63,7					56,1				
DAB	10A	209,95	68,5					67,3				

b. Banda 950-2150 MHz (solo cuando no existan sistemas de captación de señales de radiodifusión y televisión por satélite). Se determinarán, con ayuda de un simulador de FI u otro dispositivo equivalente, los niveles de señal en la mejor y peor toma de cada ramal para tres frecuencias significativas en la banda.

Frecuencia	Nivel de señal de salida del simulador de FI en cabecera (dBµV)	Nivel de señal de prueba en el mejor caso de cada ramal (dBµV/75 Ω)					Nivel de señal de prueba en el peor caso de cada ramal (dBµV/75 Ω)				
		Ramal					Ramal				
		1	2	3	4	...	1	2	3	4	...
1.ª FI	----										
2.ª FI	----										
3.ª FI	-----										

3.4. MER y BER para señales de TV digital terrestre

Se medirán el MER y el BER, al menos, en los canales de televisión digital terrestre en el peor caso de cada ramal.

Frecuencia del canal (MHz)	Ramal 1	
	MER	BER
490	33,8	$< 1 \cdot 10^{-8}$
510	31,4	$< 1 \cdot 10^{-8}$
518	36,1	$< 1 \cdot 10^{-8}$
534	35,1	$< 1 \cdot 10^{-8}$
550	34,7	$< 1 \cdot 10^{-8}$
566	33,7	$< 1 \cdot 10^{-8}$
574	31,2	$< 1 \cdot 10^{-8}$
594	31,5	$< 1 \cdot 10^{-8}$
630	32,3	$< 1 \cdot 10^{-8}$
650	31,0	$< 1 \cdot 10^{-8}$
654	30,0	$< 1 \cdot 10^{-8}$
678	31,3	$< 1 \cdot 10^{-8}$
686	32,5	$< 1 \cdot 10^{-8}$

3.5. Continuidad y resistencia de la toma de tierra

Parámetro	Valor
Continuidad:	<3 Ω
Resistencia:	<5,2 Ω
Sección del cable de toma de tierra:	25 mm²
Conexión:	☒ A tierra general del edificio.
	☐ A tierra exclusiva.
	☐ Otras circunstancias.

3.6. Respuesta en frecuencia

La variación de la diferencia de nivel entre las frecuencias superior e inferior de cualquier canal, desde la entrada de los amplificadores hasta cualquier toma, no supera ±5 dB cualesquiera que sean las condiciones de carga de la instalación. La diferencia entre niveles de canales de la misma naturaleza es igual o inferior a 3 dB.

Tabla 5.3. Apartado 4 del protocolo de pruebas

4. CAPTACIÓN Y DISTRIBUCIÓN DE LAS SEÑALES DE TELEVISIÓN Y RADIODIFUSIÓN SONORA POR SATÉLITE (si existe)

4.1. Bases para las antenas parabólicas

☒ Situación respecto a plano.

☒ Construcción de acuerdo al pliego de condiciones.

4.2. Cuando en la ICT se incorporen antenas parabólicas para la recepción de señales de satélite deberá incluirse

Parábola orientada a:	Marca	Modelo	Características
ASTRA	Televés	630 (Ref. 792012)	*Offset* 26, 1.º G (11,7 GHz) = 35,5 dB
Unidad exterior:	**Marca**	**Modelo**	**Características**
LNB	Televés	Universal (Ref. 7475)	Universal $G = 50$ dB $F = 0{,}3$ dB
Equipos instalados en el RITS	**Marca**	**Modelo**	**Características**
Amplificador/acoplador FI-SAT	Ikusi	SZB-190	$G = 33\text{-}40$ dB $S_{o\,MÁX} = 120$ dBµV

4.3. Nivel de las señales que se reciben a la entrada y salida del amplificador de cabecera en tres frecuencias significativas de la banda y en toma de usuario y en los casos mejor y peor de cada ramal

Frecuencia	Nivel de señal de entrada en cabecera según proyecto (dBµV)	Nivel de señal de salida en cabecera según proyecto (dBµV)	Nivel de señal de prueba en el mejor caso de cada ramal (dBµV/75 Ω)	Nivel de señal de prueba en el peor caso de cada ramal (dBµV/75 Ω)
			Ramal	Ramal
			1	1
1.ª FI	78,8	100,8	62,4	62,5
2.ª FI	75,0	100,6	61,7	58,0
3.ª FI	74,7	100,3	54,0	50,9

4.4. BER para señales de TV digital por satélite

Se medirá la tasa de error, al menos, en los canales de televisión digital por satélite en el peor caso de cada ramal.

Frecuencia del canal	BER (ramal 1)
1.ª FI	$< 1 \cdot 10^{-7}$
2.ª FI	$< 1 \cdot 10^{-7}$
3.ª FI	$< 1 \cdot 10^{-7}$

RESUMEN

- La **red** es la parte de la instalación que distribuye las señales que suministra el equipo de cabecera hasta la toma de usuario. En función del **número de usuarios** a los que proporcionan señal, las redes pueden clasificarse en **instalaciones individuales** e **instalaciones colectivas.** Una **ICT** es un caso particular de instalación colectiva donde la red distribuye dos cables de bajada, con la señal MATV y dos señales satélite diferentes.
- La red está formada por diferentes **dispositivos de distribución** (repartidores o distribuidores, derivadores, PAU, tomas de usuario o BAT). En función de los elementos utilizados en la red pueden clasificarse diferentes **sistemas de distribución:** distribución mediante derivadores, distribución mediante repartidores, sistema de distribución mixto y distribución mediante repartidores conmutables. La **instalación interior de usuario** puede ser en estrella o en cascada.
- La red de una ICT de divide en tres tramos: red de distribución, red de dispersión y red interior de usuario. En la **ICT** se utiliza un sistema de distribución mediante derivadores, donde se distribuyen dos ramales de manera simultánea que finalizan en el PAU, desde el que la instalación interior de usuario se distribuye en estrella.
- La red de la ICT se distribuye por las zonas comunes del edificio hasta llegar al interior de las viviendas. En su camino recorre la **canalización principal** (red de distribución) y la **canalización secundaria** (red de dispersión) y utiliza los **registros secundarios** (derivadores), los **registros de terminación de red** (PAU) **y los registros de toma** (BAT) para alojar los dispositivos de red.
- Una vez realizada la instalación de una ICT es necesario rellenar el **protocolo de pruebas,** indicando los materiales utilizados en la instalación y realizando las medidas de calidad exigidas. El protocolo de pruebas de la red de TV se divide en dos apartados: captación y distribución de radiodifusión sonora y televisión digital terrestre y captación y distribución de las señales de televisión y radiodifusión sonora por satélite (si existe).

Actividades de comprobación

5.1. ¿Cuántos cables de bajada como mínimo tiene la red de distribución y dispersión de una ICT?

a) Uno.

b) Dos.

c) Cuatro.

d) Tantos cables como plantas tenga el edificio.

5.2. ¿Qué tipo de toma de usuario se utiliza en una ICT?

a) Toma final.

b) Toma de paso.

c) Toma derivadora.

d) Puede utilizarse cualquiera de las tres.

5.3. ¿Qué nombre recibe la toma de usuario de una ICT?

a) PAU.

b) BAT.

c) RTR.

d) CEI.

5.4. ¿Cómo denomina el protocolo de pruebas al amplificador que se instala en la red de distribución para compensar las pérdidas en redes grandes?

a) Amplificador de extensión.

b) Amplificador de distribución.

c) Amplificador de línea.

d) Amplificador de cabecera.

5.5. ¿Cuál de los siguientes elementos de distribución es de uso exclusivo en una ICT?

a) Repartidor.

b) Derivador.

c) PAU.

d) Toma de usuario.

5.6. ¿Dónde se instalan los derivadores de una instalación?

a) Registro secundario.

b) Registro de terminación de red.

c) Registro de toma.

d) Registro principal.

5.7. ¿Dónde se instalan los PAU de una instalación?

a) Registro secundario.

b) Registro de terminación de red.

c) Registro de toma.

d) Registro principal.

5.8. ¿Qué otro nombre recibe un repartidor?

a) Derivador.

b) Distribuidor.

c) Mezclador.

d) Combinador.

5.9. ¿Cómo se denomina el tramo de la red de la ICT qué conecta los derivadores de cada planta con el PAU de cada vivienda?

a) Red de distribución.

b) Red de dispersión.

c) Red interior de usuario.

d) Línea de bajada.

5.10. Un usuario tiene problemas de recepción de la señal de radio y TV. ¿Qué punto de la red permite delimitar quién es el responsable de reparar la posible avería?

a) PAU.

b) BAT.

c) Mezclador-repartidor de ICT.

d) Derivador.

5.11. ¿Cómo se denominan las pérdidas que se producen en la señal cuando un derivador distribuye la señal a cada usuario de una planta?

a) Pérdidas de derivación.

b) Pérdidas de inserción.

c) Pérdidas de paso.

d) Desacoplo.

5.12. ¿Qué elemento de una red de distribución mixta permite la distribución de la señal en dos bajantes diferentes?

a) Derivador.

b) Mezclador.

c) Repartidor.

d) PAU.

ACTIVIDADES FINALES

5.13. **¿Qué tipo de distribución se utiliza en la red interior de usuario de una ICT?**

a) En serie.

b) En cascada.

c) En estrella.

d) Mixta.

5.14. **¿Qué función dentro de la red realizan los derivadores de una ICT?**

a) Punto de distribución.

b) Punto de acceso al usuario.

c) Base de acceso terminal.

d) Ninguna de las respuestas es correcta.

5.15. **¿Para qué margen de frecuencias deben estar preparados los cables coaxiales de la ICT?**

a) 5-2150 MHz.

b) 47-2150 MHz.

c) 5-3000 MHz.

d) 470-2150 MHz.

5.16. **¿En qué parte de la red se instala un amplificador de línea?**

a) Red de distribución.

b) Red de dispersión.

c) Red interior de usuario.

d) Red de acceso.

5.17. **El número de estancias computables y el número de tomas instaladas en una vivienda es de 4, pero se instala un PAU de 5 salidas. ¿Cuál de las siguientes opciones es correcta?**

a) No puede instalarse un PAU con mayor número de salidas que de tomas.

b) Es necesario instalar una toma adicional en la vivienda.

c) Debe instalarse una carga de 75 Ω en la salida del PAU no utilizada.

d) Es necesario instalar un PAU de 6 salidas para futuras ampliaciones.

5.18. **¿Qué elemento se utiliza para realizar ramificaciones de la señal en cada una de las plantas de una instalación de TV colectiva?**

a) Repartidor.

b) Distribuidor.

c) Derivador.

d) Toma final.

5.19. **¿Qué elemento de una instalación de TV se utiliza para seleccionar la señal de uno de los dos cables de bajada que forman la red de distribución y dispersión de la ICT?**

a) BAT.

b) PAU.

c) Repartidor.

d) Derivador.

5.20. **¿Qué dispositivo se utiliza en la red para distribuir la señal hasta la instalación interior de usuario en las instalaciones colectivas?**

a) Mezclador.

b) PAU.

c) Repartidor.

d) Derivador.

5.21. **¿Qué dispositivo se utiliza en las instalaciones colectivas para distribuir en estrella la instalación interior de usuario?**

a) Mezclador.

b) PAU.

c) Repartidor.

d) Derivador.

5.22. **¿Cuántos derivadores se instalan en cada planta de la red de distribución de la señal de TV de una ICT?**

a) Uno.

b) Dos.

c) Cuatro.

d) Ninguno.

Actividades de aplicación

5.23. Instalación de la red de una ICT. Por grupos, realizad la instalación de cada planta propuesta, tomando como ejemplo la que se muestra en la Figura 5.64a. Para ello, seguid este proceso operativo:

a) Seleccionad los materiales adecuados según la planta de instalación y elaborad la lista de materiales utilizados. Para la selección de los derivadores hay que tener en cuenta la planta de instalación.

b) Realizad el esquema eléctrico de la instalación.

c) Llevad a cabo el montaje, sobre tablero, de una de la plantas seleccionadas.

d) Una vez realizado el montaje, conectad cada planta hasta completar la red del edificio, tal y como se muestra en la Figura 5.64b.

e) Suministrad la señal de salida del equipo de cabecera del aula a la última planta de instalación y verificad el correcto funcionamiento de la red, comprobando el nivel de señal que se recibe en cada toma.

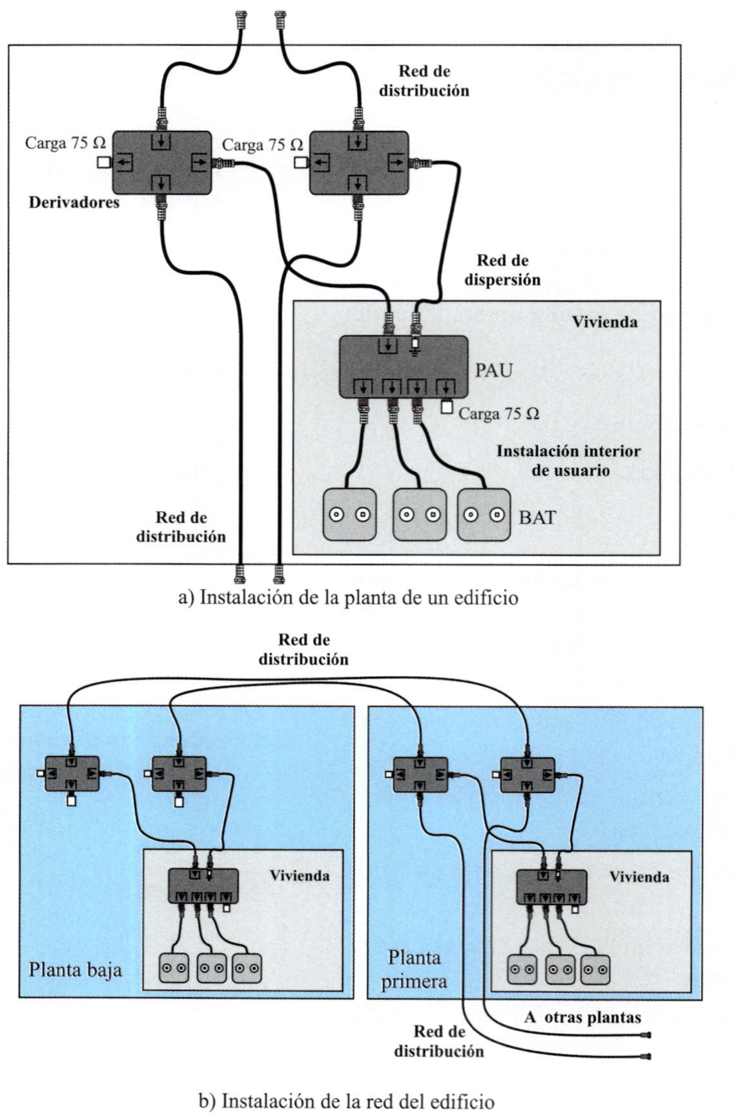

Figura 5.64. *Instalación de la red de un edificio.*

5.24. **Herramienta de diseño.** Utiliza una herramienta de diseño, como, por ejemplo, ITCalc, para evaluar las pérdidas de una red, como la montada en la actividad anterior.

5.25. **Protocolo de pruebas.** Una vez realizada la instalación de la Actividad de aplicación 5.23 o a partir de la instalación de ICT del aula, completa el apartado correspondiente del protocolo de pruebas de una ICT.

5.26. **Simulador de FI.** A partir de la instalación de la Actividad de aplicación 5.23 o de la instalación de prueba del aula, comprueba el funcionamiento de la red para la banda de FI (950-2150 MHz) con ayuda de un simulador de FI. Para ello:

a) Comprueba con el medidor de campo los tonos de prueba que genera el simulador de FI.

b) Selecciona el nivel de señal que consideres adecuado para comprobar la instalación.

c) Conecta el simulador a la salida del equipo de cabecera, de manera que se distribuyan por la red los tonos de prueba.

d) Comprueba el nivel de señal en las tomas de usuario de la instalación.

e) Evalúa la atenuación que introduce la red en la banda de FI.

Actividades de ampliación

5.27. ¿En qué margen de frecuencias deben estar preparados los componentes de la red? ¿Y el cable coaxial?

5.28. ¿Puede realizarse una instalación individual actualmente en una vivienda sin seguir el reglamento de la ICT? ¿En qué casos?

5.29. Clasifica los diferentes tipos de redes interiores de usuario que pueden encontrarse en una vivienda.

5.30. Cataloga los diferentes tipos de redes de distribución que pueden encontrarse en un edificio.

5.31. ¿Qué tipo de red de distribución utiliza la ICT? ¿Qué configuración adopta la red interior de usuario?

5.32. ¿Qué ventajas presenta una distribución en estrella frente a una distribución en cascada o serie de la red interior de usuario?

5.33. Resume las características básicas de los siguientes elementos que se utilizan en la red de una instalación:

a) Repartidores.

b) Derivadores.

c) Tomas de usuario.

d) PAU.

5.34. Nombra las partes que forman la red de una ICT.

5.35. ¿Qué dispositivo se utiliza en cada planta de un edificio para distribuir la señal a cada vivienda de la planta?

5.36. ¿Qué dispositivo se utiliza en cada vivienda de una instalación para distribuir la señal a cada toma de la vivienda?

5.37. ¿Qué función tiene un amplificador de línea dentro de la red de una instalación? ¿Qué ancho de banda tienen estos amplificadores?

5.38. Indica en qué elementos de la infraestructura se instalan los siguientes elementos:

a) Derivador.

b) PAU.

c) BAT.

d) Cable coaxial (diferencia según los tramos de la red).

5.39. ¿Qué tipos de tomas de usuario existen? ¿Cuál de ellas se utiliza en una ICT?

5.40. En la ICT de un edificio, la distribución interior de las viviendas es la que se muestra en la Figura 5.65. Para cada una de las viviendas contesta las cuestiones siguientes:

a) ¿Cuántos cables coaxiales de la red de dispersión llegan al registro de terminación de red?

b) ¿Cuántos PAU deben instalarse? ¿Dónde se instalan?

c) ¿Cuántas salidas debe tener el repartidor asociado al PAU de cada una de las viviendas?

d) ¿Cuántas tomas de usuario deben instalarse?

e) ¿Cuántos cables coaxiales forman la red interior de usuario?

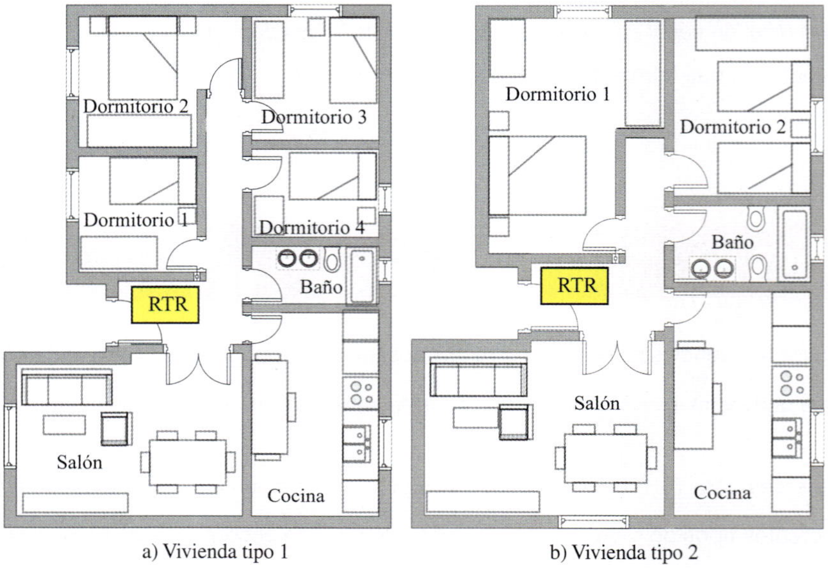

Figura 5.65. *Instalación interior de usuario.*

5.41. ¿Qué dispositivo se utiliza para generar tonos de prueba en la banda de FI cuando el equipo de cabecera satélite no está operativo?

5.42. Explica las medidas de calidad que deben realizarse en el protocolo de pruebas de una ICT para la red de RTV.

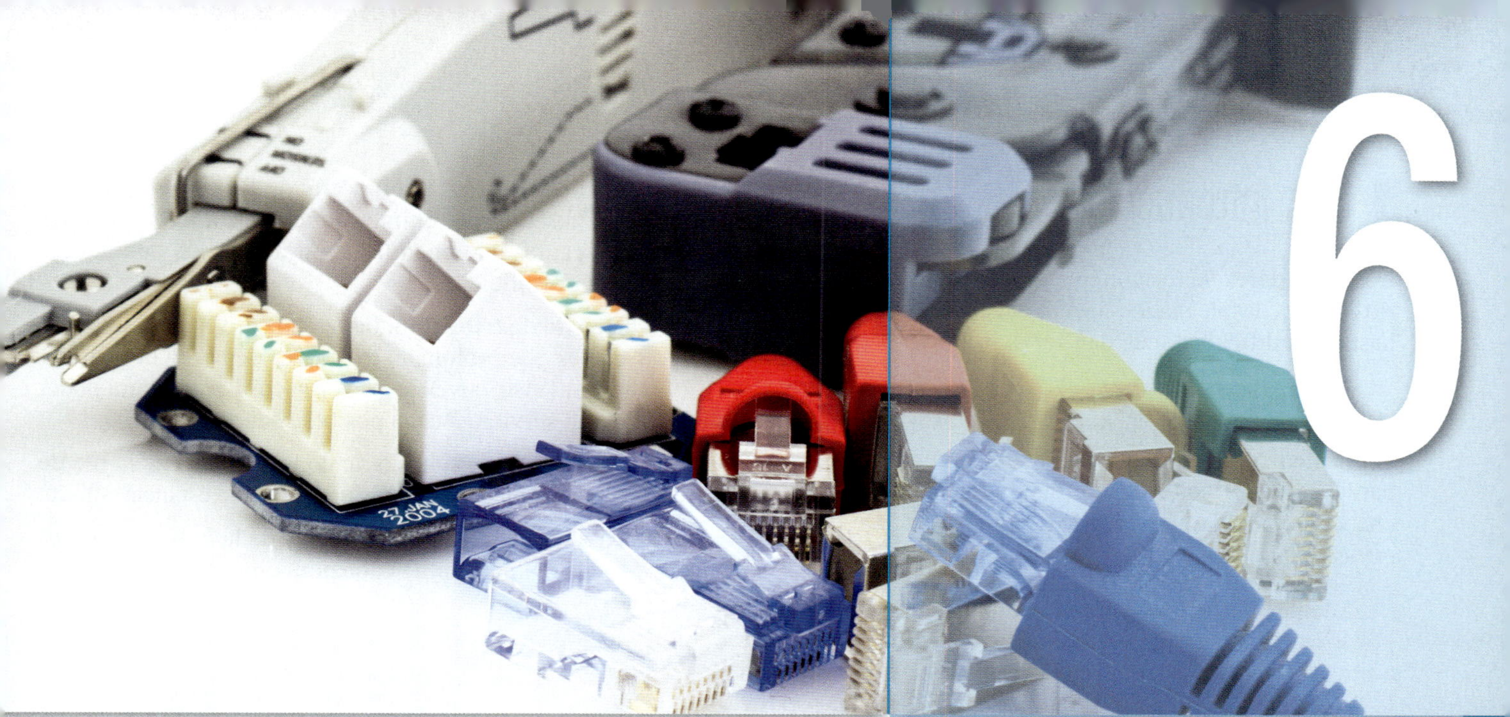

6

Red de cables de pares trenzados

Uno de los principales objetivos de una ICT es instalar redes que faciliten el acceso de los edificios al servicio de telefonía disponible al público y el acceso a los servicios de telecomunicaciones de banda ancha prestados por los operadores.

Una de las principales novedades introducidas en la ICT2 es la utilización de una red de cables de pares trenzados para el acceso a estos servicios en sustitución de la red de cables de pares tradicional formada por líneas de acometida de un par de hilos.

Contenidos

Objetivos

- Identificar las características de los equipos y materiales que forman parte de la red de cables de pares trenzados de una ICT.
- Interpretar la documentación técnica de las instalaciones de redes de cables de pares trenzados.
- Seleccionar de manera adecuada los elementos que constituyen la red de cables de pares trenzados de la ICT.
- Instalar los elementos de la red de cables de pares trenzados, interpretando planos y esquemas y aplicando las técnicas de montaje adecuadas.
- Comprobar la calidad de la instalación a partir de las medidas realizadas en el protocolo de pruebas de la instalación.

6.1. Introducción

Los operadores de telecomunicaciones acceden a los usuarios finales desplegando redes de acceso desde sus centrales hasta los edificios donde dan servicio.

La principal tecnología de acceso utilizada hasta hace poco tiempo era la red de pares de cobre de la **red de telefonía básica,** que conecta al usuario con la central de telefonía para ofrecer servicios de telefonía y servicios de banda ancha, como por ejemplo el ADSL *(Asymmetric Digital Subscriber Line).*

Además de los servicios de comunicaciones ofrecidos por los operadores de telefonía, los **operadores de cable** a través de sus redes de telecomunicaciones que combinan la fibra óptica y el cable coaxial (red HFC) como soporte de la transmisión de señales ofrecen servicios análogos.

En los últimos años los operadores de telecomunicaciones han venido desplegando un gran número de redes fijas de comunicaciones electrónicas de alta y muy alta capacidad, principalmente de fibra óptica, que han relegado a las tradicionales redes de cobre.

6.1.1. Redes de acceso a los servicios de telecomunicación

Para el **acceso a los servicios** de telefonía (STDP) y telecomunicaciones de banda ancha (TBA), la ICT prevé tres tipos de redes que utilizan **tecnologías** diferentes:

1. **Redes basadas en cables de cobre.** Esta red permite el acceso a los servicios de telefonía analógica tradicional proporcionados por los operadores. Según las características del edificio, la red será de cables de pares o de cables de pares trenzados.
2. **Red de fibra óptica.** Esta red permite el acceso a los servicios de fibra óptica proporcionados por los operadores de telecomunicaciones (redes de alta y muy alta capacidad).
3. **Red de cable coaxial.** Esta red permite el acceso a los servicios proporcionados por los operadores de cable.

6.1.2. Estructura de la red de un edificio

La configuración que adopta cada red depende de la tecnología de acceso utilizada (cables de pares o de pares trenzados, coaxiales o fibra óptica), pero la estructura de todas ellas es la que se muestra en Figura 6.1, donde la red se divide en los tramos siguientes:

- **Red de alimentación.** Parte de la red del operador que discurre por el interior del edificio, formada por los cables que unen las centrales de los operadores con el edificio.
- **Red de distribución.** Parte de la red formada por los cables que prolongan los cables de la red de alimentación, distribuyéndolos por la edificación para poder dar el servicio a cada posible usuario.
- **Red de dispersión.** Parte de la red que une la red de distribución con cada vivienda, local o estancia común.
- **Red interior de usuario.** Parte de la red que transcurre por el interior de cada domicilio de usuario.

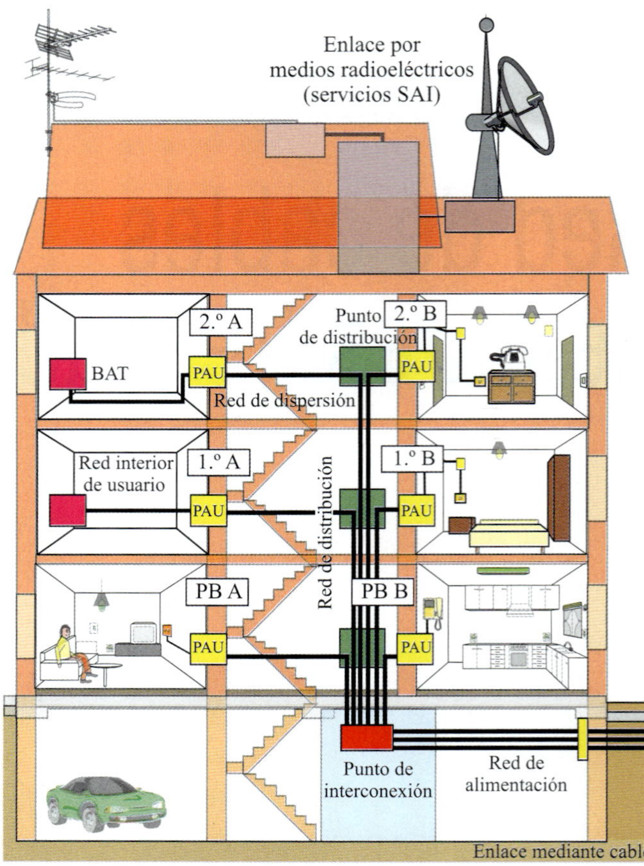

Figura 6.1. *Red de acceso de un edificio de la ICT.*

Como puntos de unión o terminación de los tramos de red anteriores se utilizan diferentes **elementos de conexión:**

- **Punto de interconexión (punto de terminación de red).** Realiza la unión entre cada una de las redes de alimentación de los operadores y las redes de distribución de la ICT del edificio y delimita las responsabilidades en cuanto a mantenimiento entre el operador del servicio y la propiedad de la edificación.
- **Punto de distribución.** Lleva a cabo la unión entre las redes de distribución y de dispersión de la ICT de la edificación.

- **Punto de acceso al usuario (PAU).** Desarrolla la unión entre la red de dispersión y la red interior de usuario de la ICT del edificio. Permite la delimitación de responsabilidades en cuanto al mantenimiento de la instalación entre la comunidad de propietarios y el usuario final.
- **Base de acceso terminal (BAT) o toma de usuario.** Sirve como punto de acceso de los equipos del usuario a la red.

6.1.3. Redes de acceso mediante cables de cobre

Las redes de acceso a los servicios de telecomunicación basadas en cables de cobre que ofrecen servicios de banda ancha y de telefonía han quedado en desuso debido al despliegue de las redes de acceso de fibra óptica, aunque siguen siendo una alternativa en aquellos lugares donde todavía no existe cobertura de fibra óptica.

La **red de cables de pares** y la **red de cables de pares trenzados** permiten el acceso a la **red de telefonía tradicional** (red de telefonía básica) y, por lo tanto, a los servicios que se acceden por esta vía, entre los cuales se incluyen la telefonía analógica y ADSL.

Como **criterio de referencia** se utilizará una u otra tecnología en los casos siguientes:

- La **red de cables** se utilizará en aquellos edificios en los que la distancia entre el punto de interconexión y el punto de acceso al usuario (PAU) más alejado sea superior a 100 m (Figura 6.2b).
- La **red de cables de pares trenzados** se instalará en aquellas edificaciones en las que la distancia entre el punto de interconexión y el PAU más alejado sea inferior a 100 m (Figura 6.2a).

La utilización de una **red de cables de pares trenzados** en lugar de una **red de cables de pares** para el acceso a los servicios de telecomunicaciones presenta la ventaja de que la infraestructura de la red soportará aplicaciones con mayor ancho de banda y velocidades de transmisión, ya que el medio de transmisión que utiliza es mucho mejor.

De esta manera, la utilización de una **red de cables de pares trenzados** prepara el edificio para nuevas tecnologías de acceso que puedan aparecer en un futuro o incluso utilizar otras ya existentes que, en general, son poco utilizadas, como, por ejemplo, FTTB *(fiber to the building)*. Con esta tecnología, las redes de fibra óptica de los operadores finalizan en el punto de interconexión del edificio, antes de llegar al usuario, desde donde se accede a los abonados a través de la red de distribución y dispersión del edificio.

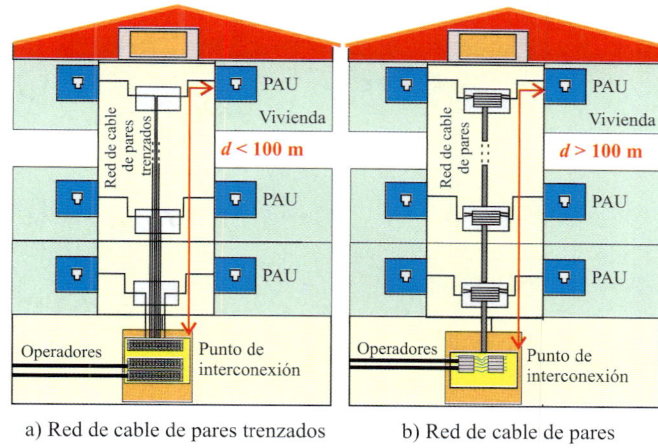

Figura 6.2. *Utilización de las redes de cable de cobre.*

6.1.4. Redes de cableado estructurado

Una **red de cableado estructurado** es una red de comunicaciones genérica que facilita la prestación de diferentes servicios por el mismo medio de transmisión, normalmente cables de pares trenzados y fibra óptica. De esta manera, la red puede utilizarse tanto para los servicios de telefonía como para la transmisión de datos, simplemente cambiando la configuración de los componentes de distribución de la red.

La Figura 6.3 muestra la estructura típica de una red de cableado estructurado de un edificio de uso no residencial, formado por dos tramos principales:

1. **Cableado horizontal.** Cableado de cada planta de un edificio que une el distribuidor de planta con las tomas de telecomunicaciones del área de trabajo de cada usuario. El distribuidor de cada planta típicamente es un armario de telecomunicaciones, donde se instalan paneles de conexiones y otros equipos activos, como el *switch* de una red de datos.
2. **Cableado vertical.** Cableado que conecta los distribuidores de cada planta con el distribuidor principal del edificio, donde normalmente están conectados los equipos de red que permiten el acceso a los servicios de telecomunicaciones (centrales privadas de telefonía, *switch* principal, *router,* etcétera).

Aunque su utilización está extendida en edificios de uso no residencial (locales comerciales, oficinas, etc.), la ICT2 toma como referencia el cableado estructurado para la red de acceso de cables de pares trenzados:

- **Cableado vertical:** red de acceso del edificio formada por la red de distribución y la red de dispersión.
- **Cableado horizontal:** red interior de usuario de cada vivienda.

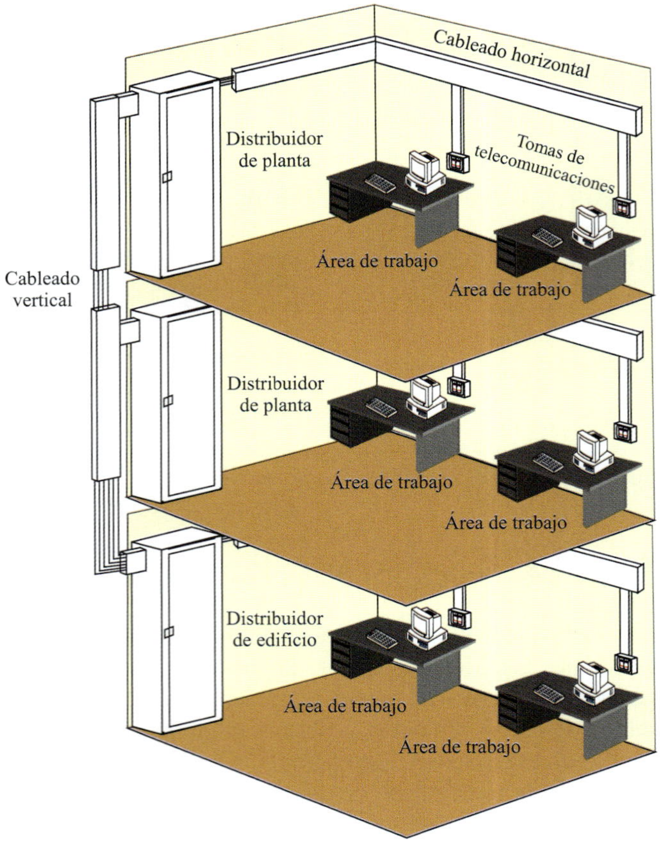

Figura 6.3. *Sistema de cableado estructurado de un edificio.*

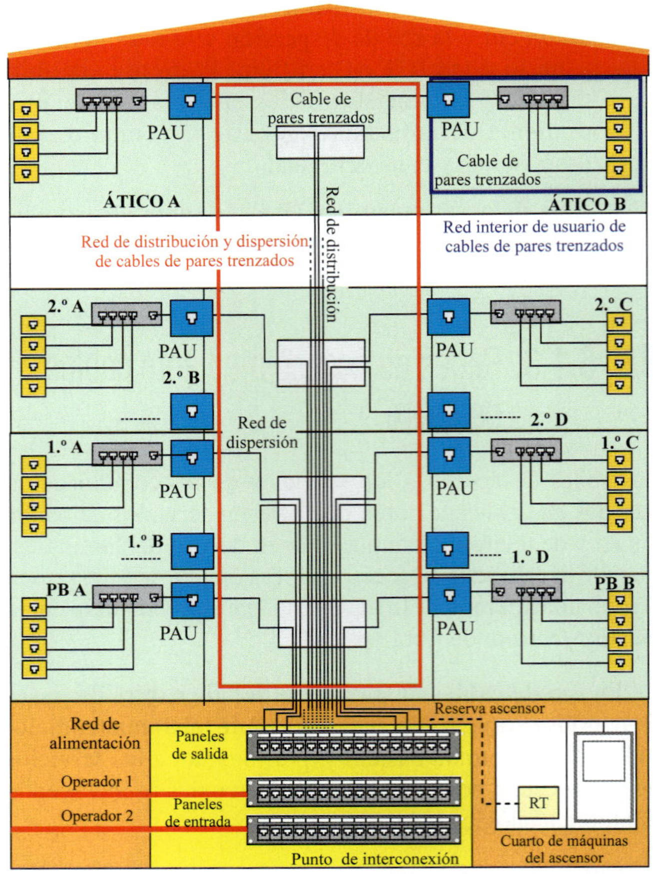

Figura 6.4. *Red de cables de pares trenzados.*

6.1.5. Estructura de la red de cables de pares trenzados

La Figura 6.4 muestra la estructura de la **red de cables de pares trenzados de la ICT** de un edificio. Las redes de alimentación de los operadores finalizan en los paneles de entrada del punto de interconexión.

La red de **cables de pares trenzados del edificio** se inicia en los paneles de salida, donde se instalan los cables de pares trenzados que se conectarán, en una configuración en estrella, con los PAU de cada usuario, según la demanda prevista en el edificio. Este tramo de la red forma el cableado vertical de una red de cableado estructurado.

La **red interior de usuario** de cada vivienda, local comercial u oficina también está formada por cables de pares trenzados, que se inicia en el PAU, y se distribuye en una configuración en estrella con ayuda de un dispositivo denominado **multiplexor pasivo** y finaliza en las tomas de usuario. Este tramo de la red forma el cableado horizontal de una red de cableado estructurado.

6.2. Elementos de la red de cables de pares trenzados

Los elementos que forman la red de cables de pares trenzados de un edifico son el **cable de pares trenzados** y los **elementos de conexión** utilizados entre los diferentes tramos de la red.

6.2.1. Cable de pares trenzados

El **cable de pares trenzados** está formado, generalmente, por cuatro pares de hilos rodeados por una cubierta aislante, que los protege. Tal y como se muestra en la Figura 6.5, cada par de hilos está trenzado entre sí con un paso diferente, con el objetivo de mejorar su inmunidad frente a la diafonía de los pares adyacentes y a las interferencias electromagnéticas externas.

El cable utilizado en la ICT es un **cable de pares trenzados no apantallado,** denominado **cable UTP** *(unshielded twisted pair),* formado por cuatro pares trenzados sin apantallar (Figura 6.6a).

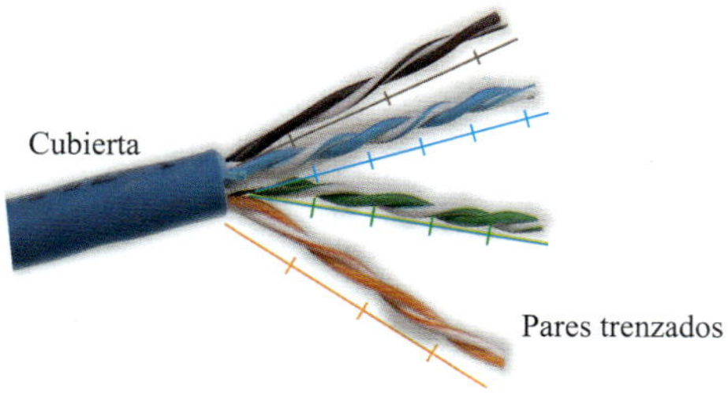

Figura 6.5. *Cable de pares trenzados.*

Este tipo de cable no proporciona protección frente al ruido y las interferencias electromagnéticas externas, debido a que los pares no están apantallados, pero es más económico y fácil de instalar en la infraestructura propia de una ICT donde, en principio, no existen fuentes de interferencia importantes.

Otro tipo de cables de pares trenzados es el **cable de pares trenzados apantallados** (Figura 6.6b), denominado **cable FTP** *(foiled twisted pair)*. Este cable, para proteger los conductores internos, dispone de una pantalla metálica global que mejora el nivel de protección. Si, además, cada par incorpora un apantallamiento individual, el cable se denomina **S/FTP** *(shielded/foiled twisted pair)*. Para que esta pantalla sea eficaz se requiere la conexión de la malla conductora con tierra.

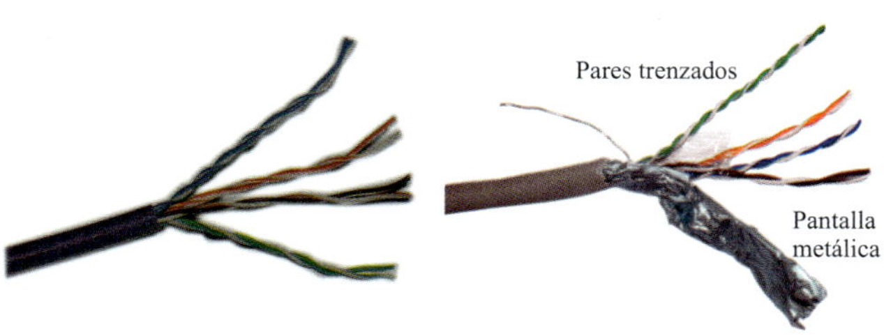

a) Sin apantallar (UTP) b) Apantallado (FTP)

Figura 6.6. *Tipos de cables de pares trenzados.*

Sabías que...

La red de cables de pares trenzados de una ICT utiliza como medio de transmisión cables de pares trenzados de 4 pares de hilos conductores de cobre con aislamiento individual sin apantallar clase E (categoría 6), que cumplen las especificaciones de la norma UNE-EN 50288-6-1 y soportan aplicaciones de frecuencias hasta 250 MHz.

Debido a que el entorno de la mayoría de edificios de uso residencial está libre de interferencias, el cable utilizado en las redes de acceso de una ICT es el cable UTP.

Además, los cables de pares trenzados que se instalen en el interior de una ICT deben cumplir los niveles mínimos obligatorios de la clasificación Dca-s2,d2,a2 respecto a su comportamiento de reacción frente al fuego.

6.2.2. Identificación de pares

Para identificar cada uno de los pares que forman un cable de pares trenzados se utilizan colores normalizados, tal y como se muestra en la Figura 6.7.

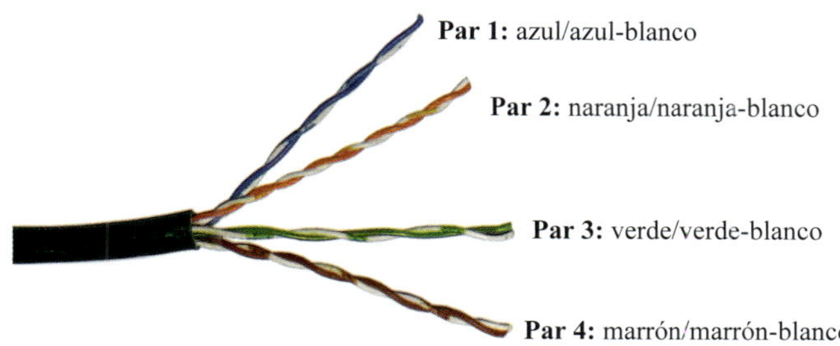

Figura 6.7. *Identificación de los pares de un cable de pares trenzados.*

6.2.3. Conectores

Los **conectores** que se utilizan para la conexión de los cables de pares trenzados son los denominados **RJ-45.**

Como norma general, cuando el cable forma parte del cableado fijo de una instalación, su conexión se realiza a paneles de conexión o a tomas de telecomunicaciones con conectores RJ-45 hembra (Figura 6.8a).

La terminación de un cable apantallado se realiza mediante un conector tipo RJ-49, el cual es un conector RJ-45 que incluye un cuerpo metálico que proporciona contacto eléctrico con la pantalla metálica exterior del cable (Figura 6.8b).

a) Sin pantalla (RJ-45) b) Con pantalla (RJ-49)

Figura 6.8. *Conectores de cables de pares trenzados hembra.*

En el caso de conexiones no fijas, como, por ejemplo, los latiguillos de conexión, los cables se conectan a conectores RJ-45 macho (Figura 6.9a). Cuando el cable es de tipo apantallado deberá conectarse su cubierta externa al apantallamiento metálico del conector, por lo que se utilizarán conectores con pantalla metálica RJ-49 macho (Figura 6.9b).

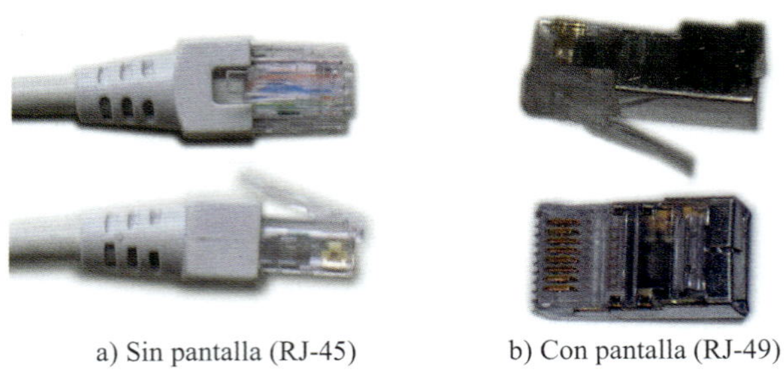

Figura 6.9. *Conectores de cables de pares trenzados macho.*

6.2.4. Esquemas de conexionado

Cuando se realiza la instalación de cables de pares trenzados es muy importante conectar los diferentes pares de manera correcta.

Para ello, se utilizan dos **esquemas de conexionado** diferentes, según la norma **T568A** o **T568B,** los cuales se muestran en la Figura 6.10. Estos esquemas determinan a qué pin del conector debe conectarse cada uno de los conductores del cable. La utilización de una u otra norma no es relevante, pero es muy importante mantenerla durante toda la instalación. Se recomienda utilizar la norma T568B, por ser la más utilizada.

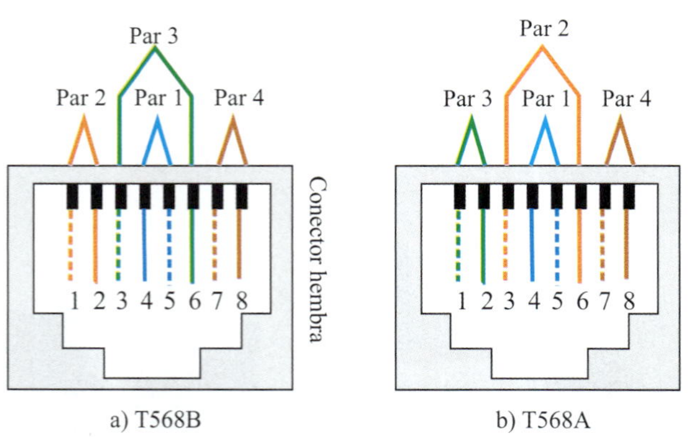

Figura 6.10. *Esquemas de conexionado.*

En la mayoría de los **conectores RJ-45 hembra** se muestra el código de colores asociados a los esquemas de conexionado, de manera que la tarea de instalación se simplifica (Figura 6.11a).

En el caso de los **conectores RJ-45 macho,** la numeración de pines de la Figura 6.11b permite la conexión de cada par de cables en su lugar correspondiente.

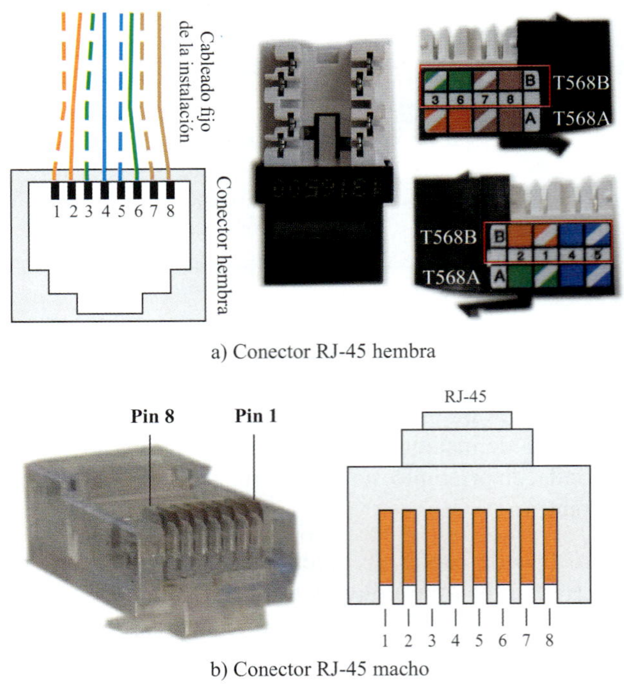

Figura 6.11. *Numeración de pines de los conectores.*

6.2.5. Paneles de conexión

Cuando, en un punto de la instalación, es necesaria la conexión de muchos cables de pares trenzados, se utilizan **paneles de conexión,** donde se aloja un número de conectores determinado, siendo los valores normalizados 12, 24, 36 y 48 conexiones.

La función de los paneles de conexión es administrar de manera sencilla y rápida el suministro y distribución de los servicios previstos a cada cable de la red, simplemente, cambiando la conexión realizada por los cables de interconexión entre los paneles de entrada y los paneles de salida.

En las instalaciones de ICT, normalmente, se utilizan **paneles de conexión vacíos,** que se completan con los conectores RJ-45 hembra necesarios según los requerimientos de la instalación (Figura 6.12).

Figura 6.12. *Paneles de conexión vacíos.*

6.2.6. Prestaciones de una red de cableado

Las **prestaciones de una red** se resumen en el ancho de banda de la señal que puede transmitirse, de manera que, en cada caso, las aplicaciones finales que puede soportar serán diferentes. Estas prestaciones vienen determinadas por la calidad de los componentes instalados y su correcta instalación.

Según la **norma de referencia** utilizada, para determinar las prestaciones de una red se definen dos conceptos diferentes:

1. La **categoría,** utilizada por la normativa americana EIA/TIA, es un parámetro que identifica las **características de un componente** del sistema de cableado. La categoría de un componente depende de la calidad establecida por el fabricante durante el proceso de fabricación. Por ejemplo, la normativa ICT especifica que los componentes de la red de cables de pares trenzados, incluido el cable y los conectores, deben ser de **categoría 6** o superior.
2. La **clase,** utilizada por la normativa europea EN 50173 y la normativa internacional ISO, identifica las prestaciones que una instalación cumple después de instalar todos los componentes que forman el sistema. De esta manera, si los componentes utilizados en una instalación son de categoría 6, las prestaciones de red conseguidas se corresponden con la **clase E,** que permite frecuencias de transmisión máximas de 250 MHz.

En la Tabla 6.1 se compara la categoría y la clase según la normativa de referencia y las prestaciones de la red (frecuencia) que se consiguen.

Tabla 6.1. Relación entre categoría y clase según las diferentes normas

Clase ISO	Categoría EIA/TIA	Frecuencia
Clase C	Categoría 3	16 MHz
Clase D	Categoría 5E	100 MHz
Clase E	Categoría 6	250 MHz
Clase EA	Categoría 6A	500 MHz
Clase F	Categoría 7	600 MHz
Clase FA	Categoría 7A	1000 MHz

6.3. Red de cables de pares trenzados de la ICT

La Figura 6.13 muestra el esquema de principio de la **red de cables de pares trenzados** de la ICT de un edificio.

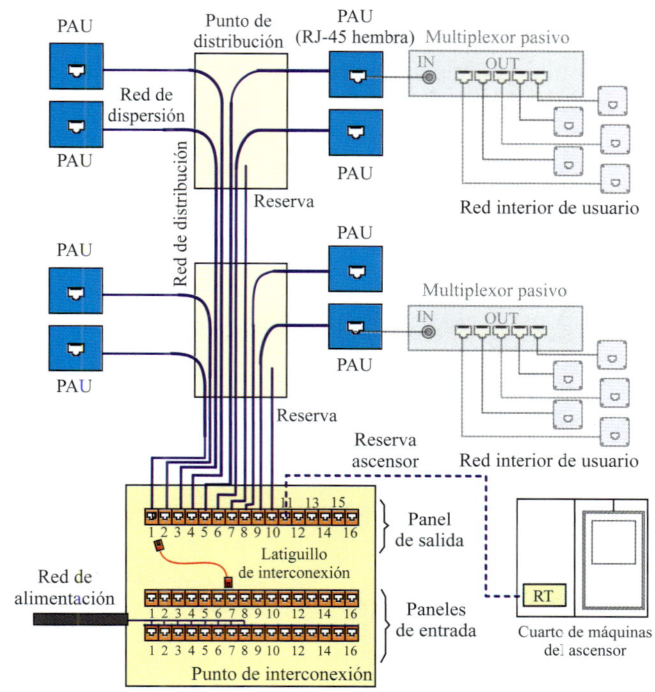

Figura 6.13. *Red de cables de pares trenzados de un edificio.*

Si existen operadores de servicio de cables de pares trenzados, la red de alimentación llegará a través de la canalización externa y de la canalización de enlace inferior hasta el punto de interconexión situado en el recinto de instalaciones de telecomunicaciones (registro principal de cables de pares trenzados), donde terminará en los paneles de conexión de entrada.

En el caso de que no existan operadores de servicio se dejarán las canalizaciones necesarias para atender las previsiones de la demanda dotadas con los correspondientes hilos guía.

La red de cables de pares trenzados se distribuye en estrella a partir del punto de interconexión hasta los PAU de cada vivienda, local comercial u oficina.

6.3.1. Punto de interconexión

El **punto de interconexión de cables de pares trenzados** realiza la unión entre cada una de las redes de alimentación de los operadores del servicio y las redes de distribución de la ICT de la edificación. Se sitúa en el **registro principal de cables de pares trenzados,** en el interior del recinto de instalaciones de telecomunicación inferior del edificio (RITI).

El punto de interconexión de pares trenzados, como se muestra en la Figura 6.14, está formado por:

- **Paneles de conexión de entrada.** Paneles de conexión que instalarán los operadores de telecomunicaciones para finalizar sus redes de alimentación. Debe reservarse espacio suficiente en el registro principal para que los operadores instalen sus paneles de entrada.
- **Paneles de conexión de salida.** Paneles de conexión donde se conectan los cables de pares trenzados de la red de distribución del edificio. El panel de salida debe estar constituido por un panel de conexiones dotado con tantos conectores RJ-45 hembra como acometidas de pares trenzados constituyan la red de distribución de la edificación.

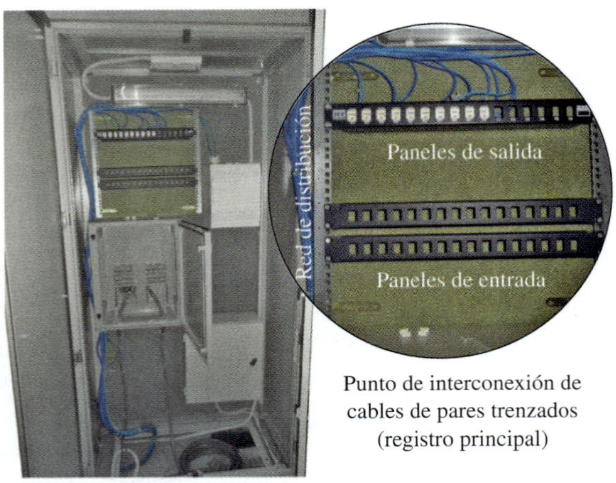

Figura 6.14. *Punto de interconexión de cables de pares trenzados.*

Para dar servicio a un usuario, el operador conectará un **latiguillo de interconexión** entre la conexión de su panel de entrada y la conexión del panel de salida asociada al usuario (Figura 6.15).

El punto de interconexión actúa como **elemento de corte y prueba,** ya que, cuando se produce una avería, puede desconectarse el latiguillo de la instalación, comprobando en el conector del panel de entrada del operador si hay señal. Esto permite delimitar las responsabilidades en cuanto a mantenimiento entre el operador del servicio y la propiedad de la edificación.

En el punto de interconexión se debe realizar la previsión de la reserva de una conexión para una acometida de cable de pares trenzados, como mínimo, por ascensor.

La previsión de la demanda que se haga para los ascensores estará en consonancia con la normativa específica aplicable a este tipo de instalaciones, en particular por razones de seguridad (línea de seguridad del ascensor). Aunque no está prevista la instalación inicial de la **línea de seguridad del ascensor,** ya que dependerá de los servicios contratados por la comunidad, será necesaria la reserva de una de las tomas del panel de salida del punto de interconexión por si fuera necesaria la instalación de esta acometida por el tubo de la canalización reservada para este fin.

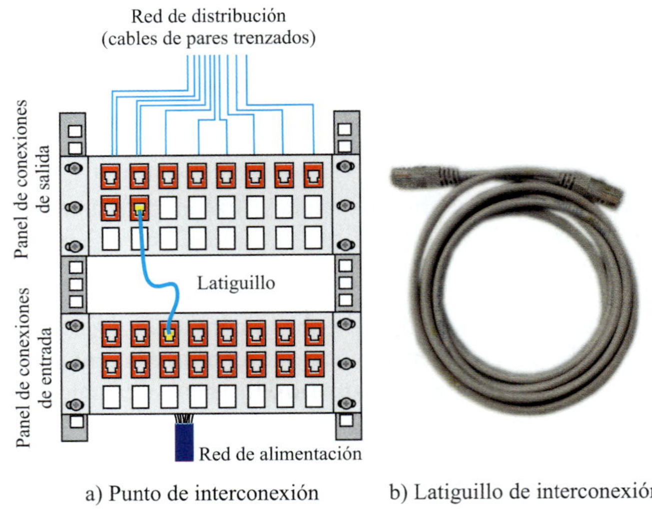

Figura 6.15. *Conexión entre los paneles de entrada y de salida.*

6.3.2. Red de distribución

La **red de distribución** de cables de pares trenzados del edificio está formada por el número de cables de pares trenzados que cubran la **demanda prevista** del edificio más los **pares de reserva** suficientes para prever posibles averías de alguna acometida o alguna desviación por exceso en la demanda de acometidas.

Cada uno de los cables de pares trenzados de la red de distribución se conecta al **panel de salida** del **punto de interconexión** y, a través de la canalización principal, enlaza con la red de dispersión en los puntos de distribución situados en los registros secundarios (Figura 6.16).

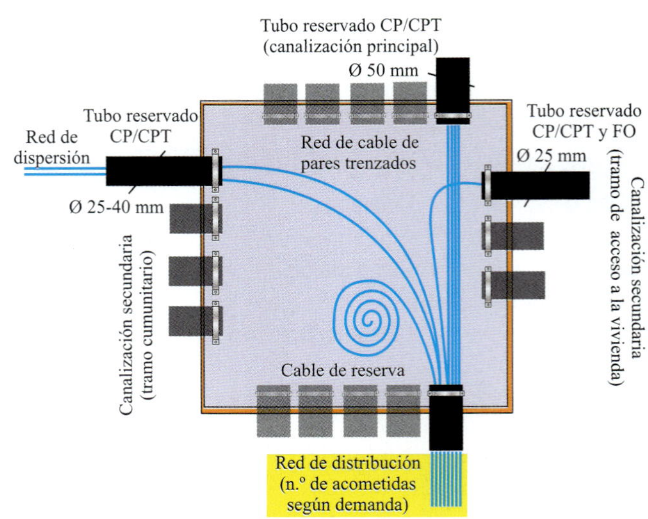

Figura 6.16. *Red de distribución.*

Recuerda

La demanda prevista y el número de cables que deben instalarse en un edificio vienen especificados en el proyecto técnico. En edificios de viviendas, la demanda prevista es de una acometida por vivienda, local comercial u oficina. En los edificios de uso no residencial, la demanda dependerá de las características de cada oficina o local comercial. Conocida la previsión de la demanda, se dimensionará la red de distribución multiplicando la cifra de demanda prevista por el factor 1,2, lo que asegura una reserva suficiente para prever posibles averías de alguna acometida o alguna desviación por exceso en la demanda de acometidas.

6.3.3. Punto de distribución

Como la red de pares trenzados se distribuye en estrella, el punto de interconexión situado en el RITI también realiza las funciones de punto de distribución, ya que se distribuyen directamente las acometidas de cables de pares trenzados hasta el PAU de cada vivienda.

Por lo tanto, tal y como se muestra en la Figura 6.17a, las acometidas quedan en los puntos de distribución situados en los registros secundarios de paso hacia la red de dispersión, mientras que el resto de los cables discurren hacia el resto de las plantas por la canalización principal.

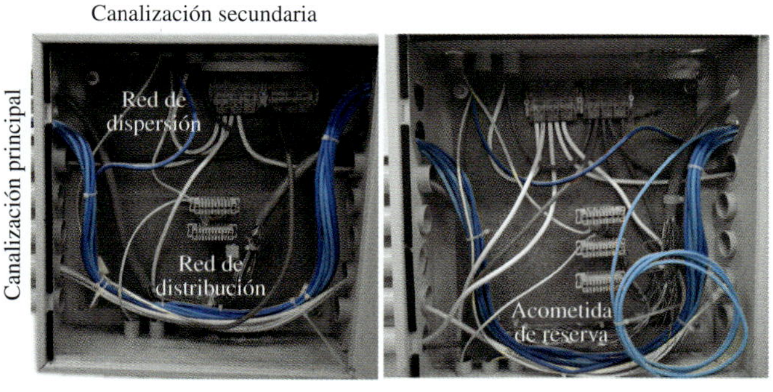

Figura 6.17. *Punto de distribución de la red de cables de pares trenzados.*

En los registros secundarios, por lo tanto, tal y como se muestra en la Figura 6.17b, no se instala ningún elemento, pero, si es el caso, quedarán almacenados los bucles de los **cables de pares trenzados de reserva,** con la longitud suficiente para poder llegar hasta el PAU más alejado de esa planta.

6.3.4. Red de dispersión

Como la red de cables de pares trenzados se distribuye en estrella desde el punto de interconexión hasta el PAU de usuario, la red de distribución y la red de dispersión coinciden.

En la **red de dispersión** de cada planta se instalarán los cables de pares trenzados (acometidas) que cubran la demanda prevista como prolongación de la red de distribución (en paso en los registros secundarios) y terminarán en el PAU de cada vivienda, situada en el RTR, en la roseta correspondiente (Figura 6.18), utilizando para ello los tubos reservados de la canalización secundaria.

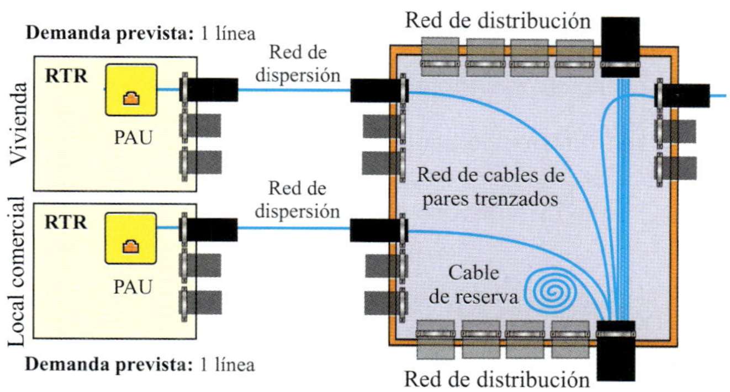

Figura 6.18. *Red de dispersión.*

6.3.5. PAU

Cada una de las acometidas de pares trenzados de la red de dispersión se terminará en una roseta hembra miniatura de ocho vías (RJ-45 hembra), que realiza las funciones de **PAU** de cada vivienda, local o estancia común.

El PAU se instala en el registro de terminación de red (RTR) en el interior de cada vivienda o local comercial.

La constitución física del PAU de esta red, tal y como se muestra en la Figura 6.19a, es un conector RJ-45 hembra instalado en su correspondiente caja o roseta.

Para dar continuidad a la línea, tal y como se muestra en la Figura 6.19b, los cuatro pares que forman el cable de pares trenzados de la red de dispersión se terminan en el conector RJ-45 del PAU.

Figura 6.19. *PAU de la red de cables de pares trenzados.*

6.4. Red interior de usuario de cables de pares trenzados

Entre las redes interiores de usuario previstas en la ICT está la **red interior de usuario de cables de pares trenzados.** Los elementos que forman esta red son:

- PAU.
- Multiplexor pasivo.
- Tomas de usuario o BAT.

La red interior de usuario, tal y como se muestra en la Figura 6.20, se inicia en el PAU y finaliza en las tomas de usuario de la instalación.

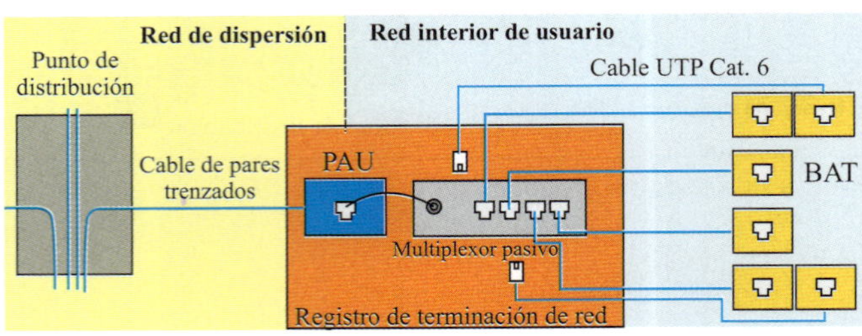

Figura 6.20. *Red interior de usuario de cables de pares trenzados.*

El PAU y el multiplexor pasivo se instalan en el registro de terminación de red situado en el interior de cada vivienda, local o estancia común. Las tomas se instalan en cada una de las estancias de la vivienda o en aquellos lugares de los locales comerciales u oficinas especificados en el proyecto técnico.

6.4.1. PAU

Cada una de las acometidas de cables de pares trenzados de la red de dispersión termina en el conector RJ-45 hembra del PAU.

La red interior de usuario se conecta al PAU a través del cable de entrada del multiplexor pasivo (latiguillo extraible), terminado en un conector RJ-45 macho. El PAU, tal y como se muestra en la Figura 6.21, puede desconectarse de la instalación, realizando las **funciones de corte y prueba.** De esta manera, se desconecta la red del edificio de la red interior de usuario, permitiendo la delimitación de responsabilidades en cuanto a la generación, localización y reparación de averías entre la propiedad de la edificación o la comunidad de propietarios y el usuario final del servicio.

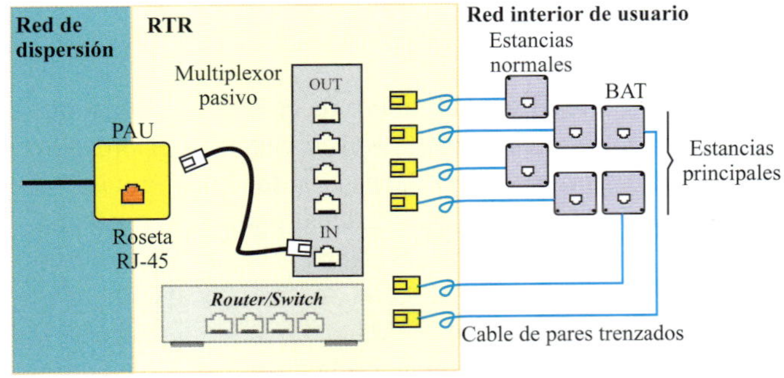

Figura 6.21. *PAU como elemento de corte y prueba.*

6.4.2. Multiplexor pasivo

El **multiplexor pasivo** es un dispositivo que proporciona continuidad entre la acometida de cables de pares trenzados de la red de distribución y de dispersión y algunas de las tomas de usuario (BAT) de la red interior de usuario de pares trenzados. Su función, por lo tanto, es conectar en estrella el PAU con las diferentes tomas de usuario (BAT) de la instalación.

En la Figura 6.22 se muestran los elementos que forman este dispositivo. El multiplexor pasivo está equipado con un latiguillo flexible extraíble terminado en un **conector RJ-45 macho,** que se conecta al PAU, y, por otra parte, debe tener como mínimo tantos **conectores RJ-45 hembra** como estancias servidas por la red interior de usuario de pares trenzados.

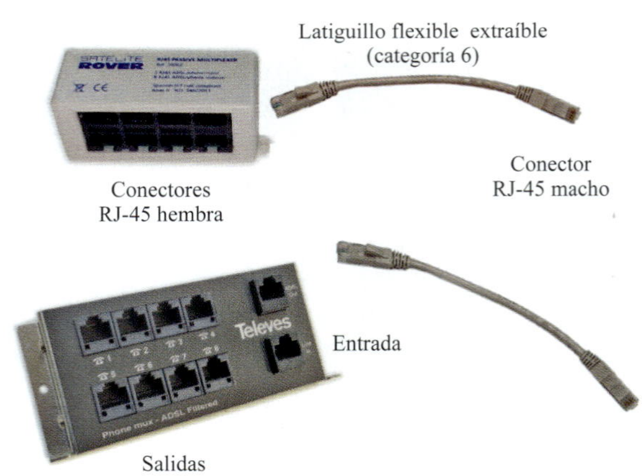

Figura 6.22. *Multiplexor pasivo.*

6.4.3. Tomas de usuario (BAT)

La **toma de usuario** de la red de cables de pares trenzados es un conector RJ-45 hembra con todos los contactos conexionados al cable de pares trenzados de la red (Figura 6.23), que se monta en el registro de toma de la infraestructura.

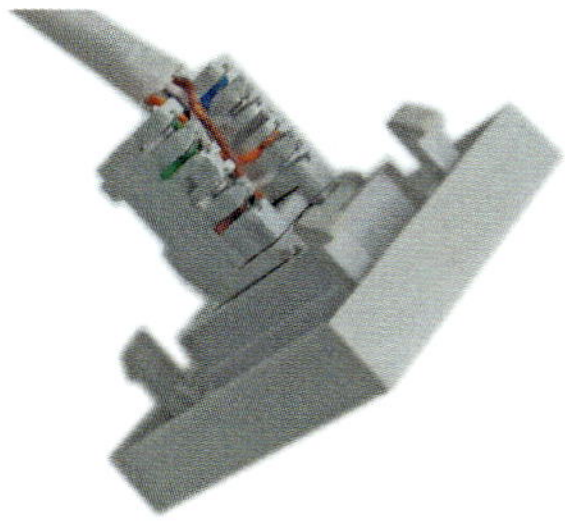

Figura 6.23. *Terminación del conector RJ-45 de la BAT.*

La normativa de la ICT especifica el siguiente número de tomas de usuario mínimas en viviendas:

- **Estancias principales.** Deben considerarse como mínimo dos estancias principales en una vivienda. Aunque, normalmente, son el comedor y el dormitorio principal, puede escogerse cualquiera. En estas estancias debe instalarse una BAT con dos tomas RJ-45:
  1. Una de las tomas se alimenta directamente de una acometida de pares trenzados que procede del multiplexor pasivo, conectada al PAU.
  2. La otra toma se alimenta por una acometida de pares trenzados independiente del PAU. De esta manera, puede conectarse esta toma a equipos como un *router,* para el acceso a internet, o a un *switch,* para instalar una red de datos en el interior de la vivienda.
- **Estancias convencionales.** En el resto de las estancias se instalará una BAT con una toma RJ-45, conectada al multiplexor pasivo.

La configuración más habitual es la de la Figura 6.24a, donde la BAT integra una única toma. Cuando es necesario instalar dos tomas pueden utilizarse tomas dobles como las de la Figura 6.24b.

a) Toma simple b) Toma doble

Figura 6.24. *BAT de la red de cables de pares trenzados.*

6.4.4. Cableado de la red interior de usuario de pares trenzados

Cada rama de la red interior de usuario está formada por un cable de pares trenzados que finaliza por un extremo en la toma de usuario (BAT), terminado en el conector RJ-45 hembra, y por el otro extremo en el registro de terminación de red (RTR) equipado con un conector RJ-45 macho, dejando longitud de cable sobrante con la suficiente holgura como para llegar a cualquiera de las partes interiores de los diferentes compartimentos del registro de terminación de red.

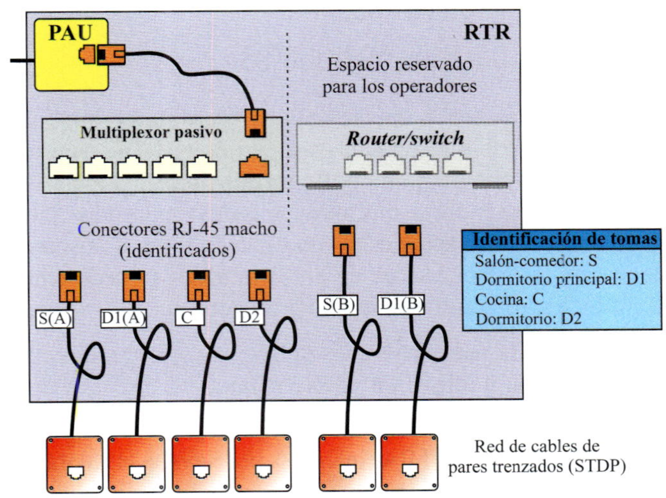

a) Terminación de la red interior en el RTR

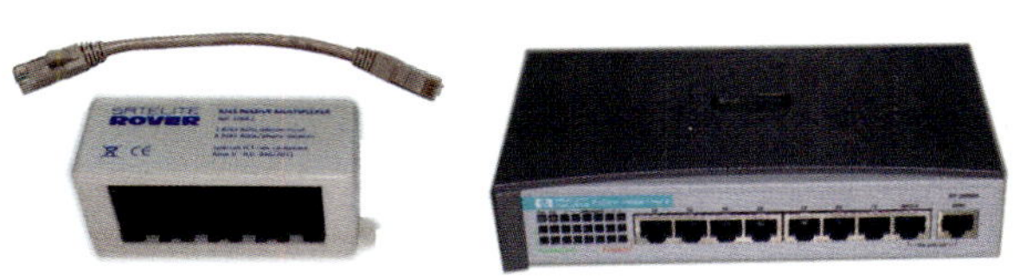

b) Multiplexor pasivo c) *Switch*

Figura 6.25. *Red interior de usuario de cables de pares trenzados.*

La Figura 6.25a muestra la terminación de los extremos de los cables de pares trenzados de la red interior de usuario en el RTR. Los extremos de cada cable de la red interior se identificarán mediante etiquetas que indicarán la ubicación del conector de las bases de acceso de terminal (BAT) a las que dan servicio.

La conexión de los extremos de la red interior de usuario está pensada para que cada una de las BAT de las estancias

Recuerda

En el cómputo del número de estancias debe tenerse en cuenta que los baños y trasteros no se tienen en cuenta en el cálculo.

se conecte al multiplexor pasivo (Figura 6.25a) y las dos BAT restantes de las estancias principales queden libres para conectarse a un *switch* o al *router* proporcionado por el proveedor (Figura 6.25c).

Recuerda

El multiplexor pasivo no realiza las mismas funciones que un *switch,* por lo tanto, no puede utilizarse para configurar una red de datos.

6.4.5. Espacio reservado para los operadores

El operador de telecomunicaciones instalará sus equipos activos en el espacio reservado para ello en el RTR. Aunque la normativa prevé en su configuración inicial dos de los cables sin conexión al multiplexor pasivo, pensados para la conexión a un *switch* o un *router,* cada toma de usuario dentro de la red de cables de pares trenzados puede tener una función diferente según dónde se conecte:

- **Toma de voz.** Las tomas de voz se conectan directamente al multiplexor pasivo (Figura 6.26a).
- **Toma de datos.** Cuando el usuario contrate un servicio de acceso a TBA (internet), el *router* se instalará en el interior del RTR. Las tomas con acceso a internet se instalarán directamente al *router* (Figura 6.26b).

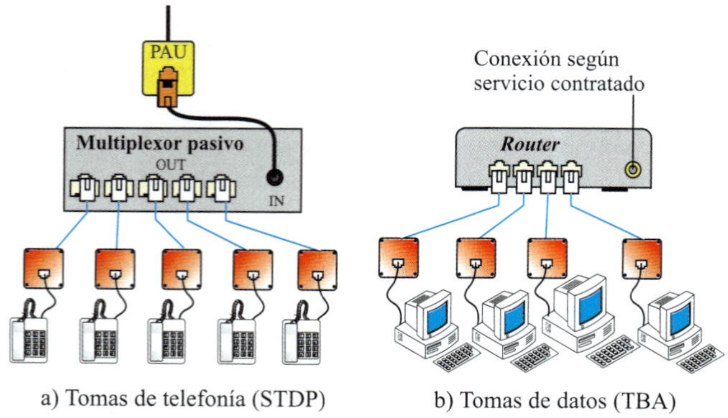

Figura 6.26. *Función de las tomas de usuario dentro de la red.*

Caso práctico 6.1
Red interior de usuario

La Figura 6.27 muestra un ejemplo de instalación interior de usuario de una vivienda, que dispone de cinco estancias computables (salón, cocina, dormitorito 1, dormitorio 2 y dormitorio 3).

En el caso de viviendas, se instala una BAT (RJ-45) por cada estancia computable, que estarán conectadas al multiplexor pasivo, el cual debe tener como mínimo un número de salidas igual al de estancias computables de la vivienda, es decir, 5 en el ejemplo.

Además, en las dos estancias principales de las viviendas (salón y dormitorio 1) debe instalarse un conector RJ-45 adicional, que finalizará en el registro de terminación de red, pero que no estará asociado ni conectado al multiplexor pasivo. Por lo tanto, en las dos estancias principales se instalará una BAT doble equipada con dos conectores RJ-45 hembra.

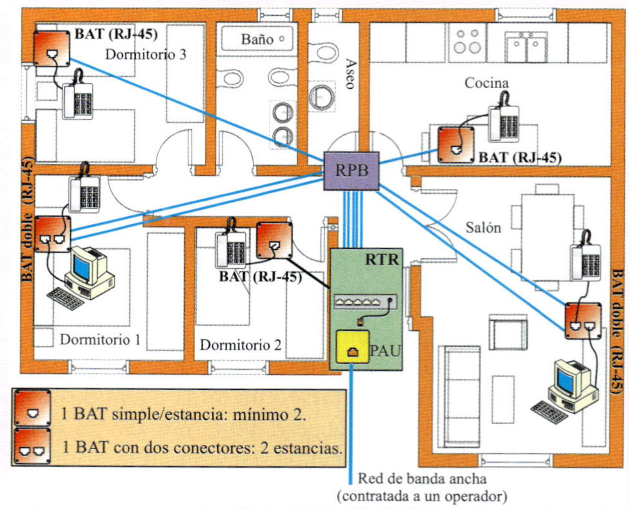

Figura 6.27. *Instalación interior de usuario.*

En la Figura 6.28 se muestra la configuración inicial típica del registro de terminación de red:

- Los cables de la red interior para el acceso a los servicios de telefonía se conectan a la salida del multiplexor pasivo, excepto uno de los cables de cada estancia principal.
- Una de las tomas de cada estancia principal se conecta a un cable independiente del resto y finaliza en el RTR. Este cable es el que permite configurar la red de datos de la vivienda, ya que, conectado a un *router* o a un *switch,* permite la comunicación con el resto de las tomas de la vivienda y el acceso a internet.

El usuario puede modificar la configuración inicial según sus necesidades.

Dependiendo de la tecnología utilizada para el acceso a internet, la configuración e instalación del *router* será diferente. En el ejemplo se utiliza un ***splitter* de ADSL,** que filtra la señal de voz y de datos para distribuir directamente la señal a las tomas de voz a través del multiplexor pasivo o al elemento activo de conmutación (*switch* o *router*) que permita la creación de la red de datos.

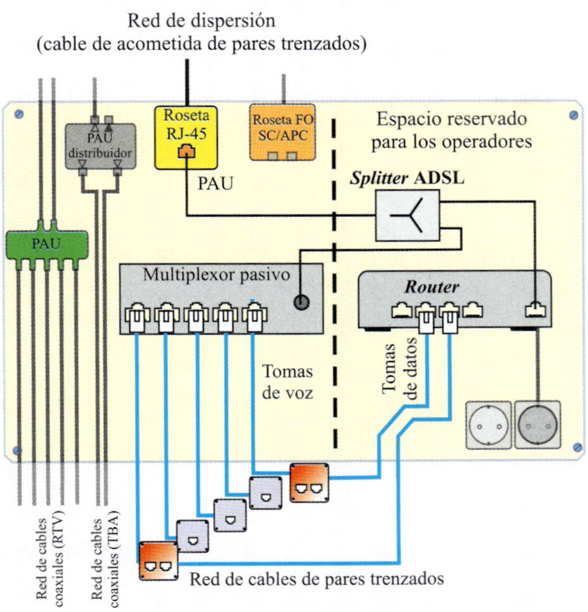

Figura 6.28. *Configuración del registro de terminación de red.*

6.5. Equipos y herramientas de conexión para la red de cables de pares trenzados

Durante la instalación, prueba y configuración de una red de cables de pares trenzados es necesario utilizar herramientas y equipos específicos que permitan el trabajo con los componentes que la forman.

6.5.1. Herramientas de corte y pelacables

Las **herramientas de corte** sirven para eliminar la cubierta de los cables de pares trenzados antes de prepararlos para su terminación en un conector.

Para el pelado de la cubierta de un cable de pares trenzados se emplean la crimpadora o herramientas específicas como las mostradas en la Figura 6.29, que eliminan de manera fácil y con precisión la cubierta externa del cable, sin dañar los conductores.

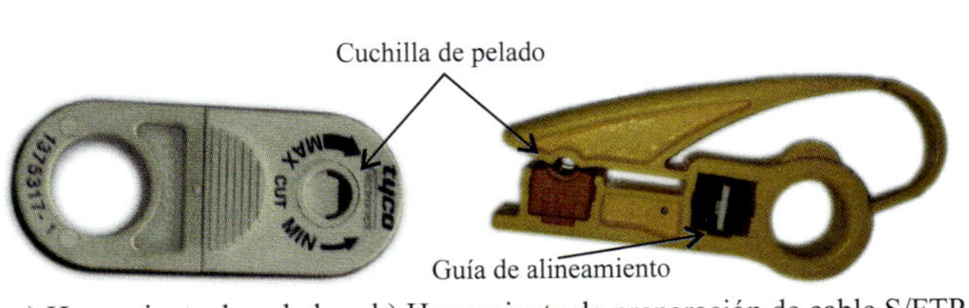

Figura 6.29. *Herramientas específicas de pelado de cables.*

En la Figura 6.30a se muestra la utilización de dos herramientas de corte diferentes para eliminar la cubierta del cable y, en la Figura 6.30b, el resultado final del pelado.

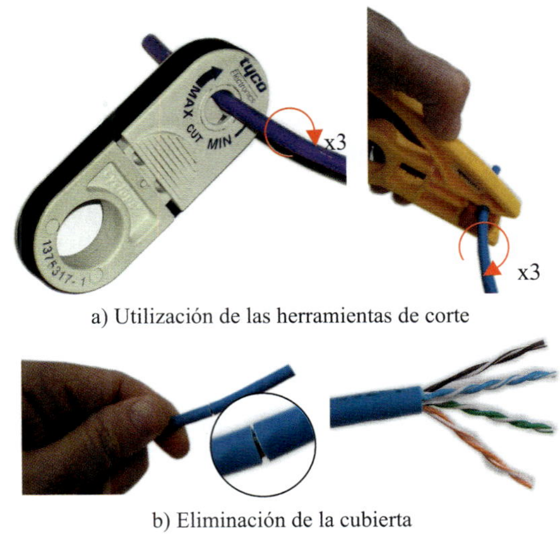

Figura 6.30. *Pelado de la cubierta de un cable.*

6.5.2. Herramientas de presión

La **herramienta de presión,** también denominada **crimpadora,** está destinada al montaje rápido de conectores RJ-45 macho, que, además, incluye accesorios que cortan y pelan el cable (Figura 6.31).

La terminación de los conductores de los pares del cable de pares trenzados en los conectores RJ-45 macho se realiza presionando los contactos del conector con ayuda de la crimpadora. La mayoría de las crimpadoras disponen de diferentes troqueles que permiten la terminación de diferentes tipos de conectores: RJ-45 (8P8C), RJ-11 (6P4C) y RJ-12 (6P6C) y conectores RJ-9 (4P4C).

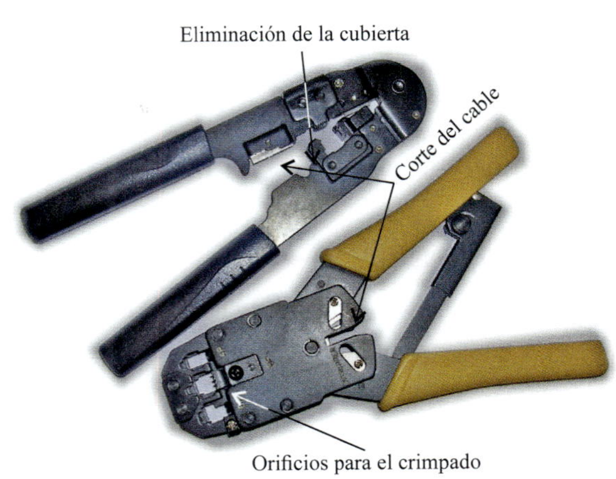

Figura 6.31. *Herramientas de presión (crimpadoras).*

Sabías que...

Los conectores RJ-45 son de tipo 8P8C, lo que quiere decir que disponen de 8 posiciones y 8 contactos.

El instalador de telecomunicaciones necesita conectar el cable de pares trenzados en un conector RJ-45 macho en las dos situaciones siguientes:

1. **Latiguillos de interconexión.** Los latiguillos de conexión se utilizan en el punto de interconexión para conectar los paneles de entrada con los de salida (Figura 6.32a), para dar servicio a los usuarios que contraten una línea. También se utilizan para conectar los equipos de usuario (ordenadores, teléfonos, etc.) con la BAT (Figura 6.32b). Se recomienda utilizar latiguillos ya hechos de fábrica, puesto que las prestaciones siempre son mejores que las de los realizados manualmente.
2. **Terminación de la red interior en el RTR.** Los cables de la red interior de usuario que terminan en el RTR se conectan a un conector RJ-45 macho (Figura 6.32c).

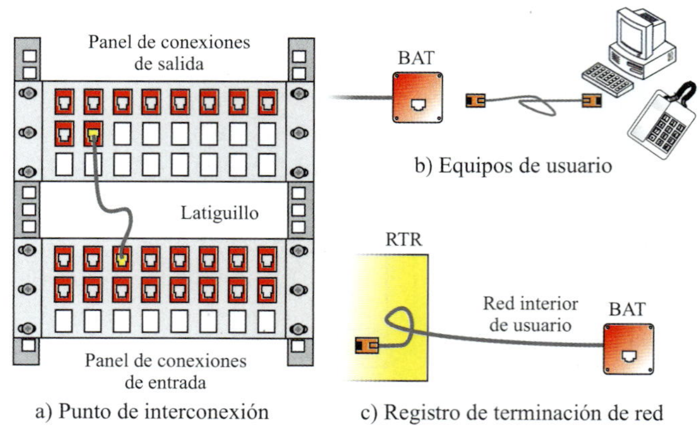

Figura 6.32. *Utilización de conexiones RJ-45 macho.*

Caso práctico 6.2
Crimpado de conectores RJ-45 macho

Los **conectores RJ-45 macho** para la conexión en campo se fabrican de plástico transparente, de manera que puede visualizarse si los conductores de los pares se conectan de manera correcta (Figura 6.33a). Los terminales de conexión que incorpora son metálicos, de modo que, con ayuda de la crimpadora, atraviesan el aislamiento del conductor y se realiza el contacto eléctrico. Por este motivo, para la terminación de conectores no es necesario pelar los cables.

En la Figura 6.33b se muestra el acabado de un conector: para garantizar el contacto con los terminales, antes del crimpado, debe asegurarse de que los hilos de los conductores lleguen al extremo del conector, visualizándose el cobre de su interior, y que la cubierta del cable se ubique dentro del conector, de manera que se protege contra los tirones durante la manipulación y se reduce al mínimo la longitud del destrenzado de los cables.

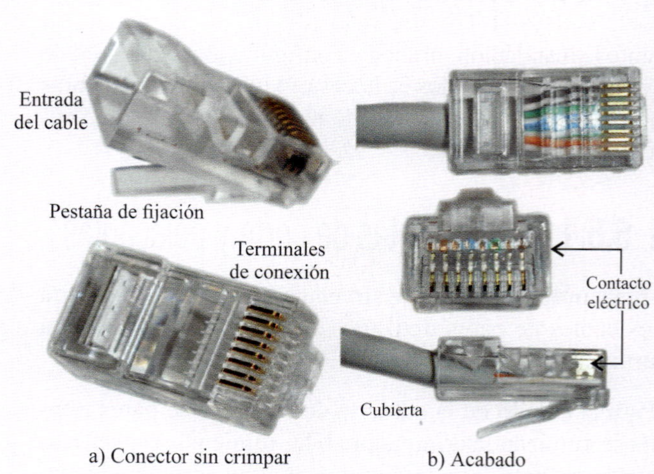

Figura 6.33. *Conector RJ-45 macho.*

El proceso que se sigue para el montaje y la conexión de un conector RJ-45 macho con un cable de par trenzado se resume en la Figura 6.34.

a) Se elimina suficiente cubierta del cable con ayuda de una peladora o de la crimpadora; normalmente, unos 3 cm.

b) Mientras se mantienen firmemente unidos los cuatro pares de cables trenzados, se destrenzan y reorganizan los pares según el estándar requerido, normalmente T568B.

c) Una vez aplanados y organizados los hilos, se recorta su parte final mediante una herramienta de corte. La longitud de corte, de aproximadamente 1,25 cm, debe garantizar que parte de la cubierta del cable se introduzca en la pestaña del conector.

d) Se alojan suavemente los hilos en el interior del conector, con ayuda de la guía interna, hasta ver en el extremo del conector el conductor interno de los hilos.

e) Utilizando la crimpadora, se fijan los cables al conector. Para ello, se introduce el conector con cuidado en la clavija correspondiente al tipo de conector: durante el crimpado, la herramienta presiona el plástico protector e introduce los terminales de conexión en el interior de los hilos conductores, garantizando el contacto eléctrico.

f) La correcta finalización del conector asegura que todos los hilos estén en el orden correcto y hagan contacto eléctrico.

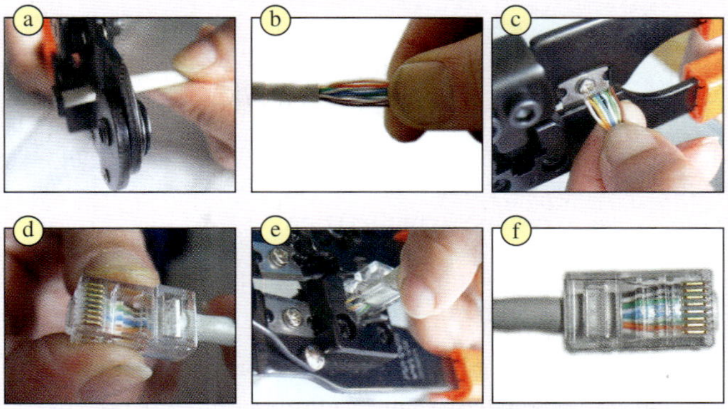

Figura 6.34. *Preparación de un conector RJ-45 macho.*

Es recomendable, una vez realizada la terminación del cable, proteger el conector con un capuchón, como el de la Figura 6.35.

Figura 6.35. *Protección de los conectores.*

6.5.3. Herramientas de impacto

La conexión del cableado con los conectores RJ-45 hembra de la BAT, PAU y paneles de conexión se realiza, normalmente, mediante conexiones IDC-110 (Figura 6.36).

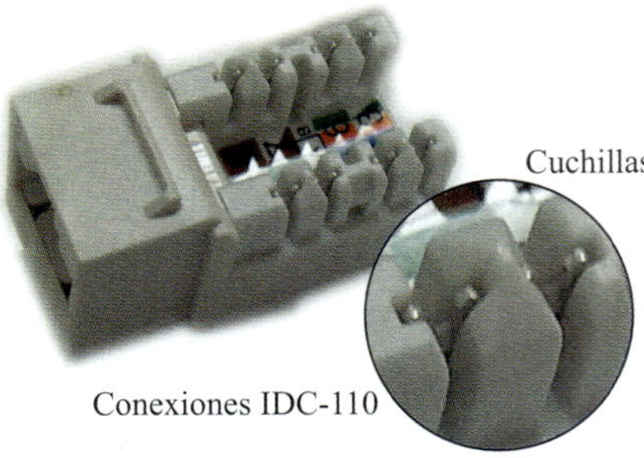

Figura 6.36. *Conexiones IDC-110 de los conectores RJ-45 hembra.*

Un **conector IDC** *(insulation-displacement connector)* es un conector que facilita la conexión del conductor de un cable aislado sin la necesidad de pelar los hilos antes de la conexión: el aislamiento se retira mediante una cuchilla afilada cuando el conductor se inserta con la ayuda de una herramienta específica, logrando una conexión hermética y fiable.

Para la conexión del cable se utilizan las **herramientas de terminación de cables** o herramientas de impacto.

La **herramienta de impacto o de inserción** de la Figura 6.37 permite el corte y la conexión simultánea del cable sobre conectores, paneles de conexión y tomas de tipo IDC-110. Esta herramienta, además de insertar los conductores, elimina el cable sobrante, por lo que las conexiones deben realizarse con la herramienta posicionada en el lado correcto.

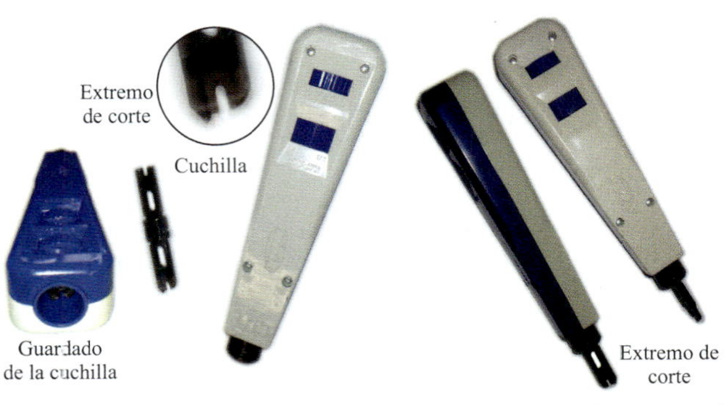

Figura 6.37. *Herramientas de impacto.*

Recuerda

Para facilitar el montaje, en los conectores, los colores vienen indicados en la etiqueta o gráfico impreso en el conector.

Caso práctico 6.3
Terminación de un cable en un conector RJ-45 hembra

En la Figura 6.38 se muestra el procedimiento de terminación del cable de pares trenzados en un conector RJ-45 hembra, que se resume a continuación:

a) Antes de empezar, se prepara el cable y se elimina suficiente cubierta.

b) Se identifica en la toma la ubicación de cada uno de los ocho contactos según la norma escogida para el cableado (T568A o T568B), que vendrán serigrafiados con su color correspondiente.

c) Se prepara manualmente el cable en las ranuras de conexión, insertando los hilos desde dentro del conector hacia fuera, utilizando el esquema de conexión deseado.

Para ello, es suficiente ejercer una ligera presión hacia abajo hasta que el cable quede sujeto. La cubierta del cable debe quedar próxima a los contactos del conector, de manera que el destrenzado del cable, una vez terminada la conexión, sea mínimo.

d) Una vez colocados los cables se utiliza la herramienta de impacto para la terminación del cable. La zona de corte de la herramienta debe colocarse hacia el exterior, de manera que se elimine el cable sobrante.

e) Normalmente, el conector viene acompañado de una cubierta que protege las conexiones, la cual se fija mediante presión.

f) El conector está preparado para su conexión a la toma de usuario o al panel de conexiones.

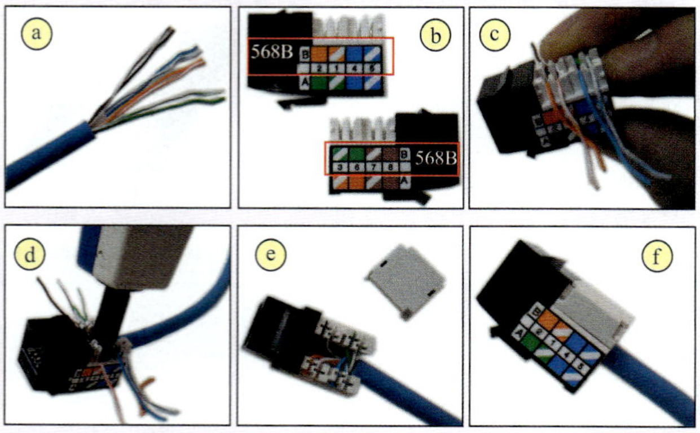

Figura 6.38. *Proceso de terminación del cable en un conector RJ-45 hembra.*

6.5.4. Comprobador básico de cables

El **comprobador básico de cables** es un equipo portátil que permite comprobar la continuidad extremo a extremo de cada uno de los conductores de un cable de pares trenzados. La Figura 6.39 muestra el aspecto externo de estos equipos.

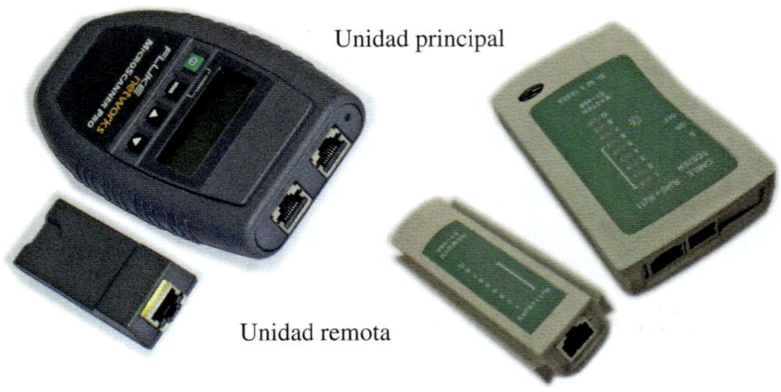

Figura 6.39. *Comprobadores de redes.*

Está formado por dos componentes:

1. **Unidad principal.** Es el equipo que tiene las capacidades de procesamiento. Puede utilizarse solo para comprobar cables y latiguillos de conexión, ya que, normalmente, dispone de dos conexiones, una de entrada y otra de salida.
2. **Unidad remota.** Junto con la unidad principal, la unidad remota puede comprobar un tramo completo de cableado de red, aunque los dos extremos estén físicamente alejados.

Caso práctico 6.4
Comprobación de un cable de red

En la Figura 6.40 se muestra la aplicación de un comprobador básico de red para comprobar la asignación de pines después de la terminación del cable.

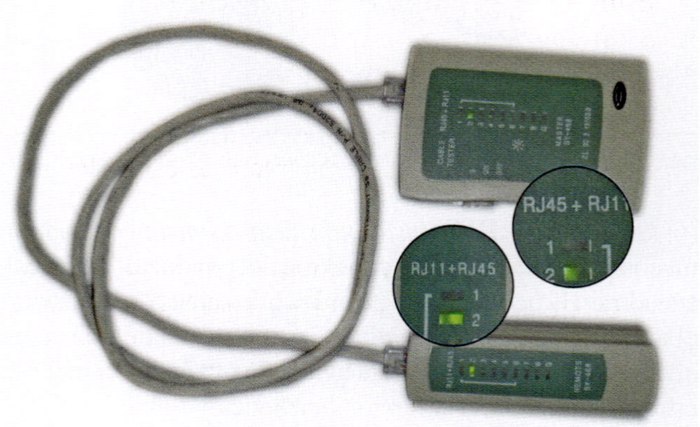

Figura 6.40. *Comprobación de un latiguillo de conexión.*

Durante la prueba, la unidad principal suministra tensión de manera secuencial por cada uno de los conductores del cable, indicando mediante un led el conductor comprobado: si la conexión es correcta, se encenderá el led correspondiente de la unidad remota.

Aunque esta comprobación garantiza la continuidad de la conexión física pin a pin de un cable, no es suficiente para asegurar su correcta instalación, ya que, además, es necesario comprobar que el acabado se ha realizado según la norma de conexionado escogida (T568A o T568B).

6.5.5. Certificador de red

El **certificador** o **analizador de redes** es un equipo de medida utilizado para certificar, solucionar problemas y documentar instalaciones de cableado. Con este equipo se realizan las medidas que especifica el protocolo de pruebas de la red de cables de pares trenzados de una ICT.

Los componentes básicos de estos equipos son la **unidad principal** y la **unidad remota** (Figura 6.41).

Figura 6.41. *Certificador de red.*

Estos equipos siempre vienen acompañados con diferentes **adaptadores** que permiten configurar el equipo según la prueba que vaya a realizarse:

- **Adaptador de enlace permanente** (Figura 6.42a). Adaptador que incluye un tramo de cable (latiguillo) de alta calidad terminado en un conector RJ-45 macho, que permite su conexión a las tomas de usuario y paneles de conexión para realizar las pruebas de enlace permanente (PL, *Permanent Link*).
- **Adaptador de canal** (Figura 6.42b). Adaptador que incluye un conector RJ-45 hembra, que permite realizar la prueba de canal *(channel)* del cableado de la red o la comprobación de cables individuales terminados en conectores RJ-45 macho (latiguillos).

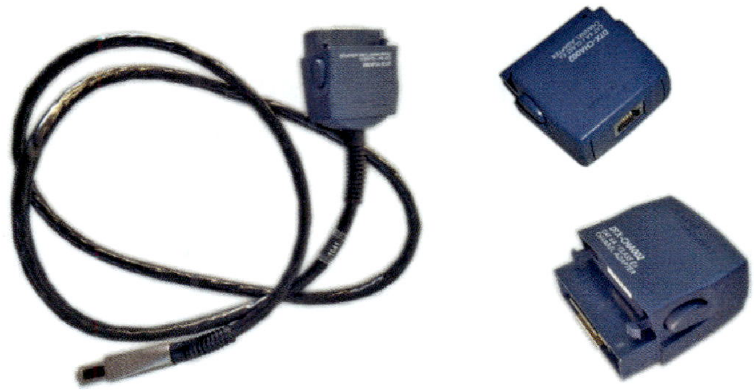

a) Adaptador de enlace permanente b) Adaptador de canal

Figura 6.42. *Adaptadores de un certificador de red.*

Normas de referencia para la certificación

La **certificación de una instalación** viene determinada por los parámetros que deben medirse, el procedimiento de certificación especificado por la normativa y los resultados de las medidas realizadas.

Existen diferentes **normas de referencia** para la certificación de los sistemas de cableado: la normativa americana (TIA568), la normativa internacional (ISO11801) y la normativa europea **(EN 50173).** Todas ellas establecen dos pruebas diferentes para la **certificación de una instalación** (Figura 6.43):

- **Enlace permanente.** Es la parte fija de una instalación, que comprende desde la toma (PAU, toma de usuario, etc.) hasta la toma del panel de conexiones.
- **Canal.** Comprende, además del enlace permanente de la instalación, los cables de interconexión (latiguillos).

La ICT especifica como norma de referencia la EN 50173 para certificar los tramos fijos de la instalación (enlaces permanentes). Como el cable UTP y los conectores utilizados en la instalación son de categoría 6, la norma de referencia para la certificación será la de un enlace permanente de clase E según la norma **EN 50173.**

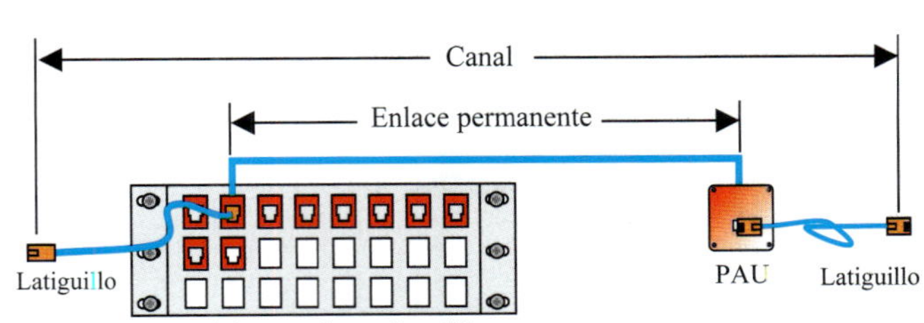

Figura 6.43. *Partes de una instalación.*

6.6. Instalación de la red de cables de pares trenzados de una ICT

La instalación de la red de cables de pares trenzados comprende dos tramos:

1. **Red de cables de pares trenzados.** Comprende la instalación de la red de distribución y de dispersión desde el punto de interconexión hasta el PAU de cada vivienda.
2. **Red interior de usuario de cables de pares trenzados.**

Todos los componentes y cables de la red de cables de pares trenzados de la instalación deben ser de categoría 6 o superior, lo que incluye, además del cable, los conectores RJ-45 instalados en los diferentes puntos de conexión.

6.6.1. Instalación del punto de interconexión

El punto de interconexión se instala en el espacio reservado para el registro principal de cables de pares trenzados del RITI.

En el **punto de interconexión** se instalan los paneles de conexión de salida, donde se conectan los cables de pares trenzados de la red de distribución del edificio.

La instalación puede realizarse mediante un **panel abierto** (Figura 6.44b) o un **registro principal cerrado** (Figura 6.44a), que integra paneles de conexiones vacíos con diferente capacidad (típicamente, 24 o 48 conectores) para la inserción de los conectores RJ-45 hembra necesarios para cubrir la demanda de la red del edificio. También puede utilizarse una solución basada en armarios de distribución de 19" *(racks)*, como el de la Figura 6.44c.

Aunque existe material específico para la ICT, pueden utilizarse componentes genéricos de las infraestructuras de cableado estructurado.

Sabías que...

Una unidad U es una unidad de medida que se utiliza para definir la altura del equipamiento que se instala en el interior de los armarios o *racks* de distribución de cableado. Una unidad U equivale a 1,75", es decir, 4,445 cm.

El extremo de cada cable se etiqueta para identificar al PAU al que da servicio. Para ello, pueden utilizarse etiquetas identificativas, bridas con etiquetas o anillas identificativas (Figura 6.45).

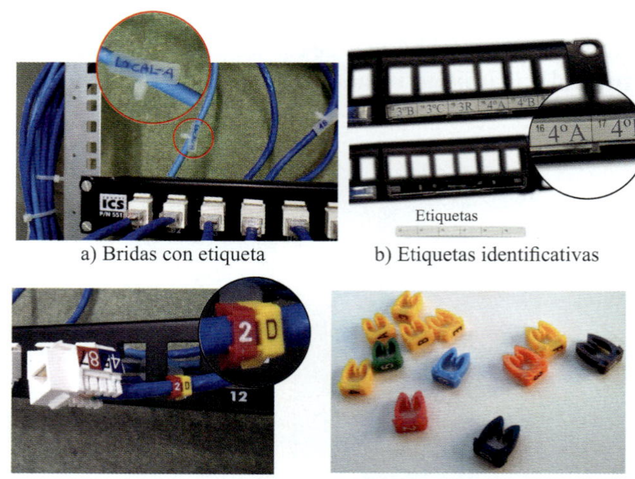

a) Bridas con etiqueta
b) Etiquetas identificativas
c) Anillas de identificación

Figura 6.45. *Identificación de los cables.*

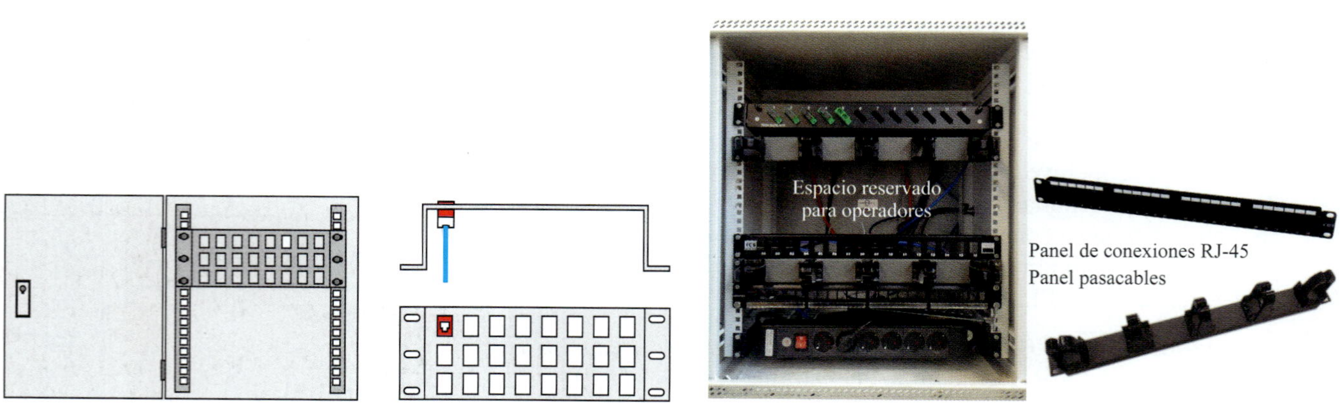

a) Panel cerrado
b) Panel abierto
c) *Rack*

Figura 6.44. *Registros principales de pares trenzados.*

Caso práctico 6.5
Instalación del punto de interconexión

En la Figura 6.46 se ha optado por una **solución abierta** para la implementación del registro principal, formada por dos **guías verticales** donde se fijan los paneles de conexión. La anchura de los elementos de distribución de redes de datos está normalizada en 19" (48,3 cm aproximadamente).

Para la **organización del cable** dentro del recinto de telecomunicaciones se han utilizado **bridas,** pero existen otros accesorios tales como **guías** que permiten organizar el cableado.

La fijación de los paneles de conexión a las guías verticales (Figura 6.47a) se realiza mediante tornillos de fijación, arandelas de plástico y tuercas enjauladas. Para la fijación se selecciona la altura a la que se instalará el panel, alineando los extremos de cada guía. La altura normalizada de un panel de conexiones es una unidad U, que se corresponde con tres ranuras de fijación de la guía vertical (Figura 6.47b).

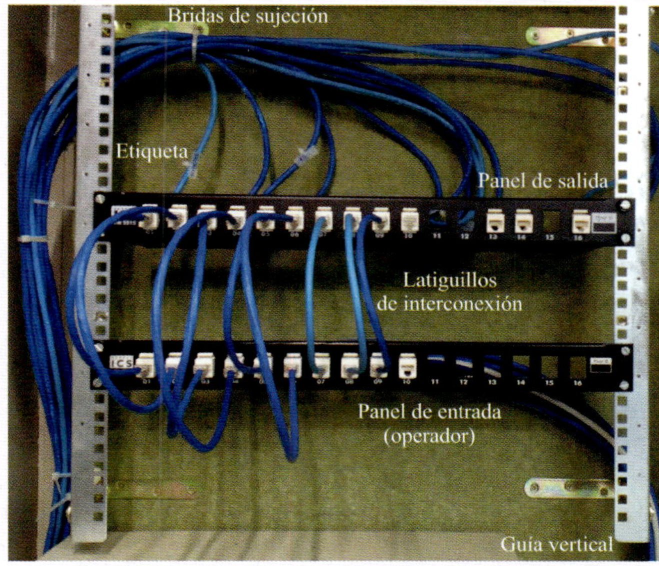

Figura 6.46. *Guías verticales de fijación.*

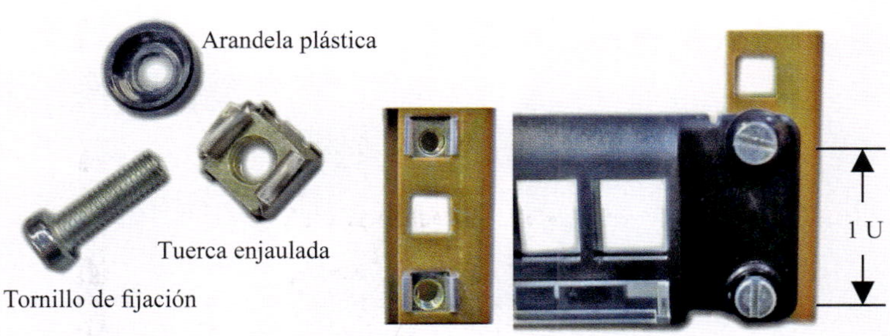

a) Elementos de fijación b) Fijación del panel a la guía vertical

Figura 6.47. *Elementos de fijación.*

Montaje mediante conexión *keystone*

Antes de realizar la conexión del cable de la red de distribución en el punto de interconexión, es necesario dejar suficiente cable sobrante para la realización de las conexiones (Figura 6.48a). Cuando se utilizan paneles de conexión vacíos, el cable de pares trenzados se conecta primero a los conectores RJ-45 hembra (Figura 6.48b) y, después, se inserta en el panel de conexiones (Figura 6.48c).

La mayoría de los conectores RJ-45 hembra utilizan una conexión denominada *keystone,* que facilita su montaje mediante un sistema de encastre, que no requiere la ayuda de ninguna herramienta. En la Figura 6.49 se muestra el proceso de conexión y desconexión de este tipo de conexión.

a) Preparación del cable

b) Conexión del cable

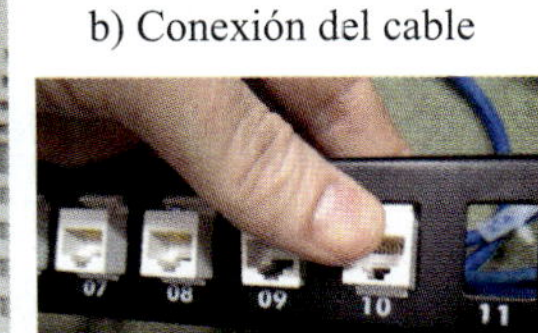

c) Conexión del conector

Figura 6.48. *Conexión de tomas en el punto de interconexión.*

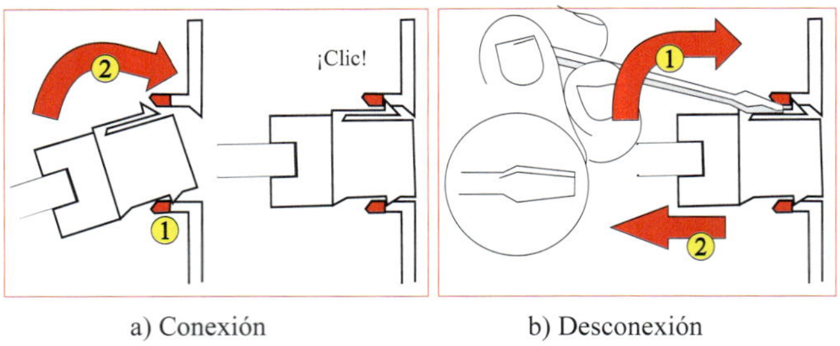

Figura 6.49. *Conexión* keystone.

6.6.2. Instalación del punto de distribución

En el registro secundario (punto de distribución) los cables de la red de distribución circulan de paso, distribuyéndose en cada planta (red de dispersión) los necesarios para dar servicio a los usuarios de cada planta (Figura 6.50a). El resto de los cables se distribuye hacia las plantas superiores.

Para que el cable quede organizado en el interior del registro se utilizan grapas de sujeción y bridas (Figura 6.50b).

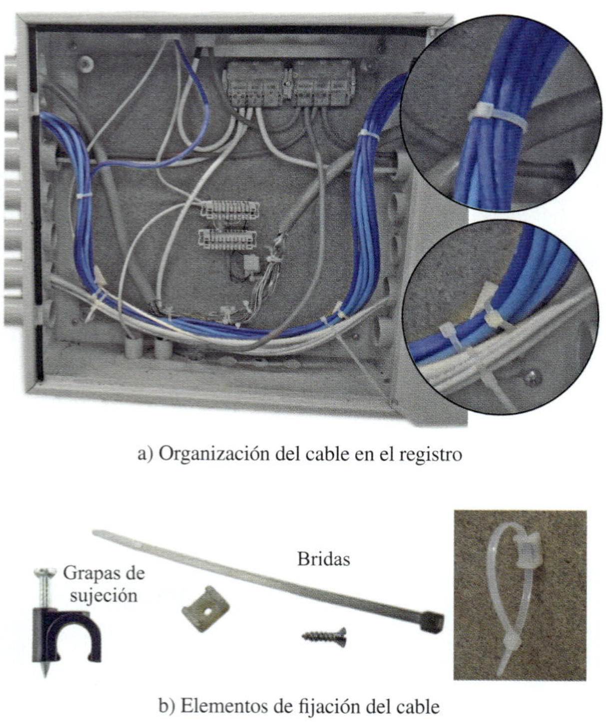

Figura 6.50. *Punto de distribución de la red de cables de pares trenzados.*

6.6.3. Instalación del PAU

En el PAU termina la red de dispersión, el cual se instala típicamente como una simple toma de telecomunicaciones (Figura 6.51) en el registro de terminación de red.

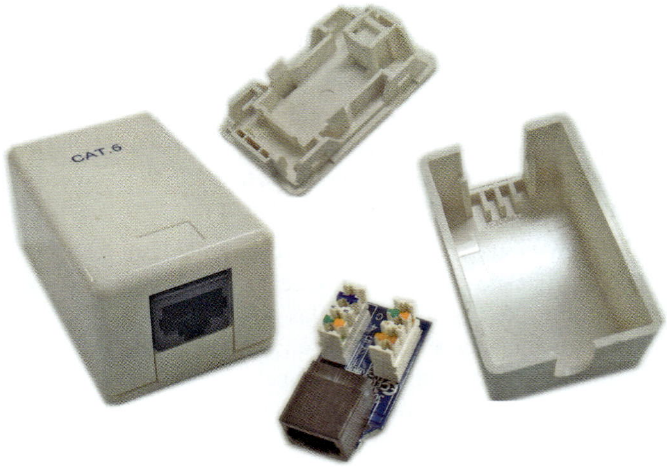

Figura 6.51. *Toma de telecomunicaciones (PAU).*

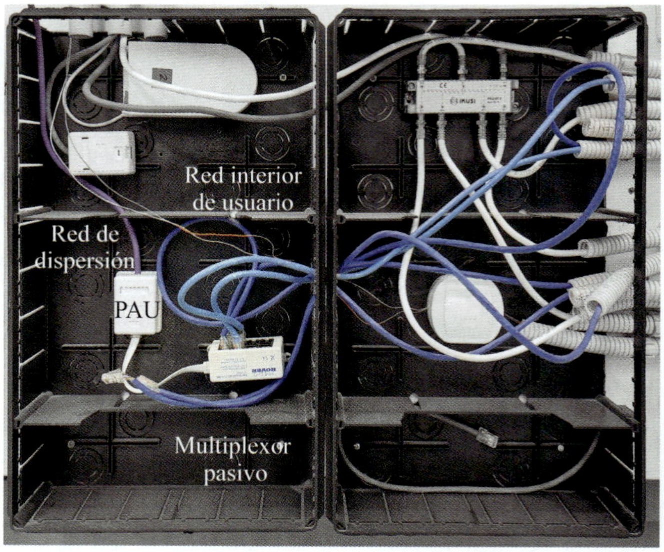

Figura 6.52. *Registro de terminación de red.*

La Figura 6.52 muestra el registro de terminación de red donde se instala el PAU y el multiplexor pasivo en el que conectan los diferentes cables de la red interior de usuario.

Recuerda

Si es necesario, en el registro secundario deben alojarse los cables de reserva necesarios.

Caso práctico 6.6
Instalación del PAU en el RTR

En la Figura 6.53 se muestra la instalación del PAU de una instalación:

a) El PAU está constituido por una roseta de superficie con una toma para conexión RJ-45 de cable UTP de categoría 6.

b) Se desmonta la roseta (base, marco y conector) y se prepara para instalar el cable de pares trenzados.

c) El cable de pares trenzados de la red de dispersión termina en el conector hembra RJ-45 del PAU, donde se conectan todos los pares según el esquema de conexión seleccionado (T568A o T568B). La longitud de cable en el registro debe ser suficiente como para realizar con comodidad la conexión.

d) La fijación de la base del PAU y del resto de los elementos al RTR se realiza fácilmente mediante tornillos, debido al sistema de fijación multitrama que disponen estos registros o mediante cinta adhesiva de doble cara.

e) El conector se fija en la base de la toma mediante presión.

f) Se instala a presión el marco que cierra la caja del PAU.

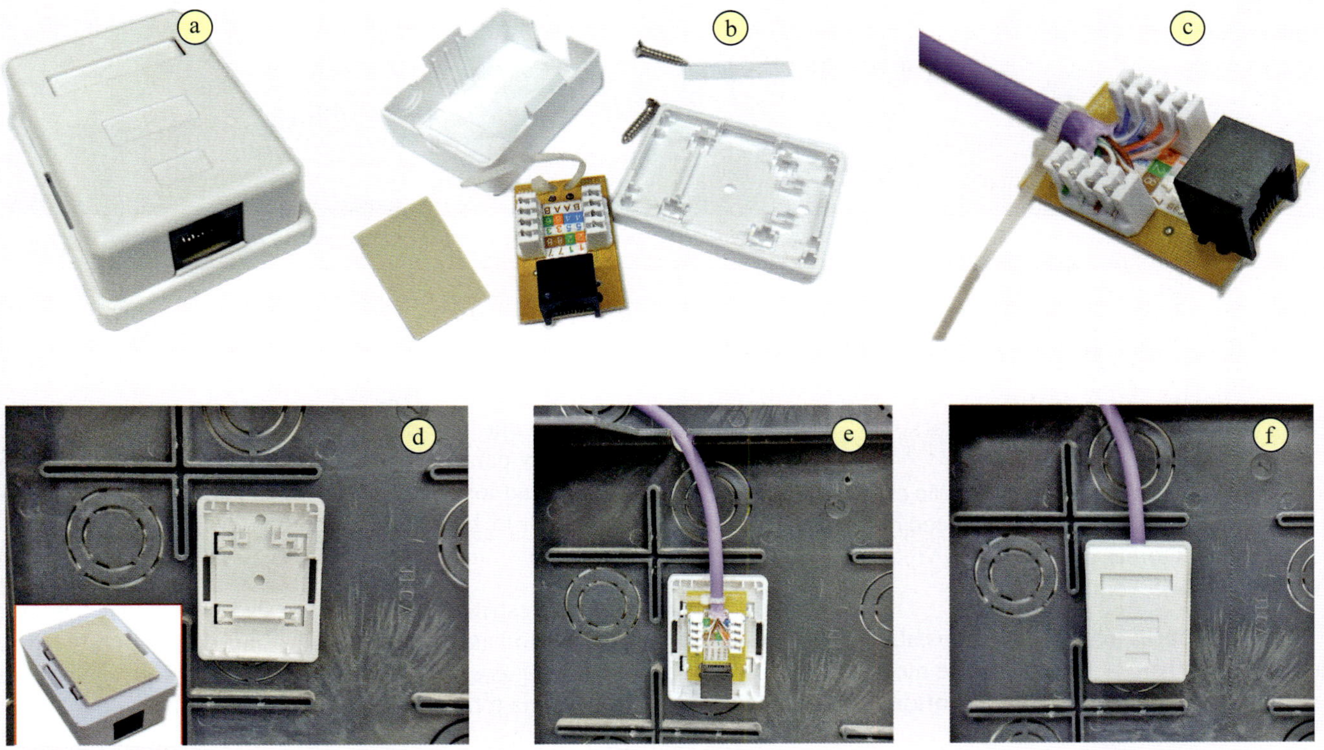

Figura 6.53. *Instalación del PAU.*

6.6.4. Instalación de la red interior de usuario

Los cables de la **red interior de usuario** se instalan en el interior de la canalización interior de usuario, realizada con tubos o canales y utilizará una configuración en estrella, generalmente con tramos horizontales y verticales:

- Por un lado, los cables de la red interior finalizan en conectores RJ-45 macho en el registro de terminación de red, donde se conectarán al **multiplexor pasivo** o quedarán libres sin conexión (para su conexión futura a los equipos de red si es necesario).

- Por el otro lado, cada cable finaliza en la **toma de usuario (BAT).**

Caso práctico 6.7
Instalación del multiplexor pasivo

El multiplexor pasivo se fija a la base del registro de terminación de red mediante tornillos (Figura 6.54a), cerca del PAU.

Para conectar la red de dispersión con la red interior de usuario se conecta el **latiguillo de conexión** del multiplexor pasivo al PAU (Figura 6.54b).

La terminación de cada uno de los cables de pares trenzados de la red interior de usuario se realiza en un conector RJ-45 macho que deben identificarse según la toma a la que den servicio. En la configuración inicial que posteriormente puede modificar el usuario, todos los cables de la red interior de usuario se conectan a las **salidas del multiplexor pasivo,** excepto dos de los cables que provienen de las estancias principales (Figura 6.54c). Las conexiones libres quedarán en el registro, sin conexión, hasta que el usuario instale un *switch* para crear una red de área local doméstica o contrate servicio a un proveedor, que instalará un *router* para el acceso a internet.

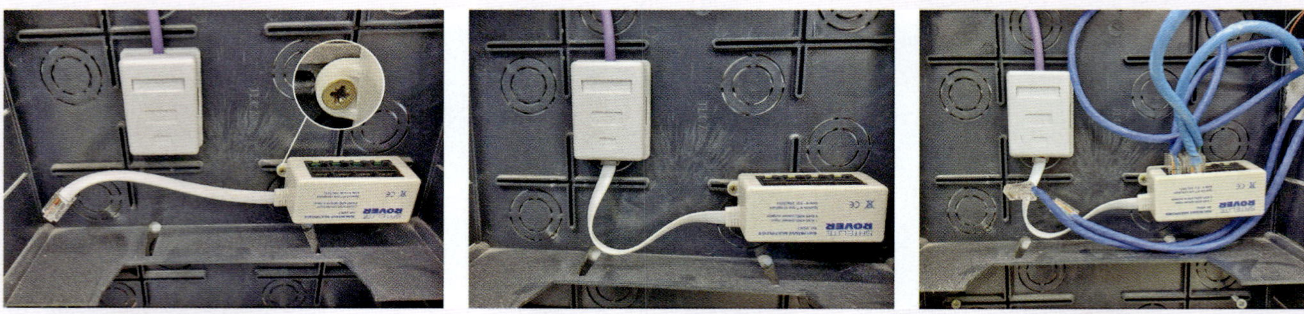

a) Instalación b) Conexión al PAU c) Conexión a la red interior de usuario

Figura 6.54. *Instalación del multiplexor pasivo.*

Tomas de usuario

Los cables de la red interior finalizarán en el correspondiente **registro de toma,** donde se conectará a la BAT correspondiente. Las tomas de usuario (BAT) están formadas por conectores RJ-45 hembra.

Las BAT de la instalación se instalan **empotradas** en pared en el registro de toma (caja de mecanismo universal) o se montan mediante **cajas de montaje en superficie.**

Estas cajas o registros deberán disponer de los medios adecuados para la fijación de la toma. En la Figura 6.55 se muestran los accesorios típicos para el montaje del conector RJ-45 hembra, que realiza la función de toma de usuario.

En las estancias principales de cada vivienda deben instalarse dos tomas de usuario o una toma doble (Figura 6.56a), mientras que, en el resto de las estancias, solo es necesario instalar una toma de usuario (Figura 6.56b).

Figura 6.55. *Accesorios de una toma de usuario.*

En el **caso de fallo,** esta prueba debe ser la primera en ser corregida, ya que no permitirá la realización del resto de las pruebas de la certificación.

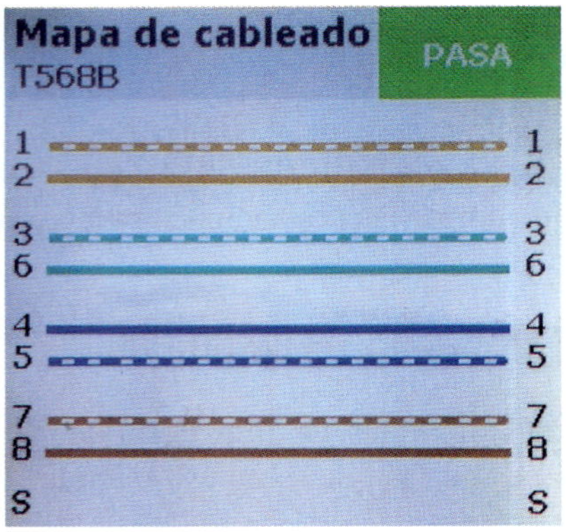

Figura 6.59. *Mapa de cableado.*

Los principales problemas de conexión se clasifican de la manera siguiente:

- **Cortocircuito y circuito abierto:** los dos principales problemas cuando se realiza una mala conexión del cable con el conector (Figura 6.60a) son que dos hilos conductores estén conectados entre sí (cortocircuito) o que un hilo no tenga un contacto eléctrico correcto con el conector (circuito abierto).
- **Pares cruzados:** un par de hilos se conecta a pines completamente diferentes en los dos extremos (Figura 6.60b).
- **Pares invertidos:** un par de hilos está correctamente instalado en un conector, pero invertido en el otro conector (Figura 6.60c).
- **Pares divididos:** un hilo de un par se cruza con un hilo de un par diferente (Figura 6.60d).

Resistencia

La prueba de la **resistencia** (Figura 6.61) mide la resistencia en CC en lazo cerrado de cada par de hilos del cable, expresada en Ω.

El fallo de esta prueba se refleja en valores de resistencia elevados, debidos normalmente a conexiones defectuosas, cables deteriorados, etcétera.

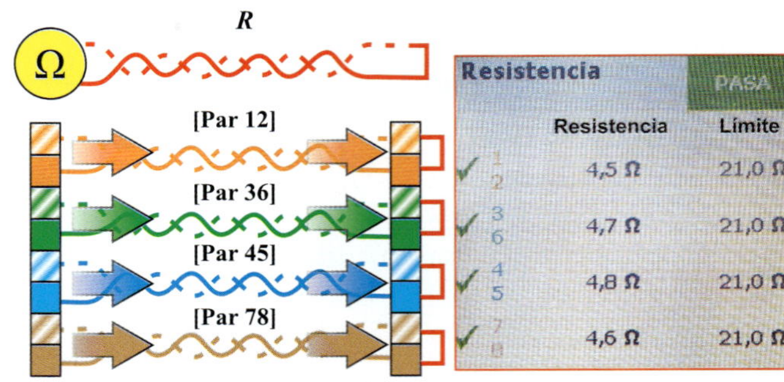

Figura 6.61. *Resistencia.*

Longitud

La prueba de la **longitud** (Figura 6.62) verifica que la longitud de cada par esté dentro de los límites recomendados para el tipo de cable seleccionado. Es importante tener presente que cada par tiene una longitud diferente debido a que su trenzado también lo es, para evitar los efectos de la inducción mutua por diafonía.

El cálculo de la longitud lo realiza el equipo a partir del retardo (τ) que sufre la señal en llegar al otro extremo y la velocidad de propagación configurada en el equipo (NVP).

Sabías que...

La distancia máxima permitida para las redes de cableado estructurado es de 90 m para el enlace permanente y 100 m para el canal, pero el resultado de la prueba (PASA/NO PASA) dependerá de la aplicación final.

Las principales **causas posibles de fallo** son la configuración incorrecta de la NVP del cable y que la longitud del cable excede la especificada por la normativa. Valores anormales de esta medida también son debidos a daños en el aislamiento del cable o cortocircuitos.

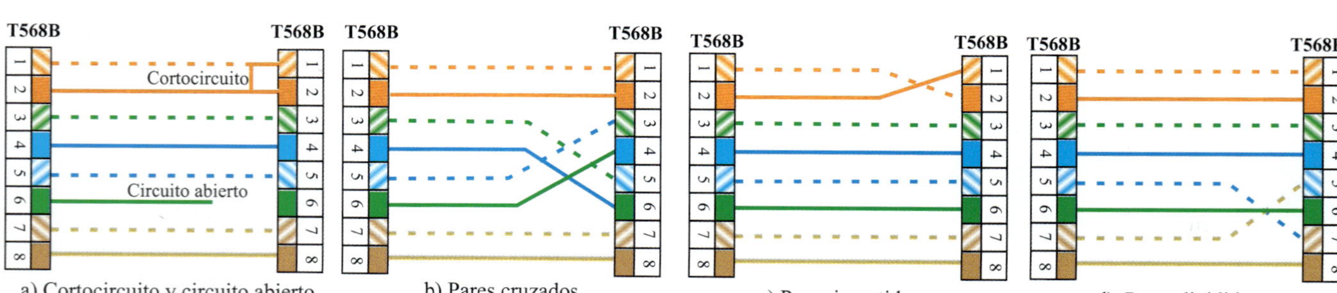

Figura 6.60. *Errores típicos en el mapeado de un cable de pares trenzados.*

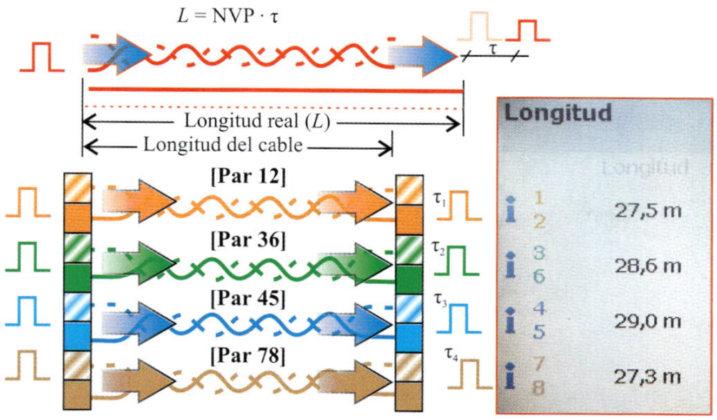

Figura 6.62. *Longitud.*

Tiempo de propagación (retardo y diferencia de retardo)

Las pruebas relacionadas con el tiempo de propagación (Figura 6.63) miden el **retardo** (τ) o la **diferencia de retardo** (Δτ), medidos en ns, de la señal en propagarse por cada uno de los pares.

Las principales **causas de fallo** se deben a interrupciones por cortocircuito en un par o la longitud excesiva de cable.

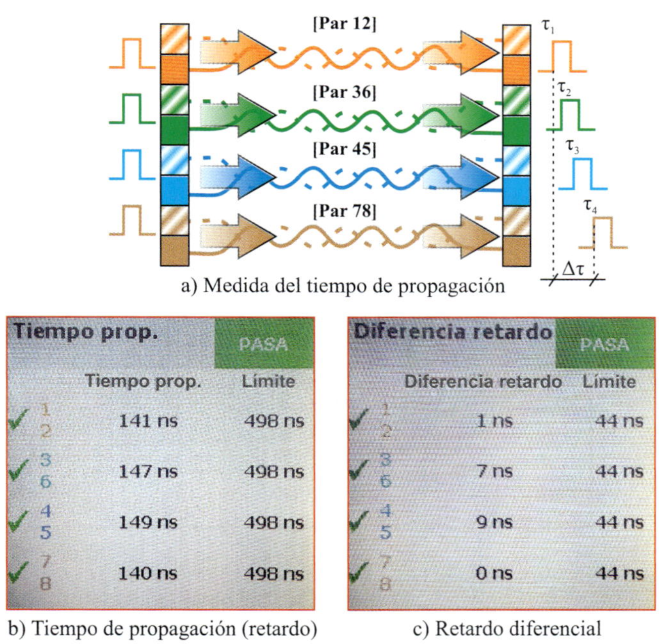

Figura 6.63. *Retardo y retardo diferencial.*

Atenuación o pérdida de inserción

La **atenuación** o **pérdida de inserción** (Figura 6.64) evalúa la pérdida de señal a medida que se propaga por el cable. Estas pérdidas dependen de la frecuencia y se expresan en dB.

Como la atenuación del cable depende de la frecuencia y el límite de referencia también, el certificador proporcionará el peor de los valores de atenuación según el margen establecido por la norma de referencia. En ocasiones, en el informe de certificación no aparece directamente la atenuación, sino el **margen de pérdidas de inserción.**

Las principales **causas de fallo** se deben a la baja calidad de las conexiones de las terminaciones, la longitud excesiva del cableado y la utilización de cables o adaptadores incorrectos.

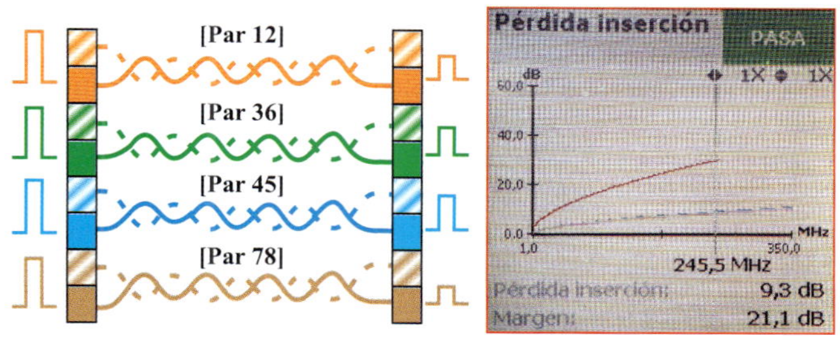

Figura 6.64. *Atenuación (pérdida de inserción).*

Pérdidas de retorno

Las **pérdidas de retorno** (Figura 6.65) evalúan la relación entre la señal reflejada y la transmitida, expresada en dB.

Las pérdidas de retorno se deben fundamentalmente al cambio de impedancia en los tramos del cable (conectores, dobleces y retorcimientos, etc.). El resultado de la prueba depende de la frecuencia y se muestra el peor caso medido tanto en el extremo de la unidad principal como en el remoto.

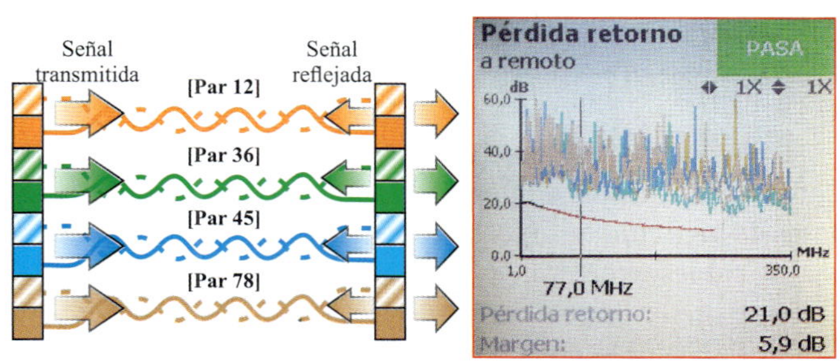

Figura 6.65. *Pérdidas de retorno.*

Algunas **causas de fallo** vinculadas con la pérdida de retorno son una mala conectorización, la utilización de cables y latiguillos de baja calidad, cables dañados por su mala manipulación, etcétera.

Medidas relacionadas con la diafonía

La **diafonía** o ***crosstalk*** **(XT)** es la perturbación que se produce cuando la señal que se transmite por un par se acopla en los pares vecinos.

Las pruebas relacionadas con la diafonía (Figura 6.66) miden de diferentes maneras la diafonía que se genera en un par por influencia del resto. El resultado depende de la frecuencia y se muestra el peor caso medido, tanto en el extremo de la unidad principal como en el extremo de la unidad remota.

Dentro de las medidas de la diafonía se incluye la **relación entre la atenuación y la diafonía** o **ACR** *(attenuation crosstalk ratio)*, que es un indicador de la calidad de la transmisión (relación señal/ruido), por lo que cuanto más alto sea mejor.

Las principales medidas relacionadas con la diafonía son:

- **NEXT *(near end crosstalk)*:** diafonía que se genera en el extremo cercano de un par por influencia de un par adyacente. Los parámetros que se certifican relacionados con esta medida son PSNEXT, ACR-N y PS ACR-N.
- **FEXT *(far end crosstalk)*:** diafonía que se genera en el extremo lejano de un par por influencia del resto. Los parámetros que se certifican relacionados con esta medida son ACR-F y PS ACR-F.

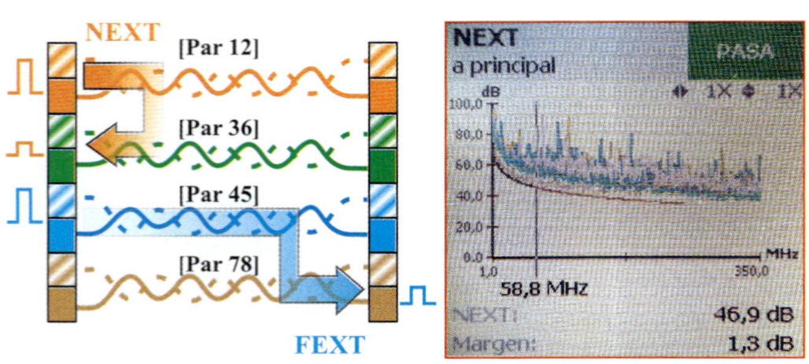

Figura 6.66. *Medida de la diafonía.*

Las **causas posibles de fallo** se deben a la utilización de cables defectuosos, demasiados puntos de conexión, conectores de baja calidad, excesivo destrenzado en la terminación de los cables, etcétera.

6.7.2. Resultado de la certificación

Durante el proceso de certificación de una red no es importante el valor exacto de la medida realizada, ya que solo interesa que esté dentro de los márgenes establecidos en la normativa.

Como ejemplo, la Figura 6.67 muestra un resultado de certificación correcta (PASA) que valida el tramo de cableado según la norma EN 50173 PL Class E.

En cambio, en la Figura 6.68, se muestra un resultado de FALLO (NO PASA) debido al destrenzado excesivo del cable durante su conexión al conector, de manera que la instalación no cumple con la norma de referencia utilizada durante la certificación.

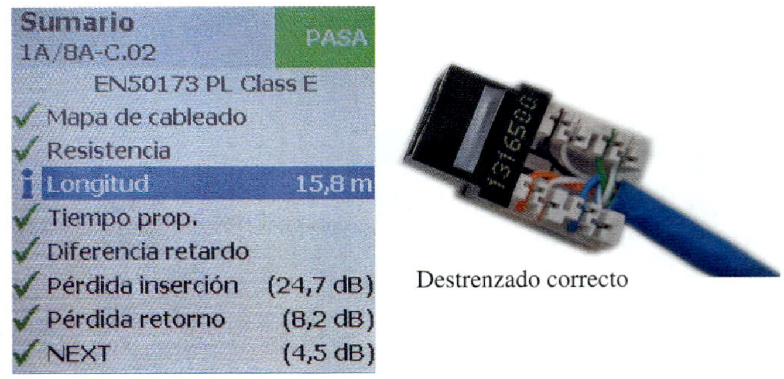

Figura 6.67. *Terminación correcta de un cable.*

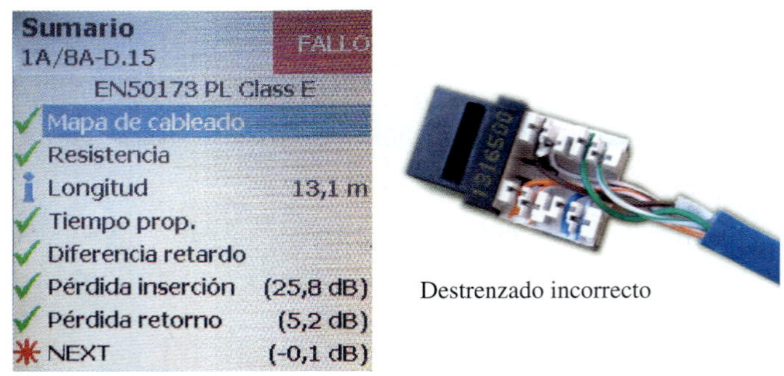

Figura 6.68. *Terminación incorrecta de un conector.*

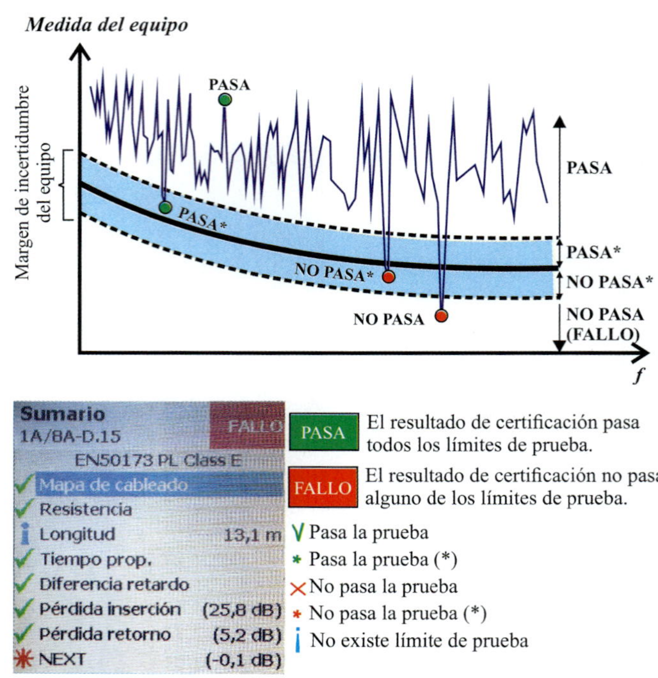

Figura 6.69. *Certificación de una red: resultado PASA/NO PASA.*

Como todos los equipos de medida, el certificador de redes comete un pequeño error debido a su propia **tolerancia** cuando realiza las medidas; por ello, cuando una medida realizada está muy cerca del límite especificado por la normativa de referencia, el equipo marca la medida con un asterisco (*). Esto significa que las mediciones están dentro del **rango de incertidumbre** de la exactitud del certificador de red (Figura 6.69):

- Un resultado de **PASA*** puede considerarse un resultado de certificación correcto.
- Un resultado de **NO PASA*** debe considerarse como un resultado de fallo.

6.7.3. Norma utilizada para la certificación

El **protocolo de pruebas** de la red de cables de pares trenzados de una instalación comprueba la correcta certificación de los tramos de cableado que la forman.

Para las medidas establecidas en el protocolo de pruebas se recurre a la **certificación de un enlace permanente de clase E** según la **norma EN 50173** *(permanent link class E)*, es decir, la certificación del cableado fijo de la instalación con las prestaciones de un cableado de categoría 6.

En la Figura 6.70 se muestran las **condiciones de la prueba** que deben establecerse en la unidad principal del certificador de red cuando se certifica el cableado de pares trenzados de una ICT.

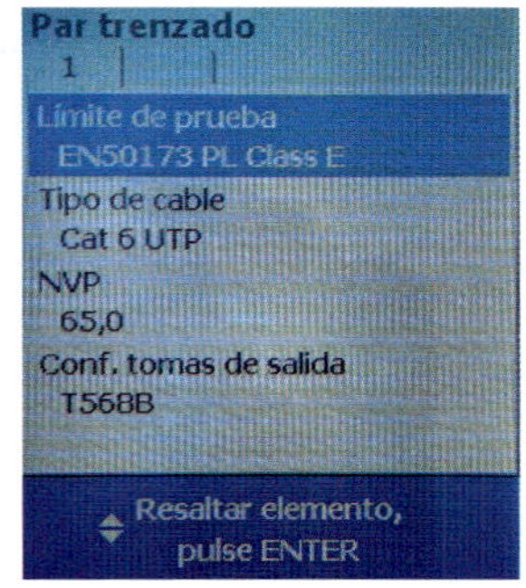

Figura 6.70. *Límite de la prueba de certificación de la ICT.*

NVP

La **velocidad nominal de propagación** o **NVP** ***(nominal velocity propagation)*** de un cable de pares trenzados es la velocidad a la que se transmiten las señales eléctricas y se expresa en relación con la velocidad de la luz. Valores típicos de la NVP de un cable están comprendidos entre el 60 % y el 75 %.

Este parámetro viene especificado en las **características técnicas** que proporciona el fabricante del cable, pero los equipos de medida disponen de una opción para calcular este parámetro, que dependerá del certificador utilizado.

Caso práctico 6.9
Configuración del equipo de medida para certificar el cableado de red de una ICT

Normalmente, antes de proceder a la certificación, es necesario **calibrar el equipo** conectando directamente la unidad principal y la unidad remota. Para ello, es necesario seguir el procedimiento indicado por el equipo.

En la Figura 6.71, para realizar la calibración (asignación de referencia), se conectan la unidad remota y la unidad principal utilizando un adaptador de canal y un adaptador de enlace permanente.

Antes de realizar las medidas es necesario configurar el equipo (Figura 6.72) con los **parámetros de certificación** (función *setup*), proceso que determina las medidas que se realizarán durante el test.

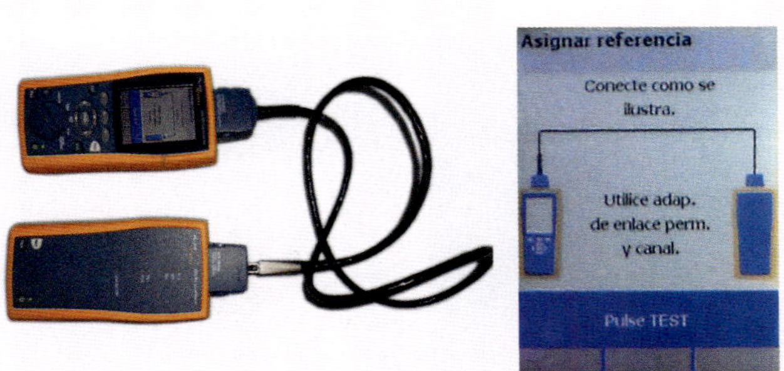

Figura 6.71. *Calibración del equipo de medida.*

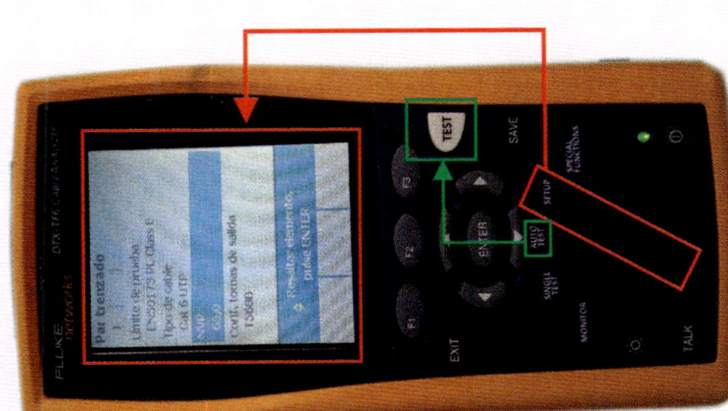

Figura 6.72. *Configuración del equipo de medida.*

En la **configuración de la prueba** para certificar una ICT (Figura 6.73) se especifican los siguientes parámetros:

a) Al tratarse de la certificación de una red de cables de pares trenzados debe seleccionarse como medio de transmisión el cable de par trenzado.

b) El tipo de cable utilizado en la ICT es el cable UTP, de categoría 6.

c) Se especifica el valor de la NVP (velocidad nominal de propagación) del cable por certificar.

d) Se especifica el esquema de conexionado de las tomas de la instalación: paneles de conexión, PAU o BAT. Normalmente, se utiliza el esquema T568B.

e) Se establece el límite de la prueba: enlace permanente (PL, *Permanent Link*) de cableado de categoría 6 (clase E) según la norma EN 50173 (EN 50173 PL ClassE).

f) Una vez configurado el equipo, las medidas se realizan seleccionando la opción de TEST del equipo.

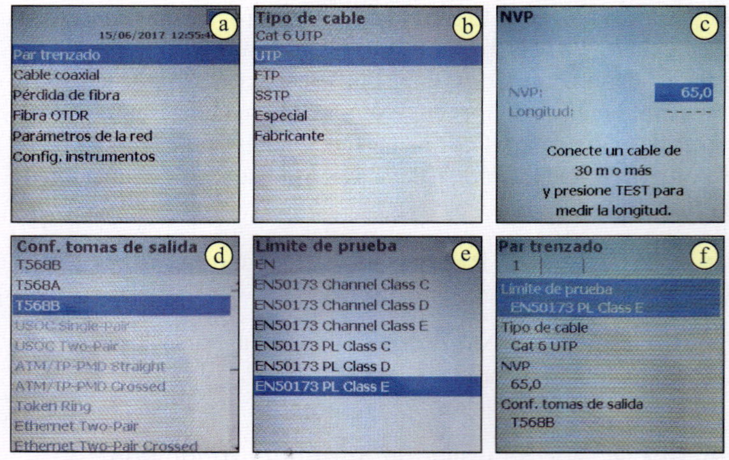

Figura 6.73. *Configuración del equipo para la certificación de la ICT.*

6.7.4. Certificación de la red de pares trenzados de una ICT

La Figura 6.74a muestra la **certificación de la red de pares trenzados** de una ICT. Por un lado, la red se inicia en el registro principal del RITI, donde se encuentra el panel de conexiones de salida con el extremo del cable de red terminado en un conector RJ-45 hembra, y finaliza en el PAU situado en el RTR, donde el cable termina también en un conector RJ-45 hembra.

Por lo tanto, para la certificación de cada tramo de red se utiliza el **adaptador de enlace permanente** tanto en la unidad principal como en la remota (Figura 6.74b). Para ello, es necesario desconectar el multiplexor pasivo del PAU, para la conexión del adaptador de enlace permanente del certificador.

Sabías que...

Las acometidas de reserva, al no estar conectorizadas, no deben certificarse, ya que el resultado de la certificación dependerá de la correcta instalación en el PAU cuando sea utilizado.

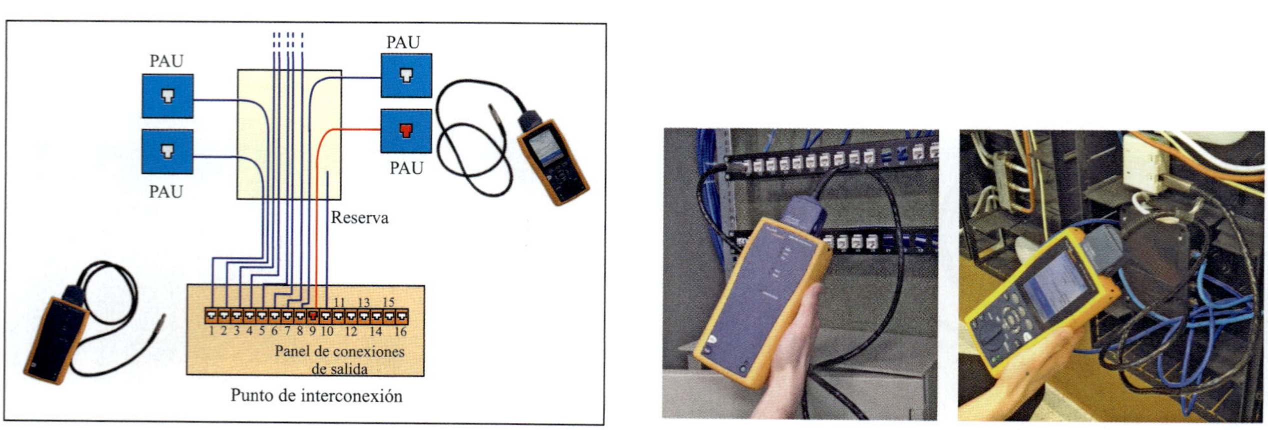

a) Certificación de la red de cables de pares trenzados

b) Realización de medidas

Figura 6.74. *Certificación de la red de pares trenzados (cableado vertical).*

6.7.5. Certificación de la red interior de usuario de cables de pares trenzados de una ICT

La **red interior de usuario** de la ICT tiene la particularidad de que una de las partes fijas de la instalación no finaliza en una conexión RJ-45 hembra: en el extremo de la toma de usuario finaliza en la conexión RJ-45 hembra de la BAT, pero, en el otro extremo, el cable finaliza en un conector RJ-45 macho.

La Figura 6.75a muestra la certificación de la red interior de usuario (cableado horizontal) de cables de pares trenzados. Es necesario desconectar los cables del multiplexor pasivo para la conexión del adaptador de canal del certificador (Figura 6.75b), mientras que, en el extremo de la toma de usuario, la unidad del certificador de red utilizará el adaptador de enlace permanente.

6.7.6. Protocolo de pruebas de la ICT

Para cumplimentar el protocolo de pruebas es necesario verificar todos los tramos de la red de distribución y dispersión y realizar las medidas de todos los tramos de la red interior de usuario de cada vivienda.

En cambio, en el protocolo de pruebas solo es necesario anotar los valores límite de las medidas obtenidas (mejor y peor caso).

En el protocolo de pruebas de una ICT debe tomarse nota, además del resultado PASA/NO PASA de la certificación, de los dos resultados siguientes de la certificación:

- **Longitud del enlace.** No debe ser mayor de 100 m, ya que, en caso contrario, la red se realizará mediante cables de pares. En el caso de la red interior de usuario también se tomará como referencia este valor, que garantiza el funcionamiento correcto de las redes basadas en cables de pares trenzados.
- **Atenuación (pérdida de inserción).** Depende de la frecuencia, por lo que debe especificarse el peor de los valores de atenuación.

En ocasiones, el equipo de medida no indica directamente la atenuación, sino que especifica el **margen de atenuación,** es decir, el margen en dB que la atenuación tiene para cumplir el requisito de la atenuación máxima permitida.

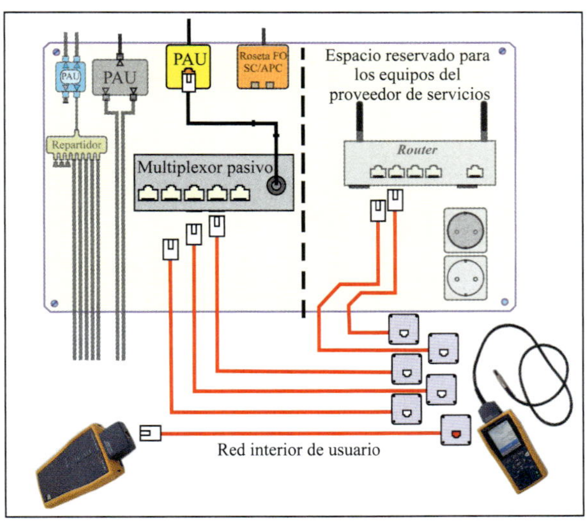

a) Certificación de la red interior de usuario

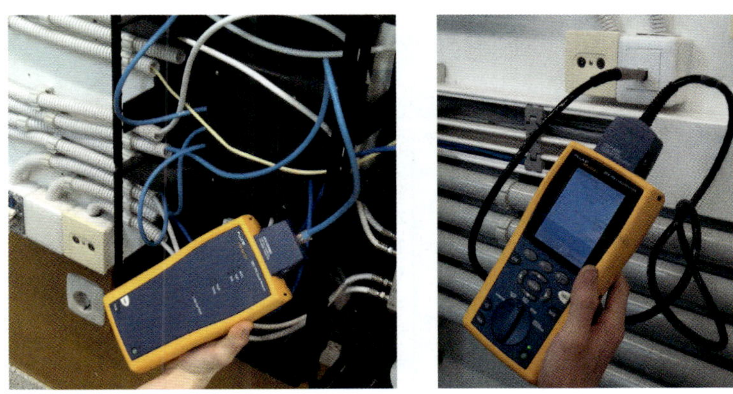

b) Realización de las medidas

Figura 6.75. *Certificación de la red interior de usuario (cableado horizontal).*

Caso práctico 6.10
Resultados de certificación de una ICT

En la Figura 6.76 se muestra el resultado de certificación de un tramo de red. Como se observa del resultado de la certificación, esta es correcta (PASA). Además, los valores de interés son:

- **Longitud:** 27,3 m. Como en la norma seleccionada no existe un límite de prueba, el resultado se marca con el signo de apertura de exclamación (¡), que indica que hay que tomar el valor con precaución.

- **Pérdidas de inserción (atenuación):** 9,3 dB. El valor de interés son las pérdidas de inserción, pero el resultado de certificación indica el margen del que se dispone hasta superar el límite de la prueba, en este caso 21,1 dB.

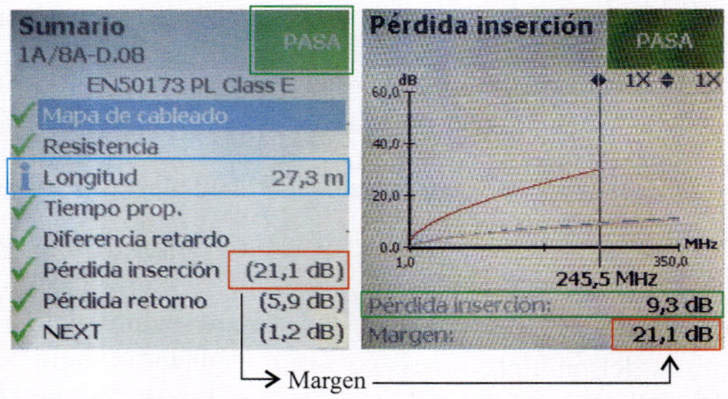

Figura 6.76. *Resultado de la certificación de un tramo de red.*

6.7.7. Gestión de las medidas de certificación

Los certificadores de red guardan un **registro de las medidas** realizadas según la configuración previamente establecida.

También es posible el traspaso de los resultados a un PC y la edición de informes con el programa asociado al equipo (Figura 6.77), con el objetivo de generar los **informes de certificación** de las pruebas realizadas para su impresión o almacenamiento posterior.

Junto con el protocolo de pruebas deben entregarse a la propiedad los informes de certificación como garantía de las medidas realizadas. En la Figura 6.78 se muestra el resultado de un informe de certificación, donde se comprueba el resultado PASA de las medidas.

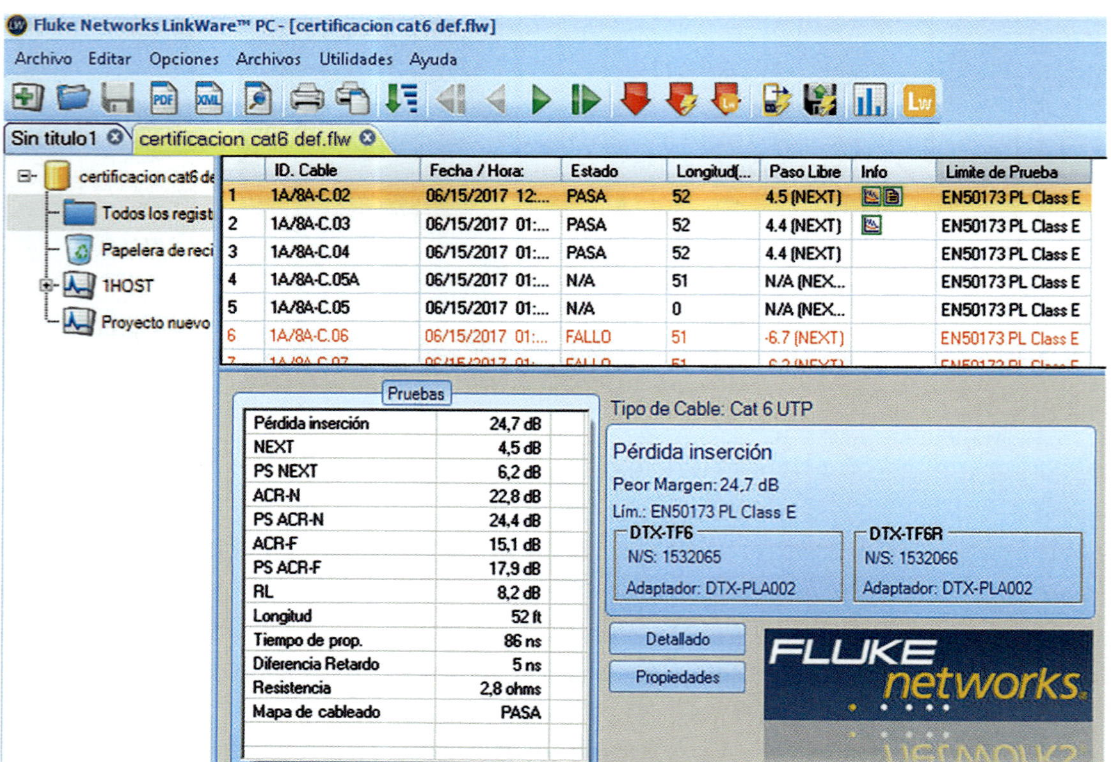

Figura 6.77. *Programa de gestión de datos.*

LINKWARE
CABLE TEST MANAGEMENT SOFTWARE

ID. Cable: 1A/8A-C.14

Sumario de Pruebas: PASA

Fecha / Hora: 06/16/2017 10:00:46
Paso Libre: 1.6 dB (NEXT 36-45)
Limite de Prueba: EN50173 PL Class E
Tipo de Cable: Cat 6 UTP

Operador: JUANMA
Versión de Software: 2.6300
Version de Limites: 1.8100
NVP: 65.0%

Modelo: DTX-TF6
Principal N/S: 1532065
Remoto N/S: 1532066
Adaptador Principal: DTX-PLA002
Adaptador Remoto: DTX-PLA002

Mapa de Cableado (T568B)
PASA

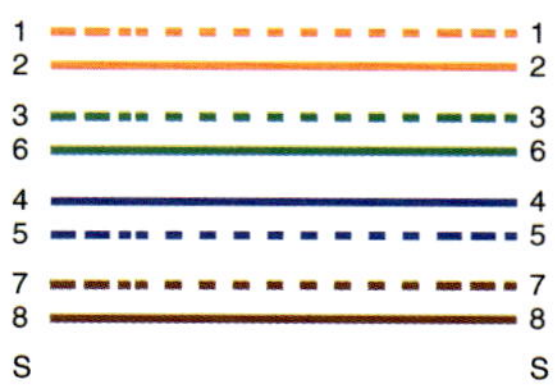

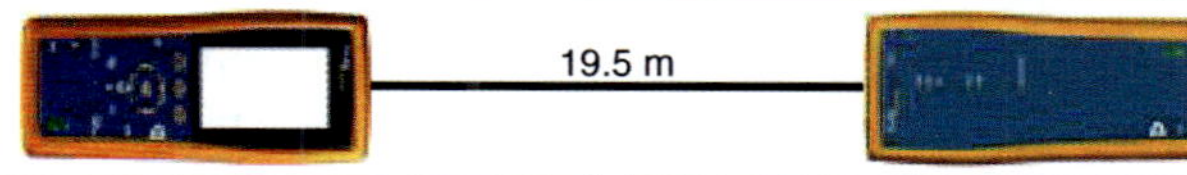

Longitud (m)	[Par 36]	19.5
Tiempo de Prop. (ns), Lím. 498		105
Diferencia Retardo (ns), Lím. 44		5
Resistencia (ohm.), Lím. 21.0		3.3
Pérdida inserción Margen (dB)	[Par 36]	23.2
Frecuencia (MHz)	[Par 36]	250.0
Límite (dB)	[Par 36]	30.7

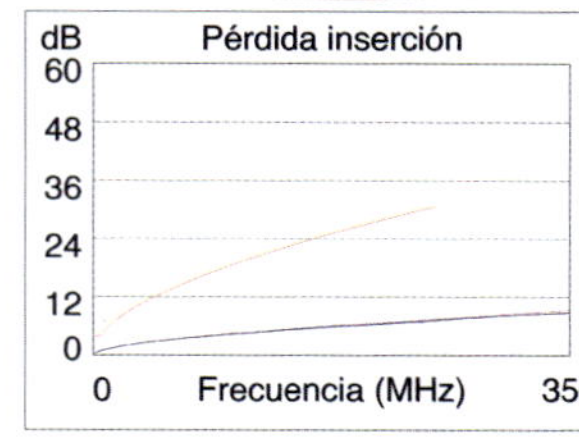

	Margen de Peor Caso		Valor de Peor Valor	
PASA	MAIN	SR	MAIN	SR
Peor Par	36-45	36-45	12-45	12-45
NEXT (dB)	3.1	1.6	3.5	2.3
Frec. (MHz)	94.8	89.3	246.5	246.5
Límite (dB)	42.2	42.6	35.4	35.4
Peor Par	45	45	45	45
PS NEXT (dB)	3.3	1.8	3.6	3.1
Frec. (MHz)	95.0	94.8	246.0	246.0
Límite (dB)	39.7	39.7	32.8	32.8

PASA	MAIN	SR	MAIN	SR
Peor Par	45-36	45-36	45-36	45-36
ACR-F (dB)	13.0	12.9	13.0	12.9
Frec. (MHz)	248.5	249.0	248.5	249.0
Límite (dB)	16.3	16.3	16.3	16.3
Peor Par	45	45	36	45
PS ACR-F (dB)	14.2	13.9	14.5	14.7
Frec. (MHz)	3.3	202.5	248.5	248.0
Límite (dB)	51.0	15.1	13.3	13.3

PASA	MAIN	SR	MAIN	SR
Peor Par	36-45	36-45	12-45	12-45
ACR-N (dB)	16.6	14.9	26.9	25.7
Frec. (MHz)	89.5	89.3	246.5	246.5
Límite (dB)	25.2	25.2	5.0	5.0
Peor Par	45	45	45	45
PS ACR-N (dB)	17.1	15.5	27.0	26.5
Frec. (MHz)	95.0	89.3	246.0	246.0
Límite (dB)	21.7	22.7	2.4	2.4

PASA	MAIN	SR	MAIN	SR
Peor Par	36	45	36	45
RL (dB)	5.0	4.6	5.0	4.7
Frec. (MHz)	163.5	157.0	163.5	199.5
Límite (dB)	11.9	12.0	11.9	11.0

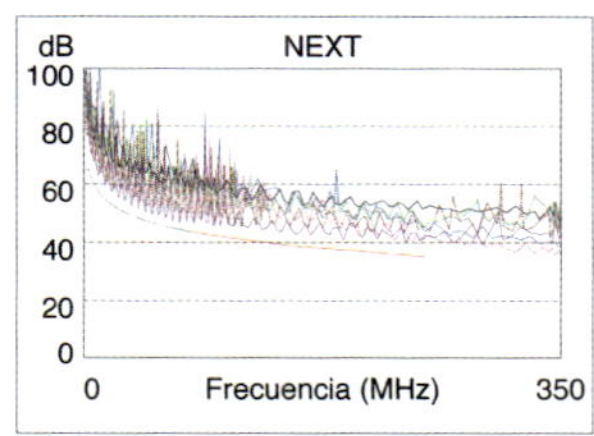

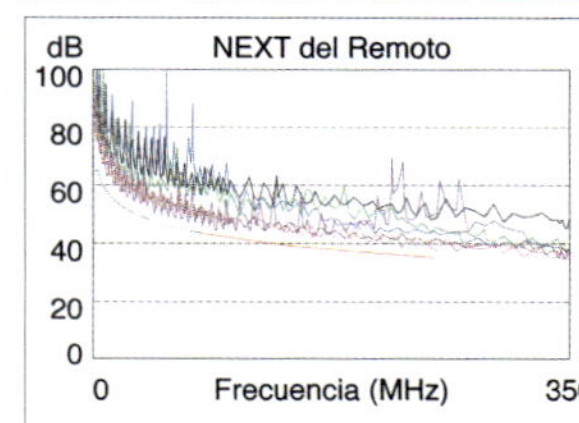

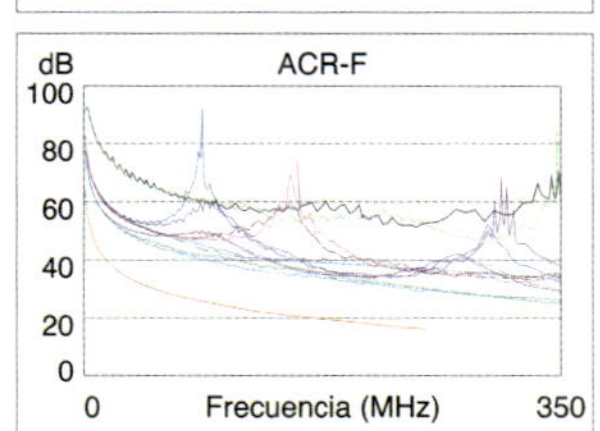

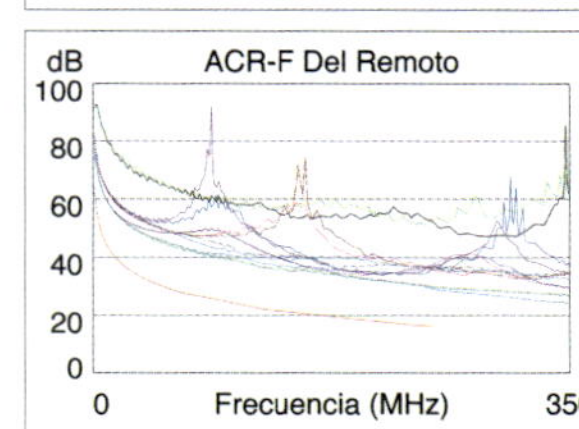

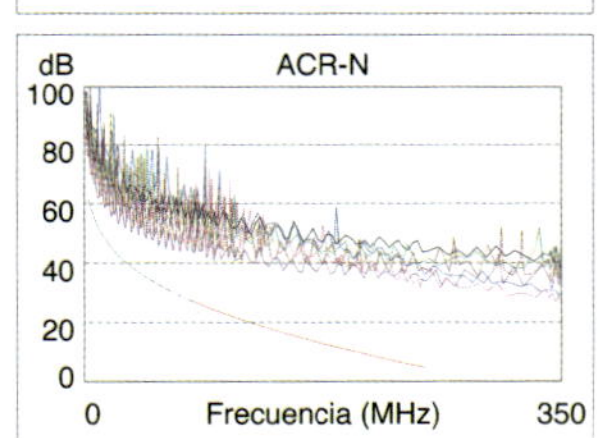

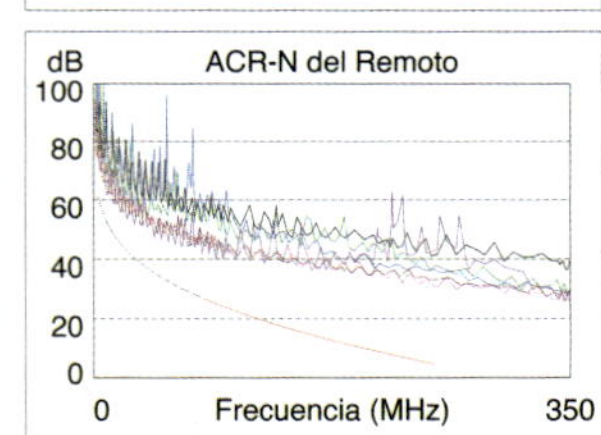

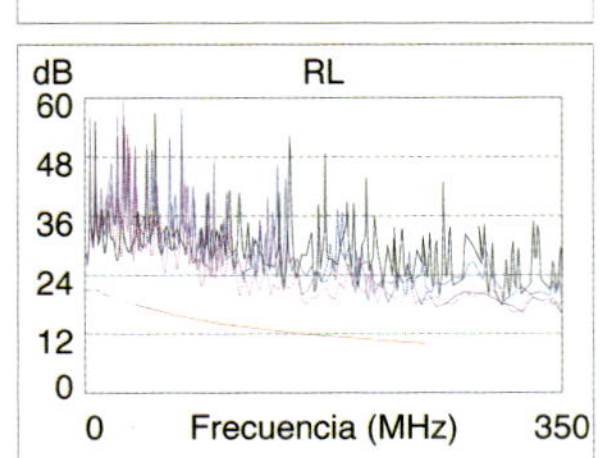

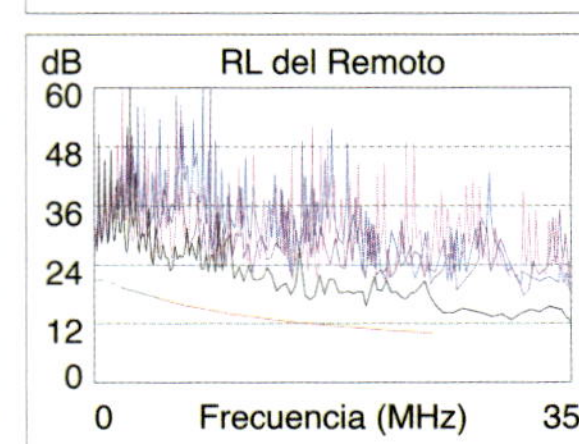

Estándares de Red Compatibles:

10BASE-T	100BASE-TX	100BASE-T4
1000BASE-T	ATM-25	ATM-51
ATM-155	100VG-AnyLan	TR-4
TR-16 Active	TR-16 Passive	

LinkWare Versión 6.2

Proyecto: 1HOST
Lugar: ESCOLA DEL TREBALL

FLUKE networks.

certificacion cat6 def.flw

Figura 6.78. *Informe de certificación.*

Caso práctico 6.11
Protocolo de pruebas de la red de cables de pares trenzados de una ICT

En este caso práctico se completan los apartados 5.1.2 (Red de pares trenzados) y 5.2.1 (Red interior de usuario de cables de pares trenzados) correspondientes al protocolo de pruebas de una ICT.

La Figura 6.79 muestra el ejemplo de la red de cables de pares trenzados de una ICT a partir de la cual se completará el protocolo de pruebas de la ICT correspondiente a la red de cables de pares trenzados. Los dos apartados que han de cumplimentarse son:

1. **Red de pares trenzados.** Debe realizarse la certificación de todos los PAU, desde los paneles de salida del registro principal, anotando las medidas de atenuación y longitud, en el mejor y en el peor de los casos.
2. **Red interior de usuario de cables de pares trenzados.** Debe realizarse la certificación de todas las tomas de usuario, anotando las medidas de atenuación y longitud, en la mejor y la peor toma.

En ambos casos, debe utilizarse un certificador de red que permita la medida de cables de pares trenzados de categoría 6 (clase E) y deben indicarse las características del material utilizado en la instalación: conectores, cables y PAU.

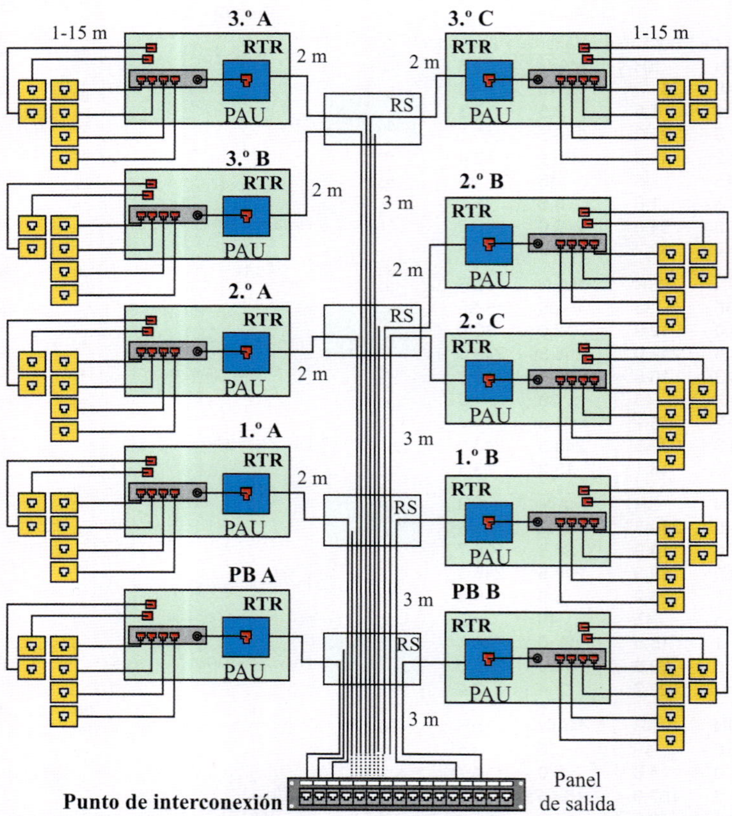

Figura 6.79. Red de cables de pares trenzados bajo prueba.

La instalación está formada por 10 PAU, con una previsión de la demanda de una acometida por vivienda. En cada planta se instalará un cable de pares trenzados de reserva. Una de las tomas del panel de salida se reserva para la futura instalación de la línea de seguridad del ascensor (ASC) si fuese necesario. La asignación de cada conector del panel de salida se resume en la Tabla 6.2. Se utilizará un panel de conexiones de 24 conectores.

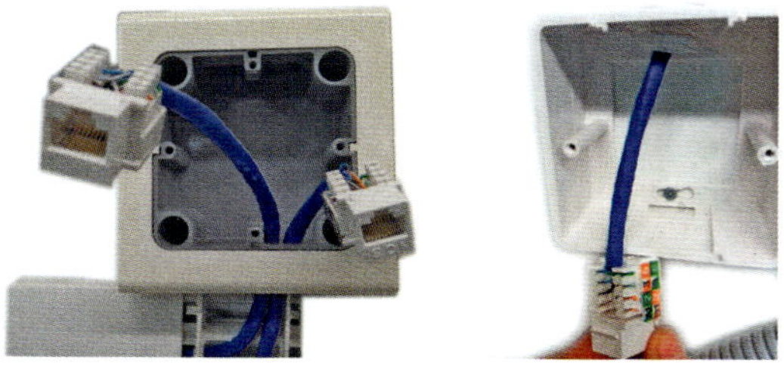

a) Toma doble b) Toma simple

Figura 6.56. *Tipos de tomas que pueden instalarse.*

Caso práctico 6.8
Instalación de la BAT

En la Figura 6.57 se resume el proceso de montaje de la toma de usuario de una instalación:

a) La conexión del cable de la red interior se realiza en un conector RJ-45 hembra, que realiza las funciones de BAT.

b) La terminación del cable sobre el conector RJ-45 se realiza según el esquema de conexión escogido (T568A o T568B). Se recomienda dejar cable sobrante suficiente para facilitar su instalación y su posterior mantenimiento si es necesario.

c) La fijación de la toma con la placa de red se realiza mediante una conexión *keystone.*

d) La placa adaptadora o soporte se fija a la caja de superficie mediante tornillos.

e) La placa de red se fija al soporte a presión.

f) El marco exterior permite el acabado de todo el conjunto.

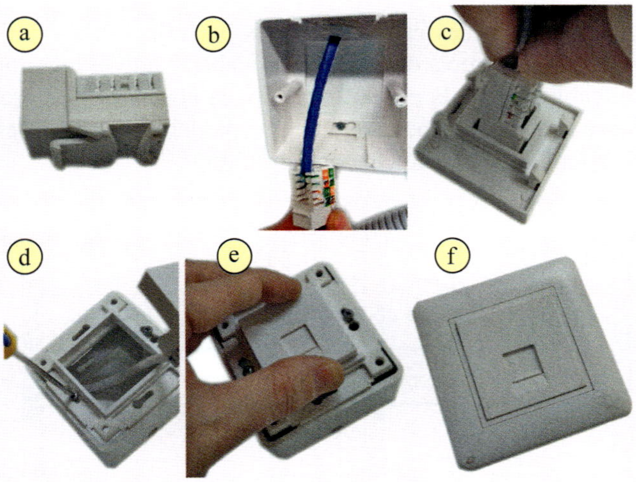

Figura 6.57. *Montaje de una toma de usuario (BAT).*

6.7. Comprobación de la instalación

El **protocolo de pruebas** de una ICT exige la certificación de los diferentes tramos de la red de cables de pares trenzados de un edificio.

Una vez realizada la instalación, esta debe certificarse con arreglo a la norma UNE-EN 50346, para garantizar que la instalación cumple las prestaciones requeridas.

6.7.1. Parámetros de prueba

Los principales **parámetros de prueba** que realiza el certificador de red son los que se muestran en la Figura 6.58.

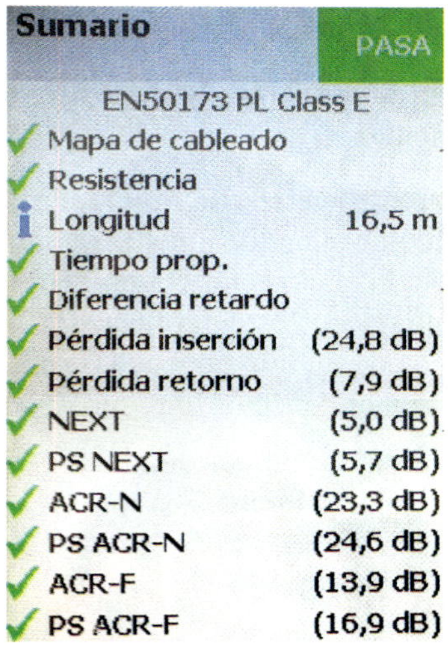

Figura 6.58. *Resultado de la certificación de una medida.*

Las pruebas de comprobación y certificación de una red emiten un resultado de PASA/FALLO (NO PASA), por lo que es necesario, simplemente, obtener una prueba con resultado PASA para certificar la correcta instalación.

Mapeado de cables

El **mapeado de cables** es la prueba básica que permite comprobar la correcta instalación del cableado. Durante esta prueba se comprueba la continuidad eléctrica entre terminales y que la terminación del cable sea la correcta según la norma de conexión establecida (T568A o T568B).

La Figura 6.59 muestra el resultado del mapeado de un cable: esta prueba busca y construye el mapa de los nueve hilos posibles del cable de pares trenzados, cuatro pares trenzados más la pantalla metálica *(shield)* en el caso de los cables apantallados. Sus resultados normalmente se muestran según el código de colores de la norma seleccionada.

Tabla 6.2. Plan de asignación del panel de salida (punto de interconexión)

Conector	Asignación	Conector	Asignación
1	PAU PB A	13	PAU P3 C
2	PAU PB B	14	Reserva P3
3	Reserva PB	15	Reserva ASC
4	PAU P1 A	16	NC
5	PAU P1 B	17	NC
6	Reserva P1	18	NC
7	PAU P2 A	19	NC
8	PAU P2 B	20	NC
9	PAU P2 C	21	NC
10	Reserva P2	22	NC
11	PAU P3 A	23	NC
12	PAU P3 B	24	NC

Como ejemplo de medidas, se muestra, en la Figura 6.80, el resultado de la certificación de la red interior de usuario de la vivienda 1.º A (mejor caso) y, en la Figura 6.81, el resultado de certificación de la red de cables de pares trenzados de la vivienda 3.º B (peor caso).

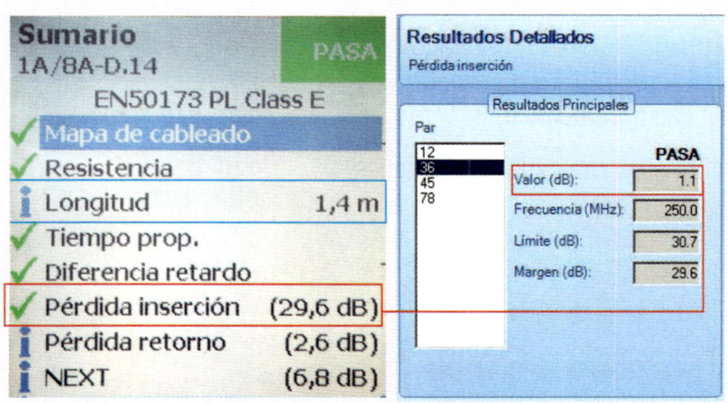

a) Resultado de la certificación b) Informe detallado (atenuación)

Figura 6.80. *Certificación de la red interior de usuario del 1.º A (mejor caso).*

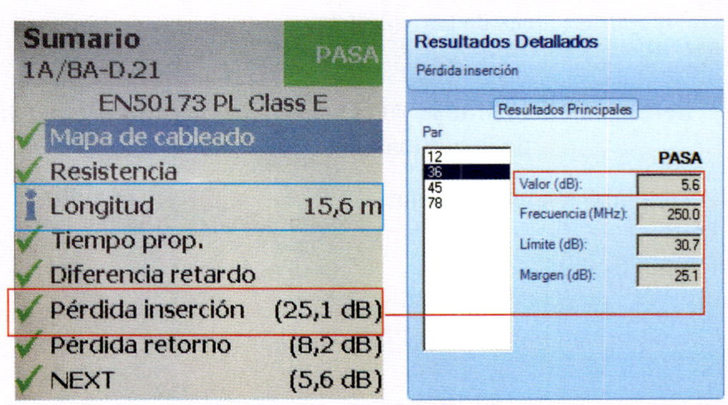

a) Resultado de la certificación b) Informe detallado (atenuación)

Figura 6.81. *Certificación de la red de pares trenzados de la vivienda 3.º B (peor caso).*

Tabla 6.3. Apartados 5.1.2 y 5.2.1 del protocolo de pruebas

5.1.2. Red de pares trenzados

A. Registro principal de cables de pares trenzados (punto de interconexión)

a. Punto de interconexión de operadores (paneles de conexión de entrada):

☒ Espacio disponible debidamente señalizado.

☒ Canalización de acometida instalada y equipada con hilo guía.

b. Conexiones de cables de pares trenzados pertenecientes a la comunidad.

Conexiones de cableado de pares trenzados	
Cantidad de conexiones en el punto de interconexión	14
Tipo de conector (incluyendo categoría según ISO/IEC 11801)	RJ-45 categoría 6
Marca	Televés
Modelo	Ref. 209901 Conector de datos RJ45 UTP CAT-6 hembra (autocrimpable)

☒ Los cables están debidamente identificados y etiquetados, detallando la vivienda a la cual pertenece cada uno de los enlaces.

B. Red de distribución y de dispersión

a. Cables:

Número	14 (4 de reserva).
Tipo de cubierta	LSFH.
Diámetro exterior	5,5 mm.
Características específicas (tipo de cable y categoría)	UTP categoría 6.
Clase de reacción al fuego que figura en el marcado de los cables	Dca - s2, d2, a1

C. Puntos de acceso al usuario (roseta de pares trenzados):

Planta	**1.ª**	**2.ª**	**3.ª**	**4.ª**
Cantidad	2	2	3	3
Tipo	RJ-45	RJ-45	RJ-45	RJ-45
Modelo	Ref. 209901	Ref. 209901	Ref. 209901	Ref. 209901
Características específicas	Categoría 6	Categoría 6	Categoría 6	Categoría 6

D. Medidas que han de realizarse en la red de cables de pares trenzados: se realizarán las medidas de la tabla siguiente desde el registro principal hasta cada PAU

Vertical Vivienda	**Tipo de certificación**	**Certificación de prueba en el mejor caso de la vertical**			**Certificación de prueba en el peor caso de la vertical**		
		Longitud	**Atenuación**	**Pasa/Falla**	**Longitud**	**Atenuación**	**Pasa/Falla**
PB A	EN 50173 PL clase E	5,8 m	3,3 dB	Pasa	---	---	---
3.º B	EN 50173 PL clase E	---	---	---	15,6 m	5,6 dB	Pasa

☒ Se ha efectuado la certificación de todos los enlaces permanentes en la instalación, verificando que los reflejados en el presente protocolo de pruebas son, en cuanto a valores de atenuación, efectivamente el mejor y el peor caso de cada vertical.

5.2.1. Red interior de usuario de cables de pares trenzados

A. Punto de acceso del usuario:	
☒ Todos los cables de la red interior de usuario están finalizados mediante los correspondientes conectores macho miniatura en el interior del registro de terminación de red.	
Tipo de conector	RJ-45 macho.
Categoría	6.
Características específicas	----
B. Cableado de pares trenzados en la red interior de usuario	
Tipo de cubierta	LSFH.
Diámetro exterior	5,5 mm.
Características específicas	UTP categoría 6.
Clase de reacción al fuego que figura en el marcado de los cables	Dca - s2, d2, a1

C. Número de tomas:

☒ Existen todas las tomas indicadas en el proyecto técnico para cada vivienda, su ubicación se corresponde con lo indicado en él, están correctamente conectadas y es correcta la continuidad desde el PAU.

☐ El número de tomas instaladas no coincide con lo indicado en el proyecto técnico (descríbase la modificación). Las tomas instaladas están correctamente conectadas y es correcta la continuidad desde el PAU.

D. Medidas que han de realizarse en la red de cables de pares trenzados: se realizarán las medidas de la tabla siguiente desde el PAU hasta cada toma:

Vivienda Toma	Tipo de certificación	Certificación de prueba en el mejor caso de la vivienda			Certificación de prueba en el peor caso de la vivienda		
		Longitud	Atenuación	Pasa/Falla	Longitud	Atenuación	Pasa/Falla
PB A	EN 50173 PL clase E	2,0 m	1,3 dB	Pasa	12,3 m	4,7 dB	Pasa
PB B	EN 50173 PL clase E	1,6 m	1,2 dB	Pasa	15,8 m	6 dB	Pasa
1.º A	EN 50173 PL clase E	1,4 m	1,1 dB	Pasa	11,1 m	3,8 dB	Pasa
1.º B	EN 50173 PL clase E	5,8 m	3,3 dB	Pasa	9,3 m	4,5 dB	Pasa
2.º A	EN 50173 PL clase E	3,3 m	2,0 dB	Pasa	7,8 m	4,4 dB	Pasa
2.º B	EN 50173 PL clase E	2,3 m	2,7 dB	Pasa	12,3 m	4,7 dB	Pasa
2.º C	EN 50173 PL clase E	3,1 m	2,1 dB	Pasa	15,5 m	6,5 dB	Pasa
3.º A	EN 50173 PL clase E	2,2 m	2,7 dB	Pasa	8,8 m	3,6 dB	Pasa
3.º B	EN 50173 PL clase E	5,6 m	3,1 dB	Pasa	10,5 m	4,5 dB	Pasa
3.º C	EN 50173 PL clase E	4,4 m	2,8 dB	Pasa	12,3 m	4,7 dB	Pasa

- La ICT de un edificio proporciona el **acceso a los servicios de telefonía** y de telecomunicación de banda ancha mediante diferentes tecnologías, entre la que se encuentra la **red de cables de pares trenzados.** Esta red se instala en aquellos edificios en los que la distancia entre el punto de interconexión y el PAU más alejado sea inferior a 100 m, en lugar de la red de cables de pares. Los **elementos** que forman esta red son:
  - **Red de distribución** y **dispersión** de cables de pares trenzados de categoría 6 o superior.
  - **Punto de interconexión** formado por paneles de conexión de salida, dotados con tantos conectores RJ-45 hembra como acometidas formen la red de distribución. Se instala en el registro principal del RITI.
  - **Punto de distribución.** Las acometidas discurren de paso en el registro secundario, por lo que el punto de interconexión de la red realiza también las funciones de punto de distribución.
  - **Punto de acceso al usuario (PAU).** Formado por un conector RJ-45 hembra, conecta la red del edificio con la red interior del usuario. Se instala en el registro de terminación de red.
- La **red interior de usuario de cables de pares trenzados** está formada por los siguientes elementos:
  - **PAU.** Conecta el multiplexor pasivo con la red de dispersión del edificio.
  - **Multiplexor pasivo.** Dispositivo, con tantas salidas como estancias tenga la vivienda, que distribuye en estrella la instalación interior y proporciona continuidad entre las tomas de usuario y el PAU. Se instala en el registro de terminación de red de cada usuario.
  - **Toma de usuario (BAT).** Formada por un conector RJ-45 hembra. En las viviendas, debe instalarse una toma de usuario por estancia computable, excepto en dos de las estancias principales, donde se instalarán dos tomas o una toma doble.
- La **instalación** del cable de pares trenzados con los conectores utilizados en la instalación se realiza según el esquema seleccionado (T568A o T568 B), utilizando herramientas y equipos específicos: herramientas de corte y pelacables, crimpadoras, herramientas de impacto, etcétera.
- Una vez realizada la instalación de la red, es necesario comprobar su correcto funcionamiento mediante la certificación de la red y cumplimentar el **protocolo de pruebas de la ICT.** Es necesario certificar todos los enlaces permanentes de la red de cables de pares trenzados y de la red interior de usuario, anotando, para el mejor y el peor de los casos, el resultado de longitud y atenuación, así como el resultado PASA/NO PASA de la certificación.
- La **certificación** debe realizarse según la norma EN 50173, enlace (permanente), categoría 6 (clase E).

Actividades de comprobación

6.1. ¿Qué elemento representa el conector de la Figura 6.82 en una red de cables de pares trenzados?

a) Roseta hembra de ocho vías (RJ-45), que realiza las funciones de PAU de cada vivienda.

b) Conector RJ-45 hembra de 8 vías de la BAT de la red interior de usuario.

c) Conector hembra de 8 vías (RJ-45) de un panel de conexiones del punto de interconexión.

d) Todas las respuestas son correctas

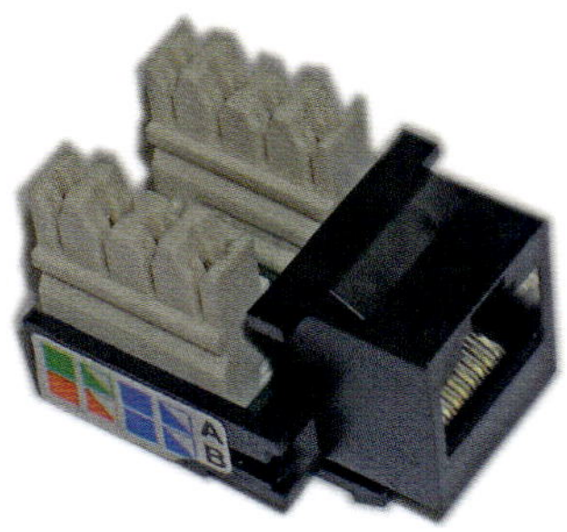

Figura 6.82. *Conector.*

6.2. ¿Cuál es la distancia máxima entre el punto de interconexión y el PAU más alejado de la red de cables de pares trenzados de una ICT?

a) La normativa no limita la distancia máxima.

b) 100 m.

c) 90 m.

d) Depende de la categoría del cable.

6.3. ¿A qué clase se corresponde una instalación, como, por ejemplo, la de una ICT, que utiliza componentes de categoría 6?

a) Clase B.

b) Clase C.

c) Clase D.

d) Clase E.

6.4. ¿Qué colores identifican el par 1 de un cable de pares trenzados?

a) Verde/verde-blanco.

b) Azul/azul-blanco.

c) Naranja/naranja-blanco.

d) Marrón/marrón-blanco.

6.5. Para dar continuidad a la línea, el cable de pares trenzados de la red de dispersión se termina en el conector RJ-45 del PAU, pero ¿qué pares se conectan?

a) Se conectan los 4 pares del cable según el esquema de conexionado (T568A o T568B) seleccionado.

b) Se conecta el par 3 (verde/verde-blanco) en las conexiones centrales (3 y 5) del conector.

c) Se conecta el par 2 (naranja/naranja-blanco) en las conexiones centrales (3 y 5) del conector.

d) Ninguna de las respuestas es correcta.

6.6. ¿Qué dispositivo de una instalación permite delimitar la responsabilidad en caso de avería entre la comunidad de vecinos y el propietario de una vivienda?

a) El PAU.

b) El multiplexor pasivo.

c) El panel de salida del punto de interconexión.

d) La toma de usuario.

6.7. ¿Qué esquema de conexionado se utiliza habitualmente para la conexión del cable de pares trenzados a un conector?

a) T568A.

b) T568B.

c) T568C.

d) Todas las respuestas son correctas.

6.8. ¿Bajo qué norma se certifica la instalación de la ICT?

a) EN 50173, enlace (permanente), categoría 5 (clase E).

b) EN 50173, enlace (permanente), categoría 6 (clase D).

c) EN 50173, enlace (permanente), categoría 5 (clase D).

d) EN 50173, enlace (permanente), categoría 6 (clase E).

6.9. ¿Qué parámetro evalúa la pérdida de señal a medida que se propaga por un cable?

a) Pérdida de inserción (atenuación).

b) Pérdida de retorno.

c) ACR.

d) NEXT.

6.10. ¿Qué elemento de la red de cables de pares trenzados realiza las funciones de PAU?

a) Multiplexor pasivo.
b) Conector RJ-45 hembra.
c) Conector RJ-45 macho.
d) Panel de conexiones.

6.11. Respecto de la red de cables de pares trenzados, ¿qué enlaces de la instalación deben certificarse?

a) Todos los enlaces de la instalación.
b) Solo el mejor y el peor de cada vertical.
c) Un enlace por planta.
d) Solo el mejor y el peor de cada planta.

6.12. ¿De qué categoría, como mínimo, deben ser los componentes utilizados en la red de cables de pares trenzados de una ICT?

a) Categoría 5.
b) Categoría 5E.
c) Categoría 6.
d) Categoría 6A.

6.13. ¿Dónde se conectan en el registro de terminación de red (RTR) los extremos de los cables de la red interior de usuario?

a) Todos los cables se conectan al multiplexor pasivo.
b) Todos los cables se conectan al multiplexor pasivo, excepto dos de ellos, que provienen de las estancias principales, que se conectan al PAU.
c) Todos los cables se conectan al multiplexor pasivo, excepto dos de ellos, que provienen de las estancias principales, que no se conectan.
d) No se conecta ningún cable.

6.14. ¿Qué tipo de adaptador debe utilizarse junto con el certificador de redes para comprobar la calidad de la red (distribución/dispersión) de cables de pares trenzados de una instalación?

a) Un adaptador de canal tanto en la unidad principal como en la remota.
b) Un adaptador de enlace permanente tanto en la unidad principal como en la remota.
c) Un adaptador de canal en la unidad principal y un adaptador de enlace permanente en la unidad remota.
d) Un adaptador de enlace permanente en la unidad principal y un adaptador de canal en la unidad remota.

6.15. ¿Qué elemento de una red de cables de pares trenzados se instala en el registro secundario?

a) Los paneles de conexión de salida.
b) El PAU.
c) El multiplexor pasivo.
d) El cableado de la red discurre de paso, dejándose, únicamente si es preciso, los cables de pares trenzados de reserva necesarios en bucle.

6.16. ¿Dónde se instala el multiplexor pasivo de la instalación?

a) En el registro principal del RITI.
b) En el registro secundario.
c) En el registro de terminación de red.
d) En el registro de toma.

6.17. ¿Qué tipo de cable de pares trenzados se utiliza en una ICT?

a) FTP.
b) S/FTP.
c) UTP.
d) Puede utilizarse cualquiera de los tres.

6.18. ¿En qué norma se basa la instalación de cables de pares trenzados en el interior de un edificio?

a) Cableado estructurado.
b) REBT.
c) Cableado de red.
d) SCSI.

6.19. ¿Cuál de las siguientes características de un cable de pares trenzados está relacionada con la diafonía?

a) NEXT.
b) Pérdidas de retorno.
c) Pérdidas de inserción.
d) Retardo diferencial.

6.20. ¿Qué medidas deben anotarse en el protocolo de pruebas de la red de cables de pares trenzados?

a) Longitud y resistencia de CC.
b) Longitud y atenuación.
c) Atenuación y pérdidas de retorno.
d) NEXT y pérdidas de retorno.

6.21. ¿En qué tipo de conector finalizan los cables de pares trenzados de la red interior de usuario cuando se instalan en el registro de terminación de red (RTR)?

a) En un conector RJ-45 hembra.

b) En un conector RJ-45 macho.

c) Se conectan directamente al multiplexor pasivo.

d) Se conectan directamente al PAU.

6.22. ¿En cuántas estancias de una vivienda deben instalarse, como mínimo, tomas de usuario dobles con dos conectores RJ-45?

a) Una.

b) Dos.

c) Tres.

d) Cuatro.

Actividades de aplicación

6.23. **Terminación de conectores.** El objetivo de esta actividad es realizar de manera correcta la terminación del cable de pares trenzados en diferentes tipos de conectores RJ-45. En la Figura 6.83 se muestran las tres configuraciones típicas de conexión que hay en una ICT. Realiza la conexión de diferentes tramos de cables de pares trenzados con las configuraciones mostradas. Para ello, desarrolla el procedimiento operativo siguiente:

a) Conectar los extremos de cada cable con el conector adecuado, siguiendo los procedimientos establecidos en los casos prácticos. Para ello, escoge el esquema de conexión deseado (T568A o T568B).

b) Mapear los cables, con un comprobador o certificador de redes, y comprobar la correcta asignación de pines.

c) Realizar una prueba de certificación de red para comprobar que las prestaciones del cable cumplen con las normas de referencia.

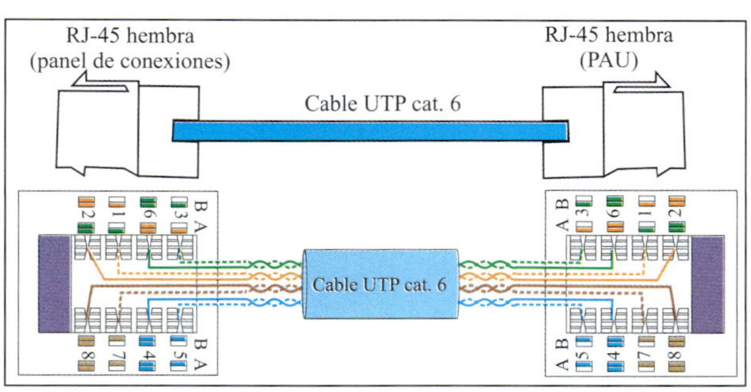

a) Red de cables de pares trenzados

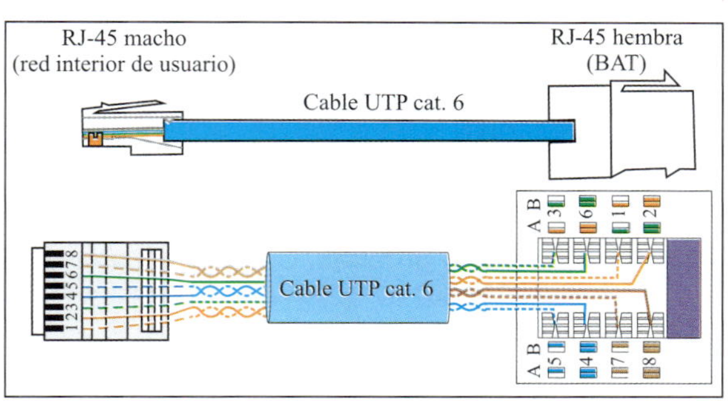

b) Red interior de usuario de cables de pares trenzados

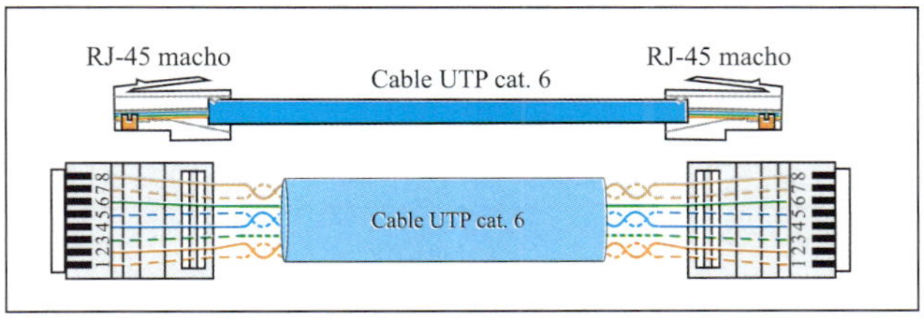

c) Latiguillo de conexión

Figura 6.83. *Instalación de conectores.*

6.24. Montaje de la red interior de usuario de cables de pares trenzados. La red interior de usuario de cables de pares trenzados de la ICT se inicia en el PAU situado en el registro de terminación de red y finaliza en las tomas de usuario. Por grupos, sobre panel o tablero, montad una topología de vivienda diferente de las propuestas en la Figura 6.84. Realizad el proceso operativo siguiente:

a) **Selección de materiales.** Determina, en función de la topología de la vivienda, las características que deben reunir los equipos de la instalación: cables de pares trenzados, PAU, multiplexor pasivo y BAT.
b) **Montaje.** Realiza el montaje sobre tablero de la instalación propuesta.
c) **Certificación.** Verifica con el certificador de redes que la instalación funciona de manera correcta.
d) **Protocolo de pruebas.** Completa el apartado del protocolo de pruebas correspondiente a la red interior de usuario de cables de pares trenzados.

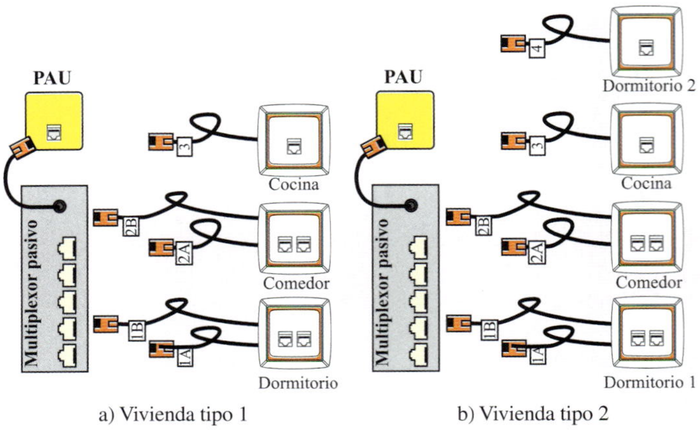

Figura 6.84. *Red interior de usuario de cables de pares trenzados.*

6.25. Montaje de la red de cables de pares trenzados. La red de cables de pares trenzados de un edificio se inicia en el panel de conexiones de salida del registro principal y finaliza en el PAU situado en el registro de terminación de red de cada usuario. A partir de la actividad anterior, realiza la conexión de tu vivienda al punto de interconexión, tal y como se muestra en la Figura 6.85, siguiendo este proceso operativo:

a) **Selección de materiales.** Determina, en función de la topología del edificio (número de grupos o viviendas), las características que deben reunir los equipos de la instalación: panel de conexiones de salida, cables de pares trenzados, PAU, etcétera.
b) **Montaje.** Realiza la instalación de un cable de pares trenzados en el PAU utilizando el esquema de conexionado seleccionado (T568A o T568B). Conecta el otro extremo del cable a un conector RJ-45 hembra utilizando el mismo esquema de conexionado y, después, conéctalo al panel de conexiones de salida.
c) **Certificación.** Verifica con el certificador de redes que la instalación funciona de manera correcta.
d) **Protocolo de pruebas.** Completa el apartado del protocolo de pruebas correspondiente a la red de cable de pares trenzados.

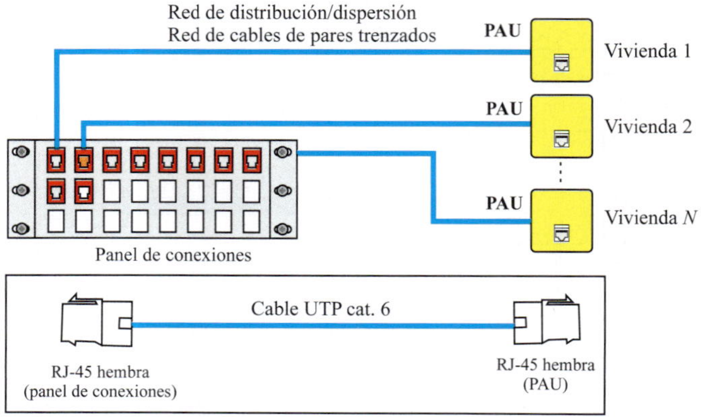

Figura 6.85. *Red de cables de pares trenzados.*

6.26. **Cálculo de NVP de un cable de par trenzado.** La velocidad nominal de propagación (NVP) de un cable de pares trenzados se utiliza en el certificador de redes para determinar la longitud del cable y otros parámetros de certificación. El valor predeterminado definido por el certificador representa una NVP típica, pero puede no coincidir con el utilizado en la instalación. El valor correcto que se debe configurar es el que especifica el fabricante, pero en ocasiones no disponemos de este parámetro. Para ello, los equipos de medida tienen una función que permite el cálculo de la velocidad nominal de propagación (NVP) de un cable de par trenzado UTP a partir de un cable de longitud conocida. El proceso de cálculo del NVP es similar en la mayoría de los equipos, aunque siempre es necesario disponer de un cable de longitud conocida. En el ejemplo de la Figura 6.86 se modifica la NVP hasta que la longitud medida coincida con la longitud conocida del cable. El equipo calculará la NVP de manera automática en función del tiempo de propagación de la señal y la longitud configurada. Realiza la medida práctica de la NVP de un cable de pares trenzados a partir del certificador de redes del aula, llevando a cabo la secuencia de operaciones siguiente:

a) Mide el tramo de cable objeto de análisis.

b) Con los valores por defecto configurados en el certificador de red, realiza una prueba sobre el cable objeto de estudio. Comprueba la longitud que determina el certificador. Recuerda que la longitud que mide el certificador es la longitud física de los cables, una vez destrenzados, por lo que puede haber pequeñas diferencias con la longitud real del cable.

c) Comprueba, en el manual de instrucciones del equipo utilizado en el aula, cómo se realiza el cálculo de la NVP del cable. Con el certificador de red, calcula la NVP de un cable de longitud conocida, siguiendo el procedimiento establecido según el caso. Compáralo con el utilizado en el apartado anterior.

d) Compara el resultado con el valor especificado por el catálogo del fabricante.

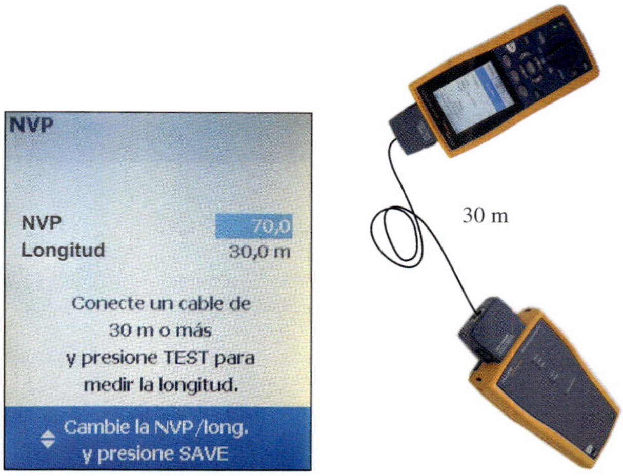

Figura 6.86. *Cálculo de la NVP de un cable de par trenzado.*

6.27. **Certificación de red y parámetros básicos de certificación.** Realiza las medidas de certificación de los diferentes tramos de la red de distribución y dispersión y de la red interior de usuario de la instalación de pruebas del aula. Para ello, sigue este procedimiento:

a) Siguiendo el procedimiento especificado en el manual del certificador de red utilizado en el aula, lleva a cabo la calibración inicial de los equipos.

b) Selecciona los adaptadores adecuados al tramo de red que hay que certificar.

c) Configura el equipo con los parámetros de prueba adecuados, según el tipo de red que certificar.

d) Una vez configurado el equipo, determina las medidas con los ajustes realizados.

e) Traspasa los resultados a un PC y edita los informes con el programa asociado al equipo. Genera un informe en formato PDF de las pruebas realizadas.

f) Con las medidas realizadas, completa el apartado correspondiente del protocolo de pruebas de la red de cables de pares trenzados.

Actividades de ampliación

6.28. ¿Qué tipos de redes se utilizan en la ICT para el acceso a los servicios de telefonía y de telecomunicaciones de banda ancha?

6.29. Respecto de los sistemas de cableado estructurado:

a) Define brevemente qué es un cableado estructurado.

b) ¿Qué partes lo forman?

c) ¿En qué tipos de edificios se instala?

d) ¿Qué relación tiene con la red de cables de pares trenzados de una ICT?

6.30. ¿En cuántos tramos diferentes de cables de pares trenzados se divide la red de una ICT?

6.31. ¿Qué función tiene el trenzado de cada uno de los pares de un cable de pares trenzados?

6.32. ¿Qué tipo de conectores utilizan los cables de pares trenzados?

6.33. ¿Qué relación hay entre la categoría de un componente y la clase a la que pertenece?

6.34. ¿Cuál es la diferencia principal entre un cable de par trenzado UTP y otro FTP?

6.35. ¿Qué protección proporciona la pantalla de un cable de pares trenzados apantallado? ¿Es necesario utilizar este tipo de cable en una ICT? ¿Por qué?

6.36. La Figura 6.87 muestra el conector utilizado en una instalación. Indica de qué tipo de conector se trata, dónde es posible su instalación y cómo conectarías los pares si se utiliza un esquema de conexionado T568B.

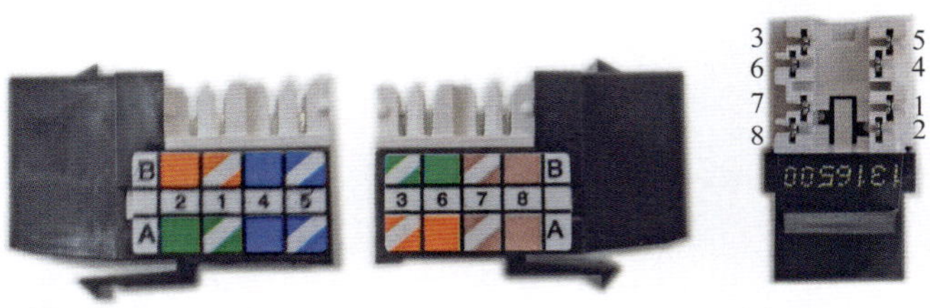

Figura 6.87. *Conector de la red de cables de pares trenzados.*

6.37. ¿Qué categoría deben tener como mínimo los materiales utilizados en la red de cables de pares trenzados de una ICT?

6.38. Razona cuándo se instalará una red de cables de pares trenzados en un edificio en lugar de una red de cables de pares. ¿Es posible que, en un edificio, exista de manera simultánea una red de cables de pares y una red de cables de pares trenzados?

6.39. Respecto de la red de cables de pares trenzados de un edificio:

a) ¿Qué elementos forman el punto de interconexión?

b) ¿Qué dispositivo realiza la función de punto de acceso al usuario (PAU)?

c) ¿Cómo debe conectarse el cable de pares trenzados de la red de dispersión en el PAU de cada vivienda?

d) ¿Dónde se instalan los cables de reserva de una instalación? ¿Qué longitud deben tener estos cables?

e) ¿Cuántas acometidas de cables de pares trenzados deben instalarse en cada planta de un edificio?

f) ¿Cuántas acometidas adicionales deben preverse en el punto de interconexión para las líneas de seguridad de los ascensores?

6.40. Señala qué puntos de la red permiten delimitar las responsabilidades en caso de avería. Justifica en cada punto cómo actuarías para determinar quién debe ser el responsable de la reparación (operador, comunidad de propietarios o usuario).

6.41. Respecto de la red interior de usuario de cables de pares trenzados de una vivienda:

a) ¿Qué elementos forman la red interior de usuario?

b) ¿Qué función realiza la BAT de la red? ¿Qué características debe cumplir?

c) ¿Cuántas entradas y salidas debe tener un multiplexor pasivo? ¿Dónde se conectan?

d) ¿En qué tipo de conector finalizan los cables de pares trenzados de la red interior de usuario en el registro de terminación de red (RTR)?

e) ¿Cuántas tomas de usuario es necesario instalar, como mínimo, en una vivienda?

6.42. Explica el procedimiento para reconfigurar las tomas de usuario de una estancia según se desee señal de voz o transmisión de datos.

6.43. ¿En qué puntos de la instalación de una ICT se conectará el cable de pares trenzados a conectores RJ-45 macho?

6.44. Elabora un esquema del registro de terminación de la red (RTR) de la instalación de la Figura 6.88, indicando cómo se conectarían las tomas para la configuración que desea el usuario.

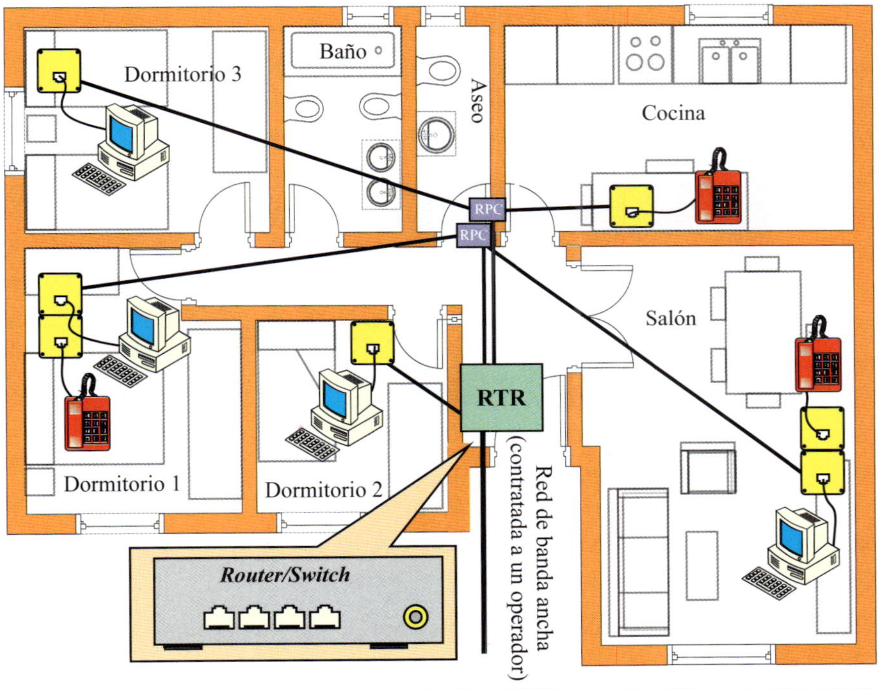

Figura 6.88. *Registro de terminación de red.*

6.45. ¿Qué esquema de conexionado utilizan los latiguillos de interconexión utilizados en una red de cables de pares trenzados?

6.46. Enumera los equipos y herramientas que se utilizan en las redes de cables de pares trenzados.

6.47. ¿En qué punto de la red de una ICT se utilizan paneles de conexión?

6.48. En la ICT de un edificio, la distribución interior de las viviendas es la que se muestra en la Figura 6.89 de la página siguiente. Para cada una de las viviendas, contesta las cuestiones siguientes:

a) ¿Cuántos cables de pares trenzados de la red de distribución y dispersión llegan al registro de terminación de red?

b) ¿Qué elementos deben instalarse en el registro de terminación de red (RTR)?

c) ¿Cuántas salidas debe tener el multiplexor pasivo?

d) ¿Cuántos cables de pares trenzados forman la red interior de usuario?

e) ¿Cuántas tomas simples deben instalarse? ¿Y dobles?

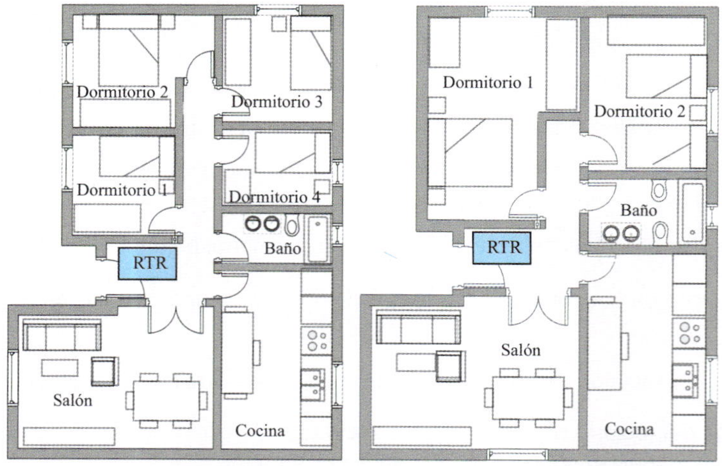

a) Vivienda tipo 1 b) Vivienda tipo 2

Figura 6.89. *Instalación interior de usuario.*

6.49. ¿Qué equipo permite realizar el mapeado de cables de un latiguillo de interconexión?

6.50. Determina, si los hay, los errores producidos en el mapeado de los cables de la Figura 6.90.

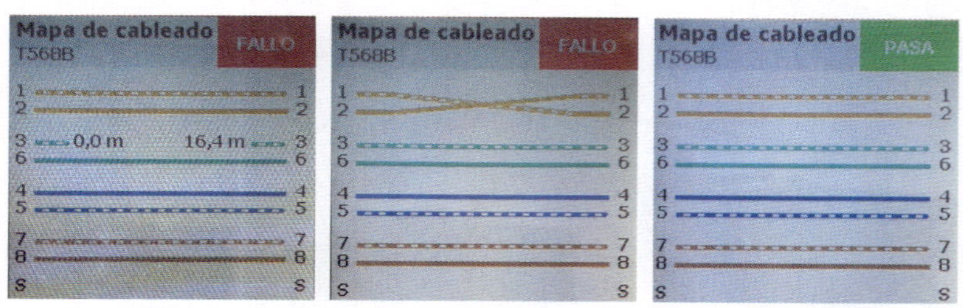

a) Cable 1 b) Cable 2 c) Cable 3

Figura 6.90. *Resultados del mapeado de cables.*

6.51. ¿Por qué en la prueba de longitud de un cable de pares trenzados cada par suele tener una longitud ligeramente diferente?

6.52. Establece los parámetros de prueba que deben configurarse en un certificador de red cuando se realiza el protocolo de pruebas:

a) Límite de la prueba (norma de referencia).

b) Tipo de cable.

c) Velocidad nominal de propagación (NVP).

d) Configuración de las tomas (esquema de conexionado).

6.53. ¿Qué parámetro de certificación afecta sobre todo al destrenzado excesivo de los cables durante la realización de una conexión?

6.54. ¿Qué sucedería si se certificase un tramo de cable de pares trenzados de la red de la ICT donde se especifica como límite de la prueba la norma EN 50173 clase D (categoría 5E) en lugar de la EN 50173 clase E (categoría 6)?

Enlaces web

Ampliantena. Empresa fabricante y distribuidora de material de telecomunicaciones, entre los que se encuentran, además de equipos de captación, tratamiento y distribución de la señal de TV, equipos pasivos de fibra óptica, cable coaxial y cableado estructurado.
https://www.ampliantena.com

Bticino. Fabricante, entre otros equipos, de componentes para sistemas de cableado estructurado.
http://www.bticino.es

Fabricantes de equipos de distribución de la red TV. La mayoría de los fabricantes que comercializan equipos de la red de captación y distribución de la señal de TV también comercializan equipos y materiales para el resto de redes de una ICT:
https://alcadelectronics.com/es

https://www.fagorelectronica.com/es

https://www.ftemaximal.com

https://www.ikusi.com/es

https://www.sateliterover.com

https://www.tecatel.com

https://www.televes.com/es

Fluke. Empresa que comercializa equipos para la instalación, certificación, comprobación, seguimiento y análisis de las redes de cobre, de fibra e inalámbricas.
https://www.fluke.com

Gescable. Compañía especializada en la fabricación de todo tipo de cables de telecomunicación.
https://www.gescable.es

Promax. Fabricante y distribuidor de instrumentos para telecomunicaciones y fibra óptica.
https://www.promax.es

Prysmian. Fabricante de cables eléctricos y de telecomunicación.
https://es.prysmiangroup.com

Siemon. Líder industrial especializado en la fabricación e innovación de alta calidad de soluciones de cableado de red de alto rendimiento.
https://www.siemon.com

Simon. Empresa del sector del equipamiento eléctrico dedicada, entre otros, a la conectividad de puestos de trabajo (sistemas de cableado estructurado).
https://www.simonelectric.com/

7

Red de cables de pares

La red de cables de pares de la ICT permite el acceso a los servicios de telefonía disponible al público y de telecomunicaciones de banda ancha utilizando como medio de transmisión cables de cobre.

Contenidos

Objetivos

- Identificar las características de los equipos y materiales que forman parte de la red de cables de pares de una ICT.
- Interpretar la documentación técnica de las instalaciones de redes de cables de pares.
- Seleccionar de manera adecuada los elementos que constituyen la red de cables de pares de la ICT.
- Instalar los elementos de la red de cables de pares, interpretando planos y esquemas de su estructura y aplicando técnicas de montaje.
- Realizar las medidas y la comprobación del buen funcionamiento de la red a partir de las medidas realizadas en el protocolo de pruebas.

7.1. Servicio de telefonía básica

La **red de cables de pares,** junto con la **red de cables de pares trenzados,** son las tecnologías basadas en cables de cobre que permiten el acceso a los usuarios de un edificio a los servicios de telefonía (STDP) y de telecomunicaciones de banda ancha (TBA) a través del servicio de telefonía básica.

Los operadores de telecomunicaciones desde hace años están progresivamente abandonado las tecnologías basadas en pares de cobre (telefonía básica, ADSL, RDSI…) dando paso a las tecnologías basadas en fibra óptica.

Por lo tanto, se puede considerar esta tecnología como obsoleta, aunque sigue siendo una alternativa en aquellos lugares donde todavía no existe cobertura de fibra óptica, la cual desaparecerá a medida que los usuarios utilicen métodos alternativos para el acceso a los servicios de telecomunicación (redes móviles y fibra óptica) y los operadores cierren paulatinamente las centrales analógicas.

7.1.1. Estructura de la red de telefonía

La red de cables de pares permite el acceso a los servicios que ofrece la **red de telefonía básica** de los operadores. Esta red está formada por dos partes básicas (Figura 7.1):

1. **Red de acceso.** Parte de la red de telefonía que une el abonado con la central local del proveedor de servicios.
2. **Red de transporte.** Parte de la red de telefonía que conecta todas las centrales locales, utilizando como medio de transmisión el cable coaxial, la fibra óptica, los radioenlaces o las comunicaciones por satélite.

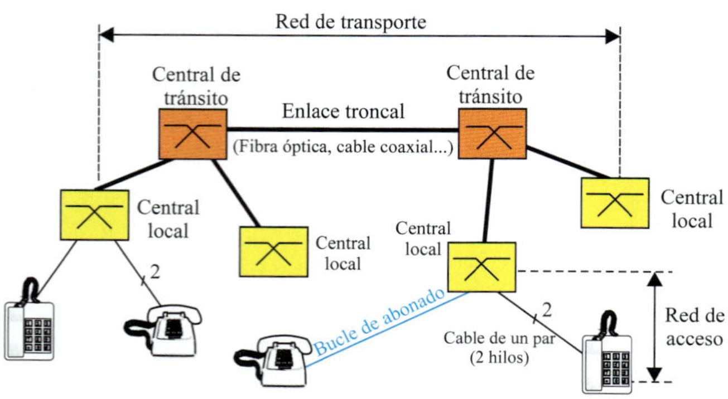

Figura 7.1. *Estructura de la red de telefonía.*

En la **red de acceso,** el medio de transmisión solo lo utiliza el abonado, por lo que los requerimientos de ancho de banda son reducidos, ya que solo viaja la señal de voz del abonado suscrito y, en algunos casos, la señal de datos de servicios como ADSL. Como medio de transmisión se utiliza un **par de cobre** simétrico, formado por **dos hilos,** que implementa el bucle de abonado que conecta los equipos del usuario (terminal telefónico) con la central local.

7.1.2. Bucle de abonado

El **bucle de abonado** es la parte de la red telefónica que une la central local con los equipos del usuario (teléfonos, ordenadores, etc.), formando el circuito eléctrico que permite la transmisión de la señal.

Según la **red interior del edificio,** adopta dos configuraciones básicas:

1. **Configuración convencional** (Figura 7.2). La configuración adoptada en las instalaciones convencionales que no disponen de ICT es la de la Figura 7.2a y, por lo tanto, no existe una red en el interior de edifico. El operador conecta directamente el par de hilos de la línea de abonado de la central local con **el punto de terminación de red (PTR)** del usuario, que es el dispositivo que se instala en el interior de la vivienda y que delimita las responsabilidades en caso de avería. La Figura 7.2b muestra los componentes utilizados en una instalación interior de usuario típica: la toma de usuario (BAT) que permite la conexión del equipo terminal a la red es una roseta de telefonía convencional, que utiliza un conector RJ-11.

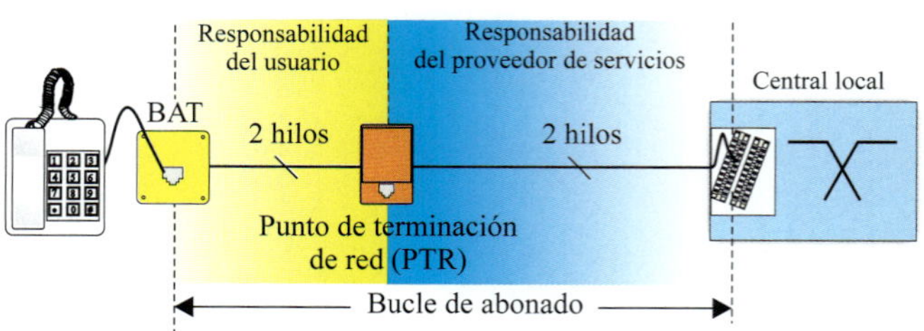

a) Bucle de abonado

Punto de terminación de red (PTR) BAT telefónica (RJ-11)

b) Dispositivos utilizados

Figura 7.2. *Configuración convencional del bucle de abonado.*

2. **Configuración ICT** (Figura 7.3). En una ICT, el bucle de abonado llega también hasta la instalación interior de usuario, pero se utiliza la infraestructura propia del interior del edificio (ICT). En las instalaciones de ICT (Figura 7.3a), la función del punto de terminación de red (PTR) la realiza el **punto de interconexión** que se sitúa a la entrada del edificio, formado por **regletas de conexión,** y también aparece un elemento nuevo, el PAU (punto de acceso al usuario). Estos elementos permiten delimitar las responsabilidades en caso de avería entre el operador, la comunidad de vecinos y el usuario.

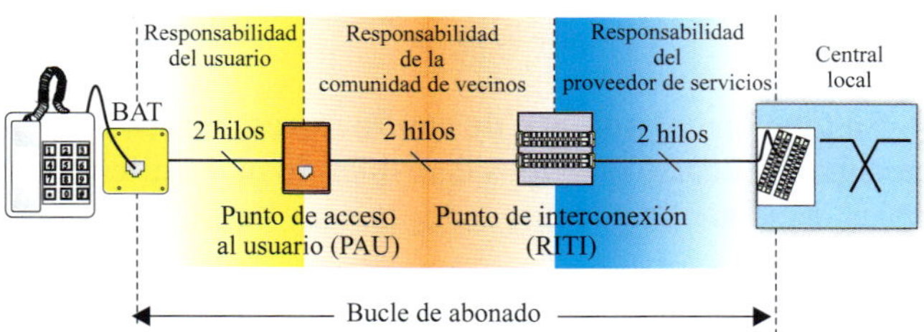

a) Bucle de abonado

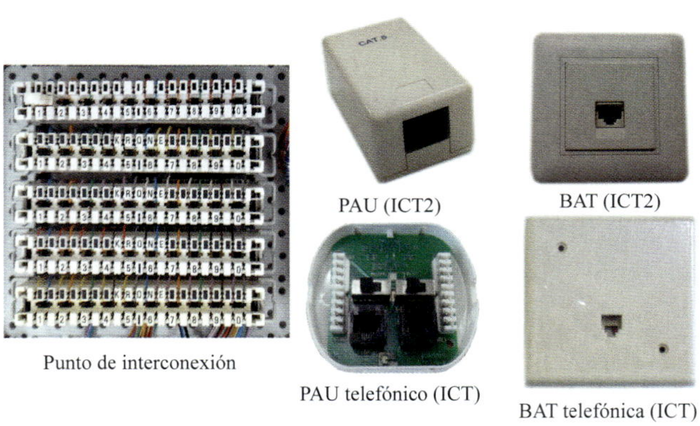

b) Dispositivos utilizados

Figura 7.3. *Configuración ICT del bucle de abonado.*

Dependiendo del reglamento de la infraestructura común de telecomunicaciones en el que se basa la instalación, ICT (reales decretos 401/2003 y 279/1999) o ICT2 (Real Decreto 346/2011), la configuración de la red interior de usuario será diferente y los dispositivos utilizados también.

Sabías que...

Tanto el PTR como el PAU incorporan elementos que separan la red interior de abonado de la red, con lo que puede interrumpirse manualmente el suministro a la red de usuario para la localización de averías.

7.1.3. Servicios de telecomunicaciones de banda ancha

Las **redes telefónicas convencionales** fueron diseñadas inicialmente para transmitir solo voz, pero, con la mejora de las líneas de transmisión y la digitalización de las centrales de telefonía, se añadieron servicios de banda ancha, que permiten la transmisión de datos. La principal tecnología que permite el acceso a los servicios de **telecomunicaciones de banda ancha** sobre la red de telefonía básica es **ADSL** *(asymmetric digital subscriber line).*

Con la técnica ADSL, el bucle de abonado de telefonía se comparte para el servicio de voz y el acceso a los servicios de banda ancha, tal y como se muestra en la Figura 7.4. La línea de transmisión se divide en tres canales diferentes: uno **para la voz** (0-4 kHz), un **canal de subida,** que se utiliza para enviar datos desde el usuario hacia la red, y un **canal de bajada,** que se utiliza para enviar datos desde la red hacia el usuario.

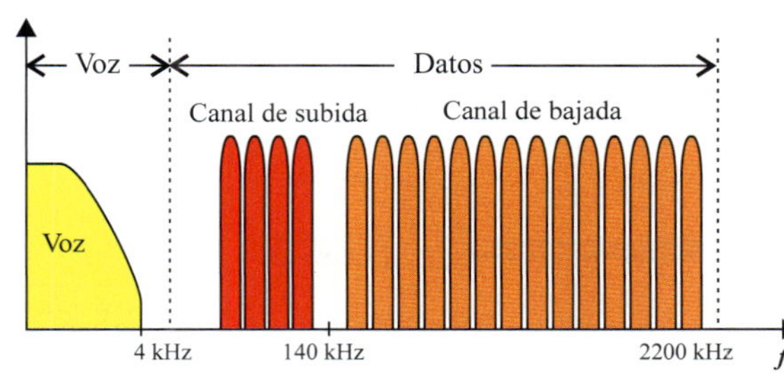

Figura 7.4. *Canales de la tecnología ADSL.*

7.1.4. Red de cables de pares de la ICT

En la Figura 7.5 se muestra el esquema general de principio de la **red de cables de pares** de un edificio. La red del edificio se inicia en el punto de interconexión, donde se conecta la red de alimentación del operador, y finaliza en el PAU, instalado en el interior de la instalación de usuario.

Recuerda

La **red de cables** se utiliza en aquellos edificios en los que la distancia entre el punto de interconexión y el punto de acceso al usuario (PAU) más alejado sea superior a 100 m. En caso contrario se instala una **red de cable de pares trenzados.**

El usuario de una ICT2 accede a los servicios de telefonía básica mediante la **red interior de usuario de cables de pares trenzados,** donde las líneas asociadas a cada usuario se conectan a través de la red de cables de pares del edificio, con uno de los pares de la red de alimentación del operador.

Aunque la ICT2 no lo contempla, en las ICT anteriores se incluye una **instalación interior de usuario de cables de pares.**

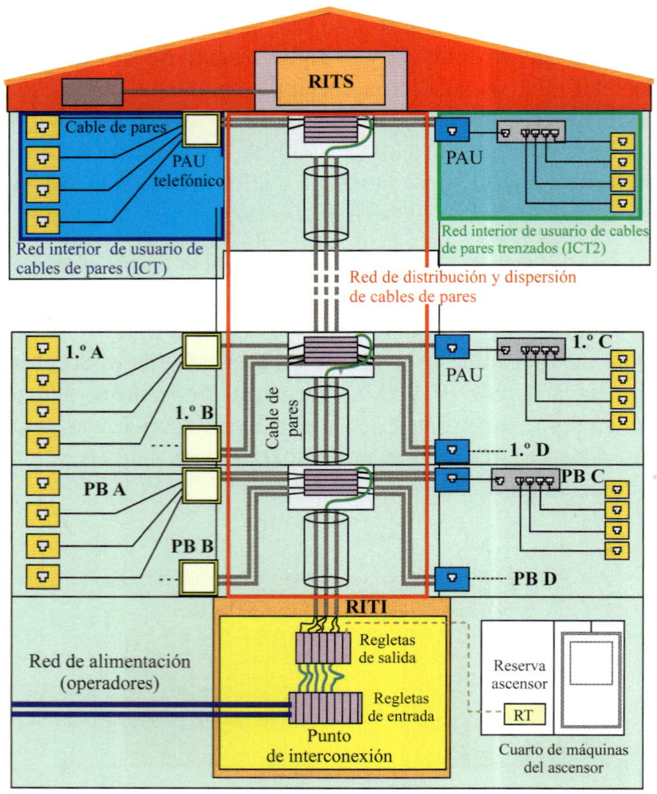

Figura 7.5. *Estructura general de la red de cables de pares de una ICT.*

7.2. Elementos de la red de cables de pares

Los elementos que forman la red de cables de pares de un edifico son el **cable de pares** y los **elementos de conexión** utilizados entre los diferentes tramos de la red.

Además, para la conexión de los cables de pares será necesario utilizar **herramientas específicas.**

7.2.1. Tipos de cables de pares

Los conductores de los **cables de pares,** que se muestran en la Figura 7.6, son de cobre electrolítico recocido de sección circular uniforme. Cada conductor se recubre de un aislante de material plástico para evitar el contacto entre conductores, normalmente polietileno (PE) o policloruro de vinilo (PVC). Una vez aislados todos los conductores, se agrupa un determinado número de pares y se protege el conjunto mediante una cubierta de tipo no propagadora de la llama, libre de halógenos y con baja emisión de humos (LSFH).

Los cables de pares que se instalen en el interior de una ICT deben cumplir los niveles mínimos obligatorios de la clasificación Dca-s2,d2,a2 respecto a su comportamiento de reacción frente al fuego.

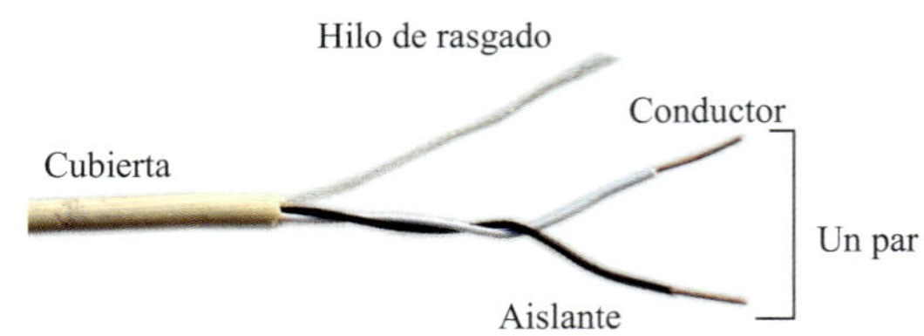

Figura 7.6. *Estructura de un cable de pares.*

En función del **número de conductores** que se agrupan pueden clasificarse dos tipos de cables de pares diferentes: cables de acometida de uno o dos pares y cable multipar.

7.2.2. Cables de acometida

Los **cables de acometida** están formados por uno o dos pares (Figura 7.7). Se utilizan habitualmente para las acometidas de telefonía y en las instalaciones interiores de usuario.

La **cubierta** suele ser de color marfil, pero también los hay de color blanco o negro. La formación de los **pares,** normalmente, se realiza utilizando los colores siguientes:

- **Par 1:** blanco-marrón.
- **Par 2:** rojo-verde.

Los cables de acometida de uno o dos pares utilizados en la red de la ICT pueden ser **de interior** o **de exterior.**

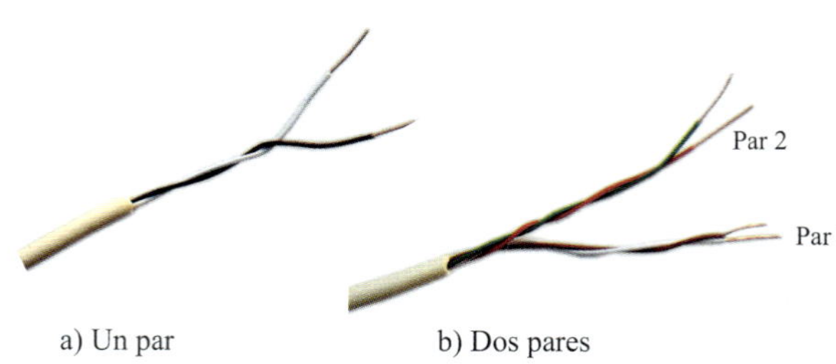

Figura 7.7. *Cable de acometida.*

Sabías que...

El cable de acometida de un par permite la conexión de una línea de telefonía básica (2 hilos). El cable de acometida de dos pares simplifica la instalación, ya que, con un solo cable, pueden conectarse dos líneas directamente al usuario final.

7.2.3. Cables multipar

Cuando es necesario distribuir muchas líneas de manera simultánea a un gran número de usuarios se recurre a un **cable multipar,** como el mostrado en la Figura 7.8. Con este tipo de cable se facilita el tendido y la instalación de los cables de la red.

Figura 7.8. *Cable multipar.*

La **unidad básica** de un cable de pares es de 25 pares, pero una manguera de cable de pares puede incluir varias unidades básicas. En las **instalaciones de ICT** se utilizan los cables de pares de 25, 50, 75 y 100 pares. Cuando se necesitan más de 100 pares se utiliza una combinación de ellos.

En la Figura 7.9 se muestra la **estructura de un cable de pares,** en este ejemplo, de 50 pares.

Cada **unidad básica** está formada por 25 pares de cobre con aislamiento de PVC o PE. El diámetro típico de estos conductores es 0,5 mm aproximadamente.

Cada unidad básica está rodeada por una **lámina de plástico transparente** que agrupa los cables y los separa del resto de las unidades. En su interior se añade una cinta con doble color, denominada **cinta de atado** o **ligadura.** El color de esta cinta permite identificar a cada unidad básica dentro del cable de pares.

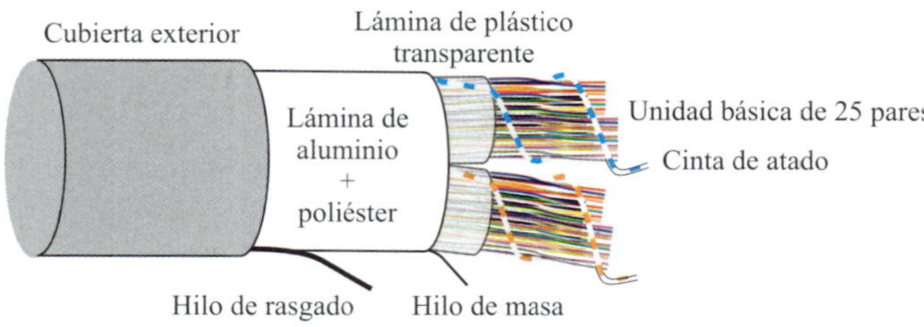

Figura 7.9. *Estructura de cable multipar.*

Una **lámina de aluminio y poliéster** protege a los conductores internos de las interferencias electromagnéticas (pantalla). Esta pantalla metálica puede conectarse a tierra, si es necesario, a través de un **hilo de masa.**

La **cubierta exterior** agrupa y protege todo el conjunto. Dependiendo del material de la cubierta, el cable de pares podrá utilizarse en diferentes tipos de instalaciones:

- **PVC:** instalaciones de interior convencionales.
- **LSFH (material libre de halógenos no propagador de llama):** instalaciones de pública concurrencia, incluyendo las instalaciones de ICT de interior.
- **Polietileno (PE):** instalaciones a la intemperie, incluyendo las instalaciones de ICT exteriores.

El **hilo de rasgado** es de nailon y facilita la eliminación de la cubierta y el pelado de la manguera, tirando de él.

Caso práctico 7.1
Hilo de rasgado

La Figura 7.10 muestra que, con la ayuda del hilo de rasgado, se elimina la cubierta exterior del cable. Para ello:

a) Se corta el extremo de la cubierta del cable hasta localizar el hilo de rasgado.

b y c) Con ayuda de una herramienta, se tira de él hasta descubrir todo el tramo de cubierta que ha de eliminarse.

d) Con una herramienta de corte se elimina la cubierta.

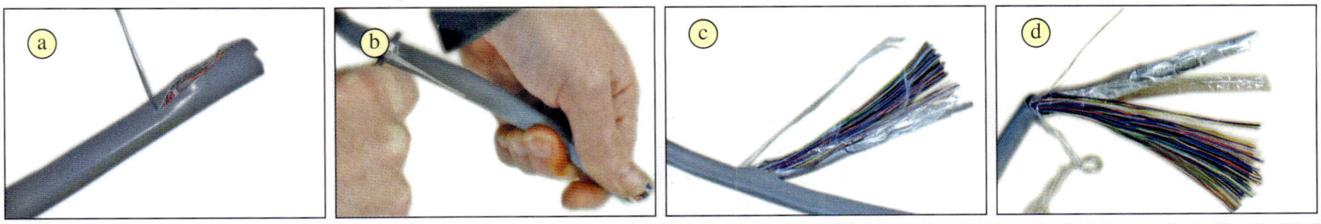

Figura 7.10. *Hilo de rasgado.*

7.2.4. Identificación de pares

Para facilitar las conexiones en las tareas de instalación o mantenimiento se utilizan códigos de colores para identificar los conductores de cada cable de pares.

El **código de colores** normalizado para un cable de 25 pares se muestra en la Figura 7.11.

Código de colores de un cable de 25 pares

Par	Color	Par	Color
Par 1	Blanco-azul	**Par 16**	Amarillo-azul
Par 2	Blanco-naranja	**Par 17**	Amarillo-naranja
Par 3	Blanco-verde	**Par 18**	Amarillo-verde
Par 4	Blanco-marrón	**Par 19**	Amarillo-marrón
Par 5	Blanco-gris	**Par 20**	Amarillo-gris
Par 6	Rojo-azul	**Par 21**	Violeta-azul
Par 7	Rojo-naranja	**Par 22**	Violeta-naranja
Par 8	Rojo-verde	**Par 23**	Violeta-verde
Par 9	Rojo-marrón	**Par 24**	Violeta-marrón
Par 10	Rojo-gris	**Par 25**	Violeta-gris
Par 11	Negro-azul		
Par 12	Negro-naranja		
Par 13	Negro-verde		
Par 14	Negro-marrón		
Par 15	Negro-gris		

Color de la cinta de atado

Unidad 1	Pares 1-25
Unidad 2	Pares 26-50
Unidad 3	Pares 51-75
Unidad 4	Pares 76-100

Figura 7.11. *Código de colores de los cables de pares.*

Cuando es necesario un mayor número de pares, se agrupan en mazos de 25 pares con una **cinta de atado** de un color que identifica el orden. Así, un cable de 100 pares tiene en su interior 4 grupos de 25 pares, enrollados en bandas de colores (cinta de atado) para identificarlos:

- **Unidad 1:** blanco-azul. Envuelve a los pares del 1 al 25.
- **Unidad 2:** blanco-naranja. Envuelve a los pares del 26 al 50.
- **Unidad 3:** blanco-verde. Envuelve a los pares del 51 al 75.
- **Unidad 4:** blanco-marrón. Envuelve a los pares del 76 al 100.

Cada par consta de dos hilos, y el primero de ellos será el formado por el color común al resto de los cables de cada grupo de 5 (blanco, rojo, negro, amarillo y violeta).

Ejemplo 7.1. Identificación de un par por su color

El par 56 (25 + 25 + 6) de un cable de pares es el par 6 de la unidad 3, por lo que la codificación de colores de este par será rojo-azul (6) envuelto en una cinta de atado de colores blanco-verde (unidad 3).

Por otro lado, un par de color amarillo-verde (par 18), envuelto por una cinta de atado de colores blanco-naranja (unidad 2), se corresponde al par 43 (25 + 18) del cable multipar.

7.2.5. Regletas de conexión

Las **regletas de conexión** son los elementos que permiten la conexión de los diferentes tramos de cableado de una red de cables de pares.

Las regletas de conexión para cables de pares (Figura 7.12) están constituidas por un bloque de material aislante provisto de un número variable de terminales. En la ICT se utilizan regletas de 5 y 10 pares.

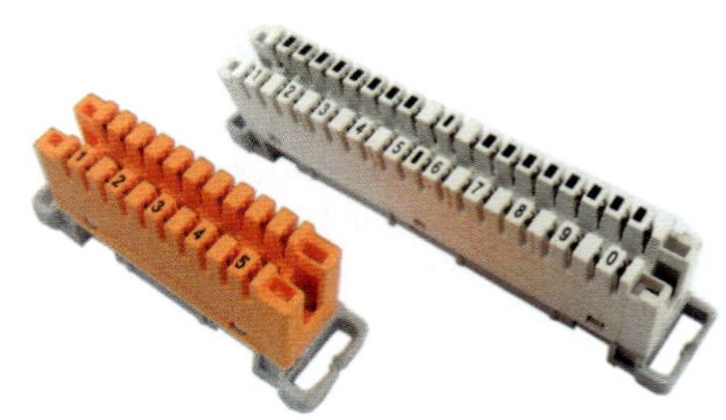

Figura 7.12. *Regletas de conexión.*

Como se muestra en la Figura 7.13, las regletas están divididas por **pares de contactos.** Cada par tiene dos lados de conexión: en un extremo se conecta el **par de entrada** y, en el otro, el **par de salida,** de manera que ambos pares quedan conectados eléctricamente cuando se insertan en su posición.

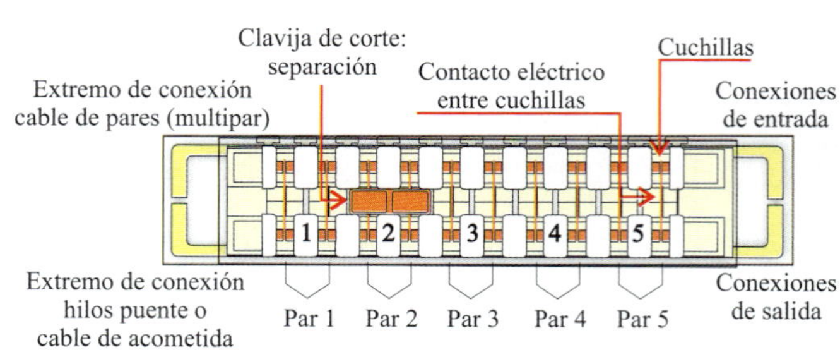

Figura 7.13. *Elementos de una regleta de conexión.*

La conexión se realiza mediante la inserción de cada par con la ayuda de una herramienta especial (herramienta de inserción) en una hendidura, la cual contiene una cuchilla conductora que corta el aislante (conexión por desplazamiento de aislante), por lo que no es necesario realizar previamente el pelado de los cables (Figura 7.14). La cuchilla está en contacto eléctrico con la cuchilla conductora de su lado opuesto, de manera que proporciona continuidad entre los cables conectados en ambos extremos.

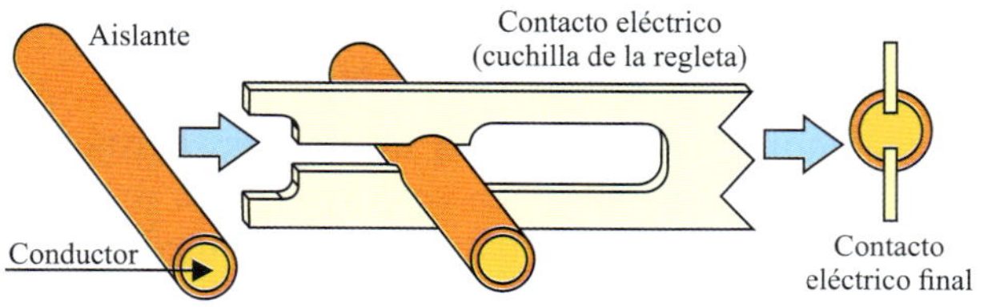

Figura 7.14. *Conexión por desplazamiento de aislante (IDC).*

7.2.6. Soportes

Las regletas se fijan a soportes individuales o múltiples (Figura 7.15) y se instalan directamente en la pared de los registros o se alojan en el interior de cajas de distribución.

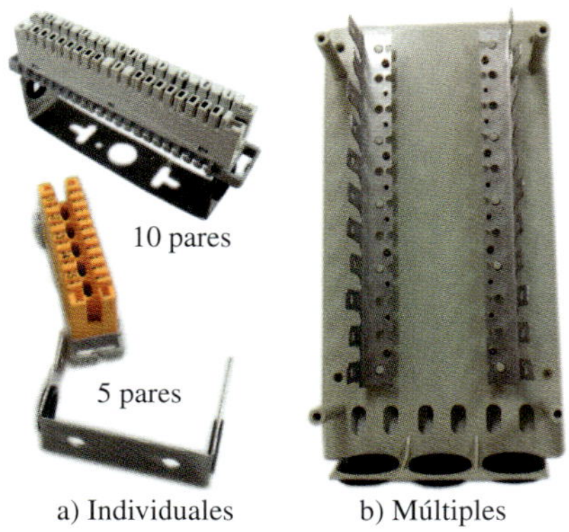

Figura 7.15. *Soportes de regletas.*

7.2.7. Herramienta de inserción

El sistema de conexión de los cables de pares sobre las regletas se realiza por desplazamiento de aislante mediante una **herramienta de inserción** (Figura 7.17).

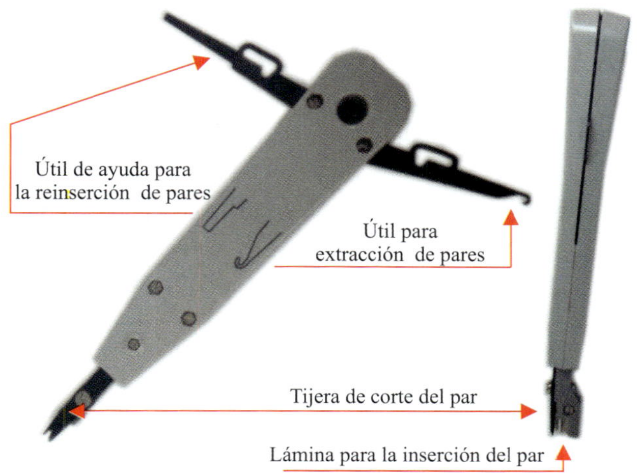

Figura 7.17. *Herramienta de inserción.*

Este útil se utiliza para la inserción de los pares a la regleta mediante presión, pero normalmente también pela, inserta y corta el hilo en la regleta en una sola operación (Figura 7.18a). Puede incluir accesorios para la reinserción de pares cuando quedan mal insertados (Figura 7.18b) y la extracción de cables de la regleta (Figura 7.18c).

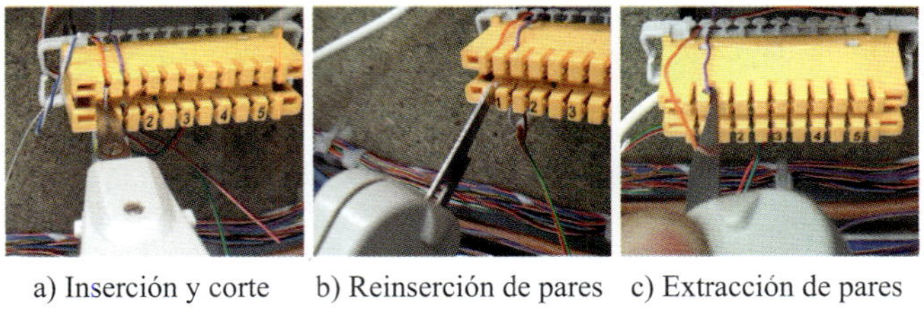

Figura 7.18. *Funciones de la herramienta de inserción.*

Caso práctico 7.2
Montaje y desmontaje de regletas

Los soportes se fijan en la base del registro directamente mediante tornillos (Figura 7.16a). La regleta se fija en el soporte haciendo presión sobre ella (Figura 7.16b) y la tarea de desmontaje se realiza presionando ligeramente hacia afuera, mientras se hace palanca con un destornillador (Figura 7.16c).

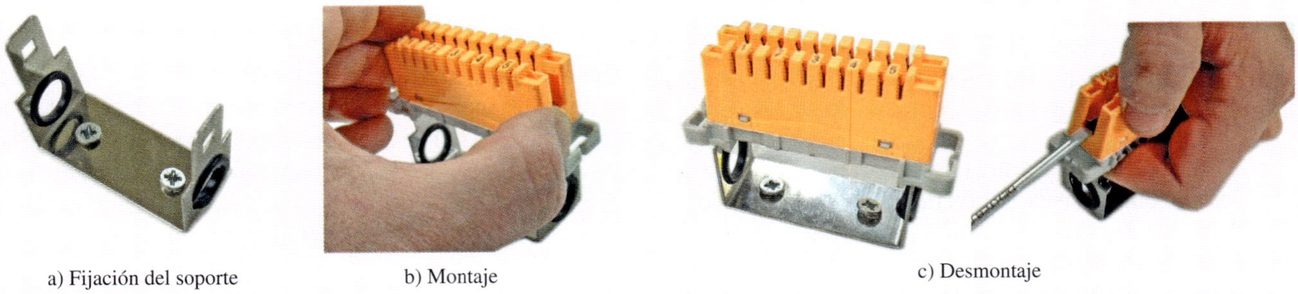

Figura 7.16. *Montaje y desmontaje de regletas.*

Caso práctico 7.3
Conexión de pares en una regleta

El **proceso de conexión** de un par de cables en una regleta se resume en la Figura 7.19:

a) **Selección del par.** Se identifica, utilizando el código de colores, el par que ha de conectarse (Figura 7.19a).

b) **Acomodo manual.** Se adecua manualmente cada uno de los hilos del par en la ranura correspondiente de la regleta, ajustando la longitud sin que sobresalga del punto de conexión y sin necesidad de pelar el cable para descubrir los conductores (Figura 7.19b).

c) **Inserción del par.** Con la herramienta de inserción se presiona el cable hasta que quede sujeto a la regleta, situando la herramienta según se desee el corte (Figura 7.19c).

d) **Acabado final.** Después de la conexión, si es necesario, se elimina el cable sobrante de los pares, que previamente habrá sido cortado con la herramienta de inserción (Figura 7.19d).

Figura 7.19. *Conexión del cable de pares en una regleta.*

7.2.8. Clavija de corte y prueba

La **clavija de corte y prueba** de telefonía que se muestra en la Figura 7.20 es un accesorio que permite realizar medidas sobre la red de cables de pares sin necesidad de desconectar los cables. Está formada por una base con contactos de latón a los que están conectadas unas puntas de prueba de tipo banana. La clavija de prueba dispone de cuatro contactos (dos de entrada y dos de salida) que están numerados para su identificación.

En la Figura 7.21 se muestra el comportamiento entre las conexiones de entrada y de salida de una regleta cuando se utilizan clavijas de corte y prueba. Las clavijas realizan las dos funciones siguientes:

1. **Clavija de corte.** Insertada entre las regletas, separa los contactos de los pares de cada extremo. De esta manera, se desconectan las líneas del proveedor sin necesidad de desconectar los hilos puente.
2. **Comprobación eléctrica de un par.** Permite realizar medidas en ambos extremos de la regleta. Se utilizan como ayuda para realizar las medidas especificadas por la normativa de la ICT (resistencia de aislamiento, resistencia en CC y continuidad).

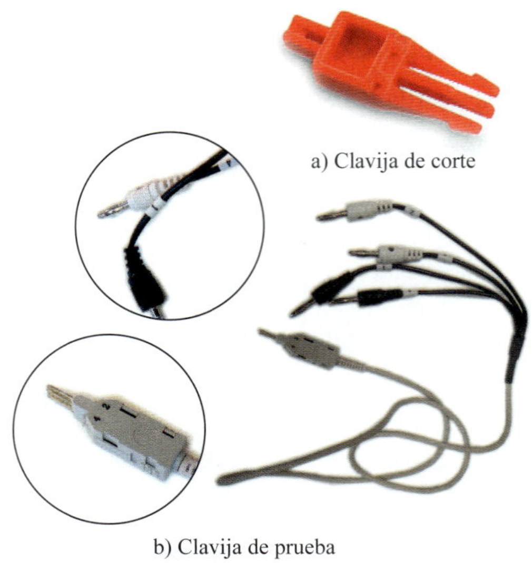

Figura 7.20. *Clavijas de prueba de telefonía.*

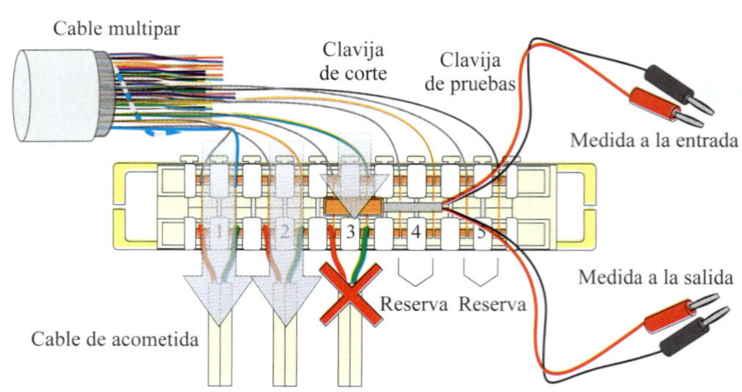

Figura 7.21. *Funcionamiento de las clavijas de prueba.*

7.3. Red de cables de pares de la ICT

Cuando la distancia entre el punto de interconexión de la red y el punto de acceso al usuario más alejado es elevada, no puede instalarse una red de cables de pares trenzados en un edificio, ya que esta red pierde sus prestaciones. Por eso, cuando la distancia entre estos puntos sea superior a 100 m (Figura 7.22) se recurrirá a instalar una **red de cables de pares.**

El acceso a los servicios de telefonía se realiza mediante un cable de acometida de un par que se conecta con la línea analógica del proveedor.

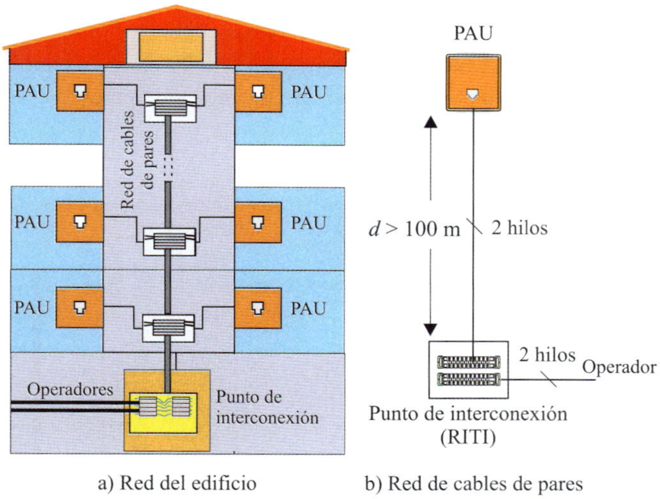

Figura 7.22. *Instalación de la red de cables de pares en un edificio.*

Recuerda

La previsión de la demanda en edificios destinados principalmente a viviendas es de dos cables de acometida de un par por vivienda y tres acometidas por local u oficina. Si solo se conoce la superficie destinada a locales u oficinas la previsión será de una acometida por cada 33 m² útiles, como mínimo.

7.3.1. Red de distribución

La **red de distribución** está formada por los cables de pares que prolongan los cables de la red de alimentación, distribuyéndolos por el edificio para poder dar el servicio a cada posible usuario.

La red de distribución parte del **punto de interconexión** situado en el registro principal que se encuentra en el RITI y, a través de la **canalización principal,** enlaza con la red de dispersión en los **puntos de distribución** situados en los registros secundarios.

La cantidad de líneas que han de instalarse (número de pares) en la red de distribución quedará reflejado en el proyecto técnico y dependerá de la previsión de la demanda de los usuarios, teniendo en cuenta que el número teórico de pares por instalar debe asegurar una reserva suficiente para prever posibles averías de algunos pares o alguna desviación por exceso en la demanda de líneas.

La **topología de la red de distribución de cables de pares** dependerá del número de acometidas de la red de dispersión del edificio:

- Red de dispersión del edificio >30 pares.
- Red de dispersión del edificio ≤30 pares.

Sabías que...

El acceso a los servicios de telefonía básica se realiza mediante un conductor de cobre de dos hilos, ya sea utilizando los dos conductores centrales de un cable de pares trenzados (red de cables de pares trenzados) o un cable de acometida de un par (red de cables de pares).

Recuerda

Conocida la previsión de la demanda se dimensionará la red de distribución multiplicando la cifra de demanda prevista por el factor 1,2, lo que asegura una reserva suficiente para prever posibles averías de alguna acometida o alguna desviación por exceso en la demanda de acometidas. En el proyecto técnico vendrá especificado en detalle el cálculo del número teórico de pares que ha de instalarse en la red de distribución, así como el resto de las características de la red, indicando los materiales que el instalador de telecomunicaciones debe instalar.

Edificios con una red de dispersión >30

La Figura 7.23 muestra la estructura típica de la red de cables de pares de un edificio. En edificios grandes, con una red de dispersión superior a 30 pares, la **red de distribución** se realiza con **cables multipar,** cuyos pares estarán todos conectados en las regletas de salida del punto de interconexión.

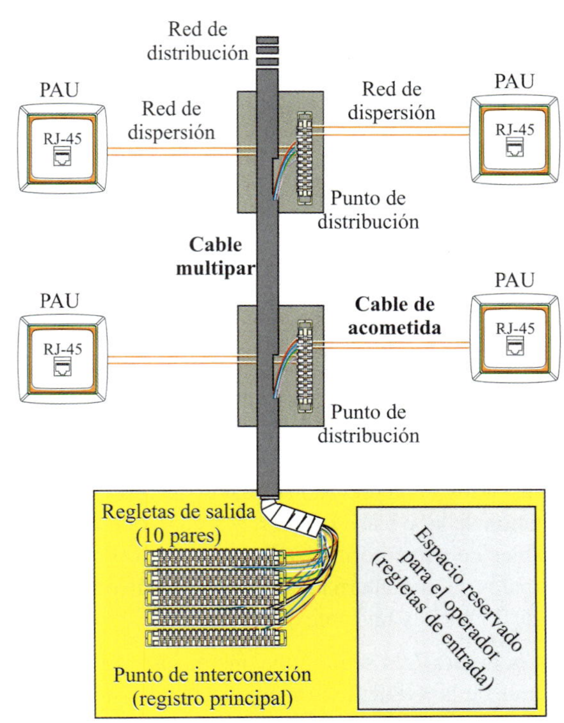

Figura 7.23. *Red de cables de pares de la ICT (red de dispersión >30).*

Cuando la red de distribución se realiza con **cable multipar,** se utilizará un cable multipar o una combinación de cables multipares suficientes que cubra el número de pares necesario para la red de distribución.

En la Tabla 7.1 se muestran los cables de **pares normalizados** de la red de distribución que han de utilizarse en función del número de pares necesarios *(N)*. Se utilizará el cable normalizado de capacidad igual o superior a dicho valor, o combinaciones de varios cables, teniendo en cuenta que, para una distribución racional, el cable máximo será de 100 pares. Como se observa, siempre debe utilizarse la combinación del mínimo número de cables de pares normalizados (25, 50, 75 y 100 pares).

Tabla 7.1. Cables de pares normalizados de la red de distribución

N.º de pares *(N)*	N.º de cables	Tipo de cable
$25 < N \leq 50$	1	50 pares [1(50p)]
$50 < N \leq 75$	1	75 pares [1(75p)]
$75 < N \leq 100$	1	100 pares [1(100p)]
$100 < N \leq 125$	2	1(100p) + 1(25p) o 1(75p) + + 1(50p)
$125 < N \leq 150$	2	1(100p) + 1(50p) o 2(75p)
$150 < N \leq 175$	2	1(100p) + 1(75p)
$175 < N \leq 200$	2	2(100p)
$200 < N \leq 225$	3	2(100p) + 1(25p) o 3(75p)
$225 < N \leq 250$	3	2(100p) + 1(50p) o 1(100p) + + 2(75p)
$250 < N \leq 275$	3	2(100p) + 1(75p)
$275 < N \leq 300$	3	3(100p)

Caso práctico 7.4
Selección de un cable de pares normalizado de la red de distribución

El número teórico de pares que ha de instalarse en un edificio es de 105 *(N)*. Este número incluye la previsión de la demanda de los usuarios y una previsión de cables de reserva del 20 %. En función de la Tabla 7.1 ($100 < N \leq 125$), deben instalarse dos cables de pares normalizados: uno de 100 pares y otro de 25 pares. Como alternativa, puede utilizarse también un cable de 75 pares y un cable de 50 pares.

En la Figura 7.24 se propone una de las soluciones. Los 125 pares de la red de distribución se conectan a las 13 regletas de 10 pares del punto de interconexión.

En ningún caso pueden utilizarse tres cables, como, por ejemplo, dos cables de 50 pares y uno de 25 pares, ya que no se utilizaría el mínimo número de cables de pares.

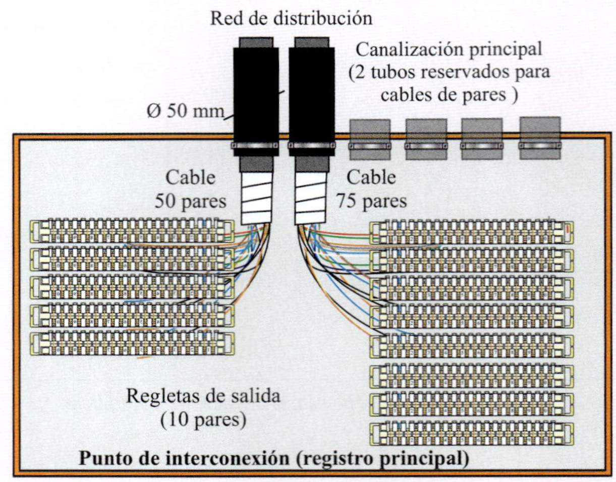

Figura 7.24. *Selección de los cables multipar de la red de distribución.*

Edificios con una red de dispersión ≤30

En la Figura 7.25 se muestra un ejemplo típico de esta tipología de distribución.

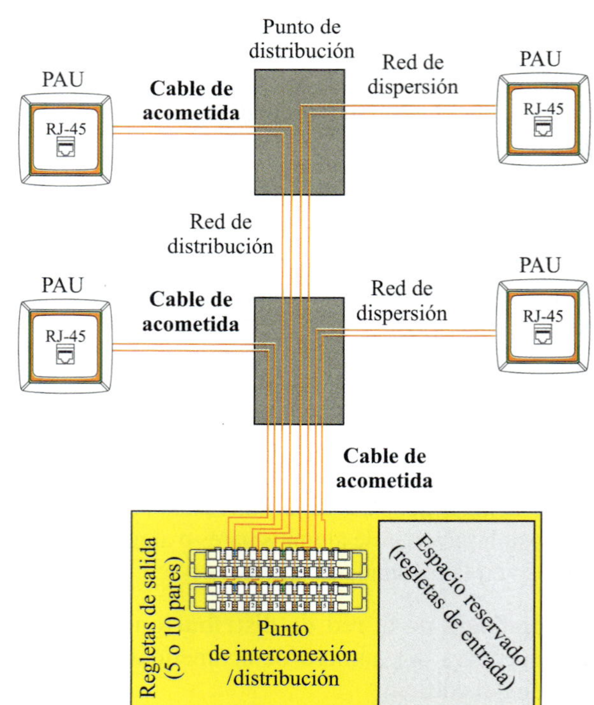

Figura 7.25. *Red de cables de pares de la ICT (red de dispersión ≤30).*

En los edificios con una red de distribución y dispersión inferior o igual a 30 pares, la **red de distribución** puede realizarse directamente con **cable de acometida** de uno o dos pares desde el punto de interconexión instalado en el registro principal. De esta manera, los cables de uno o dos pares de la red de distribución y dispersión discurren de paso por los **puntos de distribución** hasta el PAU de cada vivienda, local comercial u oficina.

7.3.2. Punto de interconexión

El **punto de interconexión** une las redes de alimentación de los operadores con la red del edificio.

El punto de interconexión (Figura 7.26) se instala en el **registro principal de cables de pares,** en el interior del recinto de instalaciones de telecomunicación inferior (RITI), del edificio y está formado por dos conjuntos de regletas de conexiones:

1. **Regletas de entrada:** regletas que instalan los operadores de telecomunicaciones para finalizar sus redes de alimentación.
2. **Regletas de salida:** regletas donde se conectan los cables de pares de la red de distribución del edificio.

a) RITI b) Registro principal de cables de pares

Figura 7.26. *Punto de interconexión de la red de cables.*

Todos los operadores que accedan al edificio deben utilizar la misma red de distribución. Para dar continuidad a las redes de alimentación hasta la red de distribución de la edificación en función de los servicios contratados por los distintos usuarios se utilizan **hilos puente,** que conectan las regletas de entrada de cada operador con las regletas de salida del edificio (Figura 7.27).

El punto de interconexión sirve como **medio de corte y punto de prueba,** ya que, al desconectar el hilo puente con ayuda de una clavija de corte y prueba, puede comprobarse, cuando existe una avería, en qué parte de la red se genera, delimitando así las responsabilidades en cuanto a la generación, localización y reparación de averías entre la comunidad de propietarios y el proveedor.

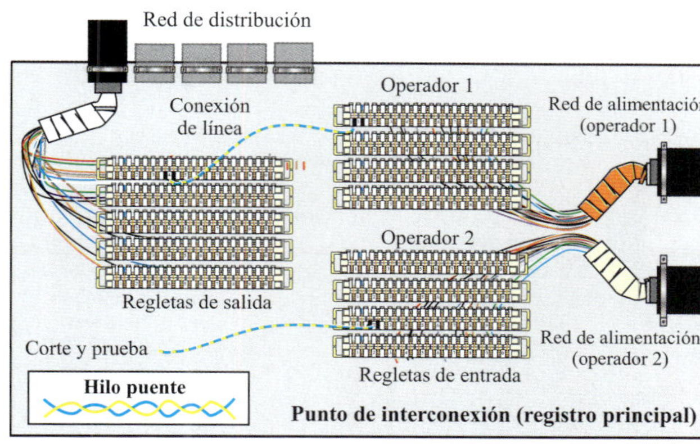

Figura 7.27. *Hilo puente.*

Sabías que...

Los hilos puente, formados por dos conductores de cobre recocido de 0,6 mm de diámetro pareados, se utilizan para realizar conexiones entre las regletas que forman los repartidores de entrada y de salida.

Regletas de salida

Las **regletas de conexión de salida** están formadas por tantas parejas de contactos como pares constituya la red de distribución del edificio, es decir, en el punto de interconexión se conectan todos los pares del cable multipar utilizado en la red de distribución, aunque algunos de ellos no se utilicen.

Cuando la red de distribución sea de cables multipar, en el punto de interconexión, siempre se utilizarán regletas de conexión de 10 pares (Figura 7.28a).

Cuando la red de dispersión y distribución es menor o igual a 30 pares, el punto de interconexión realiza también las funciones de punto de distribución, ya que se instalan directamente los cables de acometida. En este caso, la capacidad de las regletas que han de instalarse puede ser de 5 o de 10 pares en número suficiente para conectar todos los cables de acometida (Figura 7.28b).

En el punto de interconexión se debe realizar la previsión de la reserva de una acometida de cable de pares, como mínimo, por ascensor.

La previsión de la demanda que se haga para los ascensores estará en consonancia con la normativa específica aplicable a este tipo de instalaciones, en particular por razones de seguridad (línea de seguridad del ascensor). Aunque no está prevista la instalación inicial de la **línea de seguridad del ascensor,** ya que dependerá de los servicios contratados por la comunidad, será necesaria la reserva necesaria de conexiones de pares en las regletas de salida del punto de interconexión, por si fuera necesaria la instalación de estas acometidas por el tubo de la canalización reservada para este fin.

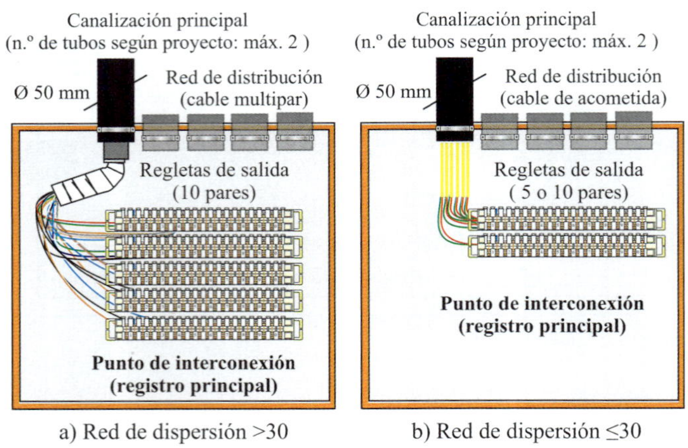

Figura 7.28. *Regletas de salida.*

Regletas de entrada

En el registro principal (punto de interconexión) debe reservarse espacio suficiente para albergar las regletas de entrada que utilizarán los operadores para la conexión de los pares de sus redes de alimentación.

Se considera que pueden dar servicio a cada edificio dos operadores de telecomunicación diferentes, por lo que cada uno instalará en el espacio reservado sus regletas y, por lo tanto, su instalación y mantenimiento serán su responsabilidad.

7.3.3. Punto de distribución

El **punto de distribución** de la red de cables de pares, ubicado en el registro secundario, está formado por regletas de conexión, en las cuales terminan, por un lado, los pares de la red de distribución y, por otro, los cables de acometida de la red de dispersión. En este punto pueden utilizarse regletas de 5 pares o regletas de 10 pares (Figura 7.29).

El número de regletas de conexión de los puntos de distribución debe ser suficiente para agotar con holgura toda la posible demanda de la planta correspondiente, incluyendo **pares de reserva.** Para ello, en cada una de las plantas, se segregan los cables de la red de distribución que se necesitan para cubrir la demanda de cada planta, conectándose a las regletas de conexión del punto de distribución, donde se establece la conexión con la red de dispersión.

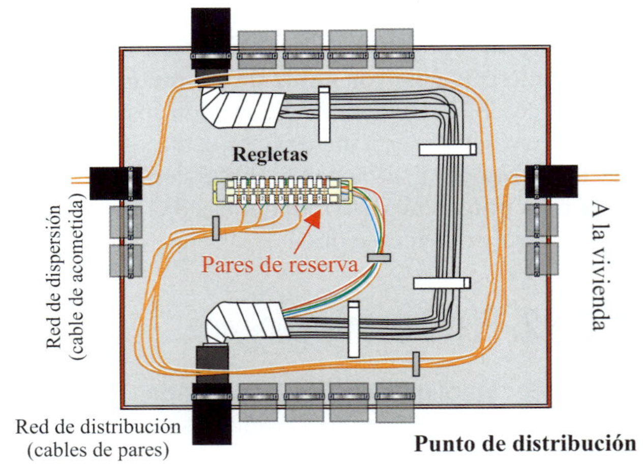

Figura 7.29. *Punto de distribución (red de dispersión >30).*

En los edificios con una **red de distribución y dispersión inferior o igual a 30 pares,** el punto de interconexión realiza también la función de punto de distribución, ya que la red se realiza con cable de uno o dos pares desde el registro principal hasta los PAU. En este caso, los cables discurren de paso en el registro secundario hacia las viviendas de cada planta o hacia el resto de las plantas según sea el caso (Figura 7.30).

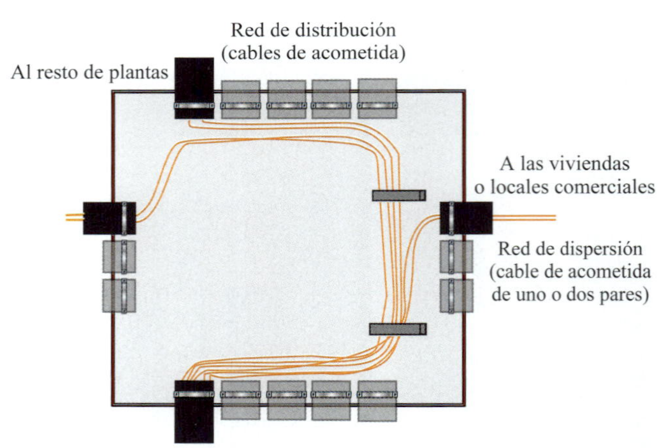

Figura 7.30. *Registro secundario (red de dispersión ≤30).*

Caso práctico 7.5
Punto de distribución

El punto de distribución se instala en el **registro secundario** de cada planta, como en el ejemplo de la Figura 7.31, donde el punto de distribución está formado por dos regletas de cinco pares. En estas dos regletas se conectarán los pares segregados de la red de distribución que darán servicio a los usuarios de cada planta y los pares segregados que quedarán de reserva para su uso futuro si es necesario. En total, este punto de distribución puede proporcionar hasta un máximo de 10 líneas a los usuarios de la planta a la que da servicio.

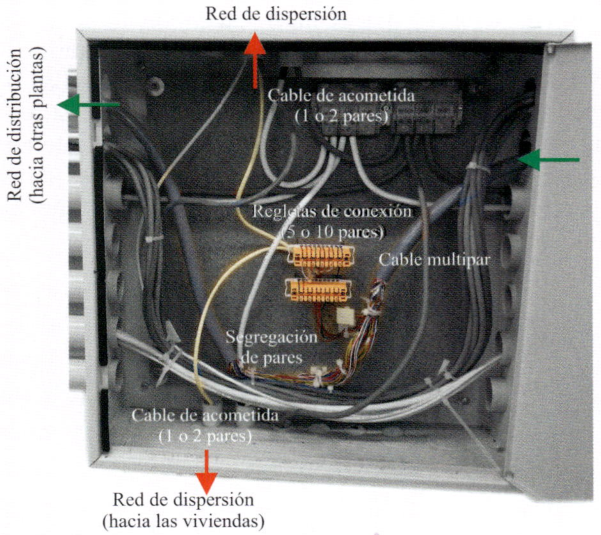

Figura 7.31. *Ejemplo de punto de distribución.*

7.3.4. Red de dispersión

La **red de dispersión** parte de los puntos de distribución, situados en los registros secundarios, y, a través de la canalización secundaria, enlaza con la red interior de usuario en los **puntos de acceso al usuario (PAU),** situados en los registros de terminación de red de cada vivienda, local o estancia común.

Deben instalarse los cables de pares de acometida que cubran la demanda prevista, tal y como se muestra en la Figura 7.32, que se conectarán al correspondiente terminal de la regleta del punto de distribución y terminarán en el PAU de cada vivienda en la roseta correspondiente.

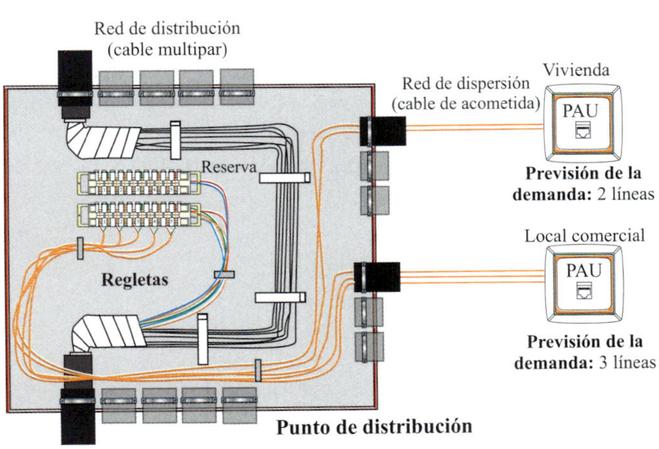

Figura 7.32. *Red de dispersión >30.*

En los edificios pequeños (red de dispersión ≤30), la red de dispersión parte directamente desde el registro principal, a través de la canalización principal y de la canalización secundaria, utilizando cable de acometida de uno o dos pares hasta el PAU del usuario (Figura 7.33).

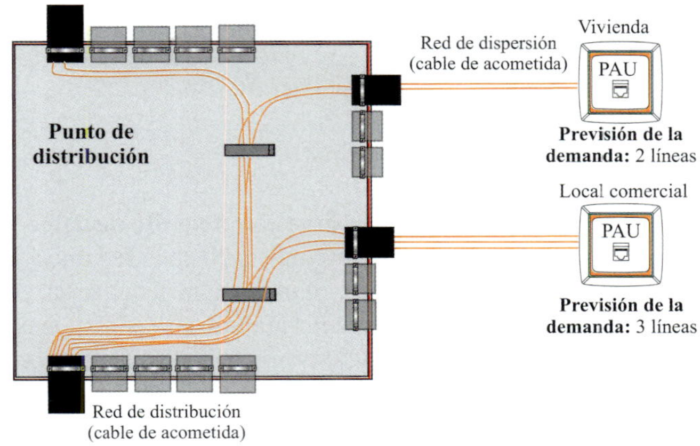

Figura 7.33. *Red de dispersión ≤30.*

7.3.5. Punto de acceso al usuario (PAU)

El **PAU (punto de acceso al usuario)** es el dispositivo que une la red de dispersión del edificio con la red interior de usuario de la ICT. Se ubica en el registro de terminación de red situado en el interior de cada vivienda, local o estancia común (Figura 7.34).

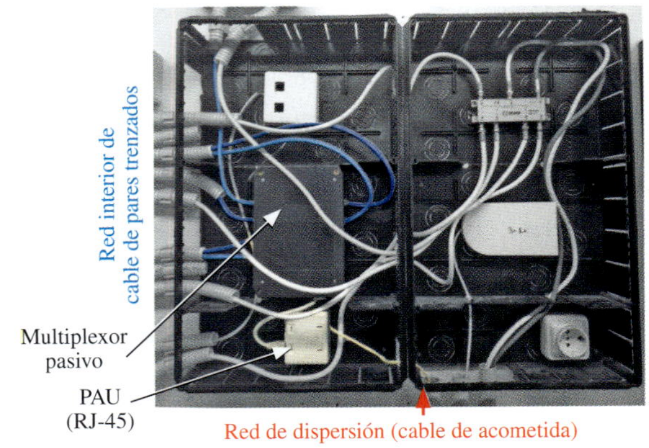

Figura 7.34. *PAU en el interior del registro de terminación de red (RTR).*

En la red de cables de pares, al igual que en la red de cables de pares trenzados, la función de PAU la realiza un **conector RJ-45 hembra,** de categoría 6 como mínimo. El cable de acometida de la red de dispersión se termina en los contactos 4 y 5 de este conector (Figura 7.35). Este PAU permite la conexión de la red de cables de pares del edificio con la red interior de usuario de cables de pares trenzados de cada vivienda o local.

Figura 7.35. *PAU ICT2 (Real Decreto 346/2011).*

El conector RJ-45 del PAU sirve como **medio de corte y punto de prueba,** ya que, al desconectarlo de la red interior de usuario, permite comprobar, cuando existe una avería, en qué parte de la red se genera, delimitando así las responsabilidades entre la comunidad de propietarios y el usuario.

7.3.6. Instalación interior de usuario

En la ICT2 no existe red interior de usuario de cables de pares. La red interior de usuario que se utiliza es la **red interior de cables de pares trenzados.**

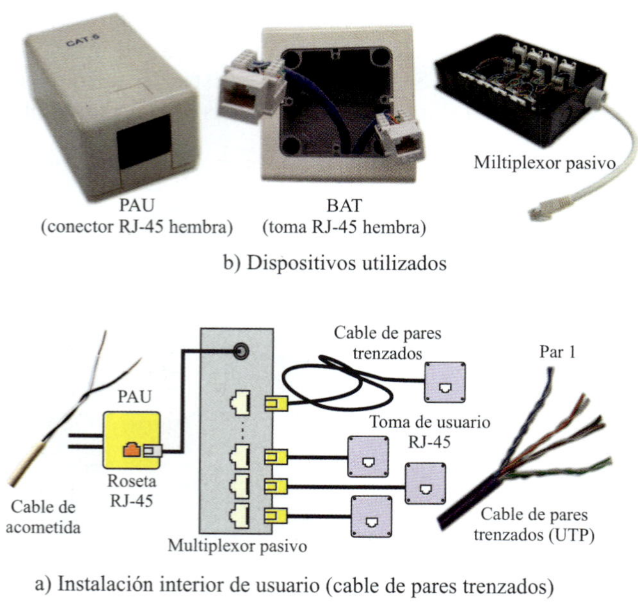

Figura 7.36. *Instalación interior de usuario de cables de pares trenzados.*

En la Figura 7.36 se muestra un ejemplo de aplicación. Al usuario de una vivienda le llegan dos cables de acometida de la red de cables de pares, según la previsión de la demanda.

Una de las acometidas de la red de dispersión se conecta en los contactos 4 y 5 del conector RJ-45 hembra del PAU. El PAU proporciona continuidad entre la red interior y la red de dispersión a través del multiplexor pasivo. Las BAT de la instalación están formadas por tomas de usuario con conectores RJ-45 hembra. A pesar de que la red interior es de cables de pares trenzados (4 pares), solamente se utilizará el par 1, conectado entre los pines 4 y 5 de los conectores RJ-45 de la toma de usuario.

7.4. Red de cables de pares de la ICT (Real Decreto 401/2003)

En los edificios de nueva construcción la instalación de la red de cables de pares se realiza según la ICT2 (Real Decreto 346/2011), mientras que, en los edificios ya construidos hasta la entrada en vigor de este reglamento, la instalación se habrá realizado según el reglamento de ICT vigente en el momento de la construcción del edificio.

Por lo tanto, la mayoría de las redes de ICT instaladas en los edificios antes de la entrada en vigor del Real Decreto 346/2011 (ICT2) estarán diseñadas según el reglamento de la ICT definido en los **reales decretos 401/2003** y **279/1999 (ICT).**

7.4.1. Red de cables de pares

La estructura de las redes de acceso mediante cables de pares definida en los reales decretos 401/2003 y 279/1999 (ICT) no difiere significativamente de la definida en el Real Decreto 346/2011, y se utilizan los mismos elementos en la red de distribución y de dispersión.

En este caso, tal y como se muestra en la Figura 7.37, la red de distribución y red de dispersión de una ICT es independiente del reglamento de la ICT. La diferencia entre las redes se encuentra en el tipo de PAU utilizado y la red de interior de usuario.

Sabías que...

La red interior de usuario de cables de pares trenzados se utiliza para todas las tecnologías de acceso: red de cables de pares, red de cables de pares trenzados y red de fibra óptica. La única excepción es la red de cable coaxial, que tiene su propia red interior de usuario.

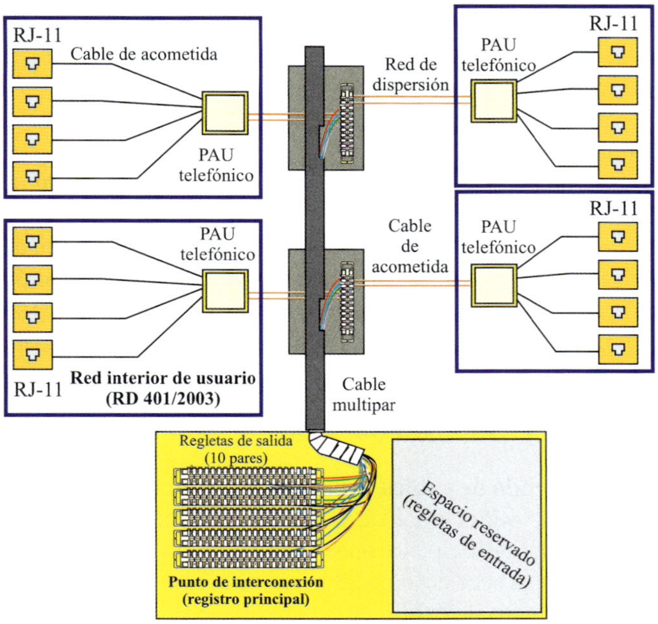

Figura 7.37. *Red de cables de pares de una ICT según el Real Decreto 401/2003.*

7.4.2. PAU telefónico

La red de cables de pares de una ICT (**Real Decreto 401/2003**) finaliza en un PAU telefónico, donde se inicia la red interior de usuario, también de cables de pares.

Un **PAU telefónico** es un dispositivo cuya función es seleccionar uno de los cables de acometida de la red de dispersión que llegan a la instalación y distribuir en estrella la red interior de usuario hasta las BAT. En las viviendas, cuya demanda prevista es de dos líneas, el PAU dispone de una o dos entradas y tantas salidas como BAT se necesiten en la instalación.

El PAU telefónico, que se muestra en la Figura 7.38, permite la delimitación de responsabilidades en cuanto a mantenimiento entre la comunidad de propietarios y el usuario final. Para ello, dispone de clavijas de prueba e interruptores de corte, que permiten la desconexión de la red interior de usuario de la red del edificio (aislamiento de las líneas de entrada y las líneas de salida).

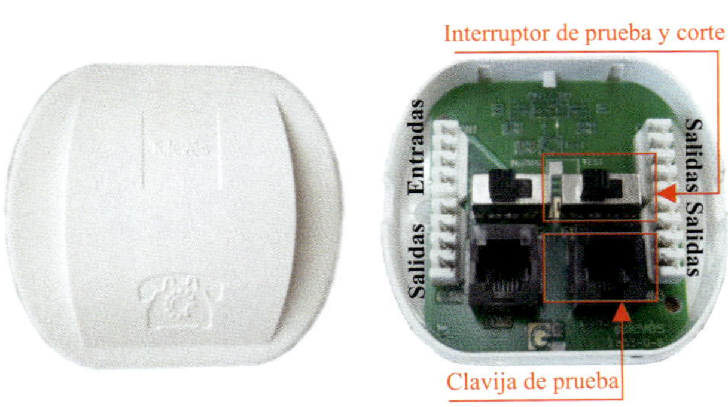

Figura 7.38. *PAU de la ICT (PAU telefónico).*

7.4.3. Red interior de usuario

La red interior de usuario para el acceso a los servicios de telefonía y de telecomunicaciones de banda ancha definida en el Real Decreto 401/2003 está formada por cables de acometida interior de uno o dos pares, que se inicia en el PAU telefónico situado en el registro de terminación de red, y, a través de la canalización interior de usuario configurada en estrella, finaliza en las **tomas de usuario (BAT)** situadas en los registros de toma.

En la Figura 7.39a se muestra la estructura de la **red interior de usuario de cable de pares.** A cada vivienda, local comercial y oficina le llega un número de cables de acometida según la demanda prevista.

Las **tomas de usuario** de la red interior de cables de pares están formadas por rosetas con conectores **RJ-11 hembra** (Figura 7.39b).

El **PAU telefónico** que se muestra en la Figura 7.39c permite elegir una de las dos líneas previstas en la red de dispersión (línea 1), dejando una de reserva (línea 2), y distribuye en estrella la instalación interior hasta cada una de las BAT. El número de salidas asociado a la línea principal (línea 1), en este ejemplo, es de 5.

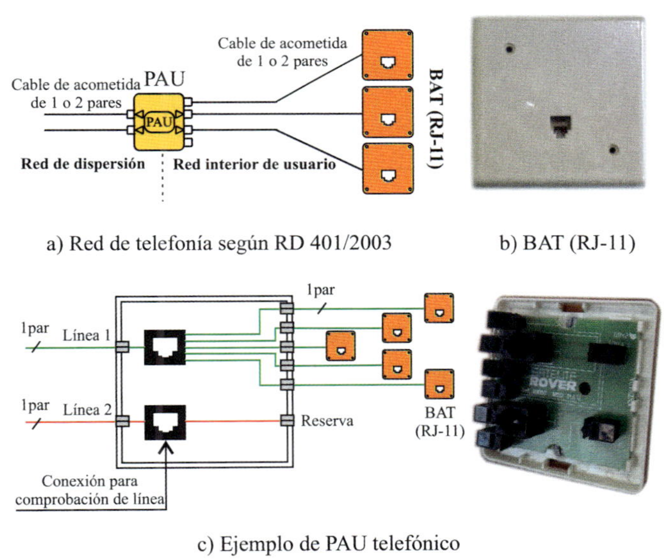

Figura 7.39. *Red interior de usuario según el Real Decreto 401/2003.*

7.4.4. BAT

La **BAT** o **toma de usuario** de la red interior de cables de pares está formada por un conector hembra denominado **RJ-11,** donde se conecta el terminal del usuario.

En el Real Decreto 401/2003 se establece la instalación de una BAT por cada dos estancias o fracción de una vivienda, excluidos baños y trasteros, de manera que, a diferencia de la ICT2, no todas las estancias tienen BAT. En la Figura 7.40a se muestra un ejemplo de instalación interior en la que la vivienda tiene 5 estancias computables y se instalan 3 tomas de usuario.

El **conector RJ-11** utilizado por la toma de usuario está formado por 6 contactos o vías (Figura 7.40b), de los cuales los 2 contactos centrales, que se corresponden con los contactos 3 y 4 (L1 y L2), son los destinados a las señales de voz en los servicios de telefonía. Cuando se conectan a la línea telefónica no importa el orden de conexión, ya que el terminal telefónico tiene un circuito de detección de polaridad. Actualmente, todos los teléfonos utilizan 4 hilos que se conectan a la BAT a través de un conector RJ-11 macho. La función de cada terminal es la siguiente:

- ***Tip:*** transmisión de la señal.
- ***Ring:*** recepción de la señal.
- ***Slave:*** reserva y aplicaciones especiales.
- ***Ground:*** tierra.

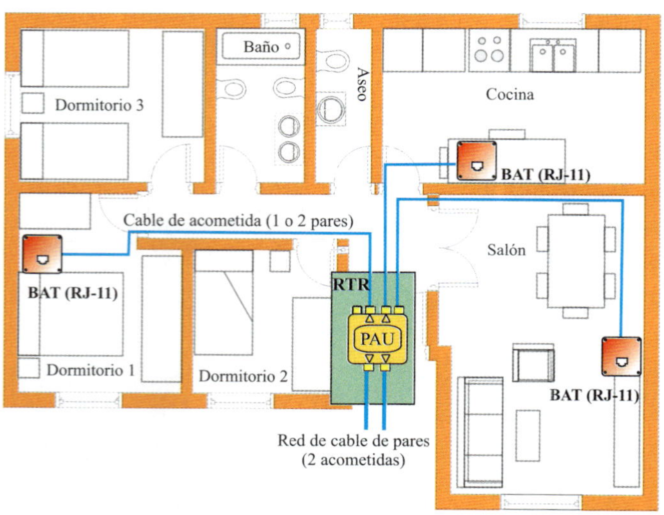

a) Red interior de cable de pares

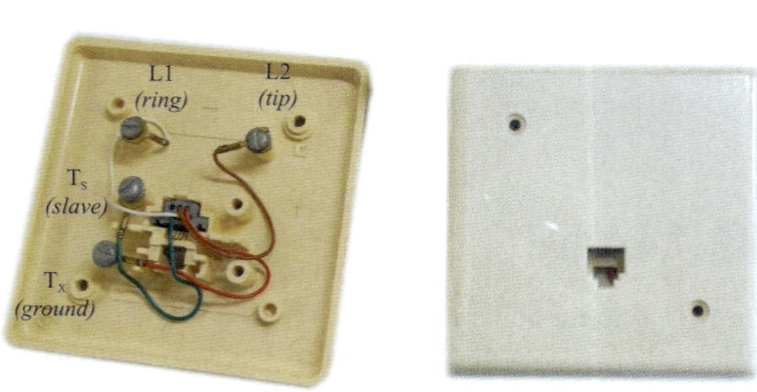

b) BAT (roseta RJ-11)

Figura 7.40. *BAT de telefonía.*

7.5. Instalación de la red de cables de pares de una ICT

La instalación de la red de cables de pares en un edificio se resume en los siguientes pasos: tendido del cable multipar de la red de distribución, instalación de los pares del cable multipar en el punto de interconexión, segregación y conexión de los pares de la red de distribución en el punto de distribución e instalación y conexión de los cables de acometida según la demanda prevista en cada planta al PAU de cada usuario.

7.5.1. Tendido de cables

Para el **tendido de cables,** la canalización principal de la ICT reserva uno o dos tubos de Ø 50 mm para la red de cables de pares del edificio, ya que, dependiendo de la demanda prevista, será necesario instalar varios cables multipar o diferente número de cables de acometida (hasta 30).

En la Figura 7.41 se resume el proceso de tendido de la red de cables de pares por la infraestructura. La instalación

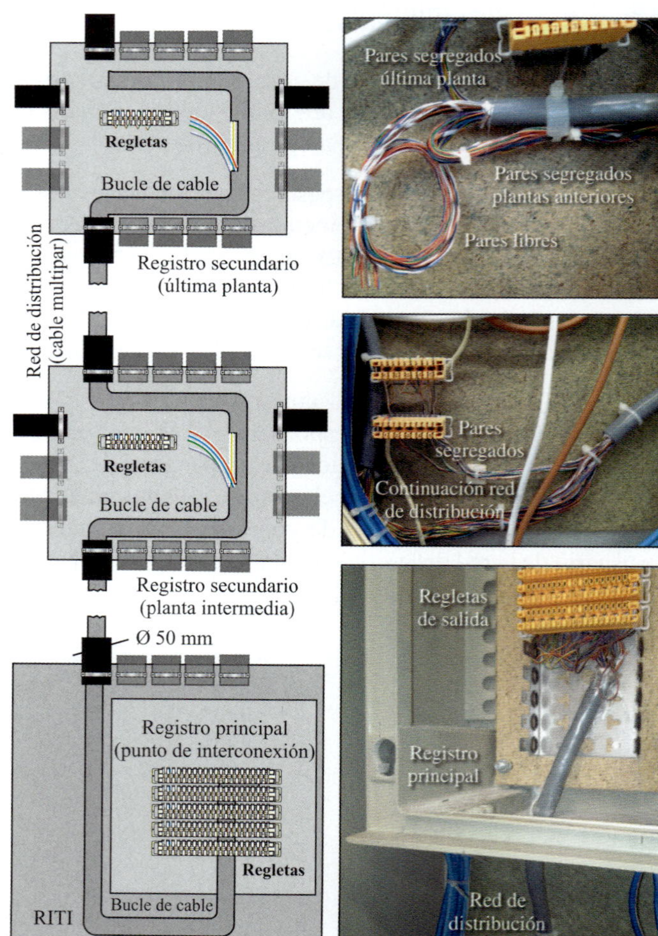

Figura 7.41. *Instalación del cable multipar.*

del cable por la canalización principal se realiza con la ayuda del hilo guía, canalizando el cable desde el registro principal del RITI y pasando por cada registro secundario hasta el registro secundario de la última planta.

Una vez instalado el cable multipar en la canalización principal, de paso por todos los registros secundarios, el cable se fija mediante bridas y se pela la cubierta que dará servicio a cada planta, por lo que es necesario segregar en cada registro secundario los pares que se necesiten, retirándolos del cable multipar.

En cada planta se dejará una coca de cable para trabajar holgadamente, con los cables segregados.

En el registro de la última planta será necesario dejar longitud de cable de reserva adecuada.

Cuando la red de distribución se realiza con cables de acometida, la instalación se simplifica, ya que los cables de acometida parten directamente del punto de interconexión al PAU de cada vivienda.

7.5.2. Instalación del punto de interconexión

En las regletas de salida del **punto de interconexión** deben conectarse todos los cables de la red de distribución, tanto si está formada por cables de acometida como si lo está por cables multipares.

Cada uno de los terminales de una regleta (Figura 7.42) tiene un lado (conexiones de entrada) preparado para conectar los conductores del cable de pares, ya que las **guías** que incorpora facilitan la organización de los pares del cable, y el otro lado (conexiones de salida) estará dispuesto de tal forma que permita el conexionado de los cables de acometida o de los hilos puente, según el caso. Estas últimas se corresponden con la parte de serigrafía que enumera los pares.

Figura 7.42. *Regleta de conexiones.*

Caso práctico 7.6
Instalación y montaje del punto de interconexión (cable y regletas)

En la Figura 7.43 se muestra un ejemplo de instalación de las regletas de 10 pares del punto de interconexión.

Los soportes para regletas se fijan directamente sobre la pared, en el fondo del registro o armario, según el caso, y se atornillan. También pueden instalarse sobre la base de un cofre.

Durante la instalación, es importante dejar una **coca de cable,** es decir, cable adicional en forma de espira o bucle, antes de realizar las conexiones, de manera que se tiene cable adicional para futuras conexiones, que permite, además, el fácil mantenimiento de la instalación.

La última regleta se fija a su soporte antes de la instalación del cable de pares. La conexión de los pares en el punto de interconexión se realiza correlativamente de arriba abajo, identificando cada par por su código de colores.

Cuando estén conectados todos los pares de la regleta se añade la siguiente y se repite el proceso hasta conectar todos los pares de la red de distribución.

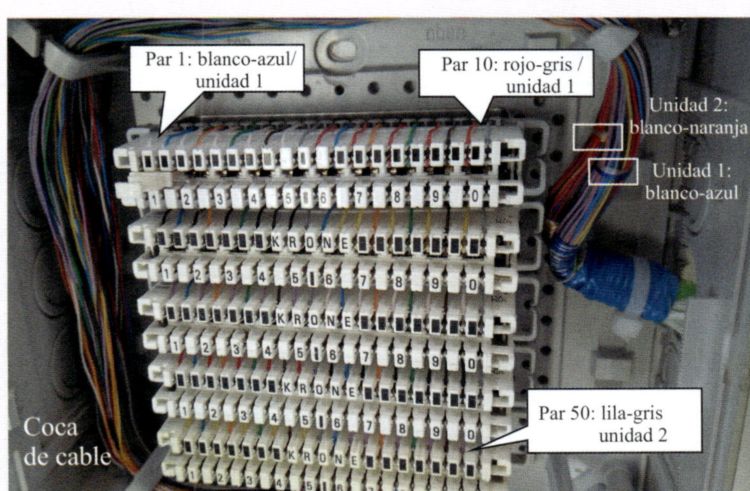

Figura 7.43. *Instalación del punto de interconexión.*

7.5.3. Plan de asignación de pares del punto de interconexión

Cada una de las conexiones de las regletas del punto de interconexión debe estar etiquetada, identificando al PAU al que está conectada.

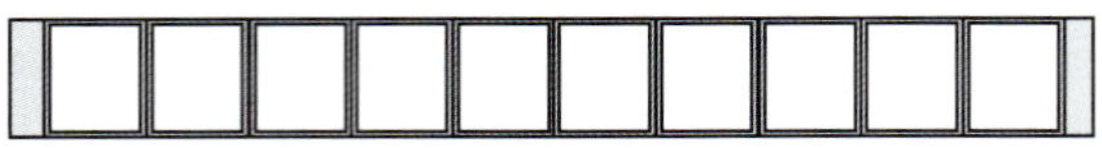

a) Carátula identificadora

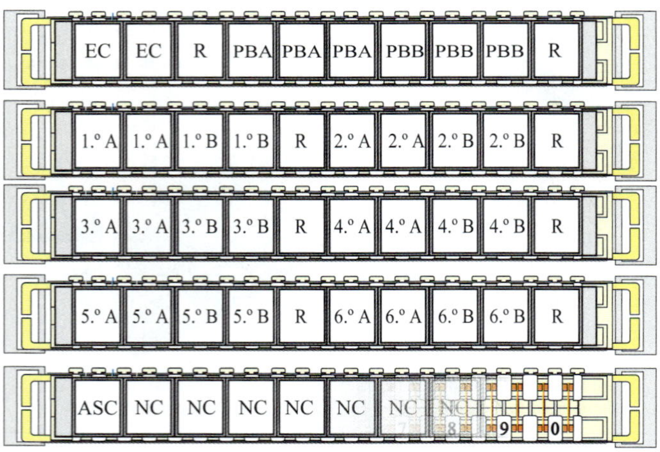

b) Ejemplo de plan de asignación de pares

Figura 7.44. *Identificación de las conexiones.*

Los **pares** que parten del punto de interconexión pueden clasificarse de la manera siguiente:

- **Pares utilizados para dar continuidad a la red.** Están conectados en el PAU de las viviendas.
- **Pares de reserva (R).** No están conectados a las viviendas, pero se segregan en cada planta del edificio y se conectan a las regletas del punto de distribución para su disposición, si es necesario, cuando alguno de los pares conectados se deteriora o un usuario necesita más líneas de las instaladas.
- **Pares libres (NC).** Llegan a la última planta de la instalación sin conectar y que no se segregan por plantas. Su objetivo es estar disponibles si los pares de reserva de la instalación son insuficientes, aprovechándolos cuando sea necesario.

El **plan de asignación de pares** figurará en el regletero del registro principal, de manera que se identificará fácilmente la asignación de cada conexión de las regletas de salida (par del cable) con su lugar de instalación (PAU al que da servicio). Para la identificación pueden utilizarse **carátulas identificadoras,** que se insertan a presión encima de las regletas, tal y como se muestra en la Figura 7.44.

7.5.4. Instalación del punto de distribución

En el **punto de distribución** se segregan los pares necesarios para cada planta y se conectan a la entrada de las regletas en orden correlativo.

En este punto suelen utilizarse **regletas de 5 o 10 pares.**

La salida de las regletas se conecta con el cable de acometida de la red de dispersión, de acuerdo con el plan de asignación de pares.

Los **pares de reserva** se conectan a la entrada de las regletas, dejando así su salida sin conexión.

Caso práctico 7.7
Instalación del punto de distribución

En la Figura 7.45 se muestra un ejemplo de punto de distribución de la red de cables de pares, formado por 2 regletas de 5 pares.

Las regletas se fijan con su soporte directamente mediante tornillos en la placa de material aislante (madera o plástico) del fondo del registro secundario.

En el punto de distribución, los contactos de entrada de cada regleta se conectan a los pares segregados de la red de distribución y los contactos de salida se conectan a los cables de acometida que discurren hacia el PAU de cada usuario.

Para mantener el orden y facilitar el tendido de los cables en el registro se utilizan bridas u otros **elementos de sujeción** (hembrillas y grapas de sujeción), que fijarán el cable al fondo del registro.

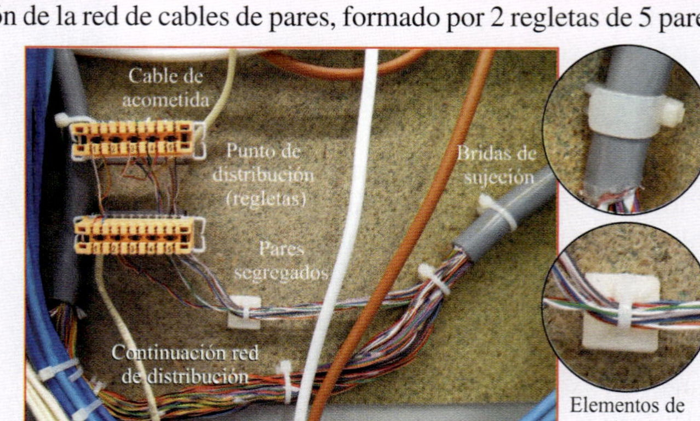

Figura 7.45. *Fijación del cable en el registro secundario.*

El proceso de conexión de los pares en las regletas de punto de distribución se resume en los dos pasos de la Figura 7.46:

a) **Instalación del par del cable multipar.** Se segrega el par que ha de conectarse de la manguera de cables y se inserta en el par de entrada de la regleta que corresponda. También se segregan y conectan los pares de reserva.

b) **Instalación del cable de acometida.** Se prepara el cable de pares eliminando la cubierta que lo protege, sin que sea necesario pelar los cables individuales. En el caso de utilizar cable de acometida de dos pares hay que seleccionar el par que ha de conectarse. El par seleccionado se inserta en el par de salida de la regleta que corresponda.

En ambos casos, la conexión de los pares se realiza adecuándolos manualmente en las ranuras de las regletas y se insertan mediante la herramienta de inserción, que, además, corta el cable sobrante de la regleta.

a) Conexión del cable segregado

b) Conexión del cable de acometida

Figura 7.46. *Conexión del punto de distribución.*

7.5.5. Instalación de la red de dispersión y el PAU

El número de cables de acometida de cada usuario dependerá de la previsión de la demanda realizada, normalmente dos líneas en el caso de viviendas.

Para la distribución de los cables de acometida a cada usuario (Figura 7.47) se utilizan los tubos de la **canalización secundaria** reservados para la red de cables de pares:

- En el **tramo de acceso al usuario,** la canalización secundaria se comparte con la red de fibra óptica.
- En el **tramo comunitario** de la canalización secundaria, uno de los tubos se destina de manera exclusiva a la red de cables de pares.

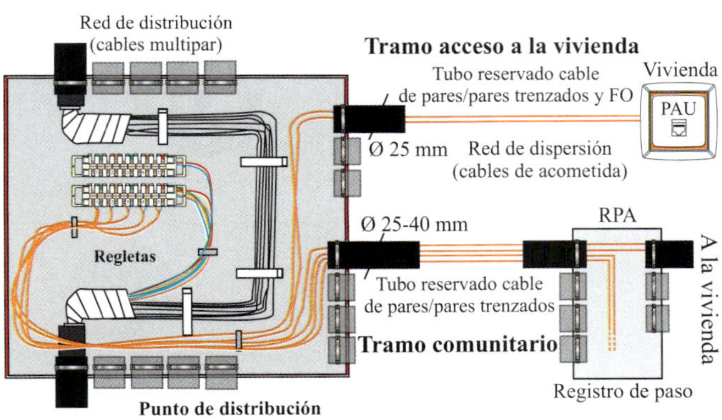

Figura 7.47. *Instalación de la red de dispersión.*

Los cables de la red de dispersión finalizan en el PAU instalado en el RTR de cada vivienda. Como mínimo, es necesario instalar un PAU en cada vivienda, local comercial u oficina.

Caso práctico 7.8
Instalación del PAU

Independientemente de la demanda prevista, como instalación inicial, solo se conecta uno de los cables de acometida al conector RJ-45 del PAU.

En el ejemplo de la Figura 7.48 se muestra la conexión de un cable de acometida de dos pares, en el conector RJ-45 hembra del PAU. Una de las líneas de acometida de la red de dispersión que llegan al registro de terminación queda de reserva y la otra se conecta al PAU.

El par seleccionado se conecta a los terminales 4 y 5 del conector.

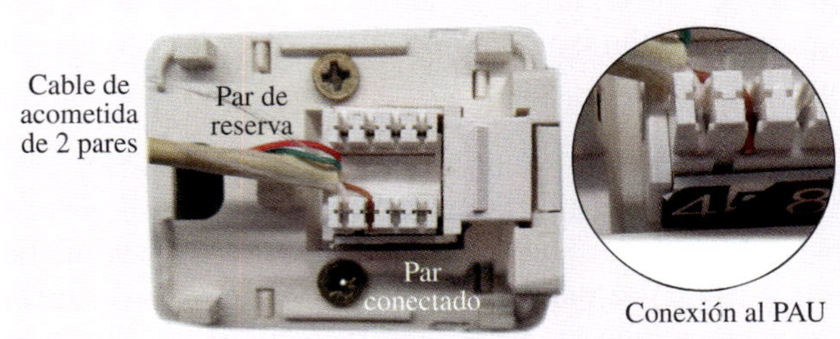

Figura 7.48. *Instalación del PAU.*

7.6. Comprobación de la instalación

Una vez finalizada la instalación, el instalador de telecomunicaciones debe verificar que la instalación se ha ejecutado de manera correcta y que, por lo tanto, funciona adecuadamente.

Para ello, debe completar el **protocolo de pruebas** de la instalación y realizar las medidas y comprobaciones que se indican para certificar que la red cumple con los requisitos establecidos en la normativa.

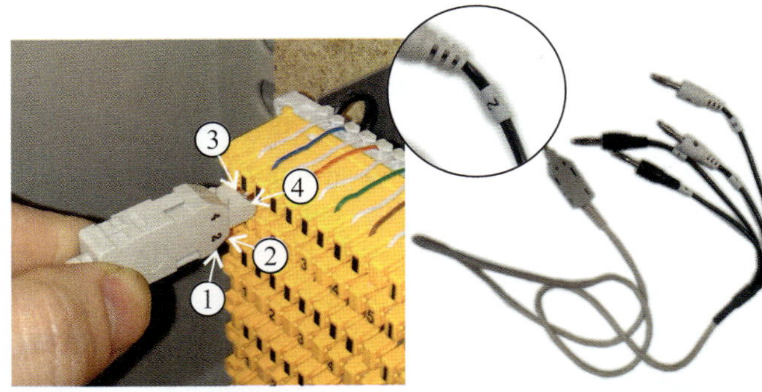

Figura 7.49. *Utilización de una clavija de corte y prueba para realizar las medidas.*

7.6.1. Protocolo de pruebas de la ICT

Las siguientes comprobaciones deben realizarse sobre todos los pares de la red de distribución y quedarán reflejadas en el protocolo de pruebas:

- **Identificación y continuidad extremo a extremo de las conexiones.** Se comprobará la continuidad de los pares de las redes de distribución y dispersión y su correspondencia con las etiquetas de las regletas, mediante un generador de señales de baja frecuencia o de corriente continua en un extremo y un detector o medidor adecuado en el otro extremo.
- **Resistencia en corriente continua.** La resistencia óhmica en corriente continua, medida entre cada dos conductores de las redes de distribución y dispersión, cuando se cortocircuitan los contactos 4 y 5 del correspondiente conector roseta en el PAU, no deberá ser mayor de 40 Ω.
- **Resistencia de aislamiento.** La resistencia de aislamiento de todos los pares de las redes de distribución y dispersión, medida con 500 V de tensión continua entre los conductores de los pares de dichas redes o entre cualquiera de estos y tierra, no debe ser menor de 100 MΩ.

Las medidas se realizarán desde las regletas de salida del punto de interconexión con ayuda de una **clavija de corte y prueba,** que separa la salida de las regletas de entrada del proveedor al mismo tiempo que permite la conexión del equipo de medida.

En la Figura 7.49 se utiliza una clavija de corte y prueba para realizar comprobaciones en el par 1 de la primera regleta. La clavija sirve para conectar el equipo de medida (puntos 3 y 4) al par bajo comprobación (blanco-azul) al mismo tiempo que se separan los contactos del otro extremo de la regleta (puntos 1 y 2), en el caso de que las líneas de telefonía estuvieran operativas.

7.6.2. Resistencia de aislamiento

La **resistencia de aislamiento** es la resistencia eléctrica que presentan dos partes activas de una instalación separadas por un aislante. Como esta resistencia, salvo defectos de aislamiento, es de un valor elevado, se utiliza como unidad de medida el MΩ (10^6 Ω). Esta prueba debe realizarse con un medidor de aislamiento.

El **medidor de aislamiento** o **megóhmetro** es un equipo que permite comprobar el nivel de las corrientes de fuga de una instalación. Su principio de funcionamiento es el mismo que el de un óhmetro, pero la tensión de prueba a la que se somete la instalación para la medida de la resistencia de aislamiento es elevada.

En la Figura 7.50 se muestra un medidor de aislamiento, con el que pueden realizarse también la prueba de resistencia óhmica y la de continuidad.

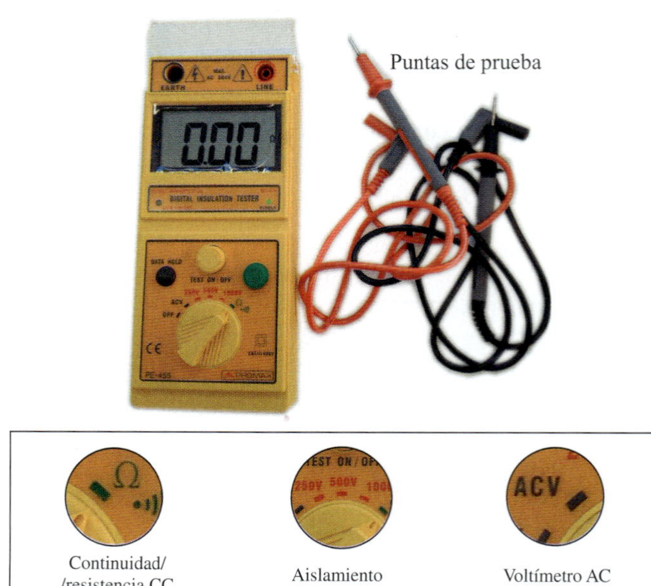

Figura 7.50. *Medidor de aislamiento.*

Justificación de la medida

Como no existe ningún aislante perfecto, cuando se somete un conductor a una diferencia de potencial, pueden aparecer corrientes de fuga (Figura 7.52), ya sea por insuficiencia de aislamiento o por su deterioro. Este defecto de aislamiento se traduce como una corriente de fuga, que puede provocar sobrecalentamiento de los conductores y es la causa de cortocircuitos o incendios.

La **medida de la resistencia de aislamiento** se realiza con corriente continua utilizando un medidor de aislamiento capaz de suministrar una **tensión de prueba de 500 V,** tal y como se muestra en la Figura 7.51. El resultado de la medida garantiza que el aislamiento del cable es correcto y las corrientes de fuga suficientemente pequeñas.

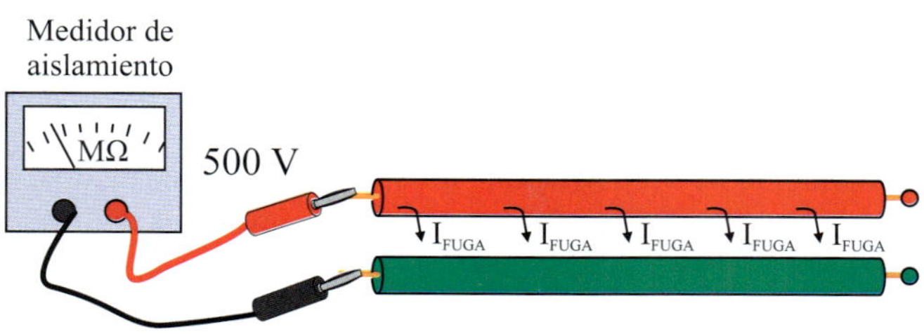

Figura 7.51. *Medida de la resistencia de aislamiento.*

7.6.3. Medida de la resistencia de aislamiento

La medida de la resistencia de aislamiento se realizará para todos los pares en las regletas de salida, situadas en el registro principal del RITI.

Los **conectores RJ-45 del PAU** deben estar vacantes, es decir, desconectados del multiplexor pasivo y de la red interior de usuario. Los pares de reserva y los pares libres no están conectados a ningún circuito, por lo que no es necesario tomar ninguna precaución especial al realizar la medida sobre ellos.

En la Figura 7.53 se representa la medida de la resistencia de aislamiento. Antes de la prueba es necesario desconectar todos los equipos de la instalación, para impedir que la tensión de prueba dañe a los dispositivos, y desconectar cualquier fuente posible de tensión, como, por ejemplo, la línea de la compañía.

La medida se realizará sobre las puntas de la clavija de corte y prueba. En estas condiciones, se conecta el medidor de aislamiento en la posición de la regleta del registro principal que corresponde al par bajo prueba. Tras seleccionar en la escala de tensión del medidor de aislamiento el valor 500 V, se realiza la medida.

En cualquier caso, la **resistencia de aislamiento de los pares** de las redes de distribución y dispersión no debe ser menor de 100 MΩ.

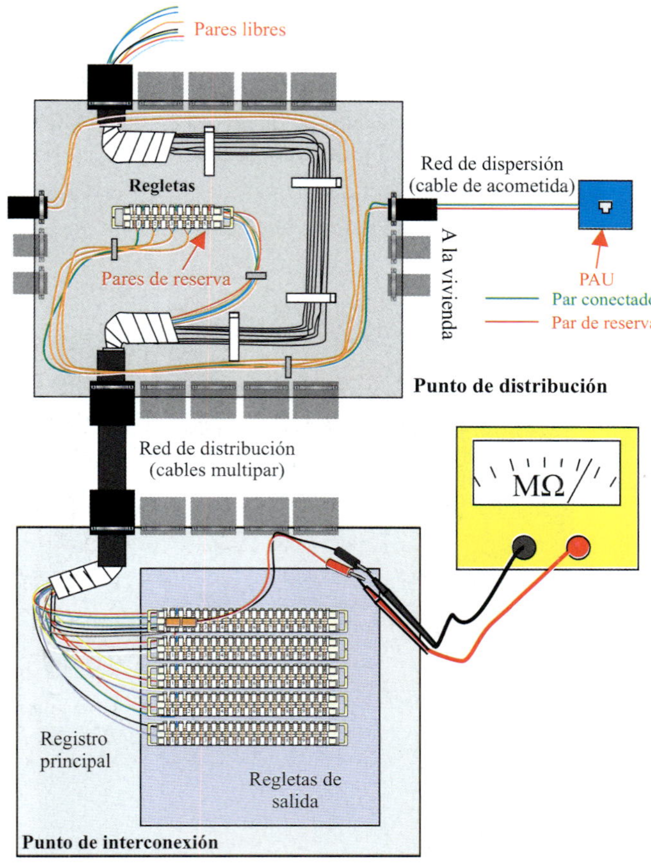

Figura 7.53. *Medida de la resistencia de aislamiento.*

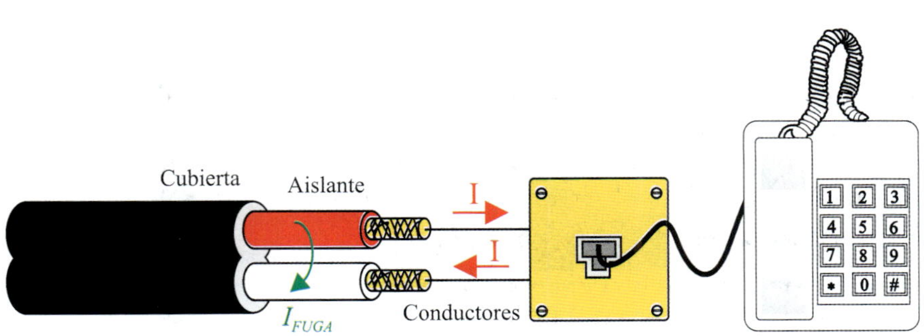

Figura 7.52. *Aislamiento entre conductores.*

Caso práctico 7.9
Medida de la resistencia de aislamiento

La **medida de la resistencia de aislamiento** debe realizarse sobre todos los pares de la instalación, desde las regletas de salida hasta el PAU. En la Figura 7.54 se muestra el proceso de medida:

1. Se selecciona como tensión de prueba 500 V en el medidor de aislamiento girando el selector rotativo de función. Con la ayuda de una clavija de corte y prueba, se conectan las puntas del instrumento de medida al par de la regleta de salida que ha de comprobarse.
2. Para realizar esta medida hay que dejar vacante la salida del PAU, es decir, hay que desconectar cualquier dispositivo conectado.
3. Una vez realizada aparecerá en la pantalla el valor de la resistencia de aislamiento en MΩ.

La resistencia de aislamiento (R_{ISO}) de los cables es muy grande y aumenta a medida que la longitud del cable se reduce, al ser menores las corrientes de fuga producidas. Por lo tanto, en la mayoría de las ocasiones, la medida de la resistencia de aislamiento será mayor que el **fondo de escala del equipo de medida.**

Tal y como se muestra en la Figura 7.55a, el equipo no muestra una medida de resistencia de aislamiento, ya que es superior al fondo de escala del equipo de medida utilizado, que es de 2000 MΩ. Por lo tanto, el resultado muestra una medida que cumple los requisitos del protocolo de pruebas (R_{ISO} > 100 MΩ), ya que la resistencia de aislamiento es superior a 2000 MΩ.

En el resultado de la Figura 7.55b se muestra una medida de aislamiento de 0,22 MΩ, que no cumple con la normativa. Este resultado prueba un defecto de aislamiento, provocado seguramente por la conexión defectuosa de los pares en la regleta.

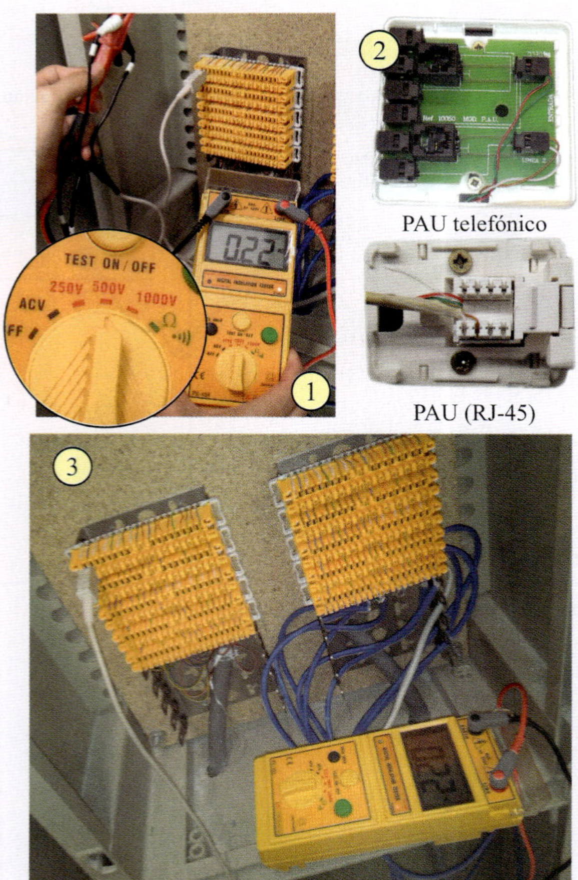

Figura 7.54. *Medida de la resistencia de aislamiento.*

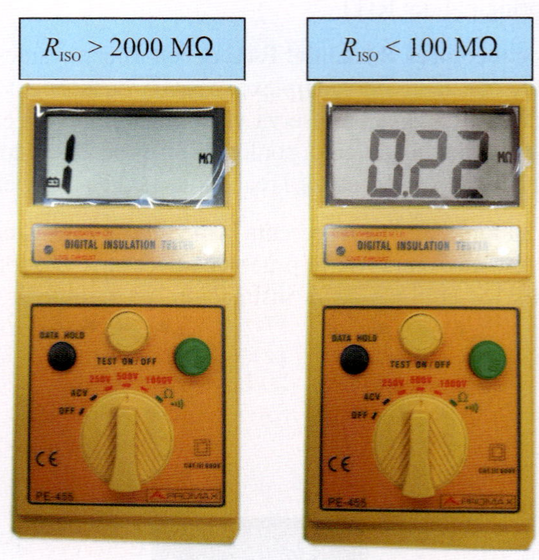

Figura 7.55. *Medidas de la resistencia de aislamiento (R_{ISO}).*

7.6.4. Identificación y continuidad extremo a extremo

La **identificación y continuidad extremo a extremo** de las conexiones puede realizarse durante el transcurso de la prueba de resistencia en corriente continua.

Esta prueba verifica que el plan de asignación de pares establecido coincide con la conexión real de los pares a cada usuario:

- Si, durante la medida de la resistencia óhmica en el PAU correspondiente, no hay ninguna anomalía, cabe suponer que la correspondencia del par es correcta.
- En el caso de que la medida sea un circuito abierto, cabe esperar que el par está estropeado o que el par no se ha conectado en el lugar correcto.

En el caso de que no haya correspondencia, se resolverá el problema reasignando las conexiones donde se localice ese problema.

7.6.5. Resistencia óhmica en CC

La medida de **resistencia de corriente continua** evalúa la resistencia óhmica del cable. La normativa especifica que los conductores de los cables utilizados en la instalación de la ICT tendrán una resistencia óhmica a la temperatura de 20 °C no mayor de 98 Ω/km. Por lo tanto, en un cable de 100 m de longitud cabe esperar una resistencia de unos 9,8 Ω como máximo.

Justificación de la medida de la resistencia óhmica

El correcto funcionamiento del servicio de telefonía básica se debe a las señales de estado que suministra la central local de telefonía y al consumo de los terminales conectados a la línea. Las **señales de estado** son las tensiones de CC que alimentan la línea: 48 V en reposo y 10 V en conversación. Por otra parte, el consumo de los terminales depende de si el teléfono está colgado (<1 mA) o descolgado (>15 mA), por lo que la central será capaz de detectar cuando un usuario desconecta un teléfono para realizar una llamada, activando los circuitos necesarios.

Cuando la resistencia de la línea de abonado es excesivamente alta (Figura 7.56), tanto las tensiones de línea como el consumo de los terminales variarán, por lo que la central de telefonía será incapaz de gestionar las comunicaciones.

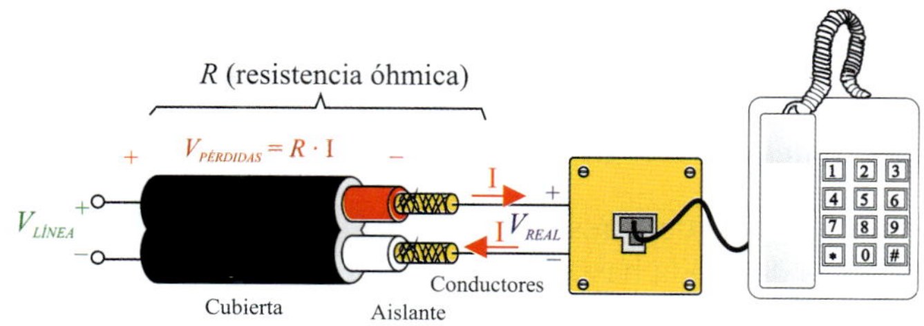

Figura 7.56. *Efecto de la resistencia en CC.*

Timbrado de conectores

Para realizar la medida de la **resistencia óhmica en CC,** tal y como se muestra en la Figura 7.57, es necesario cortocircuitar el extremo del cable bajo medida, ya que, de lo contrario, estaría evaluándose la resistencia de un circuito abierto.

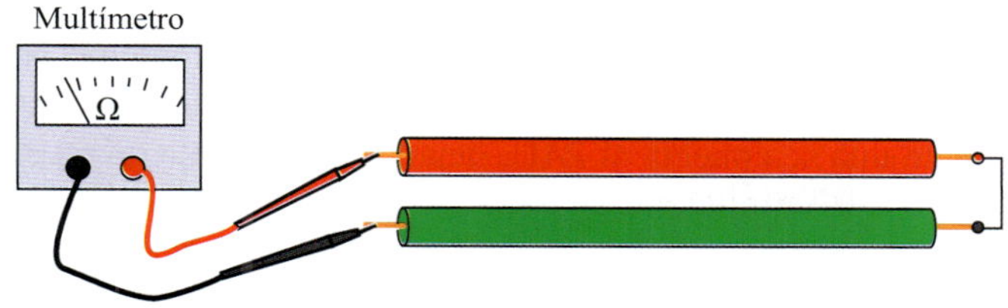

Figura 7.57. *Medida de la resistencia en CC.*

En el caso de un par conectado al PAU, se utiliza un conector macho RJ-11 timbrado en los terminales centrales (Figura 7.58a), es decir, cortocircuitando los conductores (pines 3 y 4). De esta manera, cuando se introduce en el PAU (Figura 7.58b), también se cortocircuitan los conductores de la acometida conectada a él.

a) Conector RJ-11 timbrado

b) PAU cortocircuitado

Figura 7.58. *Timbrado del PAU.*

Sabías que...

Para construir un conector RJ-45 timbrado, solo es necesario cortocircuitar los conductores de los terminales centrales del conector macho (4-5).

7.6.6. Medida de resistencia óhmica en CC

La **prueba de la resistencia óhmica en CC** se realiza con el medidor de aislamiento en la posición de medida de resistencia/continuidad o con un multímetro en la posición de óhmetro. Si, una vez realizada la medida, el valor de la resistencia es mayor de lo esperado, cabe esperar una mala conexión del cable o un par defectuoso. En todo caso, la **resistencia en CC** no deberá ser mayor de 40 Ω.

La medida de la resistencia en CC se realizará desde las regletas de salida hasta los conectores de los PAU situados en el registro de terminación de red de cada vivienda, local o estancia común, efectuando un cortocircuito entre los contactos 4 y 5 del conector de cada PAU. También será necesario comprobar los pares de reserva y los pares libres no asignados.

Red de dispersión y distribución ≤30 pares

La instalación se realiza directamente con cable de acometida de uno o dos pares desde el punto de interconexión hasta el PAU.

La previsión de la demanda, en el caso de las viviendas, obliga a instalar dos líneas hasta cada vivienda, pero solamente una se conecta al PAU, dejando la otra muerta en el registro de terminación de red.

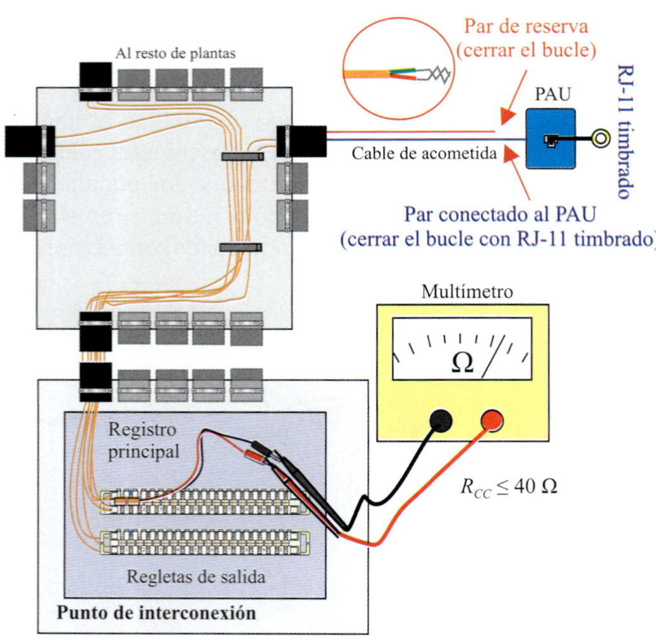

Figura 7.59. *Medida de la resistencia en CC (red de dispersión y distribución ≤30).*

En la Figura 7.59 se muestra cómo debe realizarse la medida en ambas líneas:

- **Línea conectada al PAU.** Cerrando el bucle de abonado en el PAU con un conector RJ-11 o con un conector RJ-45 timbrado puede verificarse si existe continuidad eléctrica y el valor de la resistencia óhmica del par bajo medida.
- **Línea terminada en el registro de terminación de red (par de reserva).** Para realizar la medida de la resistencia será necesario cerrar el bucle cortocircuitando directamente los dos extremos del par bajo medida.

Red de distribución/dispersión >30 pares

En esta configuración, el cableado del edificio se realiza mediante cables multipares desde el punto de interconexión situado en el registro principal y el punto de distribución situado en el registro secundario de cada planta y con cable de acometida de uno o dos pares desde este punto al PAU.

En este caso, al igual que en el caso anterior, hay los **pares segregados y distribuidos hasta las viviendas.** Pero también hay una serie de cables segregados en el punto de distribución que realizan la función de **pares de reserva** y los **pares libres** que no se conectan en ninguna regleta del punto de distribución, pero que también debe ser comprobada su continuidad y correspondencia.

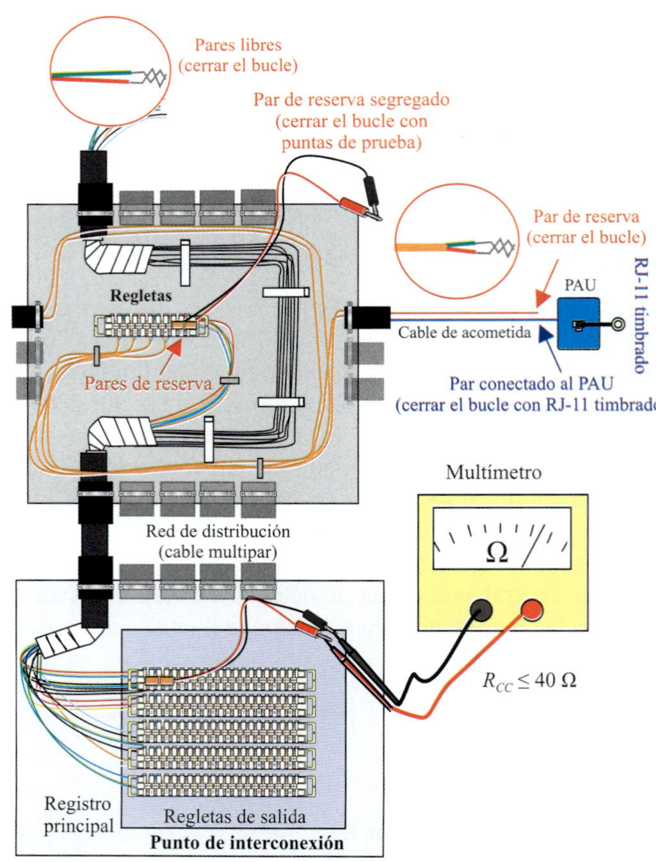

Figura 7.60. *Medida resistencia en CC (red de dispersión y distribución >30).*

Teniendo en cuenta estos casos, las diferentes configuraciones de medida se muestran en la Figura 7.60:

- **Línea conectada al PAU** y línea terminada en el registro de terminación de red **(par de reserva).** La medida no difiere del caso anterior.
- **Líneas segregadas en cada planta (pares de reserva).** La resistencia en CC de las líneas segregadas en cada planta y conectadas a las regletas del punto de distribución como pares de reserva se mide con la ayuda de una clavija de corte y prueba, que cortocircuita el par bajo medida en la regleta del punto de interconexión.
- **Pares libres.** En los cables no segregados que llegan a la última planta del edificio y que no están conectados a ninguna regleta, será necesario pelar sus extremos y unirlos para cerrar el bucle y realizar la medida de la resistencia en CC.

En la Figura 7.61 se muestran los posibles resultados de la medida de la resistencia en CC:

a) **Cortocircuito** cerca del punto de medida (Figura 7.61a) o resistencia anormalmente baja.

b) **Circuito abierto** (Figura 7.61b). El resultado de la medida es mayor que el fondo de escala del equipo utilizado.

c) **Resistencia correcta** (Figura 7.61c). En todo caso, debe comprobarse que el resultado no sea producto de un cortocircuito lejos del punto de medida, por ejemplo, en el punto de distribución

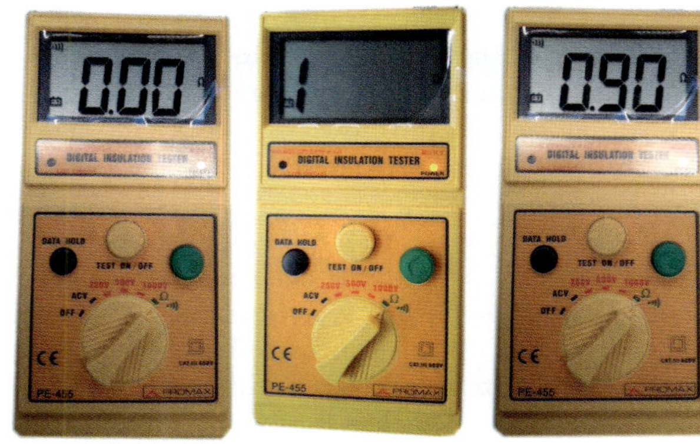

a) Cortocircuito b) Circuito abierto c) Medida correcta

Figura 7.61. *Resultados de la medida de la resistencia en CC.*

Caso práctico 7.10
Medida de la resistencia óhmica en CC

La **medida de la resistencia en CC** con el medidor de aislamiento o con un multímetro se realiza en dos pasos: calibración y continuidad de las puntas de prueba del equipo de medida y medida de la resistencia óhmica en CC e identificación y continuidad extremo a extremo.

Calibración y continuidad de las puntas de prueba

Antes de realizar las medidas es necesario comprobar la continuidad de las puntas de prueba del medidor en la escala de resistencia o continuidad del equipo:

- Cuando se cortocircuitan las puntas de prueba entre ellas, la resistencia medida debe ser pequeña (Figura 7.62a).
- Para eliminar la resistencia de las puntas de prueba debe calibrarse el equipo o tener en cuenta esta resistencia para luego restarla de las medidas realizadas. En el equipo de la Figura 7.62b, la resistencia de las puntas de prueba se calibra ajustando el control del ajuste de calibración hasta obtener una lectura de 0 Ω.

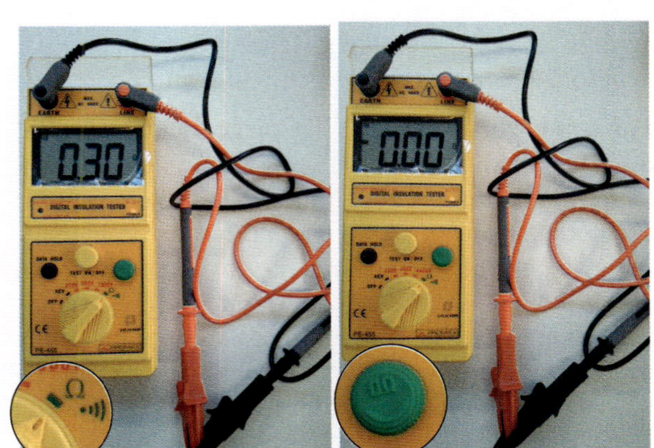

a) Cortocircuito de las puntas b) Calibración de las puntas

Figura 7.62. *Calibración del medidor de aislamiento.*

Medida de la resistencia óhmica en CC e identificación y continuidad extremo a extremo

En la Figura 7.63 se muestra el proceso de medida de la resistencia en CC:

1. Se selecciona la función de medida de resistencia (Ω) del medidor de aislamiento o del multímetro y se conectan las puntas de prueba del medidor al par bajo medida.
2. Se identifica, según el plan de asignación de pares del registro principal, el PAU al que da servicio el par bajo medida y se prepara la medida, cortocircuitando el PAU asociado, con ayuda de un conector timbrado.
3. Se realiza la medida y se anota el resultado.

Si la resistencia es correcta, también se ha garantizado que existe continuidad y correspondencia con el punto asignado en el regletero. La **resistencia óhmica en corriente continua** de cada par no deberá ser mayor de 40 Ω.

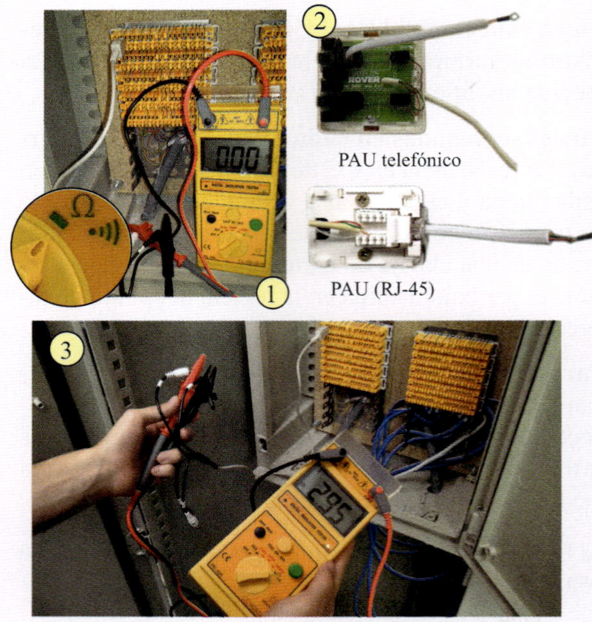

Figura 7.63. *Medida de la resistencia en CC.*

7.6.7. Anomalías

En condiciones normales, los pares de la red de cables se encontrarán correctamente conectados y se medirán valores correctos de resistencia óhmica y de aislamiento. Cuando se produce una anomalía, las principales causas son las siguientes:

- **Par abierto (A).** No existe continuidad eléctrica en él, debido a una mala conexión con la regleta o a una rotura de un cable del par defectuoso. En este caso, no se establecerá la medida de la continuidad y la de la resistencia en CC será anormalmente alta. En cambio, la resistencia de aislamiento será correcta, debido a que el defecto es un circuito abierto.
- **Par con cortocircuito (CC).** Contacto metálico entre dos hilos del mismo par. Cuando se produce un cortocircuito, la resistencia óhmica medida será inferior a la correspondiente al par de un cable sin problemas. Para ello, es útil su comparación con la medida de un par de longitud similar de la red. También puede compararse con el valor teórico que cabe esperar a partir de la longitud física del tramo medido y las características eléctricas del cable proporcionadas por el fabricante.
- **Cruce (CX-Y).** Contacto metálico entre dos hilos de distinto par. En este caso, al cerrar el par, se encuentra corriente en otro hilo del par. Para detectarlo al realizar la medida de un par del cable, debe verificarse que no existe corriente en ninguno de los hilos del otro par.
- **Cortocircuito a tierra (contacto metálico entre los hilos del par y la pantalla del cable).** Puede producirse cuando la pantalla metálica del cable de pares se conecta a tierra.

7.6.8. Resolución de problemas

En caso de encontrar alguna anomalía e identificado el origen de la avería, se procederá a la solución del problema:

- **Red de distribución.** Debe sustituirse el par averiado por uno de los pares de reserva y volver a realizar las pruebas de aislamiento y de resistencia en CC. Este cambio debe quedar registrado en el regletero del registro principal y en las regletas del punto de distribución, indicando, además, que el par sustituido está averiado.
- **Red de dispersión.** Debe sustituirse el cable averiado por otro nuevo y repetir las pruebas.

Con los datos obtenidos en la prueba de continuidad se completa el **cuadro de correspondencia de pares** del protocolo de pruebas, donde se hace constar la asignación de cada par a cada vivienda, que debe coincidir con el plan de asignación de pares que figurará en el regletero del registro principal.

Caso práctico 7.11

Protocolo de pruebas de la red de cables de pares de una ICT

El edificio de la Figura 7.64 está destinado principalmente a viviendas. El cálculo de la previsión de la demanda y el número teórico de pares necesarios, que se encuentra especificado en el proyecto técnico, se resume en la Tabla 7.2.

Tabla 7.2. Resumen del cálculo de la previsión de la demanda del edificio

	Número de unidades	Número de líneas mínimas	Número de pares
Viviendas	12 viviendas	2 líneas por vivienda	12 · 2 = 24 pares
Locales comerciales	2 locales	3 líneas por local	2 · 3 = 6 pares
Estancias comunes	1	2 líneas por edificio	2
Pares previstos			32
Coeficiente de corrección (pares de reserva)			× 1,2
Número teórico de pares			32 · 1,2 = 38,4 = 39 pares
Red de distribución			**Número de pares**
Cable normalizado a utilizar: $25 < N \leq 50$			50 pares
Punto de interconexión			**Regletas de 10 pares**
Número de regletas: 50 pares/10 pares = 5 regletas de 10 pares			5
Punto de distribución			**Regletas de 5 pares**
Número de regletas: 50 pares/7 puntos de distribución/5 pares = 1,4 = 2 regletas de 5 pares			2 regletas
Red de dispersión			**Número de acometidas**
Según previsión de la demanda: 2 líneas/vivienda 3 líneas/local comercial			32 pares
PAU			**Número de PAU**
Un PAU vivienda/local comercial/estancia común			15

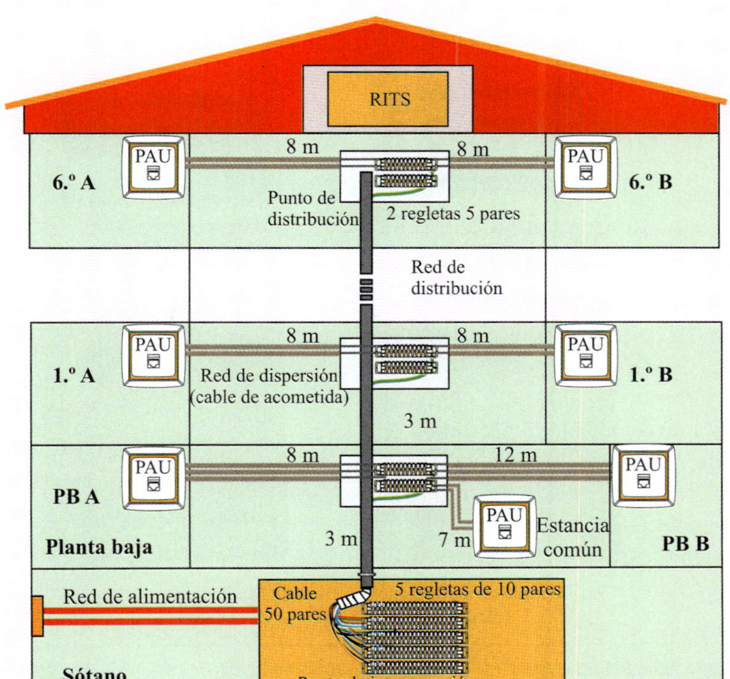

Figura 7.64. *Instalación bajo prueba.*

El plan de asignación de pares establecido en el edificio se muestra en la Tabla 7.3.

Tabla 7.3. Plan de asignación de pares del punto de interconexión

Par	PAU	Par	PAU	Par	PAU	Par	PAU	Par	PAU
1	EC	11	1.º A	21	3.º A	31	5.º A	41	ASC
2	EC	12	1.º A	22	3.º A	32	5.º A	42	NC
3	R	13	1.º B	23	3.º B	33	5.º B	43	NC
4	PBA	14	1.º B	24	3.º B	34	5.º B	44	NC
5	PBA	15	R	25	R	35	R	45	NC
6	PBA	16	2.º A	26	4.º A	36	6.º A	46	NC
7	PBB	17	2.º A	27	4.º A	37	6.º A	47	NC
8	PBB	18	2.º B	28	4.º B	38	6.º B	48	NC
9	PBB	19	2.º B	29	4.º B	39	6.º B	49	NC
10	R	20	R	30	R	40	R	50	NC

Una vez finalizada la instalación, el instalador de telecomunicaciones completa el **protocolo de pruebas** de la instalación y realiza las medidas que se indican, comprobando que la red cumple con los requisitos establecidos en la normativa.

En la Figura 7.65 se muestran dos de las medidas realizadas durante el protocolo de pruebas:

1. **Valor de la medida mínima de la resistencia en CC** (Figura 7.65a): 0,9 Ω. Este valor se corresponde con el par más cercano al punto de interconexión, que se sitúa a 7 m aproximadamente (estancia común).
2. **Valor de la medida mínima de la resistencia de aislamiento** (Figura 7.65b): >100 MΩ. Todas las medidas realizadas se encuentran fuera del fondo de escala del equipo, por lo que la resistencia de aislamiento medida es mayor de 100 MΩ.

La medida de una resistencia óhmica correcta (≤ 40 Ω) y la correspondiente comprobación de su resistencia de aislamiento (>100 MΩ) valida el estado de cada par (B) de la instalación.

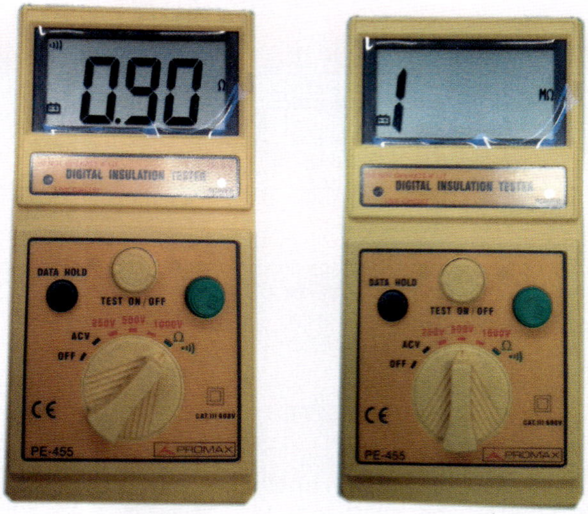

a) Medida de la resistencia de CC (mejor caso)

b) Medida de la resistencia de aislamiento (peor caso)

Figura 7.65. *Medidas realizadas en la red de cables de pares.*

Protocolo de pruebas de la red de cables de pares

Tabla 7.4. Apartado 5.1.1 del protocolo de pruebas de la ICT

5. ACCESO AL SERVICIO DE TELECOMUNICACIONES DE BANDA ANCHA

5.1. Redes de distribución y dispersión

5.1.1. Cables de pares

A. Registro principal de cables de pares (punto de interconexión)

a. Regletas de operadores (regletas de conexión de entrada):

☒ Espacio disponible debidamente señalizado.

☒ Canalización de acometida instalada y equipada con hilo guía.

b. Regletas de la comunidad (regletas de conexión de salida).

Regletas de interconexión	
Cantidad	5.
Tipo de regleta	10 pares.
Marca:	Televés.
Modelo:	Ref. 2172.
Características específicas	Regleta de telefonía básica 10 pares.

B. Red de distribución y de dispersión

a. Cables:

Número	1 (red de distribución)	32 (red de dispersión)
Tipo de cubierta	LSFH	LSFH
Diámetro exterior	21 mm	0,7 mm
Características específicas (tipo de cable y categoría)	50 pares categoría 3	Un par categoría 3
Clase de reacción al fuego que figura en el marcado de los cables	Dca-s2, d1, a1	Dca-s2, d1, a1

b. Número total de pares conectados en el RITI: 50.

C. Puntos de distribución

a. Tarjetero: ☒ Instalado; ☒ Correctamente marcado.

b. Regletas de los puntos de distribución.

Planta	**Baja**	**1.ª**	**2.ª**	**3.ª**	**4.ª**	**5.ª**	**6.ª**
Cantidad	2	2	2	2	2	2	2
Tipo	5 pares	5 pares	5 pares	5 pares	5 pares	5 pares	5 pares
Modelo	Ref. 2173	Ref. 2173	Ref. 2173	Ref. 2173	Ref. 2173	Ref. 2173	Ref. 2173
Características específicas	Regleta telefonía básica de 5 pares Televés	Regleta telefonía básica de 5 pares Televés	Regleta telefonía básica de 5 pares Televés	Regleta telefonía básica de 5 pares Televés	Regleta telefonía básica de 5 pares Televés	Regleta telefonía básica de 5 pares Televés	Regleta telefonía básica de 5 pares Televés

c. Número total de pares conectados en registros secundarios de cada planta:

Planta	**Baja**	**1.ª**	**2.ª**	**3.ª**	**4.ª**	**5.ª**	**6.ª**
N.º de pares	10	5	5	5	5	5	5

D. Puntos de acceso al usuario:

Planta	Baja	1.ª	2.ª	3.ª	4.ª	5.ª	6.ª
Cantidad	3	2	2	2	2	2	2
Tipo	RJ-45	RJ-45	RJ-45	RJ-45	RJ-45	RJ-45	RJ-45
Modelo	Ref. 209901	Ref. 209901	Ref. 209901	Ref. 209901	Ref. 209901	Ref. 209901	Ref. 209901
Características específicas	Conector de datos RJ-45 UTP CAT-6 hembra Televés	Conector de datos RJ-45 UTP CAT-6 hembra Televés	Conector de datos RJ-45 UTP CAT-6 hembra Televés	Conector de datos RJ-45 UTP CAT-6 hembra Televés	Conector de datos RJ-45 UTP CAT-6 hembra Televés	Conector de datos RJ-45 UTP CAT-6 hembra Televés	Conector de datos RJ-45 UTP CAT-6 hembra Televés

E. Medidas que han de realizarse en la red de cables de pares:

a. Resistencia óhmica. La resistencia óhmica medida desde el registro principal, entre los dos conductores, cuando se cortocircuitan los dos terminales de línea en el PAU (se comprobará para todos los PAU) es:

1. Máxima medida: 8,2 Ω.
2. Mínima medida: 0,9 Ω.

b. Resistencia de aislamiento. La resistencia de aislamiento de todos los pares conectados, medida desde el registro principal con 500 V de tensión continua entre los dos conductores de la red o entre cualquiera de estos y tierra, no deberá ser menor de 100 MΩ (se comprobará para todos los PAU):

1. Valor mínimo medido: >100 MΩ.

c. Continuidad y correspondencia:

PUNTO DE INTERCONEXIÓN Registro principal (regletas de salida)		VERTICAL		PUNTO DE DISTRIBUCIÓN Registro secundario			Vivienda	Estado
N.º de regleta	Posición	N.° de par del cable	Color par/cinta	Planta	N.º de regleta	Posición	Planta/letra	
1	1	1	Blanco-azul/ blanco-azul	PB	1	1	EC	B
1	2	2	Blanco-naranja/ blanco-azul	PB	1	2	EC	B
1	3	3	Blanco-verde/ blanco-azul	PB	1	3	R	B
1	4	4	Blanco-marrón/ blanco-azul	PB	1	4	PBA	B
1	5	5	Blanco-gris/ blanco-azul	PB	1	5	PBA	B
1	6	6	Rojo-azul/blanco-azul	PB	2	1	PBA	B
1	7	7	Rojo-naranja/ blanco-azul	PB	2	2	PBB	B
1	8	8	Rojo-verde/ blanco-azul	PB	2	3	PBB	B

1	9	9	Rojo-marrón/ blanco-azul	PB	2	4	PBB	B
1	10	10	Rojo-gris/blanco-azul	PB	2	5	R	B
2	1	11	Negro-azul/ blanco-azul	1	1	1	1.º A	B
2	2	12	Negro-naranja/ blanco-azul	1	1	2	1.º A	B
2	3	13	Negro-verde/ blanco-azul	1	1	3	1.º B	B
2	4	14	Negro-marrón/ blanco-azul	1	1	4	1.º B	B
2	5	15	Negro-gris/ blanco-azul	1	1	5	R	B
2	6	16	Amarillo-azul/ blanco-azul	2	1	1	2.º A	B
2	7	17	Amarillo-naranja/ blanco-azul	2	1	2	2.º A	B
2	8	18	Amarillo-verde/ blanco-azul	2	1	3	2.º B	B
2	9	19	Amarillo-marrón/ blanco-azul	2	1	4	2.º B	B
2	10	20	Amarillo-gris/ blanco-azul	2	1	5	R	B
3	1	21	Lila-azul/blanco-azul	3	1	1	3.º A	B
3	2	22	Lila-naranja/ blanco-azul	3	1	2	3.º A	B
3	3	23	Lila-verde/blanco-azul	3	1	3	3.º B	B
3	4	24	Lila-marrón/ blanco-azul	3	1	4	3.º B	B
3	5	25	Lila-gris/blanco-azul	3	1	5	R	B
3	6	26	Blanco-azul/ blanco-naranja	4	1	1	4.º A	B
3	7	27	Blanco-naranja/ blanco-naranja	4	1	2	4.º A	B
3	8	28	Blanco-verde/ blanco-naranja	4	1	3	4.º B	B
3	9	29	Blanco-marrón/ blanco-naranja	4	1	4	4.º B	B
3	10	30	Blanco-gris/ blanco-naranja	4	1	5	R	B
4	1	31	Rojo-azul/ blanco-naranja	5	1	1	5.º A	B
4	2	32	Rojo-naranja/ blanco-naranja	5	1	2	5.º A	B

4	3	33	Rojo-verde/ blanco-naranja	5	1	3	5.º B	B
4	4	34	Rojo-marrón/ blanco-naranja	5	1	4	5.º B	B
4	5	35	Rojo-gris/ blanco-naranja	5	1	5	R	B
4	6	36	Negro-azul/ blanco-naranja	6	1	1	6.º A	B
4	7	37	Negro-naranja/ blanco-naranja	6	1	2	6.º A	B
4	8	38	Negro-verde/ blanco-naranja	6	1	3	6.º B	B
4	9	39	Negro-marrón/ blanco-naranja	6	1	4	6.º B	B
4	10	40	Negro-gris/ blanco-naranja	6	1	5	R	B
5	1	41	Amarillo-azul/ blanco-naranja	6	---	---	ASC	B
5	2	42	Amarillo-naranja/ blanco-naranja	6	---	---	NC	B
5	3	43	Amarillo-verde/ blanco-naranja	6	---	---	NC	B
5	4	44	Amarillo-marrón/ blanco-naranja	6	---	---	NC	B
5	5	45	Amarillo-gris/ blanco-naranja	6	---	---	NC	B
5	6	46	Lila-azul/ blanco-naranja	6	---	---	NC	B
5	7	47	Lila-naranja/ blanco-naranja	6	---	---	NC	B
5	8	48	Lila-verde/ blanco-naranja	6	---	---	NC	B
5	9	49	Lila-marrón/ blanco-naranja	6	---	---	NC	B
5	10	50	Lila-gris/ blanco-naranja	6	---	---	NC	B

Abreviaturas que han de utilizarse en la columna Estado:

B: par bueno.

A: abierto (uno de los hilos del par no tiene continuidad).

CC: cortocircuito (contacto metálico entre dos hilos del mismo par).

C-14 -16: cruce (contacto metálico entre dos hilos de distinto par: en este caso, par 14 con el 16).

T: tierra (contacto metálico entre los hilos del par y la pantalla del cable).

Las anomalías están reflejadas en el tarjetero del registro principal.

RESUMEN

- La red se realizará mediante cables de pares en lugar de cables de pares trenzados cuando la distancia entre el punto de interconexión y el PAU más alejado sea superior a 100 m. La **red de cables de pares** permite el acceso a los usuarios de un edificio a la red de telefonía básica.
- Las redes de cables de pares de una ICT utilizan **cables de acometida** de uno o dos pares y **cable multipar** de 25, 50, 75 y 100 pares. Para la conexión de estos cables se utilizan **regletas de conexión** de 5 y 10 pares, que se fijan mediante **soportes.** La terminación del cable en la regleta se realiza con una **herramienta de inserción** específica.
- Los elementos que forman la **red de cables de pares** de un edificio son:
  - **Red de distribución:** formada por cable multipar (red de dispersión >30) o cable de acometida de uno o dos pares (red de dispersión ≤30), con un número de pares suficientes para cubrir la demanda del edificio y los pares de reserva.
  - **Red de dispersión:** formada por cables de acometida, con un número de pares suficientes para cubrir la demanda de cada vivienda de la planta.
  - **Punto de interconexión:** formado generalmente por las regletas de salida de 10 pares, donde se conectan los pares de la red de distribución. Se instala en el registro principal del RITI.
  - **Punto de distribución:** constituido por regletas de 5 o 10 pares, donde se conectan los pares segregados de la red de distribución de cada planta por un lado y los cables de acometida de la red de dispersión por otro. Se instala en el registro secundario de cada planta.
  - **Punto de acceso al usuario (PAU):** formado por un conector RJ-45 hembra, conecta la red del edificio con la red interior del usuario. La conexión del cable de acometida de la red de dispersión se realiza entre los contactos 4 y 5 del conector. Se instala en el RTR de cada usuario.
- En la ICT2 (Real Decreto 346/2011) no existe red interior de usuario de cables de pares, por lo que la red de cables de pares del edificio se conecta a la **red interior de cables de pares trenzados.**
- La ICT (Real Decreto 401/2003) incluye, además, una **red interior de usuario de cable de pares,** que utiliza un **PAU telefónico** y tomas de usuario (BAT) con conectores RJ-11.
- Una vez realizada la instalación de la red, es necesario completar el protocolo de pruebas de la instalación y verificar en todos los pares conectados al punto de interconexión la **identificación y continuidad extremo a extremo** de las conexiones, la **resistencia en corriente continua** (≤40 Ω) con un **multímetro** y la **resistencia de aislamiento** (R > 100 MΩ) con un **medidor de aislamiento.**

Actividades de comprobación

7.1. ¿Qué herramienta se utiliza para la conexión de los pares a una regleta mediante presión, a la vez que pela y corta el hilo en una sola operación?

a) Herramienta de inserción.

b) Crimpadora.

c) Pelacables.

d) Ninguna de las respuestas es correcta.

7.2. ¿Cuántos pares tienen los cables multipar utilizados en la ICT?

a) 25 pares.

b) 25 y 50 pares.

c) 25, 50 y 100 pares.

d) 25, 50, 75 y 100 pares.

7.3. ¿Qué tipo de cubierta utilizan los cables de pares de una ICT?

a) PVC.

b) LSFH.

c) PE.

d) Poliéster.

7.4. En un cable de acometida de dos pares, ¿qué colores identifican normalmente el primer par?

a) Blanco-rojo.

b) Negro-rojo.

c) Blanco-marrón.

d) Rojo-verde.

7.5. ¿Cuántos conductores tiene la unidad básica de un cable multipar?

a) 25 pares, por lo tanto, 25 conductores.

b) 25 pares, por lo tanto, 50 conductores.

c) 50 pares, por lo tanto, 50 conductores.

d) 50 pares, por lo tanto, 100 conductores.

7.6. ¿Qué tensión de prueba debe utilizarse para realizar la medida de la resistencia de aislamiento?

a) 24 V.

b) 250 V.

c) 500 V.

d) 1000 V.

7.7. ¿Cuándo es necesario instalar una red de cables de pares en la ICT de un edificio?

a) Cuando la red de dispersión sea mayor de 30 acometidas.

b) Cuando la distancia entre el punto de interconexión y el PAU más alejado sea superior a 100 m.

c) Cuando la distancia entre el punto de interconexión y el PAU más alejado sea inferior a 100 m.

d) Siempre que no se instale la red de fibra óptica.

7.8. ¿Quién es el encargado de instalar las regletas de entrada y de salida del punto de interconexión?

a) El instalador de telecomunicaciones.

b) El operador de telecomunicaciones.

c) Las regletas de entrada el instalador de telecomunicaciones y las regletas de salida el operador.

d) Las regletas de entrada el operador y las regletas de salida el instalador de telecomunicaciones.

7.9. ¿Qué elemento comparte las características en las redes de cables de pares de la ICT y de la ICT2?

a) Punto de interconexión.

b) PAU.

c) BAT.

d) No existen diferencias en los componentes utilizados.

7.10. ¿Qué tipo de regleta puede instalarse en el punto de distribución de la red de pares?

a) De 5 pares.

b) De 10 pares.

c) De 5 y de 10 pares.

d) En el punto de distribución no se instalan regletas.

7.11. ¿Cuál es la resistencia de aislamiento que debe cumplir la red de cables de pares de un edificio?

a) Debe ser menor de 100 MΩ.

b) Debe ser mayor de 100 MΩ.

c) Debe ser mayor de 40 Ω.

d) Debe ser menor de 40 Ω.

7.12. ¿Cuál es la resistencia óhmica en CC que debe cumplir la red de cables de pares de un edificio?

a) Debe ser menor o igual de 100 MΩ.

b) Debe ser mayor de 100 MΩ.

c) Debe ser mayor de 40 Ω.

d) Debe ser menor o igual de 40 Ω.

7.13. ¿Qué tipo de BAT utiliza la red interior de usuario del cable de pares de una ICT de nueva generación (ICT2)?

a) RJ-11.

b) RJ-45.

c) IDC-110.

d) No existe red interior de usuario del cable de pares en una ICT2.

7.14. ¿A qué red interior de usuario se conecta la red de cables de pares de un edificio de la ICT2?

a) Red interior del cable de pares trenzados.

b) Red interior del cable de pares.

c) Red interior del cable coaxial.

d) Red interior de fibra óptica.

7.15. ¿Entre qué contactos del PAU se conecta el cable de acometida de la red de dispersión?

a) Entre 1 y 2.

b) Entre 3 y 4.

c) Entre 4 y 5.

d) Entre 1 y 8.

7.16. ¿Qué tipo de cable se utiliza en la red de dispersión de la red de cables de pares?

a) Cable de acometida de un par.

b) Cable de acometida de dos pares.

c) Cable de acometida de uno o dos pares.

d) Cable multipar.

7.17. ¿En qué caso la red de cables de pares puede realizarse solo con cables de acometida de uno o dos pares?

a) Cuando la red de dispersión del edificio sea ≤30.

b) Cuando la red de dispersión del edificio sea ≤50.

c) Cuando la red de dispersión del edificio sea >30.

d) Cuando la red de dispersión del edificio sea >15.

Actividades de aplicación

7.18. Instalación de la red de cables de pares de una ICT (red de dispersión >30). Instala todos los elementos que forman parte de la red de cables de pares de un edificio (Figura 7.66). Para ello, se dividirá el trabajo en las siguientes partes:

- **Instalación del registro principal de cable de pares.** Instalación de las regletas de 10 pares del punto de interconexión y su conexión al cable multipar de la red de distribución.
- **Instalación de los registros secundarios.** Instalación de las regletas de 5 o de 10 pares del punto de distribución, que se conectarán, por un lado, al cable multipar de la red de distribución y, por otro, al cable de acometida de la red de dispersión. Cada registro secundario se conectará al PAU de diferentes usuarios, según la topología propuesta.

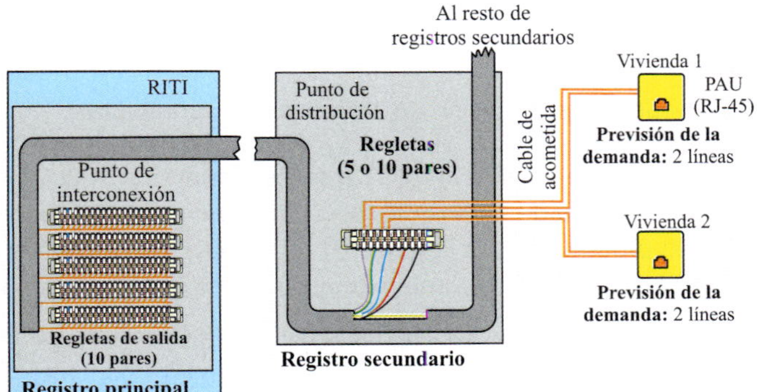

Figura 7.66. *Instalación de la red de cables de pares (red de dispersión >30).*

Realiza la instalación de la red siguiendo estos pasos:

a) **Planificación de la instalación.** En función del número de grupos y de la topología de la instalación propuesta por el profesor, realiza el plan de asignación de pares que se asignará al punto de interconexión (regletas de salida) de cada una de las viviendas. Rellena la Tabla 7.5.

Tabla 7.5. Plan de asignación de pares

PUNTO DE INTERCONEXIÓN Registro principal (regletas de salida)		VERTICAL		PUNTO DE DISTRIBUCIÓN Registro secundario			Vivienda
N.º de regleta	Posición	N.º de par del cable	Color par/cinta	Planta	N.º de regleta	Posición	Planta/letra

b) **Instalación del registro principal.** Realiza la instalación, sobre panel o en el registro principal de la ICT del aula, del número de regletas suficiente (regletas de salida) para dar servicio al cable de pares utilizado en la red de distribución de la instalación (50 pares, 75 pares, etc.). El registro principal instalado dará servicio a los registros secundarios de la instalación:

- Instalación de las regletas de 10 pares sobre su soporte.
- Cableado del registro principal y conexión del cable de la red de distribución a las regletas de salida de 10 pares, según el plan de asignación de pares establecido.

c) **Instalación de los registros secundarios y de la red de dispersión.** Cada grupo debe instalar y configurar uno de los registros secundarios de cada planta. El punto de distribución propuesto da servicio a 2 viviendas, cuya previsión de demanda es de 2 líneas por vivienda y, en cada planta, debe dejarse un par de reserva. Los registros secundarios se interconectarán mediante el cable multipar de la red de distribución del edificio:

- Instalación en el registro secundario de las regletas necesarias para configurar el punto de distribución.
- Segregación de la red de distribución de los pares necesarios según el plan asignado.
- Conexión de los cables segregados a las regletas siguiendo el orden lógico de conexión.
- Conexión de los cables de acometida de cada vivienda (red de dispersión), siguiendo el plan de distribución de pares asignado.
- Conexión del PAU de cada vivienda a uno de los cables de acometida.

7.19. **Instalación de la red de cables de pares de una ICT (red de dispersión ≤30).** Lleva a cabo la instalación de todos los elementos que forman parte de la red de cables de pares de un edificio, realizada con cables de pares de acometida. Para ello, según la instalación propuesta en la Figura 7.67, desarrolla los siguientes apartados, teniendo en cuenta que, en esta topología, los cables de acometida discurren de paso en los registros secundarios:

a) **Planificación de la instalación.** Establecimiento del plan de asignación de pares.

b) **Instalación del registro principal de cable de pares.** Instalación de las regletas de 5 o 10 pares del punto de interconexión y su conexión al cable de acometida de la red de distribución y dispersión.

c) **Instalación de los PAU de cada vivienda.** Instalación y conexión del cable de acometida a los PAU de cada vivienda.

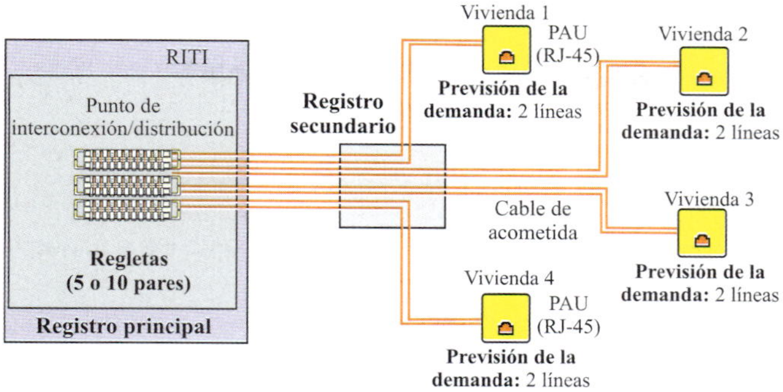

Figura 7.67. *Instalación de la red de cables de pares (red de dispersión ≤30).*

7.20. **Protocolo de pruebas de la red de cables de pares.** En las instalaciones realizadas en las actividades anteriores o sobre la ICT del aula, completa el apartado del protocolo de pruebas correspondiente a la red de cables de pares. Para ello:

a) Recopila los materiales utilizados en la instalación.

b) Realiza la medida de la resistencia en CC, resistencia de aislamiento y continuidad de todos los pares de la instalación.

c) En el caso de que alguno de los pares no cumpla con las especificaciones de la normativa, justifica el origen de la avería y adopta las soluciones correspondientes.

d) Completa el protocolo de pruebas.

Actividades de ampliación

7.21. ¿Cuántos hilos forman el bucle de abonado del servicio de telefonía básica que llega hasta el usuario final?

7.22. ¿Qué clase de reacción frente al fuego deben tener los cables de pares que se instalen en el interior de una ICT?

7.23. ¿Qué dispositivo delimita la responsabilidad en caso de avería entre el operador y la comunidad de vecinos en una instalación de la ICT? ¿Y entre la comunidad de vecinos y el usuario final?

7.24. Clasifica los tipos de cables de pares en función del número de pares que agrupa.

7.25. ¿Qué tipo de cables de pares se utiliza en la red de una ICT?

7.26. La Figura 7.68 muestra la estructura de un cable de pares. Indica el tipo de cable mostrado, identifica los elementos que lo forman y resume su función.

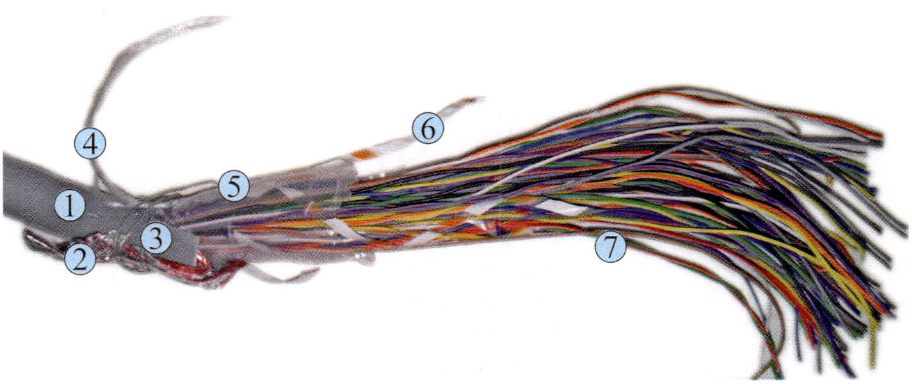

Figura 7.68. *Cable de pares.*

7.27. ¿Qué codificación de colores tendrá el par 27 de un cable de 100 pares?

7.28. Según el plan de asignación de pares de un edificio, es necesario localizar el par 20 de un cable de pares. ¿Qué color identifica a este par dentro del cable de pares?

7.29. ¿En qué tipo de instalaciones debe utilizarse cable de acometida de exterior?

7.30. Enumera los materiales que se utilizan en la red de una ICT, así como los equipos necesarios para realizar el trabajo con ellos.

7.31. Identifica los colores de un cable de 25 pares y completa la Tabla 7.6.

Tabla 7.6. Colores de un cable de 25 pares

N.º de par del cable	Color par/cinta
1	
2	
3	
4	
5	
6	
7	
8	
9	
10	
11	
12	
13	
14	
15	
16	
17	
18	
19	
20	
21	
22	
23	
24	
25	

7.32. Identifica por el código de colores los pares conectados a la regleta de la Figura 7.69.

Figura 7.69. *Asignación de pares.*

7.33. ¿En qué puntos de una ICT puede instalarse la regleta de la Figura 7.69?

7.34. ¿En qué tramos de una ICT de nueva construcción (ICT2) puede instalarse el cable de acometida interior?

7.35. ¿Cuál es la función de la red de distribución de una ICT? ¿Qué tipo de cable se utiliza en la red de cables de pares?

7.36. ¿En qué tipo de edificios la red de cables de pares puede realizarse directamente con cables de acometida de 1 o 2 pares desde el punto de interconexión hasta el PAU de cada vivienda?

7.37. Respecto a una red de distribución de un edificio que es menor o igual a 30 pares:

a) ¿Qué tipo de regletas de salida (n.° de pares) puede instalarse en el punto de interconexión?

b) ¿Qué tipo de cable de pares puede utilizarse en la red de distribución?

c) ¿Dónde se instala el punto de distribución?

d) ¿Qué tipo de cable de pares se utiliza en la red de dispersión?

7.38. Respecto a una red de distribución/dispersión de un edificio que es mayor de 30 pares:

a) ¿Qué tipo de regletas de salida (n.° de pares) puede instalarse en el punto de interconexión?

b) ¿Qué tipo de cable de pares puede utilizarse en la red de distribución?

c) ¿Dónde se instala el punto de distribución?

d) ¿Qué tipo de cable de pares se utiliza en la red de dispersión?

7.39. ¿Cómo se realiza la unión entre las regletas de salida y las regletas de entrada de los operadores del punto de interconexión de la red de cables de pares?

7.40. El usuario de una instalación no tiene línea en la instalación interior de usuario (Figura 7.70). Siguiendo el proceso de localización del origen de la avería:

a) ¿Qué elementos de la red sirven como medio de corte y punto de prueba para delimitar las responsabilidades en cuanto a la generación, localización y reparación de averías?

b) ¿Cómo procederías para delimitar si la avería está en la zona común o es problema del operador?

c) ¿Cómo procederías para delimitar si la avería está en la zona común o en la instalación interior del usuario?

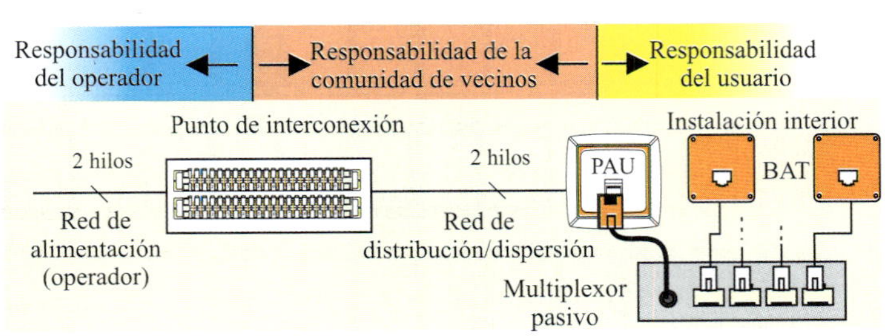

Figura 7.70. *Elementos de prueba y corte de la ICT.*

7.41. El número teórico de pares que ha de instalarse en un edificio es de 60 pares:

a) ¿Qué combinación de cables de pares instalarías?

b) ¿Cuántas regletas y de qué tipo utilizarías en el punto de interconexión?

c) ¿Cuántos de los pares de los cables multipar conectarías a las regletas de salida del punto de interconexión?

7.42. Teniendo en cuenta que el número teórico de pares necesarios en la red de distribución de un edificio es de 130 pares, repite los apartados de la actividad anterior.

7.43. ¿Existen instalaciones donde la red interior de usuario sea de cables de pares? ¿Cuáles?

7.44. Indica las principales diferencias entre la red de cables de pares definida en el Real Decreto 346/2011 (ICT2) y la definida en el Real Decreto 401/2003.

7.45. La Figura 7.71 muestra el esquema de la red de cables de pares de una ICT:

a) ¿Según qué real decreto se ha realizado la instalación?

b) ¿Qué elementos se utilizan en cada uno de los tramos y puntos de conexión de la red?

c) Modifica el esquema para que la instalación sea compatible con la ICT2.

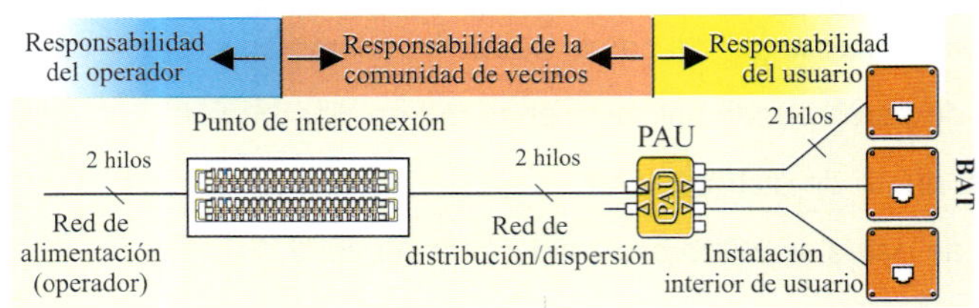

Figura 7.71. *Instalación de la red de cables de pares de una ICT.*

7.46. La Figura 7.72 muestra el plan de asignación de pares del regletero del punto de interconexión de una instalación:

a) Dibuja un esquema de principio que identifique la red instalada.

b) Indica la previsión de la demanda especificada para cada vivienda o estancia común (EC) del edificio.

c) Justifica el número de regletas que será necesario instalar en cada planta.

d) ¿Cuántos pares de reserva se instalan en cada planta?

e) ¿Cuántos pares libres quedan en la instalación? ¿Dónde quedan almacenados estos pares?

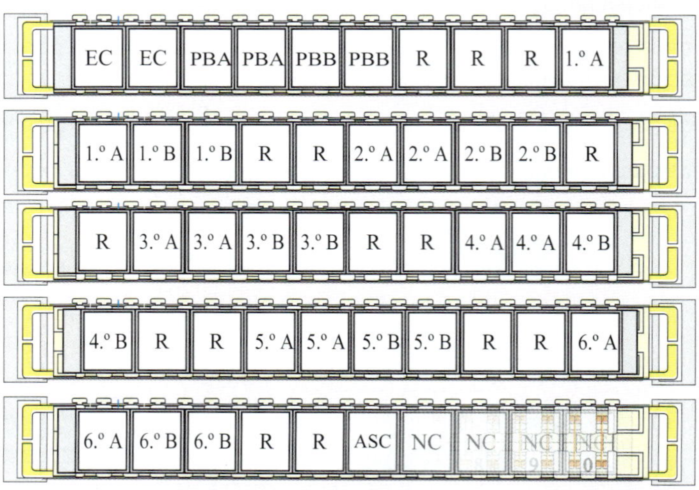

Figura 7.72. *Plan de asignación de pares de una instalación.*

7.47. Respecto del PAU de una instalación:

a) ¿Qué dispositivo realiza las funciones del PAU en la red de cables de pares?

b) ¿Dónde se conecta el cable de acometida de la red de dispersión que llega al PAU?

c) ¿Cómo se realiza la conexión de la red de cables de pares del edificio con la red interior de cables de pares trenzados?

7.48. ¿Qué red interior de usuario de las instalaciones actuales de ICT2 utiliza la red de cables de pares de un edificio?

7.49. ¿Cuáles son las medidas que deben realizarse en el protocolo de pruebas de la red de cables de pares de una ICT?

7.50. Respecto de la medida de la resistencia en CC y continuidad de la red de cables de pares de una ICT:

a) ¿Con qué equipo de medida se realiza la medición de la resistencia óhmica en CC?

b) ¿Qué precauciones deben tenerse en cuenta a la hora de realizar esta medida?

c) ¿Cuál es la resistencia de corriente continua máxima que especifica la normativa de la ICT?

7.51. Respecto de una red de cables de pares, para la medida de la resistencia de aislamiento:

a) ¿Con qué equipos se realiza la medida?

b) ¿Qué tensión de prueba se utiliza?

c) ¿Qué precauciones deben tenerse en cuenta a la hora de realizar las medidas?

d) ¿Cuál es la resistencia de aislamiento mínima que especifica la ICT?

7.52. Clasifica los pares de la red de distribución según el lugar donde se conectan y la función que realizan.

7.53. ¿Qué función tienen los pares de reserva instalados en el punto de distribución de cada planta?

7.54. Durante la medida del protocolo de pruebas de una instalación se obtienen los resultados que se muestran en la Figura 7.73. ¿Qué conclusión se extrae del resultado de la medida de la resistencia óhmica y de aislamiento de cada par?

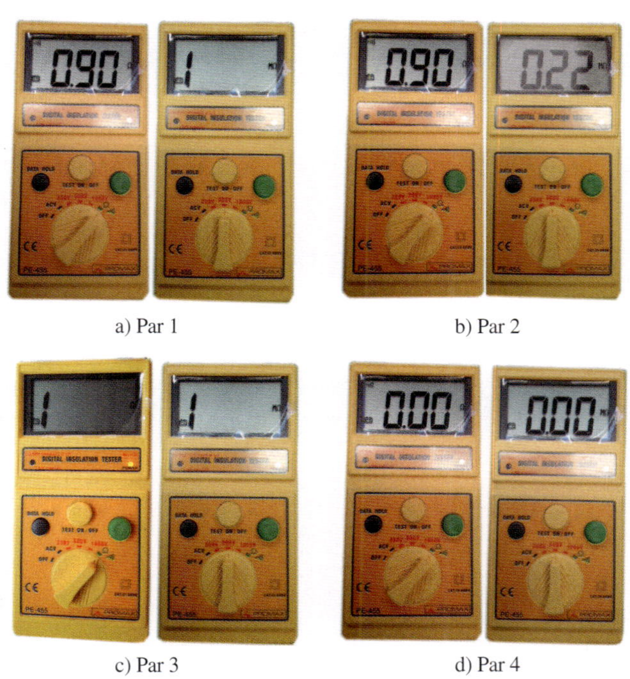

Figura 7.73. *Medidas realizadas en la red de cables de pares.*

7.55. Durante la realización de las pruebas de la red de cables de pares se observa un par defectuoso y se encuentra el defecto en la red de distribución. ¿Cuál es el proceso que debe seguirse para corregir el problema?

7.56. La resistencia en CC medida ofrece una información importante del estado del par, que, normalmente, es un valor pequeño. Si, en una instalación, se utiliza un cable con resistencia máxima a 20 °C de 90 Ω/km:

a) ¿Qué resistencia cabe esperar durante la medida de la resistencia en CC si se verifica un tramo de red de 50 m?

b) Durante la medida de la resistencia óhmica en CC de un tramo de red de 25 m se obtiene una medida de 2,4 Ω. Justifica si el valor de esta resistencia es razonable y, en caso contrario, indica una posible causa de la anomalía.

7.57. ¿Para qué sirve el plan de asignación de pares del regletero del registro principal? Explica cómo lo utilizarías en el momento de cumplimentar el protocolo de pruebas de una instalación.

7.58. Nombra las anomalías que pueden producirse en la medida de la continuidad de la red de cables de pares.

Enlaces web

Todos los fabricantes de equipos para la captación, amplificación y distribución de la señal de RTV disponen en sus catálogos de equipos y materiales de la red de cables de pares de la ICT:

https://www.televes.com/es/
https://www.fagorelectronica.com/es
https://www.sateliterover.com
https://www.ftemaximal.com
https://www.tecatel.com
https://alcadelectronics.com
https://www.ikusi.com

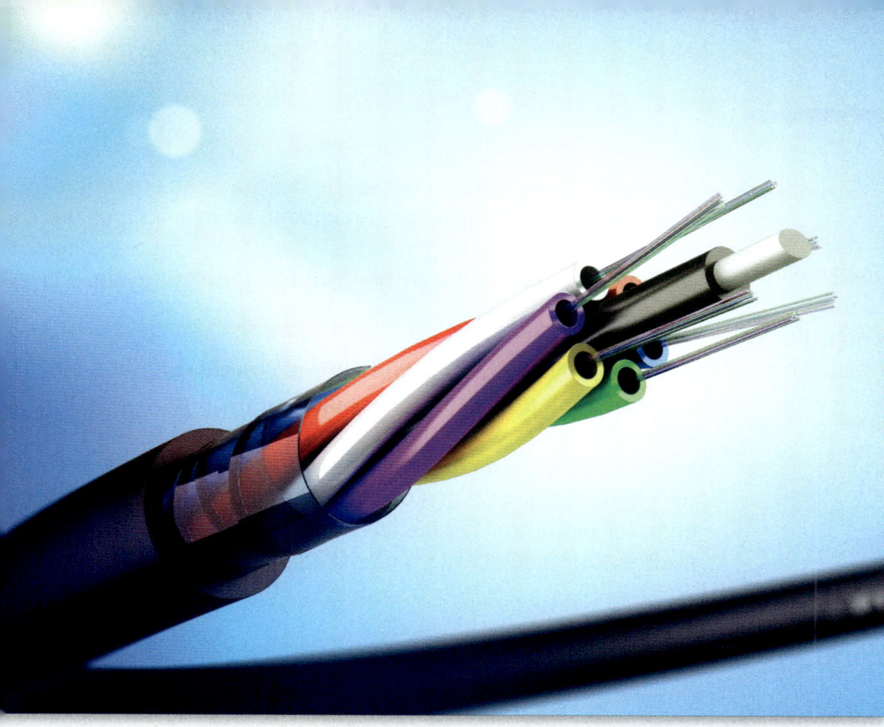

8

Red de cables de fibra óptica

Uno de los principales objetivos de la ICT de segunda generación es la de proporcionar a los usuarios de un edificio el acceso a las nuevas tecnologías de acceso ultrarrápido a través de las denominadas redes NGN *(next generation networking)*, como, por ejemplo, las redes GPON. Para ello, la ICT de un edificio incorpora una red de fibra óptica.

Contenidos

Objetivos

- Identificar las características de los equipos y materiales que forman parte de la red de fibra óptica de una ICT.
- Interpretar la documentación técnica de las instalaciones de fibra óptica.
- Seleccionar de manera adecuada los elementos que constituyen la red de fibra óptica de la ICT.
- Instalar los elementos de la red de fibra óptica, interpretando planos y esquemas y aplicando las técnicas de montaje adecuadas.
- Comprobar la calidad de la instalación a partir de las medidas realizadas en el protocolo de pruebas de la instalación.

8.1. Fibra óptica

La **fibra óptica** permite la transmisión de grandes cantidades de datos a larga distancia y a velocidades muy altas, utilizando la luz como mecanismo de transmisión; por lo tanto, es completamente inmune a las interferencias electromagnéticas.

8.1.1. Introducción a la fibra óptica

La **fibra óptica (FO)** es un medio de transmisión utilizado para propagar en su interior un haz de luz, el cual se queda completamente confinado. Está constituida básicamente por un núcleo de vidrio o plástico y un revestimiento que mantiene la luz en su interior.

Los **sistemas de transmisión por fibra óptica,** tal y como se muestra en la Figura 8.1a, se componen básicamente de un **transmisor,** basado en un diodo led emisor de luz láser en un extremo, que se encarga de convertir los impulsos eléctricos de información en impulsos de luz. En el extremo del **receptor,** los impulsos de luz recibidos se transforman de nuevo en señales eléctricas mediante un detector fotoeléctrico.

El fenómeno óptico en el que se basa la transmisión de la luz en el interior de la FO es la ley de reflexión (Figura 8.1b), según la cual, cuando un rayo de luz se encuentra en la frontera de dos medios con diferente velocidad de propagación, si lo hace con un ángulo determinado, toda la luz se refleja.

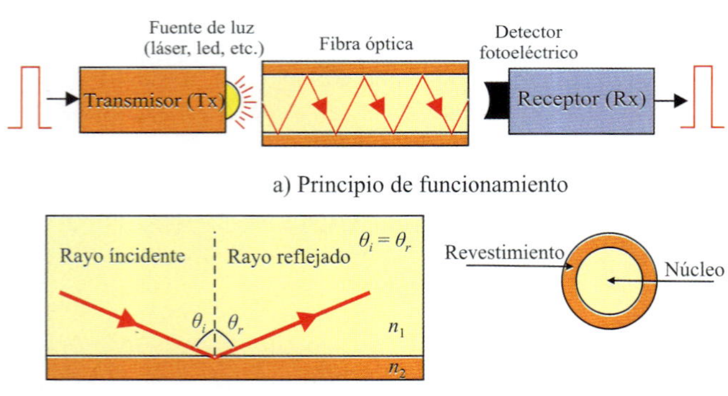

Figura 8.1. *Principio de transmisión por fibra óptica.*

8.1.2. Tipos de fibra óptica

Existen dos **tipos básicos de fibra óptica,** las cuales se identifican por el diámetro de su revestimiento y de su núcleo: la fibra óptica multimodo y la fibra óptica monomodo.

La **fibra óptica monomodo** se caracteriza por tener un diámetro del núcleo pequeño, siendo la relación típica entre los diámetros del núcleo y el revestimiento de 9/125 µm. El diámetro pequeño del núcleo de la fibra óptica monomodo (Figura 8.2a) facilita la propagación de la señal por una única trayectoria (modo) que sigue longitudinalmente el eje de la fibra, reduciendo así las pérdidas y disminuyendo la dispersión de las señales transmitidas.

En cambio, en la **fibra óptica multimodo** (Figura 8.2b), fabricada con un diámetro de núcleo mucho mayor, la luz utiliza diferentes caminos de propagación (modos) que provocan fenómenos de dispersión que limitan el ancho de banda y la distancia máxima de transmisión. La relación típica entre los diámetros del núcleo y el revestimiento de una FO multimodo es de 50/125 o 62,5/125 µm.

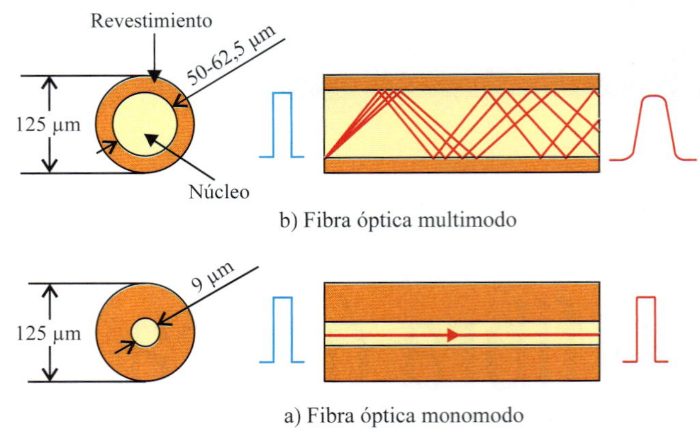

Figura 8.2. *Tipos de fibra óptica y principio de funcionamiento.*

Sabías que...

En una ICT se utiliza la fibra óptica monomodo, la cual ofrece una mayor capacidad de transporte de información, aunque, debido a sus dimensiones, su instalación es más complicada.

8.1.3. Ventanas de transmisión

Cuando la luz viaja por el interior de la fibra óptica se ve afectada por diferentes fenómenos intrínsecos a la propia fibra que atenúan la señal (absorción y dispersión de Rayleigh). Estos efectos dependen de la longitud de onda, por lo que, en la transmisión, se utilizan aquellas longitudes de onda donde estos efectos son menores, denominadas **ventanas.**

En la Figura 8.3 se muestran las principales **ventanas de transmisión** utilizadas en fibra óptica. Las fibras monomodo utilizan las ventanas de 1310 y 1550 nm, en las que las atenuaciones son menores, razón por la cual este tipo de fibras se emplean en transmisiones a largas distancias.

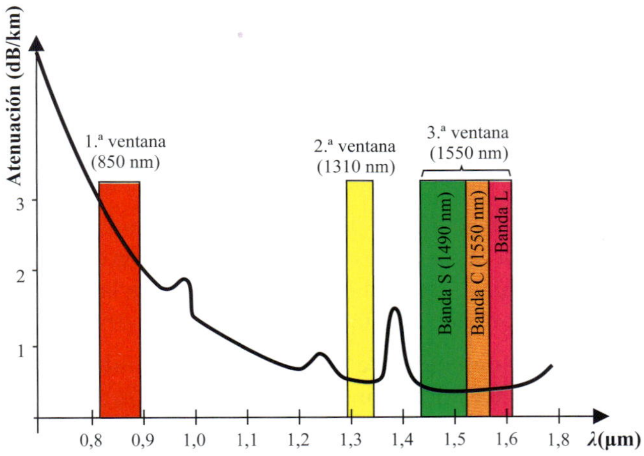

Figura 8.3. *Ventanas de fibra óptica.*

8.1.4. Enlaces de fibra óptica

Un **enlace de fibra óptica** entre un emisor y un receptor permite el establecimiento de una comunicación en ambos sentidos.

En algunas aplicaciones, como las **redes Ethernet** de fibra óptica, un enlace de fibra óptica consta de dos fibras ópticas separadas: una para la transmisión (Tx) y otra para la recepción (Rx) de datos. En la Figura 8.4a se muestra un equipo de red con dos enlaces de fibra óptica.

En cambio, en otras aplicaciones como las **redes de acceso a los servicios de telecomunicaciones de banda ancha (TBA)** con fibra óptica, por ejemplo las redes GPON, una misma fibra óptica permite la transmisión y recepción de datos en ambas direcciones de manera simultánea (Figura 8.4b), por lo que solo es necesaria una única fibra óptica para cada enlace. Para ello, es preciso que la emisión y la recepción se hagan a longitudes de onda diferentes *(λ),* utilizando **técnicas WDM** *(wavelength division multiplexing)* o multiplexación por división de longitud de onda.

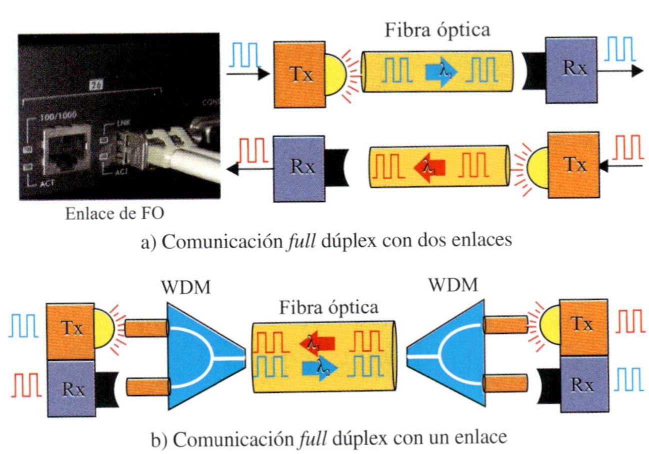

Figura 8.4. *Enlaces de fibra óptica.*

8.1.5. Redes de acceso de fibra óptica

La principal tecnología que proporciona acceso basado en fibra óptica a los usuarios son las denominadas **redes FTTH** *(fiber to the home),* en las cuales se instala fibra óptica hasta el domicilio del cliente.

Tal y como se muestra en la Figura 8.5, las redes FTTH utilizan cables de fibra óptica y sistemas de distribución ópticos para suministrar servicios de banda ancha directamente hasta el hogar.

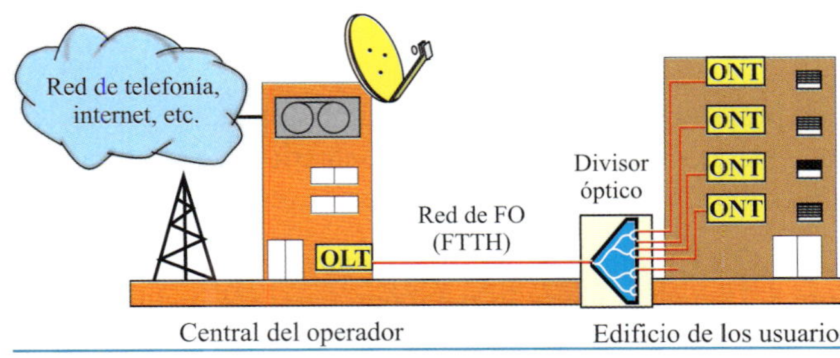

Figura 8.5. *Red de fibra óptica FTTH.*

8.1.6. Redes GPON

La red FTTH utilizada para el acceso a los servicios de telecomunicaciones por parte de los usuarios de una ICT es una **red GPON** *(gigabit-capable passive optical network),* es decir, una red óptica pasiva con capacidad de gigabit que permite velocidades de acceso superiores a 1 Gbps.

Este tipo de red FTTH se caracteriza porque todos los elementos de la red de distribución son pasivos, es decir, no existen elementos de amplificación entre la central y el usuario final, de manera que puede compartirse una misma fibra óptica entre varios usuarios, típicamente 64.

La Figura 8.6 muestra un ejemplo de red GPON, la cual está formada normalmente por los siguientes elementos:

- **Terminal de línea óptico u OLT** ***(optical line terminal).*** Dispositivo ubicado en la central desde donde salen los cables de fibra óptica, cada uno de los cuales puede transportar el tráfico de hasta 64 abonados.
- **Divisores ópticos.** Por la red se distribuyen varios elementos pasivos de ramificación óptica, denominados **divisores ópticos** o ***splitters.*** Cada fibra óptica puede tener una o varias etapas de divisores ópticos *(splitters)* para proporcionar servicio hasta los 64 abonados posibles por fibra óptica.
- **Terminal de red óptico u ONT** ***(optical network terminal).*** Dispositivo instalado en cada vivienda que incorpora las interfaces que permiten al usuario utilizar los servicios de fibra óptica.

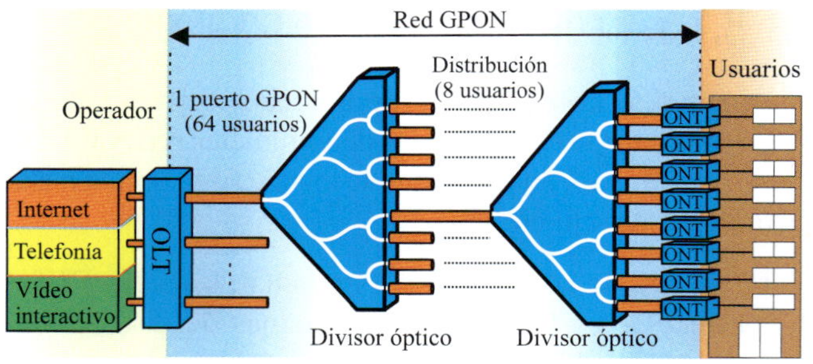

Figura 8.6. *Red GPON.*

ONT

Para proporcionar los servidos de fibra óptica, los proveedores instalan una ONT en la red del usuario, que se comunica con la unidad OLT de la central donde termina su enlace.

La **ONT** *(optical network terminal)* es el dispositivo (Figura 8.7) que convierte la señal óptica que transporta la red de fibra óptica en una señal eléctrica de banda ancha, compatible con el estándar Gigabit Ethernet, ofreciendo así al usuario una interfaz Ethernet para los **servicios de datos.** La señal de salida de la ONT, normalmente, se distribuye a un *router* que proporciona el acceso del usuario a los servicios de telecomunicación ofrecidos por el proveedor.

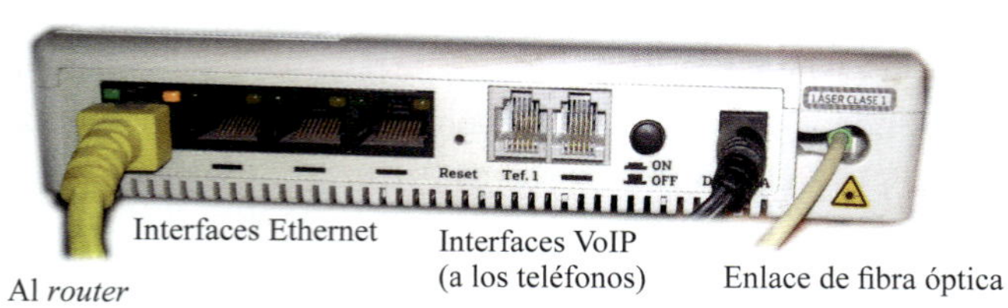

Figura 8.7. *Terminal de red óptico (ONT).*

El acceso a los **servicios de telefonía** se realiza mediante una interfaz VoIP (voz sobre IP) embebida en el propio equipo ONT, lo que permite el tráfico de voz por el mismo enlace.

Sabías que...

Actualmente, el propio *router* puede realizar las funciones de ONT.

8.1.7. Canales de las redes GPON

Las redes GPON utilizan una única fibra óptica monomodo por enlace. Para optimizar las transmisiones de los sentidos descendente y ascendente sin entremezclarse se utilizan **técnicas WDM** *(wavelength division multiplexing)* de manera que se empleen longitudes de onda diferentes para la transmisión y recepción de datos.

Las redes GPON transmiten tres **canales** por una misma fibra óptica, dos de bajada y uno de subida:

1. **Canal descendente de datos.** Se utiliza una longitud de onda *(λ)* de 1490 nm para la transmisión en sentido descendente desde la cabecera (OLT) al usuario (ONT). En este enlace, el usuario recibe el tráfico de datos.
2. **Canal ascendente de datos.** Se utiliza una longitud de onda *(λ)* de 1310 nm para la transmisión en sentido ascendente desde el usuario (ONT) hasta la cabecera (OLT), donde el usuario envía el tráfico de datos.
3. **Canal descendente de difusión de señales de TV (vídeo RF).** Este canal permite la difusión de señales RF (radiofrecuencia) de TV a los usuarios utilizando una longitud de onda *(λ)* de 1550 nm.

En el **canal ascendente** (Figura 8.8a), la red PON está configurada como una **red punto a punto** donde múltiples ONT transmiten a un único OLT. Para ello, las redes PON utilizan técnicas de **multiplexación por división en el tiempo o TDMA** *(time division multiple access),* así que los equipos envían sus datos en el canal ascendente (λ = 1310 nm) en un instante de tiempo (ranura temporal) determinado.

En el **canal descendente** (Figura 8.8b), la red PON está configurada como una **red punto a multipunto** entre la OLT situada en la central y las ONT de los usuarios. El equipo de cabecera OLT también utiliza la técnica TDMA para enviar en diferentes ranuras temporales la información del canal descendente que corresponde a cada usuario (ONT), el cual se encargará de filtrar los datos que se correspondan a su ranura temporal asignada.

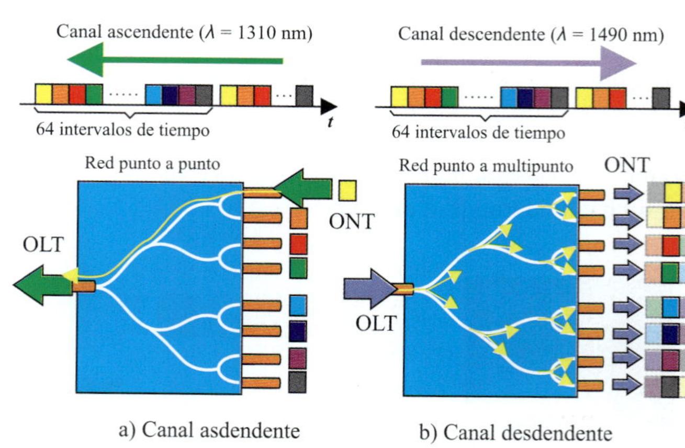

Figura 8.8. *Configuración de los canales.*

8.1.8. Transmisión de las señales de TV en las redes GPON

Las redes GPON ofrecen la transmisión de **señales de TV y vídeo bajo demanda** mediante dos métodos diferentes (Figura 8.9):

1. **Vídeo RF.** Los operadores de TV por cable utilizan el enlace de vídeo RF (λ= 1550 nm) para transmitir la señal de TV. Esta solución se ha adoptado por los operadores de cable hasta su migración a IPTV.
2. **IPTV.** La señal de vídeo se transforma en la cabecera de la red en un flujo de datos IP que se transmite por el canal descendente (λ = 1490 nm) como si fueran datos convencionales.

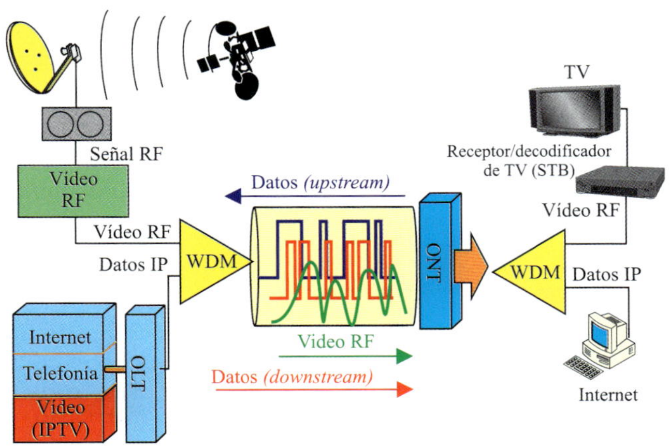

Figura 8.9. *Utilización de técnicas WDM para la trasmisión de vídeo RF.*

Sabías que...

La mayoría de los operadores utilizan en sus redes FTTH/GPON la tecnología IPTV para transmitir la señal de TV en lugar de vídeo RF.

8.1.9. Red de fibra óptica de la ICT

La Figura 8.10 muestra la estructura típica de la **red de fibra óptica** de la ICT de un edificio, que permite el acceso a las redes FTTH/GPON de los operadores.

La red de fibra óptica de los operadores entra en el edificio a través de la red de alimentación.

La **red de fibra óptica** del edificio conecta la red del operador con la instalación interior de usuario. Los principales elementos que forman esta red son:

- **Punto de interconexión.** Está formado por paneles de conexión ópticos que realizan la unión entre las redes de alimentación de fibra óptica de los operadores de servicio y la red de distribución de la ICT del edificio.
- **Red de distribución.** Está formada por los cables de fibra óptica, que distribuyen la red por cada planta del edificio para poder dar el servicio a los usuarios de cada planta.
- **Punto de distribución.** Este punto segrega de la red de distribución los cables de fibra óptica de cada usuario de una planta. Está formado por una o varias cajas de segregación que une la red de distribución y la red de dispersión de fibra óptica.
- **Red de dispersión.** Está formada por los cables de acometida de fibra óptica que unen la red de distribución de fibra óptica con cada vivienda, local o estancia común.
- **Punto de acceso al usuario (PAU).** Formado por una roseta óptica que une la red de dispersión de fibra óptica y la red interior de usuario de la ICT de la edificación.

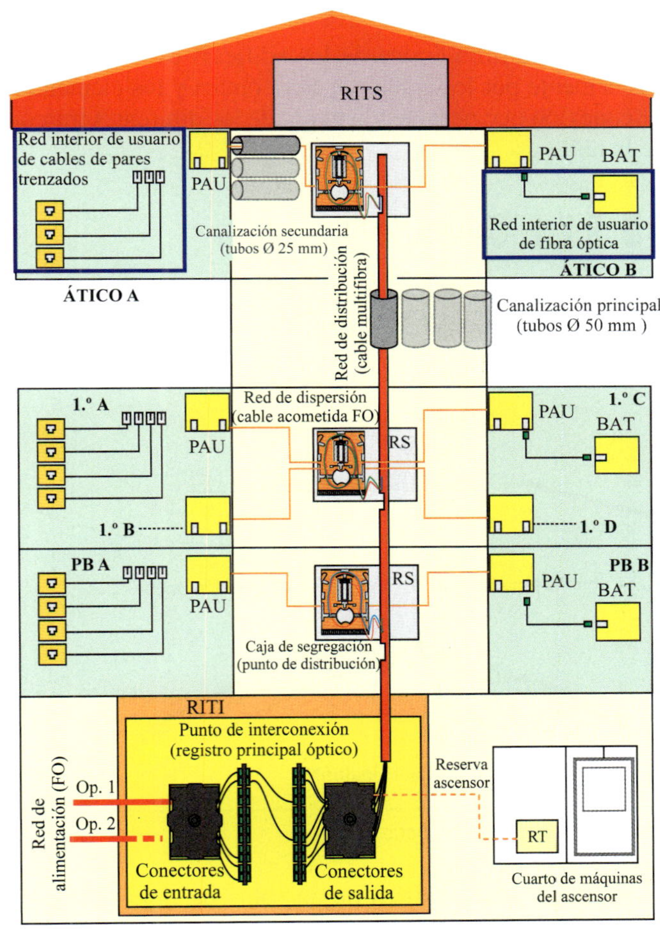

Figura 8.10. *Estructura de la red de cables de fibra óptica de un edificio.*

Instalación interior de usuario

Actualmente, la instalación interior de usuario de fibra óptica está formada por una acometida interior de una fibra óptica que se conecta a una roseta óptica (BAT) que se instala en el comedor, cerca de una de la tomas de la red de cables de pares trenzados.

Hasta la entrada en vigor de la orden ECE/983/2019, la cual modificaba algunos aspectos del reglamento de la ICT, en la ICT no existía red interior de usuario de fibra óptica. Cuando el usuario contrataba los servicios de fibra óptica al operador, este instalaba en el registro de terminación de red (RTR) los elementos activos necesarios para conectar el PAU, donde finaliza la red de acceso de fibra óptica, con la red interior de usuario de cables de pares trenzados. El caso más habitual era la instalación de un *router* de fibra óptica y si es necesaria una ONT.

8.2. Componentes de las redes de fibra óptica

Las redes de fibra óptica de los edificios están formadas básicamente por los cables de fibra óptica y los elementos de conexión que permiten la unión de los diferentes tramos de la red.

8.2.1. Cables de fibra óptica

El **cable de fibra óptica** (Figura 8.11) es la estructura que protege a las fibras ópticas de las influencias medioambientales externas, de daños mecánicos y facilita su manipulación.

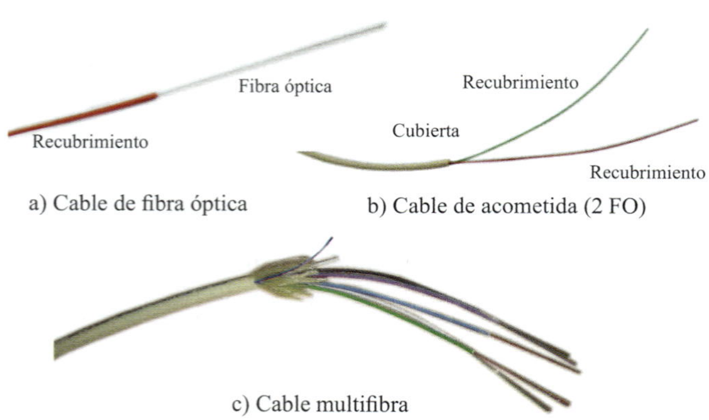

Figura 8.11. *Cables de fibra óptica.*

La composición básica de un cable de fibra óptica se muestra en la Figura 8.12a:

- **Núcleo óptico *(core).*** Parte interna de la fibra donde se propagan las señales ópticas. Su diámetro típico es de 9 µm para la fibra óptica monomodo y de 50 o 62,5 µm para la fibra óptica multimodo.
- **Revestimiento *(cladding).*** Capa intermedia que confina las señales ópticas en el núcleo. Generalmente, se fabrica del mismo material que el núcleo, pero con aditivos que le otorgan un índice de refracción ligeramente mayor. Su diámetro es de 125 µm.
- **Recubrimiento de protección *(coating)* o primario.** Envoltura generalmente plástica que aísla las fibras y evita que se produzcan interferencias entre fibras adyacentes, a la vez que les proporciona protección mecánica. El recubrimiento de la fibra, normalmente, está coloreado de manera que se facilita la identificación de la fibra. Algunas fibras tienen un recubrimiento adicional o recubrimiento secundario.

Las fibras ópticas se agrupan y se distribuyen de manera conjunta formando cables de fibra óptica protegidos por una **cubierta protectora,** en cuyo interior se agrupan una fibras de aramida (Kevlar) de color amarillo que protegen el entorno de la fibra óptica (Figura 8.12b). De esta manera, los cables de fibra óptica quedan protegidos frente a la tensión mecánica a la que se somete el cable cuando se manipula durante su instalación.

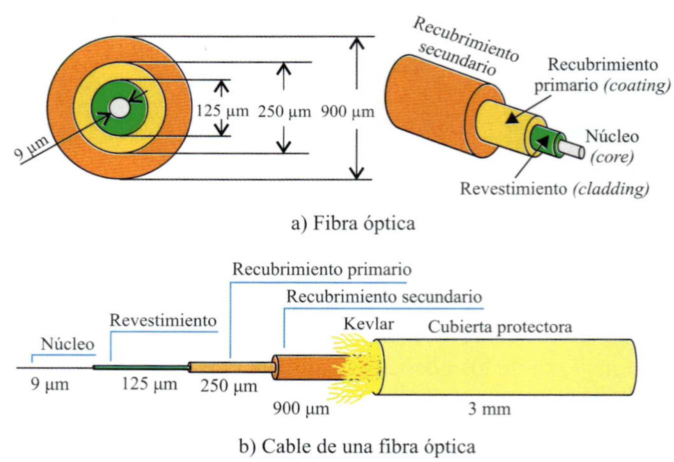

Figura 8.12. *Estructura típica de un cable de fibra óptica.*

8.2.2. Especificaciones de la fibra óptica

Existen diferentes tipos de cables de fibra óptica, diseñados en función del entorno en el que van a ser utilizados. Además, el diseño de un cable condiciona su sensibilidad a la curvatura y su resistencia mecánica:

- Las recomendaciones de la **ITU-T G.652** especifican las características de los cables de fibra óptica monomodo (FO convencionales), de aplicación principal en redes de transporte y de acceso de los operadores en instalaciones de exterior (G.652.D).
- Para aplicaciones de acceso FTTH, las recomendaciones de la **ITU-T G.657** recogen varios tipos de fibras ópticas monomodo que se caracterizan por su baja sensibilidad a curvaturas e insensibles a la pérdida por flexión, por lo que son ideales para la instalación en el interior de los edificios.

Las FO recogidas bajo la **recomendación ITU-T G.657** se clasifican de la manera siguiente:

- **Categoría A.** Fibra óptica para redes de acceso. Este tipo de fibra óptica (A1 y A2) presenta los mismos parámetros de transmisión que las fibras monomodo convencionales (G.652 D), por lo que se recomienda para cualquier aplicación de acceso.
- **Categoría B.** Fibra óptica para cortas distancias (parte final de las redes de acceso). Presenta radios de curvatura pequeños con bajas pérdidas, por lo que este tipo de fibras (B2 y B3) se recomiendan en aplicaciones de corta distancia, en especial en las instalaciones interiores de edificios.

La Figura 8.13 compara los radios de curvaturas (R_C) permitidos en las fibras ópticas convencionales (G.652) con los radios de las fibras ópticas insensibles a las pérdidas por flexión (G.657).

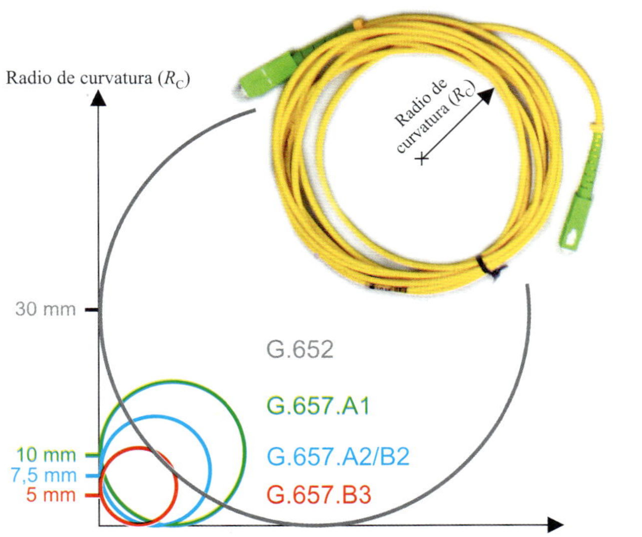

Figura 8.13. *Radios de curvatura de la fibra óptica.*

Las fibras ópticas utilizadas en la ICT son monomodo del tipo G.657, categoría A2 o B3, con baja sensibilidad a curvaturas y compatibles con las fibras ópticas del tipo G.652.D.

Los cables de fibra óptica que se instalen en el interior de una ICT deben cumplir los niveles mínimos obligatorios de la clasificación Dca-s2,d2,a2 respecto a su comportamiento de reacción frente al fuego.

8.2.3. Cables de acometida individual

El **cable de acometida** está constituido por una o dos fibras ópticas (Figura 8.14a), tanto para instalación en interior como en exterior. Si el cable de acometida está formado por dos fibras ópticas, cada una de las fibras del cable se identifica por su color, tal y como se muestra en la Figura 8.14b:

- **Fibra 1:** verde.
- **Fibra 2:** roja.

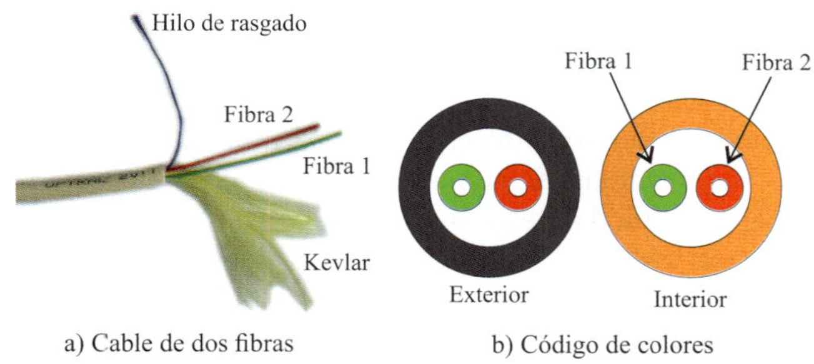

Figura 8.14. *Cable de acometida de fibra óptica.*

Los cables de acometida también deben incluir **elementos de refuerzo,** como, por ejemplo, **hilaturas de fibras de aramida (Kevlar),** que garanticen los esfuerzos por tracción y eviten alargamientos permanentes de las fibras ópticas y el aumento de la atenuación cuando se manipulan.

Para facilitar la eliminación de la cubierta, los cables disponen debajo de la cubierta de un **hilo de rasgado.**

8.2.4. Cables multifibra

Los **cables multifibra** están formados por un conjunto de fibras ópticas agrupadas bajo la misma cubierta protectora.

En las instalaciones de ICT, para la distribución vertical en edificios, el cable multifibra será preferentemente de hasta 48 fibras ópticas.

Dependiendo de la forma de agrupación de las fibras ópticas en el interior del cable, se diferencian dos tipos de cables multifibra diferentes: cables multifibra de micromódulos y cables multifibra de fibras ópticas individuales.

Cables multifibra de micromódulos

Los **cables multifibra de micromódulos** son cables que contienen en su interior varios tubos multifibra de bajo diámetro (micromódulos), los cuales contienen cada uno un número variable de fibras ópticas: 1, 2, 4, 6 u 8 fibras.

La Figura 8.15 muestra un cable multifibra típico utilizado en la ICT, en el que los micromódulos facilitan la instalación en el interior de los edificios.

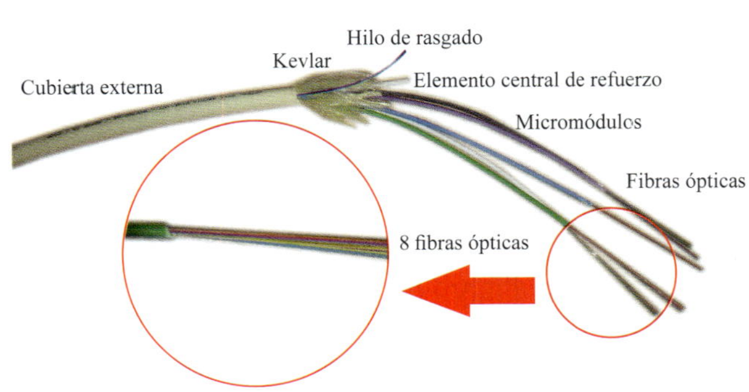

Figura 8.15. *Cable multifibra (micromódulos).*

La primera protección de las fibras ópticas debe estar coloreada de forma intensa, opaca y fácilmente distinguible e identificable a lo largo de la vida útil del cable. Los micromódulos serán de material termoplástico elastómero de poliéster o similar impregnados con compuesto bloqueante del agua, de fácil pelado sin usar herramientas especiales, y estar coloreados según el código de la Figura 8.16.

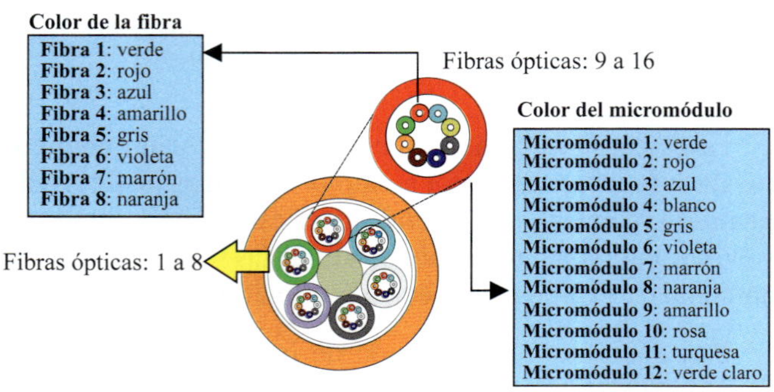

Figura 8.16. *Código de colores de un cable multifibra de 48 fibras ópticas (micromódulos).*

El cable deberá ser completamente **dieléctrico,** no poseerá ningún elemento metálico y el material de la cubierta de los cables debe ser termoplástico, libre de halógenos, retardante de la llama y de baja emisión de humos (LSFH).

En los cables dieléctricos, el **elemento de refuerzo** está constituido por hilaturas de **fibra de aramida** dispuestas en hélice sobre la cubierta interior. Los cables dieléctricos también pueden incluir **refuerzos dieléctricos axiales,** es decir, un elemento central no metálico que sirve de soporte para posicionar las fibras ópticas y así configurar el núcleo del cable. El elemento central de refuerzo, sobre todo, presenta una alta resistencia para prevenir que los cables se desconecten de manera involuntaria por manipulaciones o movimientos.

Ejemplo 8.1. Identificación de fibras ópticas de micromódulos

La fibra óptica número 23 (8 + 8 + 7) de un cable de fibra óptica de 48 fibras con micromódulos de 8 FO se corresponde con la fibra 7 (marrón) del micromódulo 3 (azul).

Por otro lado, una fibra óptica de color amarillo (fibra 4) del micromódulo de color rojo (micromódulo 2) se corresponde con la fibra número 12 del cable (8 + 4).

Cables multifibra de fibras ópticas individuales

En las instalaciones de ICT también pueden utilizarse **cables multifibra de fibras ópticas individuales** de 900 μm en lugar de micromódulos de varias fibras.

La unidad básica de este tipo de cable es de 12 fibras ópticas, tal y como se muestra en la Figura 8.17a. Cuando los cables tienen más de 12 fibras, se repiten los colores añadiendo anillos de color negro cada 50 mm (Figura 8.17b): 1 anillo entre las fibras 13 y 24, 2 anillos entre las fibras 25 y 36 y 3 anillos entre las fibras 37 y 48.

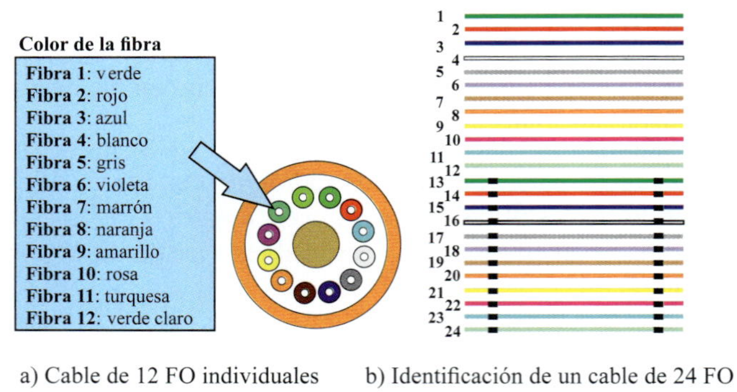

Figura 8.17. *Código de colores del cable multifibra de FO individuales.*

8.2.5. Conectores de FO

La misión de los **conectores de fibra óptica** es la de establecer un enlace óptico y permitir el alineamiento y la unión temporal de dos fibras ópticas entre sí o entre el equipamiento activo de la instalación, manteniendo las condiciones ópticas.

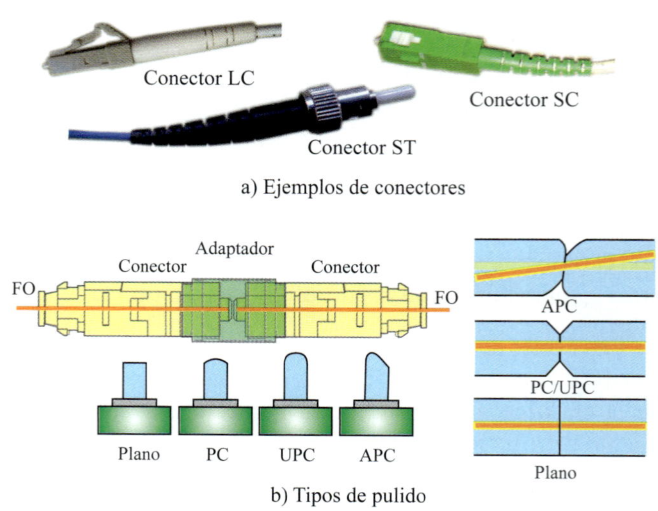

Figura 8.18. *Conectores de FO.*

Los conectores de FO se clasifican en función de dos características:

1. **Estructura física.** Cuerpo del conector (Figura 8.18a) que determina la fijación con el dispositivo final: conectores ST, SC, LC, etcétera.
2. **Tipo de pulido de la fibra.** Tipo de acabado de la fibra sobre el conector (Figura 8.18b). Aunque existen

varios tipos de pulido, los más comunes son **APC** *(angled physical contact)* y **PC** *(physical contact).*

Un conector queda definido por la combinación de su estructura y el tipo de pulido de la fibra, como, por ejemplo, el conector SC/APC.

Conector SC/APC

El conector utilizado en las instalaciones de fibra óptica de la ICT es el conector **SC/APC** (Figura 8.19), el cual establece la compatibilidad entre conectores tanto a nivel de estructura física (SC) como a nivel de pulido (APC).

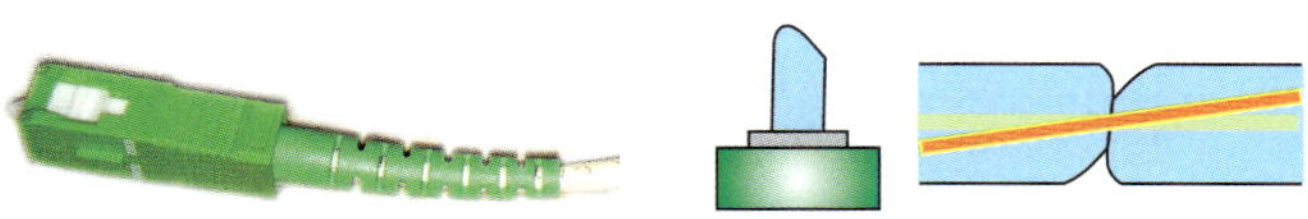

a) Estructura física (SC) b) Tipo de pulido (APC)

Figura 8.19. *Conector SC/APC.*

El **conector SC** *(subscriber connector)* se caracteriza por su reducido tamaño, su facilidad de uso y su forma cuadrada. Los elementos que forman su estructura se muestran en la Figura 8.20:

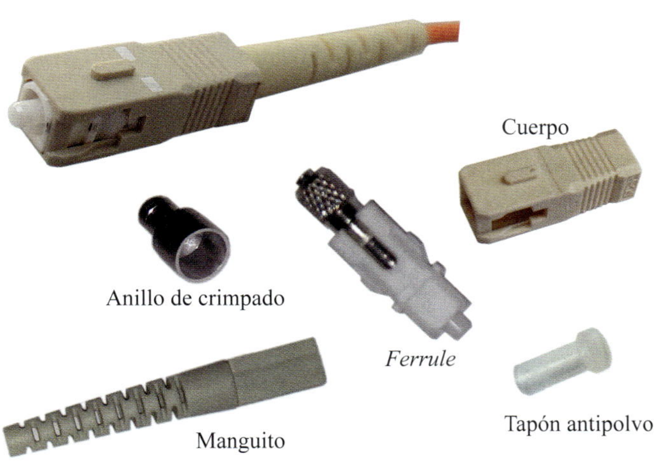

Figura 8.20. *Estructura de un conector SC.*

- ***Ferrule.*** Pieza interior del conector que tiene forma cilíndrica y su diámetro interior coincide con el diámetro del recubrimiento de la fibra. Su función es albergar la fibra óptica, centrarla y alinearla para lograr la mejor conexión posible. Generalmente, se fabrica de material cerámico.
- **Cuerpo.** Estructura que facilita la conexión del conjunto, proporcionando un sistema de acoplamiento de encaje por presión.
- **Anillo de crimpado.** Componente que mantiene unido el cuerpo del conector con el cable.
- **Manguito.** Proporciona rigidez mecánica al conjunto del conector, evitando así la rotura de la fibra óptica.
- **Tapón antipolvo.** Protección que cubre el *ferrule* cuando el conector no se utiliza.

8.2.6. Adaptadores

Todos los conectores de fibra óptica son macho, por lo que, para unir dos extremos de fibra óptica mediante conectores, se utiliza un adaptador (Figura 8.21a).

Un **adaptador** es un dispositivo mecánico que facilita el correcto enfrentamiento de dos conectores de fibra óptica (Figura 8.21b).

Todos los dispositivos que conectan tramos de fibra óptica en la red utilizarán un adaptador, por lo que se encuentran en los paneles de conexión ópticos (Figura 8.21c), en las rosetas ópticas (Figura 8.21d) y en cualquier dispositivo de red.

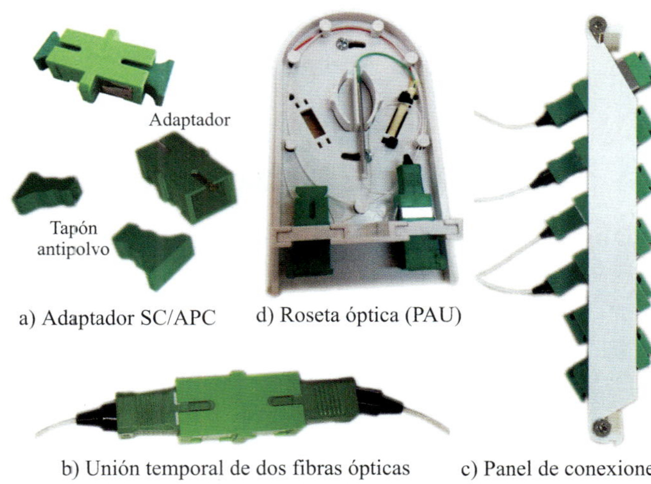

Figura 8.21. *Adaptador.*

8.2.7. *Pigtail*

El ***pigtail*** es un cable de fibra óptica, normalmente de longitud corta, que se utiliza para terminar una fibra óptica (Figura 8.22). Un extremo incorpora un conector terminado de fábrica y el otro extremo se conecta mediante un empalme mecánico o por fusión con la fibra óptica distribuida por la instalación.

Este componente reduce los tiempos de instalación y garantiza la calidad de la conectorización, ya que se realiza en fábrica.

La longitud los *pigtails* es variable, aunque los más utilizados son los de una longitud de 0,5 m, ya que son ideales para su fusión con otro tramo de fibra óptica.

También existen *pigtails* de mayor longitud (10, 15, 20, 30, 40 o 50 m), que eliminan la necesidad de una fusión en la instalación, ya que permiten su conexión directa en un extremo del enlace de FO.

Figura 8.22. Pigtails.

8.2.8. Latiguillo de conexión óptico

El **latiguillo de conexión óptico** o ***patchcord*** es un cable de fibra óptica que incorpora en los dos extremos sus respectivos conectores (Figura 8.23a).

El latiguillo se utiliza en los equipos terminales para realizar la conexión de los equipos (Figura 8.23b) a la roseta de FO o para realizar la conexión entre paneles de interconexión.

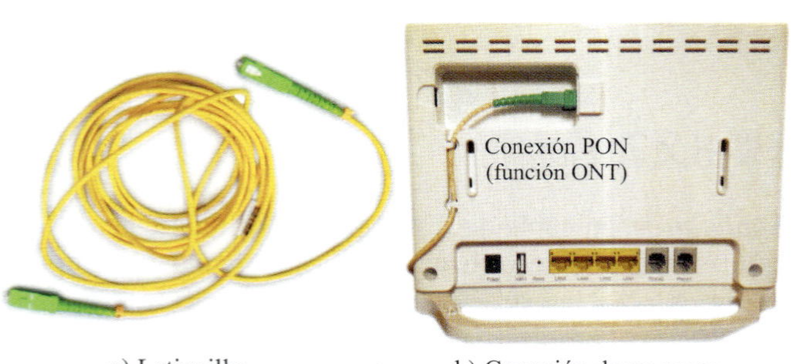

Figura 8.23. *Latiguillo de conexión óptico.*

Su longitud típica varía entre 1 y 3 m, pero, al igual que los *pigtails,* también se fabrican latiguillos más largos de longitud variada (10 m, 20 m, etc.), que pueden utilizarse en instalaciones pequeñas para la instalación directa de un enlace óptico entre dos puntos, como, por ejemplo, el PAU y el RITI.

8.2.9. Empalmes

Debido a que la longitud de las bobinas de cables de fibra óptica es menor que la longitud de las infraestructuras y a que, en la distribución de cables de fibra por la infraestructura del edificio se utilizan varios tipos de cables con diferente número de fibras, es necesaria la realización de empalmes.

Un **empalme** es la conexión permanente de dos fibras ópticas mediante una conexión de bajas pérdidas.

Las dos técnicas utilizadas para la unión de dos fibras ópticas son las siguientes:

1. **Empalme por fusión** (Figura 8.24a). Consiste en unir las dos fibras ópticas fundiendo el material de sus puntas mediante la aplicación de una fuente de calor. La fusión se realiza al aplicar una corriente eléctrica controlada entre dos electrodos que producen un arco eléctrico. Los empalmes por fusión se realizan utilizando una máquina denominada **fusionadora.**
2. **Empalme mecánico** (Figura 8.24b). Mediante un conector de reducidas dimensiones se alinean dos fibras desnudas que quedan aseguradas mecánicamente.

La conectorización de fibras ópticas mediante fusión con un *pigtail* es la técnica más recomendable, ya que garantiza menos pérdidas y permite repetir de manera sencilla una fusión cuando esta es fallida, por lo que solo es necesario cortar y preparar de nuevo los dos extremos de la fibra a fusionar.

La fusión tiene el inconveniente del elevado coste de la fusionadora, pero, cuando el volumen de trabajo es elevado, el coste del equipo se amortiza rápidamente.

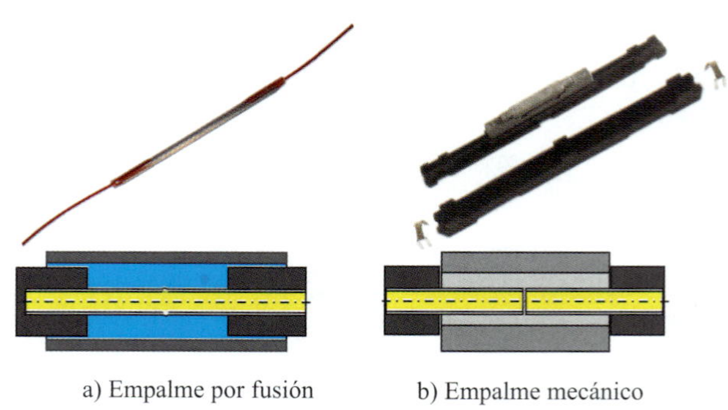

Figura 8.24. *Empalmes.*

8.2.10. Bandejas de empalme

La **bandeja de empalme** se utiliza para proteger y mantener los empalmes de fibra óptica (Figura 8.25a).

Independientemente del tipo de empalme realizado, mecánico o fusión, es necesario proteger el resultado de la unión de las fibras (Figura 8.25b).

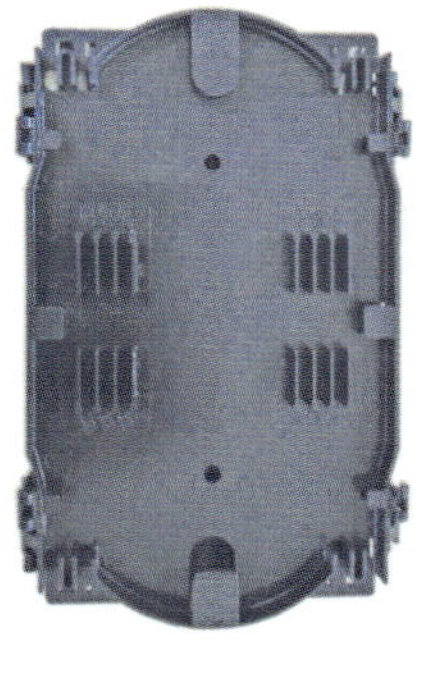

a) Bandejas de empalme

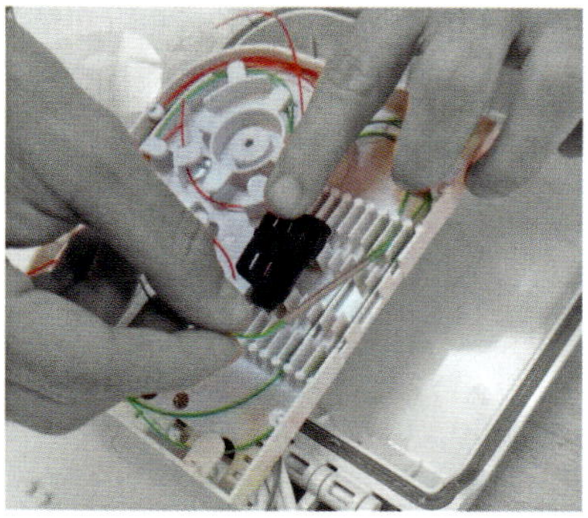

b) Protección del empalme

Figura 8.25. *Protección de empalmes.*

8.3. Red de fibra óptica de la ICT

Si existen **operadores** que presten el servicio de **fibra** óptica en el lugar de instalación del edificio, se instalará la red de fibra óptica de la ICT. En este caso, la red de alimentación de los operadores llegará a través de la canalización externa y de la canalización de enlace inferior hasta el punto de interconexión situado en el recinto de instalaciones de telecomunicaciones (registro principal óptico).

En el caso de que no existan operadores de servicio, se dejarán las canalizaciones necesarias, para atender en el futuro la previsión de la posible demanda, dotadas con los correspondientes hilos guía.

Recuerda

La instalación de la red de alimentación y los paneles de conexión de entrada son responsabilidad de cada operador.

8.3.1. Acceso de los operadores a la red de FO del edificio

La **red de alimentación** de fibra óptica de los operadores (formada por los cables que unen las centrales o nodos de comunicaciones con la edificación) se introduce en la ICT de la edificación a través de la arqueta de entrada y de la canalización externa hasta el registro de enlace, donde se encuentra el punto de entrada general, y de donde parte la canalización de enlace, hasta llegar al registro principal ubicado en el recinto de instalaciones de telecomunicación inferior (RITI), donde se ubica el punto de interconexión.

El **punto de interconexión** de fibra óptica realiza la unión entre las redes de alimentación de los operadores de fibra óptica y la red de distribución del edificio y delimita las responsabilidades en cuanto a mantenimiento entre el operador del servicio y la propiedad de la edificación.

Está formado por un panel común de conectores de salida y los **paneles de conexión de entrada** de los operadores.

Todos los operadores utilizarán para conectarse a la red de fibra óptica del edificio el **panel común de conectores de salida,** situado en el registro principal óptico ubicado en el RITI (Figura 8.26).

Cada operador que dé servicio instalará de manera independiente los **paneles de conexión de entrada,** así como los latiguillos de interconexión, que, además, podrán dotarse con los dispositivos de seguridad necesarios para evitar manipulaciones no autorizadas en las terminaciones de la red de alimentación.

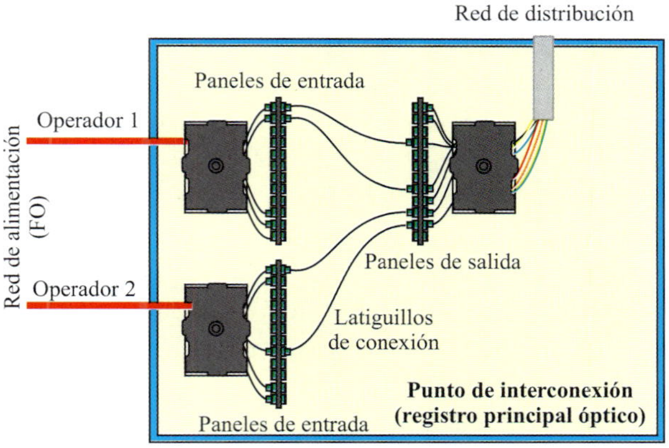

Figura 8.26. *Acceso de los operadores al edificio a través del punto de interconexión.*

La unión entre los paneles de entrada de los operadores y el panel común de salida se realizará mediante **latiguillos de conexión,** de manera que cada operador dará servicio al usuario que contrate sus servicios.

8.3.2. Red de distribución

La **red de distribución** parte del punto de interconexión situado en el **registro principal óptico** que se encuentra en el RITI y, a través de la canalización principal, enlaza con la red de dispersión en los puntos de distribución situados en los registros secundarios.

La **topología de la red de distribución** de fibra óptica dependerá del número de PAU al que dé servicio la red de distribución y dispersión de un edificio: número de PAU >20 y número de PAU ≤20.

Número de PAU >20

En el caso de edificios con una **red de distribución y dispersión** que dé servicio a un **número de PAU superior a 20,** la red de distribución de fibra óptica se realizará con **cables multifibra** (Figura 8.27), utilizando el cable multifibra normalizado de capacidad igual o superior a la demanda prevista del edificio (incluyendo las acometidas de reserva necesarias) o combinaciones de varios cables normalizados.

Todas las fibras ópticas de la red de distribución se terminarán en conectores tipo SC/APC con su correspondiente adaptador, agrupados en **el panel de conectores de salida** del punto de interconexión.

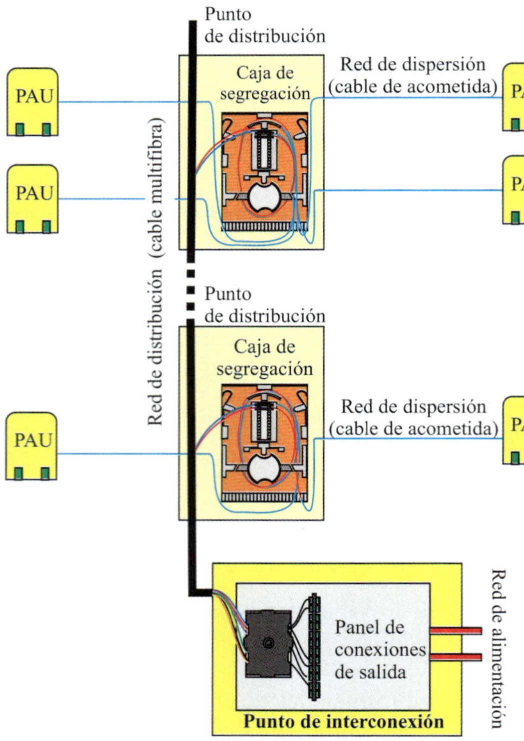

Figura 8.27. *Topología de la red de fibra óptica de una ICT (número de PAU >20).*

Sabías que...

El número y tipo de cables de FO que han de instalarse en la red estará especificado en el proyecto técnico de la instalación, pero la previsión de la demanda en edificios destinados principalmente a viviendas es de una acometida de dos fibras ópticas por vivienda, local comercial u oficina.

Al utilizar cables normalizados, con un número de fibras ópticas superior a la demanda prevista, sobrarán cables de fibra óptica. Las fibras sobrantes, distribuidas de manera uniforme en los diferentes registros secundarios, quedarán disponibles correctamente alojadas en ellos, para su utilización en el momento apropiado (fibras ópticas de reserva).

Número de PAU ≤20

En el caso de edificios con una **red de distribución y dispersión** que dé servicio a un **número de PAU inferior o igual a 20,** la red puede realizarse directamente con **cable de acometida** de dos fibras ópticas desde el punto de interconexión ubicado en el registro principal hasta el PAU de cada vivienda, tal y como se indica en la Figura 8.28.

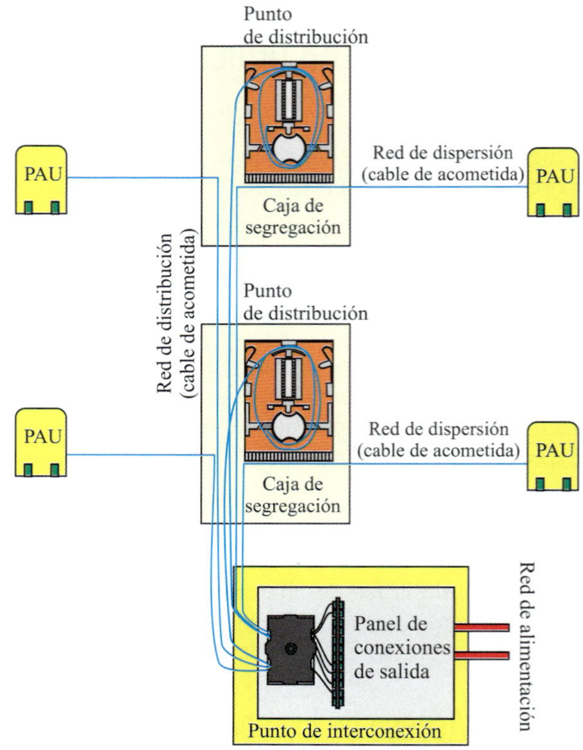

Figura 8.28. *Topología de la red de fibra óptica de una ICT (número de PAU ≤20).*

8.3.3. Punto de interconexión

En el **punto de interconexión de cables de fibra óptica** se instala en registro principal óptico (Figura 8.29) ubicado en el RITI o RITU.

Sabías que...

La utilización de cables de fibra óptica con micromódulos facilita la instalación de los cables en el punto de distribución, ya que puede escogerse el cable con el número de FO por micromódulo de acuerdo con las acometidas que han de instalarse en cada planta. Por ello, pueden encontrarse cables con micromódulos de 1, 2, 4, 6 u 8 fibras.

Las fibras de los operadores deberán estar terminadas en conectores tipo SC/APC con sus correspondientes adaptadores agrupados en un repartidor de conectores de entrada, que hará las veces de **panel de conexión de entrada.**

De la misma manera, todas las fibras ópticas de la red de distribución del edificio se terminarán en conectores tipo **SC/APC** con su correspondiente adaptador, agrupados en un **panel de conexión de salida** común para todos los operadores del servicio.

La conexión entre el panel común de conectores de salida de la red del edificio y los repartidores de conectores de entrada de los diferentes operadores se realizará mediante cordones o **latiguillos de fibra óptica** terminados en ambos extremos en conectores de tipo SC/APC.

El espacio interior previsto para el registro principal óptico deberá ser suficiente para permitir la instalación de una cantidad de conectores de entrada que sea dos veces la cantidad de conectores de salida que se instalen en el punto de interconexión, así como un espacio adicional para el guiado de los cordones o latiguillos de interconexión y el almacenamiento de la longitud sobrante de cable.

La realización física del punto de interconexión, desarrollando las funciones de registro principal óptico, la constituye la **caja de interconexión** de cables de fibra óptica, que se muestra en la Figura 8.29a.

Una **caja de interconexión de cables de FO** es una caja de empalme y conexión utilizada en las redes FTTH en el interior de edificios como punto de interconexión óptica entre los cables de fibra óptica de las redes de alimentación de los operadores y la red de distribución del edificio. La constitución de la caja de interconexión tiene dos zonas (Figura 8.29b):

- **Zona de terminación de cables** (izquierda) con bandejas de empalme para la terminación de las fibras ópticas, normalmente fusionadas en *pigtails* con conectores SC/APC.
- **Zona de conexión** (derecha): permite realizar la conexión de las fibras ópticas de la red de alimentación con la red de distribución del edificio, utilizando latiguillos con conectores SC/APC en los dos extremos.

Estas cajas están diseñadas para montarse y apilarse en vertical para facilitar el trazado y gestión de los latiguillos de interconexión. De esta manera, tal y como se muestra en la Figura 8.29b, el conjunto estará compuesto por dos compartimentos:

- **Compartimento de salida** para terminar la red de fibra óptica del edificio. Esta zona permitirá la colocación de paneles de 24 o 48 conectores SC/APC donde se efectuarán las conexiones con las fibras de la red de distribución del edificio, que a su vez deberán estar terminadas en sus correspondientes conectores SC/APC.
- **Zona o compartimento de entrada** para terminar las redes de alimentación de los operadores, de manera que se instalarán tantos compartimentos de salida como operadores.

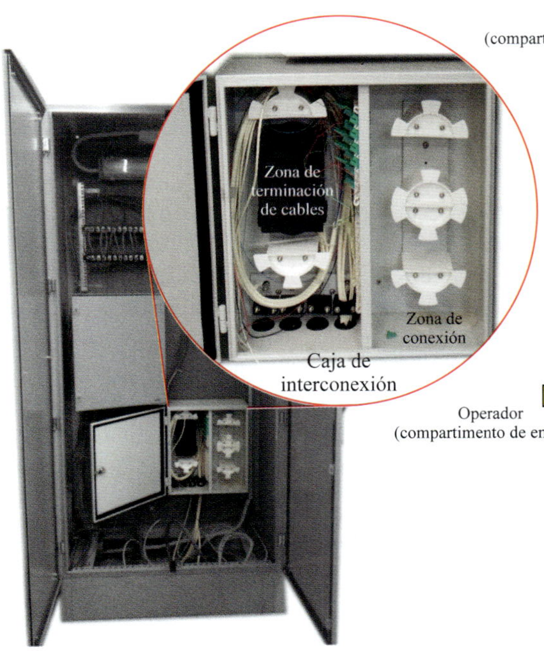

a) Registro principal de fibra óptica situado en el RITI.

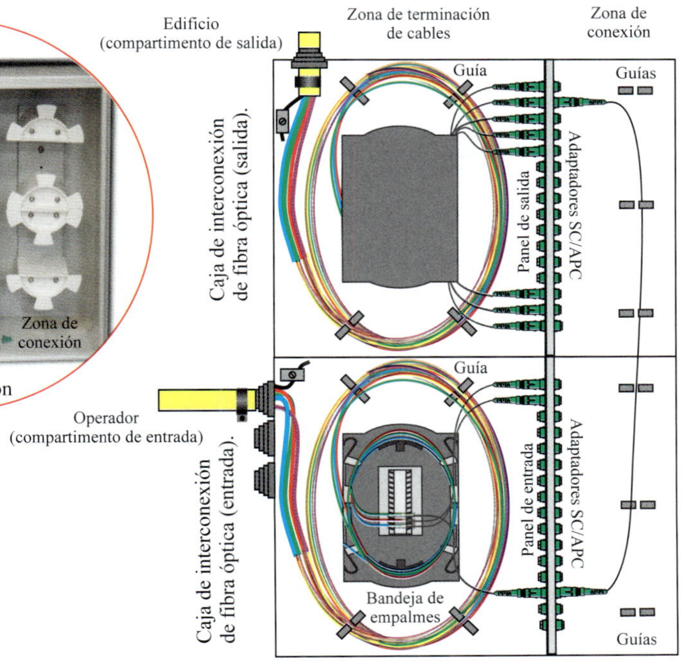

b) Agrupación de dos cajas de interconexión

Figura 8.29. *Punto de interconexión óptico.*

Caso de instalaciones con un número de PAU > 20

En el supuesto de que el número de fibras ópticas que se debe gestionar en el edificio sea elevado, caso de que el número de PAU sea mayor de 20, las funciones de la caja de interconexión de cables de fibra óptica la realizará un armario *rack* de 19 pulgadas (Figura 8.30a). Las dimensiones mínimas de este armario deben ser de 600 mm de ancho × 300 mm de fondo. En este armario terminará tanto la red del edificio como las redes de los operadores.

En la parte superior del armario tipo *rack* se instalarán las bandejas necesarias para finalizar en conectores SC/APC, en el panel de adaptadores frontal de las bandejas, todas las fibras ópticas de la red de distribución del edificio, dejando la parte inferior libre para la fijación de bandejas para la terminación de las redes de los operadores.

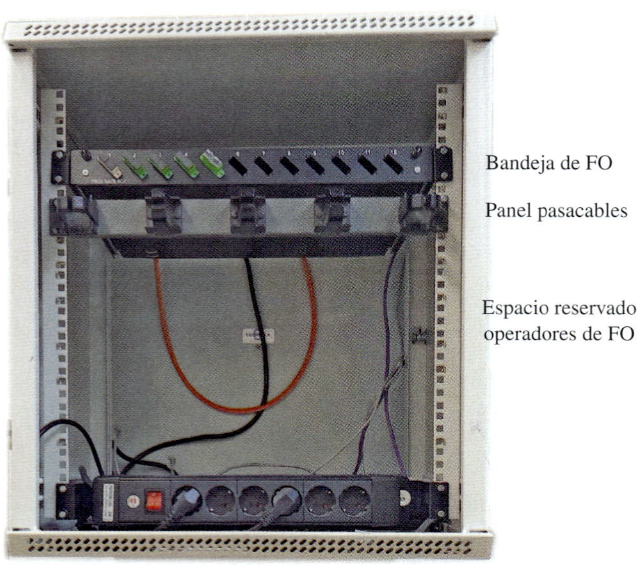

a) *Rack*

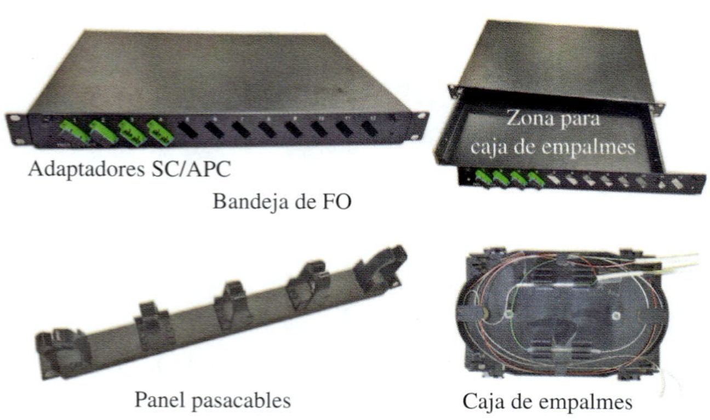

b) Bandejas y accesorios del armario *rack*

Figura 8.30. *Instalación en* rack.

Las bandejas de FO con adaptadores SC/APC tienen una capacidad típica de 24 o 48 adaptadores (Figura 8.30b). Como norma general, por lo tanto, por cada uno de los cables multifibra de 48 fibras ópticas instaladas en la red de distribución será necesario instalar una bandeja de 48 adaptadores. En su interior las **cajas de empalme** se utilizan para proteger y mantener los empalmes de terminación.

Adicionalmente, en el armario tipo *rack* se dispondrá espacio suficiente para permitir la instalación de elementos de guiado, almacenamiento y gestión de los latiguillos que conectarán los conectores de salida de la red del edificio con los conectores de entrada de las redes de los operadores, que podrán materializarse en forma de guía-hilos o bandejas fijadas al armario tipo *rack* para recoger el sobrante de cable de los latiguillos de interconexión.

Sabías que...

Un armario *rack*, también llamado armario de telecomunicaciones o de distribución, tiene todas las facilidades necesarias para alojar en su interior los componentes pasivos (paneles de distribución, guías de cable, bandejas, etc.) y los dispositivos activos de la red de una instalación. La medida interna típica de los armarios es de 19 pulgadas (19") y su altura está dividida en unidades (U), que equivalen aproximadamente a 45 mm.

Ascensores

En el punto de interconexión se debe realizar la previsión de la reserva de una acometida de fibra óptica, como mínimo, por ascensor.

La previsión de la demanda que se haga para los ascensores estará en consonancia con la normativa específica aplicable a este tipo de instalaciones, en particular por razones de seguridad (línea de seguridad del ascensor). Aunque no está prevista la instalación inicial de la **línea de seguridad del ascensor,** ya que dependerá de los servicios contratados por la comunidad, será necesaria la reserva necesaria de conexiones en los paneles de salida del punto de interconexión, por si fuera necesaria la instalación de estas acometidas por el tubo de la canalización reservada para este fin.

8.3.4. Punto de distribución

El **punto de distribución de fibra óptica** realiza la unión entre las redes de distribución y de dispersión de la ICT del edificio y se aloja en el interior del registro secundario de cada planta (Figura 8.31).

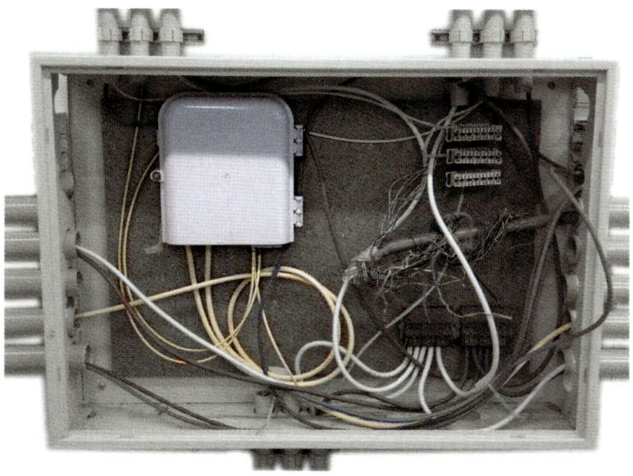

Figura 8.31. *Registro secundario de fibra óptica (punto de distribución).*

El punto de distribución de fibra óptica se realiza físicamente con **cajas de segregación** o **distribución.**

La Figura 8.32 muestra una caja de segregación con capacidad para 8 fibras ópticas. Estas cajas protegen y mantienen los empalmes de fibra óptica cuando se utilizan diferentes tipos de fibra óptica en la red de distribución y de dispersión y también disponen de espacio para la reserva de cable.

Las **cajas de segregación** pueden ser de interior (para 4 u 8 fibras ópticas) o de exterior (para 4 fibras ópticas), para el caso de ICT para conjuntos de viviendas unifamiliares.

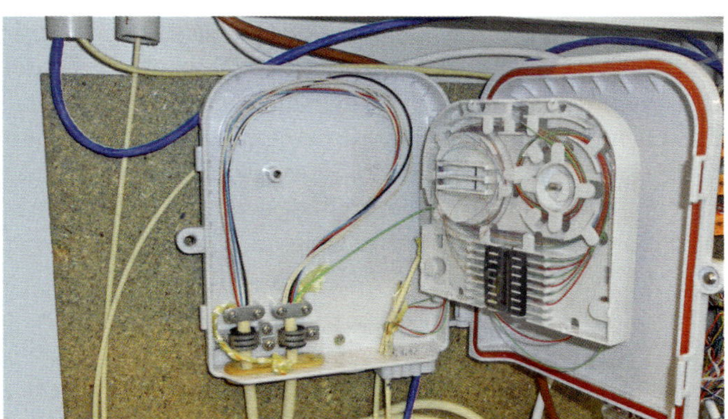

Figura 8.32. *Caja de segregación.*

El **punto de distribución** de la red de fibra óptica, en función de la técnica utilizada, podrá adoptar una de las siguientes configuraciones:

- **Número de PAU >20.** Cuando las fibras ópticas de la red de distribución sean distintas de los cables de acometida de fibra óptica de la red de dispersión, el punto de distribución estará formado por una o varias **cajas de segregación,** en las que terminarán ambos tipos de fibras (Figura 8.33). En cada caja de segregación se almacenarán los empalmes entre las fibras ópticas de distribución y las de las acometidas.

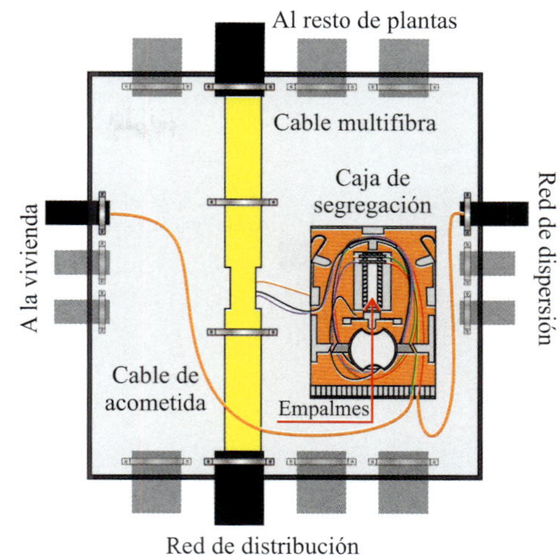

Figura 8.33. *Función de la caja de segregación (número de PAU >20).*

- **Número de PAU ≤20.** Cuando las fibras ópticas de las acometidas de la red de dispersión sean las mismas fibras ópticas de los cables de la red de distribución, dichas fibras estarán en paso en el punto de distribución. El punto de distribución estará formado por una o varias cajas de segregación, en las que se dejarán almacenados, únicamente, los **bucles de las fibras ópticas de reserva,** con la longitud suficiente para poder llegar hasta el PAU más alejado de esa planta (Figura 8.34).

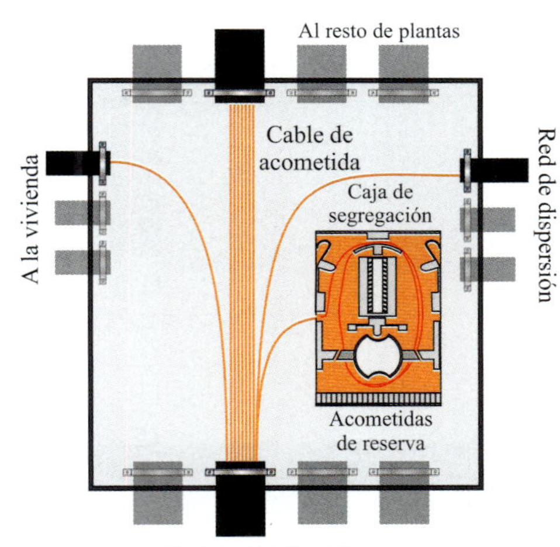

Figura 8.34. *Función de la caja de segregación (número de PAU ≤20).*

8.3.5. Red de dispersión

La **red de dispersión** se realiza con cables de acometida de fibra óptica, que tienen dos fibras ópticas.

En cada planta se instalarán tantos cables de fibra óptica de acometida como resulten necesarios para cubrir la demanda prevista en cada vivienda o local, los cuales terminarán en el PAU de cada usuario en la roseta correspondiente (Figura 8.35).

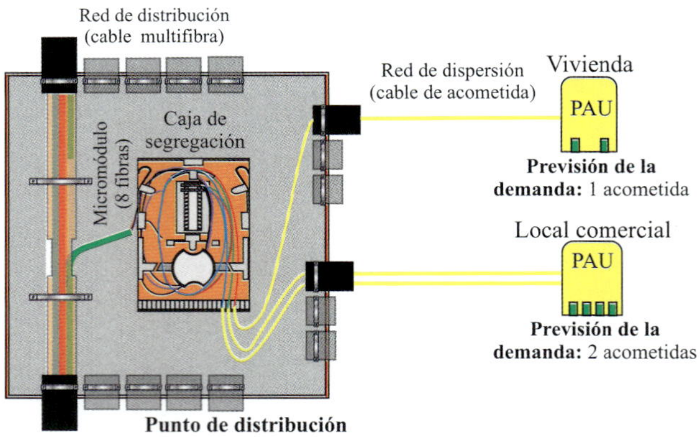

Figura 8.35. *Red de dispersión.*

8.3.6. Punto de acceso al usuario (PAU)

Los cables de acometida de fibra óptica de la red de dispersión que llega a cada vivienda o local finalizan en un **PAU óptico,** formado por una **roseta óptica** (Figura 8.36), con tantos conectores SC/APC como fibras ópticas de los cables de acometida se hayan instalado en la red de dispersión.

Figura 8.36. *Roseta óptica (PAU).*

Figura 8.37. *PAU en el interior del RTR.*

En el ejemplo de la Figura 8.35, el PAU de la vivienda tiene dos conectores SC/APC, como el de la Figura 8.36, ya que la previsión de la demanda es de una acometida (2 FO). En cambio, el PAU del local comercial tiene 4 conectores SC/APC, ya que la previsión de la demanda es de dos acometidas (4 FO).

La roseta de fibra óptica (PAU) se instala en el registro de terminación de red, junto al resto de PAU de la ICT (Figura 8.37).

8.3.7. Instalación interior de usuario

La **red interior de usuario de fibra óptica** está constituida por una única BAT, formada por una toma o roseta de fibra óptica terminada con un adaptador SC/APC.

Este adaptador estará alimentado con una acometida de fibra óptica que terminará en un conector SC/APC conectado a uno de los adaptadores SC/APC de la roseta de fibra óptica que realiza las funciones de PAU, tal y como se muestra en la Figura 8.38a.

El cable de acometida de fibra óptica utilizado en la instalación de la red interior de usuario será de una fibra óptica. La **toma de fibra óptica** (BAT) se debe instalar en el salón a una distancia no superior a 50 cm de una de las tomas de usuario RJ-45 de la red de cables de pares trenzados.

Como norma general, el operador puede instalar la **unidad de terminación de red óptica** (ONT) en el interior del registro de terminación de red, de manera que se da continuidad a la red interior de cables de pares trenzados, tal y como se muestra en la Figura 8.38b. El acceso a los servicios de telecomunicación se puede realizar conectando las tomas de la red de cables de pares trenzados a un *switch* o al *router.*

Recuerda

La mayoría de *routers* actualmente integran en su interior la ONT.

En este caso, el *router/switch* se puede instalar también en el RTR, y en ocasiones el propio *router* realizará las funciones de ONT.

Cuando los operadores vayan a instalar la unidad de terminación de red óptica fuera del registro de terminación de red (RTR), como en el ejemplo de la Figura 8.38c, las funciones del accesorio multiplexor pasivo podrán ser asumidas, si fuese necesario para compensar posibles atenuaciones, por un dispositivo activo equivalente (*switch*) instalado en dicho registro, que disponga de puertos suficientes para dotar de conectividad a las estancias de la vivienda.

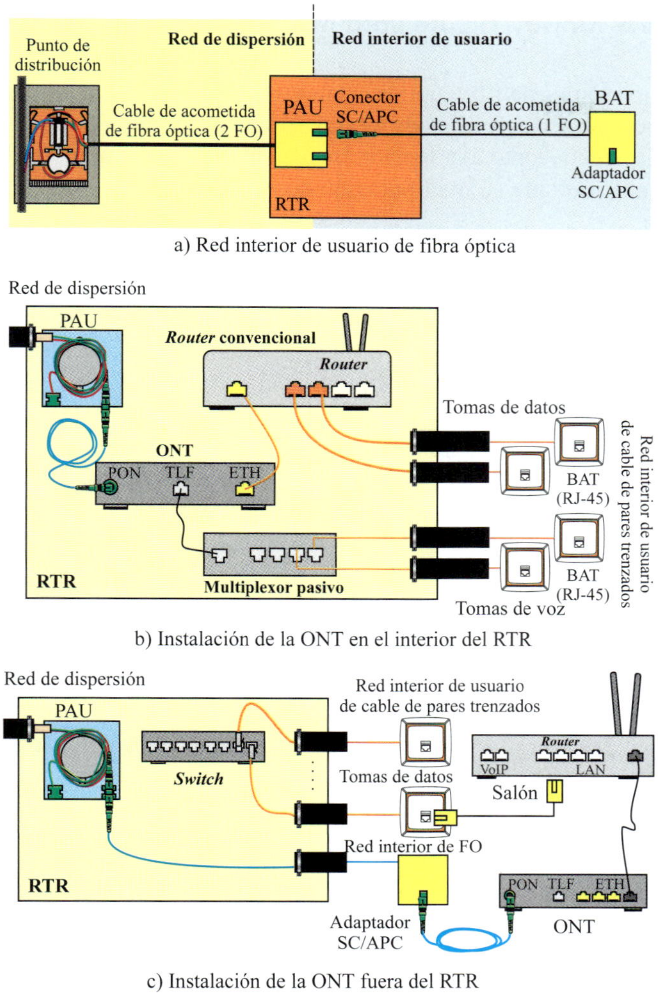

Figura 8.38. *Instalación interior de usuario de FO.*

Recuerda

El protocolo VoIP (voz sobre IP) permite realizar llamadas de voz a través de una red de datos.

Ejemplo 8.2. Conexión de la red de FO a la red interior de cables de pares trenzados

En la Figura 8.39a se muestra un ejemplo de configuración típica del registro de terminación de red de una vivienda. Un *router* con funciones de ONT se instala en su interior (Figura 8.39b).

La red interior de usuario de cable de pares trenzados termina en conectores RJ-45 macho, que permiten reconfigurar la conexión de las tomas de usuario para su uso de datos cuando se conectan directamente al *router* (LAN).

Para la conexión de teléfonos a las tomas de usuario se reconfigura el multiplexor pasivo y se conecta su entrada a las tomas VoIP del *router (phone).*

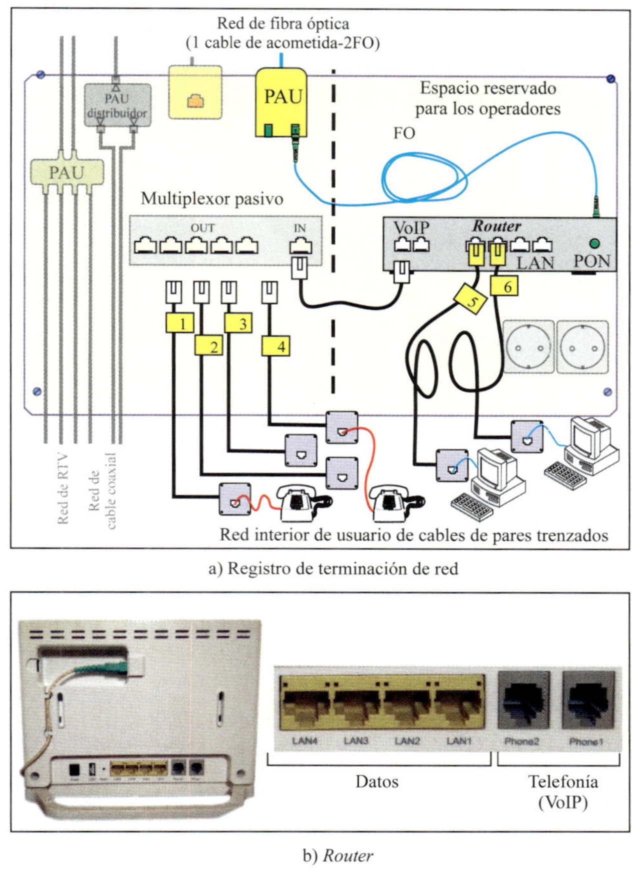

Figura 8.39. *Conexión de la red de FO a la red interior de usuario.*

8.4. Equipos y herramientas para el trabajo con la FO

La instalación de la red de cables de fibra óptica en una ICT requiere el trabajo con herramientas y equipos específicos.

El **instalador de telecomunicaciones de tipo F** debe disponer entre su equipamiento mínimo de una fusionadora y otras herramientas para conectorización y empalme en campo de fibra óptica.

Recuerda

Es necesario tener especial cuidado y tomar las precauciones y medidas de seguridad adecuadas durante el trabajo con la fibra óptica.

8.4.1. Peladora de fibra óptica

La **peladora de fibra óptica** (Figura 8.40) es la herramienta que se utiliza para desnudar un cable de fibra óptica antes de realizar una conectorización, ya sea mecánica o por fusión.

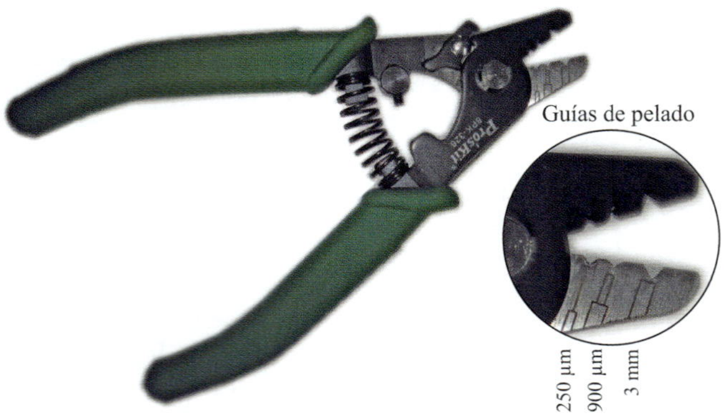

Figura 8.40. *Peladora de fibra óptica.*

Con esta herramienta se elimina, además del recubrimiento secundario (900 µm), el recubrimiento primario de 250 µm, dejando la fibra completamente desnuda con su diámetro de 125 µm. Aunque existen diferentes modelos, los más utilizados tienen tres **guías de pelado** de alta precisión:

1. Para la cubierta exterior de 2/3 mm.
2. Para el recubrimiento secundario de 900 µm.
3. Para el recubrimiento primario de 250 µm.

Si solo poseen dos guías de pelado, estas serán las que permitan eliminar los recubrimientos primario y secundario de la fibra.

8.4.2. Pelacubiertas

Un **pelacubiertas** (Figura 8.41) es una herramienta diseñada para eliminar de manera precisa las cubiertas de los cables de fibra óptica. El pelacubiertas de la figura dispone, además de diferentes diámetros de pelado (de 0,8 a 2,6 mm), de cortador de cable y alicates en la punta para mayor fuerza de agarre.

Figura 8.41. *Pelacubiertas (peladora multiboca).*

8.4.3. Tijeras para kevlar

Los cables de fibra óptica están protegidos bajo su cubierta por una serie de **hilos de kevlar** (fibras de aramida), que los protegen frente a la tensión mecánica a la que se somete el cable durante su manipulación e instalación.

Cuando se prepara un cable de fibra óptica, es necesario utilizar unas **tijeras especiales** para eliminar esa protección. En la Figura 8.42 se muestra una de estas tijeras para kevlar.

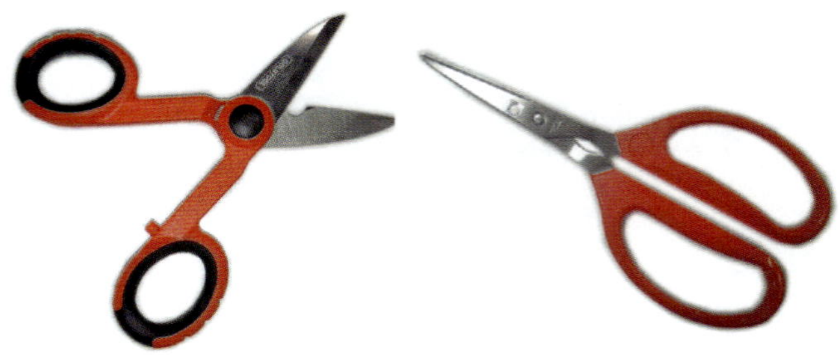

Figura 8.42. *Tijeras de kevlar.*

8.4.4. Alcohol isopropílico

Después del pelado de la FO es necesario limpiar los restos de los extremos de las fibras. Para ello, se utilizan disolventes especiales, como el **alcohol isopropílico** (isopropanol).

El alcohol isopropílico se presenta en forma líquida en botes o en toallitas ya impregnadas (Figura 8.43).

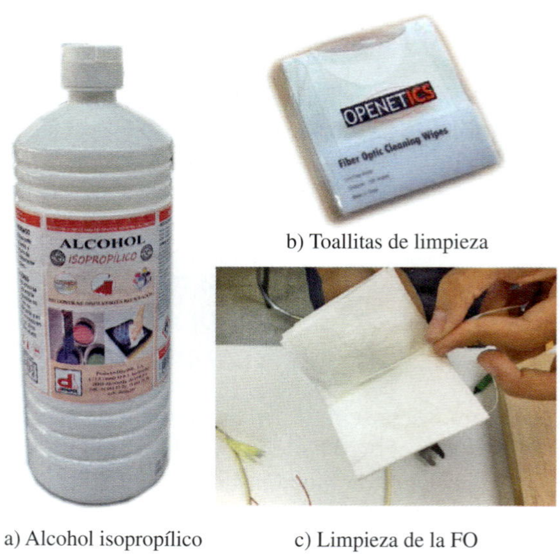

Figura 8.43. *Limpieza de la fibra óptica.*

Caso práctico 8.1
Pelado de una fibra óptica

El **pelado de la fibra óptica** consiste en el proceso por el cual la fibra óptica queda descubierta, eliminando su cubierta y los recubrimientos, tal y como puede observarse en la Figura 8.44. De esta manera, la fibra óptica queda preparada para su conectorización o fusión con otra fibra óptica.

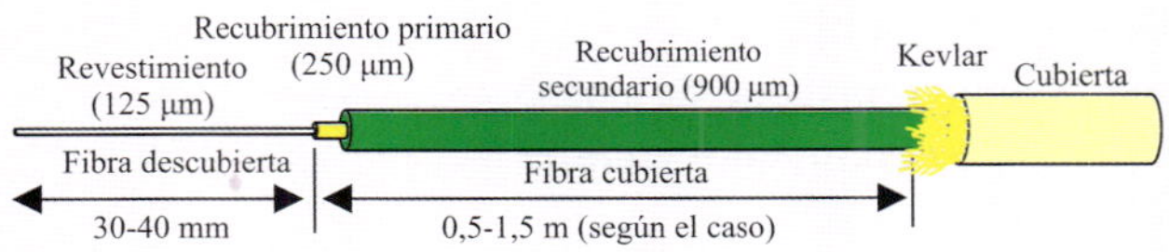

Figura 8.44. *Preparación y pelado de la FO.*

Eliminación de la cubierta

Antes de pelar la fibra óptica debe eliminarse suficiente cubierta para poder trabajar con comodidad y seguridad, por lo que, según el caso, se eliminará una longitud entre 0,5 y 1,5 m. La fibra óptica cubierta sobrante se almacenará en la bandeja correspondiente en el punto donde se realiza la fusión o conectorización (punto de interconexión o distribución, PAU, etcétera).

Para eliminar la cubierta y acceder a los cables de fibra óptica de su interior, los cables disponen debajo de la cubierta de un hilo de rasgado. El **hilo de rasgado** es un hilo de nailon que facilita el pelado de la manguera de cables tirando de él.

Para eliminar la cubierta con la ayuda del hilo de rasgado (Figura 8.45), primero es necesario descubrir con ayuda del pelacables o una herramienta de corte una pequeña porción de cubierta, hasta localizar el hilo de rasgado, de manera que, con ayuda de una herramienta, como, por ejemplo, alicates, se tira del hilo rasgando para abrir la cubierta la longitud deseada.

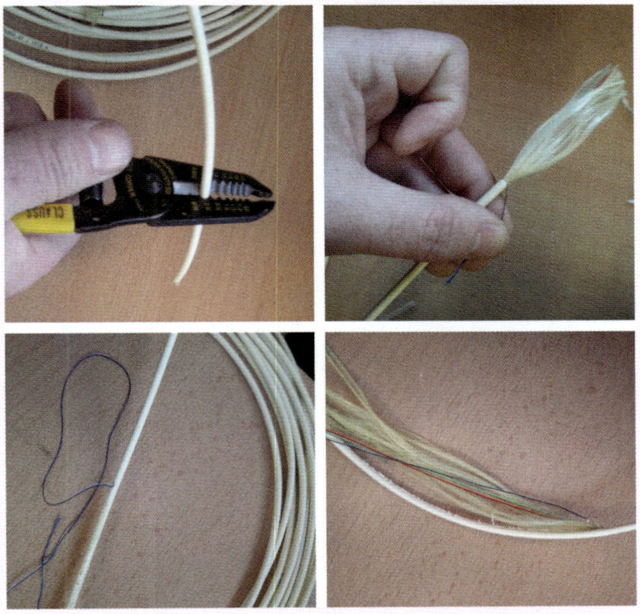

Figura 8.45. *Eliminación de cubierta con hilo de rasgado.*

Pelado de la fibra óptica

En la Figura 8.46 se resume el proceso de pelado de una fibra óptica de un cable de acometida:

a) Una vez eliminada la cubierta del cable, se corta y retira completamente el protector de kevlar con las tijeras de corte adecuadas. Dependiendo del lugar de instalación, se deja 1 cm de protector para facilitar la fijación de la FO en el momento de la instalación.

b) Se retiran aproximadamente unos 3 o 4 cm del recubrimiento de protección secundario con cuidado de no cortar la fibra. Para ello, se utiliza la guía intermedia de pelado del pelacables.

c) Se retira el recubrimiento primario utilizando el pelacables en su nivel más bajo de pelado. La fibra óptica queda descubierta.

d) Con ayuda de una toallita impregnada en alcohol isopropílico, se limpia la fibra desnuda del cable.

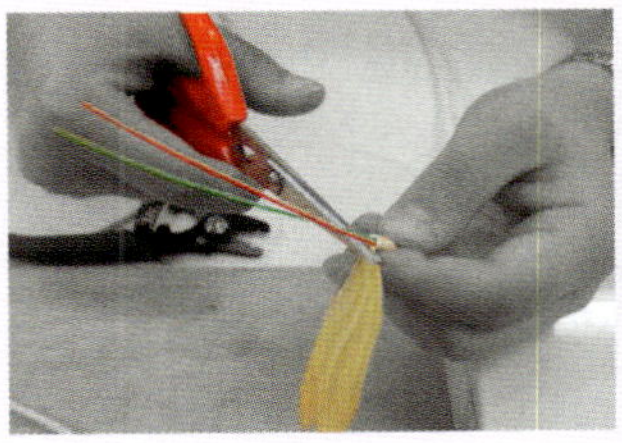

a) Corte del kevlar

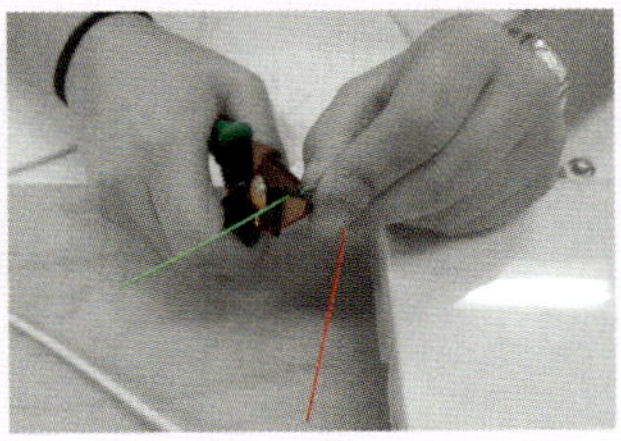

b) Recubrimiento secundario

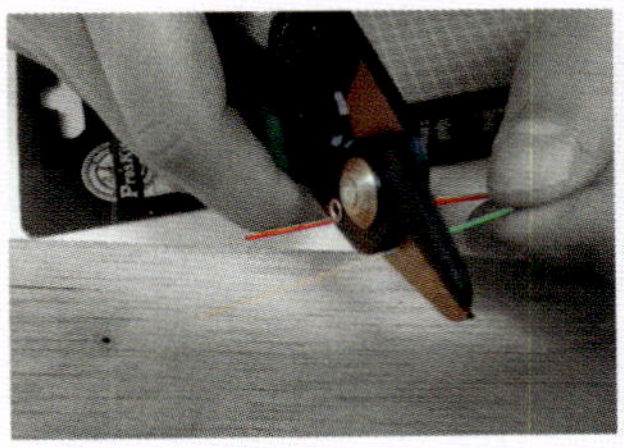

c) Recubrimiento primario

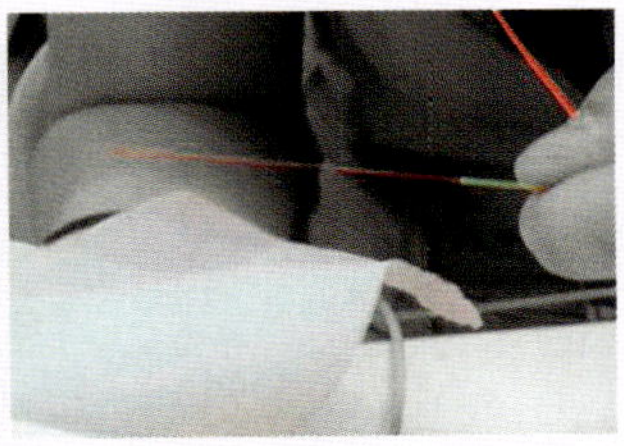

d) Limpieza de la FO descubierta

Figura 8.46. *Proceso de pelado de una FO.*

8.4.5. Cortadora de fibra óptica

Una **cortadora de fibra óptica** es una herramienta diseñada para cortar con precisión, con ángulos inferiores a 0,5°, el cable de fibra óptica.

Esta herramienta se utiliza para realizar cortes en la fibra óptica una vez que está preparada y desnuda, previo al proceso de fusión o empalme, para que las pérdidas sean las menores posibles. En el soporte de apoyo dispone de una regla graduada para medir la longitud de corte, tal y como se muestra en la Figura 8.47.

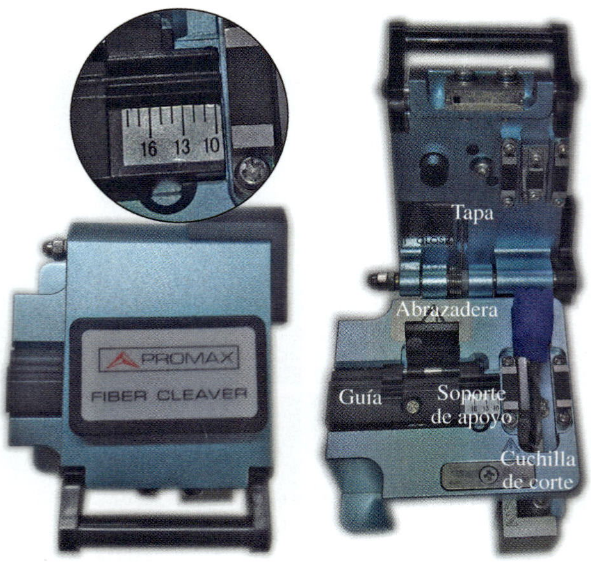

Figura 8.47. *Cortadora de fibra óptica.*

Caso práctico 8.2
Corte de la fibra con la cortadora de precisión

Una vez que la FO está pelada y preparada (Figura 8.48a), se utiliza la cortadora de precisión para realizar el corte de la fibra óptica, dejándola descubierta, tal y como se muestra en la Figura 8.48b, unos 16 mm.

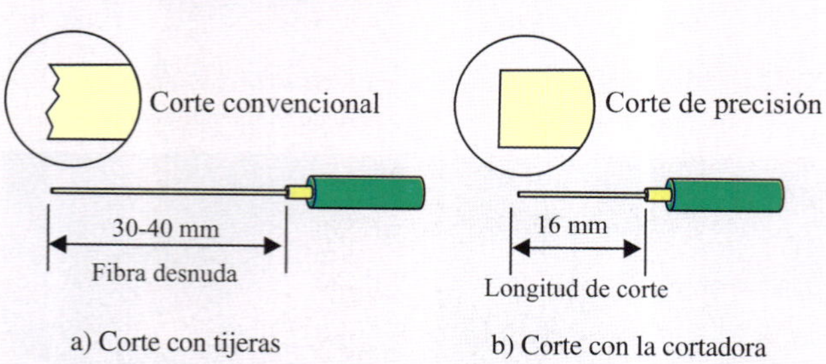

Figura 8.48. *Longitud de corte con la cortadora de precisión.*

Antes del inicio, la posición de la cuchilla de corte debe ser la adecuada, tal y como se muestra en la Figura 8.49.

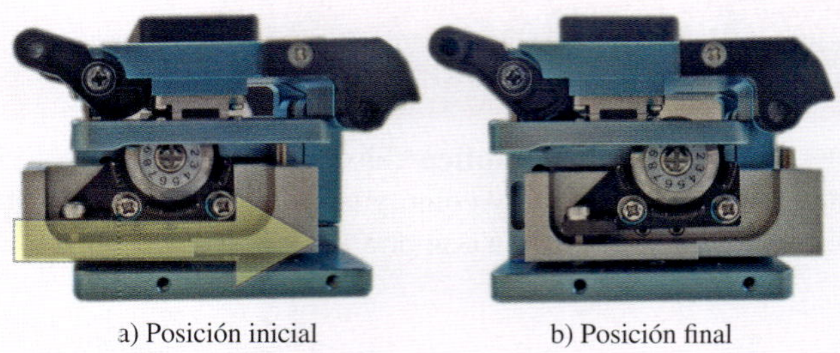

Figura 8.49. *Posiciones de corte.*

En la Figura 8.50 se resume el **proceso de corte de la fibra óptica,** teniendo en cuenta que hay que pelar la fibra óptica previamente al proceso de corte:

a) Con la cortadora abierta, se coloca el extremo del cable (recubrimiento secundario de 900 µm) en las guías de fijación, manteniendo la fibra óptica perpendicular con respecto a la superficie de corte.

b) La fibra desnuda descansa sobre el soporte de apoyo y se cierra la abrazadera de la cortadora, quedando al descubierto unos 16 mm de FO desnuda.

c) Se cierra la tapa de la cortadora y se mueve la pieza de corte en la dirección adecuada.

d) Una vez realizado el corte, se retira el trozo restante con unas pinzas y se almacena en un envase, donde se guardarán los residuos de fibra.

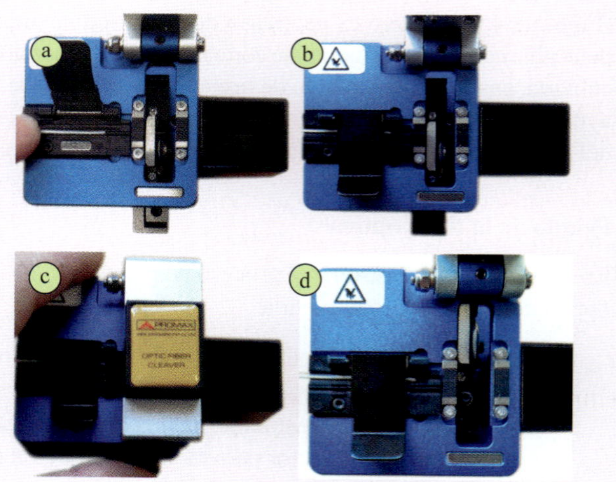

Figura 8.50. *Corte de la fibra óptica.*

8.4.6. Fusionadora

Los empalmes de fibra óptica por fusión son de carácter permanente y, para su realización, se requiere una **máquina fusionadora** (Figura 8.51a).

Las funciones principales que realiza este equipo son la aproximación y el alineamiento de las fibras, la fusión y el cálculo de pérdidas estimadas. También disponen de un **calefactor** integrado que permite colocar un protector al empalme realizado.

En la Figura 8.51b se muestran los principales elementos que integran la fusionadora, que facilitarán el acomodo y la sujeción de las fibras previo al proceso de fusión.

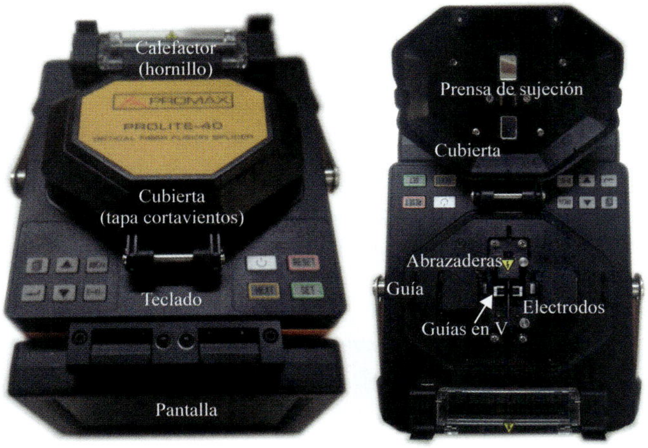

a) Vista general b) Vista interna

Figura 8.51. *Fusionadora de fibra óptica.*

Protección de fusiones

La **funda o protector termorretráctil** se utiliza para proteger los empalmes de fibra óptica. Está constituida por dos tubos de material termorretráctil que incluyen una varilla de acero inoxidable entre ellos (Figura 8.52a).

El **material termorretráctil** se caracteriza porque, cuando se somete a una fuente de calor (horno calefactor), se retrae y reduce considerablemente su tamaño inicial, adhiriéndose a la fibra óptica a la cual envuelve. Después de enfriarse, la película no recupera su forma inicial, sino que conserva la nueva, de manera que se protege el empalme de fibra óptica (Figura 8.52b).

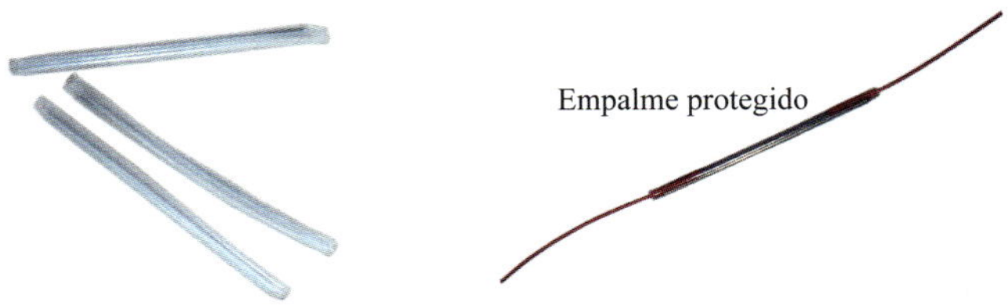

a) Fundas termorretráctiles b) Protección de un empalme

Figura 8.52. *Tubo protector termorretráctil.*

Recuerda

Previo al proceso de fusión, es necesaria la selección de los parámetros de fusión adecuados en el equipo, que dependerán, entre otros factores, del tipo de fibra (monomodo o multimodo). Consulta el manual de usuario del equipo utilizado.

Caso práctico 8.3
Realización de empalmes por fusión

Las fusionadoras de campo permiten realizar la fusión de los cables de fibras ópticas en el emplazamiento definitivo de instalación (punto de interconexión, punto de distribución o PAU).

Preparación de los empalmes por fusión

En la Figura 8.53 se resume el paso previo de pelado y corte de las fibras que las prepara para la fusión. Para realizar un **empalme por fusión** se coloca la funda termorretráctil en uno de los extremos del cable que ha de fusionarse, se retira la protección primaria de las fibras, se limpian y, por último, se cortan, utilizando una cortadora de precisión, asegurándose de que el ángulo de corte con respecto a la perpendicular sea el mínimo posible.

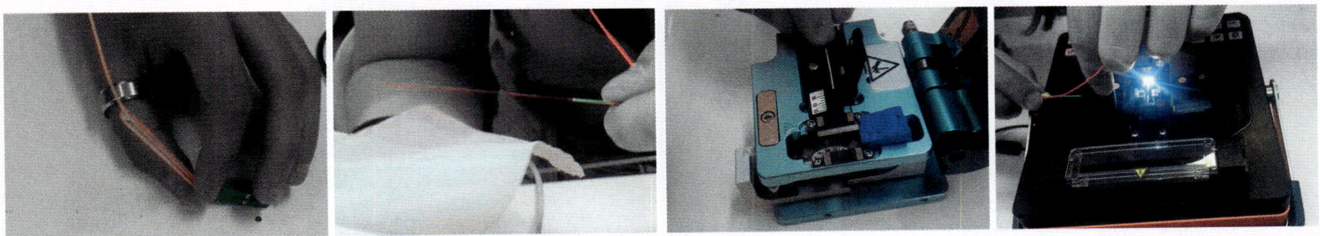

a) Inserción de la funda termorretráctil b) Pelado y limpieza de la FO descubierta c) Corte con precisión de la FO d) Preparación para la fusión

Figura 8.53. *Preparación de la FO previamente a su fusión.*

Fusión

Una vez preparadas las dos FO que han de fusionarse, una de las cuales incorpora la funda termorretráctil, se colocan en la fusionadora, que realiza el empalme por fusión de manera automática.

En la Figura 8.54 se resume el proceso de **fusión de dos fibras ópticas:**

a) Con la cubierta de la fusionadora abierta y las abrazaderas levantadas, se coloca la fibra óptica desnuda sobre la guía en V, con cuidado de que el extremo de la fibra no toque ninguna parte del equipo que dañe el corte de la fibra.

b) Para inmovilizar el extremo de la fibra se baja la abrazadera de sujeción.

c) Se repite el proceso con la otra fibra. Las dos fibras ópticas deben quedar enfrentadas, sin necesidad de que se toquen. Las fibras deben descansar en las guías a izquierda y derecha de la fusionadora.

d) Se baja la cubierta como protección del arco eléctrico que suelda la fibra y se inicia el proceso de fusión.

En el momento del inicio de la fusión, el equipo alineará los dos extremos de la fibra, comprobará sus ángulos de corte y alineará los núcleos de las dos fibras enfrentadas. Si no existe ningún problema, el equipo producirá el arco eléctrico y soldará las fibras.

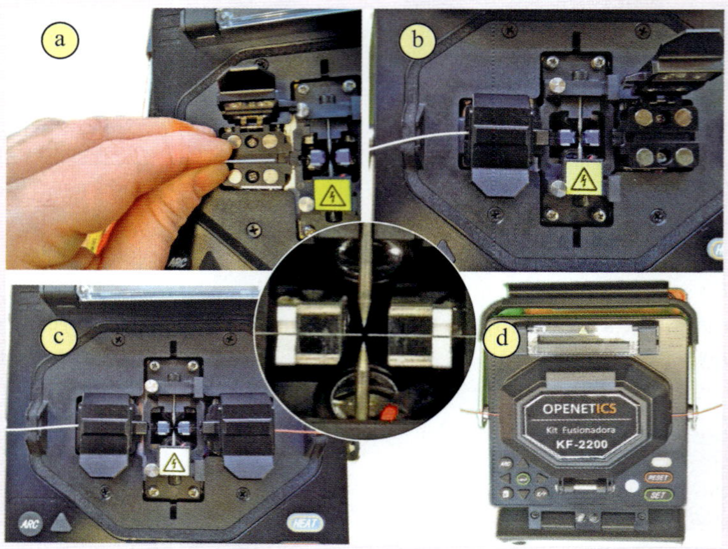

Figura 8.54. *Proceso de fusión.*

En la **pantalla** que incorpora el equipo se muestra el proceso que realiza, así como los mensajes de error producidos (Figura 8.55a) o la evaluación estimada de las pérdidas en el caso de una fusión correcta (Figura 8.55b).

Sabías que...

Las pérdidas estimadas de una fusión correcta son de 0,01 dB.

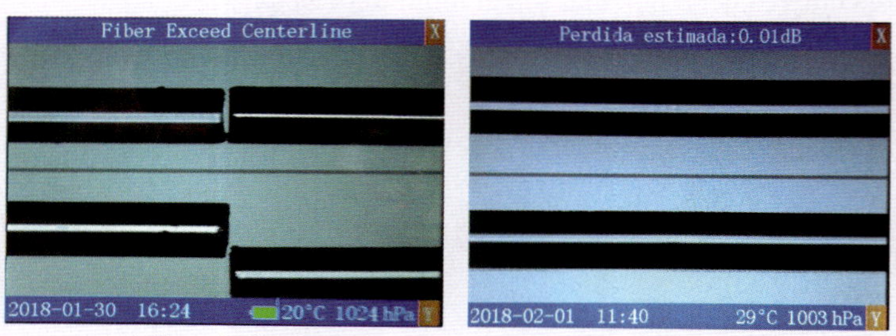

a) Mensaje de error

b) Fusión correcta

Figura 8.55. *Mensajes de la pantalla de la fusionadora*

Protección del empalme

Una vez acabada la fusión se realiza la **protección del empalme,** proceso que se resume en la Figura 8.56:

a) Se retira con cuidado la fibra óptica fusionada de la fusionadora y se cubre el punto de fusión con **el tubo protector termorretráctil,** desplazándolo con cuidado hasta cubrir las dos fibras con la misma longitud.

b) Se introduce el punto de empalme, con la funda centrada, en el **horno calefactor,** que, normalmente, incorpora la propia fusionadora.

c) Una vez bajada la tapa del calefactor se inicia el proceso de calentamiento durante el tiempo previamente configurado en el equipo.

d) Una vez finalizado el proceso, se saca la fibra con el tubo protector contraído y se deja enfriar. Para ello, las fusionadoras incorporan un accesorio donde la fibra puede descansar.

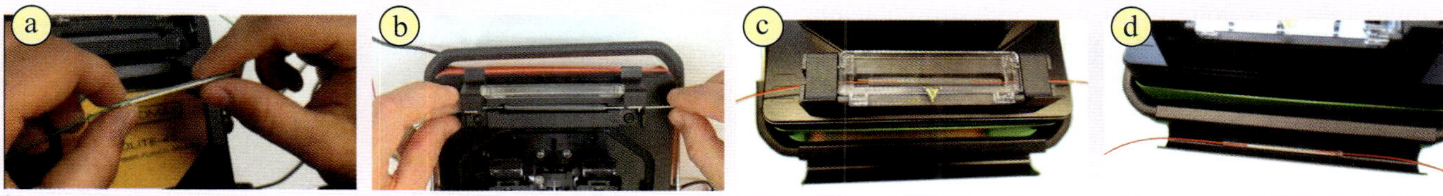

Figura 8.56. *Protección de los empalmes.*

8.4.7. Conectores prepulidos

La **conectorización** de una fibra óptica es el proceso por el cual se conecta directamente un conector a la fibra óptica, sin necesidad de realizar un empalme por fusión a un *pigtail*.

En la **conectorización en campo** se fijan en el lugar de instalación los **conectores ópticos** en los extremos de cada una de las fibras del cable. Dentro de esta categoría pueden encontrarse diferentes tipos de conectorización, pero la más sencilla es la que se realiza mediante conectores prepulidos.

Un **conector prepulido** (Figura 8.57a) es un conector ya conectado a una fibra óptica, que incluye en su interior un empalme mecánico y se instala a una fibra óptica previamente desnuda (Figura 8.57b) sin la necesidad de utilizar herramientas especiales.

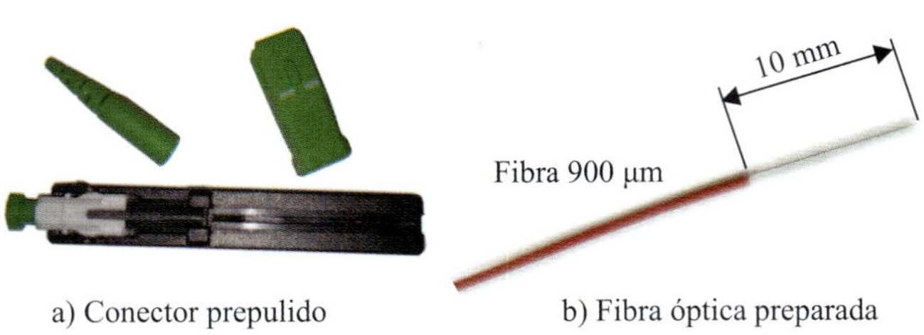

Figura 8.57. *Conector prepulido.*

Sabías que...

Pueden encontrarse conectores prepulidos en componentes como los PAU ópticos, de manera que la instalación se simplifica.

Caso práctico 8.4
Instalación de un conector prepulido

En la Figura 8.58 se muestra el proceso de conectorización rápida, donde previamente se ha pelado, limpiado y cortado la fibra con una cortadora de precisión:

a) La fibra preparada se inserta en el conector hasta el fondo (Figura 8.58a).

b) Se forma un bucle de fibra y se empuja el *ferrule* del conector (Figura 8.58b).

c) Se libera el conector y se monta la carcasa y el manguito (Figura 8.58c).

d) El conector queda listo para poder ser utilizado (Figura 8.58d).

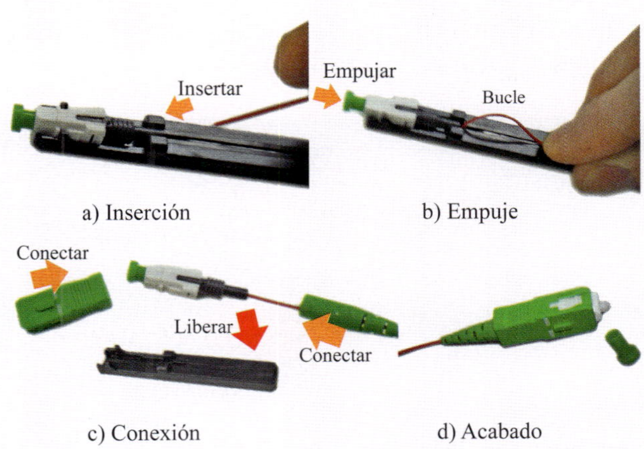

Figura 8.58. *Proceso de conectorización rápida.*

8.4.8. Medidor de potencia óptica

Para la medida de la atenuación de un enlace de fibra óptica se utiliza un medidor de potencia óptica en combinación con una fuente de luz láser.

Medidores de potencia óptica

Los **medidores de potencia óptica** son equipos que miden el nivel de potencia de la señal que llega en el punto de medición. Las redes de fibra óptica de la ICT están preparadas para recibir la señal de las redes GPON, en la que viajan multiplexadas tres longitudes de onda simultáneamente, utilizando la tecnología de WDM: 1550, 1490 y 1310 nm.

Por lo tanto, para medir estas señales, los equipos de medida utilizan **medidores selectivos de potencia óptica,** ya que incorporan filtros que miden el nivel de señal de cada longitud de onda de manera independiente. La Figura 8.59 muestra un medidor selectivo de potencia óptica.

Figura 8.59. *Medidor de potencia óptica.*

En general, estos equipos están diseñados para la **medida de la potencia** óptica en redes de fibra óptica basados en sistemas FTTx-GPON, por lo que disponen de diferentes funciones de medida (Figura 8.60).

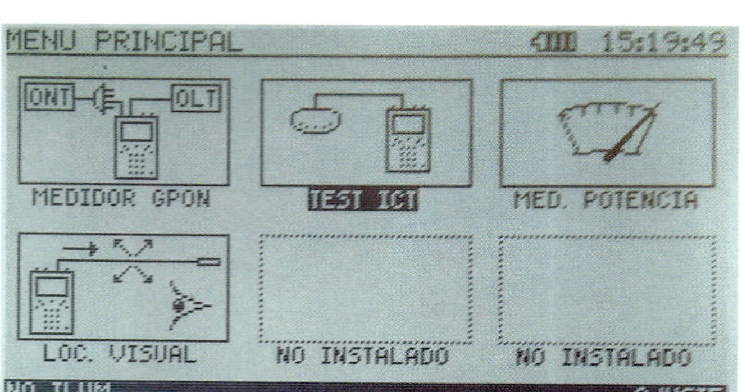

Figura 8.60. *Menú principal de un medidor de potencia óptica.*

El **test de ICT** es una función que, en combinación con una fuente de luz láser de triple longitud de onda, realiza la medida de la atenuación de la red de fibra óptica de un edificio para certificar instalaciones de fibra óptica según la normativa ICT.

Fuente de luz láser

Una **fuente de luz láser,** como la mostrada en la Figura 8.61, es un generador que emite señales de prueba en las tres longitudes de onda de las redes GPON (1550, 1490 y 1310 nm).

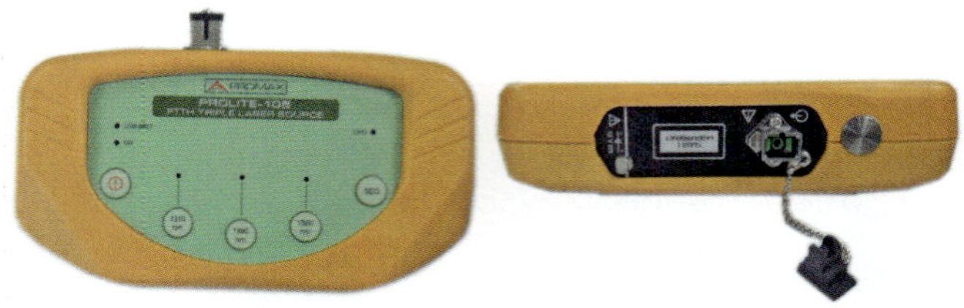

Figura 8.61. *Fuente de luz láser.*

Se utiliza, junto con el medidor selectivo de potencia, para evaluar las pérdidas de un enlace de fibra óptica cuando la red todavía no está operativa.

8.4.9. Localizador visual de fallos

El **localizador visual de fallos o VFL** *(visual fault locator)* es una fuente que emite un haz de luz visible, normalmente de color rojo, que se utiliza para comprobar y localizar defectos de instalación en los cables de fibra óptica: roturas, empalmes defectuosos, conectores dañados, etcétera.

El VFL puede encontrarse integrado en algunos equipos de medición óptica (Figura 8.62a) o como un equipo independiente, en forma de lápiz, tal y como se muestra en la Figura 8.62b.

Estos dispositivos utilizan como conector de salida un **adaptador universal** de 2,5 mm, que permite la conexión directa de diferentes tipos de conectores: ST, SC y FC.

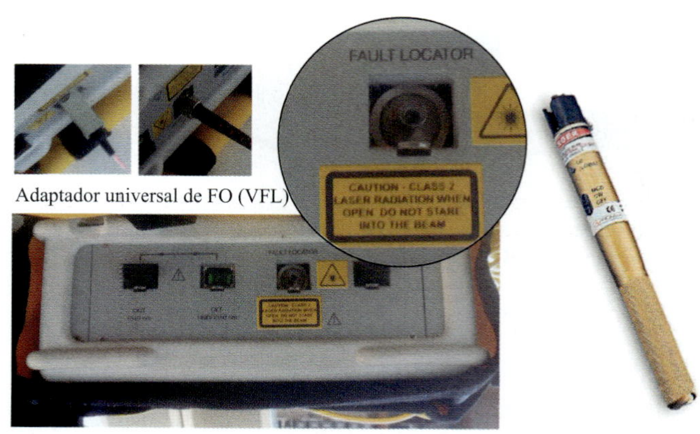

a) Medidor de fibra óptica b) VFL

Figura 8.62. *Localizador visual de fallos.*

Caso práctico 8.5
Comprobación de defectos de instalación con el VFL

Una aplicación del VFL es la localización visual de fallos, es decir, la comprobación visual de roturas internas de la fibra u otras anomalías presentes en los empalmes, etcétera.

Tal y como se muestra en la Figura 8.63, la zona problemática bajo estudio se iluminará, lo que indica que parte de la luz inyectada en el enlace se pierde. Algunos defectos comunes que pueden diagnosticarse con el VFL son los siguientes:

a) Conectores dañados internamente (Figura 8.63a).

b) Fusión mal realizada (Figura 8.63b).

c) Rotura de la fibra óptica (Figura 8.63c).

d) Radio de curvatura incorrecto (Figura 8.63d). La instalación de fibra óptica con radios de curvatura demasiado pequeños provoca que parte de la luz no se refleje en su interior.

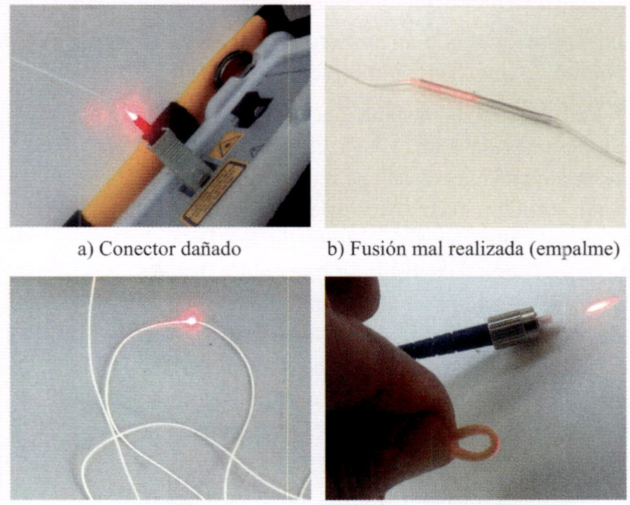

a) Conector dañado
b) Fusión mal realizada (empalme)
c) Rotura de la fibra óptica
d) Radio de curvatura incorrecto

Figura 8.63. *Defectos de instalación en la fibra óptica.*

8.5. Instalación de la red de cables de fibra óptica de un edificio

La instalación de los cables de fibra óptica es más delicada que la instalación de los cables de cobre, debido a los siguientes factores:

- **Fragilidad.** La fibra óptica es una fibra de vidrio, y el doblado o una curva excesiva durante la manipulación puede provocar la rotura interna de la fibra.
- **Atenuación.** El curvado de un cable de fibra cambia las características de propagación del medio. Cuando el grado de curvatura es elevado se producen pérdidas que aumentan la atenuación del cable.

8.5.1. Radios de curvatura

Para la instalación de la red de fibra óptica en el edificio se utilizarán las canalizaciones y registros previstos para tal fin, teniendo especial cuido de mantener, en cualquier caso, el radio de curvatura mínimo del cable, para conservar sus propiedades ópticas.

La normativa ICT específica el **radio de curvatura mínimo** al que puede someterse una fibra óptica durante su instalación:

- **Cables de acometida interior.** El radio de curvatura mínimo de los cables de acometida interior deberá ser 5 veces el diámetro exterior ($Ø_{EXT}$) del cable.
- **Resto de los cables.** En los cables multifibra y en los cables de acometida de exterior el radio de curvatura mínimo deberá ser de diez veces el diámetro exterior ($Ø_{EXT}$) del cable.

En la Tabla 8.1 se resume el diámetro típico de los cables de fibra óptica utilizados en la ICT, así como el radio de curvatura mínimo permitido durante la instalación.

Tabla 8.1. Radio mínimo de instalación de los cables de fibra óptica

Tipo de FO	$Ø_{EXT}$ del cable	Curvatura mínima	
Acometida interior	4 mm	>5 $Ø_{EXT}$	2 cm
Acometida exterior	5 mm	>10 $Ø_{EXT}$	5 cm
Multifibra (micromódulos)	8 mm	>10 $Ø_{EXT}$	8 cm
Multifibra (fibras individuales)	15 mm	>10 $Ø_{EXT}$	15 cm

Por otro lado, los puntos donde se realiza la conexión de la fibra óptica deben estar diseñados para garantizar un **radio de curvatura mínimo** en el recorrido de la fibra óptica dentro de la caja:

- **Caja de segregación:** 15 mm.
- **Roseta óptica (PAU):** 20 mm.

Caso práctico 8.6
Utilización de latiguillos y *pigtails*

En instalaciones con un número de PAU menor o igual a 20, la red de FO se realiza con cable de acometida directamente desde el punto de interconexión hasta el PAU.

Para este tipo de instalaciones existen *pigtails* de longitudes elevadas (10, 15, 20, 30, 40 y 50 m), que eliminan la necesidad de realizar una fusión, ya que permiten su conexión directa al PAU desde el punto de interconexión (Figura 8.64a). De esta manera, el tiempo de instalación se reduce, ya que solo es necesario pasar el extremo del *pigtail* sin conectorizar por las canalizaciones. Una vez que se aloja en el punto de interconexión, se corta a la medida necesaria y se realiza su conectorización, normalmente uniendo la fibra por fusión a un *pigtail* de 0,5 m.

También existen **latiguillos preconectorizados** en los dos extremos con conectores SC/APC, simples o dobles, de longitud, hasta 50 m. La utilización de estos latiguillos permite la instalación directa entre el PAU y el punto de interconexión (Figura 8.64b).

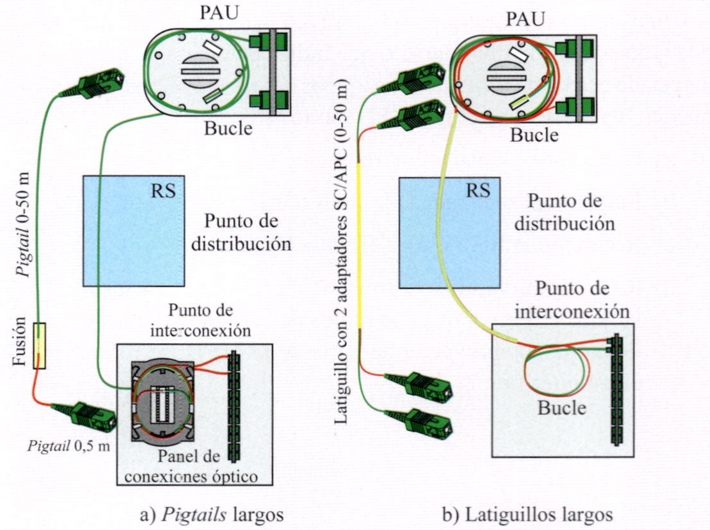

Figura 8.64. *Utilización de latiguillos y* pigtails.

8.5.2. Puntos de fusión de la fibra óptica

La fusión de la fibra óptica en una ICT puede encontrarse en los siguientes puntos:

- **Punto de interconexión.** Todas las fibras ópticas de la red de distribución se terminan en conectores tipo SC/APC con su correspondiente adaptador, agrupados en el panel de conectores de salida. La conexión de los cables de la red de distribución se realiza normalmente por fusión de un *pigtail* (Figura 8.65a).
- **Punto de distribución.** En cada caja de segregación se almacenan los empalmes entre las fibras ópticas de la red de distribución (cable multifibra) y los cables de acometida de la red de dispersión (Figura 8.65b).
- **PAU.** En el PAU, las fibras ópticas de los cables de acometida de la red de dispersión se terminan en conectores SC/APC, que se conectarán a los correspondientes adaptadores de la roseta óptica. En este caso, también es común la fusión de los cables de fibra óptica con un *pigtail* (Figura 8.65c).

En **instalaciones pequeñas** pueden utilizarse otras soluciones, que sustituyen alguna o todas las fusiones necesarias, como la utilización de **conectores preconectorizados** o ***pigtails*** y latiguillos de longitudes grandes.

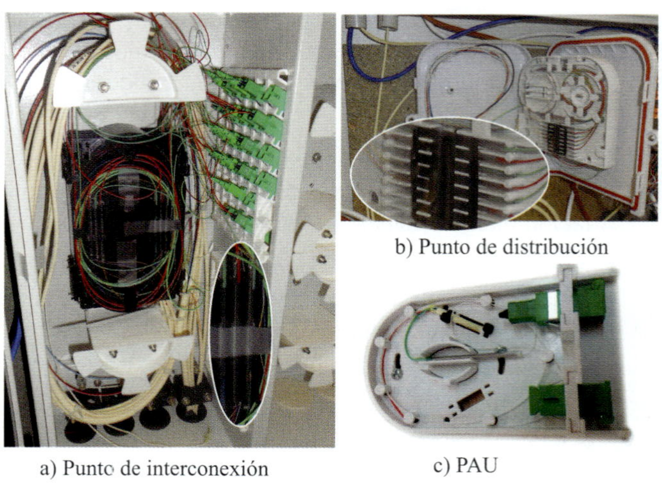

Figura 8.65. *Fusiones en una ICT.*

8.5.3. Instalación del punto de interconexión

El **punto de interconexión** se instala en el registro principal de fibra óptica situado en el RITI.

La Figura 8.66 muestra la estructura típica de una **caja de interconexión,** con la instalación típica de todos sus elementos.

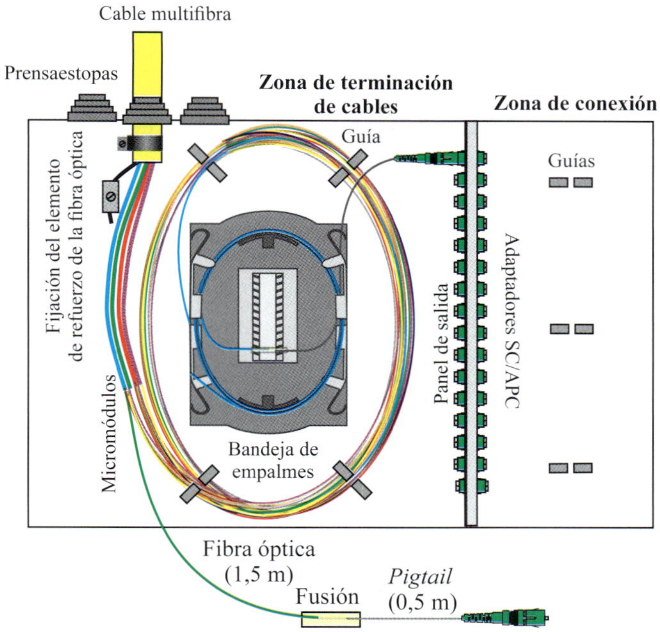

Figura 8.66. *Punto de interconexión.*

El punto de interconexión (registro principal óptico) permite el despliegue ordenado de los cables de fibra óptica una vez realizados los empalmes o fusiones, proporcionando así una protección fiable de las fibras de la red de distribución en sus correspondientes bandejas y asegurando un radio de curvatura mínimo.

Recuerda

Es necesario dejar perfectamente identificadas todas las fibras ópticas del punto de interconexión, para posteriores actuaciones.

Entrada del cable en el registro principal

Los cables multifibra acceden al registro a través del prensaestopas o cono pasacables correspondiente. En la Figura 8.67 se muestra la entrada del cable multifibra en el registro principal.

Cuando se utilizan cables multifibra, se introduce la fibra a través del **prensaestopas** correspondiente y se retira su cubierta externa, dejando así una longitud aproximada de 1,5 m de micromódulos desde el prensaestopas.

La cubierta externa de la fibra se sujeta mediante bridas al registro. Para evitar que el cable se retraiga, se fija el **elemento central de refuerzo** de la fibra a la brida metálica dispuesta para dicho fin.

De cada uno de los micromódulos se extrae su cubierta, dejando al descubierto las fibras ópticas individuales, pero manteniendo unos 20 cm de protección de cada micromódulo desde el prensaestopas.

En el resto de los tipos de fibras se actúa de manera similar, teniendo en cuenta que el prensaestopas utilizado será de diámetro diferente.

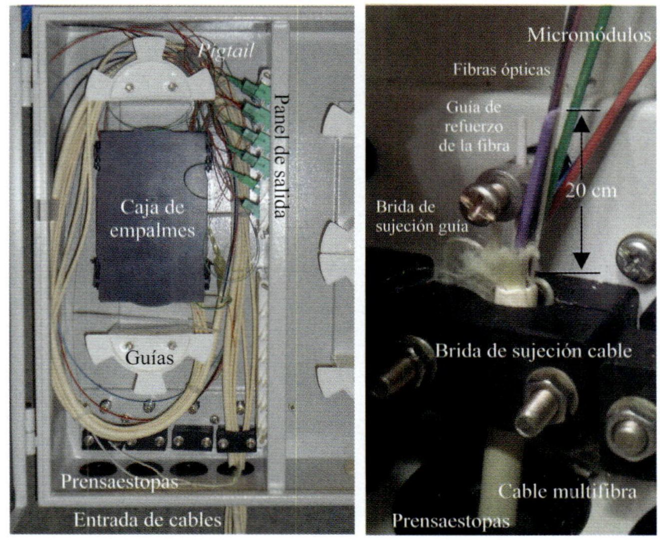

Figura 8.67. *Entrada del cable multifibra en el registro principal.*

Fusión, protección de los empalmes y guía del cable

Todas las fibras ópticas de la red de distribución se terminan en **conectores tipo SC/APC,** que se conectan al **adaptador** del panel de conectores de salida.

La forma más común de terminación es la **fusión** de cada fibra óptica de la red de distribución con un *pigtail*. Para facilitar la tarea de fusión:

- Desde la entrada del registro se mantiene una longitud de fibra de 1,5 m, suficiente para realizar con comodidad las fusiones de cada fibra óptica con los *pigtails*.
- La longitud de los *pigtails* puede variar en función de dónde vaya a situarse la fibra sobre la bandeja, así como la altura a la que se introducirá el conector de dicho *pigtail,* cuya longitud típica está entre 0,5 y 0,7 m.

Los registros incluyen diversos accesorios, tales como guías, que permiten acomodar las fibras y evitan que se produzcan daños.

Una vez realizada la **fusión** se recoge una vuelta de fibra óptica en el fondo del registro y se protege el empalme en la bandeja, almacenando una longitud de fibra de aproximadamente 1 m en su interior (Figura 8.68a).

Como el número de fusiones que debe almacenarse en el registro principal es elevado, las **cajas de empalme** alojan diferentes **bandejas** en su interior, con capacidad que varía normalmente de 8 a 12 fusiones. Por lo tanto, se empieza la instalación de las fibras siempre por la bandeja inferior, completando las superiores a medida que sea necesario (Figura 8.68b).

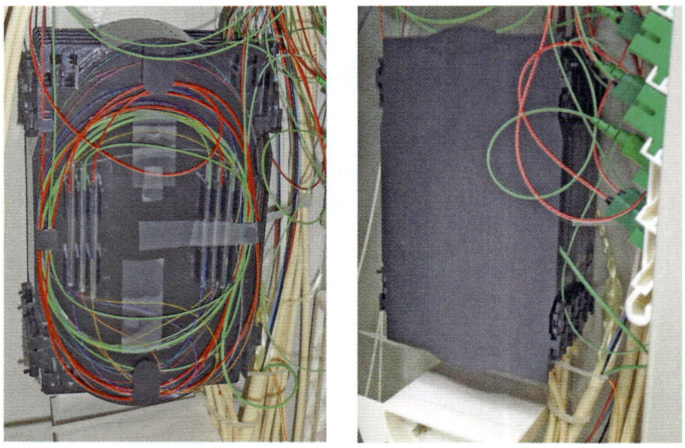

a) Protección de las fusiones b) Apilamiento de bandejas

Figura 8.68. *Bandejas de una caja de empalmes.*

8.5.4. Instalación del punto de distribución

El **punto de distribución** de la red de fibra óptica se instala en el registro secundario y se implementa mediante una caja de segregación.

Esta caja sirve tanto para **proteger los empalmes** de las fusiones como para almacenar las **fibras ópticas de reserva.** Para ello, tal y como se muestra en la Figura 8.69, disponen de tapas desmontables que facilitan el acceso, placa posterior plana con agujeros para su montaje y espacio para la reserva de cable, por lo que es posible añadir cajas de empalme para la protección de las fusiones.

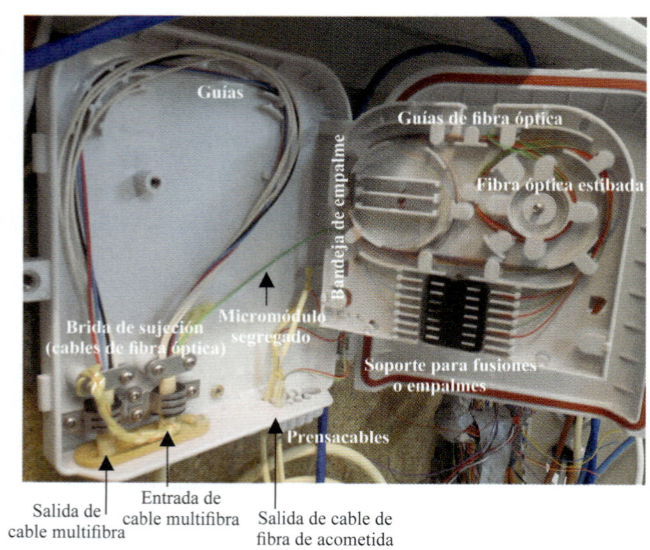

Figura 8.69. *Montaje de una caja de segregación.*

Las **fibras** ópticas **de reserva** se alojan en el fondo de la caja y se acomodan en las guías, de manera que no molesten.

Entrada y salida del cable

Una caja de segregación permite la entrada y salida del cable multifibra de la canalización principal (red de distribución) mediante conos pasacables preparados para alojar diferentes diámetros de cable, tal y como se muestra en la Figura 8.70. También dispone de salidas con prensaestopas para los cables de acometida interior con destino a los PAU de cada uno de los usuarios de la planta de instalación.

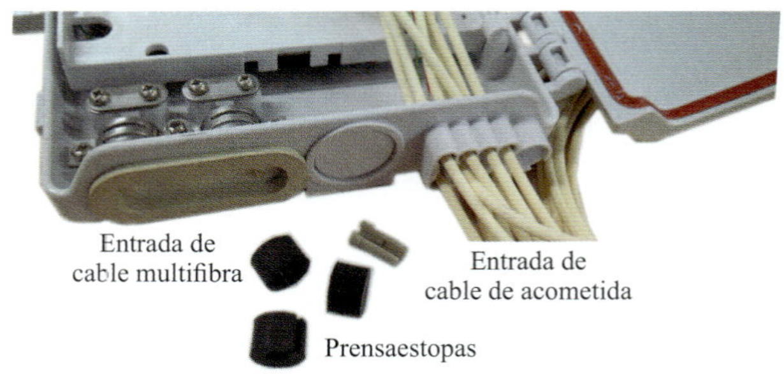

Figura 8.70. *Entrada del cable en la caja de segregación.*

Las **bridas para la sujeción** de los cables de fibra óptica que incorpora la caja de segregación evitan las tensiones por tracción del cable. Para ello, la caja de segregación puede incorporar **bridas para la fijación del elemento de refuerzo** de la fibra óptica, tal y como se muestra en la Figura 8.71.

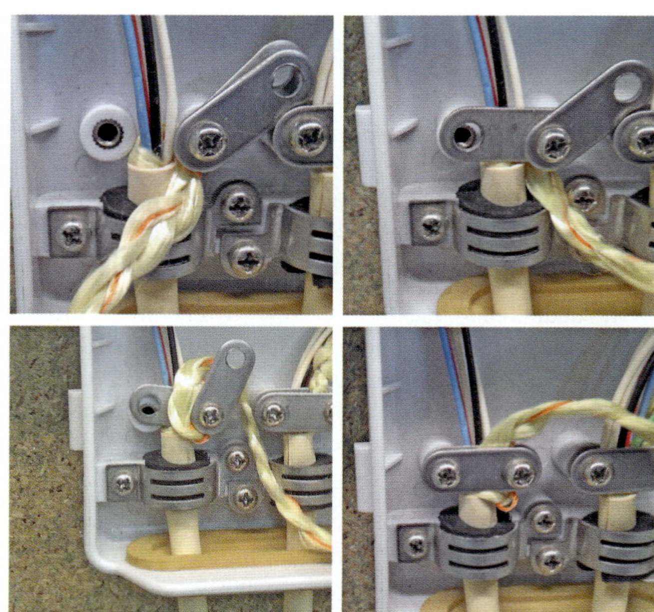

Figura 8.71. *Fijación del cable multifibra a la caja de segregación.*

Segregación de fibras ópticas

Cuando la red de distribución está constituida por cable multifibra, una vez instalado el cable en la canalización principal del edificio, de paso por todos los registros secundarios, se fija mediante bridas y se pela la cubierta que dará servicio a cada planta.

Para segregar en cada registro las fibras ópticas y retirarlas del cable multifibra (Figura 8.72a), se cortan las fibras o micromódulos que se necesitan en el registro de la planta inmediatamente superior y se tiran hacia abajo, por lo que quedan aproximadamente unos 3 m de longitud de fibra óptica que permiten trabajar de manera cómoda en cada registro (Figura 8.72b). En el registro de la última planta será necesario dejar longitud de cable de reserva suficiente para trabajar en esa planta.

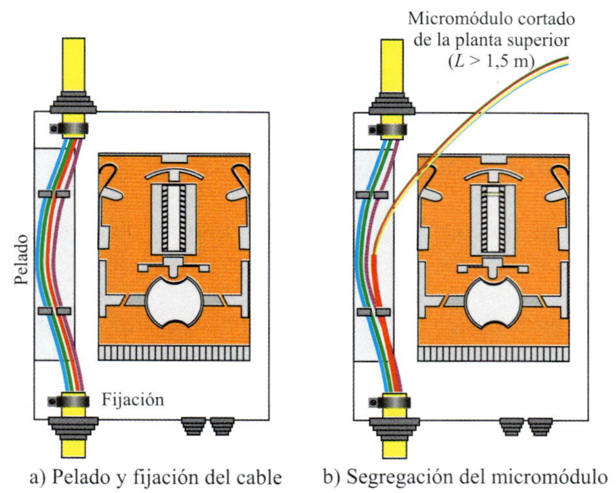

Figura 8.72. *Segregación de fibras.*

Cuando el cable de la red de distribución llega al registro secundario de cada planta es necesario **segregar los cables de fibra óptica** que se distribuirán a cada vivienda, con ayuda de la caja de segregación. En función del tipo de cable de la red de distribución pueden diferenciarse las siguientes situaciones:

1. Cuando el cable de la red de distribución es **multifibra,** puede seleccionarse e introducirse en la caja de segregación solo el micromódulo cuyas fibras deben distribuirse a cada vivienda de la planta, pasando el conjunto del cable multifibra por fuera de la caja de segregación (Figura 8.73).

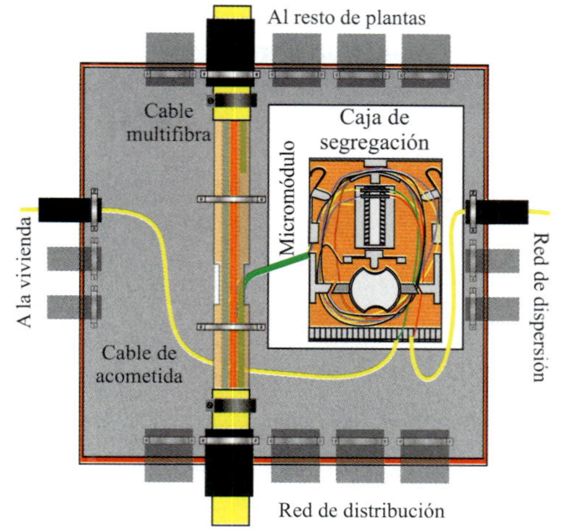

Figura 8.73. *Segregación de micromódulos.*

2. Si se utilizan cables de fibra óptica de 12, 24 o 48 fibras individuales, debe pasarse todo el cable por la caja de segregación para proteger en su interior las fibras individuales (Figura 8.74).

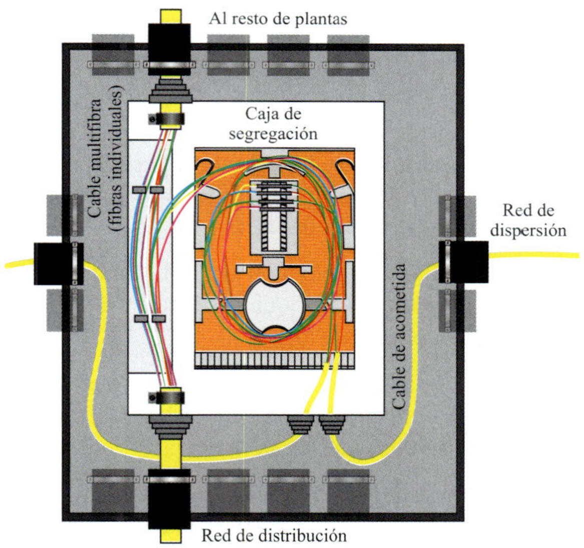

Figura 8.74. *Segregación de cables de fibras ópticas individuales.*

3. En las instalaciones donde el tipo de fibra de la red de distribución y dispersión coinciden (cable de acometida de dos fibras ópticas), las fibras discurren de paso por el registro secundario (caja de segregación), pues no es necesaria la realización de empalmes. En este caso, no se necesita la bandeja de empalmes de la

Recuerda

Las cajas de segregación de interior tienen una capacidad para 4 u 8 FO.

caja de segregación y las fibras que no se distribuyan en la planta pueden pasar por dentro (Figura 8.75a) o por fuera de la caja de segregación (Figura 8.75b).

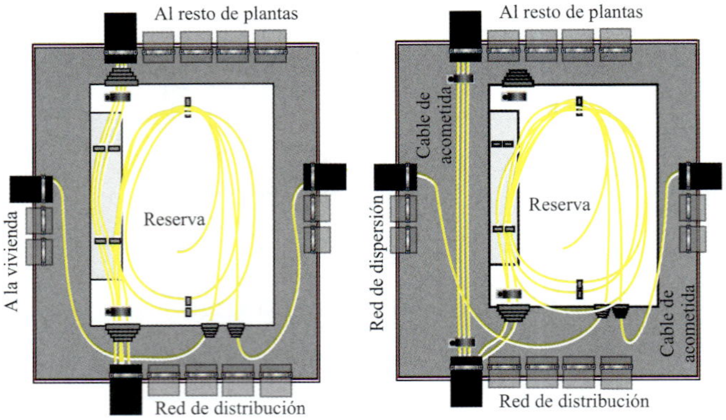

a) Paso por el interior b) Paso por el exterior

Figura 8.75. *Segregación de cables de acometida.*

Fusión y acomodamiento de las fibras

El cable de acometida de la red de dispersión accede a la caja de segregación y se fija en el soporte una vez pelado, dejando al descubierto las dos fibras ópticas que se empalmarán con los cables de la red de distribución.

Para facilitar la terminación de la fibra óptica (empalme o fusión), las **bandejas de la caja de segregación** son extraíbles, de manera que se simplifica el confinamiento de las fibras y el encaje de los empalmes.

Para realizar las fusiones con comodidad debe dejarse suficiente longitud de fibra óptica desde la entrada del cable hasta el punto de empalme (1,5 m).

Una vez realizado el empalme debe estibarse el cable de fibra óptica dentro de la caja y alojarlo en la **ranura de protección de las fusiones** de la bandeja.

Las **guías** en forma de anillo abierto permiten organizar y acomodar las fibras en el interior de la caja (Figura 8.76).

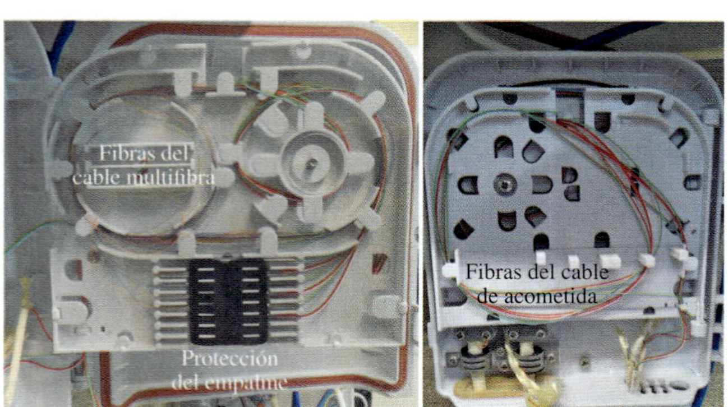

a) Cara anterior b) Cara posterior

Figura 8.76. *Guiado de fibras y protección de empalmes.* .

Figura 8.77. *Identificación de las acometidas de FO.*

Deben utilizarse etiquetas rotuladas o cualquier otro método para identificar los extremos de cada fibra óptica (Figura 8.77), de manera que indique el PAU del usuario al que da servicio dentro de cada planta.

8.5.5. Instalación del PAU

El PAU de fibra óptica se sitúa en el interior del registro de terminación de red (RTR) de cada vivienda o local.

La roseta óptica que realiza las funciones de PAU incluye los adaptadores SC/APC de terminación de la red de fibra óptica (Figura 8.78) y aloja, cuando es necesario, el empalme y los bucles de las fibras ópticas.

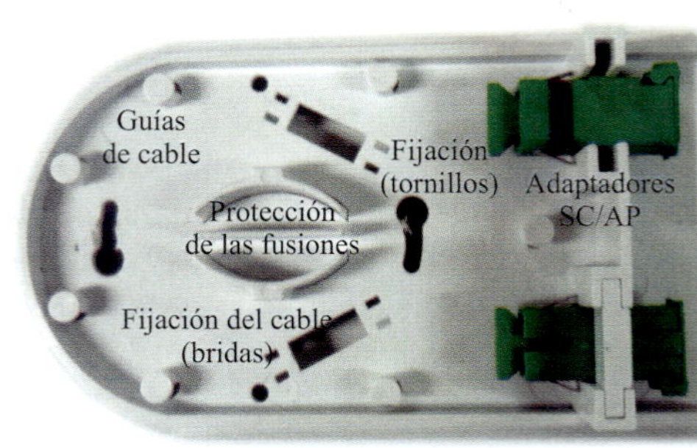

Figura 8.78. *Elementos de un PAU de FO.*

Los dos métodos de instalación del cable de acometida de la red de dispersión en el PAU son:

1. **Conectores preconectorizados.** Si se utiliza un conector preconectorizado (conector rápido), no será necesario realizar la fusión ni, por lo tanto, protegerla, por lo que, una vez introducida en la caja, solo será necesario bobinar el tramo sobrante dentro de la caja, manteniendo el radio de curvatura adecuado (Figura 8.79).

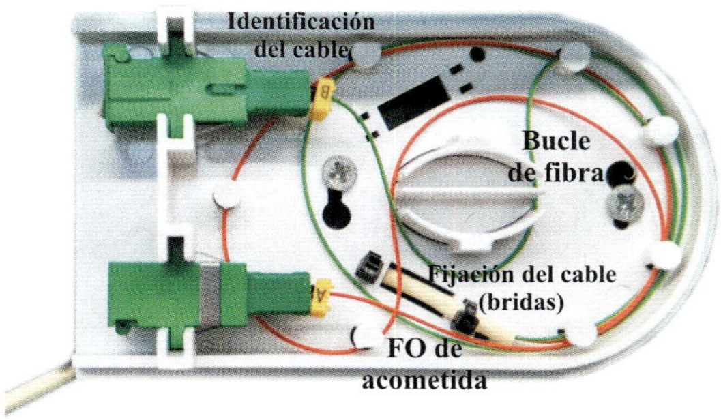

Figura 8.79. *Instalación del PAU con conectores preconectorizados.*

2. **Fusión con *pigtail*.** El método general de conexión se realiza mediante la fusión de cada una de las fibras ópticas del cable de acometida con un *pigtail* con conectores SC/APC (Figura 8.80).

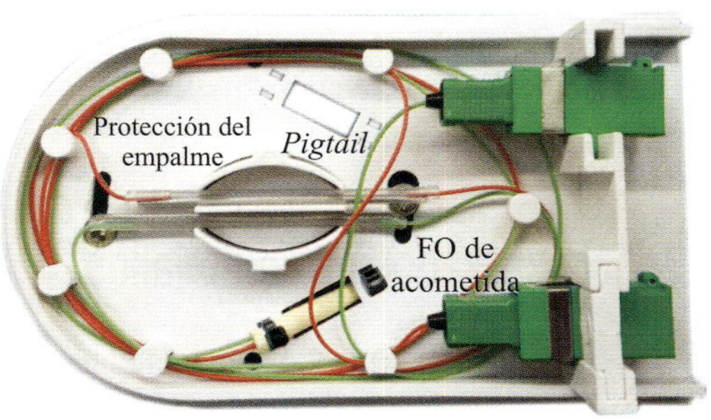

Figura 8.80. *Instalación del PAU mediante fusión con* pigtail.

Durante la instalación se introduce la fibra óptica de acometida en la caja y se asegura mediante bridas en el punto de anclaje que incorpora. La sujeción puede realizarse con ayuda de las fibras de aramida sobrantes.

Una vez realizada la fusión o conectorización de la fibra, para que la fibra quede asegurada, se estiba a través de las diferentes **guías** que incorpora, realizando figuras en forma de 8 o de 0, protegiendo la funda termorretráctil en el punto de anclaje preparado para dicho propósito.

Como cada cable de acometida tiene 2 FO, deben realizarse dos conexiones, las cuales deben quedar identificadas.

Para finalizar la instalación se insertan los conectores de la fibra en los adaptadores SC/APC.

8.5.6. Instalación de la toma de usuario

La toma de usuario de fibra óptica de una ICT está constituida por una roseta óptica con un adaptador SC/APC, que se conecta al cable de acometida de una fibra óptica de la red interior de usuario terminada en un conector SC/APC.

Por lo tanto, el proceso de instalación de esta toma no difiere de la instalación del PAU.

8.6. Medidas de protección y seguridad en la fibra óptica

El trabajo con fibra óptica requiere de unas medidas de protección y seguridad que deberán tenerse en cuenta durante su manipulación.

8.6.1. Corte y pelado del cable

Durante el corte y pelado de los cables de fibra óptica deben utilizarse **guantes** y **gafas de seguridad** apropiados (Figura 8.81), ya que, durante el proceso de corte, pueden desprenderse pequeños trozos de fibra que pueden dañar tanto los ojos como la piel.

Figura 8.81. *Gafas de protección.*

Para recoger los trozos de fibra sobrante del proceso de corte y pelado deben utilizarse pinzas. Estos restos deberán guardarse en un contenedor cerrado.

También es necesario tener especial cuidado en la utilización de herramientas tales como cortadoras de precisión y peladoras de FO, ya que están muy afiladas y, por lo tanto, pueden causar cortes.

8.6.2. Luz láser

La luz presente en una fibra óptica y la generada por una fuente de luz láser puede dañar seriamente al ojo, por lo que, cuando se trabaja con fibra óptica deben desconectarse todas las fuentes de luz y no mirar nunca por el extremo.

Los equipos que utilizan fuentes de luz láser deben llevar de forma permanente y en lugar visible una etiqueta de aviso, de la **clase** o **grupo de riesgo** al que pertenezca. La Figura 8.82 muestra los símbolos de advertencia en los equipos utilizados en la comprobación de la red de fibra óptica (VFL y fuente láser).

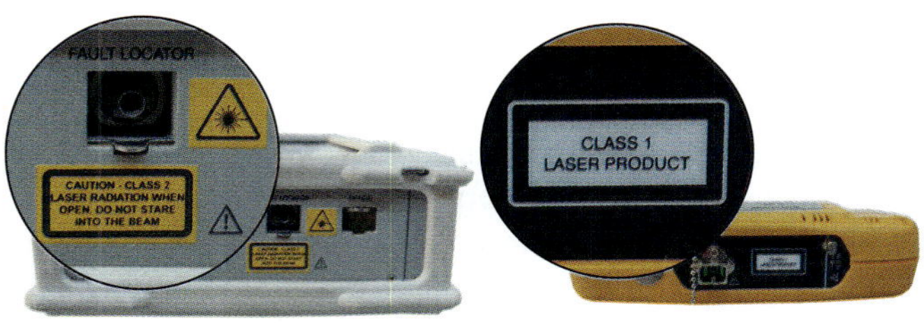

a) VFL b) Fuente de luz láser

Figura 8.82. *Etiquetado de aviso de seguridad.*

8.6.3. Disolventes y soluciones de limpieza

Para la limpieza de las fibras se utilizan disolventes y soluciones de limpieza, como, por ejemplo, **alcohol isopropílico** (isopropanol).

Estos líquidos pueden irritar los ojos y la piel y su inhalación prolongada no es recomendable, por lo que las personas especialmente sensibles a estos productos deben utilizar guantes y mascarilla.

8.7. Comprobación de la instalación

La manera más completa de comprobación del rendimiento de una instalación es la certificación en campo de los enlaces de la red de fibra óptica. De esta manera, se garantiza que el cableado instalado cumple las características definidas en la normativa de referencia.

8.7.1. Certificación de redes de fibra óptica

Para la certificación de la red de fibra óptica de una ICT se exige una **prueba de nivel 1.** El procedimiento de prueba mínimo definido por esta prueba es el siguiente:

- Medición y evaluación de la **pérdida de enlace** mediante una fuente de luz y un medidor de potencia óptica.
- Medición de la **longitud de enlace.** La longitud debe ser conocida para calcular el límite de la prueba de pérdidas de muchas de las normas de instalación. Algunos equipos de prueba miden de manera automática la longitud del enlace, pero los equipos exigidos para la certificación de la ICT no incluyen esta opción, por lo que deberá establecerse la longitud del enlace de manera manual.
- **Verificación de polaridad del enlace.** En las instalaciones de ICT se utiliza la misma fibra óptica para transmisión y recepción, por lo que es suficiente con asegurar la correspondencia y continuidad de cada enlace de fibra óptica con el PAU instalado.

La Figura 8.83 muestra la configuración para realizar las pruebas de nivel 1, que se realiza con una fuente de luz láser y un medidor de potencia óptico, para medir la atenuación del enlace de fibra óptica. Durante la prueba se mide la pérdida del enlace, como diferencia entre la señal generada por la fuente láser y la recibida por el medidor de potencia óptica.

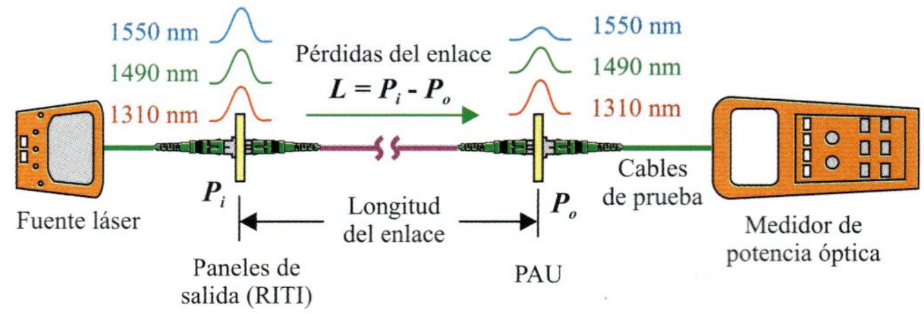

Figura 8.83. *Prueba de fibra óptica de nivel 1.*

Cuando falla la prueba de nivel 1, por ejemplo, debido a que las pérdidas del enlace óptico son excesivas, debe comprobarse la correcta instalación del cable (curvaturas) y la calidad de las conexiones (fusiones, empalmes, etcétera).

Sabías que...

La certificación de nivel 1 se corresponde con la norma Tier 1 de los estándares internacionales TIA/IEC/ISO.

8.7.2. Localizador visual de fallos

Antes de la certificación final de una instalación pueden comprobarse algunos defectos de instalación con el localizador visual de fallos (VFL). Con este equipo también pueden identificarse las fibras ópticas de la instalación asegurando la correspondencia establecida en el plan de asignación del panel de salida de fibra óptica.

Caso práctico 8.7

Utilización del VFL para identificar las fibras ópticas de una instalación

En el punto de interconexión de fibra óptica debe quedar reflejado el plan de asignación de fibras ópticas, el cual indica a qué PAU óptico está asociado cada conector SC/APC del punto de interconexión.

En muchas ocasiones no se encontrará dicho plan de asignación, ni los conectores estarán identificados, por lo que, previamente a la certificación de la red, será necesario identificar los extremos de cada enlace con el VFL.

Con la ayuda del localizador visual de fallos se comprueba a qué conector de salida del panel del punto de interconexión está conectada cada roseta óptica instalada en la vivienda (PAU). En la Figura 8.84 se resume el proceso seguido para la identificación:

a) Se aplica la señal de salida del localizador visual de fallos (VFL) al PAU que desea identificarse, localizado en el RTR (Figura 8.84a).

b) En el punto de interconexión del registro principal de fibra óptica situado en el RITI se comprueba el conector del panel de salida por el que sale la luz roja generada por el VFL (Figura 8.84b).

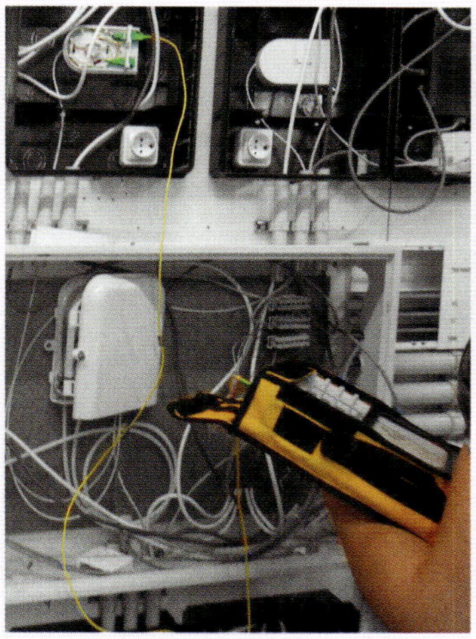

a) PAU óptico

b) Punto de interconexión

Figura 8.84. *Identificación de fibras ópticas de la red de una ICT.*

8.7.3. Protocolo de pruebas de una ICT

El protocolo de pruebas de la ICT requiere una prueba de nivel 1 basada en las dos comprobaciones siguientes:

1. **Identificación y continuidad extremo a extremo de las conexiones.** Se comprobará la continuidad de las fibras ópticas de las redes de distribución y dispersión y su correspondencia con las etiquetas del panel de salida del punto de interconexión.
2. **Características de transmisión.** Se recomienda que la atenuación óptica de las fibras ópticas de las redes de distribución y de dispersión no sea superior a 1,55 dB. En ningún caso, la citada atenuación superará los 2 dB.

La **identificación y continuidad extremo a extremo** de las conexiones pueden realizarse en el curso de las medidas de las características de transmisión, ya que, durante la medida de la atenuación del enlace, se comprueba la asignación de cada enlace.

Las medidas, tal y como se muestra en la Figura 8.85, se realizarán desde los conectores de salida del panel de salida de fibra óptica, situados en el registro principal óptico del RITI, hasta los conectores ópticos de la roseta de los PAU, situada en el registro de terminación de red de cada vivienda, local o estancia común. También debe verificarse la red interior de usuario.

Para medir la atenuación que introduce cada enlace de la red de fibra óptica se utiliza un generador de señales ópticas, que suministre las longitudes de onda de 1310, 1490 y 1550 nm, en un extremo y un medidor de potencia óptica en el otro extremo. La atenuación del enlace se corresponde con la diferencia entre la potencia de emisión y la potencia de recepción.

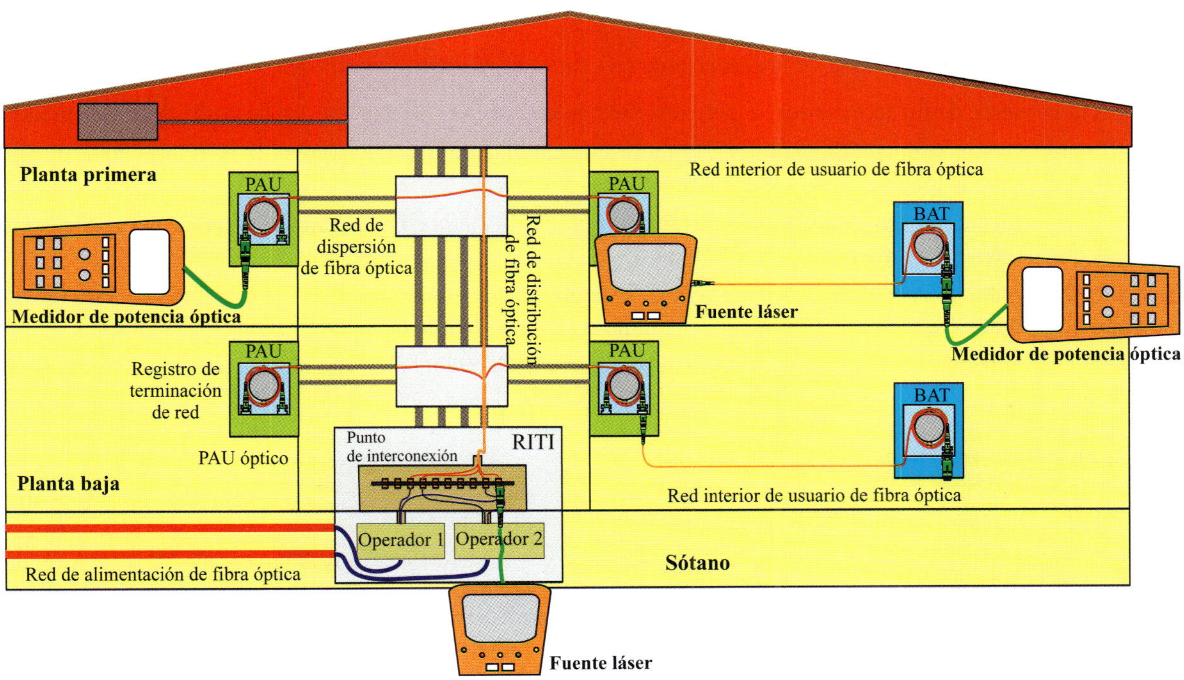

Figura 8.85. *Realización de las medidas del protocolo de pruebas de una ICT.*

Caso práctico 8.8
Certificación de un enlace de FO de la ICT

Para la medida de la **atenuación** de un enlace óptico se necesita una fuente de luz láser que emita en las longitudes de onda de 1310, 1490 y 1550 nm y un medidor selectivo de potencia óptica.

Muchos medidores de potencia incluyen una **función de test de ICT** que mide la potencia óptica, generada por una fuente de luz láser, de manera individualizada y selectiva para las tres longitudes de onda que se utilizan en la red de fibra óptica de una ICT. Esta función permite también **establecer valores de referencia** y comprobar las pérdidas que hay en una instalación respecto de la referencia establecida.

Calibración. Medida de la potencia de referencia

El medidor selectivo de potencia mide la potencia real presente en un punto de la instalación, mientras que la potencia de emisión de la fuente de luz láser dependerá del dispositivo utilizado.

Por lo tanto, antes de iniciar el proceso de medida de la atenuación de la red, es necesario registrar la medida de la potencia que genera la fuente de luz láser para cada longitud de onda. El equipo toma estos valores como referencia para el cálculo de la atenuación de las medidas.

Para la calibración debe tenerse en cuenta también la atenuación adicional que introducen los **cables de prueba** que se utilizan para realizar las medidas (Figura 8.86a). Por lo tanto, durante la calibración del equipo se conectará la fuente láser y el medidor directamente con los cables de prueba, tal y como se muestra en la Figura 8.86b, con la ayuda de un adaptador.

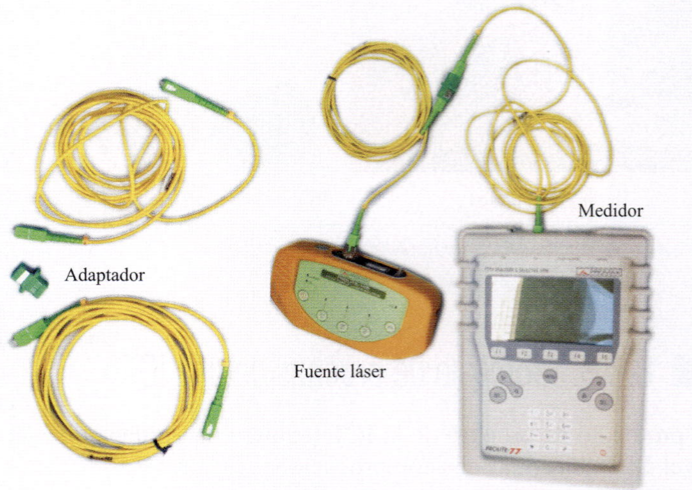

a) Cables de prueba b) Toma de la referencia

Figura 8.86. *Medida de la potencia de referencia (calibración).*

El **proceso de calibración** o medida de la potencia de referencia se resume a continuación:

a) Se conecta la fuente de luz al medidor de potencia mediante los cables de prueba con la ayuda de un adaptador.
b) Se configura el equipo de medida para realizar un test de atenuación o la opción test de ICT, si el equipo dispone de dicha opción, para las longitudes de onda 1310, 1490 y 1550 nm.
c) Se activa en la fuente láser la generación de las tres longitudes de onda en modo simultáneo. Debe medirse el nivel de potencia que genera el equipo fuente (Figura 8.87a).
d) Se realiza la captura de las potencias de referencia. Esta medida servirá como potencia de referencia en el resto de las medidas (Figura 8.87b). Con esta referencia, el equipo realiza la medida de la atenuación (Figura 8.87c).
e) Las medidas realizadas en los enlaces indicarán directamente la atenuación del enlace para cada longitud de onda (Figura 8.87d).

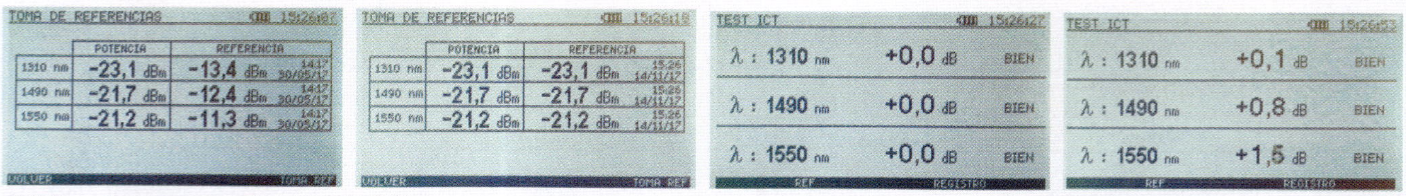

a) Referencia antes de la calibración b) Referencia después de la calibración c) Equipo calibrado d) Medida de la atenuación de un enlace

Figura 8.87. *Calibración y realización de medidas.*

Medida de la atenuación de la red

Una vez establecido el **nivel de referencia,** las medidas realizadas con el medidor de potencia muestran directamente la atenuación del enlace de fibra óptica.

La **medida de la atenuación** se resume en los puntos siguientes:

a) Se conecta la fuente láser en el punto de entrada del enlace, situado en el panel de conexiones óptico del RITI (Figura 8.88a).

b) Se conecta el medidor selectivo de potencia en el PAU de la vivienda, local comercial u oficina que hay que comprobar (Figura 8.88b).

c) Se generan en la fuente láser las tres longitudes de onda y se realiza la medición.

Como la atenuación máxima permitida en la ICT es de 2 dB, la función de test de ICT establece ese valor para indicar si la atenuación cumple con la normativa. El ejemplo de la Figura 8.89a muestra el resultado de una certificación correcta, ya que la atenuación del enlace no supera los 2 dB de pérdidas. En cambio, en la Figura 8.89b se muestra un enlace que supera las pérdidas permitidas.

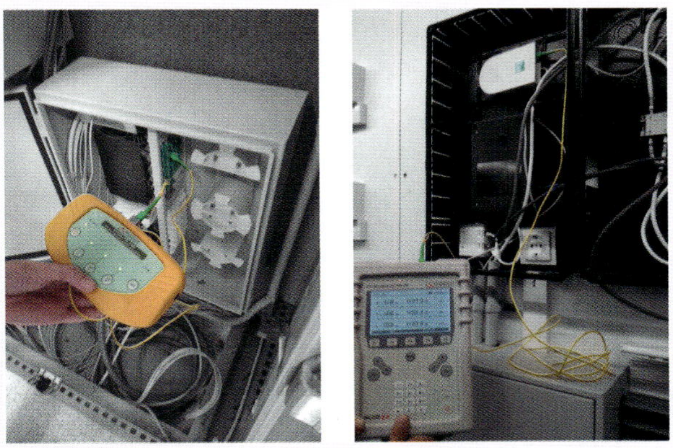

a) Punto de interconexión (RITI) b) PAU (roseta óptica)

Figura 8.88. *Medida de la atenuación de la red de fibra óptica.*

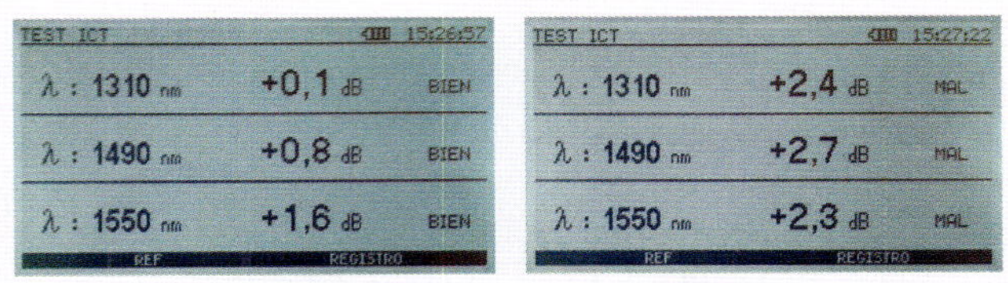

a) Certificación correcta b) Certificación incorrecta

Figura 8.89. *Resultados de la medida de atenuación.*

8.7.4. Análisis de resultados

Si el **resultado** de una de las **medidas de atenuación** está fuera de los límites marcados por la ICT deben evaluarse las posibles causas de los defectos. Algunas de las posibilidades son las siguientes:

a) Si no llega señal (Figura 8.90a) o las pérdidas son muy elevadas, debe sospecharse de la rotura de la fibra óptica, una mala conectorización o un empalme defectuoso. Con la ayuda del localizador visual de fallos puede detectarse alguna de estas averías.

b) Si las pérdidas no son muy elevadas (Figura 8.90b), puede sospecharse que, en el recorrido del cable, el radio de curvatura no es el adecuado. Para comprobar estos defectos debe realizarse una inspección visual por el recorrido del cable (PAU, punto de distribución y punto de interconexión).

LOGGER08: 23/03/13 18:43:38

Longitud de onda	Calidad / 2.0 dB	Atenuación
1310 nm	NO PASA	14.0 dB
1490 nm	NO PASA	5.7 dB
1550 nm	NO PASA	6.9 dB

a) NO PASA. Pérdidas elevadas

LOGGER15: 30/03/17 19:44:06

Longitud de onda	Calidad / 2.0 dB	Atenuación
1310 nm	PASA	0.3 dB
1490 nm	PASA	1.5 dB
1550 nm	NO PASA	2.4 dB

b) NO PASA. Pérdidas bajas

Figura 8.90. *Comparación de medidas.*

8.7.5. Gestión y edición de medidas

Cada una de las medidas realizadas con un medidor de potencia óptica se guarda internamente en un registro que, más tarde, puede transferirse a un ordenador para su **edición** e impresión del certificado correspondiente, utilizando el software que se suministra junto con el equipo (Figura 8.91).

El **certificado** debe acompañar al protocolo de pruebas como garantía de que se han realizado las medidas requeridas y que cumplen con las especificaciones.

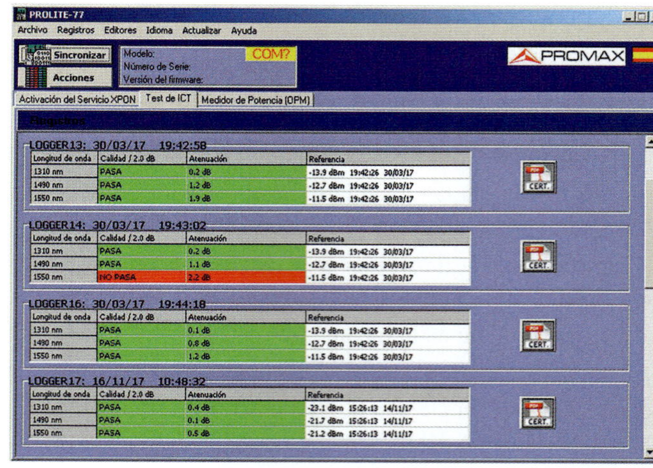

Figura 8.91. *Programa de edición de medidas.*

Caso práctico 8.9
Protocolo de pruebas de la red de fibra óptica de la ICT

En la Figura 8.92 se muestra el esquema de principio de la instalación bajo estudio. Está formada por 10 PAU y no existen estancias comunes, por lo que la red de distribución se realiza directamente con cable de acometida de dos fibras ópticas (número de PAU ≤20).

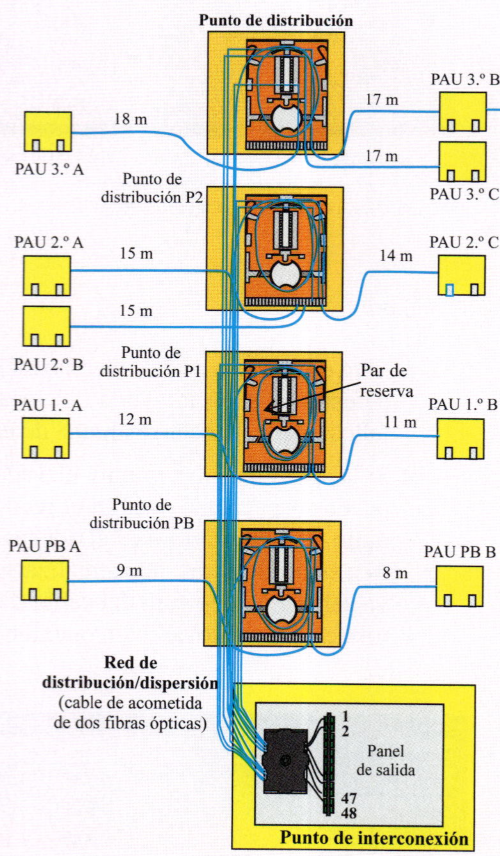

a) Esquema de principio

Conector	PAU	Conector	PAU
1	PB A	25	3.º C
2	PB A	26	3.º C
3	PB B	27	R
4	PB B	28	R
5	R	29	R ASC
6	R	30	R ASC
7	1.º A	31	SC
8	1.º A	32	SC
9	1.º B	33	SC
10	1.º B	34	SC
11	R	35	SC
12	R	36	SC
13	2.º A	37	SC
14	2.º A	38	SC
15	2.º B	39	SC
16	2.º B	40	SC
17	2.º C	41	SC
18	2.º C	42	SC
19	R	43	SC
20	R	44	SC
21	3.º A	45	SC
22	3.º A	46	SC
23	3.º B	47	SC
24	3.º B	48	SC

b) Plan de asignación

Figura 8.92. *Instalación bajo prueba.*

Se instala un cable de acometida por cada vivienda y un cable de acometida de reserva en cada planta. No existen estancias comunes. En total, 14 cables de acometida (28 fibras ópticas), que se conectarán directamente al panel de conectores de salida del RITI. El cable de reserva de cada planta se almacena en una caja de segregación. Se dejan de reserva dos de los conectores de salida para su uso futuro en la línea de seguridad del ascensor si fuera necesario.

En el apartado del **protocolo de pruebas** correspondiente a la red de fibra óptica deben quedar reflejados los materiales utilizados y debe indicarse el número de empalmes mecánicos o fusiones realizadas.

Las **medidas que han de realizarse** en la red de cables de FO que deben completarse en el protocolo de pruebas son la **longitud,** la **atenuación** y el **resultado PASA/FALLA** del proceso de certificación.

En el protocolo de pruebas de la ICT debe especificarse también la **longitud del enlace** medido, que es conocido por el instalador, ya que se corresponde con la longitud del tramo de fibra óptica que va desde el registro principal de fibra óptica ubicado en el RITI hasta el PAU situado en el registro de terminación de red del usuario.

Como ejemplo, los resultados de las medidas de la instalación bajo prueba en el peor (3.º A) y el mejor caso (PB B) son los que se muestran en la Figura 8.93.

PAU 3.º A

Longitud de onda	Calidad / 2.0 dB	Atenuación
1310 nm	PASA	0.8 dB
1490 nm	PASA	1.1 dB
1550 nm	PASA	1.5 dB

a) Peor caso (3.º A)

PAU PB B

Longitud de onda	Calidad / 2.0 dB	Atenuación
1310 nm	PASA	0.7 dB
1490 nm	PASA	0.6 dB
1550 nm	PASA	0.8 dB

b) Mejor caso (PB B)

Figura 8.93. *Resultados de las medidas de atenuación.*

Tabla 8.2. Apartado 5.1.4 del protocolo de pruebas

5.1.4. Red de cables de fibra óptica	
A. Registro principal de cables de fibra óptica (punto de interconexión)	
a. Punto de interconexión de operadores:	
☒ Espacio disponible debidamente señalizado	
☒ Canalización de acometida instalada y equipada con hilo guía	
b. Conexiones de cables de fibra óptica pertenecientes a la comunidad.	
Conexiones de cableado de fibra óptica	
Cantidad de conexiones en el punto de interconexión	28.
Tipo de conector	*Pigtail* SC/APC 1,5 m.
Marca	Ikusi.
Modelo	PTI-015.
☒ Los cables están debidamente identificados y etiquetados, detallando la vivienda a la cual pertenece cada uno de los enlaces.	
B. Red de distribución y de dispersión	
a. Cables:	
Número	14 (4 de reserva).
Tipo de cubierta	LSFH.
Diámetro exterior	3,5 mm.
Características específicas	Cable de acometida 2 FO monomodo (G.657.A2).
Clase de reacción al fuego que figura en el marcado de los cables	Dca-s2, d2, a2

b. Elementos de empalme (en caso existir para cables multifibra).				
Elementos	**Tipo**	**Marca**	**Modelo**	**Ubicación**
Empalmes	---	---	---	---
Conectores	---	---	---	---
Otros	---	---	---	---

C. Puntos de acceso al usuario (roseta óptica):				
Planta	**PB**	**1.ª**	**2.ª**	**3.ª**
Cantidad	2	2	3	3
Tipo	PAU FO 2 salidas	PAU FO 2 salidas	PAU FO 2 salidas	PAU FO 2 salidas
Modelo	PAUF-02 (Ikusi)	PAUF-02 (Ikusi)	PAUF-02 (Ikusi)	PAUF-02 (Ikusi)
Características específicas	Roseta óptica con bandeja y 2 adaptadores SC/APC	Roseta óptica con bandeja y 2 adaptadores SC/APC	Roseta óptica con bandeja y 2 adaptadores SC/APC	Roseta óptica con bandeja y 2 adaptadores SC/APC

D. Medidas que han de realizarse en la red de cables de fibra óptica:

Se realizarán las medidas de la tabla siguiente desde el registro principal hasta cada PAU

Vertical vivienda	**Tipo de certificación**	**Certificación de prueba en el mejor caso de la vertical**			**Certificación de prueba en el peor caso de la vertical**		
		Longitud	**Atenuación**	**Pasa/Falla**	**Longitud**	**Atenuación**	**Pasa/Falla**
3.º A	Nivel 1	---	---	---	18 m	1,5 dB	Pasa
PB B	Nivel 1	8 m	0,8 dB	Pasa	---	---	---

☒ Se ha efectuado la certificación de todos los enlaces permanentes en la instalación, verificando que los reflejados en el presente protocolo de pruebas son, en cuanto a valores de atenuación, efectivamente el mejor y el peor caso de cada vertical.

En el protocolo de prueba también se deben incluir los materiales y las comprobaciones realizadas en la instalación interior de usuario de fibra óptica, tal y como se refleja en la Tabla 8.3.

Tabla 8.3. Apartado 5.2.3 del protocolo de pruebas

5.2.3. Red interior de usuario de cables de fibra óptica	
A. Punto de acceso del usuario:	
Tipo de conector	*Pigtail* SC/APC 0,5 m.
Características específicas	Roseta óptica con dos adaptadores SC/APC
B. Cableado de cables de fibra óptica en la red interior de usuario.	
Diámetro exterior	3,5 mm.
Características específicas	Cable de acometida 1 FO monomodo (G.657.A2).
Clase de reacción al fuego que figura en el marcado de los cables	Dca - s2, d2, a2
C. Número de tomas:	

☒ Existen todas las tomas indicadas en el proyecto técnico para cada vivienda, su ubicación se corresponde con lo indicado en el mismo, están correctamente conectadas y es correcta la continuidad desde el PAU.

☐ El número de tomas instaladas no coincide con lo indicado en el proyecto técnico (descríbase la modificación). Las tomas instaladas están correctamente conectadas y es correcta la continuidad desde el PAU.

D. Medidas a realizar en la red de cables de fibra óptica:								
Vivienda Toma	**Tipo de certificación**	**Certificación de prueba en el mejor caso de la vivienda**			**Certificación de prueba en el peor caso de la vivienda**			
		Longitud	**Atenuación**	**Pasa/Falla**	**Longitud**	**Atenuación**	**Pasa/Falla**
1.º B	Nivel 1	10 m	0,7 dB	Pasa	---	---	---
3.º A	Nivel 1	---	---	---	10 m	0,9 dB	Pasa

8.8. Acceso de la red de cables de fibra óptica a un edificio

Los operadores distribuyen su fibra óptica desde las centrales a los usuarios finales a través de la denominada **red urbana de fibra óptica.**

8.8.1. Red urbana de fibra óptica

La red FTTH utilizada para el acceso a los servicios de telecomunicaciones por parte de los usuarios es una **red PON** (*passive optical network*), es decir, una red óptica pasiva. Este tipo de red se caracteriza porque todos los elementos de la red de distribución son pasivos, es decir, no existen elementos de amplificación entre la central y el usuario final. De esta manera una misma fibra óptica puede compartirse entre varios usuarios, hasta un máximo de 64, tal y como se muestra en la Figura 8.94.

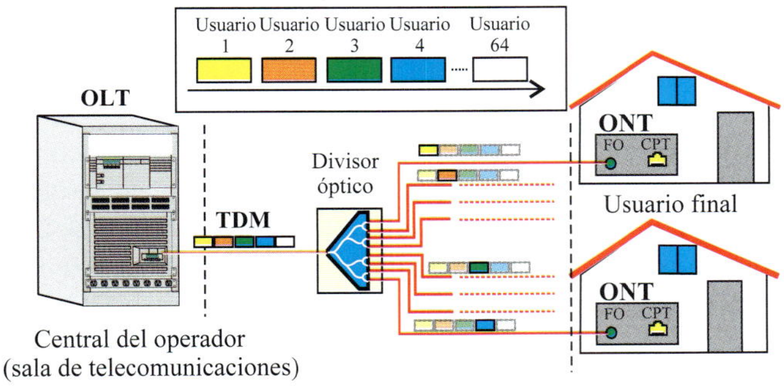

Figura 8.94. *Red PON.*

La **red urbana de fibra óptica** está formada por todo el cableado, los elementos de conexión y los elementos de distribución (divisores ópticos) que conectan el operador de telecomunicaciones (OLT) con el usuario final (ONT). Por lo tanto, los elementos que delimitan la red urbana de fibra óptica son los siguientes:

- **OLT** (terminal de línea óptica): dispositivo del operador (Figura 8.95a) que proporciona a los usuarios finales los servicios de fibra óptica contratados (internet, telefonía, etc.). Es el punto inicial de control de la red de fibra óptica utilizado para llevar estos servicios a los abonados. Este dispositivo permite la gestión del tráfico de datos y la asignación de ancho de banda a los diferentes usuarios, así como la gestión de la calidad de servicio (QoS).
- **ONT** (terminal de red óptica): dispositivo (Figura 8.95b) que se instala en el interior de la parte privativa de cada usuario final (vivienda, local comercial, etc.) que convierte las señales ópticas que se distribuyen por la red en señales eléctricas. Se trata de un elemento activo y, por lo tanto, necesita alimentación eléctrica. Actualmente la ONT puede estar integrada en el propio dispositivo del usuario, como por ejemplo un *router.*

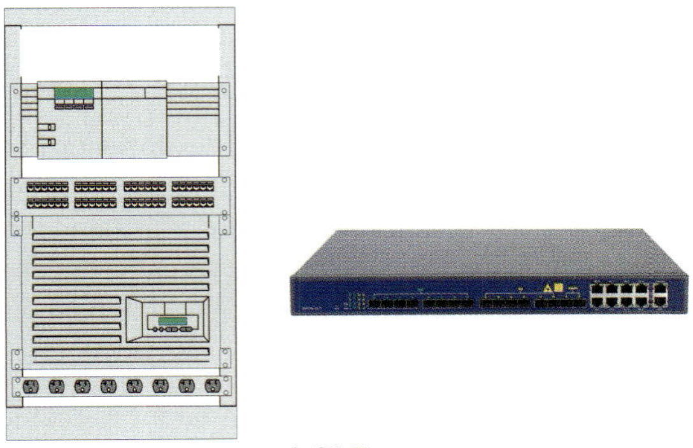

a) OLT

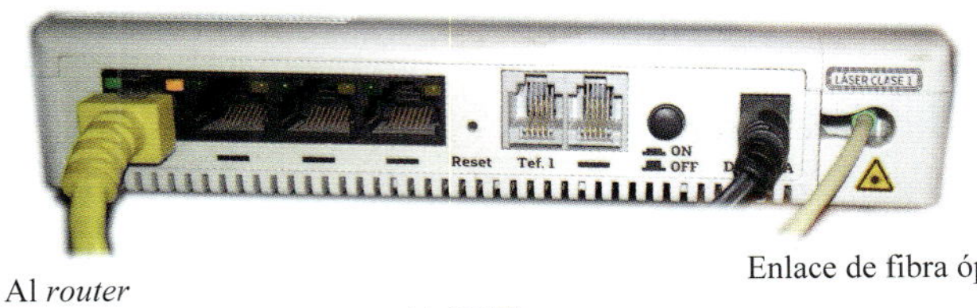

b) ONT

Figura 8.95. *Elementos que delimitan la red de FO.*

8.8.2. Partes de la red urbana de fibra óptica

La **red urbana de fibra óptica** se divide en tres tramos: red de alimentación, red de distribución y red de dispersión o tramo final, que conecta la central del operador donde se ubica la cabecera de red y el usuario final.

La Figura 8.96 muestra de manera simplificada la estructura de la red urbana de fibra óptica, con los elementos que lo forman.

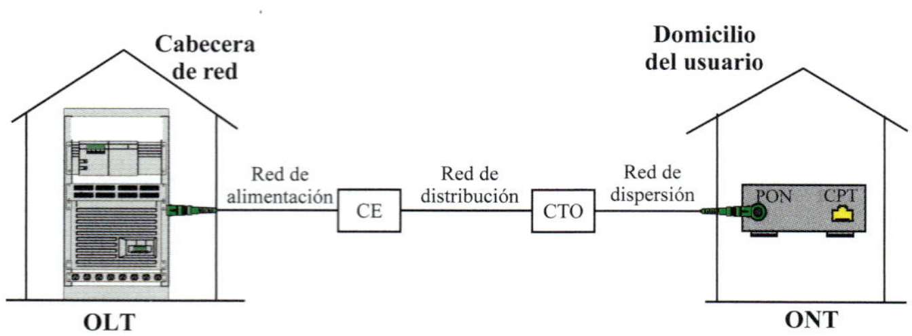

Figura 8.96. *Estructura de la red urbana de fibra óptica.*

Cabecera de la red

La **cabecera de red** está formada por el elemento de la central del operador que realiza las funciones de OLT (terminal de línea óptica) y se ubica en una sala de comunicaciones de la central del operador.

Red de alimentación

La **red de alimentación** suministra el cableado a las zonas donde residen los usuarios finales (calles, polígonos, etc.). Este tramo enlaza la cabecera con las cajas de empalme (CE).

En entornos urbanos grandes, la red de alimentación sale de manera enterrada de las centrales de telecomunicación de los operadores, pero en entornos urbanos más pequeños los operadores pueden instalar sus equipos de cabecera en diferentes ubicaciones, de manera que los cables también pueden salir de manera aérea.

Esta red está normalmente constituida por los cables de alimentación formados por cables multifibra de 16, 32, 64, 96 o hasta 128 fibras ópticas.

Red de distribución

La red de alimentación que recorre toda un área se ramifica en diferentes redes de distribución.

La **red de distribución** lleva la fibra óptica cerca del usuario final, es decir, a las edificaciones o conjunto de ellas según la densidad de usuarios. Esta red conecta las cajas de empalme (CE) con las cajas terminales ópticas (CTO).

Esta red se despliega de manera subterránea, aérea o por fachada utilizando normalmente cables multifibra de 2, 4, 8, 16 o 32 fibras ópticas.

La CTO puede estar ubicada en la vía pública o en la zona comunitaria de un edificio.

Red de dispersión (tramo final de fibra óptica)

La red de distribución se ramifica dando lugar a la red de dispersión, que distribuye una única fibra para cada usuario.

La **red de dispersión** o tramo final de la red está formada por las acometidas de fibra óptica que conectan la red de distribución de fibra óptica con el usuario final.

Las acometidas de fibra óptica que se utilizan normalmente en el tramo final de la red son cables de una o dos fibras individuales.

Recuerda

En los edificios de nueva construcción, que se rigen por el RD 346/2011 de la ICT, el tramo final de la red de fibra óptica está preinstalada y es propiedad de la comunidad de vecinos. Esta red discurre desde el registro principal de fibra óptica situado en el RITI, donde se instala el punto de interconexión de fibra óptica, hasta el PAU situado en el interior de cada vivienda, local u oficina, donde se conecta la ONT.

8.8.3. Tendido de los cables. Canalizaciones

Las **canalizaciones** son el conjunto de tubos o estructuras envolventes de materiales plásticos o metálicos, que se utilizan para proteger y conducir el cableado de fibra óptica. Los diferentes tramos de la red se intercalan utilizando diferentes tipos de registros y cajas de empalme.

Fundamentalmente existen cuatro tipos de tendidos de fibra óptica:

- **Aprovechando una canalización existente.** Para ello se utilizan los tendidos existentes de otro proveedor para proporcionar acceso a nuevos operadores o una infraestructura física destinada a prestar un servicio de producción, transporte o distribución de otros servicios diferentes a los de telecomunicaciones (gas, electricidad, agua, etcétera).

- **Mediante tendidos aéreos.** La instalación del cable se sostiene sobre postes de telecomunicaciones o postes eléctricos.
- **Mediante tendidos por fachada.** La fibra óptica se distribuye por las fachadas de los edificios.
- **Mediante obra civil.** Realizando la apertura de una nueva canalización, normalmente subterránea, para la fibra óptica.

Las **canalizaciones subterráneas** para fibra óptica (Figura 8.97) suelen estar formadas por un número determinado de tubos de plástico rígidos o corrugados, cubiertos por tierra, empotrados dentro de un prisma de hormigón o en una determinada agrupación de conductos dispuestos en una zanja.

Figura 8.97. *Canalizaciones enterradas.*

Cuando las canalizaciones discurren por **fachadas** se utilizan canales en montaje superficial o se pueden utilizar caminos ya existentes para el paso de otros cables, aunque es habitual que los cables se grapen directamente en la pared (Figura 8.98).

Figura 8.98. *Tendido por fachadas.*

8.8.4. Elementos de registro

A lo largo de la red urbana de fibra óptica se intercalan **elementos de registro** que permiten el acceso al cableado de fibra óptica y facilitan la realización de conexiones y derivaciones de la red, así como la instalación de diferentes elementos de interconexión y segregación. Entre los elementos de registro utilizados se encuentran las arquetas, las cámaras de registro, los armarios, las cabinas y los postes.

Las **arquetas** (Figura 8.99) son cajas introducidas o construidas *in situ* en las canalizaciones subterráneas que facilitan el tendido e inspección del cableado, así como la ubicación e inspección de elementos de segregación, empalme y reparto de fibras.

Figura 8.99. *Arquetas.*

La **cámara de registro (CR)** es un elemento constructivo que permite el acceso desde la calle a instalaciones subterráneas, donde se alojan elementos pasivos de segregación de redes de alimentación para todo un sector urbano. Las cámaras de registro se colocan sobre la canalización principal que soporta la red de alimentación de donde parten canalizaciones laterales formando las diferentes redes de distribución.

Los **armarios de pedestal** son armarios exteriores montados sobre una base de obra para el alojamiento de equipamiento de varios servicios (Figura 8.100), como por ejemplo de semáforos o de telecomunicaciones. En el caso de las redes de telecomunicaciones, realizan las funciones de CTO, de CE o una combinación de las dos.

Figura 8.100. *Armario de pedestal.*

Las **cabinas** son armarios de exterior que se montan directamente sobre la acera o empotrados en la pared.

Los **postes** son elementos utilizados para el tendido aéreo de cableado (Figura 8.101), donde se pueden instalar cajas de empalme. Aunque normalmente son de madera, también pueden ser de hormigón. Normalmente se suelen utilizar los postes existentes de otros servicios (red eléctrica o de telefonía).

El cableado se sujeta a los postes utilizando elementos fijadores, los cuales regulan la tensión del tendido.

Figura 8.101. *Instalación sobre poste.*

8.8.5. Elementos de interconexión y de segregación

Los elementos de interconexión y de segregación de la red de fibra óptica separan los diferentes tramos de la red de fibra óptica. Básicamente están constituidos por dos elementos:

- Caja de empalme óptica (CE).
- Caja terminal óptica (CTO).

Caja de empalme óptica (CE)

Las **cajas de empalmes** (CE) delimitan la red de alimentación y la red de distribución de fibra óptica. Están formadas por cajas que contienen en su interior bandejas organizadoras que protegen en su interior una determinada cantidad de fusiones, además de alojar reservas de fibra óptica.

Estas cajas tienen varias medidas y formas. A menudo a estas cajas se las denominan **torpedos** por la forma que adoptan algunas de ellas (Figura 8.102).

Figura 8.102. *Caja de empalme óptica (CE).*

Caja terminal óptica (CTO)

Una **caja terminal óptica** (CTO) segrega las acometidas de usuario de la red de distribución de fibra óptica mediante fusiones o conexiones mecánicas. En su interior, en ocasiones se alojan los divisores ópticos (*splitters*) que realizan la función de repartidores, bandejas organizadoras del cableado y reservas de fibra.

Una caja terminal óptica (CTO) se puede instalar en diferentes lugares (Figura 8.103a): adosada a las fachadas, en cubiertas y azoteas, pedestales, cabinas o arquetas o montada sobre un poste,

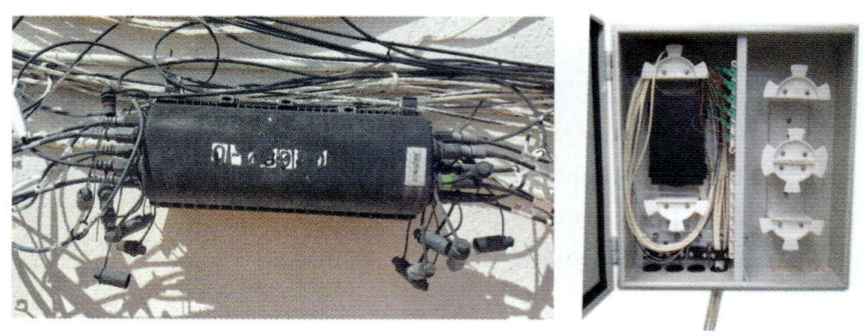

a) CTO instalada en exterior b) Caja de interconexión

Figura 8.103. *Caja terminal óptica (CTO).*

En los edificios que tienen una ICT, esta caja (Figura 8.103b) se aloja dentro de un recinto de instalaciones de telecomunicación (RIT), realizando las funciones de caja de interconexión, desde donde parte el tramo final de la red de fibra óptica (red de distribución y red de dispersión del edificio).

Divisores ópticos

Por la red urbana se distribuyen varios elementos pasivos de ramificación óptica, denominados **divisores ópticos** o *splitters*. Cada fibra óptica puede tener una o varias etapas de divisores para proporcionar servicio hasta los 64 abonados posibles por fibra óptica.

Los divisores ópticos se distribuyen por la red urbana, siendo habitual utilizar diferentes niveles de división:

- El **primer nivel de división** puede situarse en las cámaras de registro que delimitan la red de alimentación y la red de distribución. Normalmente son divisores 1:2 o 1:4.
- El **segundo nivel de división** se sitúa entre la red de distribución y la red de dispersión, instaladas en las cajas de empalme distribuidas a lo largo de la red. En este caso se suele utilizar divisores de tipo 1:8, 1:16 o 1:32.

En la Figura 8.104 se muestra un ejemplo de divisor óptico 1:8. La señal óptica de la entrada se ramifica por igual en las ocho salidas que dispone.

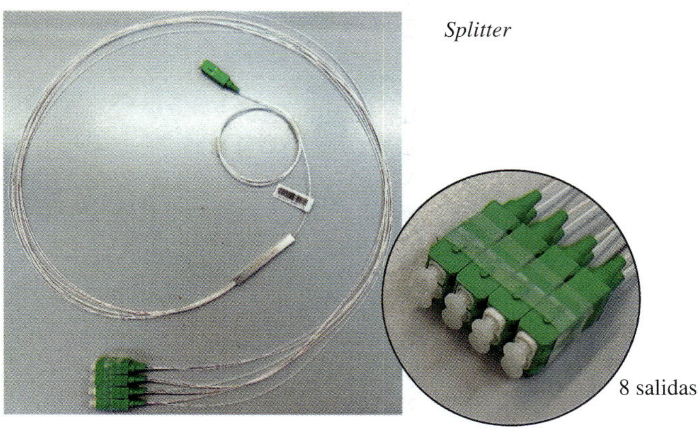

Figura 8.104. *Divisor óptico* (splitter).

Los divisores pueden estar instalados en las diferentes cajas de empalme y registro distribuidas a lo largo de la red, siendo las ubicaciones principales las siguientes:

- Cajas de empalme situadas en las arquetas o cajas de registro que separan la red de alimentación de la red de distribución (CR).
- En las cajas terminales ópticas (CTO), que se sitúan en las fachadas de los edificios o arquetas o las que se instalan en interior, junto a las bandejas de empalme correspondientes.

La configuración habitual que adoptan los operadores suele estar formada por un divisor 1:4 instalado en la CE y un divisor 1:16 instalado en la CTO, dando servicio a un total de 4·16 = 64 usuarios. Esta configuración, que se muestra en la Figura 8.105, permite que cada usuario tenga mayor ancho de banda y una atenuación reducida.

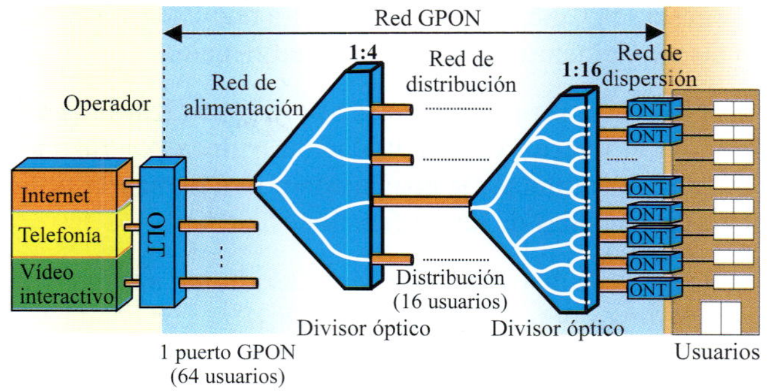

Figura 8.105. *Niveles de división.*

8.8.6. Acceso de la red de fibra óptica en los edificios

En la Figura 8.106 se resumen diferentes formas de acceso de la red de fibra óptica en un entorno urbano. La red de alimentación llega desde la central del operador, atravesando diferentes arquetas, a una arqueta que cubre todo un sector mediante una caja de empalmes (CE) que segrega varias ramas de la red de distribución hacia diferentes edificios.

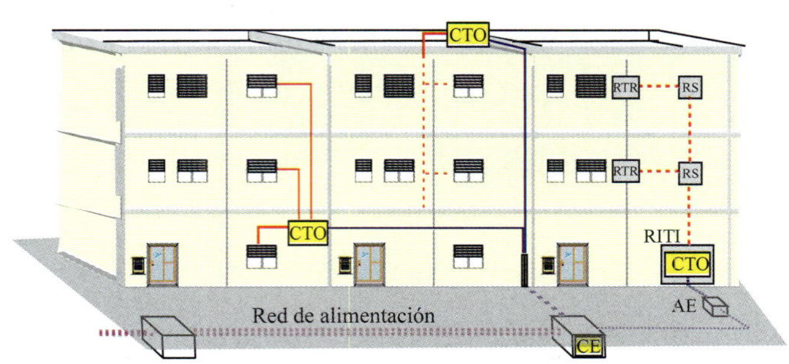

Figura 8.106. *Acceso de la red urbana de FO a los edificios.*

En función de si la edificación dispone de una infraestructura común de telecomunicaciones o no, el acceso de la red de fibra óptica al edificio será diferente.

Edificios que no disponen de ICT

En el caso de edificios en los que no exista una infraestructura común de comunicaciones en el interior del edificio o la existente no permita instalar el correspondiente acceso a

Sabías que...

En una ICT, el registro principal de fibra óptica donde se instala el punto de interconexión (caja de interconexión) realiza las funciones de caja terminal óptica (CTO). En las bandejas de la caja de interconexión se almacenan los divisores de segunda etapa, las terminaciones de fibra y los latiguillos que unen la red del operador con la red de distribución del edificio. A medida que se abonen los usuarios al servicio ofrecido por el proveedor, se realizarán los empalmes y se conectarán los latiguillos.

las redes de FO, dicha instalación podrá realizarse haciendo uso de los elementos comunes de la edificación.

En los casos en los que no sea posible realizar la instalación en el interior de la edificación o finca por razones técnicas o económicas, la instalación podrá realizarse utilizando las fachadas de las edificaciones.

Las redes de distribución enterradas afloran a la fachada mediante tubos desde la acera (Figura 8.107), con conductos de hierro galvanizado, que se montan sobre la pared para subir los cables a la altura necesaria para los recorridos sobre la fachada.

Figura 8.107. *Transición de los cables enterrados hacia la fachada.*

A partir de aquí, la distribución y la instalación de la CTO pueden realizarse de diferentes maneras:

- CTO instalada en la zona superior del edificio. El tramo final de la red se realiza por patios de luz, por agujeros de escalera o, si es el caso, por canalizaciones comunes (Figura 8.108).

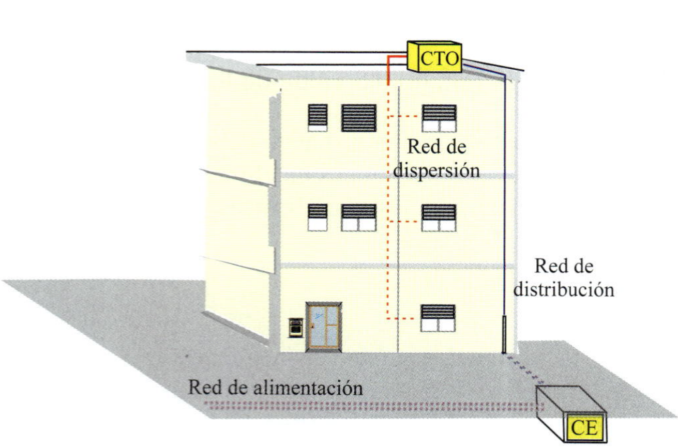

Figura 8.108. *Distribución interior o por patio de luces.*

- CTO instalada en la fachada, cuando el edificio no dispone de pasos alternativos para el cableado en los espacios comunes del interior del inmueble (Figura 8.109).

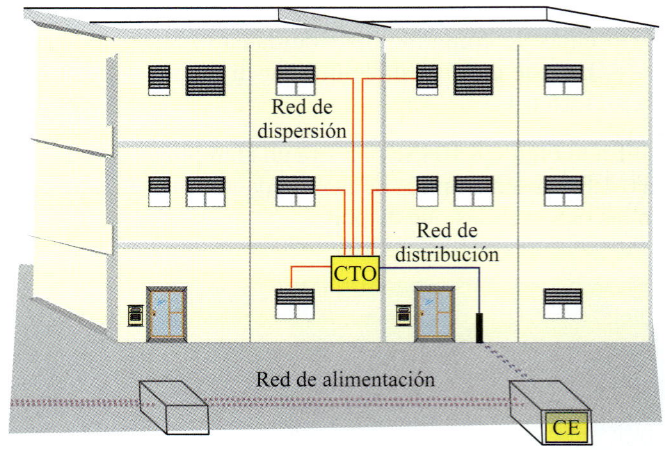

Figura 8.109. *Acceso por la fachada.*

Edificios que disponen de ICT

Cuando el edificio dispone de una infraestructura común de telecomunicaciones (ICT), la conducción de los cables aprovecha la existencia de esta infraestructura y el acceso al edificio se realiza mediante una canalización enterrada que conduce el cableado de distribución hacia la arqueta de entrada (AE) del edificio (Figura 8.100).

En este caso, la CTO se instala en el interior de un recinto de instalaciones de telecomunicación inferior (RITI) ubicado en la planta baja o sótano del edificio. El tramo final aprovecha la red preinstalada del edificio que recorre los diferentes registros de la infraestructura hasta llegar al registro de terminación de red (RTR) de cada usuario final.

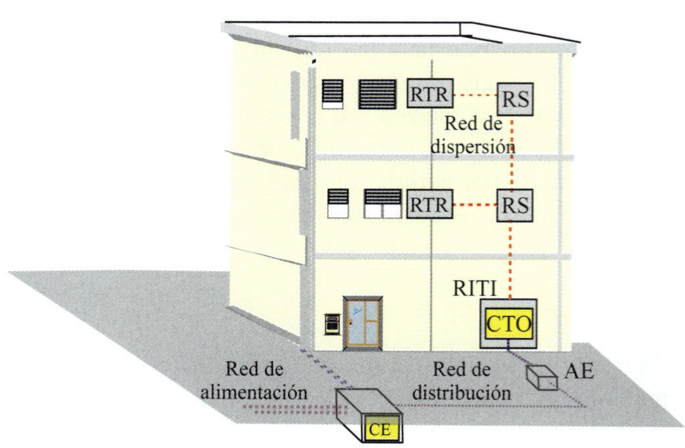

Figura 8.110. *Distribución por una ICT.*

8.8.7. Ley General de Telecomunicaciones

En los últimos años se han llevado a cabo en España importantes despliegues de redes fijas de comunicaciones electrónicas de alta y muy alta capacidad, de manera que la cobertura de las redes de fibra óptica (FTTH) ha alcanzado un alto porcentaje de los hogares.

Como el despliegue de redes de nueva generación requiere grandes inversiones económicas, la Ley General de Telecomunicaciones (LGTel) persigue, entre otros objetivos, fomentar la competencia sin desincentivar estas inversiones, teniendo en cuenta que sus elevadas cuantías podrían generar barreras de entrada en este mercado.

Así, pese al elevado número de accesos instalados, los operadores continúan desplegando, tanto en zonas donde no hay todavía cobertura, como en áreas en las que, si bien hay agentes comercializando servicios, los clientes se pueden beneficiar de la existencia de competencia en la provisión de estos servicios.

Un elemento clave que ha facilitado la extensión de las redes de nueva generación es la incorporación de una Infraestructura Común de Telecomunicaciones (ICT) en los edificios de nueva construcción y la instalación de tramos finales de redes fijas de alta y muy alta capacidad en edificios ya construidos, como viene ocurriendo para el caso de las redes FTTH.

Para facilitar el despliegue de las redes de fibra óptica los operadores podrán instalar los tramos finales de esas redes en los edificios, fincas y conjuntos inmobiliarios, pudiendo utilizar las fachadas en determinadas circunstancias.

Para los tramos finales destinados a la prestación de servicios en edificaciones que estén acogidas, o deban acogerse, al régimen de propiedad horizontal establece que, a partir del momento de inicio de la instalación de un tramo final en una determinada edificación por el primer operador (por fachada o interior), cualquier otro operador podrá realizar su propio despliegue en la misma edificación.

- La **red de cables de fibra óptica** permite el acceso a los usuarios de un edificio a las **redes GPON** de los operadores de fibra óptica. Esta red utiliza **cables de acometida** de dos fibras ópticas y **cables multifibra** de micromódulos o de fibras individuales.
- Para el trabajo con la FO se requieren **herramientas para conectorización** y **empalme en campo de fibra óptica,** entre las que se encuentran la peladora de fibra óptica, pelacubiertas, tijeras para kevlar, cortadora de fibra óptica, fusionadora, etcétera.
- La conexión de la FO óptica se realiza con **conectores SC/APC** que se conectan a los **adaptadores SC/APC** de los equipos de la red (paneles de conexión y roseta óptica).
- Los elementos que forman la **red de cables de fibra óptica** de un edificio son:
  - **Red de distribución.** Formada por cable multifibra (número de PAU >20) o cable de acometida de dos fibras (número de PAU ≤20), con un número de fibras ópticas suficiente para cubrir la demanda del edificio.
  - **Red de dispersión.** Formada por cables de acometida suficientes para cubrir la demanda de cada planta.
  - **Punto de interconexión.** Formado por cajas de interconexión donde se instalan los paneles de conexión de entrada y de salida. Se instala en el registro principal de FO del RITI.
  - **Punto de distribución.** Formado por cajas de segregación, donde se almacenan los empalmes entre los cables segregados del cable multifibra de la red de distribución y los cables de acometida de la red de dispersión. También almacena las fibras ópticas de reserva. Se instala en el registro secundario de cada planta.
  - **Punto de acceso al usuario (PAU).** Formado por una roseta óptica con tantos adaptadores SC/APC como cables de fibra óptica de las acometidas que lleguen. Se instala en el RTR de cada usuario.
- La red de distribución depende del número de PAU al que dé servicio la red de distribución y dispersión de un edificio: si es ≤20 PAU, está formada solo por cables de acometida, pero si es > 20 la red está formada por la combinación de cables multifibra (red de distribución) y cables de acometida (red de dispersión). Cuando la red incluye diferentes tipos de fibra será necesario realizar **empalmes** entre fibras, ya sean **mecánicos** o por **fusión.** La fusión de la fibra óptica en una ICT se realiza normalmente en el punto de interconexión, punto de distribución y PAU.
- La red interior de fibra óptica está constituida por una roseta de fibra óptica (BAT) constituida por un adaptador SC/APC que se conecta al registro de terminación de red mediante un cable de acometida de fibra óptica de una única fibra. La BAT se instala en el salón cerca de una de las tomas de la red de cable de pares trenzados.
- Una vez realizada la **instalación de la red** se verifican todos los enlaces de la red, comprobando la identificación y continuidad extremo a extremo, las características de transmisión o atenuación (<2 dB), así como la longitud del enlace, con ayuda de un **medidor de potencia óptica** y una **fuente de luz láser.**
- Las medidas que deben completarse en el protocolo de pruebas son la **longitud,** la **atenuación** y el **resultado PASA/FALLA** del proceso de certificación, en el mejor y el peor caso.

Actividades de comprobación

8.1. **¿Cuál de las siguientes longitudes de onda (*λ*) no se utiliza en las redes GPON?**

a) 850 nm.

b) 1310 nm.

c) 1490 nm.

d) 1550 nm.

8.2. **¿Para qué se utiliza la longitud de onda de 1550 nm en las redes PON?**

a) Enlace ascendente de datos.

b) Enlace descendente de datos.

c) IPTV.

d) Vídeo RF.

8.3. **¿En qué elementos de la red de FO se encuentran adaptadores SC/APC?**

a) Roseta óptica.

b) Paneles de conexión.

c) Dispositivos de red.

d) Todas las respuestas son correctas.

8.4. **¿Con qué elemento se realiza la fusión del cable de acometida en el PAU?**

a) *Pigtail.*

b) Latiguillo de interconexión.

c) Adaptador SC/APC.

d) Con uno de los cables multifibra.

8.5. **¿Cuál es el número máximo de FO que tienen los cables multifibra utilizados en la ICT?**

a) 2.

b) 12.

c) 24.

d) 48.

8.6. **¿Cuál es el diámetro típico del recubrimiento primario de una fibra óptica?**

a) 9 µm.

b) 125 µm.

c) 250 µm.

d) 900 µm.

8.7. **¿Qué tipo de conectores se utiliza en la red de FO de una ICT?**

a) SC/APC.

b) LC/APC.

c) SC/PC.

d) LC/PC.

8.8. **¿Qué tipo de FO se utiliza en la red de una ICT?**

a) FO monomodo.

b) FO multimodo.

c) Puede utilizarse tanto FO monomodo como FO multimodo.

d) Depende del operador de telecomunicaciones.

8.9. **¿Qué codificación de colores (color de fibra y micromódulo) se corresponde con la fibra óptica número 15 de un cable multifibra de micromódulos de 8 FO?**

a) Fibra número 7 (marrón) del micromódulo número 3 (azul).

b) Fibra número 7 (marrón) del micromódulo número 2 (rojo).

c) Fibra número 4 (amarillo) del micromódulo número 3 (azul).

d) Fibra número 4 (amarillo) del micromódulo número 2 (rojo).

8.10. **¿Cuántas fibras ópticas, como máximo, alberga cada uno de los micromódulos de los cables de FO?**

a) 2.

b) 6.

c) 8.

d) 12.

8.11. **¿Cuántos cables de FO aloja un cable de acometida de la red de dispersión?**

a) 1.

b) 2.

c) 48.

d) 64.

8.12. **¿Qué elemento de una fibra óptica garantiza los esfuerzos por tracción y evita alargamientos permanentes de las fibras ópticas?**

a) Hilaturas de fibras de aramida (kevlar).

b) Hilo de rasgado.

c) Recubrimiento

d) Revestimiento.

8.13. ¿Cuántas fusiones típicamente se realizan en cada fibra óptica de una ICT si se utiliza cable multifibra en la red de distribución?

a) Ninguna.

b) Una, en el punto de interconexión.

c) Dos: una en el punto de interconexión y otra en el PAU.

d) Tres: una en el punto de interconexión, otra en el punto de distribución y otra en el PAU.

8.14. ¿Cuántas fusiones típicamente se realizan en cada fibra óptica de una ICT si se utiliza cable de acometida en la red de distribución y dispersión?

a) Ninguna.

b) Una, en el punto de interconexión.

c) Dos: una en el punto de interconexión y otra en el PAU.

d) Tres: una en el punto de interconexión, otra en el punto de distribución y otra en el PAU.

8.15. ¿A partir de qué número de PAU puede realizarse la distribución de la red de FO de un edificio con cables de acometida directamente desde el punto de interconexión?

a) $\leq$10 PAU.

b) $\leq$20 PAU.

c) $\leq$30 PAU.

d) Ninguna de las respuestas es correcta.

8.16. ¿Qué elemento realiza las funciones de punto de distribución de la red de FO del edificio?

a) Caja de interconexión (paneles ópticos).

b) Caja de segregación.

c) Roseta óptica.

d) Ninguna de las respuestas es correcta.

8.17. ¿En qué elemento de la infraestructura se instala la caja de segregación de la red de fibra óptica?

a) Registro principal.

b) Registro secundario.

c) Registro de terminación de red.

d) Ninguna de las respuestas es correcta.

8.18. ¿Cuántos adaptadores SC/APC tiene típicamente la roseta óptica que se instala en la vivienda de un usuario de la ICT?

a) Una.

b) Dos.

c) Cuatro.

d) Tantas como cables de acometida lleguen a la vivienda.

8.19. ¿Cuál es la atenuación máxima permitida en un enlace de fibra óptica de la red de una ICT?

a) 1 dB.

b) 1,55 dB.

c) 2 dB.

d) 4 dB.

Actividades de aplicación

8.20. **Equipos y materiales.** La Figura 8.111 muestra los principales componentes que se utilizan en la preparación y fusión de la fibra óptica:

a) Identifica el nombre de cada uno de los elementos mostrados.

b) Indica cuál es la función que cumplen dichos elementos.

c) ¿Qué componentes faltan en la figura para poder realizar una fusión?

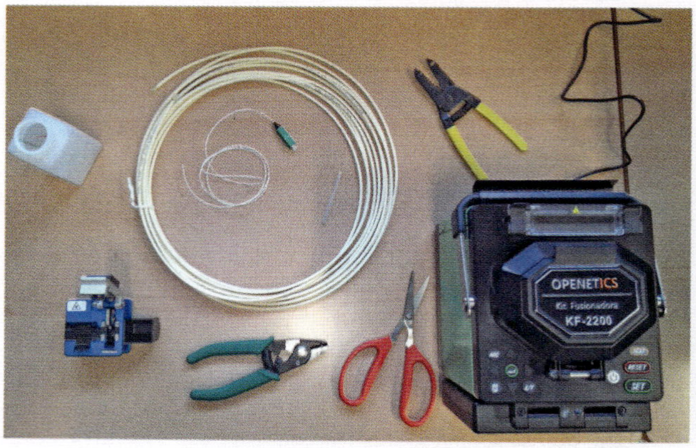

Figura 8.111. *Equipos y materiales utilizados en la fusión de fibra óptica.*

8.21. Fusión de fibra óptica. Siguiendo el procedimiento establecido para la fusión de dos fibras ópticas, realiza la fusión entre diferentes tramos de fibra óptica. Para ello sigue el proceso operativo de los casos prácticos:

a) **Pelado de la FO.** Prepara los extremos de los cables de FO que han de fusionarse.

b) **Corte con la cortadora de precisión.**

c) **Fusionado de la FO.** Comprueba la atenuación estimada por la fusionadora. En el caso de que esta sea superior a 0,03 dB, repite la fusión.

d) **Protección del empalme.** Una vez realizada la fusión correctamente, protege la fusión realizada con una funda termorretráctil.

8.22. Localizador visual de fallos (VFL). Con ayuda del localizador visual de fallos, realiza los apartados siguientes:

a) **Comprobación de defectos de instalación.** Comprueba con el VFL si existe pérdida de señal en los latiguillos, empalmes, conectores, etc., disponibles en el aula.

b) **Verificación del plan de asignación de la red.** Utiliza un VFL para identificar la correspondencia de las conexiones de la red de fibra óptica del aula, entre los conectores del panel de salida del punto de interconexión y cada PAU de la instalación.

8.23. Montaje de la instalación de una red de FO de la ICT (número de PAU ≤ 20). Sobre un tablero puede realizarse la instalación de la red de FO de una ICT. En la Figura 8.112 se muestran los elementos que forman la instalación simulada:

a) **Realiza el montaje de los puntos de conexión definidos en la red:**

- **Punto de interconexión.** Formado por un panel de conexiones óptico y una bandeja de empalmes. Este espacio simula el registro principal de FO que se instala en el RITI.
- **Punto de distribución.** Formado por una caja de segregación. Este espacio simula el registro secundario de FO.
- **PAU de FO.** Formado por una roseta óptica que incluya al menos 2 adaptadores SC/APC. Este espacio simula el registro de terminación de red de cada vivienda.

b) **Instalación de la red de fibra óptica de la instalación:**

- Realiza la instalación de los cables de acometida de la instalación desde el punto de interconexión a cada PAU, utilizando como elemento de paso la caja de segregación.
- Realiza las fusiones necesarias en el punto de interconexión y en el PAU.

c) **Certificación y protocolo de pruebas de la ICT.** Verifica el correcto funcionamiento de la instalación con el medidor de potencia óptica y una fuente de luz láser y completa el protocolo de pruebas de la ICT correspondiente a la red de fibra óptica.

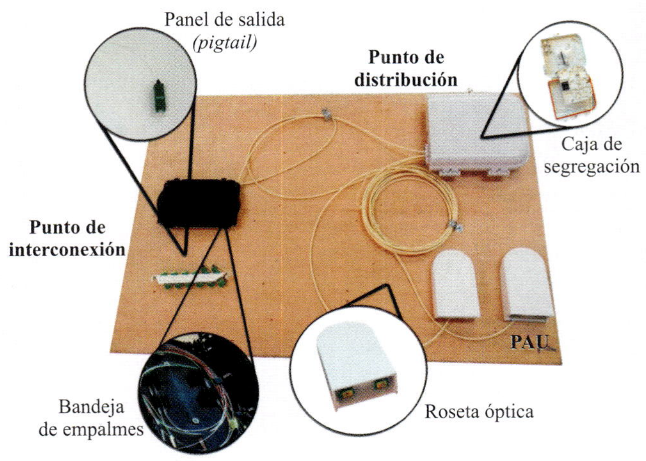

Figura 8.112. *Red de FO de un edificio con dos viviendas.*

8.24. Montaje de la instalación de una red de FO de la ICT (número de PAU >20). Realiza los mismos apartados de la actividad anterior, utilizando como red de distribución cable multifibra. Comprueba que, en este caso, es necesario la segregación de las fibras del cable multifibra en la caja de segregación de cada planta y la fusión correspondiente con el cable de acometida de la red de dispersión que va hacia el PAU de cada vivienda.

8.25. Protocolo de pruebas de una ICT. Una vez realizada la instalación de las actividades prácticas 8.23 y 8.24 o sobre una instalación bajo prueba, realiza las medidas establecidas en el protocolo de pruebas de una ICT y complétalo.

8.26. Selección de los materiales de la red de fibra óptica de un edificio. El edificio de la Figura 8.113 tiene 15 PAU más 2 PAU correspondientes a las estancias comunes del edificio (EC), en total 17 PAU. Según los datos especificados en el proyecto técnico de telecomunicaciones (PTT), la demanda prevista es de 17 acometidas y se planifican 5 acometidas de reserva, una por planta. Por lo tanto, el número teórico de acometidas a instalar es de 22. Realiza los apartados siguientes si en la instalación se utiliza cable multifibra:

a) A partir del catálogo de un fabricante, realiza la selección de los materiales de la instalación:

- Cable de fibra óptica de la red de distribución.
- Registro principal (caja de interconexión).
- Cable de acometida de la red de dispersión.
- Cajas de segregación.
- PAU.

b) Desarrolla el plan de asignación de FO de la instalación y completa la Tabla 8.4.

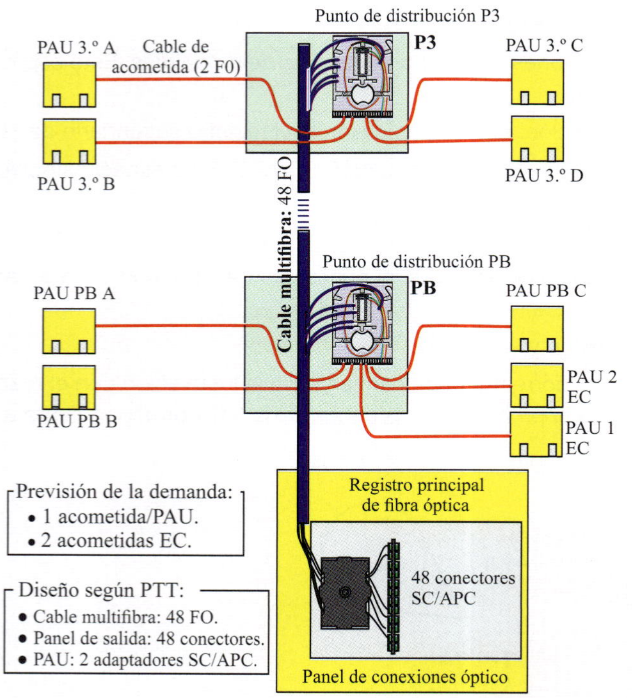

Figura 8.113. *Esquema de principio de la red de fibra óptica de un edificio.*

Tabla 8.4. Plan de asignación de FO del punto de interconexión

Conector	Asignación	Conector	Asignación
1		25	
2		26	
3		27	
4		28	
5		29	
6		30	
7		31	
8		32	
9		33	
10		34	
11		35	
12		36	
13		37	
14		38	
15		39	
16		40	
17		41	
18		42	
19		43	
20		44	
21		45	
22		46	
23		47	
24		48	

8.27. Selección de los materiales de la red de fibra óptica de un edificio. Repite el ejercicio anterior si en la instalación de la red de distribución se utiliza cable de acometida.

Actividades de ampliación

8.28. ¿Qué longitudes de onda utilizan las redes de FTTH/GPON y qué función tiene cada una de ellas?

8.29. ¿Por qué crees que, en el interior de un edificio, se instalan el tipo de fibras ópticas recogidas en las recomendaciones de la ITU-T G.657, con baja sensibilidad a curvaturas?

8.30. ¿Cuántas fibras ópticas tiene un cable de acometida de fibra óptica? ¿Qué colores se utilizan para identificar cada una de ellas?

8.31. ¿Qué tipo de fibra óptica puede instalarse en la red de distribución de una ICT?

8.32. ¿Qué tipo de fibra óptica se instala en la red interior de usuario de una ICT?

8.33. ¿Cuál es la diferencia entre un *pigtail* y un latiguillo de interconexión *(patchcord)*? Indica la principal aplicación de cada uno de ellos.

8.34. ¿Qué es un adaptador SC/APC? ¿Dónde se utiliza?

8.35. ¿Qué ventaja tiene la utilización de cables de fibras ópticas con micromódulos respecto de los cables multifibra de fibras individuales?

8.36. ¿Qué elementos forman parte de un conector SC?

8.37. La Figura 8.114 muestra un cable de fibra óptica:

a) Tipo de cable del que se trata.

b) Nombre de cada una de las partes que forman la fibra óptica y su función.

c) Número típico de fibras ópticas del cable.

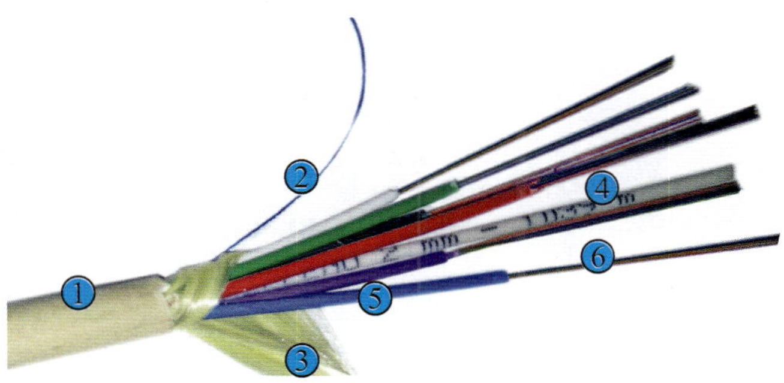

Figura 8.114. *Cable de fibra óptica.*

8.38. ¿Qué colores identifican a la fibra óptica número 16 de un cable de fibra óptica de 48 fibras individuales? ¿Y si se utiliza cable mutifibra de micromódulos de 8 fibras?

8.39. Con carácter general, ¿cuál es el número máximo de fibras ópticas que puede tener el cable multifibra instalado en la red de distribución de una ICT?

8.40. ¿Cuántas FO tiene como máximo un micromódulo de FO?

8.41. ¿Cuál es el número típico de fibras ópticas que tienen los cables de fibra óptica?

8.42. ¿Qué capacidad de fibras tienen habitualmente las cajas de segregación utilizadas en la ICT?

8.43. ¿En qué casos el cable de FO de la red de distribución de una ICT es diferente al cable de FO de la red de dispersión?

8.44. ¿Qué tipo de cable de fibra óptica se instala en la red de dispersión de una ICT? ¿Cuántas fibras ópticas contiene dicho cable? ¿Y en la instalación interior de usuario?

8.45. Clasifica las herramientas de trabajo con fibra óptica que se muestran en la Figura 8.115 y resume su función.

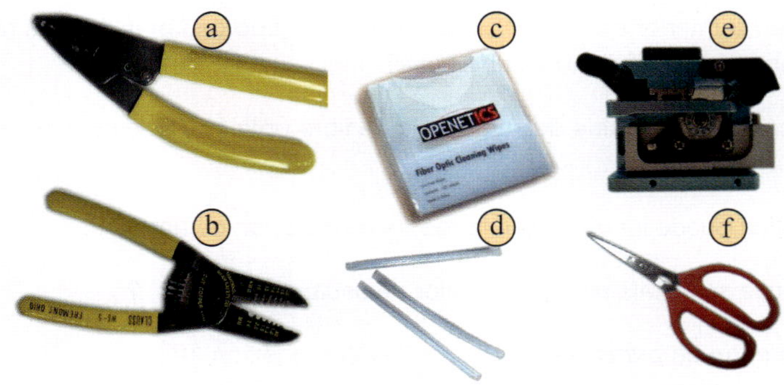

Figura 8.115. *Herramientas de trabajo con FO.*

8.46. Enumera en cada una de las fases de realización de una fusión qué herramientas y materiales se necesitan:

- Preparado y pelado del cable.
- Corte del cable antes de la fusión.
- Fusión de las fibras.

8.47. La Figura 8.116 muestra diferentes elementos de conexión utilizados en la red de fibra óptica de un edificio. Indica, en cada caso, el dispositivo del que se trata, el lugar de instalación y las funciones que realiza.

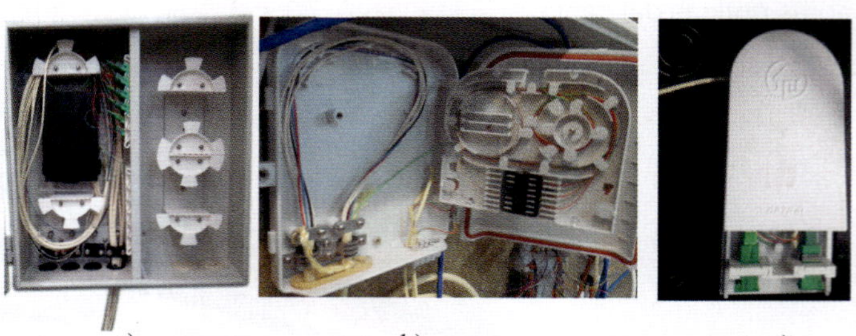

a) b) c)

Figura 8.116. *Elementos de conexión de la red de fibra óptica.*

8.48. Respecto del radio de curvatura de la fibra óptica:

a) Justifica por qué una curvatura excesiva de la fibra óptica durante su instalación provoca un aumento de la atenuación del enlace.

b) ¿Qué radio de curvatura mínimo debe garantizarse en los siguientes elementos de la red de fibra óptica?

- Caja de segregación.
- PAU.

c) ¿Qué diámetros mínimos de instalación deben respetarse en los cables de fibra óptica de una ICT?

8.49. El número teórico de acometidas de fibra óptica que cubre la demanda prevista de un edificio es de 24 acometidas. Sabiendo que cada acometida de fibra óptica tiene 2 FO, busca en el catálogo de un fabricante los cables multifibra normalizados que pueden utilizarse en la red de distribución de este edificio, así como el cable de acometida que utilizarías en la red de dispersión para conectar cada usuario a la red de distribución.

8.50. Respecto a la fusión de fibras ópticas:

a) ¿En qué partes de una instalación es necesario realizar la fusión de dos fibras ópticas?

b) Una vez que se instala la fibra óptica, ¿dónde se protege cada empalme de fibra óptica?

c) ¿Qué pérdidas se estiman en una fusión de fibra óptica realizada correctamente?

d) Enumera alguna alternativa que permita el ahorro de fusiones en una instalación.

8.51. Para el dispositivo de la Figura 8.117, contesta las cuestiones siguientes:

a) ¿Qué nombre recibe este dispositivo?

b) ¿Dónde se instala?

c) ¿Qué función realiza?

d) ¿Qué tipo de conectores utilizan los paneles que incorpora?

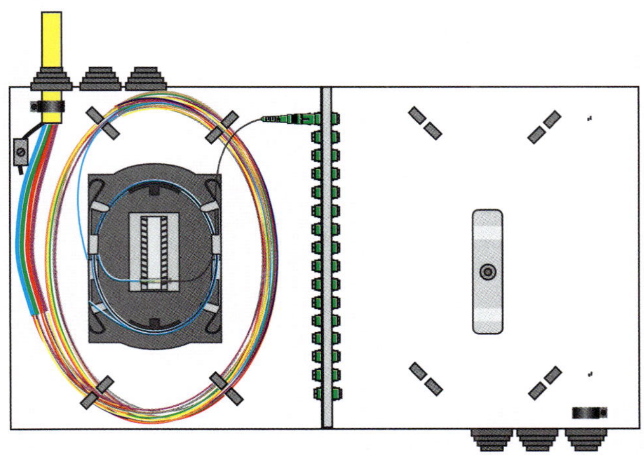

Figura 8.117. *Registro de fibra óptica.*

8.52. Respecto a la instalación típica de las dos cajas de segregación, que se muestran en la Figura 8.118:

a) ¿Qué función realiza la caja de segregación?

b) ¿Dónde se instala?

c) ¿Cuántos cables de acometida se distribuyen en la planta a la que da servicio?

d) ¿Cuántas fusiones se realizan?

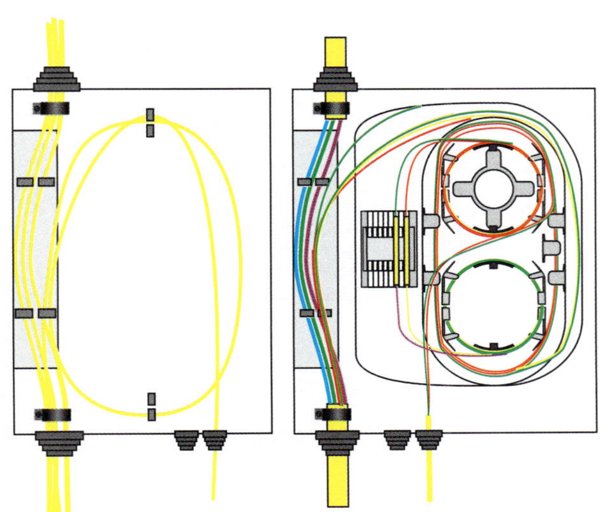

Figura 8.118. *Caja de segregación.*

8.53. Respecto del PAU de la red de fibra óptica de una ICT:

a) ¿Qué elemento lo forma?

b) ¿Cuántos adaptadores debe tener?

c) ¿Qué tipos de adaptadores utiliza?

8.54. Resume las precauciones de seguridad que deben tenerse en cuenta en el trabajo con fibra óptica.

8.55. ¿Qué tres longitudes de onda debe generar una fuente de luz láser para comprobar un enlace de FO de una ICT?

8.56. ¿Qué medidas y comprobaciones deben realizarse durante el protocolo de pruebas de la red de fibra óptica de una ICT?

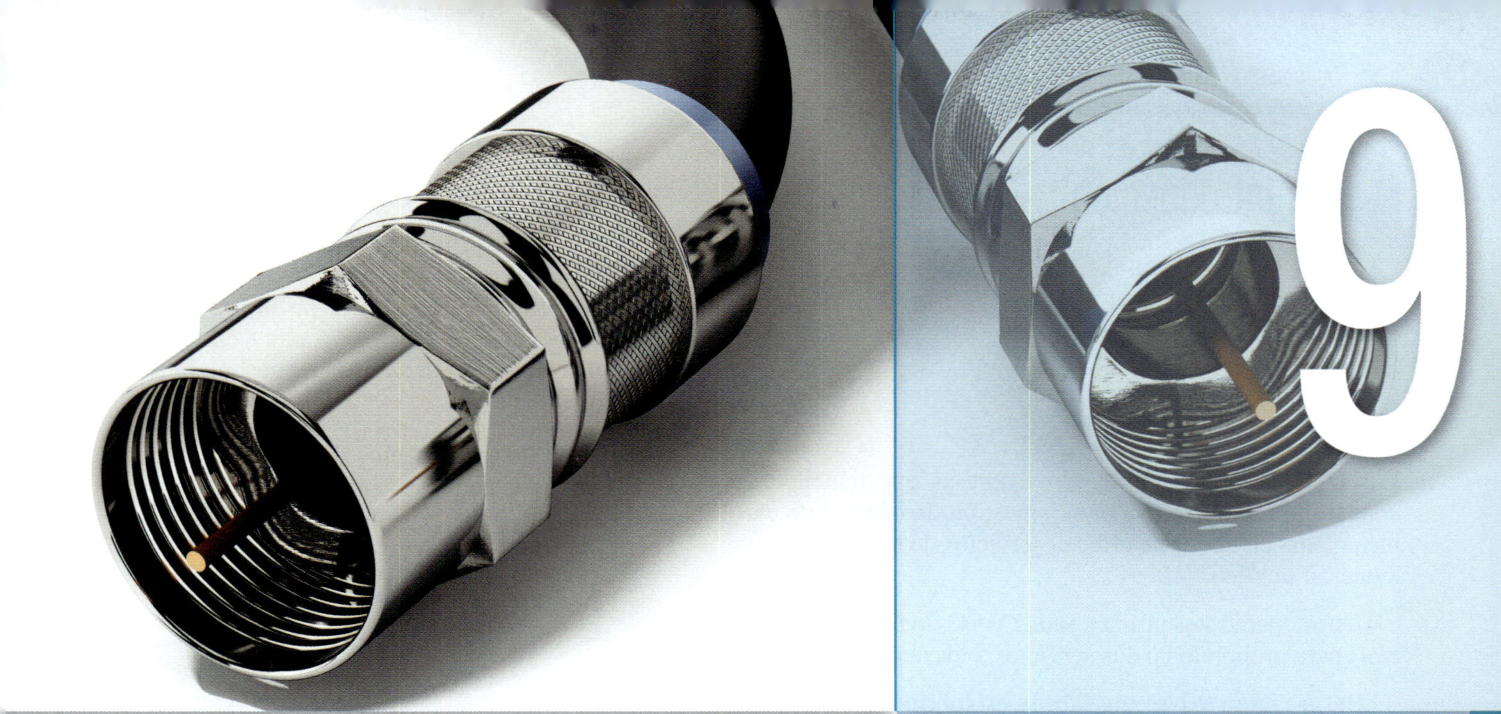

9

Red de cables coaxiales

Las redes de telecomunicaciones basadas en cable coaxial que utilizan los operadores de cable ofrecen los mismos servicios que los operadores de otras tecnologías de acceso: telefonía, TV y acceso a datos. Los operadores que utilizan esta tecnología acceden a los edificios de la ICT con sus redes de alimentación basadas en cable coaxial.

Contenidos

Objetivos

- Identificar las características de los equipos y materiales que forman parte de la red de cables coaxiales de una ICT.
- Interpretar la documentación técnica de las instalaciones de cables coaxiales.
- Seleccionar de manera adecuada los elementos que constituyen la red de cables coaxiales de la ICT.
- Instalar los elementos de la red de cables coaxiales, interpretando planos y esquemas y aplicando las técnicas de montaje adecuadas.
- Comprobar la calidad de la instalación a partir de las medidas realizadas en el protocolo de pruebas de la instalación.

9.1. Introducción

La **red de cable coaxial** de un edificio permite el acceso a los servicios de TV, datos y telefonía a través de las redes de cable coaxial de los operadores.

9.1.1. Redes HFC

Los **operadores de cable** son empresas que tienen una concesión administrativa para la gestión de una red de cable coaxial en la que se ofrecen servicios de telecomunicaciones al público.

Estos operadores utilizan **redes HFC** *(hybrid fiber coaxial)* para proporcionar sus servicios a los abonados.

En la Figura 9.1 se muestra la **estructura de una red HFC.** Las redes HFC utilizan tanto la fibra óptica como el cable coaxial para crear una red de banda ancha. El usuario final se conecta por medio de una red de distribución de cable coaxial a un nodo zonal y, posteriormente, se interconectan los nodos zonales con una red troncal de fibra óptica, donde el centro de gestión (cabecera de red) del operador distribuye sus programas de vídeo y otros servicios de telecomunicaciones.

El descenso de cobertura de las redes HFC de los operadores se debe principalmente a la migración de las redes de estos operadores hacia la fibra óptica (FTTH).

Este tipo de redes se utiliza principalmente en aquellos lugares donde todavía no existe cobertura de la red de fibra óptica en los tramos finales del usuario.

9.1.2. Servicios de los operadores de cable coaxial

Tradicionalmente, las redes HFC las utilizan los operadores de TV por cable (CATV), pero esta tecnología también permite el acceso a los servicios de telecomunicaciones de banda ancha y telefonía.

La gestión de los **servicios de las redes de cable coaxial** se realiza mediante dos enlaces (Figura 9.2):

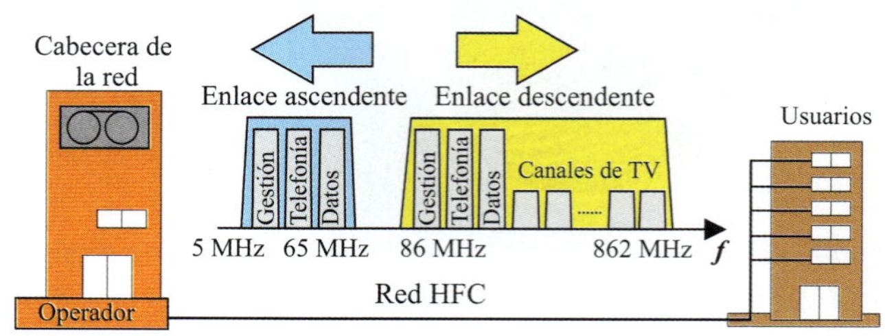

Figura 9.2. *Enlaces de la red de cable coaxial.*

1. **Enlace o canal ascendente** (5-65 MHz). Canal de retorno que permite la transmisión de datos (sentido usuario-red) por parte del usuario. En este canal se comparte con diferentes usuarios el ancho de banda disponible para el acceso al servicio de telefonía y la transmisión de datos, así como canales de gestión de los equipos y el canal de retorno terminal de abonado.
2. **Enlace o canal descendente** (86-862 MHz). Enlace utilizado para la recepción de datos (sentido red-usuario) por parte del usuario. En esta banda, el

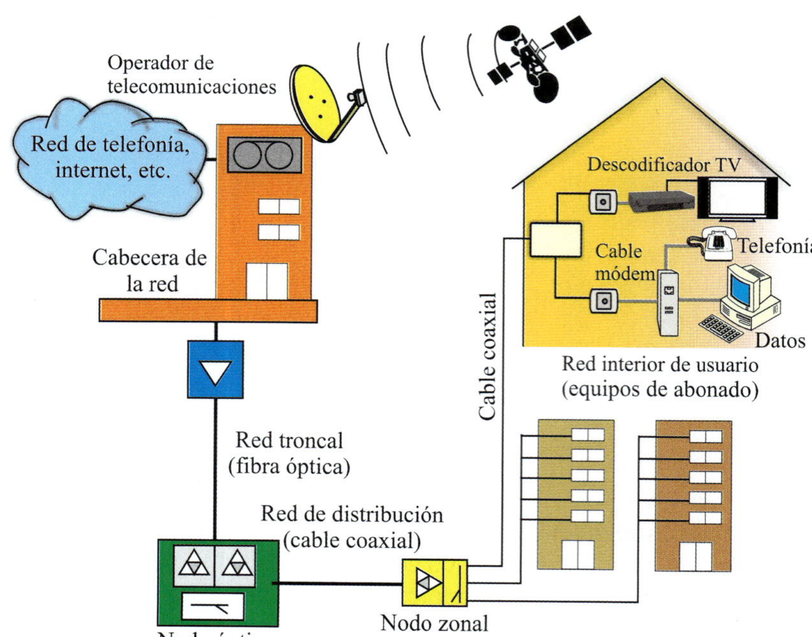

Figura 9.1. *Estructura de la red HFC.*

operador transmite su oferta de canales de TV, además de los canales de telefonía y datos que dan servicio a múltiples usuarios.

9.1.3. Situación actual

Los operadores de cable deben adaptarse a las necesidades actuales y ofrecer servicios de **banda ancha ultrarrápida** a los abonados, por lo que han adaptado y actualizado sus redes.

La solución adoptada por los operadores de cable es la utilización de la **tecnología RFoG** *(radio frequency over glass),* que permite aprovechar parte de las infraestructuras de las redes HFC existentes para proporcionar acceso de fibra óptica directamente hasta el usuario. Para ello, RFoG sustituye el cable coaxial de la red HFC por una fibra óptica.

Por lo tanto, RFoG es un tipo de **red óptica pasiva (PON)** que transporta las mismas señales de RF (radiofrecuencia), que se transportaban sobre una red HFC, a través de fibra óptica.

En este caso, por lo tanto, el acceso a la red del edificio no se realiza con cable coaxial, sino con fibra óptica, por lo que la red del operador accederá a través de la infraestructura de fibra óptica del edificio.

9.1.4. Red de cables coaxiales del edificio

La estructura típica de la **red de cables coaxiales** de una ICT se muestra en la Figura 9.3, en la cual se observan dos tipos de distribuciones diferentes: una en estrella y otra en árbol-rama.

La configuración que se muestra es **singular,** ya que combina dos tipos de topologías para proporcionar el servicio a todos los PAU del edificio (topología mixta).

Los **operadores** acceden al edificio a través de la red de alimentación:

- En la **entrada de la instalación** (punto de interconexión), el operador instalará los equipos que necesite para dar servicio a los usuarios de la red. La salida de estos equipos se conectará a la red de distribución del edificio.
- En cada **planta,** dependiendo de la configuración de la red, los cables coaxiales se reparten a cada vivienda (configuración en estrella) o, si es el caso, la señal se ramifica con la ayuda de derivadores (distribución en árbol-rama).
- En la **vivienda,** local comercial u oficina a la que dé servicio, el cable coaxial de la red de dispersión se conecta al PAU de la instalación, que reparte la señal a las tomas de usuario (BAT) que forman la red interior de usuario.

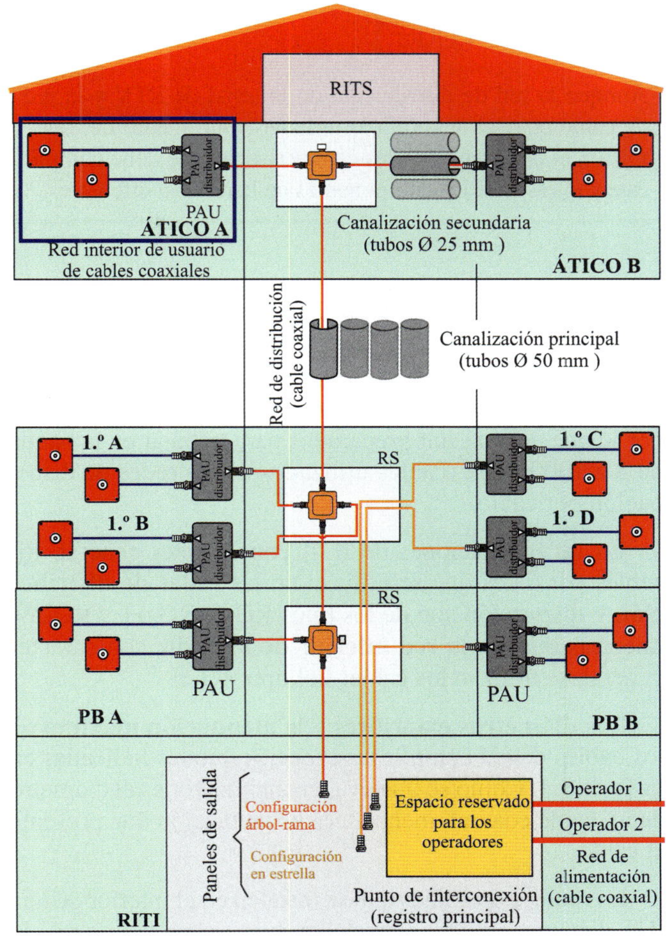

Figura 9.3. *Esquema de principio de la red de cable coaxial de un edificio.*

A diferencia de otras redes de acceso, la red de cable coaxial tiene su propia **red interior de usuario de cable coaxial,** que da servicio como mínimo a dos BAT.

Sabías que...

Cuando la configuración de la edificación impida el cumplimiento de los requisitos de atenuación máxima que establece la normativa, el proyectista puede adoptar criterios de diseño que establezcan una topología de la red mixta.

9.2. Componentes de las redes de cables coaxiales

Los elementos básicos que forman la red de cables coaxiales de una ICT son los siguientes: cable coaxial, elementos pasivos de distribución, conectores y cargas.

Sabías que...

Aunque la red de distribución de la señal de RTV y la red de cable coaxial del edificio utilizan como medio de transmisión el cable coaxial, las características que debe cumplir este y el resto de los componentes de la red son diferentes.

9.2.1. Cable coaxial

Los **cables coaxiales** de la red deben estar preparados para distribuir la señal que transmiten los operadores de cable, por lo que deben estar preparados para trabajar en la banda de 5 a 1000 MHz (cables utilizados en las redes de distribución por cable).

En las instalaciones de ICT, con carácter general, los cables coaxiales que se utilizan en las **redes de distribución y dispersión** son de los tipos RG-6, RG-11 y RG-59, mientras que, en la **red interior de usuario,** con carácter general, se utilizan los cables del tipo RG-59.

Los **diámetros exteriores** y la **atenuación máxima** de los cables deben cumplir las especificaciones indicadas en la Tabla 9.1. Como se observa, cuanto mayor es el diámetro de un cable coaxial, menor será la atenuación que presente el cable.

Los cables coaxiales que se instalen en el interior de una ICT deben cumplir los niveles mínimos obligatorios de la clasificación Dca-s2,d2,a2 respecto a su comportamiento de reacción frente al fuego.

9.2.2. Elementos de distribución de la red de cable coaxial

Todos los **elementos pasivos** utilizados en la red de cables coaxiales tendrán una impedancia nominal de 75 Ω y un margen de frecuencias de funcionamiento que, al menos, estará comprendido entre 5 y 1000 MHz y estarán diseñados de forma que permitan la transmisión de señales en ambos sentidos simultáneamente.

Todos los puertos de los elementos pasivos estarán dotados con conectores tipo F y la base de estos dispondrá de un herraje para la fijación del dispositivo en pared.

Los **elementos de distribución** de la red de cable coaxial son todos elementos pasivos:

- **Distribuidores o derivadores** (Figura 9.4a). En el punto de interconexión, el operador instalará los elementos de reparto (derivadores o distribuidores) con tantas salidas como conectores de salida se instalen en el punto de interconexión.
- **Derivadores** (Figura 9.4b). Cuando la topología de la red se realice en árbol-rama, el punto de distribución estará constituido por uno o varios derivadores con el número más reducido posible de salidas capaz de alimentar a todos los PAU que atienda la red de dispersión que nace en el registro secundario.
- **Distribuidor simétrico de dos salidas** (Figura 9.4c). La función de PAU de la red de cable coaxial la realiza un distribuidor simétrico de dos salidas equipadas con conectores del tipo F hembra.
- **Toma de usuario** (Figura 9.4d). La toma de usuario (BAT) está constituida por una toma con conector F.

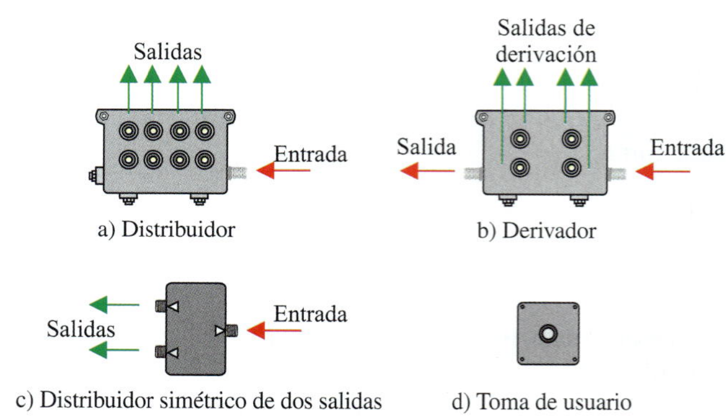

Figura 9.4. *Elementos de distribución.*

Tabla 9.1. Características de los cables coaxiales utilizados en la ICT de un edificio

	RG-11	RG-6	RG-59
Diámetro exterior (mm)	10,3 ± 0,2	7,1 ± 0,2	6,2 ± 0,2
Atenuación	dB/100 m	dB/100 m	dB/100 m
5 MHz	1,3	1,9	2,8
862 MHz	13,5	20,0	24,5
Atenuación de apantallamiento	Clase A según Apartado 5.1.2.7 de las normas UNE-EN 50117-2-1 y UNE-EN 50117-2-2.		

9.2.3. Conectores

El conector utilizado en la red de cable coaxial para la conexión con los elementos que forman una instalación es exclusivamente el **conector F.**

Los equipos de la red disponen de un conector F hembra, mientras que el cable coaxial siempre utiliza un conector F macho.

En las redes de cable coaxial se utilizan **conectores tipo F de compresión** (Figura 9.5), que necesitan una herramienta especial de crimpado para que el conjunto conector-cable coaxial quede perfectamente unido. Debido a que en la red se utilizan cables con diferentes diámetros (RG-6, RG-11 y RG-59), debe escogerse el conector adecuado a cada tipo de cable.

Figura 9.5. *Conector F de compresión.*

La **herramienta de terminación de conectores** (crimpadora) fija el conector al cable coaxial (Figura 9.6).

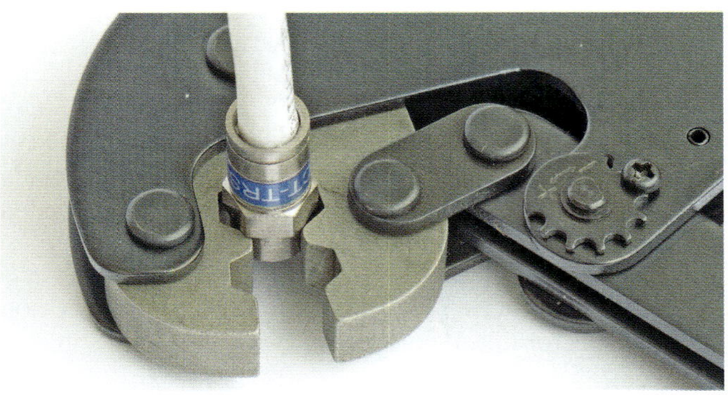

Figura 9.6. *Crimpadora de conectores F.*

Conector tipo F con pin

El conector tipo F con pin (Figura 9.7) no utiliza directamente el conductor central de cable coaxial para la conexión eléctrica con el conector hembra del otro extremo, sino que lo hace a través de un pin que se suministra con el conector.

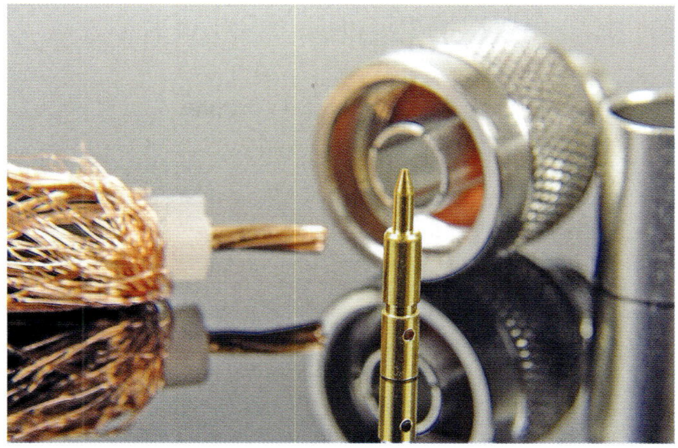

Figura 9.7. *Conector F con pin.*

9.2.4. Carga antiviolable

Las **cargas antiviolables** (Figura 9.8a) son resistencias de terminación de 75 Ω, con conexión de tipo F, que se conectan a las salidas de los equipos de reparto (distribuidores y derivadores), de manera que nadie autorizado puede acceder a las salidas. Así, se evita que usuarios que no han contratado los servicios al operador se conecten a la red.

Una carga antiviolable está formada por una pieza única cilíndrica de material de alta resistencia a la corrosión. El puerto de entrada F de esta carga tendrá una espiga para la instalación en el puerto F hembra de los derivadores. La rosca de conexión será de 3/8-32.

Cuando el operador dé servicio a un usuario, eliminará dicho conector y realizará la conexión del cable de la red de distribución que lo alimenta. Para la conexión de esas cargas se necesita de una herramienta especial como la de la Figura 9.8b (herramienta de montaje para carga F antiviolable).

a) Carga antiviolable b) Herramienta de montaje

Figura 9.8. *Carga antiviolable (cortesía de Alcad).*

9.2.5. Cargas de terminación

La **carga de terminación** coaxial que ha de instalarse en todos los puertos de los derivadores o distribuidores (incluidos los de terminación de línea) que no lleven conectado un cable de acometida será una carga de 75 Ω de tipo F.

9.3. Red de cables coaxiales de una ICT

La instalación de la red de acceso a los servicios de telecomunicaciones mediante cables coaxiales está condicionada por la presencia de los operadores de servicio en la localización de la edificación que utilicen dicha tecnología de acceso.

En el caso de que no existan operadores de servicio, se dejarán las canalizaciones para atender las previsiones con sus correspondientes hilos guía.

9.3.1. Configuraciones de la red de cables coaxiales

En edificios destinados principalmente a viviendas, como norma general, la **previsión de la demanda** es de una acometida por vivienda, local comercial y oficina. Cada **acometida** está formada por un cable coaxial y, a diferencia del resto de las redes del edificio, no es necesario instalar ningún cable de reserva.

En edificaciones con una vertical, la red de cables coaxiales adopta una de las **configuraciones** siguientes:

- **Configuración en estrella.** Esta configuración se utiliza en edificios con un número de PAU no superior a 20 (Figura 9.9a).
- **Configuración en árbol-rama.** Esta configuración se utiliza en edificios con un número de PAU superior a 20 (Figura 9.9b).

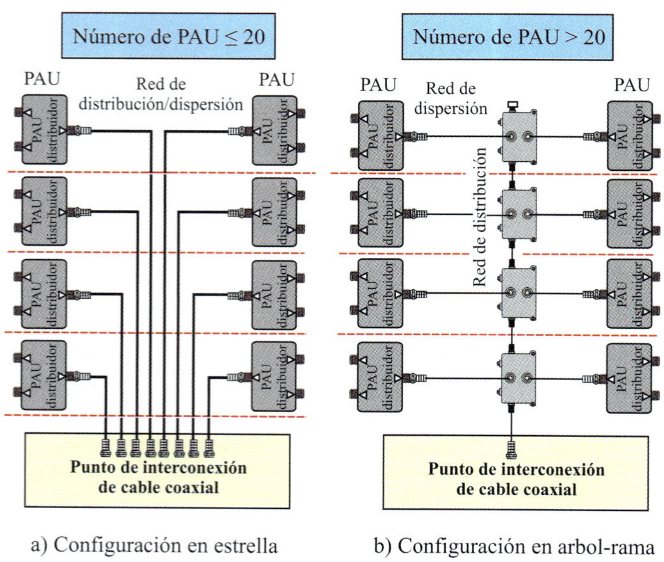

Figura 9.9. *Configuraciones de la red de cable coaxial.*

9.3.2. Configuración en estrella

La configuración en estrella que se muestra en la Figura 9.10 se utiliza en edificios pequeños, con un número de PAU no superior a 20.

En esta configuración, en el registro principal situado en el RITI (punto de interconexión), los cables terminarán en un conector tipo F, mientras que, en los PAU, se conectarán a los distribuidores de cada usuario.

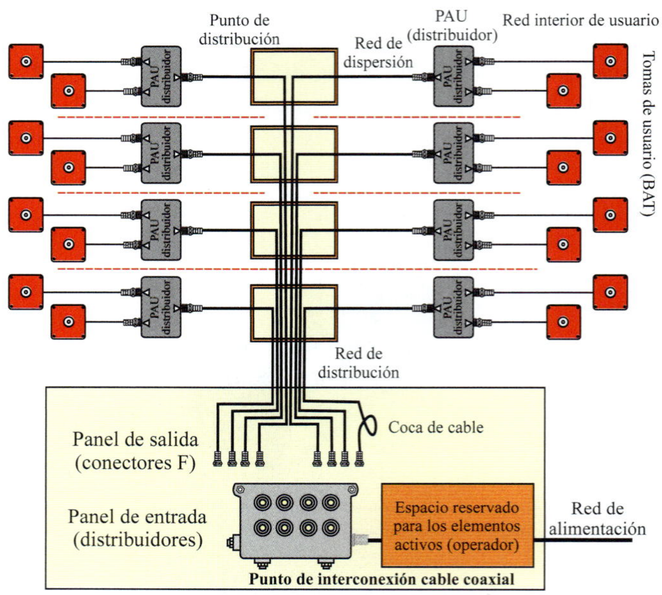

Figura 9.10. *Configuración en estrella de la red de cable coaxial.*

Red de distribución

La **red de distribución** está formada por el número de cables coaxiales necesarios para dar servicio a la demanda prevista de todo el edificio, ya que todos los cables salen del registro principal.

Estos cables terminarán en el punto de interconexión con un conector tipo F macho.

Punto de interconexión

En esta topología, **el punto de interconexión** adopta la configuración mostrada en la Figura 9.11:

- El **panel de conexiones de salida** o conectores de salida está constituido por los propios cables de la red de distribución de la edificación terminados con conectores tipo F macho, dotados con la coca suficiente como para permitir posibles reconfiguraciones.

- El **panel de conexión de entrada** está constituido por los elementos de distribución del operador (distribuidores o derivadores) necesarios para alimentar la red de distribución del edificio cuyas salidas estarán dotadas con conectores tipo F hembra con la correspondiente **carga antiviolable.**

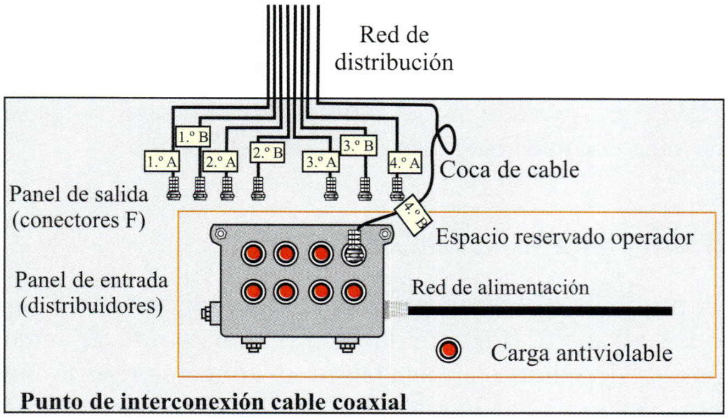

Figura 9.11. *Punto de interconexión.*

El punto de interconexión instalado en el registro principal de cables coaxiales contará con el espacio suficiente para permitir la instalación por parte de los operadores de elementos de reparto **(derivadores o distribuidores)** con tantas salidas como conectores de salida se instalen en el punto de interconexión (Figura 9.12) y, en su caso, de los elementos amplificadores necesarios.

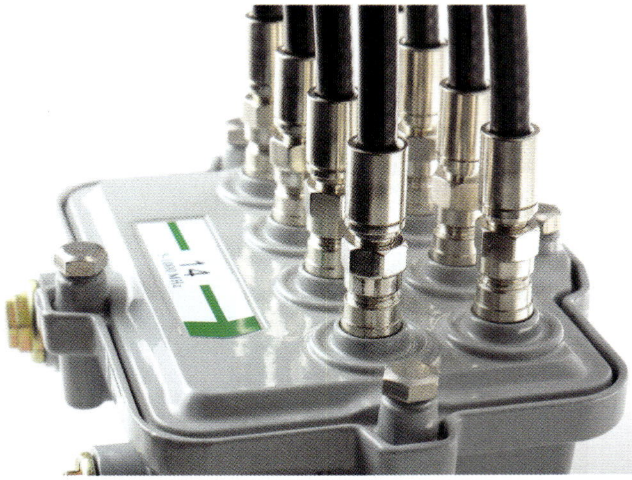

Figura 9.12. *Distribuidor del punto de interconexión.*

Además, en el punto de interconexión se debe realizar la previsión de la reserva de una acometida de cable coaxial, como mínimo, por ascensor.

La previsión de la demanda que se haga para los ascensores estará en consonancia con la normativa específica aplicable a este tipo de instalaciones, en particular por razones de seguridad (línea de seguridad del ascensor). Aunque no está prevista la instalación inicial de la **línea de seguridad del ascensor,** ya que dependerá de los servicios contratados por la comunidad, será necesaria la reserva de una de las salidas del panel de salida del punto de interconexión por si fuera necesaria la instalación de esta acometida por el tubo de la canalización reservada para este fin.

Punto de distribución

En este caso, los cables de la red de distribución se encuentran, en el **punto de distribución,** de paso hacia la red de dispersión, por lo que este punto carece de implementación física. En la Figura 9.13 se muestra la configuración que adopta el punto de distribución situado en el registro secundario.

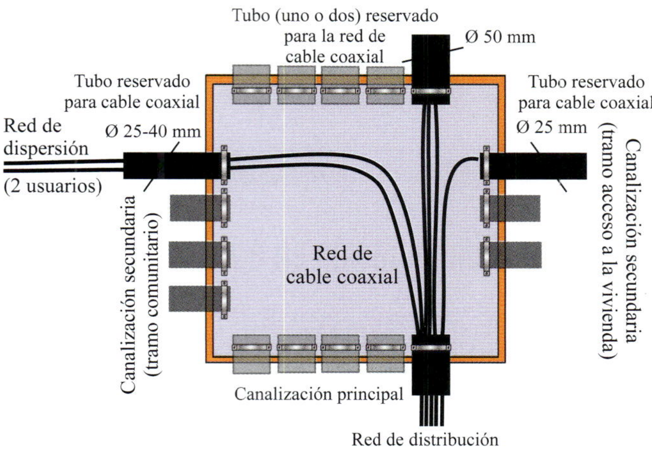

Figura 9.13. *Punto de distribución (configuración en estrella).*

Red de dispersión

En la **red de dispersión** de cada planta se instalarán los cables coaxiales de acometida que cubran la demanda prevista como prolongación de la red de distribución (en paso en los registros secundarios) y terminarán en el PAU de cada vivienda conectándose al distribuidor (PAU) encargado de repartir la señal en la red interior de cada usuario (Figura 9.14).

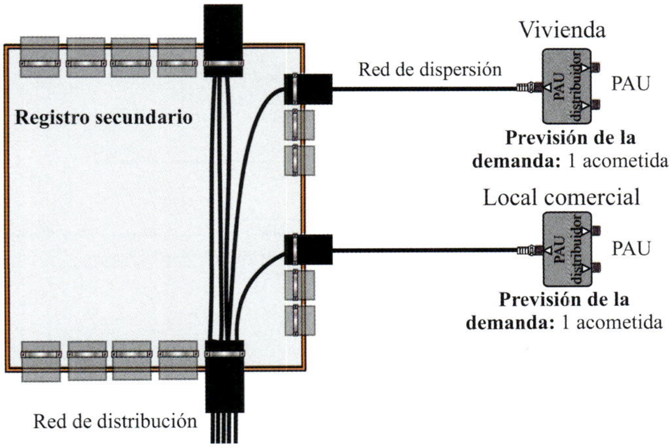

Figura 9.14. *Red de dispersión.*

PAU

El **PAU** de la red de cables coaxiales está formado por un **distribuidor inductivo simétrico de dos salidas** (Figura 9.15) terminadas en un conector tipo F hembra, en cuya entrada se terminará el cable coaxial de la red de dispersión, debidamente conectorizado, para su posterior conexión a las correspondientes ramas de la red interior de usuario.

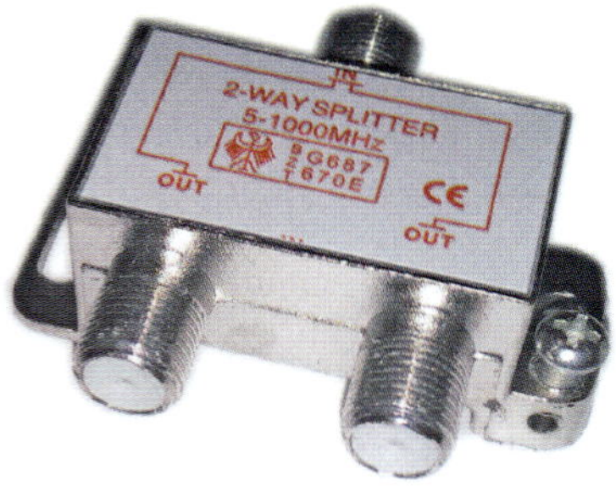

Figura 9.15. *Distribuidor inductivo que realiza las funciones de PAU.*

9.3.3. Configuración en árbol-rama

En edificaciones con un número de PAU superior a 20, la red de cable coaxial se configura en árbol-rama, tal y como se muestra en la Figura 9.16.

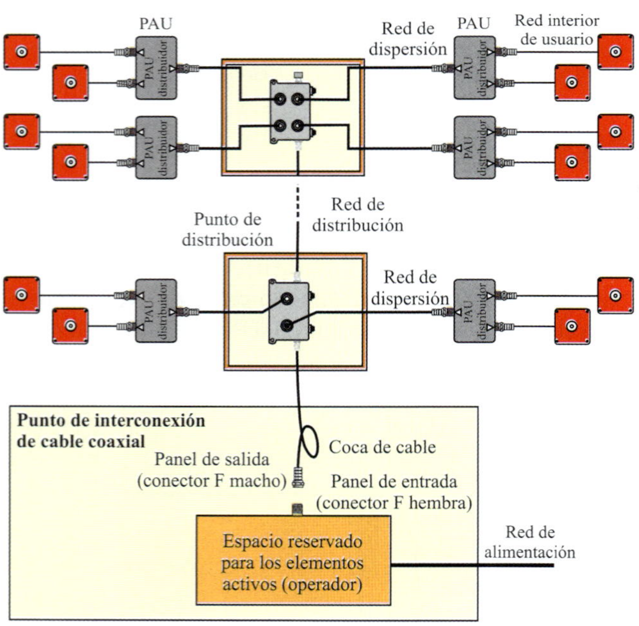

Figura 9.16. *Configuración en árbol-rama de la red de cable coaxial.*

Red de distribución

La red de distribución se realizará con un único cable coaxial que saldrá del registro principal, situado en el RITI, y terminará en el último registro secundario.

Punto de interconexión

Tanto el panel de conexión de entrada como el de salida estarán dotados con tantos conectores tipo F hembra (entrada) o macho (salida) como árboles constituyan la red de distribución. En el caso habitual de edificios de una única escalera solo habrá una rama, pero en edificios con varias escaleras habrá una rama por cada una de ellas.

El **panel de conexión de salida** está formado, en edificios de una escalera, por el conector F macho con el que se termina el cable coaxial de la red de distribución.

Punto de distribución

El **punto de distribución** estará constituido por uno o varios derivadores (Figura 9.17) con el número más reducido posible de salidas, terminadas en un **conector tipo F con pin,** capaz de alimentar a todos los PAU que atienda la red de dispersión que nace en el registro secundario; las salidas no utilizadas serán terminadas con una carga tipo F.

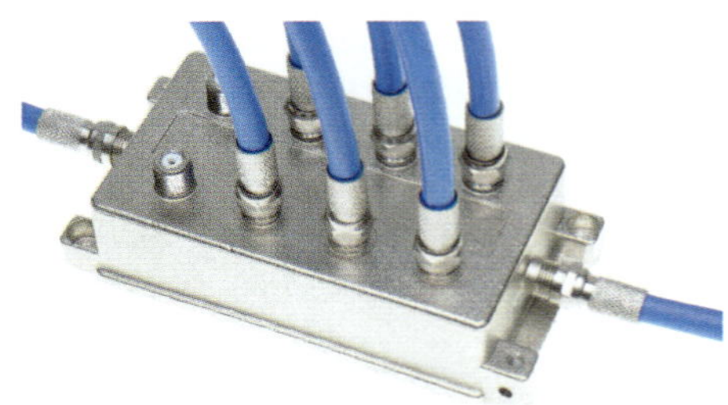

Figura 9.17. *Derivador del punto de distribución.*

En la Figura 9.18 se muestra la configuración de dos puntos de distribución situados en el registro secundario de cada planta.

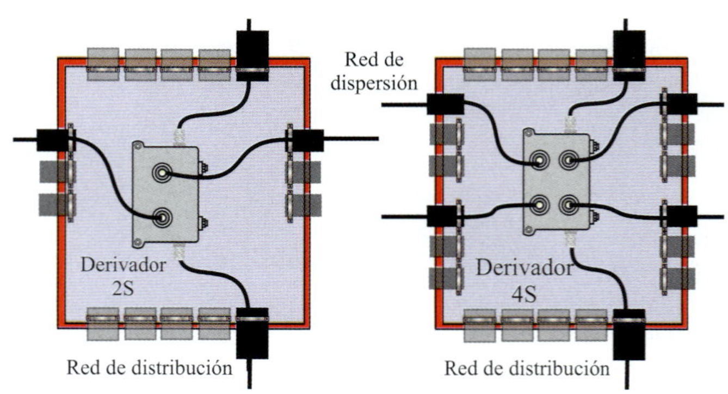

a) Derivador de 2 salidas (2S) b) Derivador de 4 salidas (4S)

Figura 9.18. *Punto de distribución (configuración en árbol-rama).*

El punto de distribución de la Figura 9.18a utiliza un derivador de dos salidas para dar servicios a los dos posibles usuarios de la planta; en cambio, en la Figura 9.18b, se utiliza un derivador de 4 salidas para dar servicio hasta a 4 usuarios.

Red de dispersión

En la **red de dispersión** de cada planta se instalarán los cables coaxiales de acometida que cubran la demanda prevista, conectándose cada uno de ellos al correspondiente puerto de derivación del derivador que actúa como punto de distribución en el registro secundario del que parten, y terminarán en el PAU de cada vivienda, conectándose al distribuidor encargado de repartir la señal en la red interior de cada usuario (Figura 9.19).

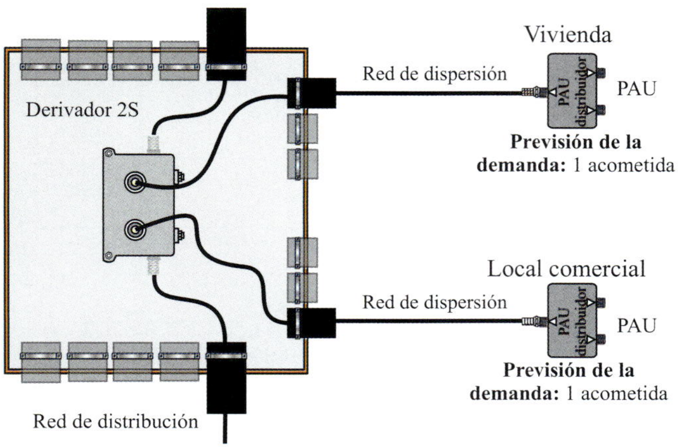

Figura 9.19. *Red de dispersión.*

PAU

La configuración del PAU es la misma que en el caso de la distribución en estrella, finalizando la red de dispersión en un distribuidor inductivo de dos salidas, que realiza las funciones de PAU.

9.3.4. Red interior de usuario

La **red interior de usuario** de cable coaxial se inicia en el distribuidor inductivo de dos salidas que realiza la función de PAU, instalado en el registro de terminación de red, y finaliza en las tomas de usuario (BAT).

La BAT (toma de usuario) de la red de cables coaxiales está formada por una toma de usuario con conectores tipo F (Figura 9.20a).

En la red interior de usuario, con carácter general, los cables utilizados son del tipo RG-59.

La topología de la red interior de usuario se muestra en la Figura 9.20b:

- Los extremos de las diferentes ramas de la red interior de usuario de cables coaxiales, ubicados en el interior del registro de terminación de red, debidamente conectorizados, se conectarán al distribuidor simétrico identificando la BAT a la que prestan servicio.
- Los cables coaxiales se conectarán a los terminales tipo F de toma final con carga de cierre apropiados de la BAT en que terminen.

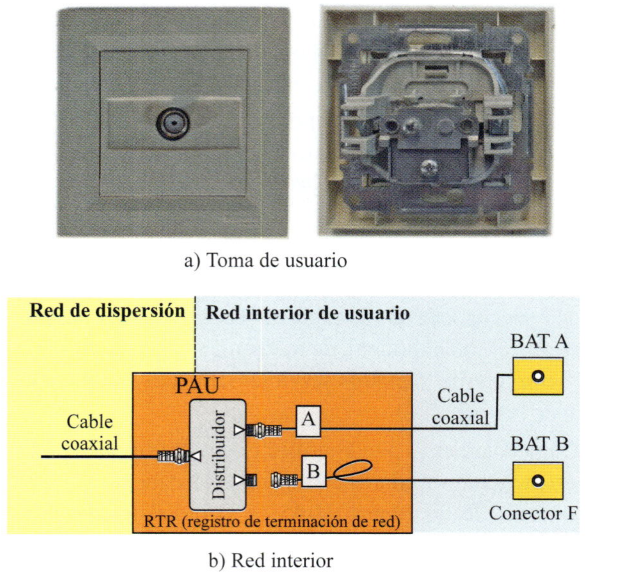

Figura 9.20. *Red interior de cable coaxial.*

En el caso de las viviendas, se instalarán y alimentarán, con el correspondiente cable coaxial, desde el PAU, dos registros de toma, equipados con la correspondiente toma de usuario, en las dos estancias principales de la vivienda. En la Figura 9.21 se muestra un ejemplo de distribución de la red interior de usuario en una vivienda.

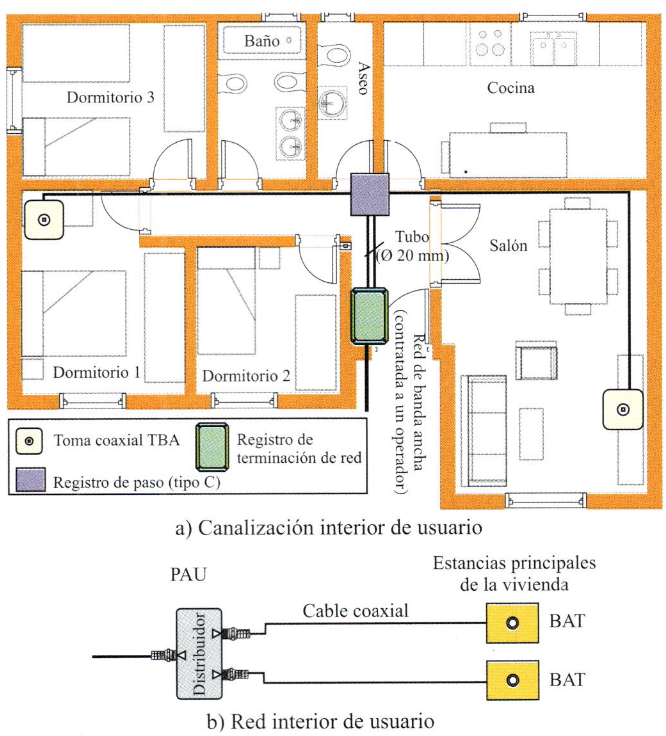

Figura 9.21. *Canalización interior de usuario de una vivienda.*

Caso práctico 9.1
Instalación del registro de terminación de red

La Figura 9.22 muestra la instalación típica del registro de terminación de red, en el que se instalan los PAU de las diferentes redes del edificio.

El operador de cable proporciona los equipos necesarios para que los usuarios accedan a sus servicios. En el RTR, el operador instalará un *router* de cable coaxial (cable módem).

La red interior de usuario de cable coaxial de una vivienda solo tiene dos tomas de usuario, en las que, normalmente, el usuario tendrá acceso a la señal de TV del operador, pero puede conectarse la red de cable de pares trenzados a las tomas Ethernet del cable módem, de manera que los usuarios pueden acceder a internet o a otros servicios de datos desde cualquier toma de la vivienda.

Como alternativa puede sustituirse el cable módem del RTR por un switch e instalarlo en una de las estancias principales, junto a una de las tomas RJ-45 de la red de cable de pares trenzados. De esta manera también puede establecerse una red de datos en toda la vivienda.

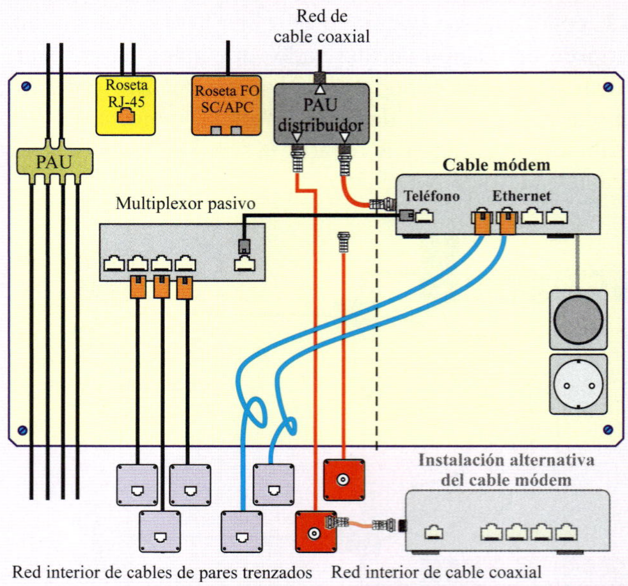

Figura 9.22. *Instalación del registro de terminación de red.*

9.4. Comprobación de la instalación

Una vez realizada la instalación, el instalador de telecomunicaciones debe realizar el **protocolo de pruebas.**

9.4.1. Protocolo de pruebas de la ICT

Durante el **protocolo de pruebas** debe comprobarse la **continuidad** y **atenuación** de los cables coaxiales, así como la **identificación de las diferentes ramas,** es decir, la correspondencia correcta de los cables según el plan de asignación establecido.

La **medida de la atenuación** debe realizarse en las dos partes que forman la red de cables coaxiales del edificio por separado:

- Red de distribución y dispersión.
- Red interior de usuario.

9.4.2. Medida de la atenuación

Cuando se finaliza la instalación de la red de cables coaxiales, a diferencia de la red utilizada para el servicio de distribución de la señal de TV terrestre, en la red de cables coaxiales no existe señal del operador con la que evaluar el nivel de calidad.

Por ello, es necesario realizar una prueba en la que se mide la **atenuación de la red.**

Para lo cual muchos medidores de campo y certificadores de red disponen de la opción de **test de atenuación,** que se realiza sobre una red de cables coaxiales. Este test permite comprobar la respuesta en frecuencia de una instalación antes de que la red esté operativa.

Junto con el equipo de medida (medidor de campo o certificador de redes), es necesario un **generador de señales,** que suministrará a la red los tonos de prueba, comprendidos en la banda de frecuencia de interés (5-1000 MHz) que servirán de referencia para el cálculo de la atenuación.

Sabías que...

Algunos simuladores de FI utilizados en la comprobación de la respuesta de la red de la señal de TV satélite también generan tonos de prueba en la banda terrestre que son útiles para la medida de la atenuación.

En la Figura 9.23a se muestra un generador de señales que produce tonos de prueba en la banda terrestre. La Figura 9.23b muestra el tono de prueba que se genera a 525 MHz, modulado en FM, por lo que se observan armónicos en torno a la frecuencia central.

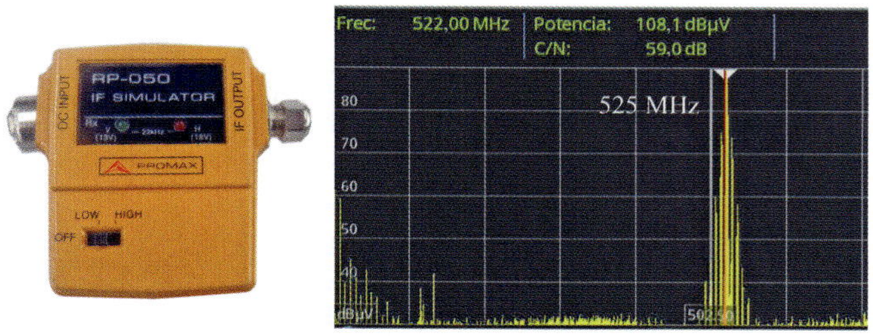

a) Generador de señales   b) Tonos de prueba

Figura 9.23. *Generador de señales.*

Test de atenuación

El **test de atenuación** puede realizarse con un certificador de redes que incluya la opción de certificación de redes de cable coaxial o con un medidor de campo.

Los nuevos medidores de campo incluyen una función específica de **medida de la atenuación** (test de atenuación), de manera que la medida se simplifica:

- El medidor de campo presenta en la misma pantalla los **niveles de tres portadoras simultáneamente,** con indicación directa de los niveles de señal de forma gráfica y numérica.
- Si se toma como **referencia** el nivel de señal que suministra el generador de señales (calibración), una vez realizada la medida de atenuación en los diferentes puntos de la instalación, el medidor de campo proporciona, además del **nivel de señal** presente, la diferencia de nivel para cada uno de los tonos pilotos tomados como referencia, es decir, calcula automáticamente la **atenuación.**

Caso práctico 9.2
Test de atenuación

El proceso básico de realización de la **medida de la atenuación** de la red de cables coaxiales se resume en los pasos siguientes:

1. **Calibración del equipo.** Se conecta directamente el generador de señales a la entrada RF del medidor (Figura 9.24) y se inicia la calibración. En este proceso, el equipo toma como referencia el nivel de señal que suministra el generador como punto de referencia para el cálculo de las atenuaciones (Figura 9.25a).
2. **Configuración de los valores máximos de atenuación de referencia.** En el equipo de medida se configura el valor máximo de atenuación permitida para la red, de manera que el equipo mostrará, una vez realizada la medida, el resultado PASA/NO PASA en función de la atenuación medida. En la Figura 9,25, como atenuación máxima, se ha configurado 20 dB, que es el nivel establecido por la normativa ICT para la atenuación de una red de cable coaxial configurada en estrella en la banda 86-860 MHz.

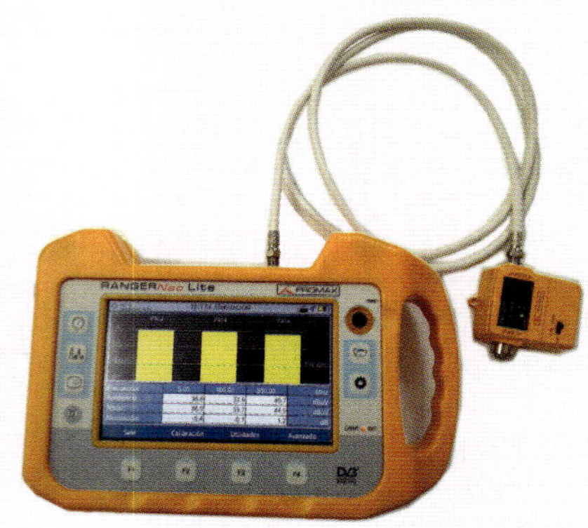

Figura 9.24. *Conexión directa del medidor de campo con el generador de señales.*

3. **Toma de medidas.** El equipo realiza la medida de la atenuación tomando como referencia el nivel de señal calibrado inicialmente. El resultado de la medida de atenuación de la Figura 9.25b es de 14,8 dB, a la frecuencia de 500 MHz. Por lo tanto, el equipo valida la medida con un resultada de PASA.

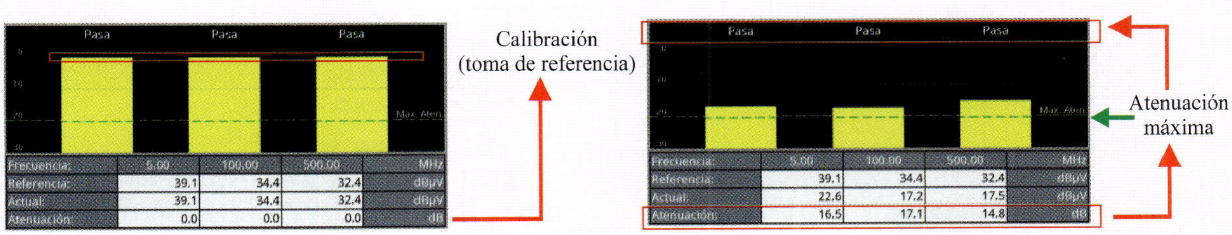

a) Toma de referencia   b) Realización de la medida

Figura 9.25. *Medida de la atenuación.*

9.4.3. Red de distribución y dispersión de cables coaxiales

Se comprobará la continuidad y atenuación de los cables coaxiales de las redes de distribución y dispersión de la edificación, así como la identificación de las diferentes ramas.

En cuanto a la atenuación total producida en las redes de distribución y de dispersión, en función de la topología de estas, deberá cumplirse lo siguiente:

- **Topología en estrella.** La atenuación máxima entre el registro principal coaxial y el PAU más alejado no será superior a 20 dB en ningún punto de la banda 86-860 MHz.
- **Topología en árbol-rama.** La atenuación máxima entre el registro principal coaxial y el PAU más alejado no será superior a 36 dB en ningún punto de la banda 86-860 MHz y a 29 dB en ningún punto de la banda 5-65 MHz.

La **medida de la atenuación de la red de cables coaxiales** se realiza desde el conector de salida del cable coaxial situado en el punto de interconexión hasta el conector que conecta la red al PAU.

La **prueba de continuidad** se realizará en el momento de llevar a cabo la prueba de atenuación, comprobando la correspondencia de las conexiones del punto de interconexión con los PAU bajo medida.

Con el generador de señales conectado en el punto de interconexión (registro principal de cable coaxial), se realizan las medidas con el medidor situado en la entrada del PAU (Figura 9.26).

9.4.4. Red interior de usuario de cables coaxiales

Se comprobará la continuidad y atenuación de los cables coaxiales de la red interior de usuario de las viviendas, así como la identificación de las diferentes ramas.

La **medida de la atenuación de la red interior de usuario** de cables coaxiales, tal y como se muestra en la Figura 9.27, se realiza desde los extremos de las diferentes ramas de la red interior de usuario, situados en el registro de terminación de red, hasta las BAT de usuario.

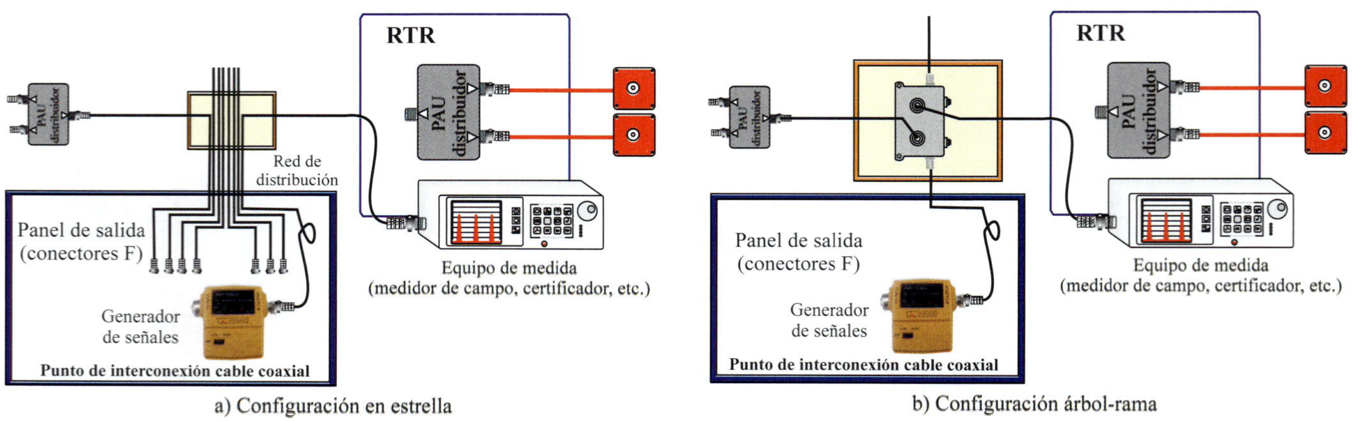

Figura 9.26. *Medida de la atenuación de la red de cable coaxial.*

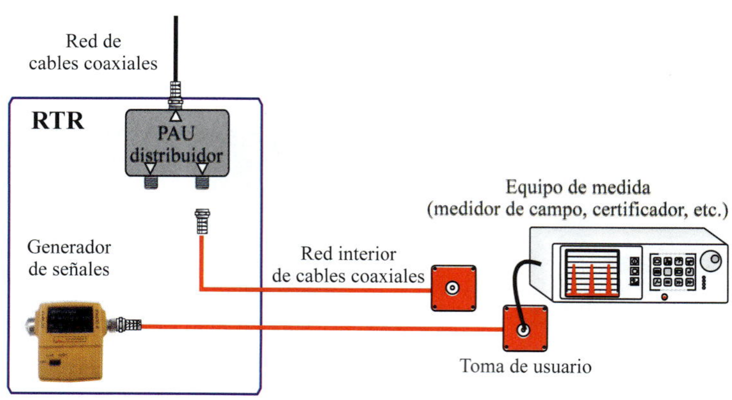

Figura 9.27. *Medida de la atenuación de la red interior de usuario.*

Caso práctico 9.3
Protocolo de pruebas de la red de cable coaxial de una ICT

La Figura 9.28 muestra la instalación bajo prueba sobre la que se cumplimentará el apartado de protocolo de pruebas correspondiente a la red de cables coaxiales.

La red da servicio a 10 PAU, por lo que se adopta una configuración en estrella. La identificación del PAU al que da servicio cada conector de salida del punto de interconexión queda reflejada en el registro principal, lo que facilita la medida de la atenuación y la comprobación de la continuidad.

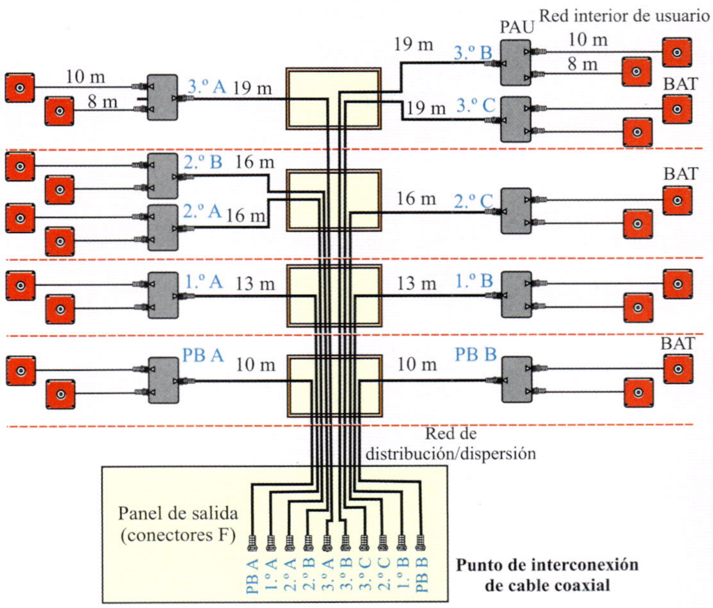

Figura 9.28. *Instalación bajo prueba.*

Como ejemplo, en la Figura 9.29 se muestran los valores de atenuación en el peor y en el mejor de los casos de la red de distribución y dispersión.

Figura 9.29. *Medida de la atenuación de la red de distribución y de dispersión.*

Tabla 9.2. Apartado 5.1.3 y 5.2.2 del protocolo de pruebas

5.1.3. Red de cables coaxiales

A. Registro principal de cables coaxiales (punto de interconexión)

a. Punto de interconexión de operadores:
- ☒ Espacio disponible debidamente señalizado.
- ☒ Canalización de acometida instalada y equipada con hilo guía.

b. Conexiones del cableado coaxial pertenecientes a la comunidad.

Conexiones de cableado coaxial	
Cantidad de conexiones en el punto de interconexión	10.
Tipo de conector	Conector F macho compresión.
Marca	Televés.
Modelo	Ref. 4105.

☒ En caso de tratarse de una topología en estrella, los cables están debidamente identificados y etiquetados.

B. Red de distribución y dispersión

a. Topología:
- ☐ Topología árbol-rama.
- ☒ Topología estrella.

b. Cables:

Número	10.
Tipo de cubierta	PVC.
Diámetro exterior	5 mm.
Características específicas	Cable coaxial (RG-59).
Clase de reacción al fuego que figura en el marcado de los cables	Dca-s2, d2, a2

c. Elementos de las redes de distribución y dispersión:

Elementos	Tipo	Marca	Modelo	Ubicación
Derivadores	---	---	---	----
Cable coaxial	RG-59	Televés	CTX-5	Red distribución/ dispersión
Distribuidores	---	---	---	----

C. Puntos de acceso al usuario (distribuidor):

Planta	**1.ª**	**2.ª**	**3.ª**	**4.ª**
Cantidad	2	2	3	3
Tipo	Distribuidor inductivo simétrico	Distribuidor inductivo simétrico	Distribuidor inductivo simétrico	Distribuidor inductivo simétrico
Modelo	Televés Ref. 4530	Televés Ref. 4530	Televés Ref. 4530	Televés Ref. 4530
Características específicas	Conexión F	Conexión F	Conexión F	Conexión F

D. Medidas que han de realizarse en la red de cables coaxiales	
Valores de atenuación: la atenuación, medida desde el registro principal hasta el PAU, de los cables coaxiales de la red de distribución (se comprobará para todos los PAU) es: 1. Máxima medida: 11,8 dB. 2. Mínima medida: 3,8 dB.	
5.2.2. Red interior de usuario de cables coaxiales	
A. Punto de acceso del usuario:	
Tipo de conector	Conectores de compresión tipo F.
Características específicas	Para cable RG-59 Ref. 4105 (Televés).
B. Cables coaxiales en la red interior de usuario:	
Número	2 × 10.
Tipo de cubierta	PVC.
Diámetro exterior	5 mm.
Características específicas	RG-59 (CTX-5 Televés).
Clase de reacción al fuego que figura en el marcado de los cables	Dca-s2, d2, a2
C. Número de tomas:	
☒ Existen todas las tomas indicadas en el proyecto técnico para cada vivienda, su ubicación se corresponde con lo indicado en él, están correctamente conectadas y es correcta la continuidad desde el PAU. ☐ El número de tomas instaladas no coincide con lo indicado en el proyecto técnico (descríbase la modificación). Las tomas instaladas están correctamente conectadas y es correcta la continuidad desde el PAU.	
D. Medidas que han de realizarse en la red de cables coaxiales	
Valores de atenuación: La atenuación medida desde el PAU hasta cada toma de usuario es: 1. Atenuación máxima medida: 4,4 dB. 2. Atenuación mínima medida: 3,2 dB.	

RESUMEN

- Los **operadores de cable** han utilizado tradicionalmente **redes HFC** (redes híbridas de cable coaxial y fibra óptica) para proporcionar sus servicios a los abonados, pero, en la actualidad, la mayoría de ellos utilizan la tecnología RFoG para distribuir sus servicios (internet, telefonía y TV) a través de fibra óptica.
- Los **componentes** básicos que forman la **red de cables coaxiales** de una ICT son los siguientes: **cable coaxial** (tipos RG-6, RG-11 y RG-59), **elementos pasivos de distribución** (derivadores, distribuidores, tomas de usuario, etc.), **conectores tipo F de compresión,** cargas de terminación y cargas antiviolables. Todos los elementos de la red deben estar preparados para funcionar en la banda de frecuencias de 5-1000 MHz.
- La red de cables coaxiales adopta una de las configuraciones siguientes:
  - **Edificios con un número de PAU no superior a 20.** La red adopta una **configuración en estrella,** donde los cables de la red terminan en un conector tipo F (paneles de salida) en el registro principal situado en el RITI (punto de interconexión) y se conectan a los distribuidores simétricos inductivos de dos salidas que realiza la función de PAU.
  - **Edificios con un número de PAU superior a 20.** La red adopta una **configuración en árbol-rama.** La red de distribución se realiza con un único cable coaxial terminado en un conector tipo F que saldrá del registro principal situado en el RITI (punto de interconexión) y terminará en el último registro secundario. En cada registro secundario se instalará un derivador para alimentar los PAU de cada planta.
- La red **interior de usuario de cables coaxiales** se inicia en el **distribuidor inductivo de dos salidas** que realiza la función de PAU, instalado en el registro de terminación de red y finaliza en las **tomas de usuario (BAT).** La BAT (toma de usuario) de la red de cables coaxiales está formada por una toma de usuario con conectores tipo F.
- En el **protocolo de pruebas** se comprobará la **continuidad** y **atenuación** de los cables coaxiales de la red de distribución y dispersión de la edificación y de la red interior de usuario, así como la identificación de las diferentes ramas.

Actividades de comprobación

9.1. ¿Qué servicios ofrecen los operadores de cable?

a) Telefonía.

b) Datos.

c) TV.

d) Todas las respuestas son correctas.

9.2. ¿Cuántos cables forman la red de distribución de la red de cable coaxial configurada en árbol-rama si la instalación da servicio a 30 PAU?

a) 1 cable coaxial.

b) 2 cables coaxiales.

c) 30 cables coaxiales.

d) 30 cables coaxiales, más un cable de reserva por planta.

9.3. ¿Cuántos cables coaxiales de reserva se instalarán en el punto de distribución de cada planta de la red de cable coaxial?

a) En este tipo de red nunca se instalan cables de reserva.

b) Un cable coaxial.

c) Depende del número de viviendas de cada planta.

d) Un 20 % de los cables de la red de distribución.

9.4. ¿Qué tecnología de las siguientes utilizan los operadores de cable para distribuir su red de cable coaxial hasta los usuarios?

a) HFC.

b) FTTH.

c) RFoG.

d) Todas las respuestas son correctas.

9.5. ¿Qué margen de frecuencias de funcionamiento como mínimo deben asegurar los elementos pasivos utilizados en la red?

a) 5-1000 MHz.

b) 5-2150 MHz.

c) 5-3000 MHz.

d) 86-862 MHz.

9.6. ¿Qué tipo de carga evita el acceso no autorizado a los equipos de reparto de los operadores instalados en el registro principal?

a) Conector tipo F con pin.

b) Carga de terminación de 75 Ω.

c) Conector tipo F de compresión.

d) Carga antiviolable.

9.7. ¿Qué elemento de la red de cable coaxial realiza las funciones de PAU?

a) Distribuidor inductivo simétrico de dos salidas.

b) El propio cable coaxial terminado en un conector F macho.

c) Derivador con el número de salidas apropiado para alimentar las BAT de cada usuario.

d) Depende de la configuración de la red.

9.8. ¿Qué tipo de configuración adopta la red de cable coaxial de un edificio con 10 PAU?

a) Configuración árbol-rama.

b) Configuración en estrella.

c) Configuración mixta.

d) Depende de las consideraciones del operador.

9.9. ¿Qué elemento de la red realiza la función de panel de conexiones de salida en una red de cable coaxial en configuración en estrella?

a) Un repartidor.

b) Un derivador.

c) Un panel de conexiones de tipo F.

d) Los conectores tipo F macho con los que terminan los cables de la red de distribución.

9.10. ¿Qué tipo de cable coaxial se utiliza habitualmente en la red interior de usuario de una instalación?

a) RG-6.

b) RG-11.

c) RG-59.

d) Todas las respuestas son correctas.

9.11. ¿Qué tipo de cable coaxial presenta una mayor atenuación?

a) RG-6.
b) RG-11.
c) RG-59.
d) La atenuación no depende del tipo de cable utilizado.

9.12. ¿Cuántas salidas debe tener el distribuidor asociado al PAU de una instalación?

a) Dos.
b) Cuatro.
c) Tantas salidas como estancias computables tenga la vivienda.
d) Depende de la configuración de la red.

9.13. ¿Qué atenuación máxima en la banda de 86 a 860 MHz puede tener una red de cable coaxial configurada en estrella?

a) 2 dB.
b) 20 dB.
c) 29 dB.
d) 36 dB.

9.14. ¿Cuántas tomas de usuario es necesario instalar en la red interior de usuario de cable coaxial de una vivienda?

a) Dos, una en cada estancia principal.
b) Tantas como estancias computables tenga la vivienda.
c) Una, en el comedor.
d) Depende de las exigencias del propietario de la vivienda.

9.15. ¿Desde qué puntos debe medirse la atenuación de la red para completar el protocolo de pruebas?

a) Desde el punto de interconexión (RITI) hasta el PAU (RTR).
b) Desde el PAU hasta cada toma.
c) Desde el punto de interconexión (RITI) hasta cada toma.
d) Como deben comprobarse por separado la red de distribución y dispersión y la red interior de usuario, las respuestas correctas son la a) y la b).

9.16. ¿Cuántas salidas debe tener el derivador que realiza las funciones de punto de distribución en una configuración árbol-rama?

a) Dos.
b) Tantas salidas como viviendas tenga la planta a la que da servicio.
c) Tantas salidas como estancias computables tenga la vivienda.
d) En esta configuración no se utilizan derivadores.

9.17. ¿En qué tipo de distribución los cables de la red de distribución se encuentran de paso en el registro secundario hacia la red de dispersión?

a) Estrella.
b) Árbol-rama.
c) Mixta.
d) Todas las respuestas son correctas.

Actividades de aplicación

9.18. Instalación de cable coaxial. Realiza la conexión de un tramo de cable coaxial de varios metros con conectores de tipo F universal de compresión con la ayuda de una crimpadora. Este cable simula la red de dispersión y distribución de una red de cable coaxial configurada en estrella.

9.19. Medida de la atenuación. A partir de las características técnicas proporcionadas por el fabricante del cable utilizado en la actividad anterior:

a) Calcula, teniendo en cuenta la longitud del tramo de cable, la atenuación que cabe esperar.
b) Con ayuda de un generador de señales y un certificador de red o medidor de campo, realiza la medida de la atenuación del cable.

9.20. Protocolo de pruebas de la red de cable coaxial. A partir de la instalación de ICT del aula, completa el Apartado 5.1.3 (Red de cables coaxiales) y el Apartado 5.2.2 (Red interior de usuario de cables coaxiales) del protocolo de pruebas de una ICT.

Actividades de ampliación

9.21. ¿Qué tecnología utilizan actualmente los operadores de cable para ofrecer servicios de banda ancha ultrarrápida?

9.22. ¿Qué tipo de conectores se utiliza en las redes de cable coaxial?

9.23. ¿Para qué sirve una carga F antiviolable?

9.24. ¿Qué diferencia un conector tipo F convencional de uno con pin?

9.25. Resume las configuraciones que puede adoptar la red de cables coaxiales de un edificio.

9.26. El número de tubos de la canalización principal de la red de cables coaxiales cuando el número de PAU del edificio es de 11 a 20 es de dos tubos de Ø 50 mm. En cambio, cuando el número de PAU es mayor de 20, solo se instala un tubo. Justifícalo.

9.27. Los diferentes tramos de la red de cables coaxiales de una ICT se unen entre sí en diferentes puntos. Indica qué componentes forman los siguientes puntos de la red de cables coaxiales:

- **a)** Punto de interconexión.
- **b)** Punto de distribución.
- **c)** Punto de acceso a usuario.
- **d)** Base de acceso de terminal.

9.28. ¿Es necesario dejar cables coaxiales de reserva en la red de cables coaxiales del edificio?

9.29. En la ICT de un edificio, la distribución interior de las viviendas son las que se muestran en la Figura 9.30. Para cada una de las viviendas, contesta las cuestiones siguientes:

- **a)** ¿Cuántos cables coaxiales de la red de distribución llegan al registro de terminación de red?
- **b)** ¿Qué elementos deben instalarse en el registro de terminación de red (RTR)?
- **c)** ¿Cuántos cables coaxiales forman la red interior?
- **d)** ¿Cuántas tomas de usuario deben instalarse? ¿Dónde las instalarías?

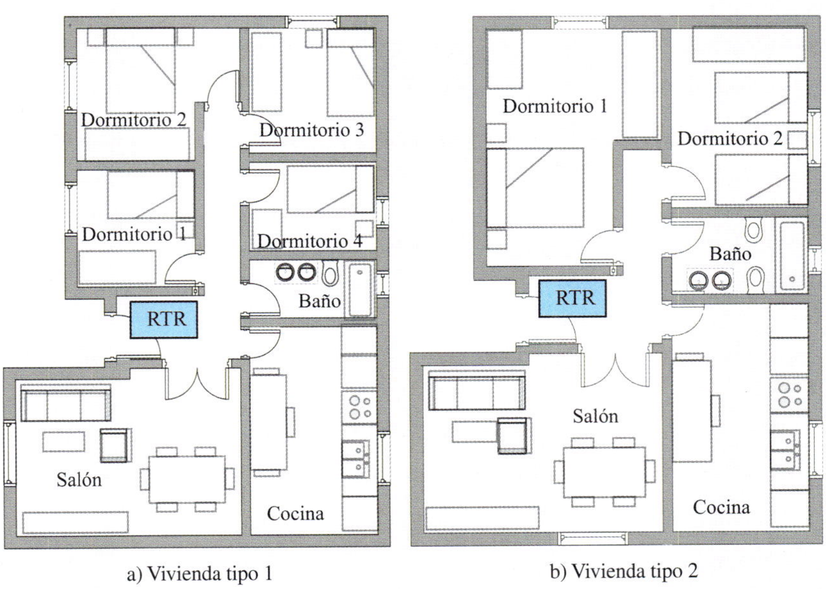

Figura 9.30. *Instalación interior de usuario.*

9.30. La Figura 9.31 muestra un cable coaxial y su atenuación con la frecuencia. Justifica la respuesta de las cuestiones siguientes:

a) ¿En qué tramo de la red de cables coaxiales se utiliza?

b) ¿Qué atenuación máxima cabe esperar si se utiliza en un tramo de la red de cable coaxial de longitud 30 m en la banda de frecuencias de 86 a 860 MHz?

c) ¿Crees que es un cable adecuado para instalarlo en la red de distribución de la señal de RTV terrestre y satélite?

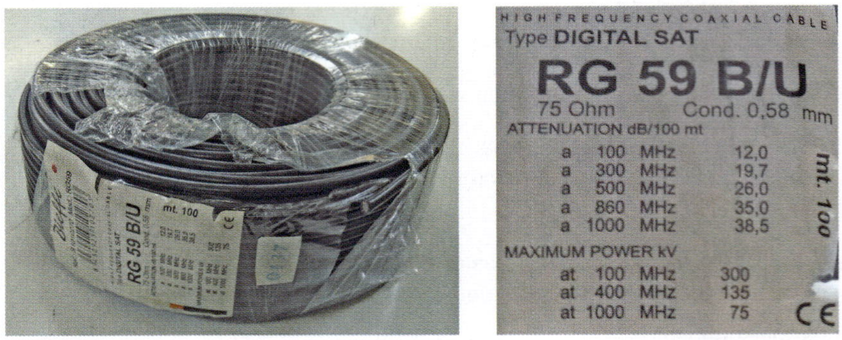

Figura 9.31. *Cable coaxial.*

9.31. Sabiendo que una instalación con topología en estrella utiliza un cable coaxial de tipo RG-6, contesta las cuestiones siguientes:

a) ¿Qué atenuación máxima tiene este tipo de cable?

b) ¿Cuál es la atenuación máxima permitida en la red de distribución y dispersión para este tipo de red en estrella?

c) A partir de los dos datos anteriores, ¿cuál será aproximadamente la distancia entre el punto de interconexión y el PAU más alejado de la instalación que podrá realizarse con este tipo de cable?

d) ¿Qué solución adoptarías si la longitud del cable necesario fuera mayor que la calculada en el apartado anterior?

9.32. Resume las medidas que deben realizarse en la red de cables coaxiales durante el protocolo de pruebas.

Enlaces web

ScanCom. Una de las empresas líderes mundiales de equipamiento y soluciones de telecomunicaciones.
http://scancom.es/

Technetix. Empresa líder del mercado en la optimización del rendimiento de las redes de cable que ofrece soluciones integrales de cabecera, de la red de acceso y de la red de usuario.
https://emea.technetix.com/es/

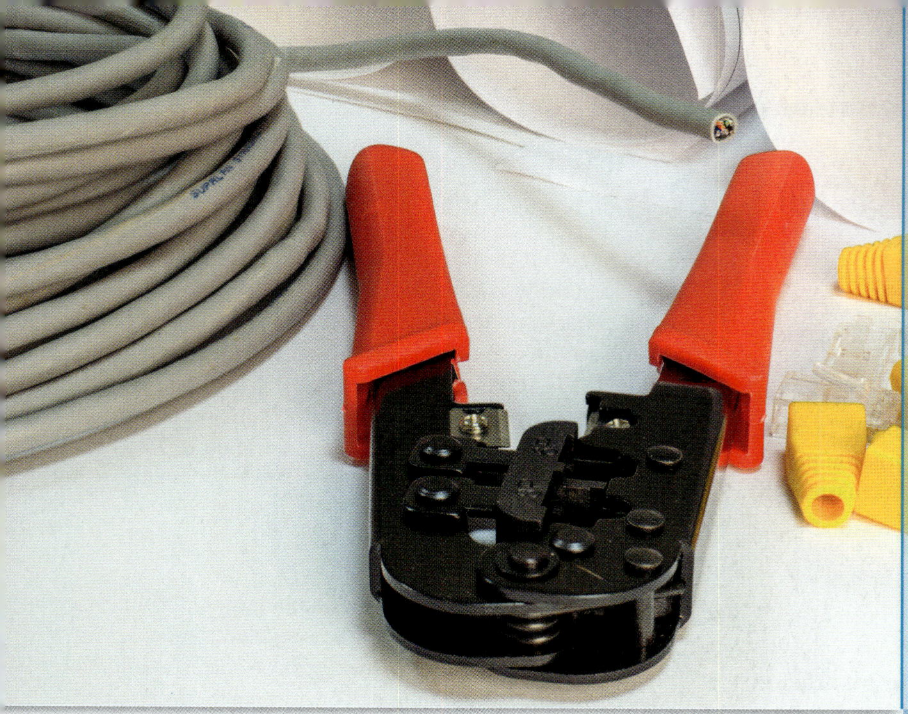

10

Replanteo de instalaciones

El replanteo de una instalación son las tareas que se realizan en el emplazamiento definitivo de esta antes del inicio de las obras, para determinar las características de la instalación y su viabilidad.

Normalmente, el replanteo se realiza una vez finalizado el proceso de diseño que se especifica en el proyecto técnico de telecomunicaciones con el fin de iniciar la etapa de instalación, donde se verifica la validez del proyecto técnico de telecomunicaciones.

Contenidos

Objetivos

- Replantear instalaciones de ICT, interpretando planos y esquemas de la instalación y relacionando el cableado, los elementos y los equipos que forman parte de las diferentes redes con su lugar de ubicación.
- Verificar la coincidencia entre los datos de los planos y la ubicación de las instalaciones, a partir de la documentación técnica de la instalación.
- Relacionar los espacios y elementos de la instalación con su lugar de ubicación, marcando su trazado sobre plano y obra, identificando que su recorrido no interfiere con otras instalaciones previstas.
- Identificar las posibles contingencias que puedan surgir durante la instalación, adoptando las soluciones adecuadas en cada caso.

10.1. Procedimiento para implantar una ICT en un edificio

La **implantación de una ICT** en un edificio de nueva construcción requiere un procedimiento en el cual es necesario seguir una serie de etapas en las que se expiden diferentes documentos, los cuales se entregan al promotor de la obra, que se encargará de presentarlos a la Administración pública (ayuntamiento, registro electrónico de la administración, etcétera).

10.1.1. Implantación de una ICT

La Figura 10.1 resume el **procedimiento de implantación de una ICT** en un edificio de nueva construcción.

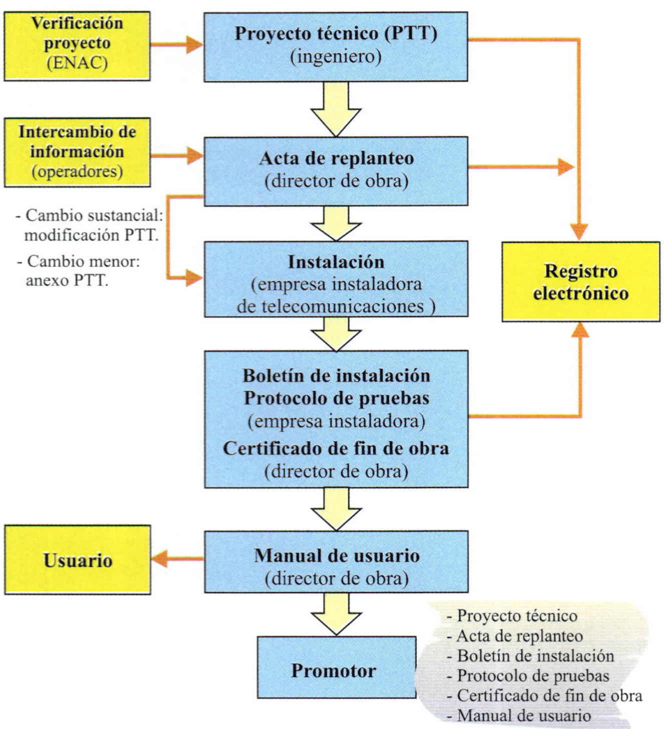

Figura 10.1. *Procedimiento de implantación de una ICT.*

El **promotor de la obra** encarga la redacción de un **proyecto técnico** a un ingeniero o ingeniero técnico competente que, en sintonía con el proyecto arquitectónico, prevea las características de la ICT de acuerdo con la normativa vigente.

El proyecto técnico, junto con el arquitectónico, se presenta al ayuntamiento para obtener la **licencia de construcción.** Además, una copia del proyecto técnico debe presentarse en el registro electrónico correspondiente.

Sabías que...

El reglamento ICT apuesta por la calidad de los proyectos y para ello permite que pueda aplicarse, con carácter voluntario, un proceso de verificación realizado por las Entidades de Verificación acreditadas por la Entidad de Acreditación Nacional (ENAC) en un marco de libre competencia y que otorga a los proyectos verificados la presunción de cumplimiento de la legislación vigente en materia de ICT.

Sabías que...

Actualmente, la mayoría de los documentos se tramitan de manera telemática, a través del registro electrónico del ministerio correspondiente o de los registros correspondientes de las comunidades autónomas con competencias en materia de telecomunicaciones.

El propietario entrega una copia del proyecto técnico al **director de obra** o al **instalador de telecomunicaciones** seleccionado para ejecutar la infraestructura común de telecomunicaciones proyectada. El instalador seleccionado deberá estar inscrito en el **Registro de Empresas Instaladoras de Telecomunicación.**

En el momento del **inicio de las obras,** el promotor encarga al **director de obra** de la ICT la redacción de un **acta de replanteo** del proyecto técnico de ICT, donde se declara la validez del proyecto técnico de telecomunicaciones original o, si las circunstancias hubieren variado y fuere necesaria su actualización, la forma en que va a acometerse esa actualización.

Finalizados los trabajos de ejecución del proyecto técnico, la propiedad presenta de manera telemática un **boletín de instalación** al que se adjunta el **protocolo de pruebas,** expedidos por la empresa instaladora que haya realizado la instalación, y un **certificado,** expedido por el director de obra, cuando exista, de que la instalación se ajusta al proyecto técnico.

Asimismo, una vez finalizada la ejecución de la ICT, la propiedad hará entrega a los usuarios finales de las viviendas y locales comerciales de la edificación de una copia de un **manual de usuario,** donde se describa, de forma didáctica, las posibilidades y funcionalidades que les ofrece la ICT, así como las recomendaciones en cuanto a su uso y mantenimiento.

10.1.2. Proyecto técnico de telecomunicaciones

Para garantizar que la infraestructura de una ICT en el interior de los edificios cumple con las normas técnicas establecidas en el reglamento de la ICT, debe contar con el correspondiente **proyecto técnico de telecomunicaciones** elaborado y firmado por el **proyectista de la ICT.**

Los criterios de diseño y las características que deben cumplir las infraestructuras, las canalizaciones y las redes están definidas en el **reglamento de la ICT** (Real Decreto 346/2011). El reglamento se divide en diferentes anexos, los cuales se reflejan en la Figura 10.2, donde cada uno de ellos define las características que debe reunir cada parte de la instalación:

- **Anexo I.** Red de captación y distribución de las señales de RTV terrestre y satélite.
- **Anexo II.** Redes de acceso a los servicios de telefonía y de telecomunicaciones de banda ancha.
- **Anexo III.** Infraestructura y canalizaciones.

El **contenido y estructura del proyecto técnico** de la ICT debe ajustarse a lo dispuesto en el anexo I de la Orden ITC/1644/2011.

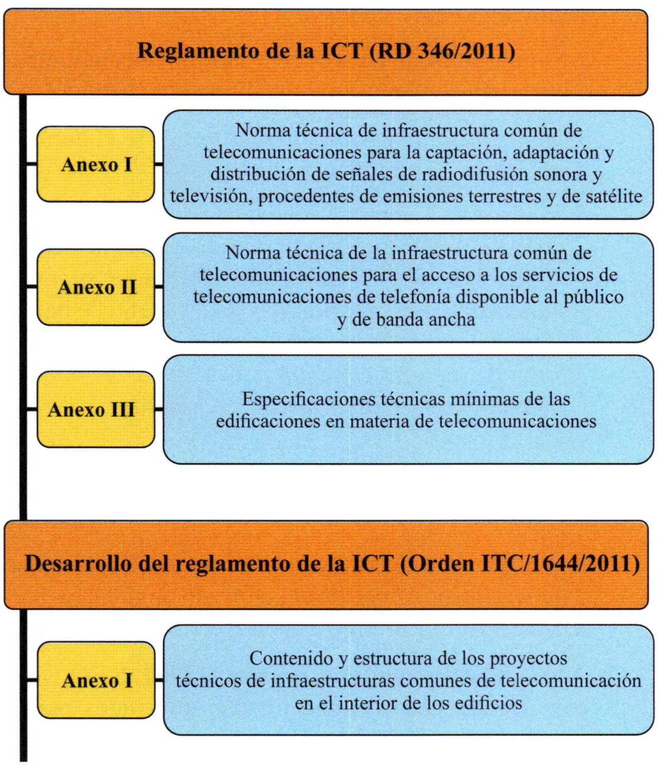

Figura 10.2. *Anexos del reglamento de la ICT.*

Un proyecto está formado, como mínimo, por los siguientes **documentos:**

a) **Memoria.** Este documento incluye la descripción de la edificación y de los servicios que se distribuyen en la infraestructura y determina las características y cantidad de los materiales que han de emplearse, su ubicación en las diferentes redes y la forma y características de la instalación.

b) **Planos.** Este documento incluye los planos y esquemas de principio necesarios para la instalación de la infraestructura objeto del proyecto técnico. Los planos y esquemas que incluye permiten al constructor y al instalador ubicar en los lugares adecuados los elementos requeridos en la **memoria,** de acuerdo con las características de estos incluidas en el **pliego de condiciones.**

c) **Pliego de condiciones.** En este documento se determinan las calidades de los materiales y equipos utilizados en la instalación, así como las condiciones de montaje. El **pliego de condiciones** se completa con la relación de normas, legislaciones y recomendaciones que, con carácter genérico, deben tenerse en cuenta en este tipo de instalaciones.

d) **Presupuesto y medidas.** Este documento especifica el número de unidades y precio unitario de cada una de las partes en las que puedan descomponerse los trabajos de la instalación. El **presupuesto** permite realizar la comprobación de las partidas instaladas e identificar los materiales utilizados en la instalación. Como norma general, se redactan diferentes **presupuestos parciales** (infraestructura, red de RTV, red de cables de pares trenzados, etc.) que se resumen en un **presupuesto general,** en el que constan como partidas los importes de cada presupuesto parcial.

Sabías que...

La **Orden ITC/1644/2011** desarrolla y regula algunos aspectos del reglamento de la ICT, como, por ejemplo, el contenido y la estructura del proyecto técnico necesario para la ejecución de las ICT y el procedimiento de consulta e intercambio de información entre los proyectistas de las ICT y los operadores de telecomunicaciones y establece determinados modelos de documentos, como el acta de replanteo.

10.1.3. Consulta a los operadores

El reglamento de la ICT prevé un **procedimiento de consulta e intercambio de información** entre los proyectistas de la ICT y los operadores de telecomunicaciones que despliegan sus redes en la zona en la que va a construirse la edificación.

Este procedimiento tiene dos **objetivos básicos:**

1. Conocer las tecnologías que utilizan las redes de los operadores para proporcionar sus servicios a los clientes.
2. Confirmar la ubicación más idónea de la arqueta de entrada de la ICT.

En función de la **respuesta a la consulta,** el proyecto de una ICT se ajusta a las posibilidades de los operadores, ya que solo se incorporarán en el edificio las redes que realmente vayan a tener utilidad, por haber operadores de telecomunicación en la zona interesados en utilizar dichas redes para ofrecer y proporcionar servicios a los usuarios.

Recuerda

Aunque no se instale en un edificio la red de una tecnología determinada por no haber operadores que la utilicen, es obligatoria la instalación de las canalizaciones dotadas con sus correspondientes hilos guía.

10.1.4. Director de obra

El **director de obra** es un profesional, con la titulación adecuada, que dirige el desarrollo de los trabajos de ejecución del proyecto técnico relativos a la ICT, que asume la responsabilidad de su ejecución conforme al proyecto técnico y que puede introducir en su transcurso modificaciones en el proyecto original.

La **dirección de obra** durante la ejecución de una ICT es obligatoria en los siguientes casos:

- Instalaciones de ICT con más de 20 viviendas (PAU).
- Instalaciones con elementos activos en la red de distribución de la ICT, como, por ejemplo, amplificadores de extensión o amplificadores de línea.
- Instalaciones con hogar digital en las viviendas.
- Instalaciones de ICT en edificios de uso no residencial.

10.1.5. Acta de replanteo

Debido a los plazos que normalmente transcurren desde la redacción del proyecto técnico de telecomunicaciones y el momento de **inicio de las obras,** puede ser necesaria una actualización del proyecto de ICT, previo a su ejecución.

Por ello, en el momento del inicio de las obras, el promotor encargará al **director de obra** de la ICT, si existe, o, en caso contrario, a un ingeniero o ingeniero técnico competente, la redacción de un acta de replanteo del proyecto técnico de ICT.

El **acta de replanteo** es un documento formalizado al comienzo de las obras de la ICT en el que figura una declaración expresa de la validez del proyecto de telecomunicaciones que va a ejecutarse.

El acta de replanteo debe incluir una referencia a los resultados del procedimiento de consulta e intercambio de información con los operadores de la zona.

10.1.6. Actualización del proyecto técnico

Si del replanteo de una instalación no resulta necesaria la actualización del proyecto original, se tramita directamente el acta de replanteo y se inicia la instalación. Cuando es necesaria la **actualización del proyecto** se diferencian dos situaciones:

1. **Actualización mediante proyecto modificado.** Cuando una edificación en construcción experimente cambios que requieran realizar un **proyecto arquitectónico modificado,** debe realizarse también la modificación correspondiente del **proyecto técnico de la ICT.**

   También será necesario realizar un **proyecto técnico modificado de la ICT** cuando, sin que se haya variado el proyecto arquitectónico, se produzca alguno de los siguientes cambios:

   a) Se introduzcan nuevos servicios de telecomunicación, no contemplados en el proyecto técnico.

   b) Aumente o disminuya en más del 12 % el número de PAU.

   c) Cuando la incorporación de nuevos canales de televisión a la infraestructura, provocada por nuevas concesiones de TV con título habilitante, suponga una ocupación superior al 3 % del ancho de banda de cualquiera de los cables de la red de distribución de las infraestructuras destinadas a soportar los servicios de RTV terrestre y satélite.

   d) Cuando se modifique el número de recintos de instalaciones de telecomunicación en la ICT proyectada.

   Si el edificio en construcción experimenta cambios que requieran la modificación del proyecto original, los realizará el director de obra o un proyectista de ICT.

2. **Actualización mediante anexos al PTT.** Si los cambios son de poca entidad o están motivados por el resultado del proceso de consulta e intercambio de información, la actualización del proyecto se realiza mediante un anexo al proyecto original. Los **principales motivos** por los cuales es necesario incorporar un anexo al proyecto son:

   — Cuando los cambios en el **proyecto arquitectónico modificado** se refieran solo a la distribución interior de las viviendas o locales de la edificación o cuando se introduzcan cambios de orden técnico diferentes de los contemplados en el caso anterior.

— En la consulta realizada durante el **intercambio de información** con los operadores de la zona se informa de la ubicación de la arqueta de entrada que los operadores deben utilizar para prolongar sus redes hacia la entrada del edificio. En el caso de que los operadores propongan de manera justificada una ubicación diferente, el director de obra realiza un anexo al proyecto donde se indica la ubicación definitiva de la arqueta y las modificaciones que afectan a la canalización externa.

— Cuando la incorporación de nuevos canales de televisión a la infraestructura no supere el 3 % del ancho de banda de cualquiera de los cables de la red de distribución.

Sabías que...

El anexo de un proyecto técnico tiene la misma estructura que el proyecto técnico original, donde se incluyen solamente los apartados, siguiendo la numeración original, de los puntos del proyecto modificados.

Los anexos a los proyectos, si se realizan como consecuencia del procedimiento de consulta, se adjuntan con el **acta de replanteo.** Si son debidos a modificaciones no sustanciales surgidas durante la ejecución de la ICT deben adjuntarse con el boletín de instalación y el protocolo de pruebas y, si es el caso, con el certificado de fin de obra.

10.1.7. Ejecución de la instalación

La **empresa instaladora de telecomunicación** seleccionada por el promotor ejecutará la infraestructura común de telecomunicaciones proyectada con sujeción a las especificaciones incluidas en el proyecto técnico de telecomunicaciones y bajo la supervisión del director de obra.

Cuando una ICT no supera los 20 PAU, el instalador de telecomunicaciones es el responsable de dirigir la obra y firmar el boletín de instalación y no es necesario un certificado final de obra.

10.1.8. Finalización de la instalación

Finalizados los trabajos de ejecución del proyecto técnico, el propietario o promotor de la obra presenta, de manera electrónica, un **boletín de instalación** expedido por la empresa instaladora que haya realizado la instalación y un **certificado,** expedido por el director de obra, cuando exista, de que la instalación se ajusta al proyecto técnico.

Además, la empresa instaladora de telecomunicaciones es responsable de cumplimentar y firmar el **protocolo de pruebas** realizado para comprobar la correcta ejecución de la instalación, y adjuntarlo al boletín bajo la supervisión del director de obra cuando exista.

Si se realizan cambios no sustanciales durante la ejecución de la obra se adjuntará al boletín de instalación un anexo al proyecto técnico que recoja dichos cambios.

10.2. Replanteo de instalaciones de telecomunicación

El **proyecto técnico** es el documento realizado por un ingeniero competente que realiza el diseño de una instalación sobre un edificio bajo construcción, siguiendo una normativa de referencia. Los cálculos y mediciones realizados en el proyecto son aproximados y pueden estar sujetos a modificaciones o, simplemente, pueden quedar indefinidos y ser interpretados en el momento de la instalación.

Por otro lado, los **materiales** objeto del proyecto técnico son genéricos, salvo cuando, por razones especiales, se decida que sean referidos a un fabricante concreto. Por lo tanto, queda a libertad del instalador y del director de obra llevar a cabo la selección y el modo de instalación de los materiales, siempre y cuando se cumplan los requisitos, tanto técnicos como de seguridad, que se especifiquen en el pliego de condiciones.

Por ello, antes de realizar la instalación, es necesario volver a planificar la instalación, proceso que recibe el nombre de **replanteo.**

10.2.1. Replanteo

El **replanteo** de una instalación es una visita previa que se realiza en el lugar de instalación para determinar si es viable su ejecución, normalmente según la solución propuesta en el **proyecto técnico de telecomunicaciones.**

Durante el **replanteo** de una instalación se plasman en el lugar de instalación los detalles representados en los planos del proyecto técnico, teniendo en cuenta las especificaciones que se indican en el resto de los documentos del proyecto, en especial el pliego de condiciones.

Los datos obtenidos como **resultado del replanteo** de una instalación pueden utilizarse, según el resultado, para modificar el proyecto, el presupuesto de instalación, los materiales utilizados, etcétera.

Recuerda

Aunque el replanteo es el mejor momento para realizar las modificaciones necesarias en una instalación, en cualquier momento de la fase de la instalación pueden encontrarse dificultades que requieran realizar cambios.

10.2.2. Funciones del replanteo

El instalador o el director de obra, antes del comienzo de la ejecución de la instalación, debe revisar con detenimiento el proyecto técnico, comprobando que cumple con las normas técnicas y, sobre todo, la posibilidad técnica de instalar los diferentes elementos en los sitios planificados en el proyecto.

Las **principales funciones** del replanteo de una instalación son:

a) Se realiza el trazado de la instalación en la edificación, marcando el recorrido y la ubicación de los diferentes elementos de que consta.

b) Se comprueba si algún elemento constructivo del edificio dificulta la ejecución de la instalación.

c) Se comprueba que el trazado de la instalación no interfiere con otras instalaciones existentes o previstas en el edificio (eléctricas, agua, etcétera).

d) Se verifica que los espacios, recintos, registros, arquetas y lugar de ubicación de los elementos de captación de señales, entre otros, son los indicados en la documentación técnica.

e) Se detectan posibles deficiencias en la solución planteada en el proyecto, por la falta de equipos o elementos no planificados.

f) Se realiza la medición de las longitudes reales del trazado de la instalación, con el objetivo de realizar el acopio y pedido de los materiales que instalar.

g) Se determina el momento adecuado para realizar la instalación de los diferentes elementos de la red.

En ocasiones, durante el replanteo, se identifican posibles contingencias, a las que deben plantearse soluciones, por lo que, cuando se realicen cambios, deberán actualizarse los planos y esquemas de la instalación, incorporando las modificaciones que se produzcan.

Cuando existe una disconformidad o defecto en el proyecto, se comunica al director de obra o, si es el caso, al promotor, para solventar esa incidencia.

10.2.3. Planos y esquemas de principio

Los documentos básicos que permiten el replanteo de una instalación son los **planos.** Además, en el **pliego de condiciones** se detallan las características de los elementos que deben utilizarse y, según el caso, algunas consideraciones de instalación, mientras que en el **presupuesto** y las **medidas** se detallan la cantidad de los componentes y la longitud de los cables y canalizaciones de cada unidad que forman la instalación.

En un proyecto técnico de telecomunicaciones se diferencian los **tipos de planos** siguientes:

a) Plano general de situación.

b) Planos descriptivos.

c) Planos de detalle.

d) Esquemas de principio.

e) Esquemas de detalle.

Recuerda

Junto con los planos, en el proyecto técnico se incluyen los esquemas básicos de las infraestructuras de radiodifusión sonora y televisión y de los servicios de telecomunicaciones de telefonía disponible al público y de banda ancha.

Todos los planos vienen acompañados de su leyenda, con los **símbolos funcionales** que representan a cada elemento de la infraestructura. Como ejemplo, se muestran en la Figura 10.3 los símbolos funcionales que acompañan a cada uno de los planos de la infraestructura.

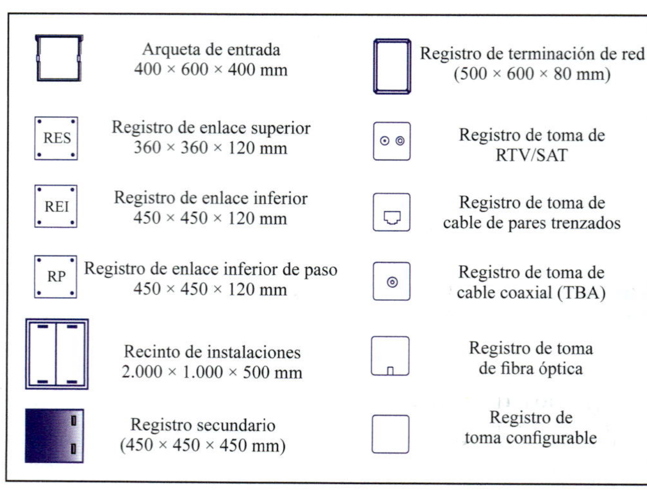

Figura 10.3. *Leyenda de los planos.*

Recuerda

No existen símbolos normalizados de la mayoría de los elementos de una ICT, por eso se utilizan símbolos funcionales que están identificados en las leyendas de los planos y esquemas.

10.2.4. Plano general de situación del edificio

El **plano general de situación de un edificio** es un plano que muestra una visión general del edificio y su entorno. En este tipo de plano se detalla dónde limita un edificio y muestra las zonas de acceso y las calles adyacentes. Un ejemplo de plano general es el que se obtiene con herramientas como Google Maps, ejemplo del cual se muestra en la Figura 10.4.

Figura 10.4. *Plano de situación.*

10.2.5. Planos descriptivos de la infraestructura

Los **planos descriptivos** de la ICT son planos generales que informan de los elementos elegidos como solución en la memoria del proyecto, en los que se muestra de manera aproximada, a partir de los **planos arquitectónicos** de planta y de sección, la ubicación de los diferentes registros y armarios, así como la distribución de las canalizaciones. Los planos descriptivos se ejecutan en escala, normalmente de 1:50 o 1:100.

Los **planos de planta** constituyen una herramienta en la que se detallan de manera simultánea la estructura y los elementos de albañilería del edificio y la ubicación de los elementos correspondientes de la instalación. Además de los planos de planta, cuando la estructura del edificio lo permita, se incluye un **plano en sección** del edificio con las instalaciones de ICT.

En un proyecto de ICT se definen los siguientes **planos descriptivos de la infraestructura** para la instalación de las redes de telecomunicación que la constituyen:

a) **Instalaciones de ICT en planta baja.** Este plano ubica los elementos de la infraestructura y canalizaciones instalados en la planta baja del edificio y, si es el caso, también representará la ubicación de la arqueta de entrada y de la canalización externa para el acceso de las redes de alimentación de los operadores al edificio. En la Figura 10.5 se muestra un ejemplo donde se representa el acceso de los servicios de telecomunicación al edificio y los componentes instalados en la planta baja de un edificio. Cuando sea el caso, también se representará un **plano con las instalaciones de ICT en planta sótano o garaje.**

b) **Instalaciones de ICT en planta tipo.** La distribución de la mayoría de las plantas de un edificio es muy parecida, por lo que, en una planta tipo, se representan las infraestructuras de telecomunicaciones, tal y como se muestra en la Figura 10.6. Cuando existan plantas diferentes al resto, se realizará el plano que las define:

— Instalaciones de ICT en plantas singulares.

— Instalaciones de ICT en ático (cuando proceda).

c) **Instalaciones de ICT en planta cubierta o bajo cubierta.** En este plano se detalla el acceso de los servicios de telecomunicación por la parte superior de la edificación y muestra la ubicación de las antenas y el resto de los elementos de la infraestructura, tal y como se muestra en la Figura 10.7.

d) **Instalaciones de ICT en sección.** Cuando la estructura del edificio lo permita, tal y como se muestra en la Figura 10.8, se detalla la infraestructura instalada en el edificio en un plano que secciona verticalmente el edificio.

e) **Instalaciones para servicios de hogar digital y otros servicios.** Si las viviendas incorporan servicios del hogar digital, estos se detallan en un plano en planta independiente de los servicios de la ICT.

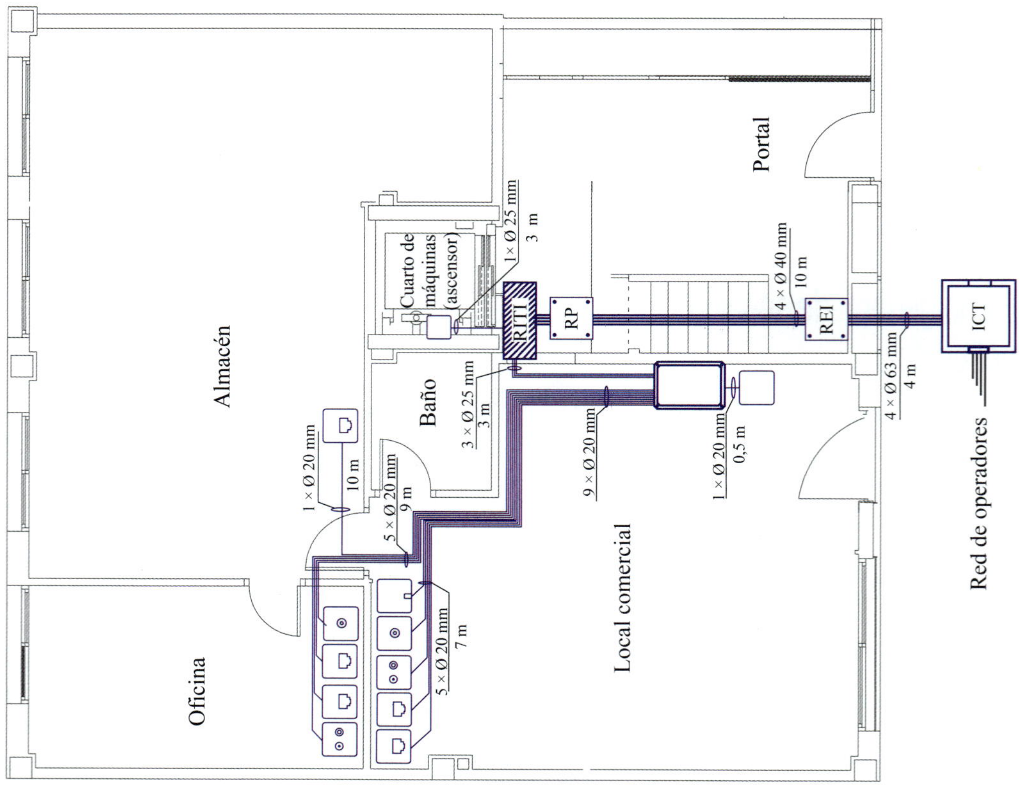

Figura 10.5. *Plano de instalaciones de ICT en planta baja.*

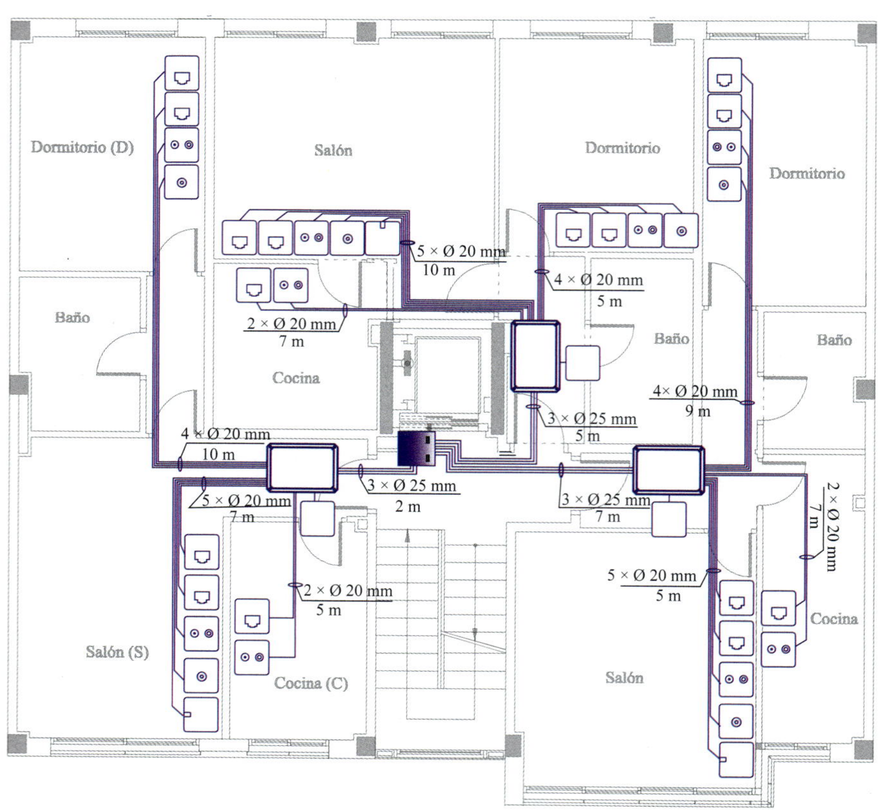

Figura 10.6. *Plano de instalaciones de ICT en planta tipo.*

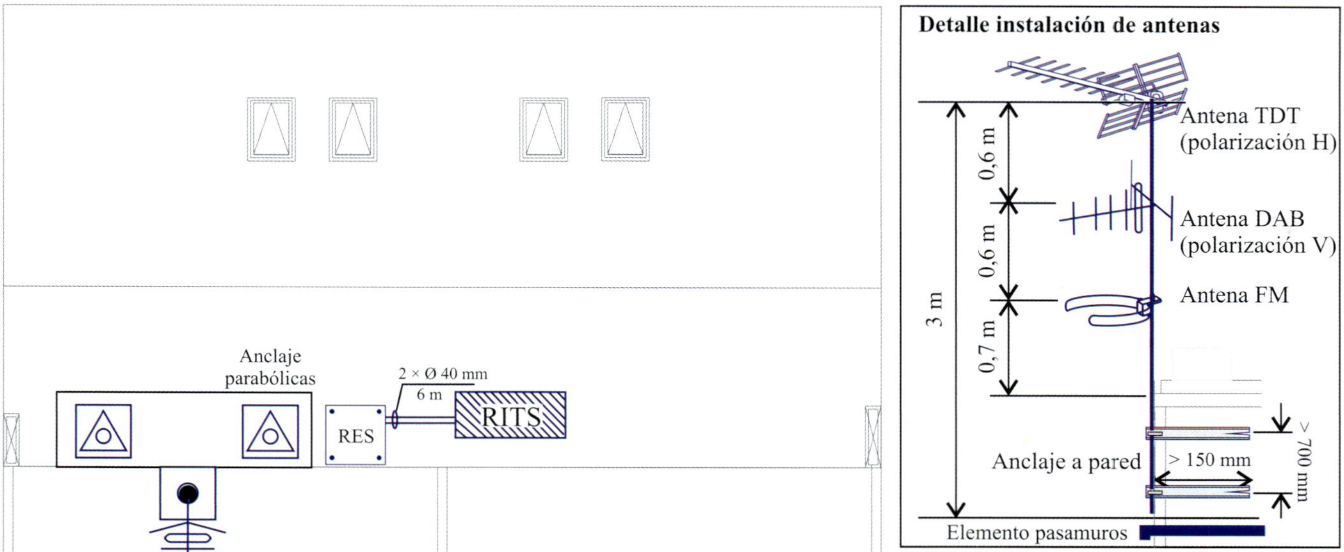

Notas:
- Los cables de antena irán sin protección entubada hasta el elemento pasamuros.
- El mástil se conectará al sistema de protección de tierra del edificio mediante conductor de cobre aislado de 25 mm² de sección.

Figura 10.7. *Plano de instalaciones de ICT en planta cubierta.*

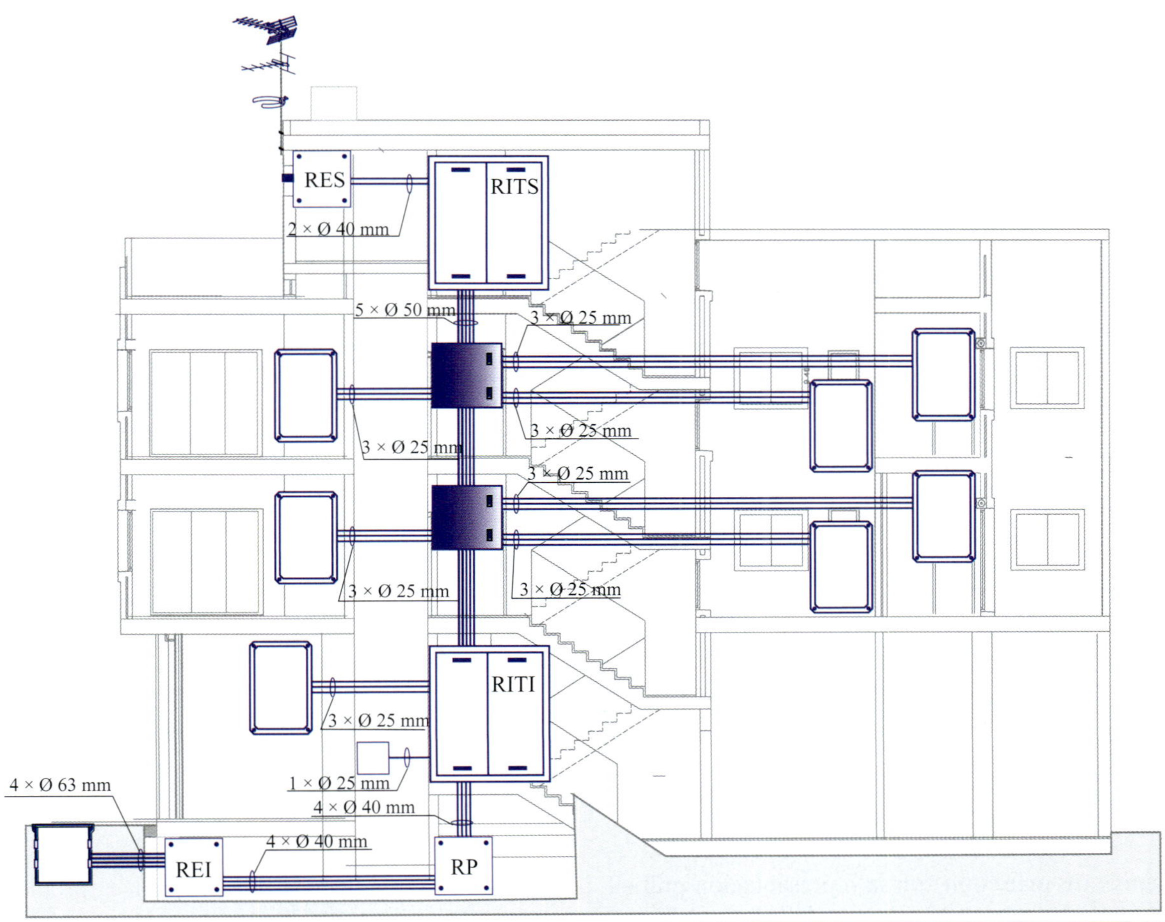

Figura 10.8. *Plano de instalaciones de ICT en sección.*

10.2.6. Planos de detalle

Los **planos de detalle** muestran elementos de la instalación de la infraestructura que es necesario definir de manera precisa. Estos planos complementan los planos descriptivos generales de manera más detallada y en una escala mayor, por lo que aportan datos exhaustivos y pormenorizados que facilitan la implementación del proyecto. Normalmente, aportan datos que facilitan el montaje e instalación de los equipos de telecomunicación. Ejemplos de elementos que precisan una definición detallada pueden ser los siguientes:

- La arqueta de entrada.
- La toma de tierra.
- La instalación de las antenas.

Aunque se pueden realizar planos de detalle concretos, suelen incluirse dibujos en los propios planos descriptivos de planta o sección. En el plano de instalaciones de ICT en la planta de cubierta de la Figura 10.7 se muestra un ejemplo de detalle de la instalación de las antenas, incluido en el propio plano. No obstante, en ocasiones, es preciso realizar planos concretos de detalle, como el de la Figura 10.9, donde se muestran las características de la arqueta de entrada utilizada en la instalación.

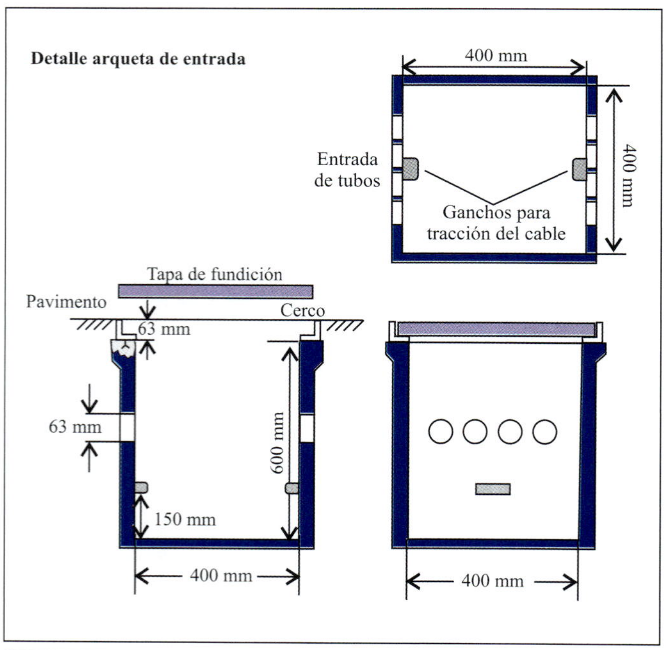

Figura 10.9. *Plano de detalle de la arqueta de entrada.*

10.2.7. Esquemas de principio

Los **esquemas de principio** son la representación gráfica de los elementos que forman cada una de las partes e instalaciones de una ICT, con su identificación con relación a lo especificado en la memoria del proyecto técnico, donde, además, se acotan los elementos que se incluyen. Ejemplos de esquemas de principio son los siguientes:

1. **Esquema general de la infraestructura.** En este esquema se muestran las diferentes canalizaciones y registros utilizados para alojar los elementos de cada una de las redes de telecomunicaciones incluidas en la ICT, tal y como se muestra en la Figura 10.10.

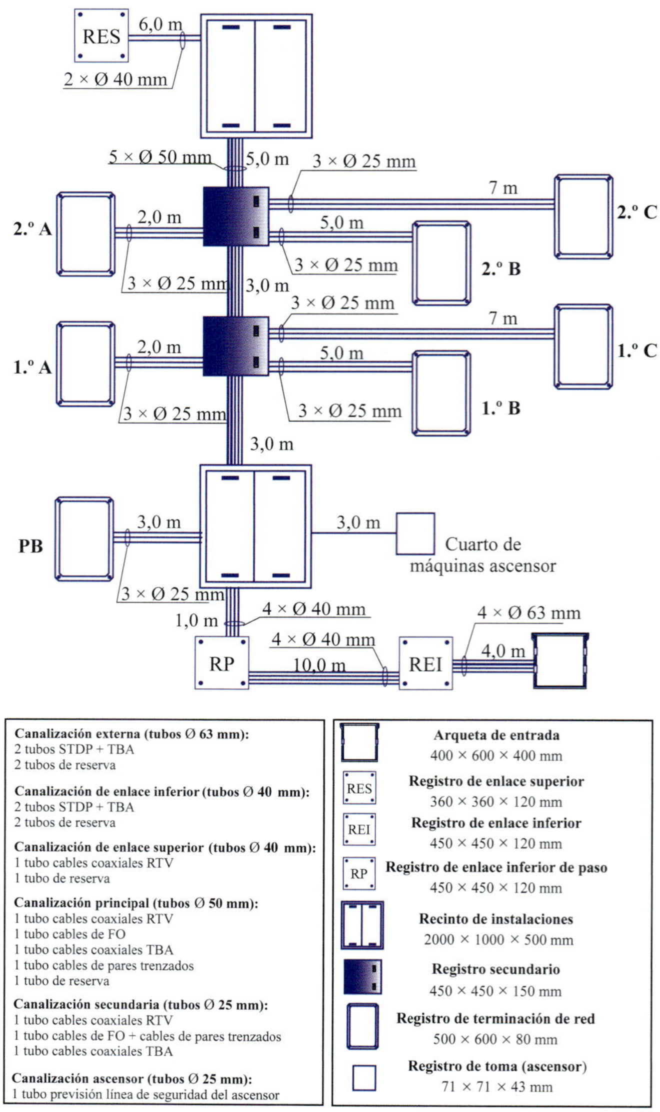

Figura 10.10. *Esquema general de la infraestructura.*

La **distribución interior de las viviendas** y locales comerciales puede mostrarse en el propio esquema mediante un detalle o como esquemas independientes, como en el ejemplo de la Figura 10.11.

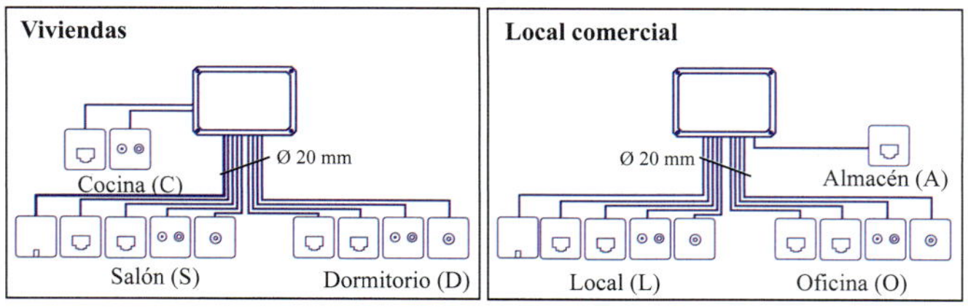

Figura 10.11. *Esquema de la canalización interior de usuario.*

2. **Esquema de principio de la instalación de radiodifusión sonora y televisión.**

   En este esquema se muestra todo el material activo y pasivo de la red de captación y distribución de la señal de RTV de la ICT, con su identificación con relación a lo indicado en memoria y pliego de condiciones, y las acotaciones en metros. Por lo tanto, como se indica en el ejemplo de la Figura 10.12, se muestran todos los elementos de la red, desde los elementos de captación de las señales hasta las tomas de usuario.

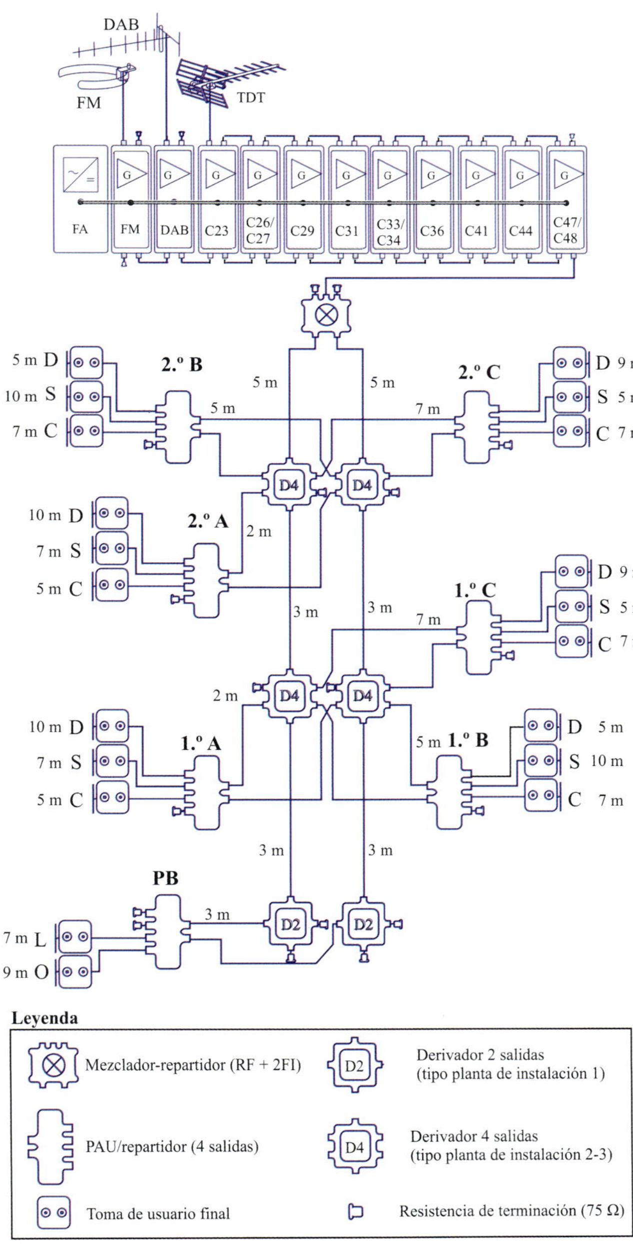

Figura 10.12. *Ejemplo de esquema de principio de la instalación de RTV.*

3. **Esquemas de principio de cada una de las redes para el acceso a los servicios de STDP y TBA.** En estos esquemas se muestran los elementos que forman cada una de las redes de los servicios de telefonía disponible al público y de banda ancha que forman el edificio, así como la asignación de cables por planta y por vivienda y las características de los cables y demás elementos utilizados en los puntos de interconexión, distribución y de acceso al usuario. El esquema se muestra con la acotación de las distancias entre elementos. Se realiza un esquema por cada red del edificio:

   a) Red de cables de fibra óptica (Figura 10.13).

   b) Red de cables de pares/cables de pares trenzados (Figura 10.14).

   c) Red de cables coaxiales (Figura 10.15).

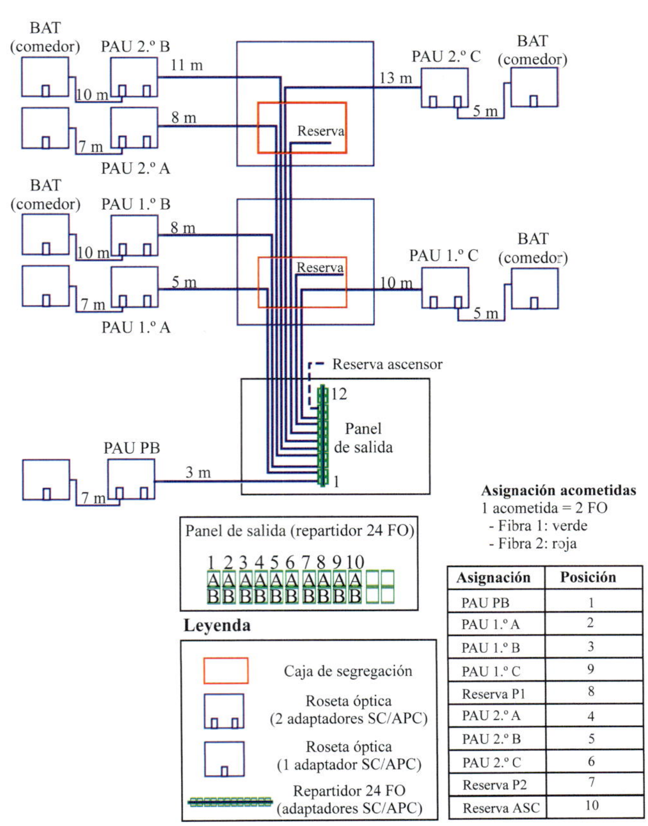

Asignación	Posición
PAU PB	1
PAU 1.º A	2
PAU 1.º B	3
PAU 1.º C	9
Reserva P1	8
PAU 2.º A	4
PAU 2.º B	5
PAU 2.º C	6
Reserva P2	7
Reserva ASC	10

Figura 10.13. *Esquema de principio de la red de cables de fibra óptica.*

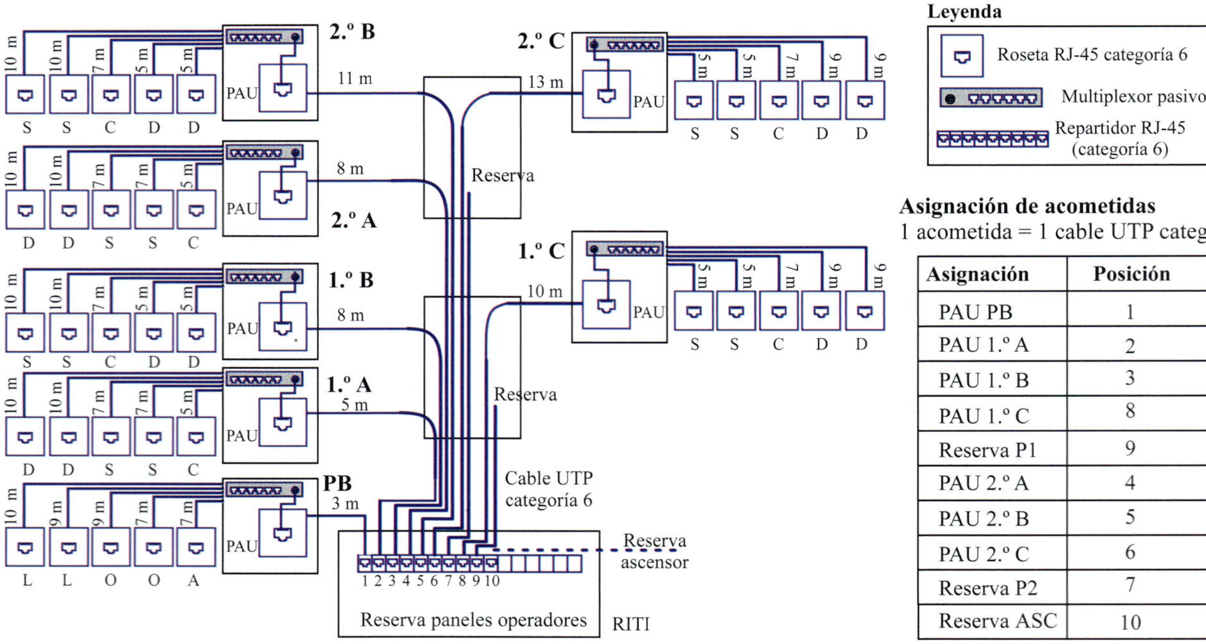

Asignación de acometidas
1 acometida = 1 cable UTP categoría 6

Asignación	Posición
PAU PB	1
PAU 1.º A	2
PAU 1.º B	3
PAU 1.º C	8
Reserva P1	9
PAU 2.º A	4
PAU 2.º B	5
PAU 2.º C	6
Reserva P2	7
Reserva ASC	10

Figura 10.14. *Esquema de principio de la red de cables de pares trenzados.*

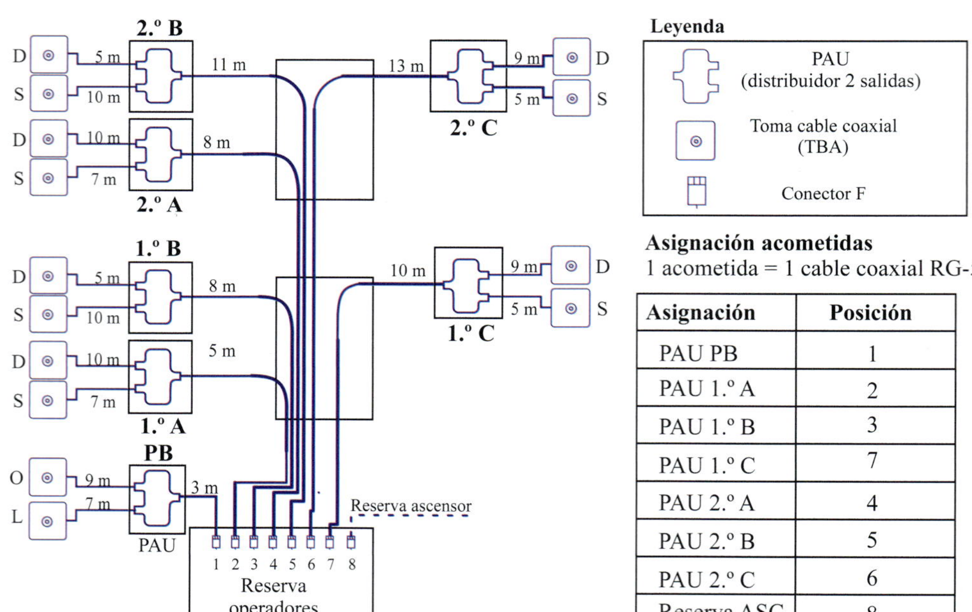

Asignación acometidas
1 acometida = 1 cable coaxial RG-59

Asignación	Posición
PAU PB	1
PAU 1.º A	2
PAU 1.º B	3
PAU 1.º C	7
PAU 2.º A	4
PAU 2.º B	5
PAU 2.º C	6
Reserva ASC	8

Figura 10.15. *Esquema de principio de la red de cables coaxiales.*

4. **Esquema de distribución de equipos en el interior del registro de terminación de red.** En este esquema se representan los equipos que se instalan en el interior del **registro de terminación de red (RTR),** respetando en su espacio interior un 50 % de espacio libre para que los operadores instalen sus equipos. La instalación y la ubicación de los elementos en su interior pueden modificarse por el director de obra o el instalador, siempre y cuando se respete el espacio para los operadores. En la Figura 10.16 se muestra un ejemplo de distribución del RTR de las viviendas.

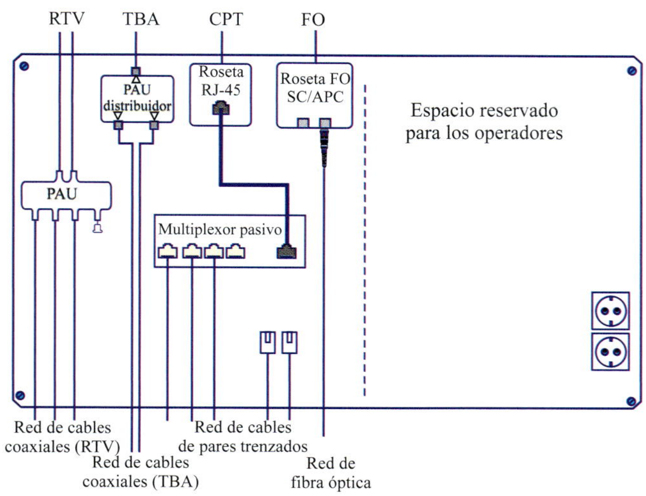

Figura 10.16. *Esquema de distribución de equipos en el interior del registro de terminación de red de las viviendas.*

Recuerda

Los esquemas son dibujos que representan de manera simplificada una instalación.

5. **Esquema de distribución interior de los recintos de instalaciones.** En este esquema se representan los espacios y los equipos que se instalan en cada uno de los **recintos de instalaciones de telecomunicaciones.**

   En la Figura 10.17 se muestra un ejemplo de esquema con la distribución:

   — En el **RITI** (Figura 10.17a), además de los registros principales de cada red, se deja espacio para realizar las funciones de registro secundario de planta, donde se instalarán los puntos de distribución (derivadores, regletas, etc.) de las redes que acceden al local comercial situado en la planta baja.

   — En el **RITS** (Figura 10.17b), además de ubicar el equipo de cabecera terrestre, se deja espacio de reserva para la instalación futura del equipo de cabecera satélite, ya que no se ha previsto la instalación inicial de las antenas satélite.

   Además, en el interior de los recintos de telecomunicaciones, se instala el correspondiente cuadro de protección de los equipos que se instalan en su interior, por lo que, entre los esquemas del proyecto, se incluye uno con el **equipamiento eléctrico de los recintos de telecomunicaciones,** como, por ejemplo, el que se muestra en la Figura 10.18.

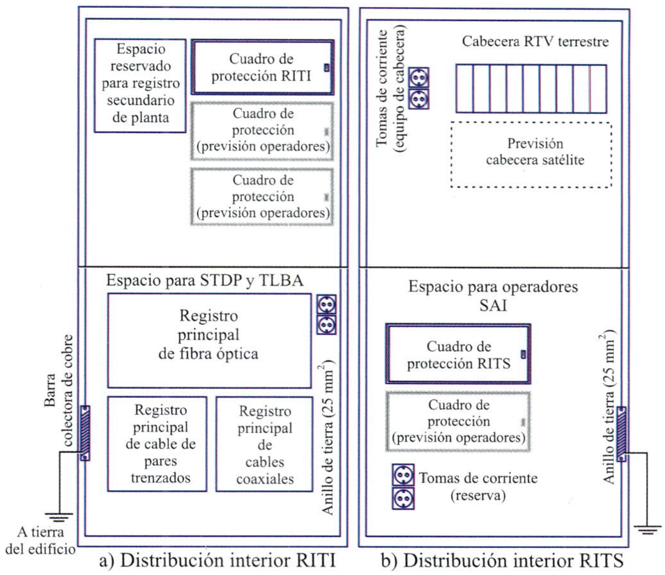

Figura 10.17. *Esquema de distribución interior de los recintos de instalaciones.*

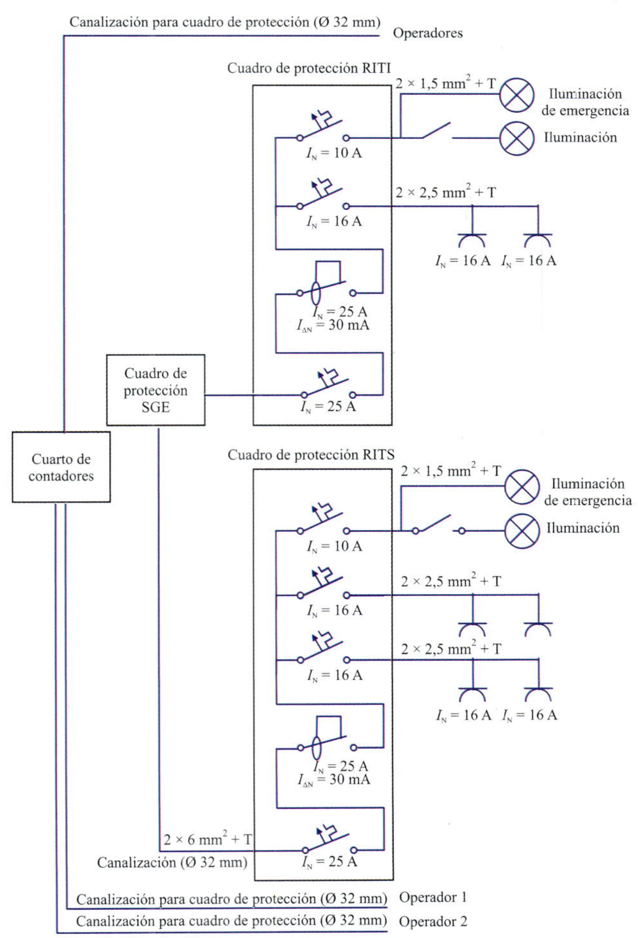

Figura 10.18. *Equipamiento eléctrico de los recintos de telecomunicaciones.*

10.2.8. Croquis

Durante el proceso de replanteo puede ser necesaria la realización de diferentes **croquis** con la infraestructura que se necesita, aunque, como punto de partida, siempre se cuenta con los planos y esquemas del proyecto de la ICT. Un croquis (Figura 10.19) es un dibujo técnico realizado a mano donde se representan de manera aproximada los elementos de una instalación.

Normalmente, se realiza como un bosquejo preliminar donde se representa una primera acotación de la instalación y los componentes que se instalan, que puede servir para el estudio de la instalación y la realización de cálculos, que posteriormente se trasladará a un plano definitivo.

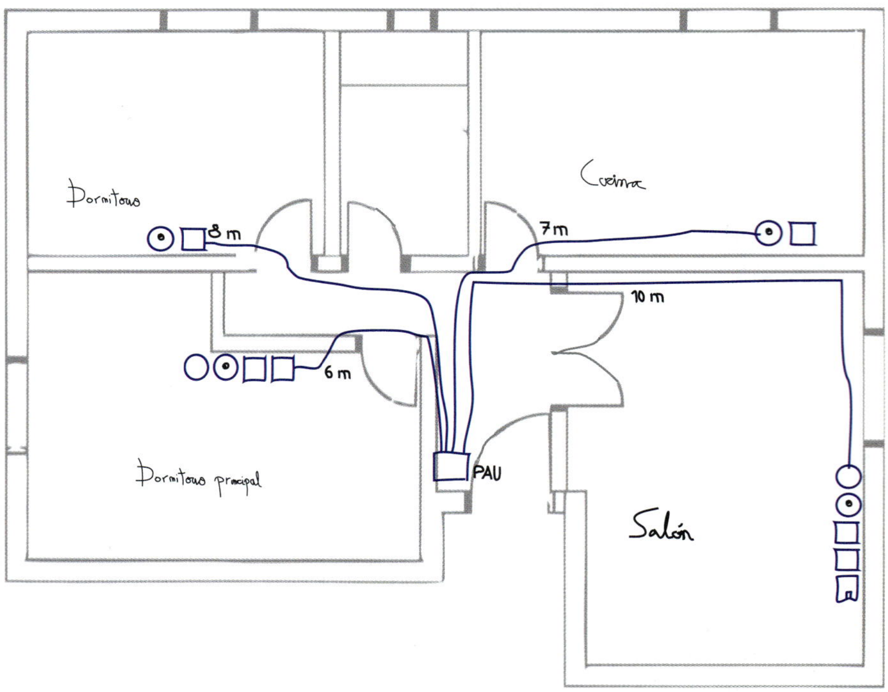

Figura 10.19. *Croquis de una vivienda.*

RESUMEN

- La implementación y puesta en marcha de una ICT requiere las siguientes fases:
  1. El **promotor de la obra** encargará la redacción de un **proyecto técnico** a un ingeniero con competencias.
  2. El promotor hará entrega de una copia del proyecto técnico al **director de obra** o al **instalador de telecomunicaciones** seleccionado para ejecutar la infraestructura común de telecomunicación proyectada.
  3. En el momento de inicio de las obras, el **director de obra** de la ICT redactará un **acta de replanteo,** donde se indicará si el proyecto original es válido o es necesario realizar una actualización, ya sea modificándolo o añadiendo anexos. El acta de replanteo debe incluir el resultado del proceso de consulta e intercambio de información entre los diferentes operadores de telecomunicación.
  4. La empresa instaladora realizará la **ejecución de la instalación** de la ICT, tomando como referencia las especificaciones contenidas en el proyecto técnico.
  5. Cuando se **finaliza la instalación,** la empresa instaladora expedirá un **boletín de instalación** al que se anexará el **protocolo de pruebas,** y el director de obra expedirá un **certificado de fin de obra.**
  6. La propiedad entregará a los usuarios una copia del **manual de usuario** de la instalación.
- El **proyecto técnico de telecomunicaciones** es el documento que recoge la solución propuesta por el proyectista de una ICT para una instalación, según las normas técnicas establecidas en el reglamento de la ICT. Está formado, como mínimo, por los siguientes documentos: memoria, planos, pliego de condiciones y presupuesto y medidas.
- El **replanteo de una instalación** es una visita previa que se realiza en el lugar de instalación para determinar si es viable la ejecución del proyecto técnico de telecomunicaciones.
- Los documentos básicos que permiten el replanteo de una instalación son, junto con el resto de los documentos de un proyecto, los **planos** y **esquemas** de la infraestructura de la ICT:
  a) Plano general de situación del edificio.
  b) Planos descriptivos de la infraestructura para la instalación de las redes de telecomunicación que constituyen la ICT:
     — Instalaciones de ICT en planta sótano o garaje (en su caso).
     — Instalaciones de ICT en planta baja.
     — Instalaciones de ICT en planta tipo.
     — Instalaciones de ICT en plantas singulares.
     — Instalaciones de ICT en ático (cuando proceda).
     — Instalaciones de ICT en planta cubierta o bajo cubierta.
     — Instalaciones de ICT en sección (cuando la estructura del edificio lo permita).
     — Instalaciones para servicios de hogar digital.
  c) Esquemas de principio:
     — Esquema general de la infraestructura proyectada para el edificio.
     — Esquemas de principio de la instalación de RTV.
     — Esquemas de principio de cada una de las redes para el acceso a los servicios de telefonía y de banda ancha.
     — Esquemas de principio de la instalación proyectada para cualquier otra red incluida en la ICT.
     — Esquema de distribución de equipos en el interior del registro de terminación de red.
- Además de los planos, el instalador puede emplear un **croquis** para realizar el replanteo de una instalación.

Actividades de comprobación

10.1. ¿En qué anexo del reglamento de la ICT (Real Decreto 346/2011) se regulan las características que debe reunir la infraestructura y las canalizaciones de una ICT?

a) Anexo I.

b) Anexo II.

c) Anexo III.

d) Anexo IV.

10.2. ¿Qué agente se encarga de cumplimentar el acta de replanteo de una instalación?

a) Un instalador de telecomunicaciones.

b) Un proyectista de la ICT.

c) Un director de obra.

d) Un promotor.

10.3. ¿Quién se encarga de dirigir la instalación de la ICT si no se requiere un director de obra?

a) Siempre es necesario un director de obra.

b) Un ingeniero con las competencias adecuadas.

c) La empresa instaladora.

d) Todas las respuestas son correctas.

10.4. ¿Quién expide el certificado final de obra de una ICT cuando la instalación no requiere un director de obra?

a) Un ingeniero con competencias.

b) El arquitecto.

c) La empresa instaladora.

d) En este caso no es necesario el certificado final.

10.5. ¿Qué documento incluye el contenido y la estructura que debe reunir un proyecto técnico de la ICT?

a) El anexo I de la Orden ITC/1644/2011.

b) El anexo III del Reglamento de la ICT (Real Decreto 346/2011).

c) Cada proyectista puede utilizar la estructura que quiera, siempre y cuando incluya los documentos de memoria, planos, pliego de condiciones y presupuesto.

d) No es necesario un proyecto técnico para implantar una ICT, es suficiente con redactar un acta de replanteo.

10.6. ¿Cuándo se realiza el replanteo de una instalación?

a) Antes de la realización del proyecto técnico.

b) En el momento del inicio de las obras.

c) Durante la instalación de la infraestructura.

d) Una vez finalizada la instalación.

10.7. ¿Qué tipo de modificación del proyecto técnico se origina si, de la respuesta del proceso de consulta a los operadores, debe modificarse la ubicación de la arqueta de entrada?

a) Debe modificarse el proyecto arquitectónico.

b) Debe modificarse el proyecto técnico de telecomunicaciones.

c) Debe modificarse tanto el proyecto técnico como el arquitectónico.

d) Es suficiente con añadir un anexo al proyecto técnico de telecomunicaciones.

10.8. ¿En cuál de los casos siguientes no es necesario realizar un proyecto técnico modificado?

a) Se aumenta en más del 12 % el número de PAU de la instalación.

b) Se ha modificado el proyecto arquitectónico.

c) Se introducen nuevos servicios de telecomunicación.

d) Se han producido cambios en la distribución interior de las viviendas o locales de la edificación.

10.9. ¿Qué tipo de plano aporta datos exhaustivos y pormenorizados que facilitan la implementación de una parte de la instalación?

a) Plano general de situación del edificio.

b) Plano descriptivo de la infraestructura.

c) Esquema de principio.

d) Plano de detalle.

10.10. Respecto de los esquemas de principio, ¿cuál de las siguientes afirmaciones es correcta?

a) Son dibujos a escala.

b) Se acotan las distancias entre los elementos que se incluyen.

c) Se utilizan símbolos normalizados.

d) Se necesita un esquema por cada planta del edificio.

ACTIVIDADES FINALES

10.11. ¿En qué casos es obligatorio un director de obra que dirija la instalación de una ICT?

a) Instalaciones de ICT con más de 20 viviendas (PAU).

b) Instalaciones con elementos activos en la red de distribución de la ICT.

c) Instalaciones de ICT en edificios de uso no residencial.

d) Todas las respuestas son correctas.

10.12. ¿Cuál de los siguientes dibujos técnicos se realiza a mano?

a) Croquis.

b) Plano descriptivo de la infraestructura.

c) Esquema de principio.

d) Plano de detalle.

Actividades de aplicación

10.13. Interpretación de planos y esquemas. Los planos que se muestran a lo largo de la unidad muestran la instalación de la ICT del edificio de la Figura 10.20. En función del análisis de estos planos, identifica la respuesta de las cuestiones siguientes:

a) **Respecto de la arqueta de entrada:**

- ¿Dónde se instala la arqueta?
- ¿Qué dimensiones tiene?

b) **RITI.** En el recinto de instalaciones de telecomunicaciones inferior situado en la planta baja se reserva espacio para las funciones de registro secundario de planta:

- ¿A qué viviendas o locales comerciales da servicio dicho registro secundario?
- ¿Qué componentes se instalarán en su interior?
- Realiza un croquis con los elementos instalados y los cables que circulan de paso.
- ¿Existe alguna diferencia en los componentes instalados en los registros secundarios del resto de las plantas?

c) **Registros de paso.** Cuando existen tramos de canalizaciones muy largas o se realizan cambios de dirección, normalmente, se utilizan registros de paso para facilitar la instalación del cableado:

- ¿Cuántos registros de paso se instalan en la infraestructura?
- ¿Qué tipo de registro se utiliza?

d) **Red de RTV.** Respecto de la red de captación y distribución de la señal de TV:

- ¿Dónde se instalan las antenas de RTV terrestre?
- Las antenas de TV por satélite no se instalan, pero es necesario prever su instalación futura. Indica qué previsión se ha realizado para su implantación futura.
- ¿Cuántas tomas de usuario se instalan en cada vivienda?

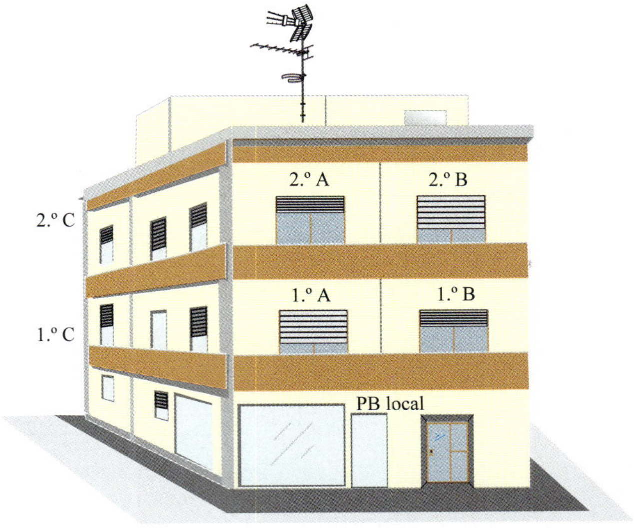

Figura 10.20. *Edificio bajo estudio.*

e) **Red de CPT.** Respecto de la red de cables de pares trenzados:

- ¿Qué previsión de la demanda se ha realizado?
- ¿Cuántos conectores RJ-45 debe tener como mínimo el panel de conexiones del punto de interconexión?
- ¿A qué usuario da servicio la acometida conectada en el puerto número 6 de dicho panel?
- ¿Cuántos cables de reserva se instalan?
- ¿Qué tipo de cable se instala?
- ¿Cuántas tomas de usuario se instalan en cada vivienda?

f) **Red de FO.** Respecto de la red de cables de fibra óptica:

- ¿Cuántos conectores SC/APC debe tener como mínimo el panel de conexiones del punto de interconexión?
- ¿Qué tipo de cable de fibra óptica se instala?
- ¿A qué usuario da servicio la acometida de fibra óptica conectada en el puerto número 5 de dicho panel?
- ¿Cuántos cables de reserva se instalan?
- ¿Dónde se almacenan las fibras de reserva?
- ¿Cuántas tomas de usuario se instalan en cada vivienda?

g) **Red de cables coaxiales.** Respecto de la red de cables coaxiales de TBA:

- ¿Qué tipo de cable coaxial se utiliza en la red?
- ¿A qué usuario da servicio la acometida de cable coaxial número 5?
- ¿Cuántos cables de reserva se instalan?
- ¿Cuántas tomas de usuario se instalan en cada vivienda?

10.14. **Registro de terminación de red de un local comercial.** Cuando no está definida la distribución en planta de un local comercial u oficina, no se instalará red interior de usuario. En este caso, el diseño y dimensionamiento de la red interior de usuario no se realiza en el proyecto técnico, ya que es responsabilidad de la propiedad del local u oficina, cuando se ejecute el proyecto de distribución en estancias, su realización futura. Por lo tanto, en el proyecto, simplemente se especifican los PAU que dan servicio a cada local. En la Figura 10.21 se muestra el esquema de distribución de equipos en el interior del registro de terminación de red de un local sin distribución definida, en el que se instala un PAU para cada red del edificio. Modifica el esquema con los elementos adicionales necesarios para conectar todas las tomas de usuario definidas en el local que se representa en la Figura 10.5, cuya distribución interior en estancias sí que está definida.

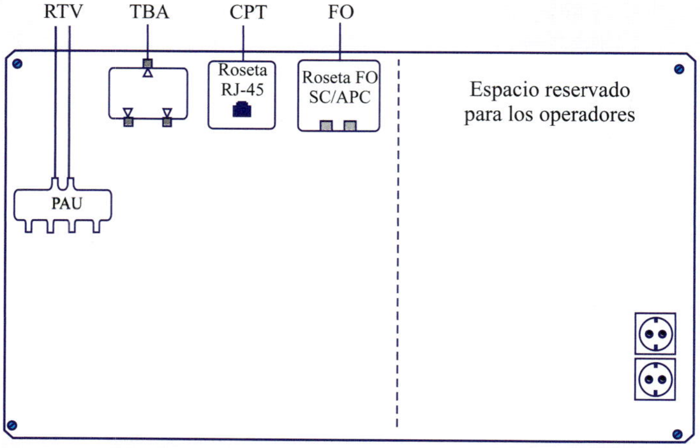

Figura 10.21. *Esquema de distribución de equipos en el interior del registro de terminación de red de un local sin distribución definida.*

10.15. Mediciones. Las mediciones consisten en la determinación de las cantidades o medida de cada unidad de obra de una instalación. Aunque las mediciones pueden realizarse sobre los planos definitivos de la instalación, durante el replanteo de la instalación, se solventa cualquier incorrección o desviación de los planos. Realiza el replanteo de la instalación interior de usuario de la Figura 10.22. Para ello:

a) Indica la ubicación de los siguientes elementos de la red interior de usuario.
   - Registro de terminación de red.
   - Tomas de usuario de la red de RTV.
   - Tomas de usuario de la red de cables de pares trenzados.
   - Tomas de usuario de la red de cables coaxiales.
   - Tomas de usuario de la red de cables de fibra óptica.

b) Señala de manera aproximada el recorrido de las canalizaciones y la distancia de cada tramo.

c) Determina el diámetro y el número de tubos que formarán la canalización interior de usuario.

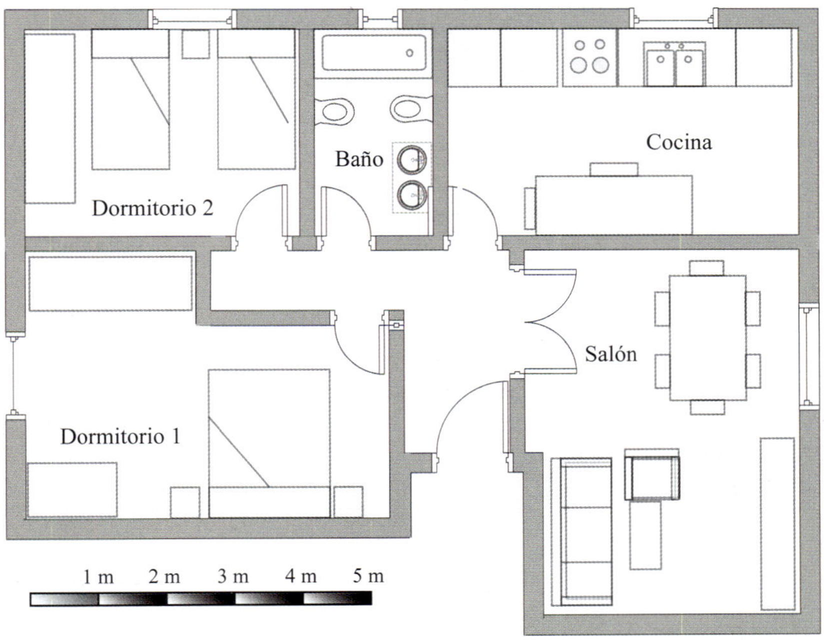

Figura 10.22. *Replanteo de una instalación interior de usuario.*

10.16. Replanteo de una instalación. Realiza el replanteo de la instalación de la ICT que representa el esquema general de la infraestructura que se muestra en la Figura 10.23 de la página siguiente. Para ello:

a) Determina la cantidad, denominación, características y localización de los componentes que forman la infraestructura y canalizaciones del edificio.

b) Realiza el esquema de principio de la instalación de radiodifusión sonora y televisión.

c) Elabora el esquema de principio de la red de cables de pares trenzados del edificio.

d) Diseña el esquema de principio de la red de fibra óptica del edificio.

e) Desarrolla el esquema de principio de la red de cables coaxiales de TBA.

f) Establece el esquema de distribución de equipos en el interior del registro de terminación de red de las viviendas tipo.

g) Realiza el esquema de distribución interior de los recintos de instalaciones.

h) Indica en qué elementos de la infraestructura se instala cada uno de los elementos de las redes anteriores y el tubo por el que discurren sus cables, diferenciando los tramos de la canalización (canalización principal, canalización secundaria y canalización interior de usuario).

i) Crea una tabla resumen donde se refleje la relación de todo el material necesario para realizar la instalación.

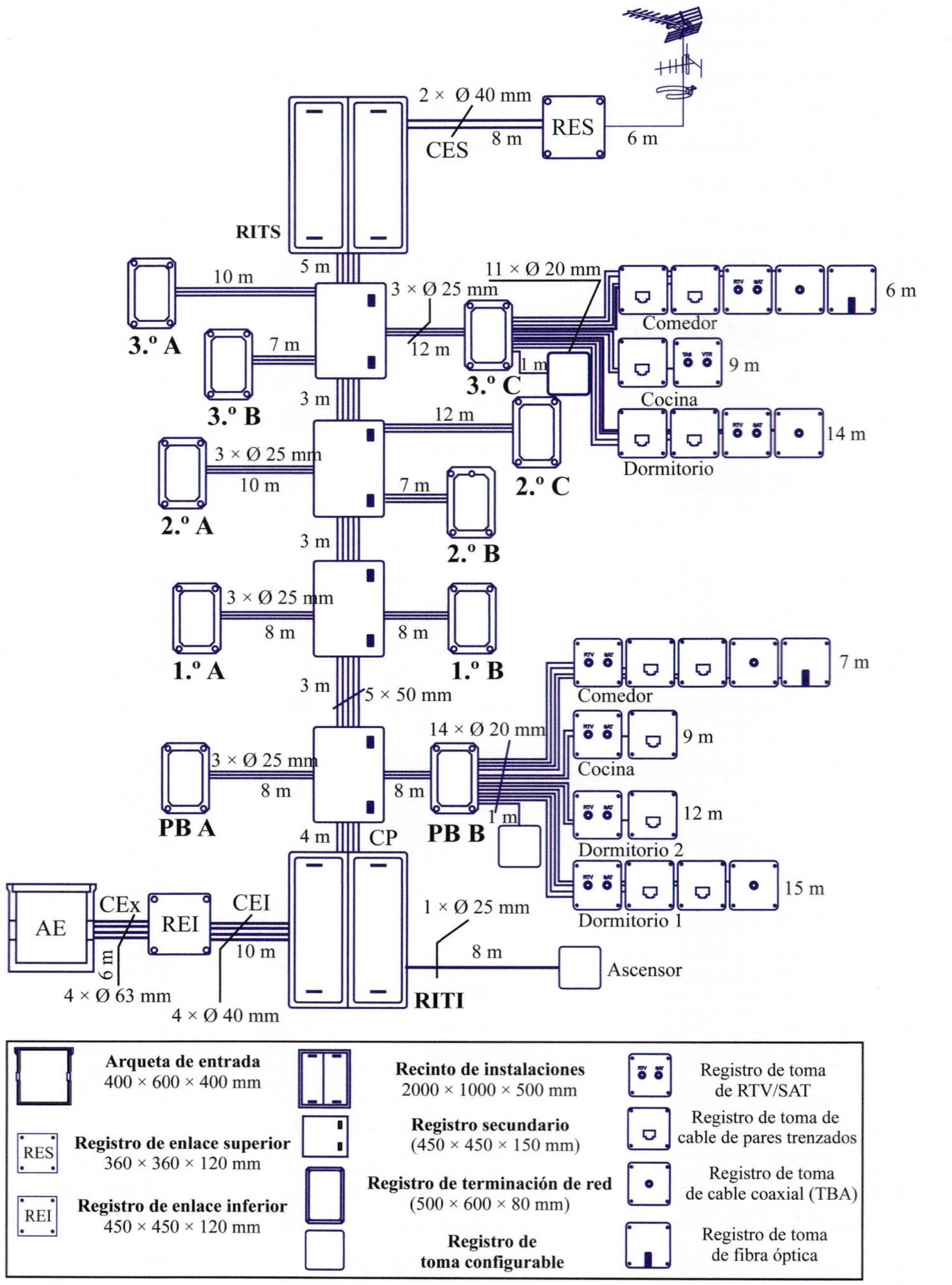

Figura 10.23. *Esquema general de la infraestructura.*

Actividades de ampliación

10.17. Enumera la documentación que se genera durante la implantación de una ICT.

10.18. ¿Cuándo se realiza el intercambio de información o consulta con los operadores de telecomunicación?

10.19. ¿Quiénes son los responsables de la correcta ejecución de la instalación de una ICT?

ACTIVIDADES FINALES

10.20. Del resultado del replanteo de una ICT puede deducirse que es necesaria la modificación del proyecto técnico de telecomunicaciones:

a) ¿De qué maneras puede actualizarse un proyecto técnico de telecomunicaciones cuando es necesario introducir modificaciones?

b) ¿Cuándo será necesario realizar un PTT modificado?

c) ¿Cuándo será necesario realizar simplemente un anexo que refleje los cambios?

10.21. Comprueba los recintos de telecomunicaciones del aula. Las instalaciones didácticas instalan los elementos de su interior de manera que se facilite el trabajo de los alumnos y, en ocasiones, no cumplen de manera estricta el reglamento:

a) Comprueba los elementos instalados.

b) Evalúa qué componentes faltan.

c) Realiza un croquis donde aparezcan los elementos de la instalación.

10.22. La Orden ITC/1644/2011 desarrolla y regula algunos aspectos del reglamento de la ICT. Descárgate de la web este documento:

a) En el anexo I se detalla el contenido y la estructura de los proyectos técnicos de infraestructuras comunes de telecomunicación en el interior de los edificios. Comprueba con un proyecto tipo de ICT si se mantiene el índice definido en esta orden.

b) Comprueba los diferentes modelos de documentos que se incluyen en el resto de los anexos (acta de replanteo, protocolo de pruebas, etcétera).

c) En el anexo VI se muestra el contenido y la estructura del manual de usuario de una ICT. ¿Para qué sirve este documento?

10.23. Nombra los planos y esquemas que se incluyen como mínimo en un proyecto de la ICT.

10.24. A partir de Google Maps, realiza la búsqueda del instituto donde estudias y guarda un detalle del plano general de situación.

10.25. Elabora un croquis del plano de tu vivienda y sitúa sobre él las instalaciones de telecomunicaciones que tengas instaladas.

10.26. A continuación, se muestra un modelo de acta de replanteo del proyecto de una ICT. Respecto de este modelo:

a) ¿Cuándo se realiza el acta de replanteo?

b) ¿Quién debe realizarlo?

c) ¿Por qué es necesario realizar el procedimiento de consulta e intercambio de información con los operadores de telecomunicaciones?

d) ¿Cuándo será necesario realizar cambios en el proyecto técnico de telecomunicaciones como anexos?

e) ¿Cuándo será necesario realizar un proyecto técnico de telecomunicaciones modificado?

f) Cuando se modifica un proyecto puede ser por diferentes motivos. Indica qué especificaciones se incluyen en cada uno de los anexos de la ICT:

- Anexo I.
- Anexo II.
- Anexo III.

Modelo de acta de replanteo de proyecto técnico de ICT

N.º de expediente administrativo:	
N.º de verificado del proyecto original:	
Por la entidad de verificación:	
Fecha de verificación:	
N.º de licencia de obras de la edificación:	

Reunidas las personas, que figuran y que rubrican al final del presente documento, al efecto de cumplimentar lo dispuesto en el artículo 6, de la Orden ITC/____/2011, de __ de ________,

HACEN CONSTAR: que, efectuado el procedimiento de consulta e intercambio de información establecido en el artículo 8 del reglamento aprobado por el Real Decreto 346/2011, de 11 de marzo:

Fecha de la consulta:	
Número de la consulta:	
Operadores consultados:	
Operadores que han respondido:	

y el replanteo previo correspondiente al expediente administrativo indicado en el encabezamiento:

☐ No es necesaria la actualización del proyecto original.

☐ Es necesaria la actualización del proyecto original, mediante:

- ☐ Anexo al proyecto.
- ☐ Modificación del proyecto.

☐ Si se hacen necesarias modificaciones al proyecto, estas serán las siguientes:

☐ Afectan a las especificaciones del anexo I del reglamento aprobado por el RD 346/2011.

☐ Afectan a las especificaciones del anexo II del reglamento aprobado por el RD 346/2011.

☐ Afectan a las especificaciones del anexo III del reglamento aprobado por el RD 346/2011.

y para que así conste, se extiende la presente acta, que firman en ______ a __ de ____ de ___

Por la promotora	El autor del replanteo (2)
D... NIF.................... Como (1)...................................... de nombre o razón social .... Domicilio: .... Población: .... Código postal: .... Provincia:	D... (director de obra) (3) Domicilio: .... Población: .... Código postal: .... Provincia: ....

(1) Promotor o representante legal.

(2) Se hará figurar la titulación del autor del replanteo de la obra de ICT.

(3) Se incluirá el texto cuando proceda.

Enlaces web

Avance digital. Secretaría de Estado de Telecomunicaciones e Infraestructuras Digitales, donde, entre otros, se establecen los procedimientos para implantar una ICT y pueden descargarse los modelos de documentos utilizados para la instalación de una ICT.
https://avancedigital.mineco.gob.es/Infraestructuras

Planos de situación. Direcciones útiles para el diseño de planos de ubicación:
https://www.idee.es/visualizador
https://www.sedecatastro.gob.es
https://www.google.es/maps